# HOCHBAU FÜR INGENIEURE

Eine Einführung

Hugo Bachmann
Professor für Baustatik und Konstruktion, ETH Zürich

vdf Hochschulverlag AG an der ETH Zürich
B. G. Teubner Stuttgart

Mit Genehmigung des Schweizerischen Ingenieur- und Architekten-Vereins (SIA) erscheinen in dieser Publikation verschiedene Auszüge aus SIA-Normen und SIA-Dokumentationen. Für die Anwendung in der Praxis wird die Kenntnis der gesamten Norm resp. Dokumentation vorausgesetzt.

Die Deutsche Bibliothek – CIP-Einheitsaufnahme

**Bachmann, Hugo**
Hochbau für Ingenieure : eine Einführung / Hugo Bachmann. –
2., überarb. Aufl. – Zürich : vdf, Hochsch.-Verl. ; Stuttgart : Teubner, 1997

ISBN-13: 978-3-519-15041-1 e-ISBN-13: 978-3-322-84877-2
DOI: 10.1007/978-3-322-84877-2



2., überarbeitete Auflage 1997



Der vdf auf Internet: http://vdf.ethz.ch

# Vorwort

Heutzutage dürfen sich der Bauingenieur und die Bauingenieurin im Hochbau nicht mehr nur auf das *Tragwerk* konzentrieren. Vielmehr müssen sie sich auch mit wesentlichen Aspekten der *Bauphysik* und solchen von *Gebäudehülle und Ausbau* auseinandersetzen, denn diese stehen immer mehr in einer ausgeprägten *Wechselbeziehung mit dem Tragwerk.*

Das vorliegende Buch entstand im wesentlichen aus der Autographie zur Vorlesung "Hochbau", die erstmals im Sommersemester 1993 im Rahmen des neuen Studienplanes der Abteilung für Bauingenieurwesen der ETH Zürich gehalten wurde. Vorlesung und Buch bezwecken die Einführung der Studierenden in das umfangreiche Gebiet des Hochbaus. Darüber hinaus richtet sich das Buch an praktisch tätige Ingenieurinnen und Ingenieure, die sich mit den Entwicklungen der letzten Jahre, den neuesten Begriffen und Verfahren vertraut machen wollen.

Entsprechend der eingangs formulierten Erkenntnis wird eine *ganzheitliche Betrachtung der Hochbauten* angestrebt. Vorerst werden die notwendigsten Grundlagen der Bauphysik behandelt. Anschliessend folgen Entwurf und konstruktive Durchbildung der wichtigsten Elemente von Gebäudehülle und Ausbau. Ein weiteres Hauptkapitel bespricht die ingenieurmässige Berechnung und Bemessung von tragendem Mauerwerk. Das letzte Kapitel ist den Tragwerken von Skelettbauten gewidmet.

In allen Kapiteln und wichtigen Abschnitten wurde jeweils angestrebt, klar definierte Zielsetzungen zu verwirklichen. Diese sind angesichts der immensen Fülle des Stoffes notgedrungen beschränkt. Bei spezielleren Fragen helfen jedoch die beigefügten weiterführenden Literaturhinweise.

Bei der Erarbeitung des Kapitels über Tragwerke von Skelettbauten hat mein früherer Assistent Herr Walter Gisin, Dipl. Ing. ETH, Dozent an der Ingenieurschule Burgdorf, mitgewirkt. Die Beispiele im Kapitel über tragendes Mauerwerk wurden durch meinen Assistenten Herrn Marco Galli, Dipl. Ing. ETH, ausgearbeitet, und er betreute auch die Buchversion und erstellte einen Grossteil der Bilder. Die Textverarbeitung besorgte Frau Ottilia Grob, und Herr Emil Honegger half bei der Erstellung der Bilder mit. Für die sorgfältige Arbeit und die wertvolle Unterstützung danke ich allen Beteiligten herzlich.

Zürich, Februar 1994 Hugo Bachmann

# Vorwort zur 2. Auflage

Rund zwei Jahre nach dem Erscheinen war die 1. Auflage dieses Buches bereits vergriffen. Dies zeigt, dass das Buch eine wesentliche Lücke in der einschlägigen Fachliteratur ausfüllt.

Für die vorliegende 2. Auflage wurde insbesondere das Kapitel 4 "Tragendes Mauerwerk" überarbeitet und an die Empfehlung SIA V 177 angepasst. In den übrigen Kapiteln wurden meist nur kleinere Aenderungen vorgenommen.

Bei der Überarbeitung wesentlicher Teile des Kapitels 4 haben die Herren Martin Neujahr, Dipl. Ing. THD, und Marco Galli, Dipl. Ing. ETH, mit guten Ideen und Vorschlägen mitgewirkt, und Herr Galli betreute wiederum die Drucklegung. Für diese Unterstützung danke ich herzlich.

Zürich, Januar 1997 Hugo Bachmann

# Inhaltsübersicht

# Inhaltsverzeichnis

# 1 Einleitung

## 1.1 Zum Hochbau und seiner Bedeutung

### Einteilung der Hochbauten

Bei den Hochbauten können folgende Arten unterschieden werden:

- Wohnbauten: Ein- und Mehrfamilienhäuser;
- Bürobauten;
- Gewerbebauten für Fabrikation, Dienstleistungen, Handel, usw.;
- Industriebauten wie Fabrikhallen, Lagerhallen, usw.;
- öffentliche Hochbauten wie Schulhäuser, Repräsentativbauten, usw.;
- übrige: Landwirtschaftliche Bauten, usw.

### Statistische Grössen zur Hochbautätigkeit

In der Schweiz gab es 1991 2.25 Millionen Hochbauten bzw. Gebäude. Sie wiesen einen Versicherungswert von 1'412 Mrd. SFr. auf. Dies entspricht fast dem Fünffachen aller jährlich im Inland produzierten Güter und Dienstleistungen [Sch].

Die gesamten jährlichen Bauinvestitionen in der Schweiz betrugen 1995 46.7 Mrd. SFr. Davon wurden in Hochbauten 34.8 Mrd. SFr. (~ 75%) und in Tiefbauten 11.9 Mrd. SFr. (~ 25%) investiert [Sta]

Die Hochbauinvestitionen verteilen sich wie folgt [Sta]:

| | Mrd. SFr. | % |
|---|---|---|
| • Wohnbauten | 20.9 | 60 |
| • Büro-, Gewerbe- und Industriebauten | 6.5 | 19 |
| • Öffentliche Hand | 6.8 | 19 |
| • Übrige | 0.6 | 2 |
| Total Hochbauten 1995 | 34.8 | 100 |

Der Wohnungsbau beansprucht rund 60% der Hochbauinvestitionen. In den letzten Jahren wurden in der Schweiz jährlich 30'000 bis 35'000 Wohnungen erstellt [Sta], was einem durchschnittlichen Gestehungspreis von rund 0.6 Mio. SFr. pro Wohnung entspricht (ohne Grundstück- und Erschliessungskosten).

Der $m^3$-Preis SIA (kubische Berechnung nach der Norm SIA 116) für Wohnungs-Neubauten in Zürich betrug im Jahre 1995 SFr. 514.-- [ZIn].

*Übersicht über die*

# *Bautätigkeit in der Schweiz*

*im Zeitraum von 1970-1995*

*Wenn nichts anderes vermerkt ist, sind die Beträge als nominelle nicht teuerungsbereinigte Beträge zu betrachten.*

*Quellen:*
- *Statistisches Jahrbuch der Schweiz, Bundesamt für Statistik, Bern*
- *Monitoring, Wüest + Partner, Zürich*
- *Zürcher Index der Wohnbaukosten, Statistisches Amt der Stadt Zürich*
- *CRB Baukostendaten*
- *Index der volkswirtschaftlichen Gesamtrechnung*

| | Bautätigkeit Schweiz in Mrd. SFr. | | | | Bautätigkeit Hochbau in Mrd. SFr. | | | Erneuerungen in Mrd. SFr. | | Tragwerk/Ausbau Wohnungsbau ZH [%] | |
|---|---|---|---|---|---|---|---|---|---|---|---|
| *Jahr* | *Hochbau* | *Tiefbau* | *Total, nom.* | *Total, real* | *Wohnungen* | *Büro, Gewerbe, Industrie* | *öff. Hand* | *Neubauten* | *Erneuerungen* | *Rohbau 1* | *Erdarbeiten* |
| 1975 | 14.21 | 6.00 | 20.20 | 14.32 | 6.73 | 3.23 | 3.93 | | | | |
| 1976 | 12.60 | 5.89 | 18.50 | 13.66 | 5.58 | 2.93 | 3.76 | | | | |
| 1977 | 13.11 | 5.76 | 18.87 | 13.65 | 6.12 | 3.22 | 3.64 | | | 35.8 | 2.0 |
| 1978 | 14.19 | 5.71 | 19.89 | 13.88 | 7.17 | 3.33 | 3.36 | | | 35.6 | 2.2 |
| 1979 | 15.35 | 5.78 | 21.13 | 14.12 | 8.46 | 3.44 | 3.03 | 13.01 | 3.20 | 36.2 | 2.3 |
| 1980 | 19.07 | 6.30 | 25.37 | 15.75 | 10.97 | 4.36 | 3.23 | 16.15 | 3.59 | 36.5 | 2.4 |
| 1981 | 21.45 | 6.88 | 28.33 | 16.35 | 12.08 | 5.22 | 3.62 | 17.61 | 3.94 | 36.5 | 2.4 |
| 1982 | 21.48 | 7.32 | 28.80 | 15.86 | 11.74 | 5.27 | 3.87 | 18.06 | 4.70 | 36.9 | 2.3 |
| 1983 | 22.95 | 7.54 | 30.43 | 16.76 | 12.86 | 5.37 | 4.09 | 19.43 | 5.26 | 35.2 | 2.3 |
| 1984 | 24.56 | 7.59 | 32.15 | 17.63 | 14.13 | 5.56 | 4.19 | 20.72 | 5.85 | 35.0 | 2.2 |
| 1985 | 25.47 | 7.69 | 33.16 | 17.83 | 14.50 | 6.09 | 4.12 | 21.56 | 6.22 | 34.6 | 2.1 |
| 1986 | 26.93 | 7.89 | 34.81 | 18.17 | 14.66 | 6.89 | 4.52 | 22.21 | 6.83 | 34.5 | 2.1 |
| 1987 | 28.75 | 8.19 | 36.94 | 18.71 | 15.37 | 7.81 | 4.69 | 23.76 | 7.48 | 34.2 | 2.1 |
| 1988 | 32.23 | 8.95 | 41.17 | 19.99 | 16.72 | 9.35 | 5.17 | 25.71 | 8.26 | 35.5 | 2.3 |
| 1989 | 36.41 | 9.66 | 46.07 | 21.23 | 18.46 | 11.09 | 5.86 | 29.03 | 9.58 | 35.3 | 2.3 |
| 1990 | 38.62 | 10.57 | 49.18 | 21.60 | 18.83 | 12.21 | 6.50 | 29.44 | 10.05 | 35.5 | 2.6 |
| 1991 | 37.00 | 11.27 | 48.27 | 20.57 | 17.64 | 11.36 | 6.92 | 27.20 | 10.46 | 34.7 | 2.8 |
| 1992 | 35.06 | 11.60 | 46.66 | 20.41 | 17.01 | 9.95 | 7.13 | 25.49 | 10.30 | 34.0 | 2.5 |
| 1993 | 33.22 | 11.61 | 44.84 | 19.99 | 17.46 | 8.34 | 6.84 | 24.50 | 10.10 | 33.0 | 2.3 |
| 1994 | 35.67 | 12.83 | 48.19 | 21.19 | 20.81 | 6.96 | 7.21 | | | 32.9 | 2.3 |
| 1995 | 34.77 | 11.91 | 46.68 | 20.54 | 20.86 | 6.48 | 6.80 | | | 31.3 | 2.4 |

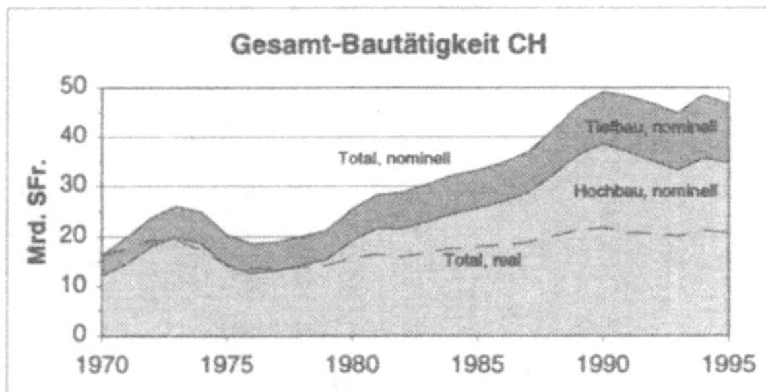


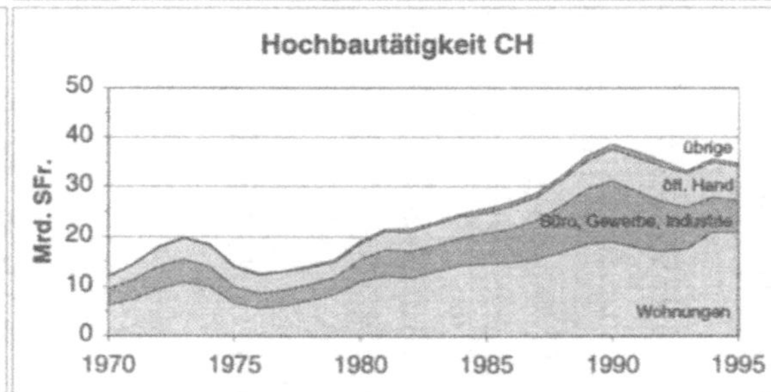


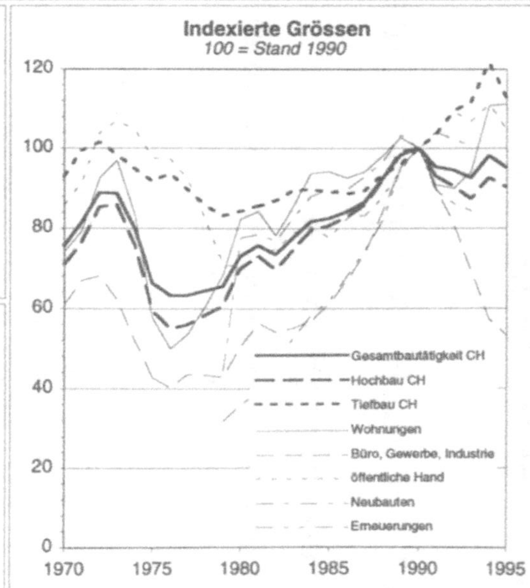


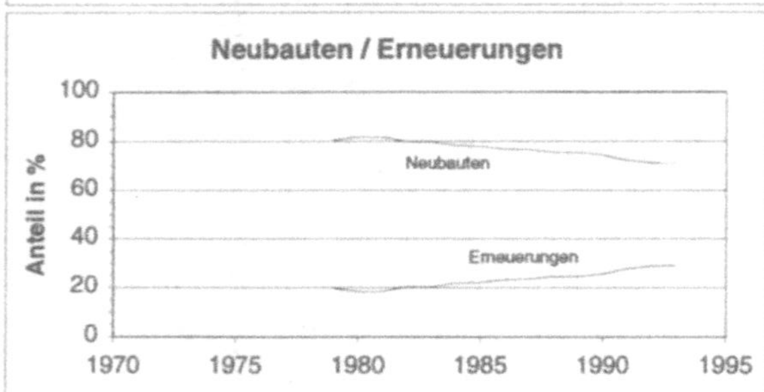


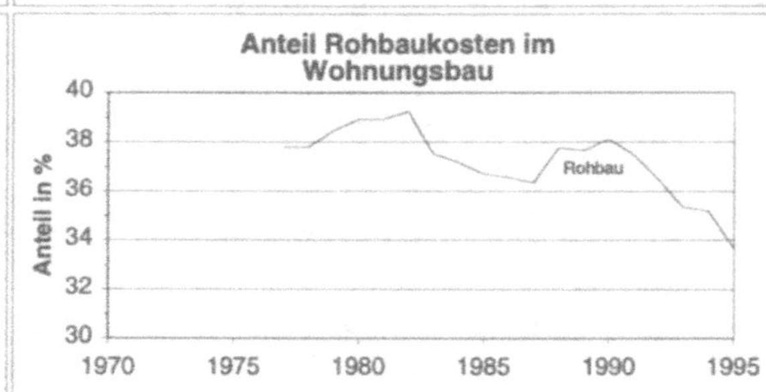


*Abb. 1.1: Bautätigkeit in der Schweiz 1970 - 1995*

Von den 34.8 Mio. SFr., die 1995 in Hochbauten investiert wurden, wurden rund zwei Drittel für Neubauten und ein Drittel für Erneuerungen/Renovationen aufgewendet [Mon], wobei der Anteil der Erneuerungen steigende Tendenz aufweist.

Von Interesse sind auch die Anteile der Rohbaukosten und der Tragwerkskosten an den gesamten Gebäudekosten von Neubauten. Der Anteil der Rohbaukosten beträgt bei Wohnbauten in Zürich rund 33% [ZIn]. Bei höher installierten Hochbauten des Büro- und Gewerbebaus dürfte er in der Grössenordnung von nur etwa 30 bis 35% liegen. Von den Rohbaukosten beansprucht das eigentliche Tragwerk im allgemeinen nur rund 2/3. Der Anteil der Tragwerkskosten an den gesamten Gebäudekosten liegt somit in der Grössenordnung von etwa 20 bis 25%.

Die zeitliche Entwicklung einiger genannter Daten von 1970 bis 1995 ist in Abb. 1.1 dargestellt.

## 1.2 Problemstellung, Zielsetzung, Abgrenzung

### Problemstellung für den Bauingenieur

Kerngebiet der Tätigkeit des Bauingenieurs im Hochbau ist die *sachgemässe Gestaltung des Tragwerks*: Decken, Träger, Stützen, Wände, Treppen, Podeste, Balkone, Fundamente, usw. Diese Gestaltung umfasst den Entwurf, die Berechnung, die Bemessung und die konstruktive Durchbildung.

*Entwurf*
Wahl der Baustoffe und Entwicklung des Tragwerks mit provisorischen Abmessungen im Grund- und Aufriss.

*Berechnung*
Ermittlung der Schnittkräfte an vereinfachenden Modellen des Tragwerks für die massgebenden Gefährdungsbilder.

*Bemessung*
Endgültige Bestimmung der Querschnitte der Tragelemente und Durchführung der erforderlichen Nachweise für Tragsicherheit und Gebrauchstauglichkeit.

*Konstruktive Durchbildung*
Festlegung sämtlicher Einzelheiten der Tragelemente mit Schwergewicht auf Aspekten der Ausführung und der Dauerhaftigkeit.

Bezüglich des *Tragwerks* von Hochbauten können im wesentlichen unterschieden werden:

- Bauten mit tragendem Mauerwerk:
  Die tragende Funktion und die raumabschliessende Funktion werden von ein und denselben Bauteilen - den Mauerwerkswänden - übernommen.
- Skelettbauten in Stahlbeton oder Stahl:
  Die tragende Funktion und die raumabschliessende Funktion werden von verschiedenen Bauteilen - Tragskelett und nichttragenden Wänden - übernommen.

Auf die sachgemässe Gestaltung des Tragwerks von Hochbauten haben *Gebäudehülle und Ausbau* einen wesentlichen Einfluss. Dazu gehören:

- Aussenwände
- Innenwände
- Dächer
- Fenster
- Ausbau der Geschossdecken
- Sockelbereich
- Treppen
- haustechnische Anlagen (Heizung, Sanitärbereich, Elektrizität usw.).

Auf die sachgemässe Gestaltung von Gebäudehülle und Ausbau sowie des Tragwerks von Hochbauten hat die *Bauphysik* einen wesentlichen Einfluss. Dazu gehören:

- Wärmeschutz
- Feuchtigkeitsschutz
- Schallschutz
- Brandschutz.

Zwischen den Gebieten "Tragwerk", "Gebäudehülle und Ausbau" sowie "Bauphysik" bestehen somit *zahlreiche Wechselwirkungen*. Daraus ergeben sich wesentliche *Anforderungen an den Bauingenieur*: Eine sachgemässe Gestaltung des Tragwerks von Hochbauten erfordert auch solide Kenntnisse auf den Gebieten "Gebäudehülle und Ausbau" und "Bauphysik".

### Zielsetzung dieses Buchs

Es sollen die wichtigsten Grundkenntnisse vermittelt werden über:

- Bauphysik:
  - Wärmeschutz, Feuchtigkeitsschutz
  - Schallschutz, Brandschutz
- Gebäudehülle und Ausbau:
  - Entwurf und konstruktive Durchbildung der Bauteile
  - Wechselwirkungen mit dem Tragwerk
- Tragendes Mauerwerk:
  - Materialeigenschaften
  - Berechnung und Bemessung für häufige Fälle der Praxis
- Tragwerke von Skelettbauten:
  - Gestaltung für die massgebenden Einwirkungen
  - Wechselwirkungen mit Gebäudehülle und Ausbau.

Es wird somit eine *ganzheitliche Betrachtung der Hochbauten* angestrebt. Der Bauingenieur soll nicht nur ein "Statiker" sein, der ein schlecht und recht entworfenes Tragwerk "hinrechnet". Der Bauingenieur soll vielmehr befähigt sein, das Tragwerk eines Hochbaus sowohl für die massgebenden Einwirkungen als auch für die zahlreichen Wechselwirkungen mit Gebäudehülle und Ausbau sowie unter Berücksichtigung der Bauphysik zu gestalten, und er soll auf diesen Gebieten ein kompetenter Gesprächspartner von Bauherr, Architekt und Spezialisten - Bauphysiker, Energietechniker, usw. - sein können.

## Abgrenzung

Beim Hochbau handelt es sich um ein ausserordentlich vielfältiges und sehr umfangreiches Sachgebiet. Im Rahmen dieses Buchs kann naturgemäss nur eine *Einführung in die Grundzüge des Hochbaus* für Bauingenieure gegeben werden. Durch weiterführende Literaturangaben soll jedoch die Möglichkeit geschaffen werden, die vermittelten Kenntnisse durch Selbststudium zu erweitern und zu vertiefen.

Im übrigen beschränkt sich dieses Buch vorwiegend auf die Behandlung von *mehrgeschossigen Wohn-, Büro- und Gewerbebauten* (keine eigentlichen Industriebauten, keine Hallenbauten).

# 2 Grundlagen aus der Bauphysik

**Problemstellung**

Auf die sachgemässe Gestaltung von Gebäudehülle und Ausbau sowie des Tragwerks von Hochbauten, hat die *Bauphysik* einen wesentlichen Einfluss. Dazu gehören:

- Wärmeschutz
- Feuchtigkeitsschutz
- Schallschutz
- Brandschutz

(Wärmeschutz, Feuchtigkeitsschutz, Schallschutz: Eigentliche Bauphysik; Brandschutz: Randgebiet der Bauphysik)

**Zielsetzung dieses Kapitels**

Es sollen die wichtigsten Grundkenntnisse der Bauphysik vermittelt werden im Hinblick auf die folgenden Themen:

- Wärmedurchgang bei Bauteilen
- Wärmebrücken
- Wärmedurchgang durch die Gebäudehülle
- Kondensation und Schimmelpilzgefahr an Oberflächen
- Kondensation im Bauteilinnern, Dampfsperre
- Luftschalldämmung
- Trittschalldämmung
- Dämmung von haustechnischen Geräuschen
- brandschutztechnische Beurteilung von Baustoffen, Bauteilen und Tragwerken
- konstruktive und planerische Massnahmen zur Verbesserung des Feuerwiderstandes.

**Abgrenzung**

Die Zielsetzung dieses Kapitels ist auf die allerwichtigsten Kenngrössen und Zusammenhänge beschränkt. Erweiterungen sind in eigentlichen Bauphysik-Büchern zu finden.

## 2.1 Wärmeschutz

(Literatur: [el 29] [Gös] [Kel] [Rüe] [SIA 180] [SIA 180/1] [SIA 180/4] [SIA 279] [SIA 380/1] [SIA 381/1] [SIA D 078] [Zim]).

**Problemstellung**
Es sind Massnahmen erforderlich zur Verringerung des Wärmedurchgangs von warmen zu kalten Bereichen zwecks:

- Energieeinsparung
- Wirtschaftlichkeit
- Behaglichkeit
- Hygiene.

**Zielsetzung dieses Abschnittes**

- Verständnis der Zusammenhänge bezüglich Wärmetransport durch Bauteile;
- Berechnung und Beurteilung des Wärmedurchgangskoeffizienten $k$ von Bauteilen;
- Erkennen von Wärmebrücken;
- Berechnung und Beurteilung des mittleren Wärmedurchgangskoeffizienten $\bar{k}$ von Gebäudehüllen.

### 2.1.1 Transport von Wärmeenergie

Der Transport von Wärmeenergie (Wärmeübertragung) erfolgt physikalisch auf drei verschiedene Arten:

- *Wärmeleitung*: Transport von Wärmeenergie *in Baustoffen von Teilchen zu Teilchen;*
- *Wärmeströmung (Konvektion)*: Transport von Wärmeenergie *an Oberflächen* durch *bewegte Luft;*
- *Wärmestrahlung*: Transport von Wärmeenergie *von Oberfläche zu Oberfläche* durch *elektromagnetische Wellen.*

#### a) Wärmeleitung

**Definitionen**

*Wärmeleitung*
Als Wärmeleitung wird der Transport von Wärmeenergie *in Baustoffen von Teilchen zu Teilchen* bezeichnet.

*Wärmemenge $Q$ (J oder kWh)*

*Wärmestrom $\dot{Q} = Q/t$ (W)*

*Wärmestromdichte $q = \dot{Q}/A$ (W/m²)*
Die Wärmestromdichte $q$ ist ein auf die Fläche bezogener Wärmestrom.

*Wärmeleitfähigkeit $\lambda$ (W/m K)*
Wärmestrom in W, der durch 1 $m^2$ einer 1 m dicken Schicht fliesst, wenn die Temperaturdifferenz $\Delta\vartheta$ der Oberflächen 1 K beträgt (Abb. 2.1 links).

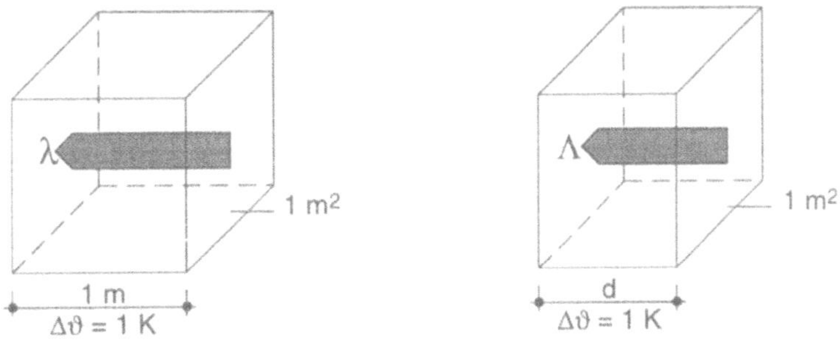


*Abb. 2.1: links: Wärmeleitfähigkeit λ - rechts: Wärmedurchlasskoeffizient Λ (nach [el 29])*

*Wärmedurchlasskoeffizient Λ (W/m² K)*
Wärmestrom in W, der durch 1 m² einer Schicht der Dicke $d$ fliesst, wenn die Temperaturdifferenz $\Delta\vartheta$ der Oberflächen 1 K beträgt (Abb. 2.1 rechts): $\Lambda = \lambda/d$

*Wärmedurchlasswiderstand R (m² K/W)*
Der Wärmedurchlasswiderstand entspricht dem Kehrwert von $\Lambda$:

- einschichtige (homogene) Bauteile mit der Dicke $d$: $R = 1/\Lambda = d/\lambda$
- mehrschichtige Bauteile: $R = \Sigma(d/\lambda)$

**Einflussgrössen**
Die zentrale physikalische Grösse für die Wärmeleitung durch Bauteile ist die *Wärmeleitfähigkeit* $\lambda$. Sie ist von folgenden Einflussgrössen abhängig:

- Art der festen Bestandteile
- Rohdichte
- Art, Grösse und Anordnung der Poren (Hohlräume)
- Feuchtegehalt des Stoffes
- Temperatur.

**Formeln**
Für die Wärmeleitung im stationären Zustand ergibt sich ein linearer Temperaturverlauf (Abb. 2.2). Dann gilt:

$$\dot{Q} = \lambda \cdot A \cdot \frac{\Delta\vartheta}{\Delta x} \quad (\mathrm{W})$$

$$q = \frac{\dot{Q}}{A} = \frac{\Delta\vartheta}{\left(\frac{\Delta x}{\lambda}\right)} = \frac{\vartheta_{oi} - \vartheta_{oa}}{\left(\frac{d}{\lambda}\right)} = \frac{\Delta\vartheta_{tot}}{R} \quad (\mathrm{W/m^2})$$

Für mehrschichtige Bauteile:

$$q = \frac{\Delta\vartheta_{tot}}{\Sigma\left(\frac{d}{\lambda}\right)_i} = \frac{\Delta\vartheta_{tot}}{\Sigma R_i} = \frac{\Delta\vartheta_{tot}}{R_{tot}} \quad (\mathrm{W/m^2})$$

Temperaturdifferenz in der i-ten Bauteilschicht:

$$\Delta\vartheta_i = \frac{\Delta\vartheta_{tot}}{R_{tot}} \cdot R_i \quad (K)$$

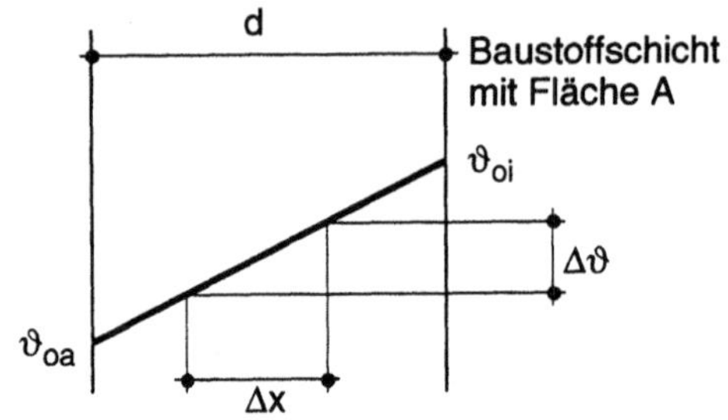


*Abb. 2.2: Stationärer Temperaturverlauf (nach [el 29])*

## b) Wärmeströmung (Konvektion)

### Definitionen

*Wärmeströmung (Konvektion)*
Als Wärmeströmung wird der Transport von Wärmeenergie *an Oberflächen* durch *bewegte Luft* bezeichnet.

*Grenzschicht*
An einer Oberfläche bilden sich eine Temperatur- und eine Geschwindigkeitsgrenzschicht aus (Abb. 2.3 links). Innerhalb dieser Schicht nimmt die Luftgeschwindigkeit $v$ von 0 (an der Wand) bis auf $v_\infty$ (in der Luftströmung) zu. Die Temperatur $\vartheta$ verläuft ähnlich. Je nach Verhältnissen kann die Grenzschichtdicke wenige 1/10 mm bis einige cm betragen.

*Wärmeübergangskoeffizient für Konvektion $\alpha_k$ (W/m² K)*
Wärmestrom in W, der *von der Luft* auf 1 m² Oberfläche fliesst, wenn die Temperaturdifferenz $\Delta\vartheta$ zwischen Oberfläche und Luft 1 K beträgt (Abb. 2.3 rechts).

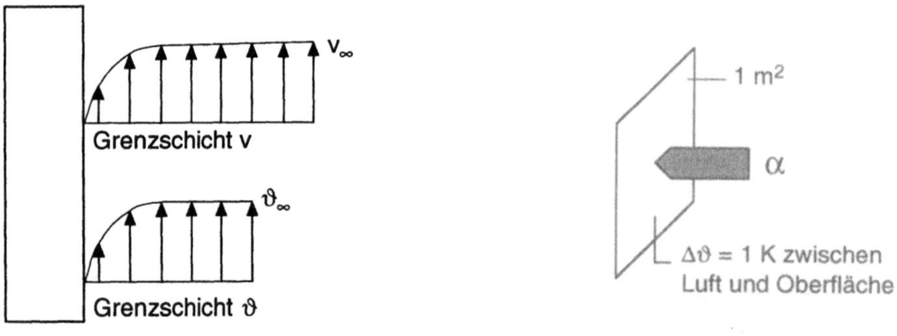


*Abb. 2.3: links: Grenzschicht - rechts: Wärmeübergangskoeffizient (nach [el 29])*

**Einflussgrössen**

Die Konvektion an Oberflächen wird durch folgende Grössen beeinflusst:

- Physikalische Eigenschaften des Transportmediums (flüssig oder gasförmig), normalerweise Luft;
- Geometrie (in Räumen: Wand, Decke, Ecklinie, Anordnung der Heizung; aussen: Baukörperform mit Nischen und Vorsprüngen);
- Rauhigkeit der Oberfläche;
- Temperaturdifferenz zwischen Luft und Oberfläche;
- Art der Strömung (laminar oder turbulent);
- Lage der Fläche und Richtung des Wärmestromes (horizontal, vertikal, Neigungswinkel);
- Windgeschwindigkeit.

**Formel**

Infolge *Konvektion* ergibt sich bei einer Temperaturdifferenz $\Delta\vartheta$ zwischen einer Oberfläche und der Luft eine *Wärmestromdichte* $q$:

$$q = \alpha_k \cdot \Delta\vartheta \quad (\mathrm{W/m^2}) \ .$$

### c) Wärmestrahlung

**Definitionen**

*Wärmestrahlung*

Als Wärmestrahlung wird der Transport von Wärmeenergie *von Oberfläche zu Oberfläche* durch *elektromagnetische Wellen* bezeichnet.

*Wärmeübergangskoeffizient für Strahlung* $\alpha_s$ *(W/m² K)*

Wärmestrom in W, der *von der Umgebung* auf 1 m² Oberfläche fliesst, wenn die Temperaturdifferenz zwischen Oberfläche und Umgebung (Umschliessungsflächen) 1 K beträgt.

**Einflussgrössen**

Die zwischen zwei Oberflächen übertragene Wärmestrahlungsenergie hängt ab von:

- Art der Oberfläche;
- Geometrie der Flächen (gegenseitige Lage);
- absoluter Temperatur der Oberflächen (in Kelvin);
- Infrarot-Absorptionseigenschaften des dazwischenliegenden Gases (unbedeutend bei Luft sowie Argon und Krypton, von Bedeutung bei $CO_2$, $SO_2$, $SF_6$).

## 2.1.2 Wärmedurchgang bei Bauteilen

### a) Wärmedurchgang bei Wänden und Decken

Der Wärmedurchgang umfasst alle Formen des Transportes von Wärmeenergie (Abb. 2.4):

- Wärmeleitung in Baustoffen
- Wärmeströmung und Wärmestrahlung an Oberflächen.

Für Rechenzwecke werden die Wärmeübergangskoeffizienten für Konvektion $\alpha_k$ und Strahlung $\alpha_s$ nicht mehr getrennt behandelt. Die Wärmeübergangskoeffizienten $\alpha_i$ und $\alpha_a$ für Innen- und Aussenoberflächen enthalten jeweils beide Anteile!

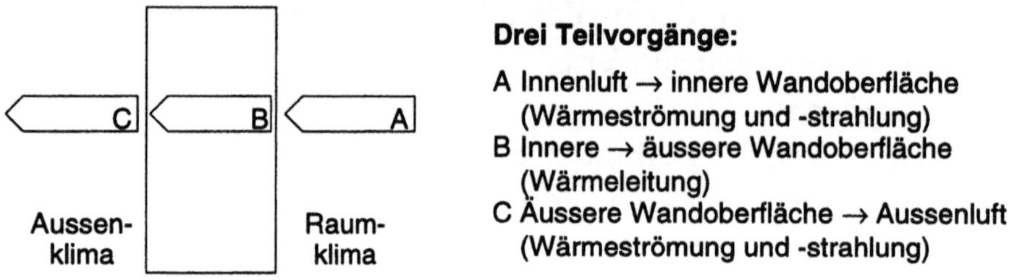


*Abb. 2.4: Wärmedurchgang (nach [el 29])*

## Definitionen

*Wärmedurchgangskoeffizient k (W/m² K)*
Wärmestrom in W, der durch 1 m² einer Wand- oder Deckenkonstruktion fliesst, wenn die Temperaturdifferenz $\Delta\vartheta$ der angrenzenden Luftschichten 1 K beträgt (Abb. 2.6)

*Wärmedurchgangswiderstand* $R_{tot} = 1/k$ *(m² K/W)*
(Kehrwert von $k$) (Abb. 2.5)

## Formeln

*Wärmedurchgangswiderstand* (Abb. 2.5):

$$R_{tot} = R_a + R + R_i = \frac{1}{\alpha_a} + \Sigma\frac{d}{\lambda} + \frac{1}{\alpha_i}$$

*Wärmedurchgangskoeffizient (k-Wert) einer ebenen Wand:*

$$k = \frac{1}{R_{tot}} = \frac{1}{\frac{1}{\alpha_i} + \Sigma\frac{d}{\lambda} + \frac{1}{\alpha_a}}$$

Rechenwerte für die Wärmeleitfähigkeit $\lambda$ finden sich auf Beiblatt 2.1 und Beiblatt 2.2, solche für die Wärmeübergangskoeffizienten $\alpha$ auf Beiblatt 2.3. Ein Beispiel für die $k$-Wert-Berechnung ist auf Beiblatt 2.4 dargestellt.

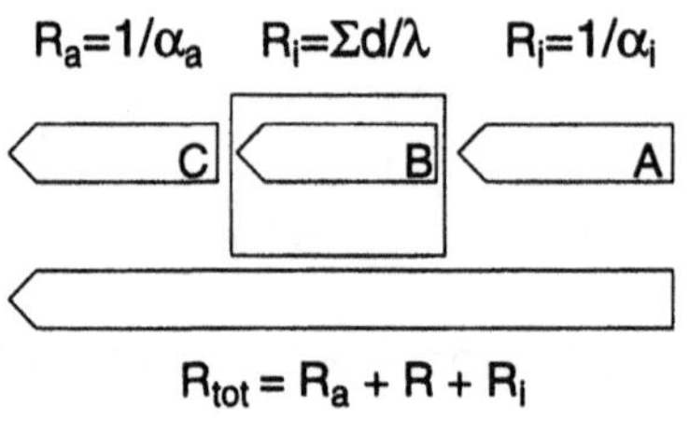


*Abb. 2.5: Wärmedurchgangswiderstand (nach [el 29])*

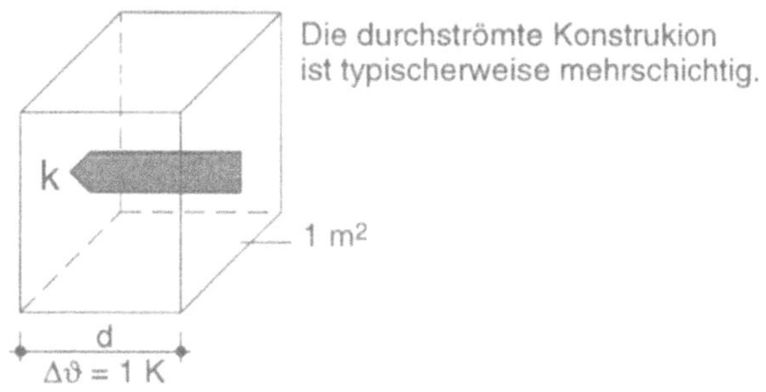


*Abb. 2.6: Wärmedurchgangskoeffizient (k-Wert) (nach [el 29])*

## b) Wärmedurchgang bei Fenstern

Bei Fenstern treten zwei gegensätzliche Effekte auf:

- Transport von Wärmeenergie von innen nach aussen (relativ grosser Verlust wegen des grossen $k$-Wertes der Fenster im Vergleich zu Wänden und Dächern);
- Eindringen von Sonnenenergie in das Rauminnere (passive Sonnenenergie-Nutzung, Abb. 2.7).

**$k$-Wert-Berechnung**
Der gesamte Widerstand einer Verglasungsfläche ist durch *Wärmeübergangsvorgänge an Oberflächen* bestimmt. Eine wärmedämmende Wirkung des Glasmaterials selbst kann vernachlässigt werden. Die verschiedenen Einflüsse wie Windgeschwindigkeit, Strömungsverhältnisse und Temperaturdifferenzen spielen deshalb eine viel grössere Rolle als bei wärmedämmenden Wandkonstruktionen. Der $k$-Wert für Fenster ist deshalb keine konstante Grösse, sondern ein *Rechen- oder Prüfwert,* bestimmt aufgrund *normierter Randbedingungen.*

Bei der Berechnung des Fenster-$k$-Wertes sind neben dem Einfluss des Rahmenmaterials und der Rahmenkonstruktion auch die Wärmebrückenbildung des Glasrandverbundes von Isolierverglasungen zu berücksichtigen.

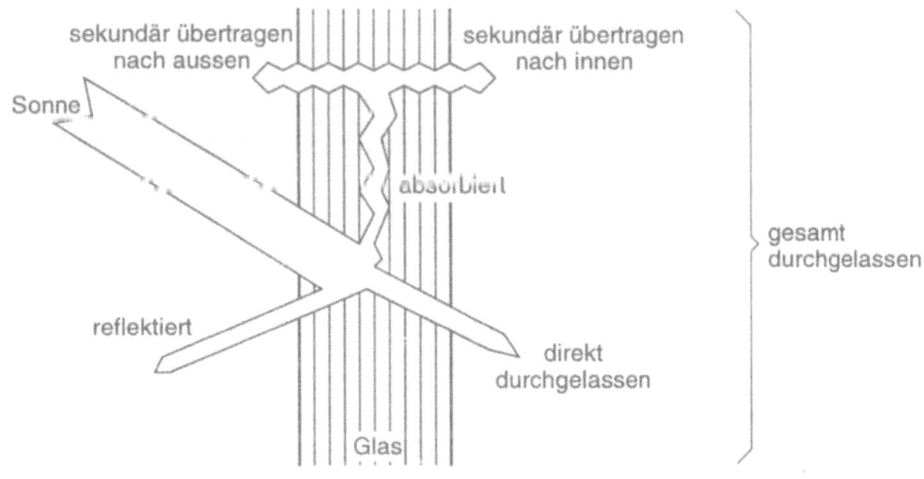


*Abb. 2.7: Eindringen von Sonnenenergie durch Glas (nach [el 29])*

Der rechnerische $k$-Wert von Fenstern kann nach [SIA 180] wie folgt ermittelt werden (Abb. 2.8):

$$k_F = \frac{k_G \cdot A_G + k_R \cdot A_R + k_{lin} \cdot L}{A_F}.$$

$k$-Rechenwerte für Fenster können dem Beiblatt 2.5 entnommen werden.

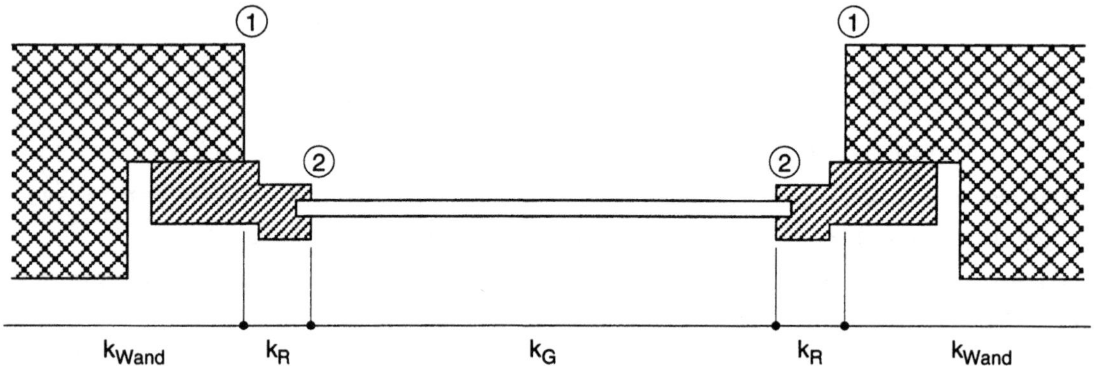


① Zuschlag Wandanschluss $k_{lin}$ - Wand (W/m K)
② Zuschlag Glasrandverbund $k_{lin}$ - Fenster (W/m K)

$k_F$: Wärmedurchgangskoeffizient des gesamten Fensters (W/m$^2$K)
$k_G$: Wärmedurchgangskoeffizient des Glases im ungestörten Mittelzonenbereich (W/m$^2$K)
$k_R$: Wärmedurchgangskoeffizient des Rahmens (W/m$^2$K)
$A_G$: Projektionsfläche des Glases (m$^2$)
$A_R$: Projektionsfläche des Rahmens (m$^2$) $A_F = A_G + A_R$
L: Länge des Glasrandes (Lichtmass) (m)

*Abb. 2.8: k-Wert von Fenstern (nach [el 29])*

## c) Belüftete Bauteile

### Belüftete Wandkonstruktionen

Belüftete Wandkonstruktionen weisen einen Aufbau wie in Abbildung 2.9 auf. Eine vorgesetzte Schale dient dem *Wetterschutz* und der *Ästhetik*. Im Hohlraum entsteht eine Luftströmung durch thermischen Auftrieb und Windeinwirkung. Die minimale Breite des Belüftungsraums beträgt 2-5 cm.

### Belüftete Steildächer

Belüftete Steildächer lassen sich grundsätzlich in zwei Typen unterscheiden: Warm- und Kaltdächer (Abb. 2.10).

Für *Warmdächer* beträgt die minimale Höhe des Belüftungsraumes 5 cm. *Kaltdächer* sollten eine minimale Höhe der beiden Belüftungsräume von 4-8 cm und eine Entlüftung am First aufweisen.

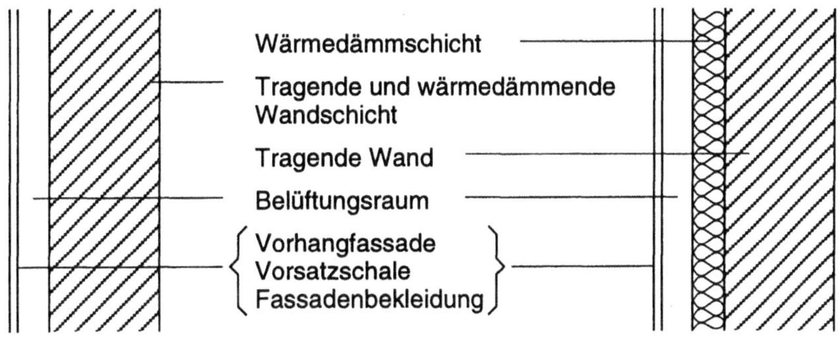


*Abb. 2.9: Typischer Aufbau belüfteter Wandkonstruktionen (nach [el 29])*

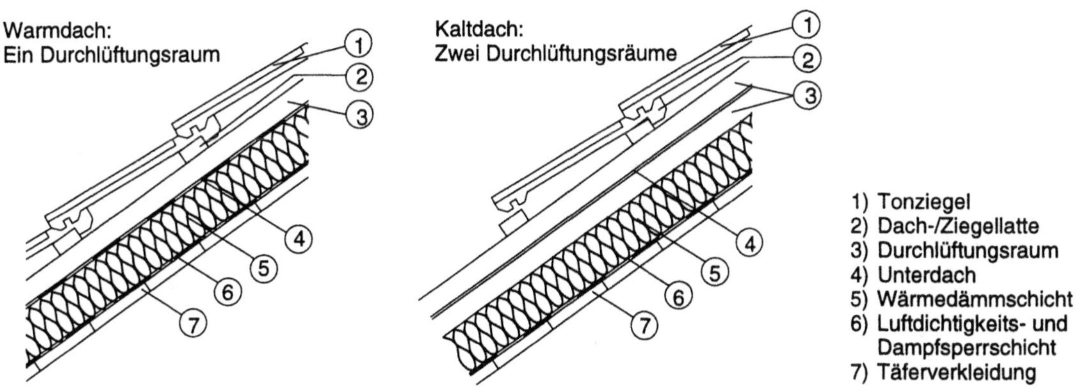


*Abb. 2.10: Typischer Aufbau belüfteter Steildachkonstruktionen (nach [el 29])*

**Belüftete Flachdächer**

Für belüftete Flachdächer sollte eine minimale Höhe des Belüftungsraumes von 10 cm nicht unterschritten werden.

**$R_L$-Wert und $k$-Wert belüfteter Bauteile**

Der Wärmedurchlasswiderstand $R_L$ einer im Belüftungsraum bewegten Luftschicht kann nach [SIA 180] unabhängig von der Breite bzw. Höhe des Belüftungsraumes angesetzt werden mit $R_L = 0.08$ m² K/W.

Der $k$-Wert eines belüfteten Bauteils ergibt sich dann wie folgt (Abb. 2.11):

$$k = \frac{1}{R_{tot}} = \frac{1}{R_i + R + R_L + R_a}.$$

## d) Anforderungen an $k$-Werte von Bauteilen

In der Norm [SIA 180] werden für den Wärmeschutz Anforderungen an $k$-Werte von Bauteilen postuliert (Beiblatt 2.6). In verschiedenen kantonalen Erlassen (z.B. Baugesetze, Energiespargesetze etc.) werden wesentlich kleinere $k$-Werte als in [SIA 180] verlangt.

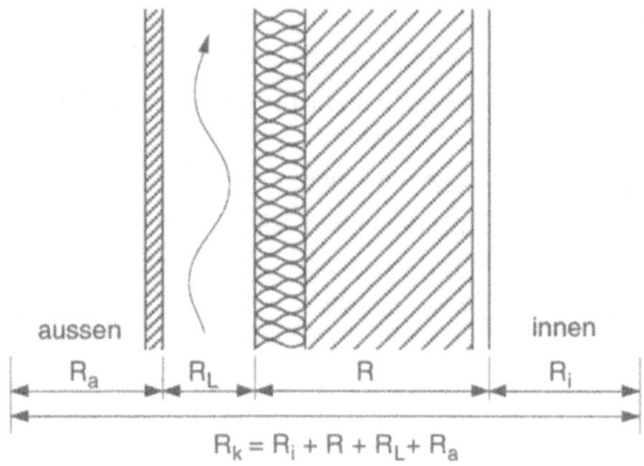


*Abb. 2.11: k-Wert belüfteter Wandkonstruktionen (nach [SIA 180])*

### 2.1.3 Wärmebrücken

Wärmebrücken sind Stellen bzw. Bereiche der Gebäudehülle mit lokal grösserem Wärmefluss und somit lokal tieferen raumseitigen Oberflächentemperaturen. Sie sind kritische Stellen für *Kondensationsschäden* und *Schimmelpilzbildung* (Abschnitt 2.2). Je wärmedämmender die Wand- und Deckenteile sind, desto grösser wird der relative Einfluss der Wärmebrücken.

*Beispiel*: Ausspringende Gebäudeecke einer homogenen Wand (Abb. 2.12). Die Gebäudeecke ist eine geometrische Wärmebrücke: Die äussere, kalte Oberfläche ist viel grösser als die innere, warme Oberfläche, womit der Wärmefluss lokal stark vergrössert wird. Diese Gebäudeecke bildet eine *linienförmige* Wärmebrücke in vertikaler Richtung. (Es gibt auch *punktförmige* Wärmebrücken).

Die rechnerische Erfassung von Wärmebrücken im Hinblick auf

- Wärmeverluste (mittlerer $\bar{k}$-Wert der Gebäudehülle, Heizenergiebedarf)
- Kondenswasser/Schimmelpilzbildung

kann gemäss [SIA 180/1], [SIA 380/1], [SIA D 078] und [el 29] erfolgen.

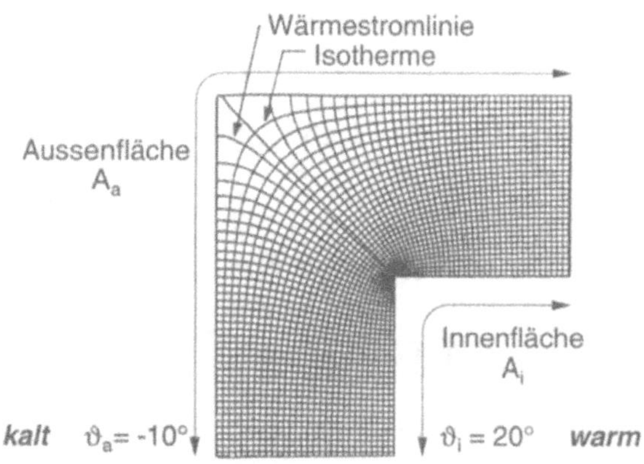


*Abb. 2.12: Geometrische Wärmebrücke: Gebäudeecke (nach [SIA D 078])*

**Beispiele typischer Wärmebrücken** ([SIA D 078], Beiblätter 2.7 bis 2.15)

- Sockel (S3/Beiblatt 2.7 und S25/Beiblatt 2.8):
  - Die Aussentemperatur von -1.1°C (Januar-Mitteltemperatur) ist massgebend für die Heizlastberechnung (Heizperioden-Mitteltemperatur ist 4.5°);
  - es findet eine thermische Wechselwirkung mit dem Erdreich statt;
  - Lagewechsel der Dämmschichten (S3) vom Überbau zum Sockel (aussen → innen) bewirkt eine grosse Wärmebrücke und Schimmelpilzgefahr am Deckenauflager;
  - Aussendämmung ist immer besser als Innendämmung.
- Balkonanschlüsse (B7/Beiblatt 2.9 und B9/Beiblatt 2.10):
  - Durchbetonierte Decke und gedämmter Stahlkorb in Baustahl bedeuten akute Schimmelpilzgefahr (Edelstahl anstatt Baustahl bewirkt gewisse Verbesserung);
  - gedämmter Stahlkorb in Baustahl oder Edelstahl bedeutet *Korrosionsgefahr!*
- Fenster (F48, F50, F51, Beiblatt 2.11 bis Beiblatt 2.13):
  - Schlecht gedämmte Fensterstürze bedeuten Schimmelpilzgefahr;
  - Fensterrahmen (Bereiche Sturz, Brüstung, Leibung) bewirken Wärmebrücken;
  - am Glasrand sind tiefe Temperaturen kaum zu vermeiden (oft Kondenswasserbildung).
- Flach- und Steildächer (D1/Beiblatt 2.14 und H11/Beiblatt 2.15):
  - Durchbetonierte Betonvordächer sind bezüglich Wärmebrücken ungünstig;
  - bei Pult-Steildächern tritt besonders in Nasszellen (Badezimmer, Küche, etc.) oft Schimmelpilz auf.

## 2.1.4 Wärmeverluste ins Erdreich

Der Wärmeverlust durch die Gebäudehülle ins Erdreich erfolgt gewissermassen entlang der *Wärmestromlinien* (Abb. 2.13). Der Anteil des Wärmeverlustes ins Erdreich am gesamten Gebäudewärmeverlust ist i.a. relativ gering. Trotzdem lohnt es sich, in den beheizten Räumen gegen das Erdreich hin eine *gute Wärmedämmung* anzuordnen.

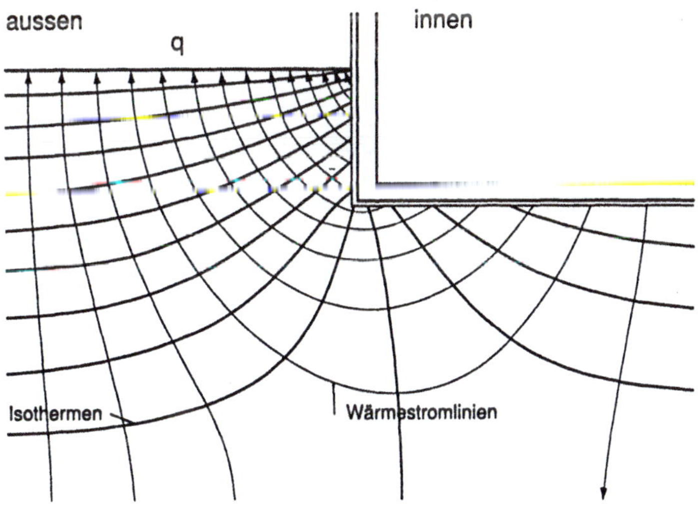


*Abb. 2.13: Wärmefluss im Erdreich [el 29]*

## 2.1.5 Wärmedurchgang durch Gebäudehülle

Der Wärmedurchgang durch die ganze Gebäudehülle (auch gegen das Erdreich) wird beurteilt mittels eines Vergleichs eines *mittleren Wärmedurchgangskoeffizienten* $\bar{k}$ *der Gebäudehülle* mit einem entsprechenden *zulässigen mittleren Wärmedurchgangskoeffizienten* $\bar{k}_{zul}$. Beide Koeffizienten müssen berechnet werden ([SIA 180/1], [el 29]).

**Mittlerer $k$-Wert $\bar{k}$**

$$\bar{k} = \frac{\sum b \cdot k_w \cdot A_w + \sum s \cdot k_f \cdot A_f + \sum b \cdot k_d \cdot A_d + \sum b \cdot k_b \cdot A_b}{A}$$

$$A = \sum A_w + \sum A_f + \sum A_d + \sum A_b \qquad \text{(ohne Flächen mit } b = 0\text{)}$$

Indizes: $_w$ = Wände, $_f$ = Fenster, $_d$ = Dach, $_b$ = Boden (jedoch $b$ = Koeffizient für Bauteile)

$k_w$ = $k$-Wert der Wände gegen Aussenklima, unbeheizte Räume und Erdreich

$A_w$ = die $k_w$ zugeordneten Flächen, deren Grösse aus den Gebäude-Aussenmassen und den Höhen bis Oberkant Wärmedämmung des Daches zu bestimmen sind (siehe $A_d$)

$k_f$ = $k$-Wert der Fenster und Aussentüren bzw. der lichtdurchlässigen Bauteile

$A_f$ = die $k_f$ zugeordneten Flächen, bestimmt aus den lichten Fertigmassen der Öffnungen

$k_d$ = $k$-Wert der Dachkonstruktion

$A_d$ = die $k_d$ zugeordneten Flächen; bei nichtbeheizten Dachräumen (Kaltdächern) ist die oberste wärmegedämmte Decke als Dachfläche einzusetzen

$k_b$ = $k$-Wert von Bodenkonstruktionen über Aussenklima, unbeheizten Räumen und Erdreich

$A_b$ = die $k_b$ zugeordneten Flächen

$b$ = Koeffizient für Bauteile (Bodenkonstruktionen, Wände, Dachkonstruktionen); für Bauteile gegen

- Aussenklima $b_1 = 1$
- unbeheizte Räume $b_2 = 0.5$
- Erdreich $b_3 = 0.5$
- beheizte Räume $b_4 = 0$ (keine Wärmeverluste)

$s$ = Besonnungskoeffizient für Fenster und lichtdurchlässige Bauteile; für Bauteile orientiert gegen

- N/NE/NW $s_1 = 1$
- W/E $s_2 = 0.9$
- S/SE/SW $s_3 = 0.7$

für horizontale Oberlichter $s_4 = 0.8$

Die $k$-Werte $k_w$, $k_f$, $k_b$, $k_d$ beinhalten auch die jeweiligen Wärmebrücken.

**Zulässiger $k$-Wert $k_{zul}$**

Der Wert von $\bar{k}_{zul}$ ist abhängig von:

- Gebäudegeometrie
- Klima
- Raumlufttemperaturen im Gebäude.

$\bar{k}$ und $\bar{k}_{zul}$ liegen bei Wohn- und Bürobauten i.a. in der Grössenordnung von 0.5-0.7 W/m² K, im Mittel bei 0.6 W/m² K.

**Ergänzungen**

- Anstelle des Nachweises des zulässigen mittleren $k$-Wertes kann eine *Optimierung des Heizenergiebedarfs* vorgenommen werden. Diese erfolgt nach der SIA-Empfehlung "Energie im Hochbau" [SIA 380/1].
- Ein *Mass für den spezifischen Endenergieverbrauch eines Gebäudes* (Raumheizung, Warmwasser, Licht, usw.) ist die *Energiekennzahl*

$$E = \frac{\text{Gesamte in einem Gebäude während eines Jahres verbrauchte Endenergie in MJ}}{\text{Gesamte Geschossfläche eines Gebäudes}}$$

Die Energiekennzahl in MJ/m²a ist zu ermitteln nach der SIA-Empfehlung "Energiekennzahl" [SIA 180/4].

## 2.2 Feuchtigkeitsschutz

(Literatur: [el 29] [Gös] [Kel] [SIA 180] [SIA 381/1] [SIA D 078] [Zim])

**Problemstellung**
Es sind Massnahmen erforderlich zur Verringerung ungünstiger Wirkungen des Wassers wie:
- Schimmelpilzbildung, Fäulnis
- Frostabsprengungen
- Korrosion
- Undichtigkeiten infolge Schwinden des Betons (Risse) und Quellen des Holzes.

**Zielsetzung dieses Abschnittes**
- Verständnis der Zusammenhänge bezüglich Kondensationsgefahr;
- Prüfung auf Kondensation und Schimmelpilzgefahr an Oberflächen;
- Prüfung auf Kondensation im Bauteilinnern, Anordnung einer Dampfsperre oder Dampfbremse.

### 2.2.1 Wasser und Wasserdampf

Feuchtigkeit entsteht durch Ausbreitung von Wasser. Wasser hat drei Aggregatszustände:
- flüssig
- gasförmig als Wasserdampf
- fest als Eis (+ 9 Volumen %).

Wasser kommt in Baustoffen vor als:
- Kristallwasser (physikalisch gebunden)
- Kapillarwasser in feinsten Röhrchen
- freies Wasser in Poren
- Wasserdampf in Poren.

Wasser bewirkt in Baustoffen:
- Verschlechterung der Wärmeisolation durch erhöhten Wärmetransport ($\lambda_{Wasser} \approx 25 \times \lambda_{Luft}$)
- Veränderung der mechanischen Eigenschaften
- Schwinden und Quellen
- Kapillarwirkung (Saugwirkung)

Wasser wird in Baustoffen transportiert durch treibende Wirkungen:
- Wasserdampfdruckdifferenz (Dampfdruckgradient)
- andere Druckdifferenzen (z.B. infolge Winddruck)
- Temperaturdifferenz (Temperaturgradient)
- Wassergehaltsdifferenz (Stoffeuchtegradient).

Wasserdampf in der Raumluft ist von grosser baupraktischer Bedeutung. Luft enthält immer eine gewisse Menge Feuchtigkeit, d.h. die *Wasserdampfmenge*.

Wasserdampf bewirkt einen Gasdruck, den sogenannten *Wasserdampfdruck* (durch Stösse der mit hoher Geschwindigkeit herumfliegenden Wassermoleküle). Der Wasserdampfdruck ist ein Teildruck (etwa 0.5 bis 2%) des Barometerdrucks.

Die Wasserdampfmenge und der Wasserdampfdruck in der Luft sind in Abhängigkeit von der Temperatur nach oben begrenzt durch die Sättigungswerte. Wasserdampfmenge und Wasserdampfdruck, die die Sättigungswerte überschreiten, sind nicht möglich. Beim Erreichen dieser Werte erfolgt eine Wasserausscheidung oder Kondensation.

**Definitionen**

*Wasserdampfmenge* $\rho$ *(g Wasser/m³ Luft)*
wird auch als absolute Luftfeuchtigkeit bezeichnet

*Wasserdampf-Sättigungsmenge* $\rho_s$ *(g Wasser/m³ Luft)*
maximal mögliche Wasserdampfmenge in der Luft; abhängig von der Lufttemperatur (Beiblatt 2.16)

*Wasserdampfdruck* $p$ *(Pa = $10^{-6}$ N/mm²)*
Gasdruck infolge Wasserdampf in der Luft

*Wasserdampf-Sättigungsdruck* $p_s$ *(Pa = $10^{-6}$ N/mm²)*
maximal möglicher Wasserdampfdruck in der Luft; abhängig von der Lufttemperatur (Beiblatt 2.16)

*Relative Luftfeuchtigkeit* $\varphi$ *(%)*
Die relative Luftfeuchtigkeit lässt sich aus dem vorhandenen Wasserdampfdruck und dem Sättigungsdruck bestimmen. Analog lässt sich die relative Luftfeuchtigkeit auch aufgrund der Wasserdampfmenge bestimmen:

$$\varphi = \frac{p}{p_s} \cdot 100\,\% \approx \frac{\rho}{\rho_s} \cdot 100\,\%$$

Die Sättigungskurven von Wasserdampfdruck und Wasserdampfmenge stimmen nicht genau überein. Die Abweichung ist jedoch ohne praktische Bedeutung.

*Taupunkttemperatur* $\vartheta_T$ *(°C)*
Die Taupunkttemperatur ist die tiefste Temperatur, die eine gegebene Luftmasse ohne Wasserausscheidung (Nebel, Tau) oder eine Oberfläche ohne Kondensation (Tauwasser) annehmen kann. Damit ist sie diejenige Temperatur, deren Sättigungsdampfdruck dem vorhandenen Dampfdruck entspricht. Bei Abkühlung der Luft unter den Taupunkt wird also Wasser ausgeschieden.

Beispiel für die Bestimmung des Taupunktes bei gegebener Temperatur und relativer Feuchtigkeit der Raumluft gemäss Beiblatt 2.16: $\vartheta$ = 20° C, $\varphi$ = 50% $\rightarrow \vartheta_T$ = 9.3° C.

## 2.2.2 Kondensation und Schimmelpilzgefahr an Oberflächen

### Kondensation

*Kondensation* des Wasserdampfes an raumseitigen Oberflächen erfolgt, *wenn die Oberflächentemperatur kleiner ist als die Taupunkttemperatur der Raumluft.*

Gemäss Normanforderungen muss der $k$-Wert von Bauteilen der Gebäudehülle (und auch der Wärmedurchgang bei Wärmebrücken) so klein sein, dass bei der Aussentemperatur $\vartheta_{min}$ keine Kondensation auftritt. Dabei ist $\vartheta_{min}$ die für die Baukonstruktion massgebende Temperatur im Winter gemäss [SIA 180] Anhang 1, d.h. das Temperatur-Tagesmittel, das statistisch einmal in 20 Jahren an drei aufeinanderfolgenden Tagen unterschritten wird (z.B. Zürich −14 °C, St. Moritz -20°C, Unterschied allgemein ca. 0.5°C pro 100 m Meereshöhe).

Damit Kondensation an Oberflächen im Nachweis ausgeschlossen werden kann, muss also gelten:

$$\vartheta_{oi} \geq \vartheta_T$$

*Oberflächentemperatur von ebenen Bauteilen*

Die Grundgleichung des Wärmedurchgangswiderstandes lautete:

$$R_{tot} = \frac{1}{k} = \frac{1}{\alpha_i} + \Sigma\frac{d}{\lambda} + \frac{1}{\alpha_a}$$

Das heisst, die Temperaturdifferenz zwischen den verschiedenen Schichten verhält sich proportional zu den entsprechenden Wärmewiderständen. Also gilt für den Übergang von der Raumluft zur inneren Wandoberfläche (Abb. 2.14):

$$\frac{\vartheta_i - \vartheta_{oi}}{\vartheta_i - \vartheta_a} = \frac{1/\alpha_i}{1/k}\ ; \qquad \vartheta_{oi} = \vartheta_i - \frac{k}{\alpha_i}(\vartheta_i - \vartheta_a)$$

Darin ist nach [SIA 180] $\alpha_i = 6\ W/m^2\,K$ zu setzen (Beiblatt 2.3).

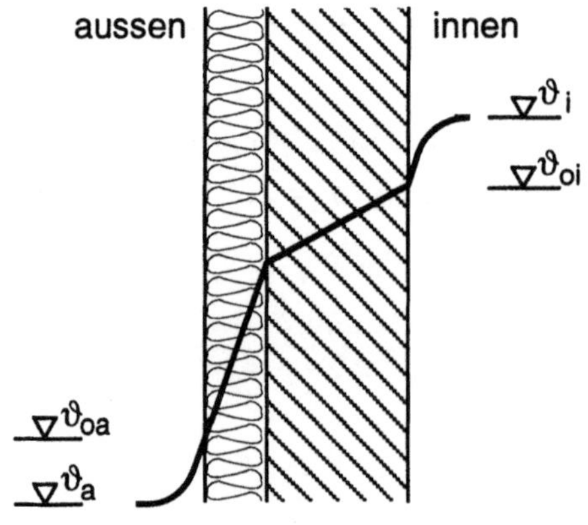


*Abb. 2.14: Oberflächentemperatur innen*

Bei *Wärmebrücken* ist die Oberflächentemperatur nach anderen Regeln zu bestimmen. Sie sind in [SIA 180], Ziffer 3 4 1 zu finden.

*Standardnachweis für Wohnräume*
Nach [SIA 180] Ziffer 3 4 2 ist der Nachweis für Kondensation für die Raumluftbedingung $\vartheta_i = 20°C$ und $\varphi = 50\%$ zu führen. Für Nasszellen oder andere Räume mit spezieller Nutzung sind andere Werte anzusetzen.

*Beispiel für den Nachweis der Kondensation in einem Badezimmer*
Ebene Bauteile im Badezimmer eines Hauses in Zürich:

| | | |
|---|---|---|
| Wandkonstruktion | $k$ | $= 0.6\ W/m^2\,K$ |
| Raumluftbedingungen | $\vartheta_i$ | $= 22°,\ \varphi_i = 70\%$ |
| Aussentemperatur | $\vartheta_a$ | $= \vartheta_{min} = -14°C$ |
| Oberflächentemperatur | $\vartheta_{oi}$ | $= 22 - (0.6/6)\,(22 + 14) = 18.4°C$ |
| Taupunkttemperatur | $\vartheta_T$ | $= 16.3°C$ aus Beiblatt 2.16 |

Es gilt $\vartheta_{oi} > \vartheta_T$. Der Nachweis der Kondensation ist somit erfüllt, da auch bei einer Aussentemperatur $\vartheta_{min}$ an den Innenoberflächen der Wände die Temperatur genügend hoch bleibt und somit keine Kondensation auftritt.

**Schimmelpilz**
*Schimmelpilzgefahr* an raumseitigen Oberflächen besteht, wenn die längerfristige relative Luftfeuchtigkeit an der Oberfläche $\varphi_{oi}$ mehr als 80% beträgt. Der Wert $\varphi = 80\%$ ist jener nach [SIA 180]. In der Literatur, z.B. im Wärmebrückenkatalog [SIA D 078], wird $\varphi = 70\%$, d.h. ein strengeres Kriterium, verwendet.

Für Nachweise nach [SIA 180] wird somit gefordert, dass die relative Luftfeuchtigkeit an der Oberfläche für eine längerfristige Aussentemperatur im Winter unter 80% bleibt, d.h.:

$$\varphi_{oi\ \text{langfristig}} \leq 80\ \%$$

Als "längerfristige Aussentemperatur" kann z.B. das Januarmittel, das statistisch einmal in 20 Jahren auftritt, verwendet werden (z.B. Zürich -1°C).

*Beispiel für den Nachweis der Schimmelpilzgefahr in einem Badezimmer*
Ebene Bauteile im Badezimmer eines Hauses in Zürich:

| | | |
|---|---|---|
| Wandkonstruktion | $k$ | $= 0.6\ W/m^2\,K$ |
| Raumluftbedingungen | $\vartheta_i$ | $= 22°C,\ \varphi_i = 70\%$ |
| Aussentemperatur | $\vartheta_a$ | $= -1°C$ |
| Oberflächentemperatur | $\vartheta_{oi}$ | $= 22 - (0.6/6)\,(22+1) = 19.7°C$ |
| Luftfeuchtigkeit an der Oberfläche | $\varphi_{oi}$ | $= 81\%$ (Beiblatt 2.16 und Abb. 2.15) |

Es gilt $\varphi_{oi\ langfristig} > 80\ \%$. Damit besteht Schimmelpilzgefahr.

*Hinweis*
Bei Wärmebrücken treten tiefere Temperaturen auf als an den angrenzenden ebenen Bauteilen. Damit ergibt sich eine grössere lokale Schimmelpilzgefahr!

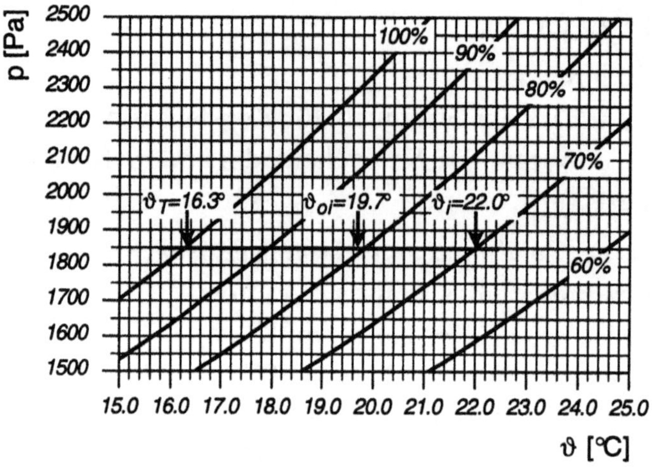


*Abb. 2.15: Ermittlung von* $\varphi_{oi}$ *für Schimmelpilzgefahr*

### 2.2.3 Kondensation im Bauteilinnern, Dampfsperre

**Kondensation**

*Kondensation* des Wasserdampfes im Bauteilinnern tritt auf, wenn dort der Wasserdampfsättigungsdruck erreicht wird. Im Rahmen einer einfachen Prüfung wird angenommen, dass dies der Fall ist, *wenn der scheinbare Wasserdampfdruck p grösser wird als der Wasserdampf-Sättigungsdruck* $p_s$.

Bei tiefen Aussentemperaturen ist der Wasserdampfdruck im Gebäudeinnern wesentlich grösser als aussen. Damit besteht ein Dampfdruckgefälle durch die Aussenbauteile. Dieses Dampfdruckgefälle bewirkt eine *Diffusion* (Wanderung) *des Wasserdampfs von innen nach aussen*. Trifft der Wasserdampf im Bauteilinnern auf eine "kalte Schicht" mit der Temperatur $\vartheta \leq \vartheta_T$ (Taupunkttemperatur), so kondensiert der Wasserdampf, d.h. es wird Kondenswasser ausgeschieden.

Bei der einfachen Prüfung auf Kondensation im Bauteilinnern muss also der scheinbare Wasserdampfdruck kleiner bleiben als der Wasserdampf-Sättigungsdruck:

$$p < p_s$$

Die Berechnung des *scheinbaren Dampfdruckverlaufes* in einem Bauteil erfolgt auf analoge Weise wie die Berechnung des Temperaturverlaufes.

Möglicherweise kann eine relativ geringe, im Winter (Kondensationsperiode) ausgeschiedene Wassermenge im Sommer (Trocknungsperiode) wieder austrocknen. Andernfalls ergeben sich die bekannten Wirkungen und Bauschäden wie

- Durchfeuchtung der Aussenbauteile;
- durch erhöhten Wassergehalt bewirkte grössere Wärmeleitfähigkeit und somit eine schlechtere Wärmedämmung der Baustoffe;
- ausfliessendes Kondenswasser am Fuss der Fassade bei mehrschichtigen Konstruktionen (z.B. in Beton-Zweischalenmauerwerk);
- Sprengwirkung durch Eisbildung im Winter bei gestautem Kondenswasser.

**Definitionen**

*Wasserdampfleitfähigkeit* $\lambda_D$ *(mg/m h Pa)*

Wasserdampfmenge, die pro Zeiteinheit durch 1 m$^2$ Querschnitt eines homogenen Stoffes von 1m Dicke diffundiert, wenn die Wasserdampfdruckdifferenz der Oberflächen 1 Pa beträgt. Für Zahlenwerte für $\lambda_D$ siehe Beiblatt 2.1 und Beiblatt 2.2 [SIA 381/1].

*Diffusionswiderstand* $R_D$ *(m$^2$ h Pa/mg)*

Die Dampfübergangskoeffizienten $\alpha_{iD}$ und $\alpha_{aD}$ sind sehr gross; die entsprechenden kleinen Widerstände (Kehrwerte) dürfen vernachlässigt werden. Es gilt dann:

- einschichtige (homogene) Bauteile mit der Dicke $d$: $R_D = d/\lambda_D$
- mehrschichtige Bauteile: $R_D = \Sigma(d/\lambda_D)$

*Diffusionswiderstandszahl* $\mu$ *(-)*

Anstatt mit $\lambda_D$ kann mit $\mu$ gearbeitet werden. Die Diffusionswiderstandszahl $\mu$ ist ein Kennwert der Dampfdurchlässigkeit von Baustoffen, der angibt, wievielmal kleiner die Wasserdampfleitfähigkeit bzw. wievielmal grösser der Diffusionswiderstand einer Stoffschicht ist als der einer gleich dicken Luftschicht: $\mu = \lambda_{DL}/\lambda_D$. Zahlenwerte für $\mu$ sind ersichtlich in [SIA 381/1].

*Wasserdampfleitfähigkeit der ruhenden Luft* $\lambda_{DL}$ *(mg/m h Pa)*

Abhängig von Temperatur und Barometerdruck, im Bereich von 0.60 - 0.75 (mg/m h Pa):

- mittlere Verhältnisse im schweizerischen Mittelland: 0.72 (mg/m h Pa)
- Rechenwert gemäss [SIA 381/1]: 0.64 (mg/m h Pa)

## a) Vorgehen bei einfacher Prüfung auf Kondensation im Bauteilinnern

Oft genügt eine einfache Prüfung auf Kondensation im Bauteilinnern, um zu entscheiden, ob eine Dampfsperre anzuordnen ist (Abb. 2.16):

- Berechnung des Temperaturverlaufes $\vartheta$ durch das Bauteil;
- Ermittlung des entsprechenden Sättigungs-Dampfdruckverlaufes $p_s$ ($p_s$ zur jeweiligen Temperatur);
- Berechnung des scheinbaren Dampfdruckverlaufes $p$ durch das Bauteil;
- Vergleich: Kondensation erfolgt, wenn $p > p_s$.

## b) Massnahmen

Ist aufgrund der einfachen Prüfung Kondensation im Bauteilinnern zu erwarten, so kann eine Dampfsperre angeordnet oder in gewissen Fällen eine weitergehende Berechnung durchgeführt werden [Kel].

**Dampfsperre anordnen**

Die Wirkung der Dampfsperre kann man sich wie folgt vorstellen: Der Wasserdampf wird durch die Dampfsperre daran gehindert, weiter in das Bauteil zu diffundieren. Er kann also nicht mehr bis zur "kalten Schicht" vordringen und dort kondensieren. Daraus folgt auch die wichtige Regel: *Dampfsperren gehören immer auf die warme Seite der Wärmedämmung!* Beispiele für die Anordnung von Dampfsperren finden sich auf Beiblatt 2.17 und Beiblatt 2.18.

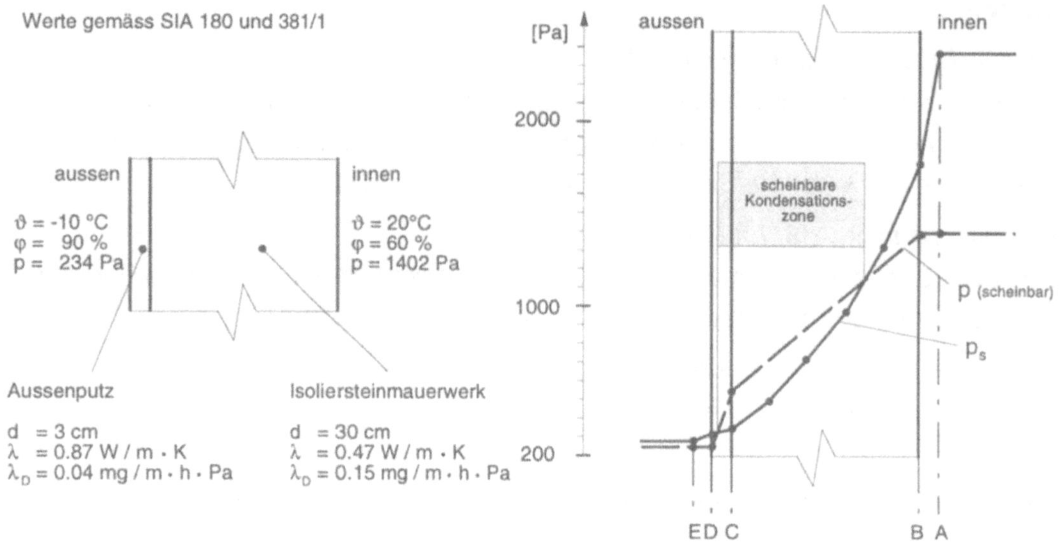


| | d [m] | λ [W/mK] | α [W/m² K] | $R_i$ $\left[\frac{m^2 K}{W}\right]$ | Δϑ [K] | ϑ [°C] | $p_s$ [Pa] | $\lambda_D$ $\left[\frac{mg}{m\,h\,Pa}\right]$ | $R_i$ $\left[\frac{m^2\,h\,Pa}{mg}\right]$ | $\Delta p_i$ [Pa] | p [Pa] |
|---|---|---|---|---|---|---|---|---|---|---|---|
| A | | | | | | 20 | 2337 | | | | 1402 |
| Übergang Luft - Wand, innen | | | 8 | 0.125 | 4.4 | | | | | | |
| B | | | | | | 15.6 | 1771 | | | | 1402 |
| Isolierstein˙ | 0.3 | 0.47 | | 0.638 | 22.6 | | | 0.15 | 2.0 | 849 | |
| C | | | | | | -7.0 | ***338*** | | | | ***553*** |
| Aussenputz | 0.03 | 0.87 | | 0.034 | 1.2 | | | 0.04 | 0.75 | 319 | |
| D | | | | | | -8.2 | 304 | | | | 234 |
| Übergang Wand - Luft, aussen | | | 20 | 0.050 | 1.8 | | | | | | |
| E | | | | | | -10.0 | 260 | | | | 234 |
| | | | | 0.847 | | | | | 2.75 | | |

*Abb. 2.16: Einfache Prüfung auf Kondensation im Bauteilinnern (Beispiel)*

Eine Dampfsperre (oder Dampfbremse) besteht aus einem dünnen Material mit extrem kleinem $\lambda_D$ (grossem $\mu$), d.h. kleiner Wasserdampfleitfähigkeit. Übliche Materialien sind:

- Kunststoffolie (bei Innenisolation einer Wand, Dachisolation, usw.);
- Alufolie (auf Wärmedämmplatten fertig aufgezogen);
- Bitumendachpappe (bei Flachdächern).

In allen Fällen müssen die *Fugen und Ränder sorgfältig abgeklebt und gedichtet* werden. Auch allfällige Verletzungen müssen sorgfältig repariert werden!

Eine Dampfsperre ist praktisch immer nötig:

- in Räumen mit hoher Innenfeuchtigkeit (z.B. 70% bei 20°C) wie z.B. in Wäschereien, Hallenbädern, Textilfabriken, usw.;
- in Kühlhäusern;
- bei Wärmedämmung von Kühl- oder Kaltwasserleitungen.

**Weitergehende Berechnungen durchführen**

In manchen Fällen lohnt sich eine detailliertere Berechnung, die das Verhalten über das ganze Jahr (Kondensations- und Trocknungsperiode) berücksichtigt. Es werden dabei folgende Grössen bestimmt:

- tatsächlicher Dampfdruckverlauf;
- im Winter (Kondensationsperiode) ausgeschiedene Wassermenge $G_K$;
- im Sommer (Trocknungsperiode) austrocknende Wassermenge $G_A$.

Die Berechnung erfolgt nach der *Methode von Glaser* mit effektiven Klimawerten oder nach dem vereinfachten *Verfahren der Pascaltage,* beide gemäss [SIA 180].

Sofern sich kein Restkondensat ergibt, ist eine Dampfsperre nicht unbedingt erforderlich. Bei geringem Restkondensat genügt allenfalls die Anordnung einer Dampfbremse.

## 2.3 Schallschutz

(Literatur: [Gös] [Hof] [SIA 181] [Zim])

**Problemstellung**

Es sind Massnahmen erforderlich zur Verringerung der Schallübertragung, vor allem

- von Innenlärm infolge von Luftschall, Trittschall und haustechnischen Geräuschen zwischen inneren Nutzungseinheiten (Räume, Wohnungen, etc.);
- von Aussenlärm infolge von Luftschall ins Hausinnere.

**Zielsetzung dieses Abschnittes**

- Verständnis der Zusammenhänge bezüglich Schallübertragung;
- Ermittlung und Beurteilung des bewerteten Bauschalldämmasses $R'_w$ von Trennbauteilen;
- Ermittlung und Beurteilung des bewerteten Norm-Trittschallpegels $L'_{n,w}$ von begehbaren Bauteilen;
- Ermittlung des Beurteilungspegels $L_{r,H}$ für Geräusche von haustechnischen Anlagen.

### 2.3.1 Schall und Schallübertragung

**Definitionen**

*Schall*

Schall besteht aus mechanischen Schwingungen und Wellen eines Mediums (Luft, Beton, Stahl usw.), insbesondere im Frequenzbereich des menschlichen Hörens von etwa 20 bis 20'000 Hz. Für das Bauwesen sind vor allem die Schallausbreitung in der Luft als *Luftschall* und in festen Körpern als *Körperschall* von Interesse.

*Luftschall*

Schall, der sich in der Luft ausbreitet; durch Kompressions- und Dekompressionswellen (Dichtewellen) werden kleine Druckveränderungen gegenüber dem Atmosphärendruck bewirkt. Luftschall ist einerseits die Voraussetzung für menschliche Verständigung durch Sprechen, anderseits kann Luftschall erhebliche Belästigungen durch Lärm verursachen.

*Körperschall*

Schall, der sich in festen Körpern in Form von Biege- und Dehnwellen ausbreitet; Körperschall kann durch Luftschall oder durch andere mechanische Einwirkungen (z.B. Stösse) angeregt werden.

*Trittschall*

Schall, der beim Begehen und bei ähnlicher stossartiger Anregung einer Decke, Treppe usw. als Körperschall entsteht und teilweise als Luftschall abgestrahlt wird.

*Frequenz*

Zahl der Schwingungen pro Sekunde in Hz; mit zunehmender Frequenz nimmt die Tonhöhe zu. Eine Oktave entspricht einer Verdoppelung der Frequenz. Die Frequenz einer schwingenden Saite lässt sich wie folgt bestimmen: $f = \sqrt{T_c/m}/2l$ mit $T_c$ = Zugkraft, $m$ = Masse pro

Längeneinheit, $l$ = Saitenlänge. Eine Oktave umfasst 3 Terzen. Das mittlere A mit einer Frequenz von 440 Hz ist der sogenannte Kammerton (international genormter Referenzton zur Stimmung von Musikinstrumenten).

*Reiner Ton*
Schall mit zeitlich sinusförmigem Verlauf und konstanter, im Hörbereich liegender Frequenz (Abb. 2.17).

*Klang*
Schall, zusammengesetzt aus dem Grundton und einer Anzahl harmonischer Obertöne, deren Frequenzen ganze Vielfache der Frequenz des Grundtones sind (Abb. 2.17).

*Geräusch*
Schall, zusammengesetzt aus mehreren Tönen mit beliebigen Frequenzen, die nicht im Verhältnis ganzer Zahlen zueinander stehen (Abb. 2.17).

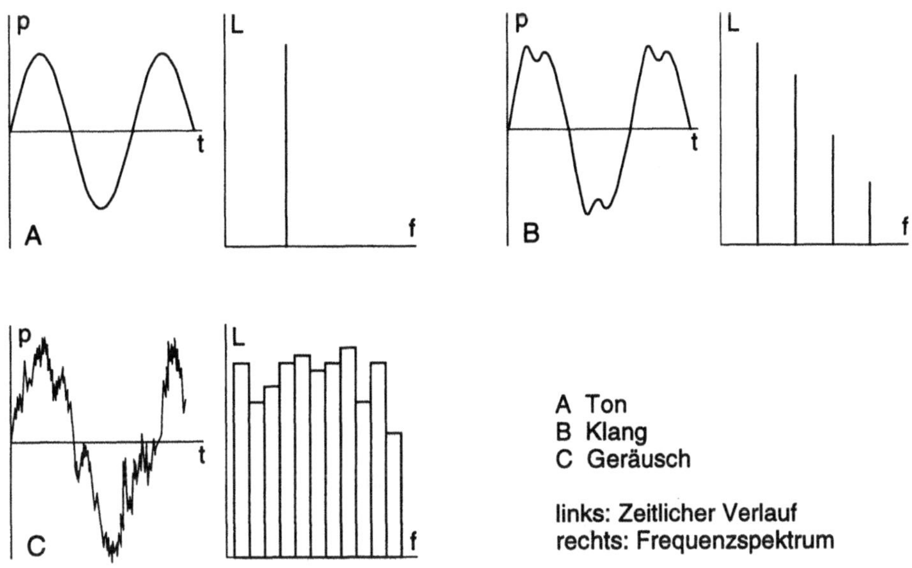


*Abb. 2.17: Reiner Ton, Klang und Geräusch (nach [el 30])*

*Schalldruck p (Pa, N/m²)*
Amplitude des Druckunterschiedes zum Atmosphärendruck (Wechseldruck, Druckschwankung).

*Schalldruckpegel (Schallpegel) (dB)*
Um ein Mass für den Schalldruck zu haben, das dem logarithmischen Empfinden des menschlichen Ohrs Rechnung trägt, wird der Schalldruckpegel definiert. Er vergleicht den vorhandenen Schalldruck mit einem Bezugsschalldruck, der in etwa der Hörschwelle junger Menschen für Töne mit $f$ = 1000 Hz entspricht. Der Schalldruckpegel ist auch ein Mass für die Leistung einer Schallwelle.

$$L = 10 \cdot \log\left(\frac{p^2}{p_o^2}\right) = 20 \cdot \log\left(\frac{p}{p_o}\right) \quad \text{(dB)}$$

$p$ : vorhandener Schalldruck
$p_o$ : Bezugsschalldruck $p_o = 20 \cdot 10^{-6}$ Pa.

*Lautstärke (Phon)*

Das menschliche Ohr reagiert auf zwei Geräusche mit demselben Schalldruckpegel verschieden, wenn die Geräusche unterschiedliche Frequenzen enthalten. Abb. 2.18 zeigt Kurven gleicher *Lautstärke in Phon*, d.h. Schalldruckpegel-Frequenz-Kurven, die vom Ohr als gleich laut empfunden werden. Man erkennt, dass das Ohr auf Töne tiefer Frequenzen viel weniger empfindlich reagiert als auf solche hoher Frequenzen.

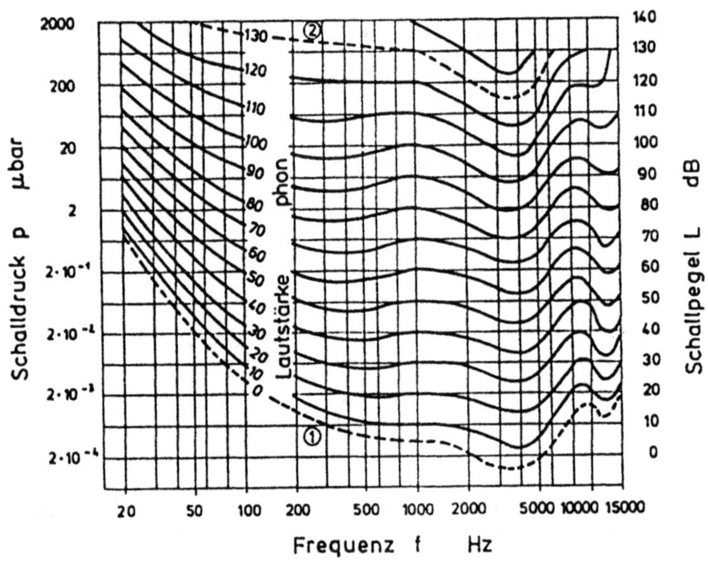


Kurve 1: Hörschwelle
Kurve 2: Schmerzschwelle

*Abb. 2.18: Frequenzabhängigkeit der Lautstärke [Schulz]*

*Bewerteter Schallpegel*

Um ein Geräusch genauer zu beschreiben, muss der Schalldruckpegel als Funktion der Frequenz angegeben werden. Oft besteht aber das Bedürfnis, ein Geräusch mit nur einer einzigen Kennzahl (Schallpegel in dB(A), dB(B) ...) zu beschreiben. Dazu ist eine *Bewertung der Schalldruckpegel verschiedener Frequenzen* und eine bestimmte Mittelwertbildung nötig.

Die international genormten Bewertungskurven A, B, C, D (Abb. 2.19) geben an, wie die Schallpegel-Frequenzkurve eines gemessenen Geräusches modifiziert wird, bevor die Mittelung erfolgt. Es wird deutlich, dass der Schalldruckpegel tiefer Töne entsprechend der geringen Empfindlichkeit des menschlichen Ohrs stark nach unten korrigiert wird, währenddem für hohe Frequenzen in manchen Fällen sogar eine Korrektur des gemessenen Schallpegels nach oben angebracht ist.

Die Bewertungskurve A erlaubt eine etwa gehörsrichtige Erfassung des Schalldruckpegels, während die Kurven B, C und D für andere technische Anwendungen von Bedeutung sind.

Aus der bewerteten bzw. korrigierten Schallpegelkurve wird schliesslich ein sogenannter Summenpegelwert ermittelt (massgebend ist die Summe $\Sigma p^2/p_o^2$, d.h. wiederum ein Mass für die Leistung der Schallwelle), der zur Charakterisierung des Schallpegels des betreffenden Geräusches dient. Die unterschiedlichen Bewertungen werden auch in den Einheiten angegeben: dB(A), dB(B), dB(C), dB(D).

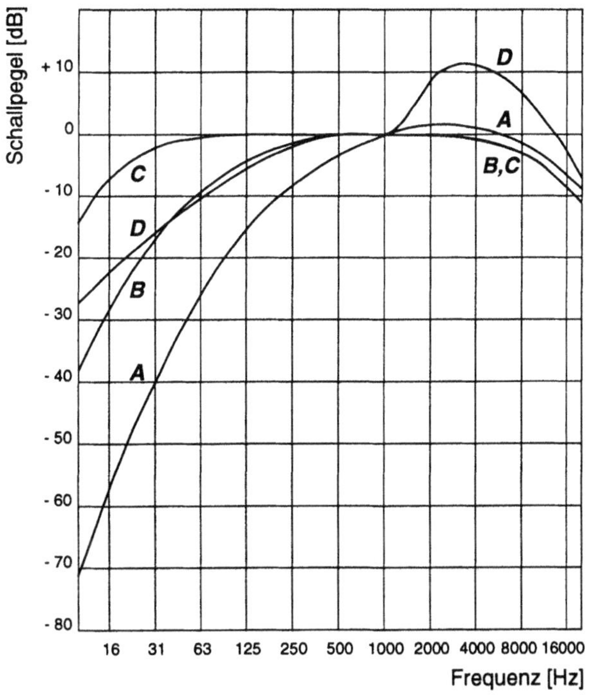


*Abb. 2.19: Bewertungskurven für Schallpegelmesser (IEC 179) (nach [Kel])*

Durch diese Einheiten kann somit die Gesamtheit der Schallpegel eines bestimmten Geräusches bei verschiedenen Frequenzen durch eine einzige Zahl charakterisiert werden (auch mit A-, B-, C- oder D-Schallpegel bezeichnet).

Abb. 2.20 zeigt einige typische Werte für den A-Schallpegel verschiedener Geräusche.

| | |
|---|---|
| Fabriksaal einer Spinnerei | 90 - 100 dB(A) |
| Verkehrslärm in lauter Strasse | 70 - 80 dB(A) |
| sehr laute Sprache | 70 dB(A) |
| normale Sprache | 60 dB(A) |
| ruhiger Raum, tagsüber | 25 - 30 dB(A) |
| ruhiger Raum, nachts (abseits vom Verkehr) | 10 - 20 dB(A) |

*Abb. 2.20: Richtwerte für den Schallpegel verschiedener Geräusche (nach [Gös])*

## 2.3.2 Luftschalldämmung

**Luftschallübertragung**

Die Übertragung von Luftschall von einer Schallquelle (Senderaum) durch ein Trennbauteil hindurch in einen angrenzenden Raum (Empfangsraum) geschieht wie folgt: Im Senderaum wird Luftschall erzeugt (z.B. durch Radio, Fernseher, Klavier, Singen, ...). Die entsprechenden Druckwellen in der Luft regen das Trennbauteil zu Schwingungen an (Körperschall). Im Empfangsraum erzeugen die Schwingungen des Trennbauteils wiederum Luftschall (Abb. 2.21 rechts).

Bei dieser Übertragung wird der Schallpegel reduziert: Einerseits entstehen bei jedem Phasenwechsel von Luft zu Festkörper oder umgekehrt Reflexionen, d.h. sowohl beim Eintreten des

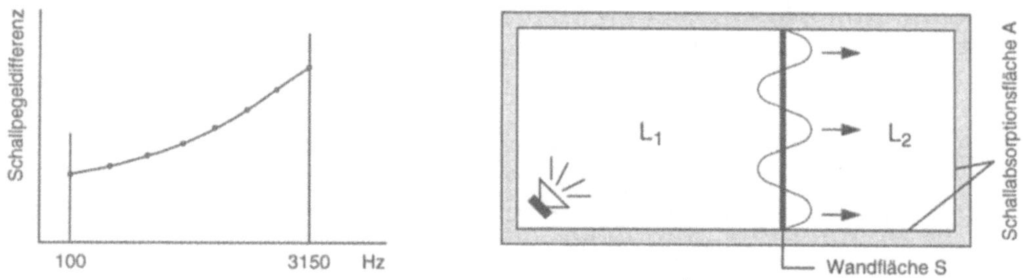


*Abb. 2.21: Luftschallübertragung (nach [Gös])*

Schalls in das Trennbauteil als auch beim Verlassen. Andererseits tragen alle Oberflächen im Empfangsraum durch Absorption der Schallwellen zur Verminderung des Schallpegels bei. Diese Oberflächen umfassen die Wände und Decken, sowie die Oberflächen aller Möbel.

*Luftschalldämmung* zwischen angrenzenden Räumen umfasst die *Massnahmen am Trennbauteil*, die zur Reduktion der Luftschallübertragung beitragen.

**Schallpegeldifferenz, Bauschalldämmass**

*Schallpegeldifferenz D (dB)*

Um Anforderungen an den Luftschallschutz oder die Eigenschaften eines Bauteils beschreiben zu können, muss die *Schallpegeldifferenz* eingeführt werden. Allgemein gilt:

$$D = L_1 - L_2$$

$D$: Schallpegeldifferenz (dB)

$L_1$: Schallpegel im Senderaum (dB)

$L_2$: Schallpegel im Empfangsraum (dB)

Die Grössen $D$, $L_1$ und $L_2$ sind Funktionen der Frequenz.

Um die Schallpegeldifferenz D zu bestimmen, wird im Senderaum eine Schallquelle installiert. Es wird dann der Schallpegel im Senderaum und im Empfangsraum in verschiedenen Frequenzbändern gemessen. Daraus lässt sich die Schallpegeldifferenz als Funktion der Frequenz bestimmen (Abb. 2.21 links).

Um diese Schallpegeldifferenz in Normen z.B. als Richtwert verwenden zu können, muss sie normiert werden. Diese Normierung erfolgt verschieden, je nachdem, ob sie für die Festlegung von Anforderungen an den Luftschallschutz verwendet wird oder zur Beschreibung von Bauteilen.

*Standard-Schallpegeldifferenz $D_{nT}$ (dB)*

Im Hinblick auf die Schalldämmung des Trennbauteils allein kann man die Schallpegeldifferenz so korrigieren, dass sie die Schallabsorption im Empfangsraum berücksichtigt (Pegelkorrektur). Dies geschieht durch Einbezug der Nachhallzeit. Diese ist ein Mass dafür, wie schnell Schall in einem Raum absorbiert wird. Die korrigierte Schallpegeldifferenz - immer noch in Funktion der Frequenz - wird als *Standard-Schallpegeldifferenz* $D_{nT}$ bezeichnet. (Indizes: $_{nT}$ = normiert bezüglich Nachhallzeit $T$).

$$D_{nT} = D + 10\log T/T_0$$

$D_{nT}$: Standard-Schallpegeldifferenz
$D$: Schallpegeldifferenz
$T$: gemessene Nachhallzeit
$T_0$: Bezugsnachhallzeit, abhängig vom Volumen des Empfangsraums.

*Bewertete Standard-Schallpegeldifferenz $D_{nT,w}$ (dB)*
Schliesslich wird eine Art Mittelwertbildung dieser Funktion durchgeführt, um eine einzige Kennzahl zu erhalten: Diese wird bestimmt, indem die Messkurve $D_{nT}$ mit einer vorgegebenen und nach bestimmten Regeln verschobenen Bezugskurve bewertet wird [SIA 181]. Der Ordinatenwert der verschobenen Bezugskurve bei einer Frequenz von 500 Hz entspricht dann der *bewerteten Standard-Schallpegeldifferenz* $D_{nT,w}$ (Abb. 2.22). (Indizes: $_{nT}$ = normiert bezüglich Nachhallzeit $T$, $_w$ = weighted).

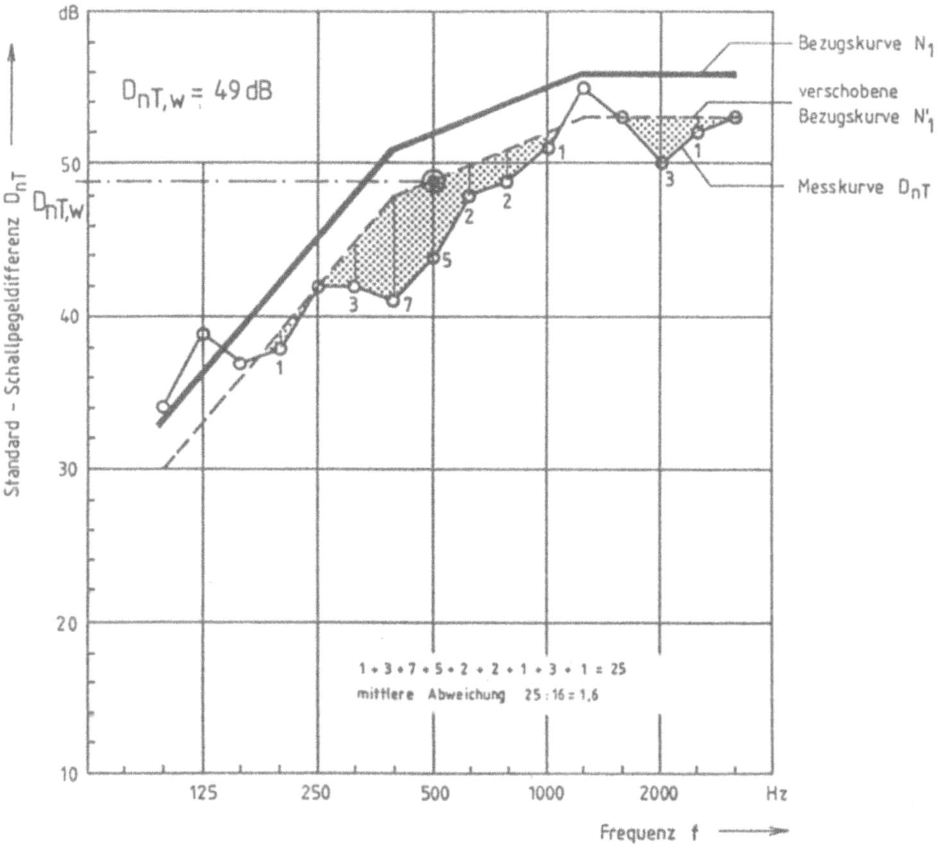


*Abb. 2.22: Bewertete Standard-Schallpegeldifferenz $D_{nT,w}$ [SIA 181]*

*Bewertetes Bauschalldämmass $R'_w$ (dB)*
Um Trennbauteile bezüglich ihrer schalldämmenden Eigenschaften zu beschreiben, werden standardisierte Laborversuche durchgeführt. Diese Versuche berücksichtigen auch die bauüblichen Nebenwegübertragungen. Dabei wird ausgehend von der Schallpegeldifferenz $D$ zuerst eine Normierung bezüglich der Fläche des Trennbauteils (jedoch keine Pegelkorrektur) und anschliessend eine Bewertung zur Bestimmung einer einzigen Kennzahl durchgeführt. Die dabei resultierende Bauteilkenngrösse heisst *bewertetes Bauschalldämmass* $R'_w$.

In gewissen einfachen Fällen ist eine rechnerische Abschätzung von $R'_w$ möglich z.B. nach [SIA 181] (Beiblatt 2.19). Im weiteren werden in Normen Regeln angegeben, um die resultierende Schalldämmung bei der Kombination verschiedener Bauteile (z.B. Wand mit Tür und Fenster) zu bestimmen [SIA 181].

**Anforderungen an die Luftschalldämmung gemäss [SIA 181]**

Die Anforderungen an die Luftschalldämmung von Baukonstruktionen sind in [SIA 181] als *erforderliche Werte* $D_{nT,w(erf)}$ festgelegt (Beiblatt 2.20). Die Abstufung der Anforderungen berücksichtigt:

- Lärmempfindlichkeit des Empfangsraums
- Grad der Störung (d.h. Stärke der Schallquelle)
- minimale/erhöhte Anforderungen (erhöhte Anforderungen können vom Bauherrn verlangt und müssen vertraglich festgehalten werden).

Beispiele Aussenlärm:

- Schlafzimmer eines Wohnbaus in ruhiger Lage, abseits vom Durchgangsverkehr:
  · Lärmempfindlichkeit: mittel
  · Grad der Störung: klein
  · Anforderungen: minimal.
  Luftschalldämmung gemäss [SIA 181]: $D_{nT,w(erf)} = 30$ dB.
- Spitalzimmer in lauter Lage im Nahbereich stark belasteter Verkehrsträger:
  · Lärmempfindlichkeit: hoch
  · Grad der Störung: gross
  · Anforderungen (vom Bauherr gewünscht, vertraglich festgelegt): erhöht.
  Luftschalldämmung gemäss [SIA 181]: $D_{nT,w(erf)} = 50$ dB.

Beispiele Innenlärm:

- Wohnzimmer (Empfangsraum) über Musikzimmer:
  · Lärmempfindlichkeit: mittel
  · Grad der Störung: stark
  · Anforderungen: minimal.
  Luftschalldämmung gemäss [SIA 181]: $D_{nT,w(erf)} = 57$ dB.
- Leseraum (Empfangsraum) neben Archiv:
  · Lärmempfindlichkeit: hoch
  · Grad der Störung: klein
  · Anforderungen: minimal.
  Luftschalldämmung gemäss [SIA 181]: $D_{nT,w(erf)} = 52$ dB.

**Vorgehen bei Projektierung und Nachweis**

*Projektierung*

Aufgrund der geplanten Nutzung eines Raumes und den in Frage kommenden Luftschallquellen werden die Norm-Anforderungen an den Luftschallschutz festgelegt: $D_{nT,w(erf)}$.

Unter Berücksichtigung der gegebenen Raumgeometrie wird daraus ein erforderlicher Wert für das bewertete Bauschalldämmass $R'_{w(erf)}$ errechnet:

$$R'_{w(erf)} = D_{nT,w(erf)} + C$$

$R'_{w(erf)}$: Erforderliches, bewertetes Bauschalldämmass des Trennbauteils
$D_{nT,w(erf)}$: Erforderliche, bewertete Standard-Schallpegeldifferenz nach [SIA 181]
$C$: Pegelkorrektur, abhängig vom Volumen des Empfangsraums V und der Fläche des Trennbauteils S (Abb. 2.23)

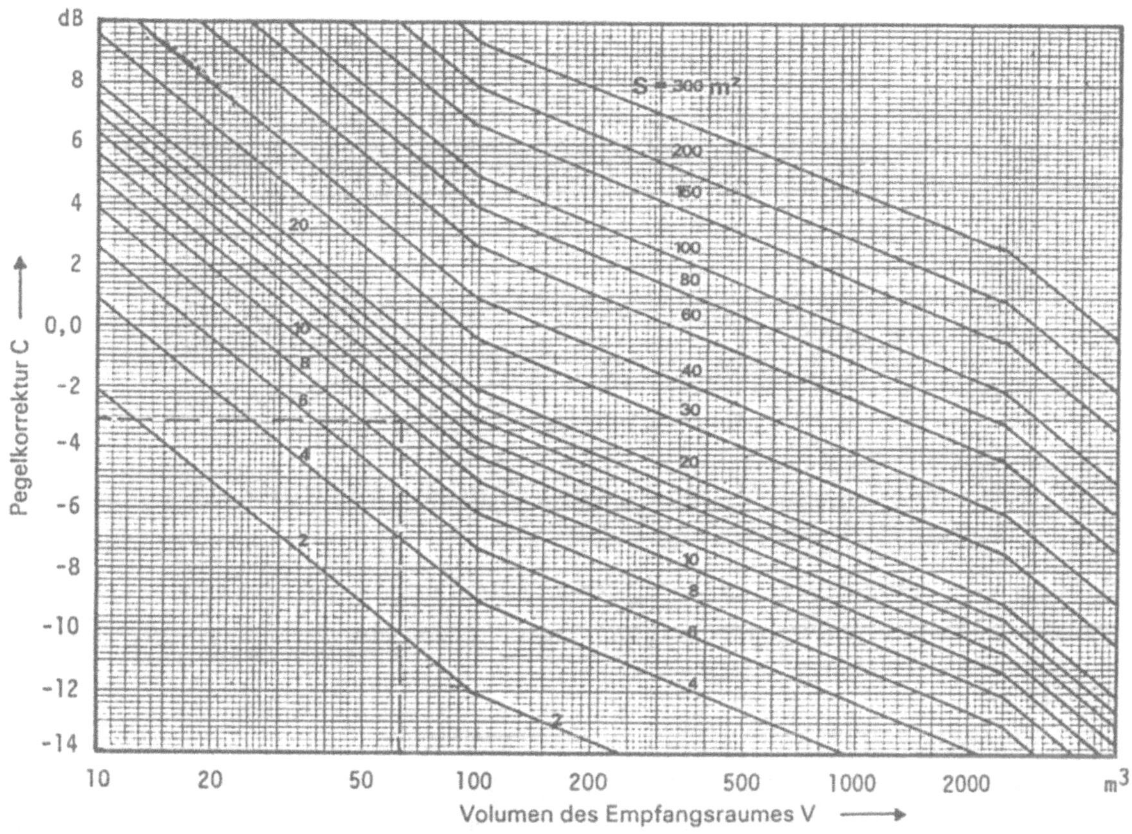


*Abb. 2.23: Pegelkorrektur für das Bauschalldämmass [SIA 181]*

Das gewählte Trennbauteil muss ein bewertetes Bauschalldämmass von $R'_w \geq R'_{w(erf)}$ aufweisen.

Die Anforderungen an das in Herstellerunterlagen (vgl. z.B. Kap. 3) oft angegebene Bauschalldämmass $R'_w$ (früher mit Luftschall-Isolationsindex $I_a$ bezeichnet) unterscheidet sich somit von der in der Norm [SIA 181] festgelegten Anforderung an die bewertete Standard-Schallpegeldifferenz $D_{nT,w}$ je nach Einbausituation um -14 bis +10 dB (Abb. 2.23).

*Nachweis*

Soll in einem bestehenden Gebäude der Luftschallschutz überprüft werden, so müssen Messungen durchgeführt werden. Die vorhandene bewertete Standard-Schallpegeldifferenz wird bestimmt und mit der nach Norm erforderlichen verglichen. Damit der Nachweis erfüllt ist, muss gelten: $D_{nT,w(vorh)} \geq D_{nT,w(erf)}$. $R'_{w(vorh)}$ muss nicht ermittelt werden.

### 2.3.3 Trittschalldämmung

**Trittschallübertragung**

Die Übertragung von Trittschall von einer Schallquelle (Senderaum) durch ein Trennbauteil hindurch in einen angrenzenden Raum (Empfangsraum) geschieht wie folgt: Im Senderaum wird die Decke (Trennbauteil) durch das Begehen, das Fallenlassen von Gegenständen oder Stühlerücken usw. in Schwingungen versetzt (Körperschall). Der Körperschall breitet sich im Trennbauteil und den daran angrenzenden Bauteilen aus. Im Empfangsraum erzeugen die Schwingungen der Bauteile Luftschall (Abb. 2.24).

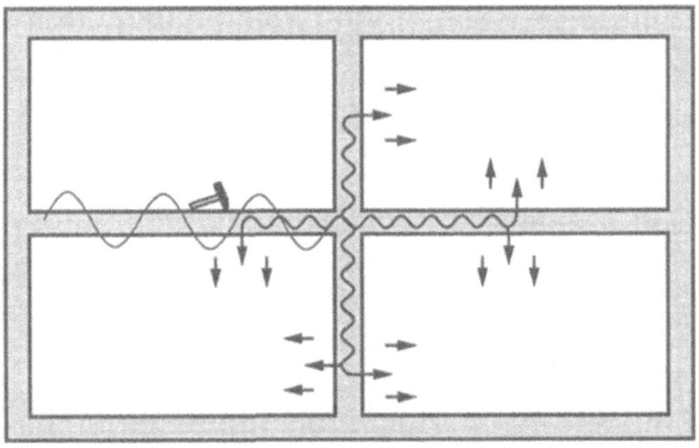

*Abb. 2.24: Trittschallübertragung*

Bei dieser Übertragung wird der Schallpegel wie im Fall der Luftschallübertragung durch Reflexion an Materialübergängen und durch Absorption im Empfangsraum vermindert.

*Trittschalldämmung* zwischen angrenzenden Räumen umfasst die *Massnahmen am Trennbauteil,* (Decke) die zur Reduktion der Trittschallübertragung beitragen.

**Trittschallpegel**

*Trittschallpegel L (dB)*

Um Anforderungen an den Trittschallschutz oder die Eigenschaften eines Bauteils beschreiben zu können, muss der *Trittschallpegel* eingeführt werden.

Um den Trittschallpegel zu bestimmen, wird im Senderaum ein normiertes Hammerwerk installiert. Dieses wird in Betrieb genommen und der Schallpegel im Empfangsraum in verschiedenen Frequenzbändern gemessen. Daraus lässt sich der Trittschallpegel als Funktion der Frequenz bestimmen.

Für die Verwendung in Normen oder zur Beurteilung von Bauteilen ist der Trittschallpegel ähnlich wie die Schallpegeldifferenz im Falle von Luftschall zu normieren.

*Standard-Trittschallpegel $L'_{nT}$ (dB)*

Im Hinblick auf die Schalldämmung des Trennbauteils (Decke) allein kann man den Trittschallpegel so korrigieren, dass er die Schallabsorption im Empfangsraum berücksichtigt (Pegelkorrektur). Dies geschieht wie beim Luftschall durch Einbezug der Nachhallzeit. Der korrigierte Trittschallpegel - immer noch in Funktion der Frequenz - wird als *Standard-Trittschallpegel* $L'_{nT}$ bezeichnet. (Indizes: $_{nT}$ = normiert bezüglich Nachhallzeit *T*)

$$L'_{nT} = L - 10\log T/T_0$$

$L'_{nT}$: Standard-Trittschallpegel
$L$: Trittschallpegel
$T$: gemessene Nachhallzeit
$T_0$: Bezugsnachhallzeit, abhängig vom Volumen des Empfangsraums

*Bewerteter Standard-Trittschallpegel $L'_{nT,w}$*

Eine Art Mittelwertbildung dieser Funktion ergibt eine einzige Kennzahl: Diese wird bestimmt, indem die Messkurve $L'_{nT}$ mit einer vorgegebenen und nach bestimmten Regeln verschobenen Bezugskurve bewertet wird [SIA 181]. Der Ordinatenwert der verschobenen Bezugskurve bei einer Frequenz von 500 Hz entspricht dann dem *bewerteten Standard-Trittschallpegel* $L'_{nT,w}$ (Abb. 2.25). (Indizes: $_{nT}$ = normiert bezüglich Nachhallzeit $T$, $_w$ = weighted)

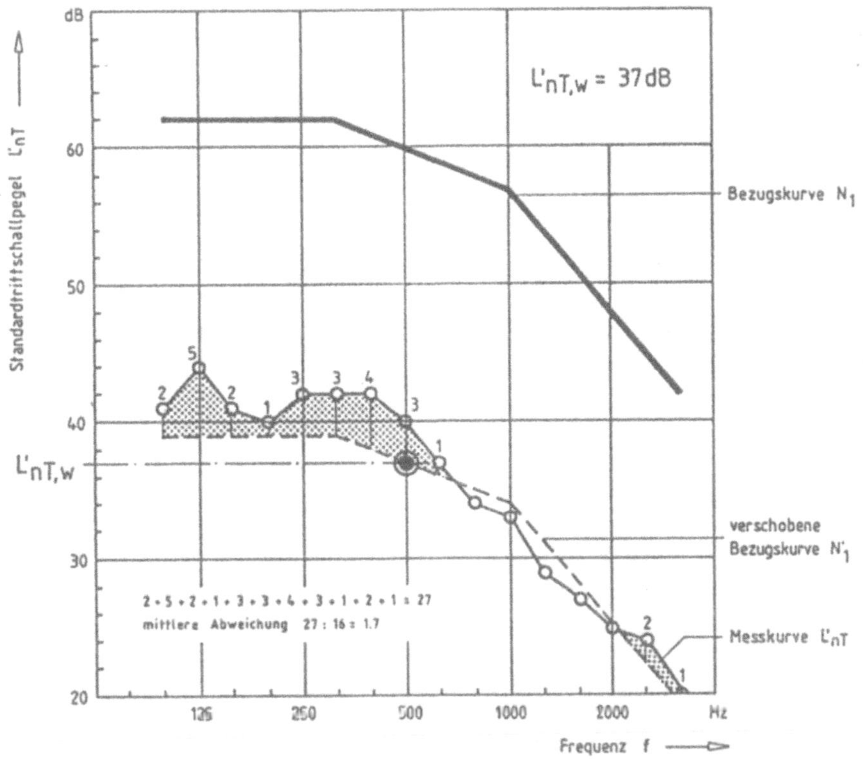


*Abb. 2.25: Bewerteter Standard-Trittschallpegel $L'_{nT,w}$ [SIA 181]*

*Bewerteter Norm-Trittschallpegel $L'_{n,w}$* (dB)

Um Trennbauteile bezüglich ihrer trittschalldämmenden Eigenschaften zu beschreiben, werden standardisierte Laborversuche durchgeführt. Diese Versuche berücksichtigen auch die bauüblichen Nebenwegübertragungen. Dabei wird ausgehend vom Trittschallpegel $L$ zuerst eine Normierung bezüglich der Fläche des Trennbauteils (jedoch keine Pegelkorrektur) und anschliessend eine Bewertung zur Bestimmung einer einzigen Kennzahl durchgeführt. Die dabei resultierende Bauteilkenngrösse heisst *bewerteter Norm-Trittschallpegel* $L'_{n,w}$ .

In gewissen einfachen Fällen ist eine rechnerische Abschätzung von $L'_{n,w}$ möglich, z.B. nach [SIA 181] (Beiblatt 2.21).

**Anforderungen an die Trittschalldämmung gemäss [SIA 181]**

Die Anforderungen an die Trittschalldämmung von Baukonstruktionen sind in [SIA 181] als *erforderliche Werte* $L'_{nT,w(erf)}$ festgelegt (Beiblatt 2.22). Die Abstufung der Anforderungen berücksichtigt:

- Lärmempfindlichkeit des Empfangsraums
- Grad der Störung (d.h. Stärke der Schallquelle)
- minimale/erhöhte Anforderungen (erhöhte Anforderungen können vom Bauherrn verlangt und müssen vertraglich festgehalten werden).

Beispiele:

- Wohnraum unterhalb eines Restaurants:
  · Lärmempfindlichkeit: mittel
  · Grad der Störung: stark
  · Anforderungen: minimal.
  Trittschalldämmung gemäss [SIA 181]: $L'_{nT,w(erf)} = 50$ dB.
- Lesezimmer unterhalb eines Archivs:
  · Lärmempfindlichkeit: hoch
  · Grad der Störung: klein
  · Anforderungen (vom Bauherrn gewünscht, vertraglich festgelegt): erhöht.
  Trittschalldämmung gemäss [SIA 181]: $L'_{nT,w(erf)} = 50$ dB.

**Vorgehen bei Projektierung und Nachweis**

*Projektierung*

Aufgrund der vorgesehenen Nutzung eines Raumes und den in Frage kommenden Trittschallquellen werden die Norm-Anforderungen an den Trittschallschutz festgelegt: $L'_{nT,w(erf)}$. Unter Berücksichtigung der gegebenen Raumgeometrie wird daraus ein erforderlicher Wert für den bewerteten Norm-Trittschallpegel $L'_{n,w(erf)}$ des Bauteils errechnet:

$$L'_{n,w(erf)} = L'_{nT,w(erf)} + B$$

$L'_{n,w(erf)}$: Erforderlicher, bewerteter Norm-Trittschallpegel des Bauteils
$L'_{nT,w(erf)}$: Erforderlicher, bewerteter Standard-Trittschallpegel nach [SIA 181]
$B$: Pegelkorrektur, abhängig vom Volumen des Empfangsraums (Abb. 2.26)

Das gewählte Trennbauteil muss einen bewerteten Norm-Trittschallpegel von $L'_{n,w} \leq L'_{n,w(erf)}$ aufweisen.

Die Anforderung an den in Herstellerunterlagen (vgl. z.B. Kap. 3) angegebenen bewerteten Norm-Trittschallpegel $L'_{n,w}$ unterscheidet sich somit von der in der Norm [SIA 181] festgelegten Anforderung an den bewerteten Standard-Trittschallpegel $L'_{nT,w}$ je nach Einbausituation um -5 bis +15 dB (Abb. 2.26).

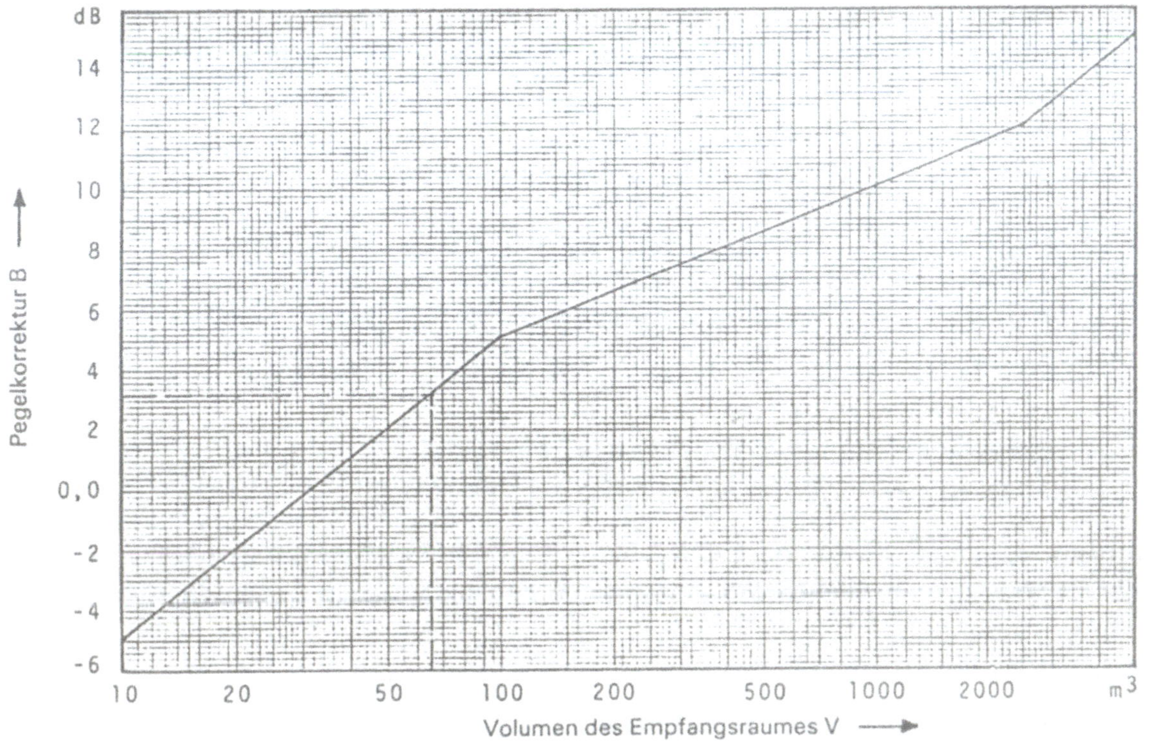


*Abb. 2.26: Pegelkorrektur für den Trittschallpegel [SIA 181]*

*Nachweis*
Soll in einem bestehenden Gebäude der Trittschallschutz überprüft werden, so müssen Messungen durchgeführt werden. Der vorhandene bewertete Standard-Trittschallpegel wird bestimmt und mit dem nach Norm erforderlichen verglichen. Es muss gelten:
$L'_{nT,w(vorh)} \leq L'_{nT,w(erf)}$ .

## 2.3.4 Dämmung von haustechnischen Geräuschen

**Übertragung von haustechnischen Geräuschen**
Schwingende Installationen und Einrichtungen (z.B. fliessendes Wasser in Leitungen und Closets, Aufzüge, Ventilatoren) versetzen die Bauteile, an denen sie befestigt sind, in Bewegung. Diese äussert sich in Form von Körperschall, der durch das Bauteil in andere Räume übertragen werden kann. Dort wird die Luft durch den schwingenden Bauteil zu Luftschall angeregt.

Die *Dämmung von haustechnischen Geräuschen* umfasst die *Massnahmen an den Bauteilen*, die zur Reduktion der Schallübertragung haustechnischer Geräusche beitragen.

**Schallpegel haustechnischer Geräusche**

*Bewerteter Schallpegel $L_A$ (dB)*
Um die Anforderungen an die Dämmung gegen haustechnische Geräusche beschreiben zu können, wird vom *bewerteten Schallpegel $L_A$* ausgegangen. Dieser Schallpegel wird im Empfangsraum gemessen während die Schallquelle in Betrieb ist.

Um diesen Schallpegel in Normen verwenden zu können, muss er normiert werden.

*Beurteilungspegel $L_{r,H}$ (dB)*
Der gemessene Schallpegel haustechnischer Geräusche wird in dreierlei Hinsicht korrigiert: Es werden die Absorptionsverhältnisse im Empfangsraum, die Tonhaltigkeit des Geräusches und die Impulshaltigkeit des Geräusches berücksichtigt. Der korrigierte Schallpegel wird als *Beurteilungspegel* $L_{r,H}$ bezeichnet. (Index $H$ = Haustechnik):

$$L_{r,H} = L_A + K_1 + K_2 + K_3$$

$L_{r,H}$: Beurteilungspegel des haustechnischen Geräusches
$L_A$: Schallpegel (A-bewertet) des haustechnischen Geräusches
$K_1$: Pegelkorrektur für Schallabsorption (-3 bis 0 dB)
$K_2$: Pegelkorrektur für Tonhaltigkeit (+2 bis +6 dB)
$K_3$: Pegelkorrektur für Impulshaltigkeit (+2 bis +6 dB)

**Anforderungen an die Dämmung von haustechnischen Geräuschen gemäss [SIA 181]**
Die Anforderungen an die Schalldämmung von haustechnischen Geräuschen von Baukonstruktionen sind in [SIA 181] als *erforderliche Werte* $L_{r,H}$ festgelegt (Beiblatt 2.23). Die Abstufung der Anforderungen berücksichtigt:

- Lärmempfindlichkeit des Empfangsraums
- Grad der Störung (d.h. Stärke der Schallquelle)
- Einzel- und Dauergeräusche
- Funktions- und Benutzergeräusche
- minimale/erhöhte Anforderungen (erhöhte Anforderungen können vom Bauherrn verlangt und müssen vertraglich festgehalten werden).

Beispiele:

- Wohnraum neben Küche, Betätigen von Flaschenauszügen, Abstellen von Pfannen und Geschirr am Tag:
  · Lärmempfindlichkeit: mittel
  · Grad der Störung: mässig (Einzelgeräusch, tagsüber)
  · Benutzergeräusch
  · Anforderungen: minimal.
  Dämmung von haustechnischen Geräuschen gemäss [SIA 181]: $L_{r,H} \leq 45$ dB.
- Spitalzimmer neben Wirtschaftsraum mit Waschmaschine/Tumbler:
  · Lärmempfindlichkeit: hoch
  · Grad der Störung: stark (Dauergeräusche am Tag)
  · Funktionsgeräusch
  · Anforderungen (vom Bauherrn gewünscht, vertraglich festgelegt): erhöht.
  Dämmung von haustechnischen Geräuschen gemäss [SIA 181]: $L_{r,H} \leq 25$ dB.

**Vorgehen bei Projektierung und Nachweis**

*Projektierung*
Aufgrund der vorgesehenen Nutzung eines Raumes und den in Frage kommenden Quellen haustechnischer Geräusche werden die Norm-Anforderungen an die Dämmung solcher Geräusche festgelegt: $L_{r,H(erf)}$. Da sich die Verhältnisse der Schallausbreitung derartiger Geräu-

sche kaum normieren lassen, ist der planende Architekt oder Ingenieur auf Erfahrungswerte angewiesen. Viele Schallprobleme lassen sich mit sauber konstruierten Details lösen (vgl. 3. Kapitel).

*Nachweis*

Soll in einem bestehenden Gebäude der Schallschutz gegen haustechnische Geräusche überprüft werden, so müssen Messungen durchgeführt werden. Aus dem vorhandenen bewerteten Schallpegel $L_A$ wird mittels Pegelkorrekturen der Beurteilungspegel $L_{r,\,H(vorh)}$ bestimmt und mit den Anforderungen der Norm verglichen. Es muss gelten: $L_{r,\,H(vorh)} \leq L_{r,\,H(erf)}$.

## 2.4 Brandschutz

(Literatur: [Fon] [SIA 183] [SIA Dok 81] [SIA Dok 82])

**Problemstellung**
Es sind Massnahmen erforderlich zur Verringerung des Brandrisikos durch:
- Organisationen und Behörden
- bauliche Vorkehrungen
- betriebliche Vorkehrungen.

**Zielsetzung dieses Abschnittes**
- Kenntnis wichtiger Grundbegriffe
- Grobe Beurteilung von Baustoffen, Bauteilen und Tragwerken
- Kenntnis planerischer Massnahmen.

### 2.4.1 Brandfolgen und Schutzziele

**Brandfolgen**
Jährlich sterben in der Schweiz ca. 30 bis 40 Menschen an den Folgen eines Brandes. Die Schäden, welche Brände in der Schweiz an Gebäuden verursachen, betragen rund 500 Mio. Fr. Die gesamten Kosten von Bränden einschliesslich Folgekosten und Investitionen für Brandschutzmassnahmen belaufen sich auf rund 1.3% des Bruttosozialproduktes [Fon].

Brennbare Materialien in Bauten werden in zwei Kategorien aufgeteilt:
- immobile Brandbelastung: feste Einbauten, Beläge, brennbare Leitungen, usw.;
- mobile Brandbelastung: Möbel, Lagergüter, usw.

Branddauer und Brandtemperaturen hängen von folgenden Einflüssen ab:
- Menge und Art der Brandbelastung;
- Lüftungsbedingungen (Sauerstoffzufuhr und Wärmeabzug);
- Isolationseigenschaften der Wände und der Decke des Brandraumes;
- Brandentdeckungs- und Löschmassnahmen.

Folgen eines Brandes sind:
- Rauch und giftige Gase;
- Temperaturen bis über 1000°C (Menschen und Gebäudeinhalt können bereits durch Temperaturen von 80°C sowie durch Rauch und Gase gefährdet werden);
- Baustoffe verlieren bei hohen Temperaturen an Steifigkeit und Festigkeit (z.B. Stahl, vgl. Abb. 2.27).

**Brandschutzziele und -konzepte**
Aufgrund des Gefährdungsbildes "Brand" müssen *Brandschutzziele* festgelegt werden:
- Sicherheit der Menschen (Bewohner und Feuerwehr);
- Begrenzung der Sachschäden (Gebäude und Inhalt) auf ein wirtschaftlich akzeptables Mass;
- Schutz der Umwelt im Störfall.

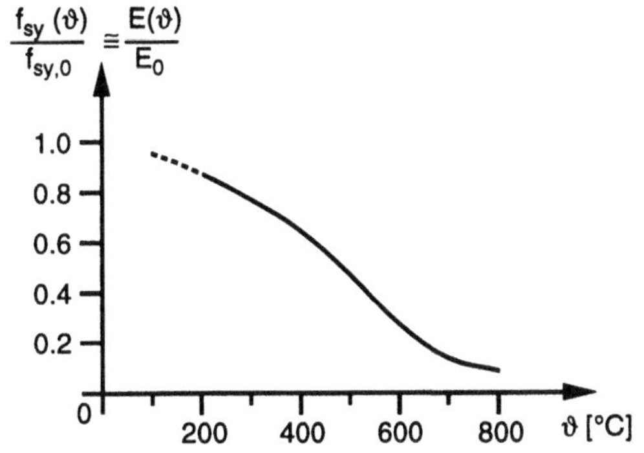


*Abb. 2.27: Festigkeits- und Steifigkeitsverlust von Stahl aufgrund hoher Temperaturen (nach [Fon])*

Diese Schutzziele können durch unterschiedliche *Brandschutzkonzepte* erreicht werden:

- *Bauliches Konzept:* Durch feuerwiderstandsfähige Wände und Decken wird das Feuer auf bestimmte Bereiche des Bauwerkes, sogenannte Brandabschnitte, begrenzt. Im betroffenen Brandabschnitt können ein Totalverlust des Inhaltes und Schäden am Gebäude entstehen. Voraussetzung ist eine feuerwiderstandsfähige Tragkonstruktion.
- *Entdeckungskonzept:* Durch eine Brandmeldeanlage wird das Feuer rasch entdeckt und durch eine in der Nähe stationierte, gut ausgerüstete Feuerwehr gelöscht. Der Feuerwiderstand der Tragkonstruktion kann in solchen Fällen stark reduziert werden. Gegebenenfalls kann sogar unverkleideter Stahl genügen.
- *Löschkonzept:* Eine Sprinkleranlage löscht das Feuer bereits in der Entstehungsphase oder hält es bis zum Eintreffen der Feuerwehr klein. Ein besonderer Feuerwiderstand der Tragkonstruktion ist dann im allgemeinen nicht erforderlich.

Es ist von grosser Bedeutung, dass bei der Planung von Hochbauten der Brandschutz sehr frühzeitig berücksichtigt wird.

### 2.4.2 Organisation des Brandschutzes in der Schweiz

In der Schweiz befassen sich zahlreiche Stellen mit Aufgaben des Brandschutzes.

**Auflagen für ein Bauobjekt**

Auflagen bezüglich Brandschutz für die *Baubewilligung* machen:
- Feuerpolizei
- baugesetzliche Vorschriften
- Zonenpläne.

Auflagen bezüglich Brandschutz für den *Betrieb* und *Unterhalt* machen:
- Feuerpolizei
- Gebäudeversicherungen.

Dabei sind für die Feuerpolizei i.a. die Kantone zuständig, wobei aber der Vollzug z.T. bei den Gemeinden liegt. Baugesetzliche Vorschriften und Zonenpläne sind in kantonalen und Gemeindeerlassen enthalten. Die Gebäudeversicherungen sind entweder kantonale, öffentlich-rechtliche Versicherungsanstalten (19 Kantone) oder aber private Versicherungsgesellschaften (7 Kantone).

**Vereinigung kantonaler Feuerversicherungen (VKF)**

- Erarbeitung und Herausgabe zahlreicher *Wegleitungen für Feuerpolizeivorschriften* betreffend:
  - allgemeinen und baulichen Brandschutz;
  - technische Einrichtungen;
  - Stoffe und Waren;
  - spezielle Bauten und Betriebe (Industrie-, Gewerbe- und Verwaltungsbauten; Landwirtschaftliche Betriebe; Bauten und Räume mit starker Personenbelegung; Hochhäuser; Verkaufsgeschäfte; Krankenhäuser; Heime und Anstalten; Hotels; Parkhäuser und Einstellräume);
  - Alarm-, Rettungs- und Löscheinrichtungen;
  - Feuerschau- und Kaminfegerwesen.

  Die wichtigsten Wegleitungen der VKF sind zusammengefasst in [SIA 183].
- Begutachtung von Baustoffen, Bauteilen, Löscheinrichtungen, Feuerungsanlagen, usw. (Voraussetzung für Zulassung in vielen Kantonen).

**Brandverhütungsdienst für Industrie und Gewerbe (BVD)**

- Beratung industrieller und gewerblicher Betriebe über Gebäudekonstruktion, technische Brandschutzmassnahmen, usw.;
- Technisches Büro für Brandschutzanlagen.

### 2.4.3 Baustoffe, Bauteile und Tragwerke

#### a) Klassierung von Baustoffen

*Brandkennziffer (BKZ)*

1. Zahl: Brennbarkeitsgrad
2. Zahl: Qualmgrad

*Brennbarkeitsgrad*

| BBG neu | BBG alt | Beschreibung |
|---|---|---|
| 1 | I | äusserst leicht entzündbar |
| 2 | II | leicht entzündbar |
| 3 | III | leicht brennbar |
| 4 | IV | mittel brennbar |
| 5 | V | schwer brennbar |
| 6q | VIq | quasi nicht brennbar |
| 6 | VI | nicht brennbar |

*Qualmgrad*

| QG | Beschreibung |
|---|---|
| 1 | starke Qualmbildung |
| 2 | mittlere Qualmbildung |
| 3 | schwache Qualmbildung |

Beispiel für Brandkennziffer: 4.3, d.h. mittel brennbar mit schwacher Qualmbildung.

Die Klassierung der Baustoffe geschieht aufgrund genormter Prüfungen einer anerkannten Prüfstelle. Bestimmungen über die Verwendung brennbarer Baustoffe in Gebäuden sind in [SIA 183] enthalten.

### b) Klassierung von Bauteilen

*Bauteilklassen*
Das Bauteil wird einer Bauteilklasse zugeordnet:

| BTK | Beschreibung |
|---|---|
| F | Tragende und raumabschliessende Bauteile |
| T | Bewegliche Elemente wie Türen und Tore |
| R | Rauch- und flammendichte Abschlüsse |
| K | Brandschutzklappen |
| S | Abschottungen |
| A | Aufzugsschachttüren |

*Feuerwiderstandsdauer*
Innerhalb der Bauteilklassen erfolgt eine Unterteilung der Feuerwiderstandsdauer in Minuten: 30 - 60 - 90 - 120 - 180 - 240. Während der Feuerwiderstandsdauer dürfen bestimmte festgelegte Bauteilfunktionen (z.B. tragende oder raumabschliessende Funktion) nicht verlorengehen.

*Feuerwiderstandsklasse*
Die Feuerwiderstandsklasse eines Bauteils entspricht der Angabe von *Bauteilklasse* und *Feuerwiderstandsdauer*. Beispiele: Stahlbetondecke (tragendes Bauteil) mit Feuerwiderstand (90 Minuten) F 90; nichttragende Aussenwand (raumabschl. Bauteil) mit Feuerwiderstand (30 Minuten) F 30.

*Klassierung der Bauteile*
Die Klassierung von Bauteilen erfolgt i.a. aufgrund genormter Versuche in Brandkammern (sog. Ofenversuche) einer anerkannten Prüfstelle. Dabei wird die Brandtemperatur meist entsprechend der sogenannten *Normbrandkurve* nach ISO 834 gesteigert (Abb. 2.28). Zum Teil ist auch eine Klassierung aufgrund von Berechnungen möglich (z.B. [SIA Dok 82]).

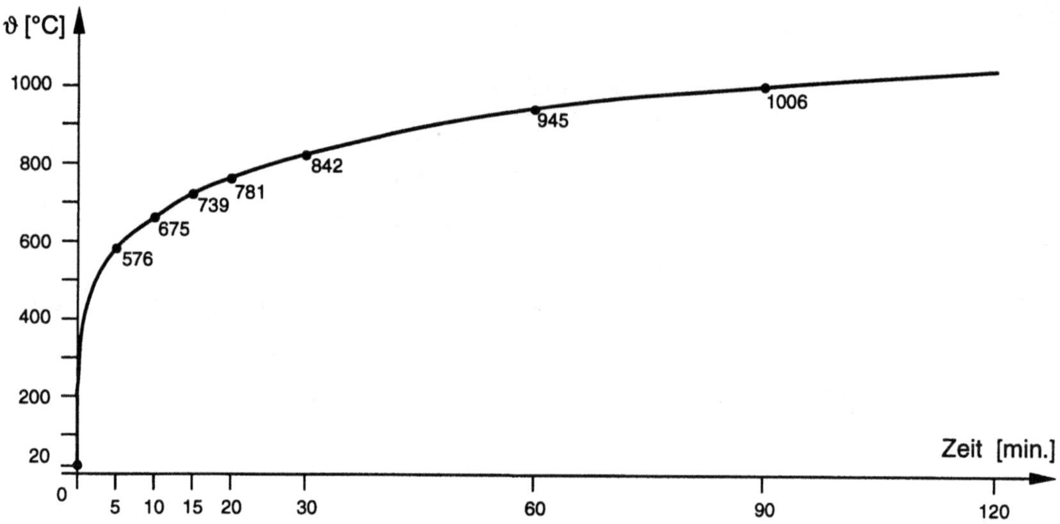


*Abb. 2.28: Normbrandkurve ISO 834 (nach [SIA Dok 82])*

*Brandschutzregister*
In einem sogenannten Brandschutzregister [VKF] sind die auf Brand geprüften und klassierten und somit in der Schweiz zugelassenen Baustoffe und Bauteile (z.B. Türen, Fenster usw.) bzw. entsprechende Produkte aufgeführt.

*Anforderungen an den Feuerwiderstand*
In der Norm [SIA 183] sind Anforderungen an den Feuerwiderstand der klassierten Bauteile festgelegt (Beiblatt 2.24).

## c) Tragwerke

*Allgemeines*
- Feuerwiderstandsfähige Tragwerke dürfen während der zu erwartenden Brandbeanspruchung nicht einstürzen.
- Der Feuerwiderstand ist zu bemessen nach der gesamten mobilen und immobilen *Brandbelastung.*
- Der Feuerwiderstand von Tragwerken in Gebäuden mit drei und mehr Geschossen muss mindestens F 60 betragen.

*Brandbelastung*
Die Brandbelastung entspricht der gesamten *Wärmemenge pro* $m^2$ *eines Brandabschnitts*, die beim vollständigen Verbrennen der Gebäudeteile und deren Inhalte freigesetzt wird (Einheit $MJ/m^2$ Brandabschnittfläche; spezifische Brandbelastung). Sie wird aufgeteilt in:
- immobile Brandbelastung; rechnerische Ermittlung, z.B. nach [SIA 183] (Beiblatt 2.25)
- mobile Brandbelastung (vgl. [SIA Dok 81]).

Erfahrungswerte für immobile und mobile Brandbelastung werden in [SIA 183] gegeben (Beiblatt 2.26 oben).

*Erforderlicher Feuerwiderstand*
Der erforderliche Feuerwiderstand von Tragwerken wird in [SIA 183] angegeben als Funktion der Brandbelastung (Beiblatt 2.26 oben). Für Gebäude mit drei oder mehr Geschossen werden Anforderungen an den Feuerwiderstand der Einzelbauteile festgelegt (Beiblatt 2.26 unten).

*Konstruktive Massnahmen*
Konstruktive Massnahmen zur *Erhöhung des Feuerwiderstandes*, d.h. zur *Vergrösserung der Feuerwiderstandsdauer* können sein:

- Wahl von Bauteilabmessungen und Betonüberdeckungen der Bewehrung bei Stahlbetonbauteilen, die für den geforderten Feuerwiderstand minimal erforderlich sind ([SIA 162] Ziffer 3 28);
- Isolieren von Stahlbauteilen: Verbundquerschnitte, Verkleidungen;
- Überdimensionieren von Stahlbauteilen: Erhöhung der Versagenstemperatur (und des Kalt-Tragwiderstandes);
- Kühlen: Sprinkleranlagen, evtl. Wasserdurchfluss durch tragende Bauteile (Stahlstützen, Hohlquerschnitte, usw.).

Bei Stahlbetonbauteilen sind die Anforderungen an den Brandschutz meist - aber nicht immer - automatisch erfüllt. Bei Stahlbauteilen wird der geforderte Feuerwiderstand am häufigsten durch das Isolieren sichergestellt.

Beispiele zum Isolieren von Stahlbauteilen [Fon] [SIA Dok 82]:
- Verbundquerschnitte (≥ F 60) anstatt reine Stahlquerschnitte (≤ F 30) bei Stützen und Trägern (Abb. 2.29) ;
- Verkleidungen von Stahlstützen und -trägern (Abb. 2.30);
- Anordnung von feuerwiderstandsfähigen Unterdecken ("abgehängte Decken", siehe auch Abschnitt 3.5.3) (Abb. 2.31).

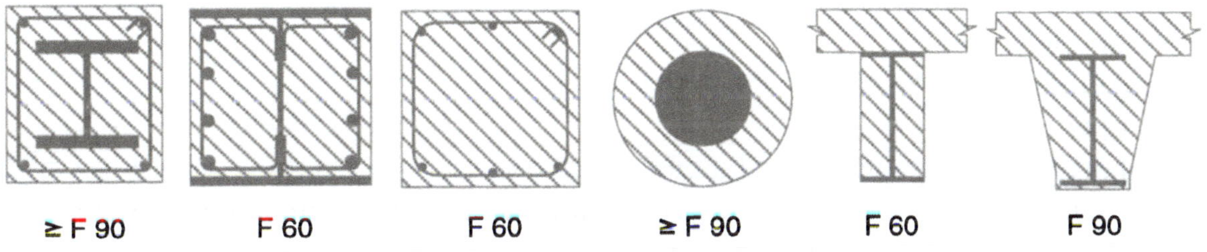


*Abb. 2.29: Brandschutz: Verbundquerschnitte (nach [Fon])*

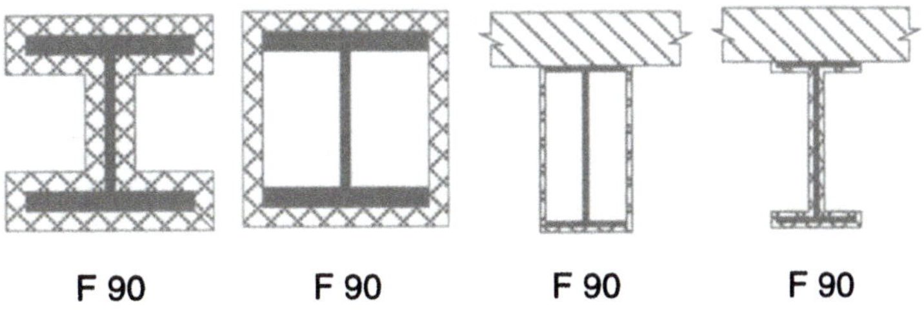


*Abb. 2.30: Brandschutz: Verkleidete Stahlträger (nach [Fon])*

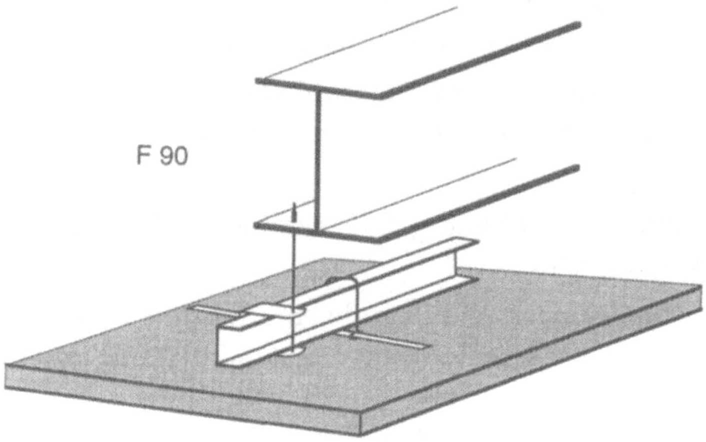


*Abb. 2.31: Brandschutz: Feuerwiderstandsfähige Unterdecken (nach [Fon])*

### 2.4.4 Planerische Massnahmen

Um den Brandschutz sicherzustellen, sind schon bei der Konzeption eines Hochbaus gewisse planerische Massnahmen nötig. Sie betreffen vor allem die Anordnung und fachgerechte Ausbildung von Brandunterteilungen, Brandschutzabschlüssen und Fluchtwegen. In gewissen Fällen lohnt sich auch die rechnerische Bewertung des Brandrisikos.

**Brandunterteilungen/Brandschutzabschlüsse** ([SIA 183])
- *Brandmauern* zwischen aneinandergebauten Gebäuden:
  · allgemein: F 180
  · Wohnbauten ≤ 2 Geschosse: F 90.
- *Brandabschnitte* innerhalb ausgedehnter Gebäude:
  In Abschnitte F 90/T 30 sind zu trennen v.a.
  · Geschosse
  · Wohnungen
  · Korridore, die als Fluchtweg dienen
  · Treppen
  · Aufzugs-, Lüftungs- und Installationsschächte.
- *Türen, Tore, Klappen* von Wand- und Deckenöffnungen in Brandunterteilungen müssen bestimmte Anforderungen erfüllen.
- *Abschottungen* sind erforderlich bei
  · Aussparungen in Wänden und Decken für Kanäle
  · Schächten.

**Fluchtwege**
Wege für die Flucht von einem beliebigen Ort im Gebäude ins Freie:
- Anordnung je nach Ausdehnung des Gebäudes;
- Breite ≥ 1.2 m;
- Länge beschränkt auf 20 - 50 m je nach Verhältnissen;
- sind jederzeit freizuhalten (wichtig u.a. bei Umbauten: keine Lagerung von Baumaterial!);
- Türöffnung stets in Fluchtrichtung;

- zwei Treppenhäuser erforderlich, wenn Geschossfläche > 900 m$^2$;
- Treppenhäuser und Korridore für Fluchtweg F 90, Abschlüsse mindestens T 30 oder R 30;
- Treppen nicht brennbar;
- in Treppenhäusern ohne Fenster und bei einer Höhe von mehr als 4 Geschossen ist eine Rauchabzugsvorrichtung erforderlich;
- evtl. "Sicherheitstreppenhaus" erforderlich.

Das Beispiel eines Brandschutzplanes (Beiblatt 2.27) zeigt:

- Nottreppen
- Brandabschnitte
- Brandalarmgruppen
- Steigleitungen/Löschposten
- Rauchabzüge
- usw.

**Brandrisikobewertung**
Die quantitative Beurteilung von

- Brandgefährdung
- Brandrisiko
- Brandsicherheit

ist in besonderen, konkreten Fällen möglich und sinnvoll. Die Brandrisikobewertung ermöglicht einen rechnerischen Brandsicherheitsnachweis durch Vergleich des ermittelten Brandrisikos mit einem akzeptierten Brandrisiko.

Grundsätze und Rechenverfahren siehe in [SIA 183] und [SIA Dok. 81].

# 2.5 Beiblätter zum 2. Kapitel

Beiblatt 2.1 - Baustoffkennwerte: allgemeine Baustoffe

*Quellen:* *[1] SIA 381/1 (1980)*
*[2] Herstellerangaben*
*[3] DIN 4108 Teil 4*
*[4] Vorschlag CEN TC 89*

## Allgemeine Baumaterialien

| | $\rho$<br>kg/m3 | $\lambda$<br>W/m K | c<br>kJ/kg K | c<br>Wh/kg K | m<br>- | $\lambda_p$<br>mg/m h Pa | Quelle |
|---|---|---|---|---|---|---|---|
| **Natürliche Steine und Erden** | | | | | | | |
| Kristalline metamorphe Gesteine<br>(Granit, Basalt, Marmor) | 2800 | 3.5 | 0.9 | 0.26 | | | [1] |
| Sedimentgesteine<br>(Sand, Muschelkalk, Nagelfluh) | 2600 | 2.3 | 0.8 | 0.22 | | | [1] |
| Sand, naturfeucht | 1800 | 1.4 | 0.9 | 0.24 | | | [1] |
| Bindiger Boden, naturfeucht | 1700 | 2.1 | 0.9 | 0.24 | | | [1] |
| Lehm, massiv | 1700 | 0.9 | 0.9 | 0.24 | | | [1] |
| **Lose Füllstoffe, trocken** | | | | | | | |
| Sand, Kies | 1800-2000 | 0.7 | 0.8 | 0.22 | 1 | 0.640 | [1] |
| **Beton** | | | | | | | |
| Stahlbeton | 2400 | 1.8 | 1.1 | 0.30 | 70-150 | 0.010-0.004 | [1] |
| Leichtbeton (Blähton-Beton) | 1000<br>1250<br>1500<br>1750 | 0.30<br>0.50<br>0.70<br>1.00 | 1.1 | 0.30 | 10-30<br>30-60<br>60-120<br>70-150 | 0.065-0.020<br>0.020-0.010<br>0.010-0.005<br>0.010-0.004 | [1] |
| **Putze, Mörtelschichten** | | | | | | | |
| Innenputz, für normale Berechnungen | 1400 | 0.70 | 0.9 | 0.26 | 6-10 | 0.110-0.065 | [1] |
| Aussenputz, für normale Berechnungen | 1800 | 0.87 | 1.1 | 0.30 | 15-35 | 0.045-0.020 | [1] |
| Kalkmörtel, Kalkzementmörtel | 1800<br>1900 | 0.87<br>1.00 | 1.1 | 0.30 | 15-35 | 0.045-0.020 | [1] |
| Gipsmörtel, Gipsputz | 1200<br>1400 | 0.58<br>0.70 | 0.9 | 0.26 | 6-10<br>20 | 0.110-0.065<br>0.030 | [1] |
| Kunststoffputz (Beispiel 5mm) | 1900 | 1.0 | 1.1 | 0.30 | 140 | 0.005 | [2] |
| Lamitherm-Aussenputz: Klebschicht (3 mm)<br>Kunststoff-Putz (2 mm) | 1600<br>1200 | 0.93<br>0.70 | 1.1 | 0.30 | 105<br>170 | 0.006<br>0.004 | [2] |
| Wärmedämmputz aussen | 550<br>450<br>300 | 0.14<br>0.10<br>0.08 | 1.1 | 0.30 | 15 | 0.046 | [2] |
| Unterlagsböden | 2200 | 1.5 | 1.1 | 0.30 | 20 | 0.030 | [2] |
| **Holz, Wärmefluss senkrecht zur Faser, F~15%** | | | | | | | |
| Fichte, Tanne | 450-500 | 0.14 | 2.0-2.4 | 0.55-0.66 | 20-40 | 0.035-0.015 | [1] |
| Buche | 700-750 | 0.17 | 2.0-2.4 | 0.55-0.66 | 20-40 | 0.035-0.015 | [1] |
| Eiche | 700-800 | 0.21 | 2.0-2.4 | 0.55-0.66 | 20-40 | 0.035-0.015 | [1] |
| **Bauplatten** | | | | | | | |
| Gipsplatten | 1000 | 0.40 | 0.8 | 0.22 | 5-10 | 0.140-0.065 | [1] |
| Gipskartonplatten | 900 | 0.21 | 0.8 | 0.22 | 5-10 | 0.140-0.065 | [1] |
| Asbestzementplatten, einseitig glatt | 1700-2000 | 0.48 | 0.9 | 0.24 | 40-60 | 0.016-0.011 | [1] |
| Platten aus zementgebundenem Holzspan-Leichtbaustoff | 700 | 0.12 | 1.5 | 0.42 | 7 | 0.090 | [1] |
| Holzfaserplatten, hart | 800 | 0.17 | 2.5 | 0.70 | 50-70 | 0.014-0.009 | [1] |
| Holzspanplatten | 650<br>800 | 0.11<br>0.17 | 2.7 | 0.75 | 40-70<br>50-100 | 0.018-0.009<br>0.014-0.006 | [1] |
| Sperrholzplatten | 800 | 0.15 | 2.7 | 0.75 | 50-200 | 0.013-0.003 | [3] |
| **Mauerwerk, unverputzt (inkl. Fugen)** | | | | | | | |
| Backsteinmauerwerk: | | | | | | | |
| - Modulbacksteine : Einsteinmauerwerk<br>Verbandmauerwerk | 1100 | 0.44<br>0.37 | 0.9 | 0.26 | 4-6 | 0.175-0.100 | [1] |
| - Schlitzlochbackstein Optitherm 39.0 cm<br>47.5 cm | 1100 | 0.20<br>0.19 | 0.9 | 0.26 | 4-6 | 0.175-0.100 | [2] |
| - Isolierbacksteine | 1200 | 0.47 | 0.9 | 0.26 | 4-6 | 0.175-0.100 | [1] |
| - Tonisolierplatten (ZP) | 1100 | 0.44 | 0.9 | 0.26 | 4-6 | 0.175-0.100 | [1] |
| - Sichtbacksteine | 1400 | 0.52 | 0.9 | 0.26 | 6-8 | 0.110-0.080 | [1] |
| - Kaminsteine | 1800 | 0.80 | 0.9 | 0.26 | 8-10 | 0.090-0.065 | [1] |
| Klinkersteinmauerwerk | 1800 | 1.80 | 0.9 | 0.26 | 100 | 0.006 | [1] |
| Kalksandsteinmauerwerk | 1600<br>1800<br>2000 | 0.8<br>1.0<br>1.1 | 0.9 | 0.26 | 10-25 | 0.070-0.025 | [1] |
| Zementsteinmauerwerk | 2000 | 1.1 | 1.1 | 0.30 | 10-15 | 0.070-0.045 | [1] |
| Zementblocksteinmauerwerk | 1200 | 0.7 | 1.1 | 0.30 | 10-15 | 0.070-0.045 | [1] |
| Mauerwerk aus zementgebundenem Holzspan-Leichtbaustoff ohne Beton | 600 | 0.12 | 1.5 | 0.42 | 7 | 0.090 | [1] |
| Porenbetonmauerwerk | 400<br>500<br>600<br>700 | 0.11<br>0.13<br>0.16<br>0.19 | 1.0 | 0.28 | 3-5<br>4-6<br>5-7<br>6-8 | 0.215-0.130<br>0.160-0.105<br>0.130-0.090<br>0.105-0.080 | [2] |

## Beiblatt 2.2 - Baustoffkennwerte: Wärmedämmstoffe

### Wärmedämmstoffe

| | | ρ kg/m3 | λ W/m K | c kJ/kg K | c Wh/kg K | m - | $\lambda_D$ mg/m h Pa | Quelle |
|---|---|---|---|---|---|---|---|---|
| **Anorganische Faserstoffe** | | | | | | | | |
| Platten: | Steinwolleplatten | <60<br>60-120<br>>120 | 0.040<br>0.036<br>0.040 | 0.6 | 0.17 | 1-2 | 0.640-0.320 | [1] |
| | Mineralfaserplatten | 200-500 | 0.060 | 0.6 | 0.17 | 4-10 | 0.160-0.065 | [1] |
| | Schlackenwolleplatten | 40-200 | 0.060 | 0.6 | 0.17 | 4-10 | 0.160-0.065 | [1] |
| | Glasfaserplatten | 20-60<br>>60 | 0.040<br>0.036 | 0.6 | 0.17 | 1-2 | 0.640-0.320 | [1] |
| Matten: | Steinwollematten (mit oder ohne Papier) | <60<br>60-120 | 0.040<br>0.036 | 0.6 | 0.17 | 1 | 0.640 | [1] |
| | Schlackenwollematten | 30-70 | 0.060 | 0.6 | 0.17 | 1 | 0640 | [1] |
| | Glasfasermatten und -filze | <12<br>12-18<br>>18 | 0.046<br>0.044<br>0.040 | 0.6 | 0.17 | 1 | 0.640 | [1] |
| Lose: | Steinwolle | 60-200 | 0.040 | 0.6 | 0.17 | 1 | 0.640 | [1] |
| | Schlackenwolle | 30-70 | 0.060 | 0.6 | 0.17 | 1 | 0.640 | [1] |
| | Glasfasern | 30-70 | 0.040 | 0.6 | 0.17 | 1 | 0.640 | [1] |
| **Organische Faserstoffe** | | | | | | | | |
| Platten: | Schilfrohrplatten | 200-300 | 0.060 | 0.6 | 0.17 | 1 | 0.640 | |
| Matten: | Kokosfasermatten | 50-200 | 0.050 | 0.6 | 0.17 | 1 | 0.640 | |
| | Hanffasermatten | 50-200 | 0.050 | 0.6 | 0.17 | 1 | 0.640 | |
| | Poröse Holzfaserdämmplatten | 200 | 0.048 | 2.7 | 0.75 | 9 | 0.06 | [2] |
| Lose: | Zellulosefasern | 40-70 | 0.042 | | | 1-3 | 0.64-0.215 | [2] |
| **Holzwerkstoffe** | | | | | | | | |
| Platten: | Holzfaserplatten porös | 200-400 | 0.060 | 2.5 | 0.70 | 3-5 | 0.230-0.125 | [1] |
| | Holzfaserplatten halbhart | 600-700 | 0.085 | 2.5 | 0.70 | 5-20 | 0.140-0.030 | [1] |
| | Holzwolleplatten mineralisiert | 300-500 | 0.085 | 1.6 | 0.44 | 2-5 | 0.350-0.125 | [1] |
| **Kork** | | | | | | | | |
| Platten: | Korkplatten expandiert | 110-140<br>150-200 | 0.042<br>0.046 | 1.5 | 0.42 | 5-30 | 0.130-0.020 | [1] |
| Matten: | Korkschrotmatten | 100-150 | 0.046 | 1.5 | 0.42 | 1 | 0.640 | [1] |
| Lose: | Korkschrot natur | 80-160 | 0.060 | 1.5 | 0.42 | 1 | 0.640 | [1] |
| | Korkschrot expandiert | 40-100 | 0.042 | 1.5 | 0.42 | 1 | 0.640 | [1] |
| **Anorganische Schaumstoffe** | | | | | | | | |
| Platten: | Schaumglas | <125<br>130-150 | 0.044<br>0.048 | 0.8 | 0.22 | dicht | - | [1] |
| | Perlit mit org. Fasern, gepresst | 170-200 | 0.060 | 0.6 | 0.17 | 1-2 | 0.640-0.320 | [1] |
| Lose: | Perlit, Vermiculit | 50-130 | 0.070 | 0.6 | 0.17 | 1 | 0.640 | [1] |
| **Organische Schaumstoffe** | | | | | | | | |
| Platten: | Polystyrol expandiert (PS exp) | 15-18<br>20-28<br>>30 | 0.042<br>0.038<br>0.036 | 1.4 | 0.39 | 20-40<br>30-70<br>40-100 | 0.030-0.015<br>0.020-0.009<br>0.015-0.006 | [1] |
| | Polystyrol extrudiert, ohne Schaumhaut (PS extrud.) | >25 | 0.036 | 1.4 | 0.39 | 80-150 | 0.008-0.004 | [1] |
| | Polystyrol extrudiert, mit Schaumhaut (PS extrud.) | >30 | 0.034 | 1.4 | 0.39 | 80-300 | 0.008-0.002 | [1] |
| | Polyurethan (PUR) | 30-80 | 0.030 | 1.4 | 0.39 | 30-100 | 0.020-0.006 | [1] |
| | Polyisocyanurat (PIR) | 35-80 | 0.030 | 1.4 | 0.39 | 30-100 | 0.020-0.006 | [1] |
| | Polyaethylen (PE) | 30-50 | 0.050 | 1.4 | 0.39 | 400-2000 | 0.002-0.0003 | [1] |
| | Harnstoff-Formaldehyd (UF) | 6-50 | 0.046 | 1.4 | 0.39 | 2-10 | 0.320-0.065 | [1] |
| | Phenol-Formaldehyd (PF) | 30-100 | 0.046 | 1.4 | 0.39 | 30-50 | 0.020-0.015 | [1] |
| | Polyvinylchlorid (PVC) | 50-100 | 0.044 | 1.4 | 0.39 | 150-300 | 0,004-0.002 | [1] |

### Verschiedene Stoffe

| | | | | | | | | |
|---|---|---|---|---|---|---|---|---|
| Stahl | | 7850 | 60 | 0.5 | 0.13 | dicht | - | [1] |
| Aluminium | | 2700 | 200 | 0.9 | 0.26 | dicht | - | [1] |
| Glas | | 2500 | 0.81 | 0.8 | 0.22 | dicht | - | [1] |
| Wasser 10° C | | 1000 | 0.58 | 4.19 | 1.16 | | | [1] |
| Eis 0° C | | 820-920 | 2.23 | | | | | [1] |
| Schnee 0° C | | 100<br>500 | 0.05<br>0.58 | | | | | [1] |
| Rostfreier Stahl | | 7900 | 17 | | 0.13 | dicht | - | [4] |
| Kupfer | | 8900 | 380 | | 0.12 | dicht | - | [4] |
| Blei | | 11300 | 35 | | 0.036 | dicht | - | [4] |
| Linoleum | | 1000 | 0.17 | | 0.53 | 500 | | [4] |
| Asphalt | | 2100 | 0.80 | | 0.26 | 9000 | | [4] |
| Bitumen | | 1200 | 0.17 | | 0.47 | 1200 | | [4] |
| Textilbodenbelag | | 300 | 0.08 | | 0.36 | 1 | | [3] |
| Luft senkrecht, | 5 mm<br>10 mm<br>20 mm<br>40 mm | 1.2 | 0.043<br>0.065<br>0.115<br>0.221 | 1.0 | 0.28 | 1 | 0.64 | |
| Luft waagrecht, von unten nach oben | 10 mm<br>20 mm<br>50 mm | 1.2 | 0.072<br>0.137<br>0.307 | 1.0 | 0.28 | 1 | 0.64 | |
| Luft waagrecht, von oben nach unten | 10 mm<br>20 mm<br>50 mm | 1.2 | 0.061<br>0.110<br>0.243 | 1.0 | 0.28 | 1 | 0.64 | |

Beiblatt 2.3 - Wärmedurchgangskoeffizient *k*, Wärmeübergangskoeffizienten α [SIA 180]

# 3 3 Wärmedurchgangskoeffizient (k-Wert)

## 3 3 1 Berechnung für Konstruktionen aus homogenen Schichten

$$k = \frac{1}{R_i + R + R_a} \qquad R = \Sigma \frac{d}{\lambda}$$

In der Berechnung für den Wärmedurchlasswiderstand R sind die Wärmeleitfähigkeiten λ aus Empfehlung SIA 381/1 resp. Norm SIA 279 einzusetzen.

Für den Nachweis gemäss 2 3 ($k_{max}$), SIA 180/1, 384/2 und 380/1 gelten folgende Zahlenwerte für den Wärmeübergang an den Bauteiloberflächen:

$$\alpha_i = 8\ W/m^2\,K \text{ resp. } R_i = \frac{1}{\alpha_i} = 0{,}125 \quad m^2\,K/W$$

$$\alpha_a = 20\ W/m^2\,K \text{ resp. } R_a = \frac{1}{\alpha_a} = 0{,}050 \quad m^2\,K/W$$

Für die Berechnung der Kondensatfreiheit gemäss 2 4 gilt:

$$\alpha_i = 6\ W/m^2\,K \text{ resp. } R_i = \frac{1}{\alpha_i} = 0{,}167 \quad m^2\,K/W$$

$$\alpha_a = 20\ W/m^2\,K \text{ resp. } R_a = \frac{1}{\alpha_a} = 0{,}05 \quad m^2\,K/W$$

Bei erdberührten Gebäudeteilen gilt:

$$\frac{1}{\alpha_a} = R_a = 0\ m^2\,K/W$$

Für besondere Berechnungen können im einzelnen Fall zutreffende Werte eingesetzt werden (vgl. Tabelle 4).

**Tabelle 4 Wärmeübergangskoeffizienten** α

| | Oberfläche | α [W/m² K] | $\frac{1}{\alpha}$ [m² K/W] |
|---|---|---|---|
| innen $\alpha_i$ | Wand | 7- 9 | 0,14-0,11 |
| | Decke Wärmestrom nach oben | 7- 9 | 0,14-0,11 |
| | Boden Wärmestrom nach unten | 6- 7 | 0,17-0,14 |
| | in unbeheizten Räumen | 8-12 | 0,13-0,08 |
| aussen $\alpha_a$ | geschützte Lage | 10-15 | 0,10-0,07 |
| | normale Lage | 15-25 | 0,07-0,04 |
| | freie Lage | 25-50 | 0,04-0,02 |

# Beiblatt 2.4 - Temperaturverlauf bei stationärem Wärmedurchgang (Beispiel) [el 29]

**8.7. Beispiel**

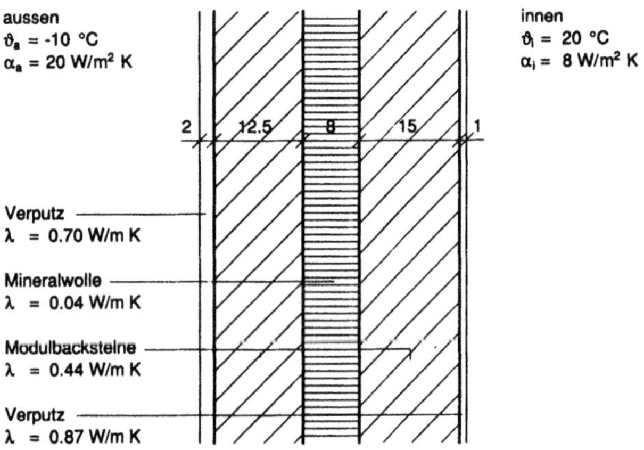


**Berechnung in Tabelle**

| Kolonne | 1<br>d<br>(m) | 2<br>λ, α | 3<br>d/λ, 1/α<br>(m² K/W) | 4<br>Δϑ<br>(K) | 5<br>ϑ<br>(°C) |
|---|---|---|---|---|---|
| | | | | | +20.0 |
| Übergang innen | | 8 | 0.125 | 1.3 | |
| | | | | | +18.7 |
| Verputz | 0.01 | 0.70 | 0.014 | 0.2 | |
| | | | | | +18.5 |
| Modulbackstein | 0.15 | 0.44 | 0.341 | 3.6 | |
| | | | | | +14.9 |
| Mineralwolle | 0.08 | 0.04 | 2.000 | 21.1 | |
| | | | | | -6.2 |
| Modulbackstein | 0.125 | 0.44 | 0.284 | 3.0 | |
| | | | | | -9.2 |
| Verputz | 0.02 | 0.87 | 0.023 | 0.2 | |
| | | | | | -9.4 |
| Übergang aussen | | 20 | 0.050 | 0.6 | |
| | | | | | -10.0 |
| Summe | | | $R_{tot}$ = 1/k = 2.837 | 30.0 | |

k = 0.35 W/m² K

Kolonne 4: $\Delta\vartheta = \frac{30.0}{2.837} \cdot$ Kolonne 3

Graphische Ermittlung des Temperaturverlaufs:
Auftragen von d/λ bzw. 1/α anstelle von d
→ Ablesen der Temperaturen auf der Verbindungsgeraden g

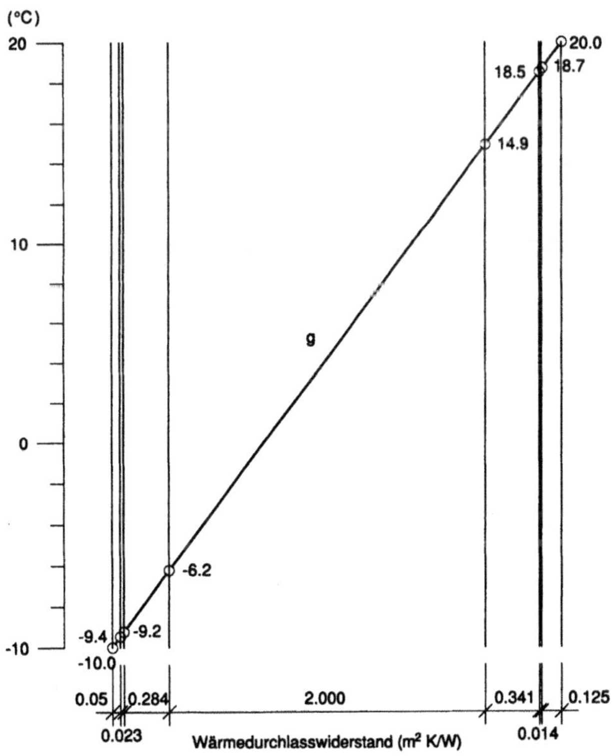


Darstellung des Temperturverlaufs:

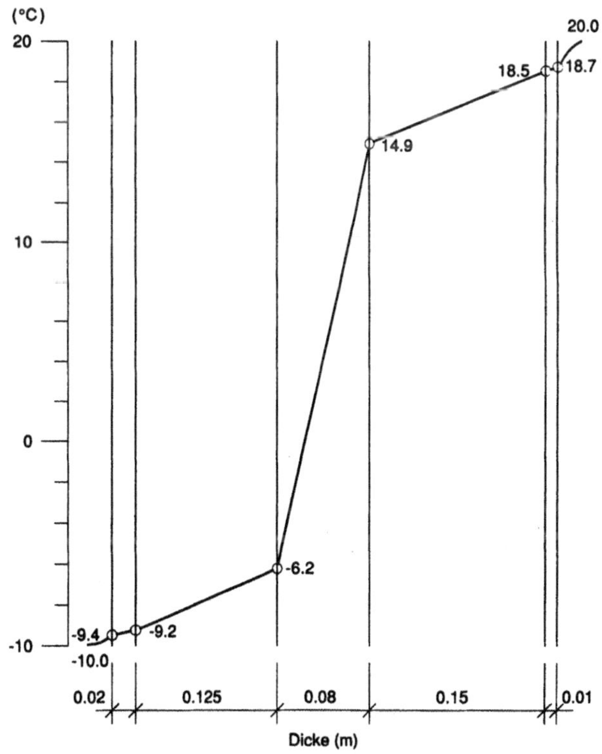

Beiblatt 2.5 - *k*-Werte für Fenster [SIA 180]

# Anhang 5 k-Rechenwerte für Fenster

(aus Empfehlung SIA 384/2)

| Bezeichnung | Verglasung | Wärmedurchgangskoeffizienten k [1] [W/m²K] | | | |
|---|---|---|---|---|---|
| | | Rahmenmaterialgruppe | | | |
| | | ① Holz Holz/Metall | ② Kunststoff | ③ wärmegedämmte Verbundprofile | ④ nicht wärmegedämmte Rahmen (z.B. Alu, Stahl, Beton) |
| 2 IV | Isolierverglasung mit 6 mm Luftzwischenraum | 3,0 | 3,1 [2] | 3,4 [2] | – |
| 2 IV | Isolierverglasung mit 12 mm Luftzwischenraum | 2,6 | 2,7 | 3,2 [2] | 3,5 [2] |
| 3 IV | 3fach-Verglasung mit 2×12 mm Luftzwischenraum | 2,0 | 2,1 | 2,5 | – |
| DV | Doppelverglasung mit Luftzwischenraum 2 ... 4 cm | 2,5 | 2,6 | – | – |
| DV | Doppelverglasung mit Luftzwischenraum 4 ... 7 cm | 2,4 | 2,5 | – | – |
| WF | Doppelfenster mit Luftzwischenraum > 7 cm | 2,4 | 2,5 | – | – |
| EV | Einfachverglasung | 5,2 [2] | – | – | 5,9 [2] |

[1] gelten für Fenster < 5 m² mit Rahmenanteil < 25%
> 5 m² mit Rahmenanteil < 15%
und Fenstertüren > 2 m² mit Rahmenanteil < 25%

[2] gemäss Kapitel 2 nicht zulässig für beheizte Räume

Die Werte der Tabelle gelten für Klarglas. Bei Spezialgläsern sind die Angaben der Hersteller zu verwenden, wobei Rahmeneffekte zu berücksichtigen sind.

Der Transmissions-Wärmeverlust der Fenster ist auf die Mauerlichtmasse $b_F \cdot h_F$ zu beziehen.

Beiblatt 2.6 - Anforderungen für *k*-Werte von Einzelbauteilen [SIA 180]

## 2 3 k-Werte für Einzelbauteile

In Tabelle 1 sind die maximalen k-Werte aufgeführt, welche für geheizte Räume (Raumlufttemperatur über 10 °C) nicht überschritten werden dürfen.

Unter normalen Verhältnissen sind damit die Anforderungen an Behaglichkeit und Oberflächenkondensatfreiheit erfüllt.

Die Kondensatfreiheit von Wärmebrücken oder bei besonderen klimatischen Verhältnissen muss speziell nachgewiesen werden (siehe 2 4).

**Tabelle 1 Maximale k-Werte für Einzelbauteile**

Aus energetischen Gründen (SIA 180/1, SIA 380/1) oder speziellen Aussen- oder Innenklimaanforderungen können niedrigere k-Werte notwendig sein.

| Klima | | | | |
|---|---|---|---|---|
| | warmseitig | Innenklima | Innenklima | Innenklima |
| | kaltseitig | Aussenklima und im Erdreich < 2 m*** <br> $W/m^2 K$ | unbeheizte Räume <br> $W/m^2 K$ | im Erdreich > 2 m*** <br> $W/m^2 K$ |
| Dachflächen (Steildach/Flachdach) | | 0,5* | 0,5 | 0,6 |
| Wand | | 0,6* | 0,8 | 0,8 |
| Fenster/Fenstertüren | | 3,0+ | 3,0+ | - |
| Türen | | 3,0+ | 3,0+ | - |
| Boden | | 0,6 | 0,8 | 0,8** |

* Wegen der thermischen Behaglichkeit sind bei Konstruktionen mit einer Masse < 50 kg/m² (ohne die hinterlüftete Dacheindeckung resp. Fassadenverkleidung) niedrigere k-Werte notwendig. (siehe 4 4)

** In Räumen ohne Anforderungen an die thermische Behaglichkeit entfällt ein oberer Grenzwert.

*** Wärmeflussweg im Erdreich zwischen Bauteil und Aussenklima.

\+ Je nach Heizsystem und -anordnung, Fenstergrösse sowie Fensternähe des Aufenthaltsortes sind für Behaglichkeit und Kondenswasserfreiheit niedrigere k-Werte notwendig.

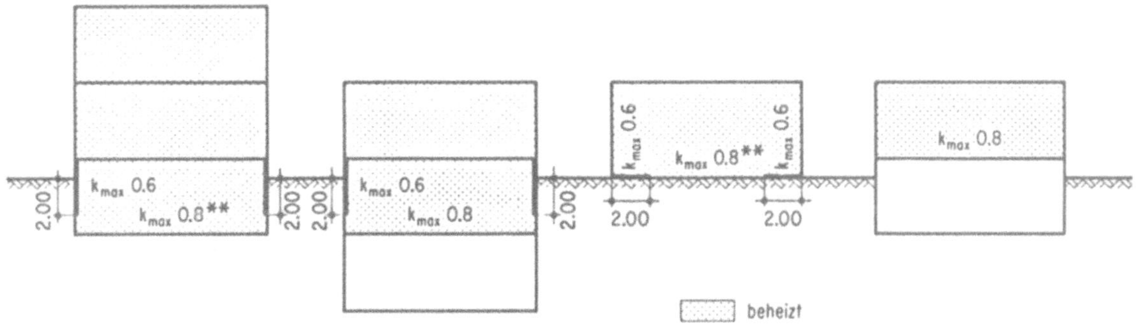

Beiblatt 2.7 - Wärmedurchgang/Wärmebrücken im Sockelbereich, Beispiel S3 [SIA D 078]

SOCKEL Mauerwerk homogen, Keller beheizt S1TW1

**KONSTRUKTION**

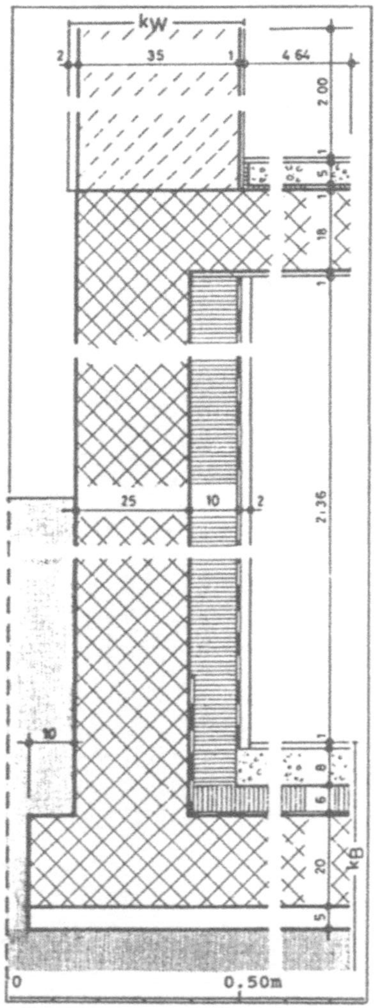


| Baustoff | Wärmeleitfähigkeit W/mK |
|---|---|
| Homogenmauerwerk | 0.18 |
| Stahlbeton | 1.80 |
| Wärmedämmung | 0.04 |
| Dämmung Sockel | 0.06 |
| Aussenputz | 0.87 |
| Innenputz | 0.70 |
| Gipskarton | 0.21 |
| Unterlagsboden | 1.50 |
| Zementüberzug | 1.40 |
| Bodenbelag Eiche | 0.21 |
| Magerbeton | 0.14 |
| Erdreich | 2.00 |

Basis-k-Werte:

Wand : $k_W$ = 0.46 $W/m^2K$

Boden: $k_B$ = 0.28 $W/m^2K$

Kommentar :

Feuchteschutz aussen notwendig (nicht dargestellt)

S1TW1 Mauerwerk homogen, Keller beheizt S3

**TEMPERATURKARTE**

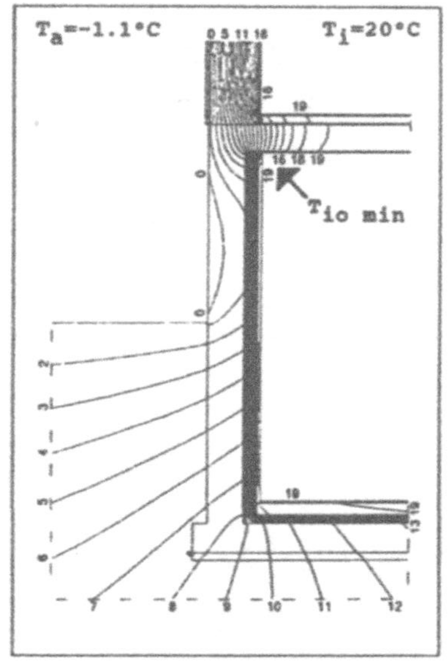


minimale Oberfl.temperatur:
$T_{io\ min}$ = 13.6 °C

relative Raumfeuchte über

66.6 % -> Tauwassergefahr
46.6 % -> Schimmelpilzgefahr

Kommentar :

Schimmelpilzgefahr

**WAERMESTROMLINIEN**

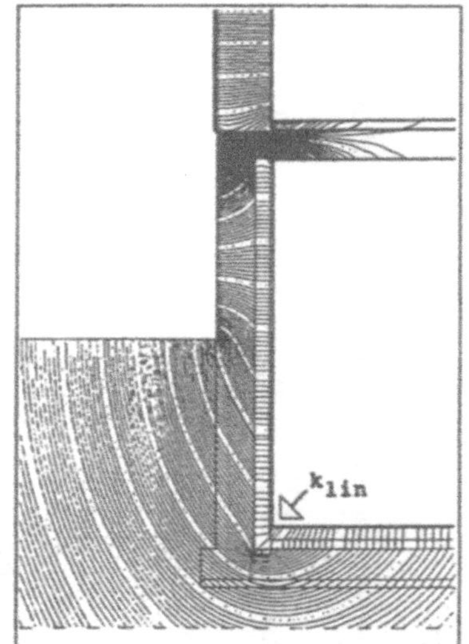


Wärmestromlinienabstand 0.2W/m

Linienzuschläge für
Heizperiode:
$k_{lin\ heiz}$ = 0.32 W/mK
EG/UG-Anteile 0.22/0.10
Heizlast:
$k_{lin\ last}$ = 0.36 W/mK
EG/UG-Anteile 0.22/0.14

Kommentar :

grosse Wärmebrücke am Deckenauflager

Wärmebrücke infolge Systemwechsel

Beiblatt 2.8 - Wärmedurchgang/Wärmebrücken im Sockelbereich, Beispiel S25 [SIA D 078]

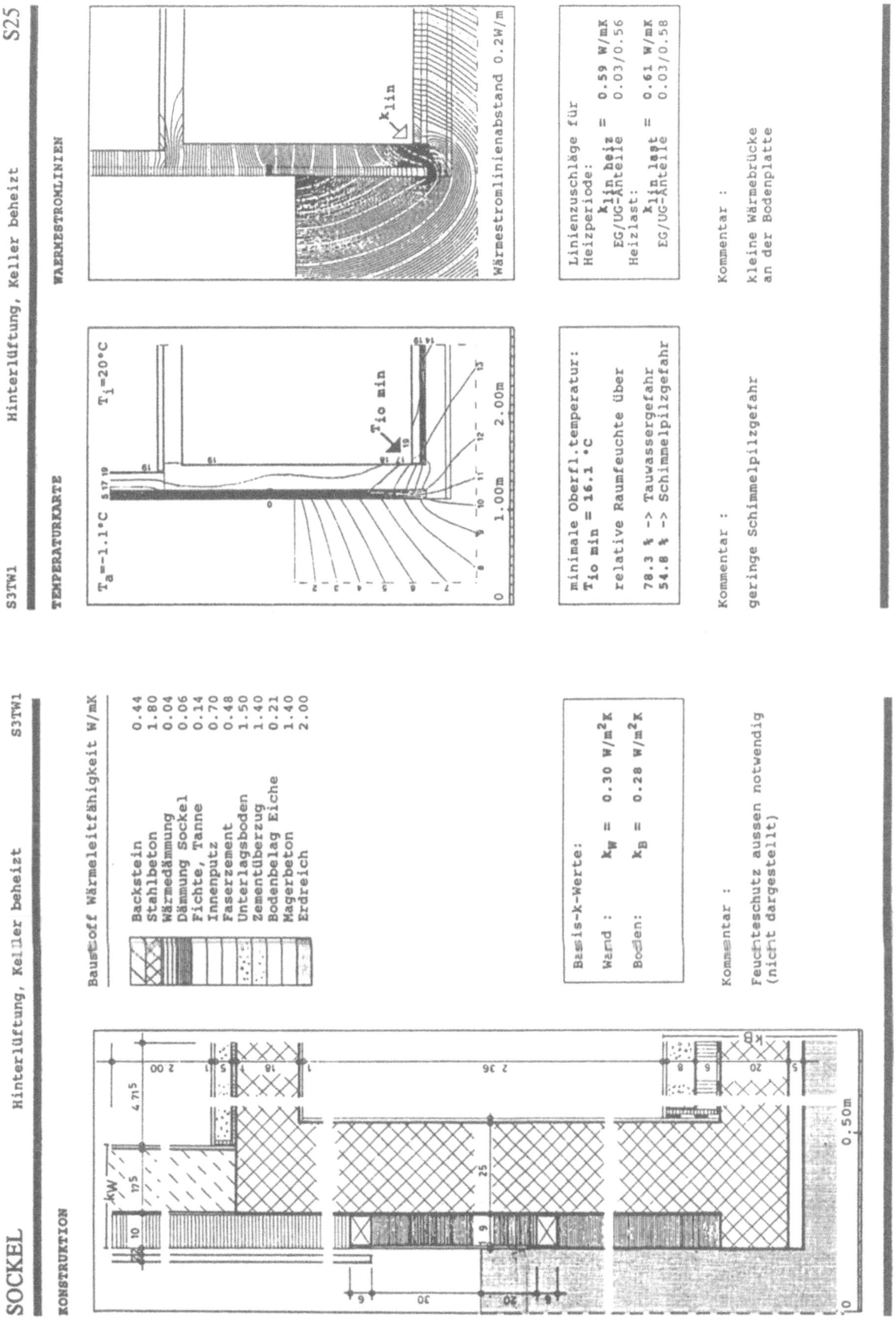

Beiblatt 2.9 - Wärmedurchgang/Wärmebrücken bei Balkonanschlüssen, Beispiel B7 [SIA D 078]

BALKON Aussendämmung, Decke durchbetoniert B2ØR

KONSTRUKTION

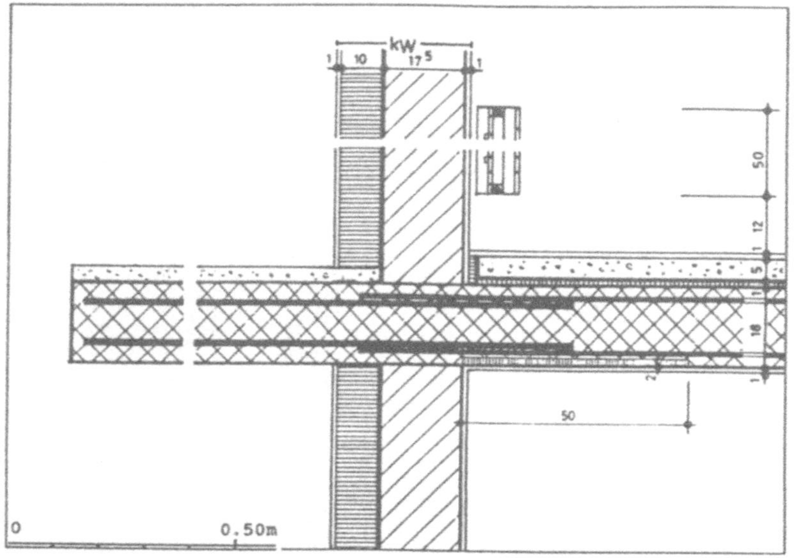


| Baustoff | Wärmeleitfähigkeit W/mK |
|---|---|
| Backstein | 0.44 |
| Beton ohne Armierung | 1.50 |
| Baustahl | 60.00 |
| Wärmedämmung | 0.04 |
| Aussenputz | 0.87 |
| Innenputz | 0.70 |
| Unterlagsboden | 1.50 |
| Bodenbelag Eiche | 0.21 |
| Zementüberzug | 1.40 |

Basis-k-Wert:

Wand : $k_W$ = 0.32 W/m²K

Kommentar:

mit Radiator

B2ØR Aussendämmung, Decke durchbetoniert B7

TEMPERATURKARTE

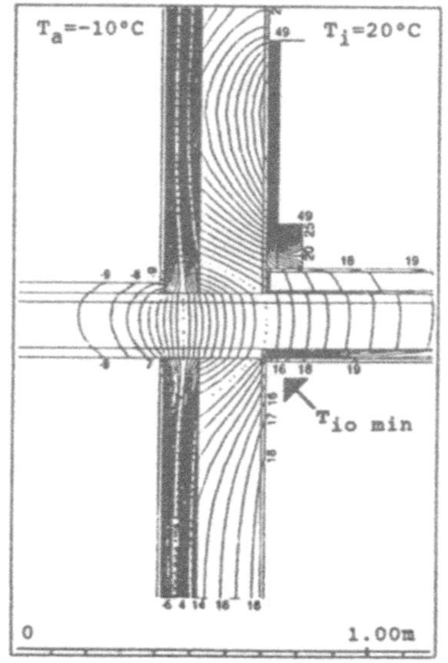


WAERMESTROMLINIEN

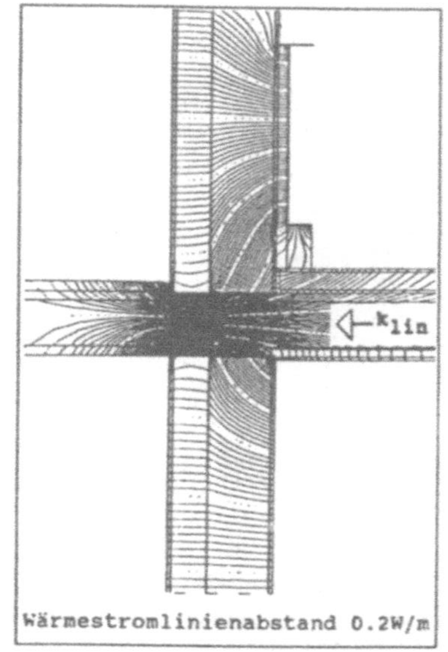


minimale Oberfl.temperatur: $T_{io\ min}$ = 13.3 °C

relative Raumfeuchte über
65.3 % -> Tauwassergefahr
45.7 % -> Schimmelpilzgefahr

| Linienzuschläge: | $k_{lin}$ [W/mK] |
|---|---|
| Basis: | 0.56 |
| mit Bodenheizung : | 0.57 |
| mit Radiator 50cm, 50°C: | 0.69 |
| Radiator 50cm, Tr[°C] : | 0.56 + 0.13 * $(T_r-T_i)/(T_i-T_a)$ |

Kommentar: akute Schimmelpilzgefahr

# Beiblatt 2.10 - Wärmedurchgang/Wärmebrücken bei Balkonanschlüssen, Beispiel B9 [SIA D 078]

BALKON Aussendämmung, Decke mit Stahlkorb B2S

KONSTRUKTION

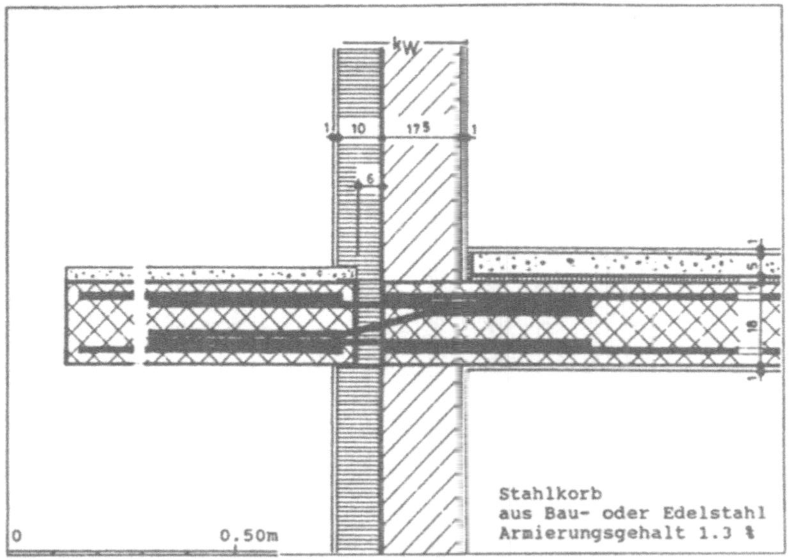


Baustoff Wärmeleitfähigkeit W/mK

| | |
|---|---|
| Backstein | 0.44 |
| Beton ohne Armierung | 1.50 |
| Baustahl | 60.00 |
| Wärmedämmung | 0.04 |
| Aussenputz | 0.87 |
| Innenputz | 0.70 |
| Unterlagsboden | 1.50 |
| Bodenbelag Eiche | 0.21 |
| Zementüberzug | 1.40 |

Basis-k-Wert:

Wand : $k_W$ = 0.32 W/m$^2$K

B2S Aussendämmung, Decke mit Stahlkorb B9

TEMPERATURKARTE

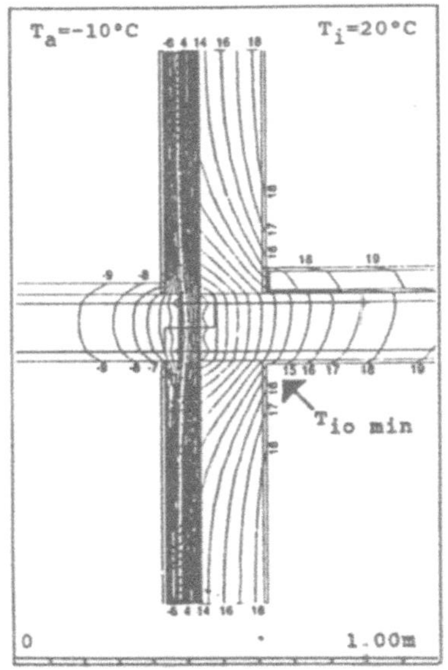


WAERMESTROMLINIEN

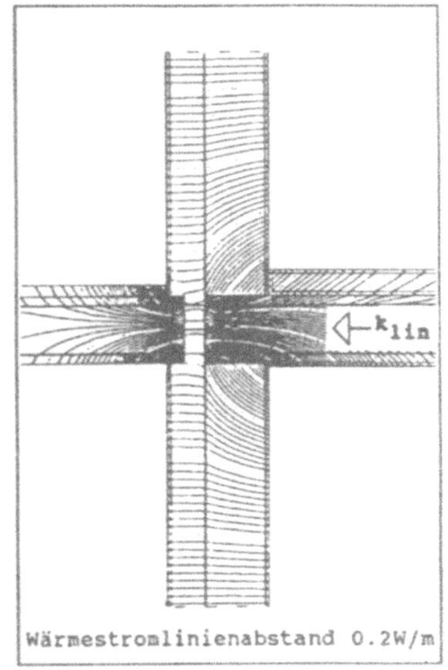


minimale Oberflächentemperaturen und Linienzuschläge:

| | $T_{io\ min}$ [°C] | | $k_{lin}$ [W/mK] | |
|---|---|---|---|---|
| Korb aus: | Baustahl | Edelstahl | Baustahl | Edelstahl |
| Armierungsgehalt: 1.3% | 13.7 | 16.0 | 0.55 | 0.26 |
| Armierungsgehalt: f[%] | 16.1-1.8 *f | 17.5-1.2 *f | 0.23+0.24*f | 0.09+0.13*f |
| | $T_{io\ min}$ [°C] | | Punktzuschlag [W/K] | |
| Punktförmiges Auflager mit f[%] Armierungsgehalt bezogen auf 1.00m * 0.18m Deckenquerschnittsfläche | Baustahl | Edelstahl | Baustahl | Edelstahl |
| | 17.4-1.6*f | 18.4-1.00*f | 0.06+0.15*f | 0.02+0.06*f |

Kommentar: Korrosionsgefahr

Beiblatt 2.11 - Wärmedurchgang/Wärmebrücken bei Fenstern, Beispiel F48 [SIA D 078]

FENSTER Zweischalenmauerwerk, Sturz F4SIR2

KONSTRUKTION

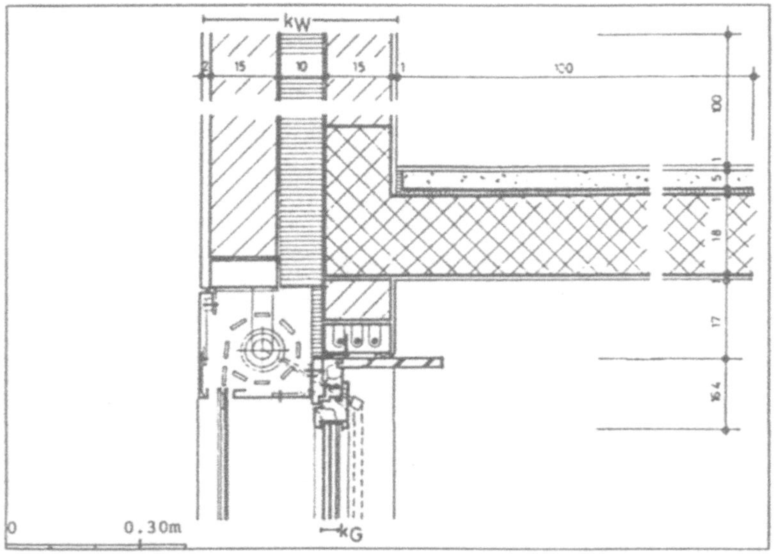


| Baustoff | Wärmeleitfähigkeit W/mK |
|---|---|
| Backstein | 0.44 |
| Stahlbeton | 1.80 |
| Wärmedämmung | 0.04 |
| Zementmörtel | 1.40 |
| Betonwerkstein | 1.40 |
| Faserzement | 1.00 |
| Aussenputz | 0.87 |
| Innenputz | 0.70 |
| Unterlagsboden | 1.50 |
| Bodenbelag Eiche | 0.21 |
| Fichte,Tanne | 0.14 |
| Spanplatte | 0.13 |
| Glas | 0.81 |
| Aluminium | 200.00 |

Basis-k-Werte:

Wand: $k_W$ = 0.29 W/m²K

Glas: $k_G$ = 0.79 W/m²K

Kommentar :

Rolladen

F4SIR2 Zweischalenmauerwerk, Sturz F48

TEMPERATURKARTE

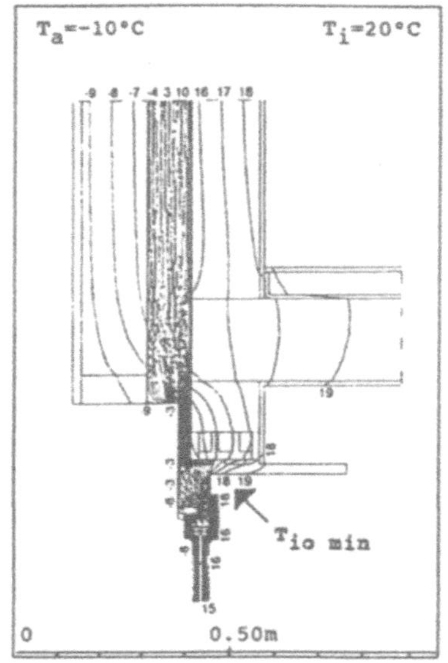


minimale Oberfl.temperatur:
$T_{io\ min}$ = 15.2 °C

relative Raumfeuchte über

74.0 % -> Tauwassergefahr
51.8 % -> Schimmelpilzgefahr

Kommentar :

Schimmelpilzgefahr

WAERMESTROMLINIEN

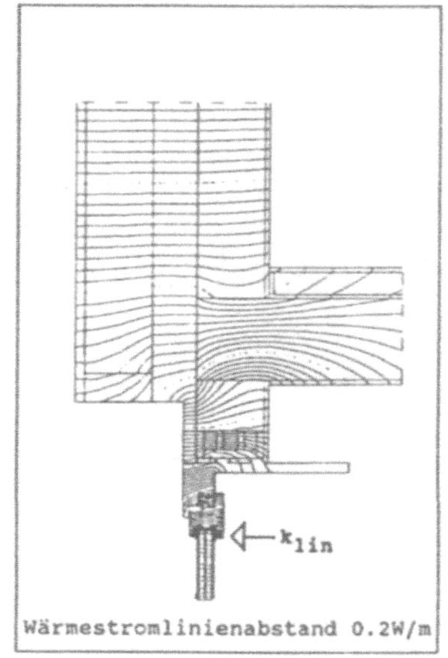


Linienzuschlag:

$k_{lin}$ = 0.33 W/mK

Kommentar :

Wärmebrücke über Innensturz

Beiblatt 2.12 - Wärmedurchgang/Wärmebrücken bei Fenstern, Beispiel F50 [SIA D 078]

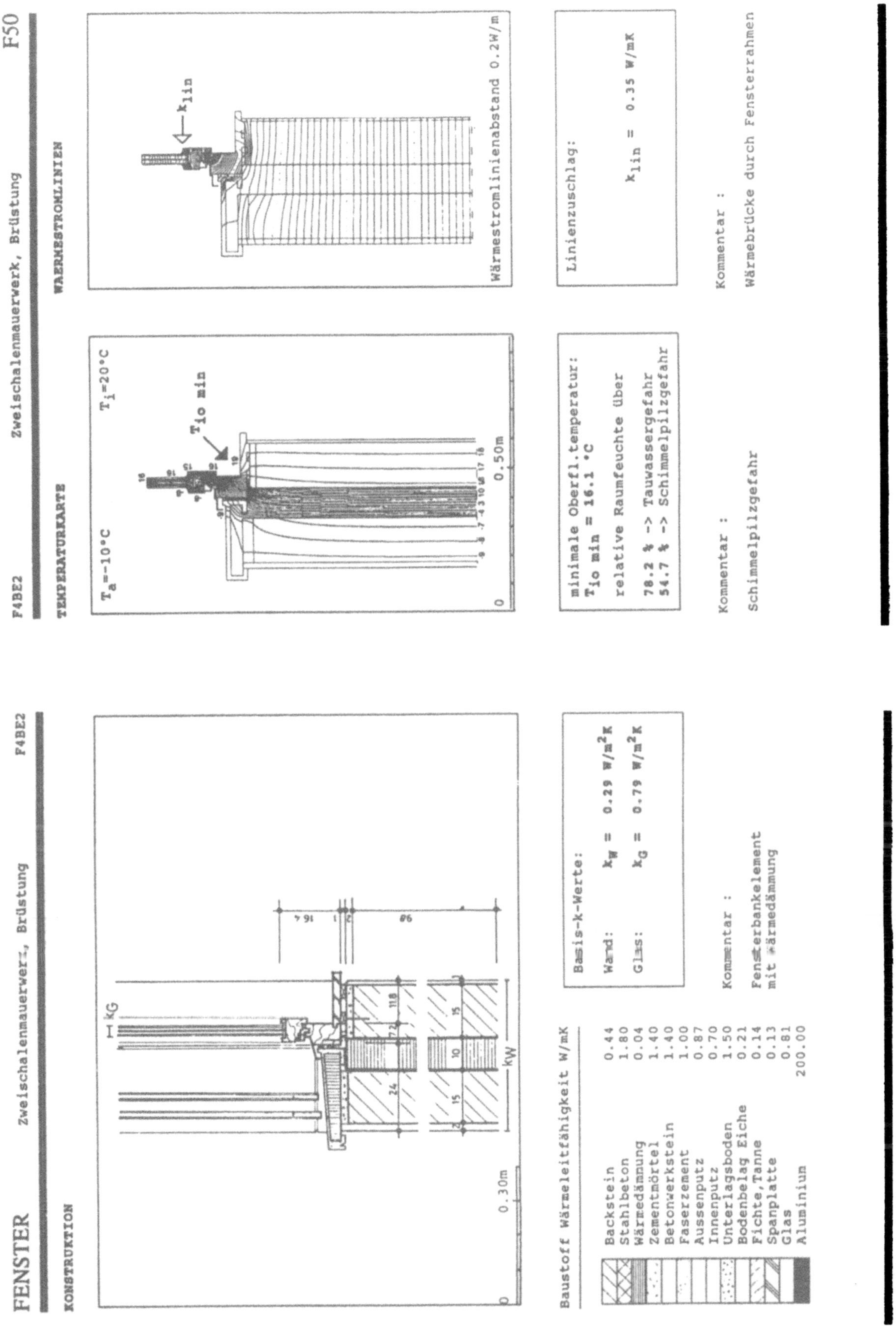

Beiblatt 2.13 - Wärmedurchgang/Wärmebrücken bei Fenstern, Beispiel F51 [SIA D 078]

**FENSTER** Zweischalenmauerwerk, Leibung F4L2

F4L2 Zweischalenmauerwerk, Leibung **F51**

KONSTRUKTION

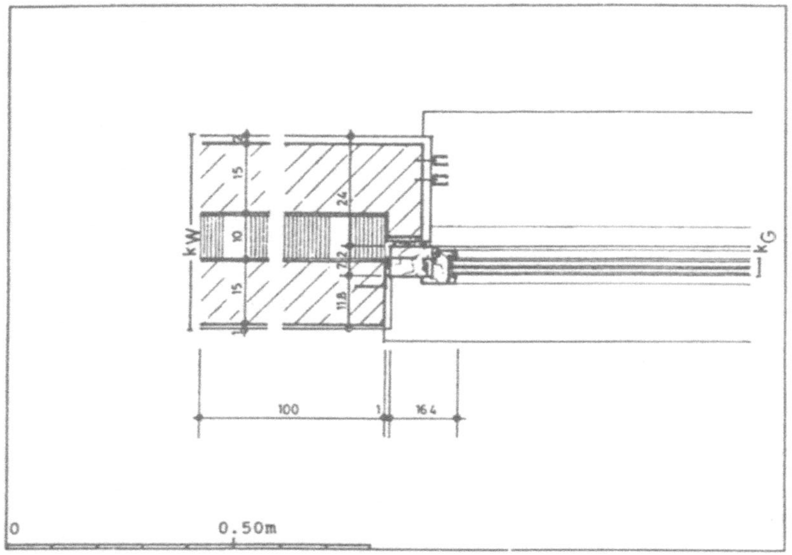


TEMPERATURKARTE

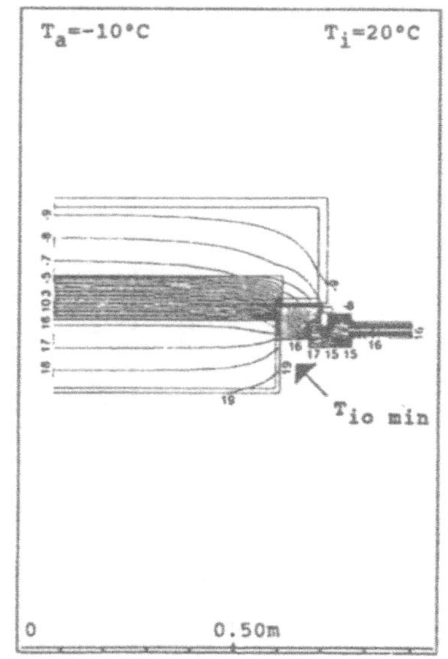


WAERMESTROMLINIEN

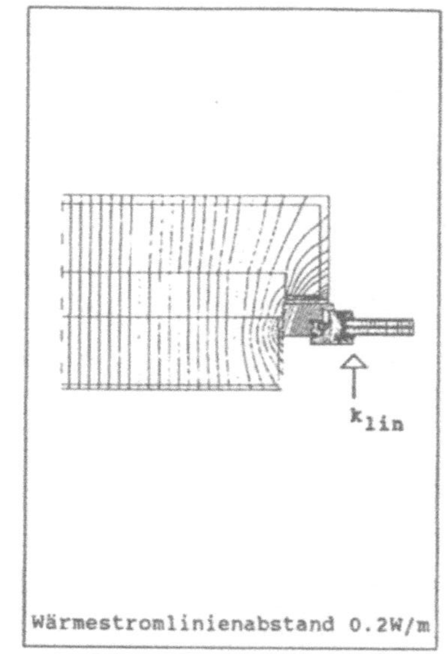


| Baustoff | Wärmeleitfähigkeit W/mK |
|---|---|
| Backstein | 0.44 |
| Stahlbeton | 1.80 |
| Wärmedämmung | 0.04 |
| Zementmörtel | 1.40 |
| Betonwerkstein | 1.40 |
| Faserzement | 1.00 |
| Aussenputz | 0.87 |
| Innenputz | 0.70 |
| Unterlagsboden | 1.50 |
| Bodenbelag Eiche | 0.21 |
| Fichte,Tanne | 0.14 |
| Spanplatte | 0.13 |
| Glas | 0.81 |
| Aluminium | 200.00 |

Basis-k-Werte:

Wand: $k_W$ = 0.29 W/m²K

Glas: $k_G$ = 0.79 W/m²K

Kommentar :

Anschlag an Leibungsstein

minimale Oberfl.temperatur:
$T_{io\ min}$ = 17.3 °C

relative Raumfeuchte über

84.6 % -> Tauwassergefahr
59.2 % -> Schimmelpilzgefahr

Kommentar :

geringe Schimmelpilzgefahr

Linienzuschlag:

$k_{lin}$ = 0.26 W/mK

Kommentar :

kleine Wärmebrücke
durch Fensterrahmen

Beiblatt 2.14 - Wärmedurchgang/Wärmebrücken bei Flachdächern, Beispiel D1 [SIA D 078]

FLACHDACH Mauerwerk homogen, Dachrand D1R1

KONSTRUKTION

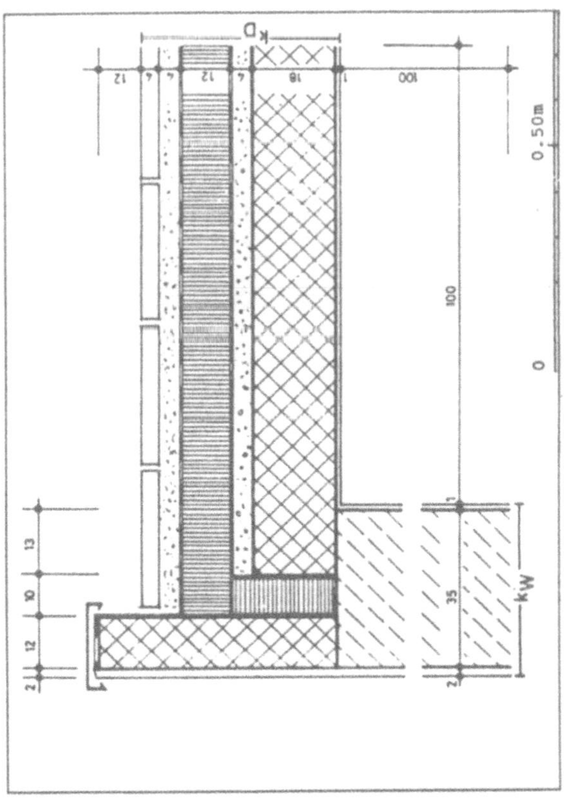


Baustoff Wärmeleitfähigkeit W/mK

| Baustoff | W/mK |
|---|---|
| Homogenmauerwerk | 0.18 |
| Stahlbeton | 1.80 |
| Wärmedämmung | 0.04 |
| Zementplatten | 1.40 |
| Sand, Kies | 0.70 |
| Zementüberzug | 1.40 |
| Aussenputz | 0.87 |
| Innenputz | 0.70 |
| Bodenbelag Eiche | 0.21 |
| Unterlagsboden | 1.50 |

Basis-k-Werte:

Wand: $k_W$ = 0.46 $W/m^2K$

Dach: $k_D$ = 0.30 $W/m^2K$

Kommentar :

begehbares Warmdach mit Dampfsperre innen und Feuchtigkeitssperre aussen

D1R1 Mauerwerk homogen, Dachrand D1

TEMPERATURKARTE

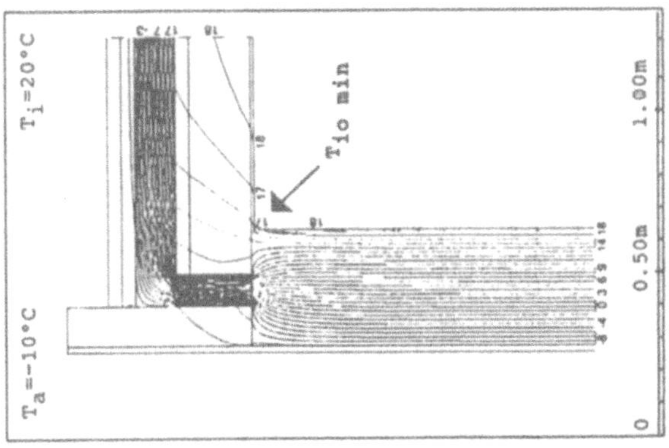


minimale Oberfl.temperatur:
$T_{io\ min}$ = 16.0 °C

relative Raumfeuchte über

78.0 % -> Tauwassergefahr
54.6 % -> Schimmelpilzgefahr

Kommentar :

Schimmelpilzgefahr

WAERMESTROMLINIEN

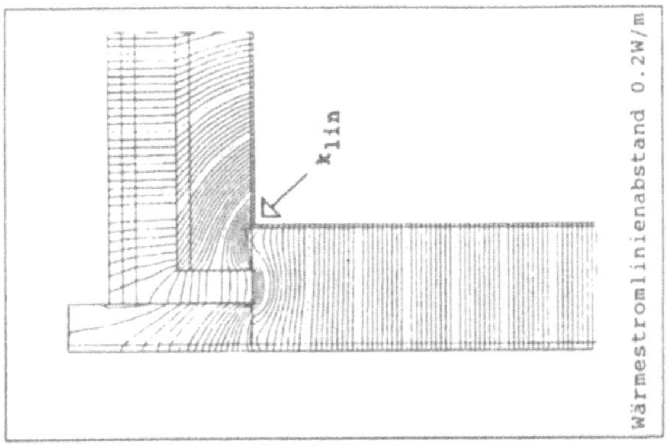


Linienzuschlag:

$k_{lin}$ = 0.14 W/mK

Kommentar :

kleine Wärmebrücke
infolge Systemwechsel

Beiblatt 2.15 - Wärmedurchgang/Wärmebrücken bei Steildächern, Beispiel H11 [SIA D 078]

H1PW1 Mauerwerk homogen, Pult, Warmdach H11

**TEMPERATURKARTE**

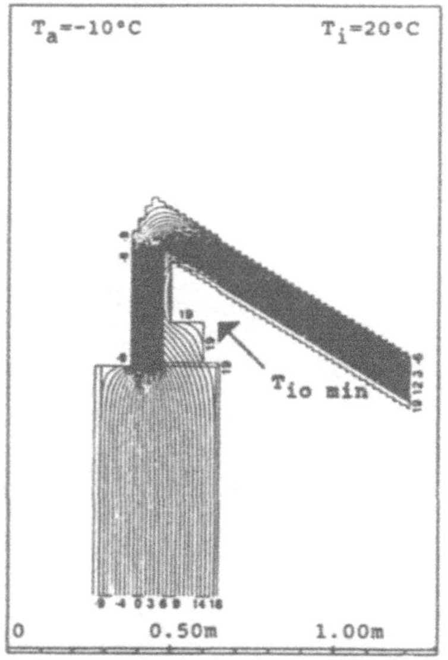


minimale Oberfl.temperatur:
$T_{io\ min}$ = 16.0 °C

relative Raumfeuchte über

77.6 % -> Tauwassergefahr
54.3 % -> Schimmelpilzgefahr

Kommentar :

Schimmelpilzgefahr

**WAERMESTROMLINIEN**

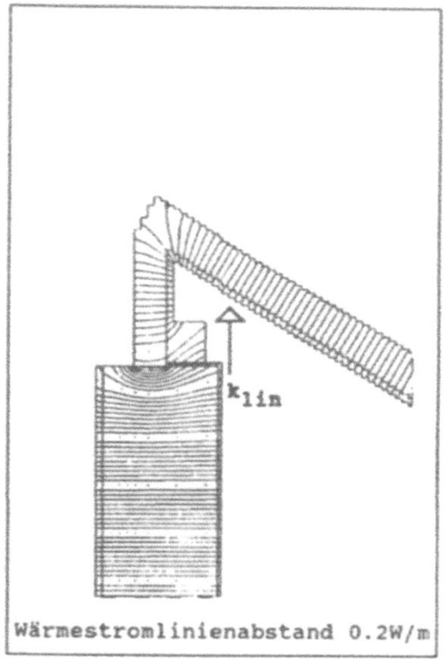


Linienzuschlag für
Heizperiode und Heizlast:

$k_{lin}$ = 0.12 W/mK

Kommentar :

geometrisch bedingte
Wärmebrücke

STEILDACH Mauerwerk homogen, Pult, Warmdach H1PW1

**KONSTRUKTION**

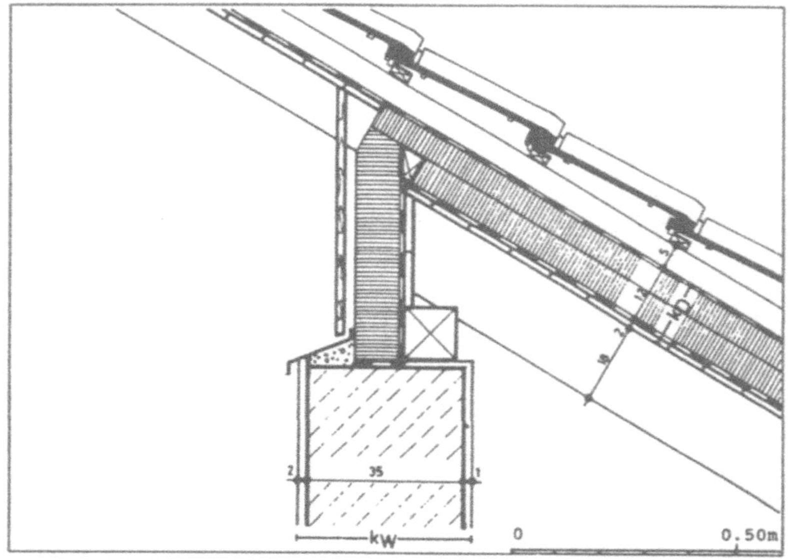


| Baustoff | Wärmeleitfähigkeit W/mK |
|---|---|
| Homogenmauerwerk | 0.18 |
| Wärmedämmung | 0.04 |
| Aussenputz | 0.87 |
| Innenputz | 0.70 |
| Fichte,Tanne | 0.14 |
| Luft 40mm | 0.20 |

Basis-k-Werte:

Wand : $k_W$ = 0.46 W/m²K

Dach: $k_D$ = 0.29 W/m²K

Kommentar :

Wärmedämmung oberhalb der
Sparren, Sparren sichtbar

Luftdichte An- und Abschlüsse
der Dampfbremse/-sperre

# Beiblatt 2.16 - Relative Luftfeuchtigkeit, Wasserdampfdruck und Temperatur [el 29]

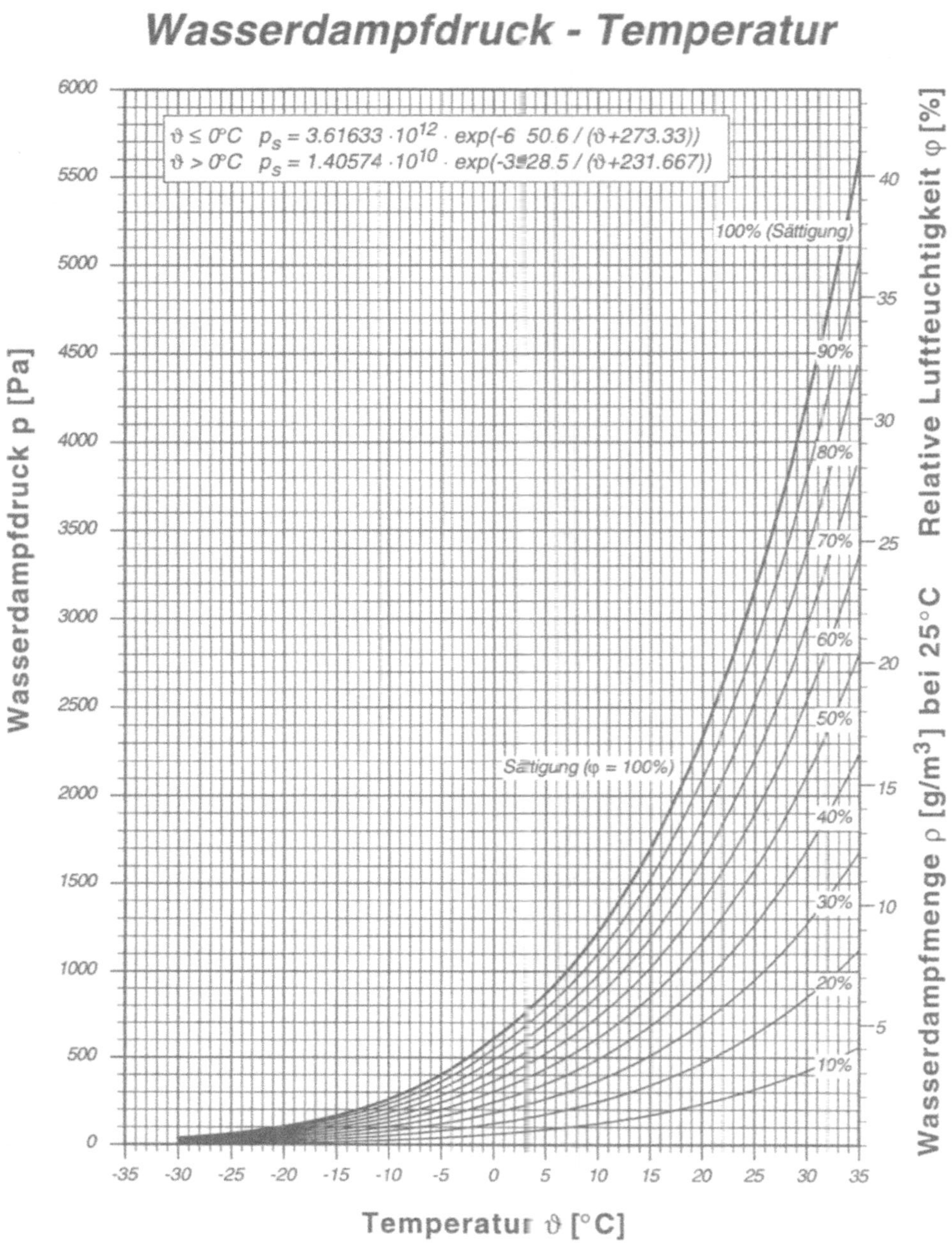


23. Wasser, Feuchte

**23.6.3. Wasserdampfsättigungsdruck $p_s$ in Pa**

| °C | .0 | .1 | .2 | .3 | .4 | .5 | .6 | .7 | .8 | .9 |
|---|---|---|---|---|---|---|---|---|---|---|
| 35. | 5622 | 5653 | 5684 | 5715 | 5747 | 5779 | 5811 | 5843 | 5875 | 5907 |
| 34. | 5318 | 5348 | 5378 | 5408 | 5438 | 5468 | 5498 | 5529 | 5560 | 5591 |
| 33. | 5029 | 5057 | 5086 | 5114 | 5143 | 5172 | 5201 | 5230 | 5259 | 5288 |
| 32. | 4753 | 4780 | 4807 | 4835 | 4862 | 4889 | 4917 | 4945 | 4973 | 5001 |
| 31. | 4491 | 4517 | 4543 | 4568 | 4594 | 4621 | 4647 | 4673 | 4700 | 4727 |
| 30. | 4241 | 4266 | 4290 | 4315 | 4340 | 4365 | 4390 | 4415 | 4440 | 4466 |
| 29. | 4004 | 4027 | 4051 | 4074 | 4098 | 4121 | 4145 | 4169 | 4193 | 4217 |
| 28. | 3778 | 3800 | 3822 | 3845 | 3867 | 3890 | 3912 | 3935 | 3958 | 3981 |
| 27. | 3564 | 3585 | 3606 | 3627 | 3648 | 3670 | 3691 | 3713 | 3734 | 3756 |
| 26. | 3360 | 3380 | 3400 | 3420 | 3440 | 3460 | 3481 | 3501 | 3522 | 3543 |
| 25. | 3166 | 3185 | 3204 | 3223 | 3242 | 3262 | 3281 | 3301 | 3320 | 3340 |
| 24. | 2982 | 3000 | 3018 | 3036 | 3055 | 3073 | 3091 | 3110 | 3128 | 3147 |
| 23. | 2808 | 2825 | 2842 | 2859 | 2876 | 2894 | 2911 | 2929 | 2946 | 2964 |
| 22. | 2642 | 2658 | 2675 | 2691 | 2707 | 2724 | 2740 | 2757 | 2774 | 2791 |
| 21. | 2485 | 2501 | 2516 | 2531 | 2547 | 2563 | 2578 | 2594 | 2610 | 2626 |
| 20. | 2337 | 2351 | 2366 | 2380 | 2395 | 2410 | 2425 | 2440 | 2455 | 2470 |
| 19. | 2196 | 2209 | 2223 | 2237 | 2251 | 2265 | 2279 | 2294 | 2308 | 2322 |
| 18. | 2062 | 2075 | 2088 | 2102 | 2115 | 2128 | 2141 | 2155 | 2168 | 2182 |
| 17. | 1936 | 1948 | 1961 | 1973 | 1986 | 1998 | 2011 | 2024 | 2037 | 2049 |
| 16. | 1817 | 1828 | 1840 | 1852 | 1864 | 1876 | 1888 | 1900 | 1912 | 1924 |
| 15. | 1704 | 1715 | 1726 | 1737 | 1748 | 1760 | 1771 | 1782 | 1794 | 1805 |
| 14. | 1597 | 1608 | 1618 | 1629 | 1639 | 1650 | 1661 | 1671 | 1682 | 1693 |
| 13. | 1497 | 1506 | 1516 | 1526 | 1536 | 1546 | 1556 | 1566 | 1577 | 1587 |
| 12. | 1401 | 1411 | 1420 | 1429 | 1439 | 1448 | 1458 | 1467 | 1477 | 1487 |
| 11. | 1312 | 1320 | 1329 | 1338 | 1347 | 1356 | 1365 | 1374 | 1383 | 1392 |
| 10. | 1227 | 1235 | 1244 | 1252 | 1260 | 1269 | 1277 | 1286 | 1294 | 1303 |
| 9. | 1147 | 1155 | 1163 | 1171 | 1179 | 1186 | 1194 | 1203 | 1211 | 1219 |
| 8. | 1072 | 1079 | 1087 | 1094 | 1102 | 1109 | 1117 | 1124 | 1132 | 1139 |
| 7. | 1001 | 1008 | 1015 | 1022 | 1029 | 1036 | 1043 | 1050 | 1057 | 1065 |
| 6. | 935 | 941 | 948 | 954 | 961 | 967 | 974 | 981 | 988 | 994 |
| 5. | 872 | 878 | 884 | 890 | 896 | 903 | 909 | 915 | 922 | 928 |
| 4. | 813 | 819 | 824 | 830 | 836 | 842 | 848 | 854 | 860 | 866 |
| 3. | 757 | 763 | 768 | 774 | 779 | 785 | 790 | 796 | 802 | 807 |
| 2. | 705 | 711 | 716 | 721 | 726 | 731 | 736 | 742 | 747 | 752 |
| 1. | 657 | 661 | 666 | 671 | 676 | 681 | 686 | 690 | 695 | 700 |
| 0. | 611 | 615 | 620 | 624 | 629 | 633 | 638 | 643 | 647 | 652 |
| - 0. | 611 | 605 | 600 | 596 | 591 | 587 | 581 | 576 | 572 | 567 |
| - 1. | 562 | 557 | 553 | 548 | 544 | 540 | 536 | 531 | 526 | 521 |
| - 2. | 517 | 513 | 509 | 504 | 500 | 496 | 492 | 488 | 484 | 480 |
| - 3. | 476 | 472 | 468 | 464 | 460 | 456 | 452 | 449 | 445 | 441 |
| - 4. | 437 | 433 | 430 | 426 | 423 | 419 | 415 | 412 | 409 | 407 |
| - 5. | 402 | 399 | 395 | 391 | 388 | 384 | 381 | 378 | 375 | 371 |
| - 6. | 368 | 365 | 362 | 359 | 356 | 353 | 350 | 347 | 344 | 341 |
| - 7. | 338 | 335 | 332 | 329 | 327 | 324 | 321 | 318 | 316 | 313 |
| - 8. | 310 | 307 | 304 | 301 | 299 | 296 | 294 | 291 | 289 | 286 |
| - 9. | 284 | 281 | 279 | 276 | 274 | 271 | 269 | 267 | 265 | 262 |
| -10. | 260 | 257 | 255 | 253 | 251 | 248 | 246 | 244 | 242 | 240 |
| -11. | 238 | 235 | 234 | 232 | 230 | 228 | 225 | 223 | 221 | 219 |
| -12. | 217 | 215 | 214 | 211 | 210 | 208 | 206 | 204 | 202 | 200 |
| -13. | 199 | 197 | 195 | 193 | 191 | 189 | 188 | 186 | 185 | 183 |
| -14. | 181 | 179 | 178 | 176 | 175 | 173 | 172 | 170 | 168 | 167 |
| -15. | 165 | 164 | 162 | 160 | 159 | 158 | 157 | 155 | 154 | 152 |
| -16. | 151 | 149 | 148 | 147 | 145 | 144 | 143 | 141 | 140 | 139 |
| -17. | 137 | 136 | 135 | 133 | 132 | 131 | 130 | 128 | 127 | 126 |
| -18. | 125 | 124 | 123 | 121 | 120 | 119 | 118 | 117 | 116 | 115 |
| -19. | 114 | 113 | 112 | 111 | 109 | 108 | 107 | 106 | 105 | 104 |
| -20. | 103 | 102 | 101 | 100 | 99 | 99 | 98 | 97 | 96 | 95 |
| -21. | 94 | 93 | 92 | 91 | 90 | 90 | 89 | 88 | 87 | 86 |
| -22. | 85 | 85 | 84 | 83 | 82 | 81 | 80 | 80 | 79 | 78 |
| -23. | 77 | 77 | 76 | 75 | 74 | 74 | 73 | 72 | 72 | 71 |
| -24. | 70 | 69 | 69 | 68 | 67 | 67 | 66 | 66 | 65 | 64 |
| -25. | 64 | 63 | 62 | 62 | 61 | 60 | 60 | 59 | 59 | 58 |
| -26. | 57 | 57 | 56 | 56 | 55 | 54 | 54 | 53 | 53 | 52 |
| -27. | 52 | 51 | 51 | 50 | 50 | 49 | 49 | 48 | 48 | 47 |
| -28. | 47 | 46 | 46 | 45 | 45 | 44 | 44 | 44 | 43 | 43 |
| -29. | 42 | 42 | 41 | 41 | 41 | 40 | 40 | 39 | 39 | 38 |
| -30. | 38 | | | | | | | | | |

Beiblatt 2.17 - Anordnung einer Dampfsperre (Sockel, Flachdach) [SIA D 078]

## SOCKEL

Hinterlüftung, Keller beheizt S3AW2

**KONSTRUKTION**

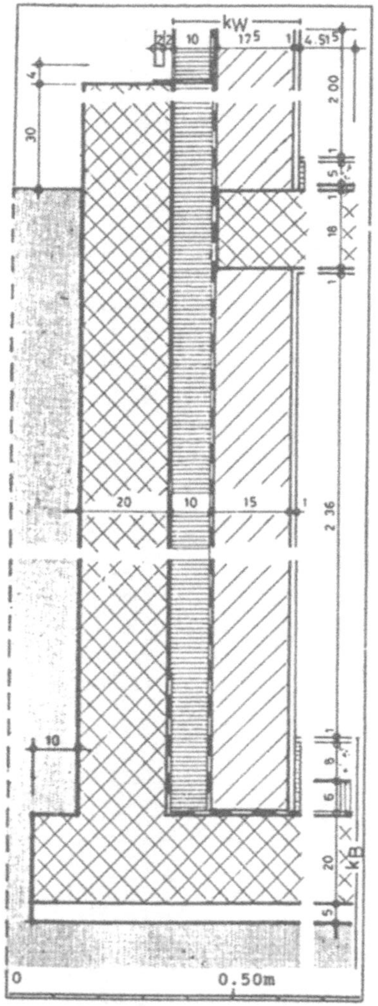


| Baustoff | Wärmeleitfähigkeit W/mK |
|---|---|
| Backstein | 0.44 |
| Stahlbeton | 1.80 |
| Wärmedämmung | 0.04 |
| Dämmung Sockel | 0.06 |
| Fichte, Tanne | 0.14 |
| Innenputz | 0.70 |
| Faserzement | 0.48 |
| Unterlagsboden | 1.50 |
| Zementüberzug | 1.40 |
| Bodenbelag Eiche | 0.21 |
| Magerbeton | 1.40 |
| Erdreich | 2.00 |

Basis-k-Werte:

Wand : $k_W = 0.30\ W/m^2K$

Boden: $k_B = 0.34\ W/m^2K$

Kommentar :

Feuchteschutz aussen notwendig (nicht dargestellt)

Wasserdampfbremse warmseitig notwendig

## FLACHDACH

Mauerwerk homogen, Dachrand D1R1

**KONSTRUKTION**

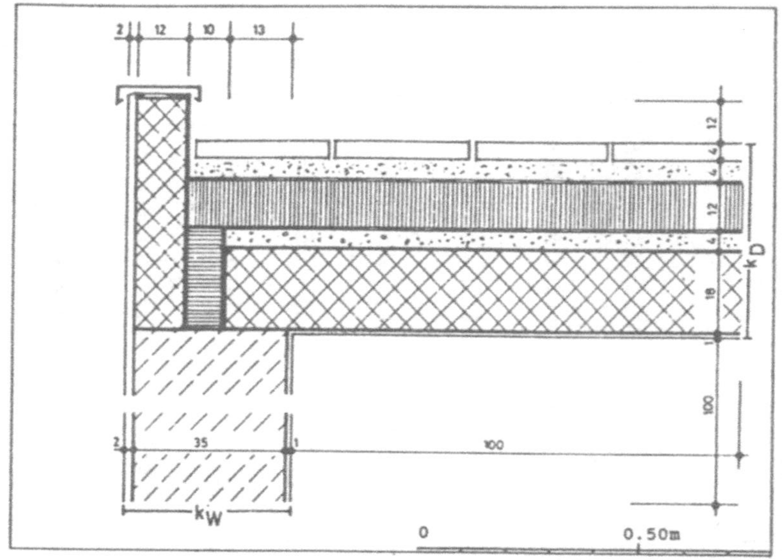


| Baustoff | Wärmeleitfähigkeit W/mK |
|---|---|
| Homogenmauerwerk | 0.18 |
| Stahlbeton | 1.80 |
| Wärmedämmung | 0.04 |
| Zementplatten | 1.40 |
| Sand, Kies | 0.70 |
| Zementüberzug | 1.40 |
| Aussenputz | 0.87 |
| Innenputz | 0.70 |
| Bodenbelag Eiche | 0.21 |
| Unterlagsboden | 1.50 |

Basis-k-Werte:

Wand: $k_W = 0.46\ W/m^2K$

Dach: $k_D = 0.30\ W/m^2K$

Kommentar :

begehbares Warmdach mit Dampfsperre innen und Feuchtigkeitssperre aussen

## Beiblatt 2.18 - Anordnung einer Dampfsperre (Steildach) [SIA D 078]

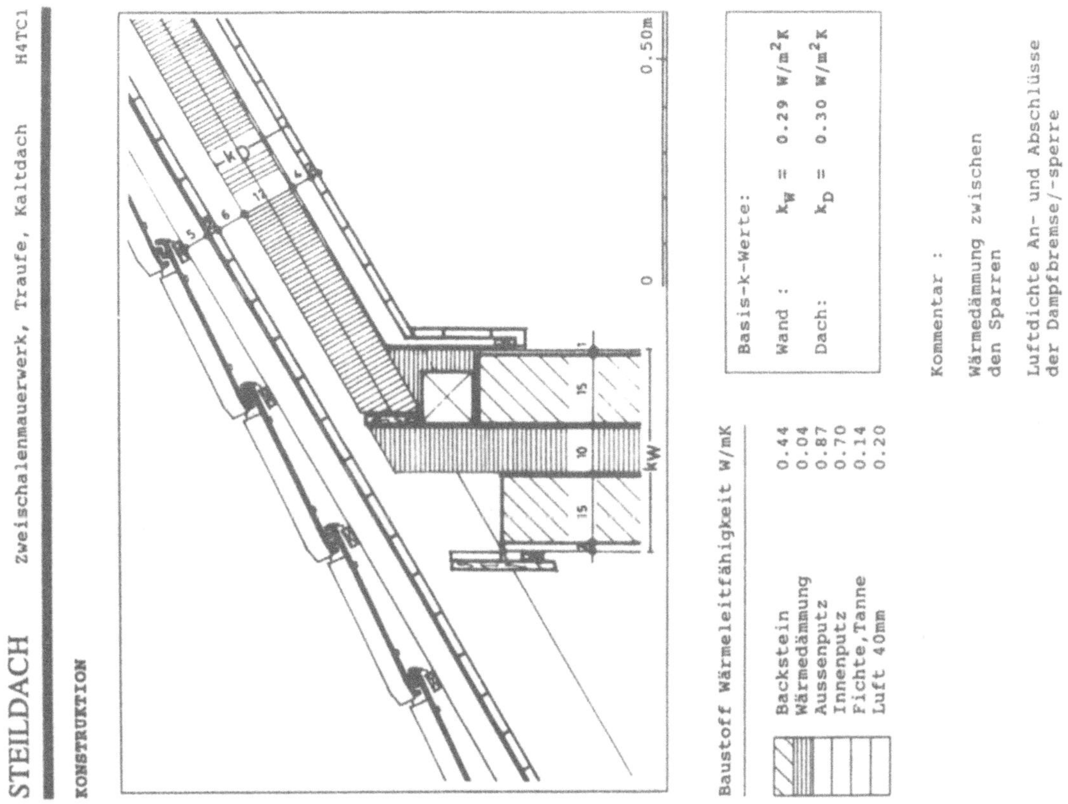


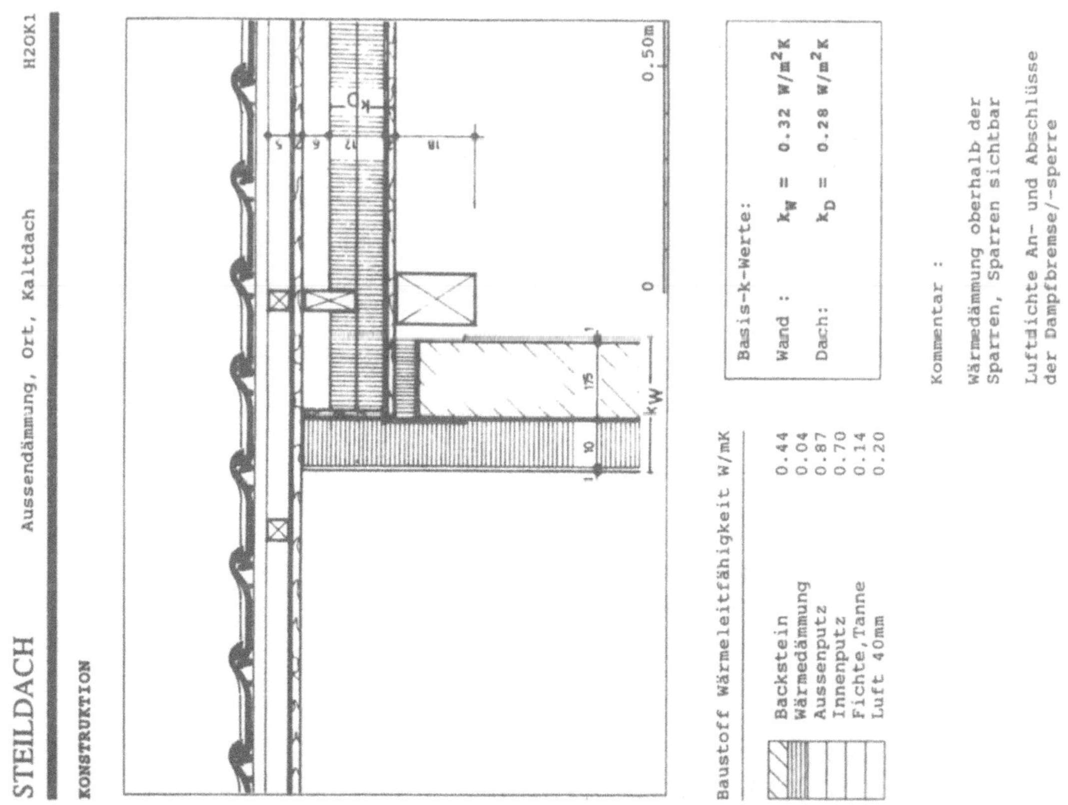

# Beiblatt 2.19 - Abschätzung der Luftschalldämmung [SIA 181]

Eine annähernde Abschätzung der Luftschalldämmung kann mit den nachstehenden Angaben gemacht werden. Detaillierte Ausführungen sind in den SIA-Dokumentationen 35 und 58 enthalten.

**Einschalige Bauteile**

Für einschalige Bauteile kann das bewertete Bauschalldämmass $R'_w$ aus der flächenbezogenen Masse m' mit Hilfe der Kurven in Figur A2 4 1 abgeschätzt werden.

**Zweischalige Bauteile**

Zweischalige Bauteile weisen gegenüber gleichschweren einschaligen in der Regel eine grössere Schalldämmung auf. Die zusätzliche Schalldämmung hängt ab

- vom Abstand der beiden Schalen
- von der Verbindung der beiden Schalen
- vom Dämmstoff zwischen den beiden Schalen
- von der Biegesteifigkeit der Schalen.

Figur A2 4 1: Das bewertete Luftschalldämmass $R'_w$ in Funktion der flächenbezogenen Masse m'

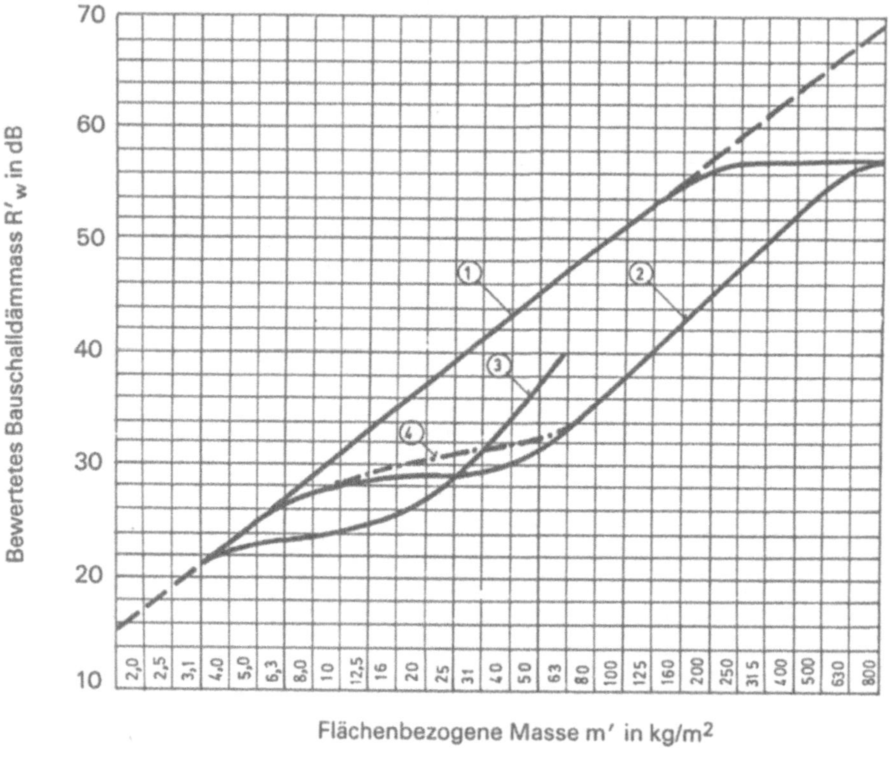


Kurve 1: Massegesetzt; gültig unterhalb der Grenzfrequenz, z.B. für dünne Bleche
$R'_w = 20\,M + 11$

Kurve 2: «Gösele-Kurve»; gültig für Beton, Mauerwerk und Gips
$R'_w = -15 + 118\,M - 119\,M^2 + 50{,}6\,M^3 - 7{,}06\,M^4$

Kurve 3: Gültig für Holz und Holzwerkstoffe
$R'_w = -2{,}8 + 105\,M - 155\,M^2 + 98{,}7\,M^3 - 21\,M^4$

Kurve 4: Gültig für Glasscheiben
$R'_w = 9{,}2 + 30\,M - 6{,}2\,M^2 - 7{,}6\,M^3 + 3{,}3\,M^4$

wobei: $M = \log(m')$

## Beiblatt 2.20 - Anforderungen an die Luftschalldämmung [SIA 181]

### 3 1 Schutz gegen Aussenlärm

3 11 Als Mass für den Schutz gegen Aussenlärm wird die bewertete Standard-Schallpegeldifferenz $D_{nT,w}$ gemäss ISO 717/1, gemessen am Bau, bei geschlossenen Fenstern, verwendet.

3 12 Die Messung der Standard-Schallpegeldifferenz am Bau erfolgt gemäss Norm DIN 522 10/5. Für überschlägige Kontrollen ist das im Anhang A3 beschriebene vereinfachte Verfahren zulässig.

3 13 **Mindestanforderungen** an den Schutz gegen Aussenlärm (Luftschall): ($D_{nT,w}$ in dB):

Die Einstufung der Lärmempfindlichkeit erfolgt gemäss Ziffer 2 3. Der Grad der Störung durch Aussenlärm kann gemessen, mit anerkannten Methoden berechnet oder mit Hilfe der nachstehenden Tabelle eingestuft werden. (Die Beurteilungspegel $L_r$ beziehen sich auf die Tagperiode.)

Tabelle 3 13

| | Grad der Störung durch Aussenlärm $L_r$ = 60 dB (A) $L_r$ = 65 dB (A) $L_r$ = 70 dB (A) | | | |
|---|---|---|---|---|
| | klein | mässig | stark | sehr stark |
| Lärm-empfindlichkeit gemäss Ziffer 2 3 | Ruhige Lage, abseits vom Durchgangsverkehr, keine störenden Betriebe, Mehrheit der Anwohner nicht gestört. | Lärmige Lage, im Nahbereich mässig belasteter Verkehrsträger oder mässig störender Betriebe, wesentlicher Anteil der Anwohner gestört. | Laute Lage, im Nahbereich stark belasteter Verkehrsträger oder stark störender Betriebe, Mehrheit der Anwohner erheblich gestört. | Sehr laute Lage, im Nahbereich sehr stark belasteter Verkehrsträger oder sehr stark störender Betriebe, Mehrheit der Anwohner stark gestört. |
| gering | 25 | 30 | 35 | 40 |
| mittel | 30 | 35 | 40 | 45 |
| hoch | 35 | 40 | 45 | 50 |

3 14 **Erhöhte Anforderungen** an den Schutz gegen Aussenlärm.

Es gelten die um 5 dB erhöhten Werte der Tabelle 3 13.

### 3 2 Schutz gegen Innenlärm

3 21 **Luftschall**

3 21 1 Als Mass für den Schutz gegen Innenlärm (Luftschall) wird die bewertete Standard-Schallpegeldifferenz $D_{nT,w}$ gemäss ISO 717/1, gemessen am Bau, verwendet.

3 21 2 Die Messung der Standard-Schallpegeldifferenz am Bau erfolgt gemäss Norm ISO 140/IV. Für überschlägige Kontrollen ist das im Anhang A3 beschriebene vereinfachte Verfahren zulässig.

3 21 3 **Mindestanforderungen** an den Schutz gegen Innenlärm (Luftschall) zwischen benachbarten Nutzungseinheiten ($D_{nT,w}$ in dB):

Tabelle 3 21 3

| | Grad der Störung durch Innenlärm (Luftschall) | | | |
|---|---|---|---|---|
| | klein | mässig | stark | sehr stark |
| Lärm-empfindlichkeit gemäss Ziffer 2 3 | Geräuscharme Nutzung: Lese-, Warteraum, Patienten-, Sanitätszimmer, Archiv usw. | Normale Nutzung: Wohn-, Schlafraum, Küche, Bad, WC, Treppenhaus, Korridor, Büroraum, Konferenz-, Schulzimmer, Labor usw. | Lärmige Nutzung: Bastelraum, Musikzimmer, Versammlungsraum, Kantine, Heizung, Einstellgaragen, Aufzugsschächte, Maschinenräume usw. | Lärmintensive Nutzung: Gewerbebetriebe, Werkstatt, Turnhalle, Restaurationsbetrieb, Vergnügungslokal, dazugehörende Treppenhäuser usw. |
| gering | 42 | 47 | 52 | 57 |
| mittel | 47 | 52 | 57 | 62 |
| hoch | 52 | 57 | 62 | 67 |

3 21 4 **Erhöhte Anforderungen** an den Schutz gegen Innenlärm (Luftschall).
Es gelten die um 5 dB erhöhten Werte der Tabelle 3 21 3.

3 21 5 Die Anforderung für einen direkt erschlossenen Raum einer Nutzungseinheit gegenüber Treppenhaus oder Korridor, welche ausschliesslich dem Zugang zu den angrenzenden gleichartigen oder bezüglich Lärmstörung gleich eingestuften Nutzungseinheiten dient, darf die Werte gemäss Ziffern 3 21 3 und 3 21 4 um 10 dB unterschreiten.

Beiblatt 2.21 - oben: Abschätzung der Trittschalldämmung [SIA 181]
unten: Lärmempfindlichkeit der Raumnutzung [SIA 181]

**Einige allgemeine Hinweise zur Trittschalldämmung werden im folgenden gegeben. Detaillierte Angaben sind in den SIA-Dokumentationen 35 und 58 enthalten.**

**Die bewerteten Norm-Trittschallpegel von fast allen massiven Decken bieten mit**

**$L'_{n,w,0}$ = 65 bis 85 dB**

**einen ungenügenden Trittschallschutz.**

**Für Eisenbetondecken können etwa Werte gemäss Figur A2 5 1 angenommen werden:**

Figur A2 5 1: **Bewerteter Norm-Trittschallpegel von Eisenbetondecken verschiedener Dicke.**

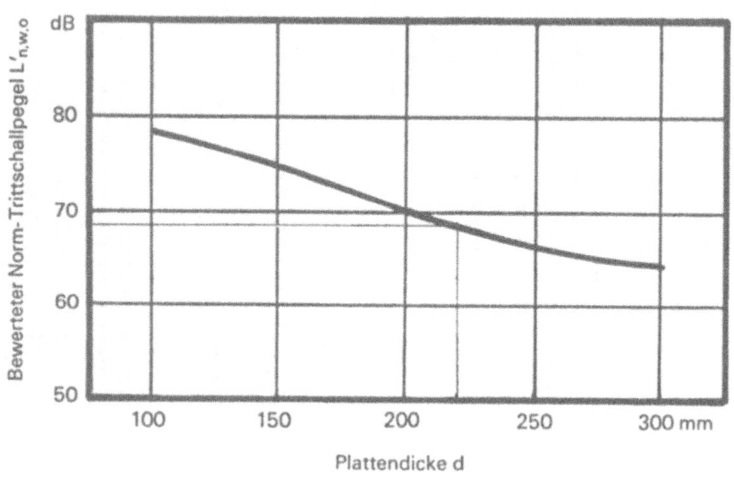


**Zur Erreichung eines Mindestschallschutzes gemäss Ziffer 3 22 3 sind daher Trittschallverbesserungen $\Delta L_w$ bis zu 40 dB notwendig.**

## Lärmempfindlichkeit

Die Einstufung der Lärmempfindlichkeit erfolgt durch sinngemässe Interpretation der nachstehenden Angaben:

Tabelle 2 3

| Lärmempfindlichkeit | Beschreibung |
|---|---|
| gering | Räume für vorwiegend manuelle Tätigkeit. Räume, welche von vielen Personen oder nur kurzzeitig benützt werden.<br>Beispiel: Werkstatt, Handarbeits-, Empfangs-, Warteraum, Grossraumbüro, Kantine, Küche, Verkaufsraum, Labor, Korridor usw. |
| mittel | Räume für geistige Arbeiten, Wohnen und Schlafen.<br>Beispiel: Wohn-, Schlafzimmer, Studio, Schulzimmer, Singsaal, Büroräume, Hotel-, Spitalzimmer usw. |
| hoch | Räume für Benützer mit besonders hohem Ruhebedürfnis.<br>Beispiel: Ruheräume in Spitälern und Sanatorien, spezielle Therapieräume, Musik-, Lese-, Studierzimmer usw. |

## Beiblatt 2.22 - Anforderungen an die Trittschalldämmung [SIA 181]

3 22 **Trittschall**

3 22 1 Als Mass für den Schutz gegen Trittschallübertragung wird der bewertete Standard-Trittschallpegel $L'_{nT,w}$ gemäss Norm ISO 717/2 verwendet.

3 22 2 Die Messung des Standard-Trittschallpegels am Bau erfolgt gemäss Norm ISO 140/VII. Für überschlägige Kontrollen ist das im Anhang A3 beschriebene vereinfachte Verfahren zulässig.

3 22 3 **Mindestanforderungen** an den Schutz gegen Innenlärm (Trittschall). ($L'_{nT,w}$ in dB):

Tabelle 3 22 3

| | Grad der Störung durch Innenlärm (Trittschall) | | | |
|---|---|---|---|---|
| | klein | mässig | stark | sehr stark |
| Lärm-empfindlich-keit gemäss Ziffer 2 3 | Archiv, Warte-, Leseraum usw. | Wohn-, Schlafraum, Küche, Bad, WC, Korridore, Treppe, Laubengänge, Büro, Heiz- und Klimaraum, Einstellgaragen usw. | Restaurant, Saal, Korridore, Turnhalle, Werkstatt, Musikübungsraum usw. | Die in der Stufe «stark» festgehaltenen Nutzungen, wenn diese auch in der Nacht zwischen 22.00 und 06.00 Uhr vorkommen. |
| gering | 65 | 60 | 55 | 50 |
| mittel | 60 | 55 | 50 | 45 |
| hoch | 55 | 50 | 45 | 40 |

3 22 4 **Erhöhte Anforderungen** an den Schutz gegen Innenlärm (Trittschall).
Es gelten die um 5 dB verminderten Werte der Tabelle 3 22 3.

Beiblatt 2.23 - Anforderungen an die Dämmung von haustechnischen Geräuschen [SIA 181]

3 23 **Geräusche von haustechnischen Anlagen**

3 23 1 Bei den Geräuschen von haustechnischen Anlagen ist zwischen Funktions- und Benutzungsgeräuschen zu unterscheiden.

3 23 2 Als Mass für den Schutz gegen die Geräusche von haustechnischen Anlagen dient der Beurteilungspegel $L_{r,H}$ der einzelnen Anlage gemäss Anhang A3.

3 23 3 **Mindestanforderungen** an den Schutz gegen die Funktionsgeräusche (F) und Benutzungsgeräusche (B) von haustechnischen Anlagen ($L_{r,H}$ in dB):

Tabelle 3 23 3

| Lärmempfindlichkeit gemäss Ziffer 2 3 | Grad der Störung | | | | |
|---|---|---|---|---|---|
| | mässig | | stark | | sehr stark |
| | Einzelgeräusche am Tag 06.00 - 22.00 Uhr | | Dauergeräusche am Tag 06.00 - 22.00 Uhr und Einzelgeräusche in der Nacht 22.00 - 06.00 Uhr | | Dauergeräusche in der Nacht 22.00 - 06.00 Uhr |
| | F | B | F | B | F |
| gering | 45 | 50 | 40 | 45 | 35 |
| mittel | 40 | 45 | 35 | 40 | 30 |
| hoch | 35 | 40 | 30 | 35 | 25 |

Einteilung der Geräusche von haustechnischen Anlagen

**Einzelgeräusche** a) Funktionsgeräusche: F

Waschtisch, Spülbecken, Badewanne füllen und auslaufen lassen, Duschen, Klosett spülen, Aufzugsgeräusche, automatisch betätigte Garagentore und Storenanlagen, Schaltrelais von elektrischen Anlagen usw.

b) Benutzungsgeräusche: B

Duschen in der Badewanne, Rutschen in der Badewanne, Klosettsitz fallen lassen, Abstellen von Pfannen und Geschirr, Flaschenauszug, Betätigen von Schrankauszügen und -türen, Cheminée-Benützung, manuell betätigte Garagentore und Storen usw.

**Dauergeräusche** Lüftungs- und Klimaanlage, Geschirrspüler, Waschmaschine, Tumbler, Kühlanlage, Ventilator, Heizung, Kompressor usw.

3 23 4 **Erhöhte Anforderungen** an den Schutz gegen die Geräusche von haustechnischen Anlagen:

Es gelten sowohl für die Funktions- als auch für die Benutzungsgeräusche die um 5 dB verminderten Werte der Tabelle 3 23 3.

3 23 5 In Spezialfällen, wo Geräusche haustechnischer Anlagen nachweisbar zur raumakustischen Konditionierung verwendet werden, kann von den Anforderungen gemäss Ziffer 3 23 3 abgewichen werden (Beispiel: Klimaanlage in Grossraumbüro).

Beiblatt 2.24 - Anforderungen an den Feuerwiderstand von Bauteilen [SIA 183]

# 3 5 Tabellarische Übersicht der klassierten Bauteile

Tragende und raumabschliessende Bauteile und Verkleidungen

| Bauteile | Feuer-widerstands-klassen | Feuerwider-standsdauer in Minuten | Minimale Prüfdauer in Minuten |
|---|---|---|---|
| Tragende und raumabschliessende Bauteile (3 31[1]) | F 30<br>F 60<br>F 90<br>F 120<br>F 180<br>F 240 | ≥ 30<br>≥ 60<br>≥ 90<br>≥ 120<br>≥ 180<br>≥ 240 | 30<br>60<br>90<br>120<br>180<br>240 |
| Unterdecken in Kombination mit einer nichtbrennbaren tragenden Deckenkonstruktion (3 32[1])<br><br>Verkleidungen von nichtbrennbaren Bauteilen (3 33[1]) | F 30<br>F 60<br>F 90<br>F 120<br>F 180 | ≥ 30<br>≥ 60<br>≥ 90<br>≥ 120<br>≥ 180 | 30<br>60<br>90<br>120<br>180 |
| Unterdecken allein oder in Kombination mit einer brennbaren tragenden Deckenkonstruktion (3 32[2/3])<br><br>Verkleidungen von brennbaren Bauteilen (3 33[2]) | F 30<br>F 60<br>F 90 | ≥ 30<br>≥ 60<br>≥ 90 | 30<br>60<br>90 |
| Brandschutzanstrich (3 33[3]) | F 30 | ≥ 30 | 30 |

Brandschutzabschlüsse

| Bauteile | Feuer-widerstands-klassen | Feuerwider-standsdauer in Minuten | Minimale Prüfdauer in Minuten |
|---|---|---|---|
| Bewegliche Abschlüsse (3 34[1]) | T 30<br>T 30 S<br>T 60<br>T 90 | ≥ 15<br>≥ 30<br>≥ 60<br>≥ 90 | 30<br>30<br>60<br>90 |
| Rauch- und flammendichte Abschlüsse (3 35[1]) | R 30<br>R 60 | ≥ 30<br>≥ 60 | 30<br>60 |
| Brandschutzklappen (3 36[1]) | K 30<br>K 60<br>K 90 | ≥ 30<br>≥ 60<br>≥ 90 | 30<br>60<br>90 |
| Abschottungen (3 37[1]) | S 30<br>S 60<br>S 90 | ≥ 30<br>≥ 60<br>≥ 90 | 30<br>60<br>90 |
| Aufzugsschachttüren (3 38[1]) | A 30<br>A 60 | ≥ 30<br>≥ 60 | 30<br>60 |

Beiblatt 2.25 - Rechnerische Ermittlung der immobilen Brandbelastung [SIA 183]

# Immobile Brandbelastung

**(Ziffer 4 4, Abs. 3)**

## A 1 Rechnerische Ermittlung

### A 1 1 Grundlagen

Definitionen:

- q = Immobile Brandbelastung: Die Wärmemenge der fest eingebauten Baustoffe, bezogen auf die Brandabschnittsfläche, ausgedrückt in $MJ/m^2$.
- H = Heizwert: Die durch vollständige Verbrennung einer bestimmten Menge eines Stoffes freisetzbare Wärmemenge, ausgedrückt in MJ/kg.
- Σ = Summe aller Produkte
- M = Menge des fest eingebauten Stoffes i in kg
- AB = Brandabschnittsfläche im $m^2$

Grundformel:

$$q = \frac{\Sigma\ M \cdot H}{AB}$$

### A 1 2 Heizwerte einiger Stoffe

Boden-, Wand- und Deckenbeläge (Angaben im $MJ/m^2$)

| | | | |
|---|---|---|---|
| Asphalt | 40 | Holzfaserplatten | 18 |
| Bitumen | 42 | Holzspanplatten | 18 |
| Baumwolle | 20 | Parkett | 20 |
| Dachpappe | 22 | Leder | 20 |
| Epoxidharze | 35 | Linoleum | 20 |
| Gummi | 40 | Papier, Karton | 20 |
| Holz, Sperrholz | 20 | Seide | 20 |
| Kork | 25 | Sisal | 18 |
| Kunstfasern | 20—30 | Tapete | 20 |
| Kunststoffolien | 18 | Teppich | 30 |
| PVC | 17 | Wolle | 20 |

Angaben bezüglich $kg/m^2$ oder $kg/m^3$ sind den Produkteblättern und Katalogen zu entnehmen.

| Holzwerkstoffe: | Werte in $kg/m^3$ |
|---|---|
| Bauholz | 500 |
| Hartholz, Parkett | 800 |
| Holzspanplatten | 600 |

| Isolationsstoffe: | Werte in MJ/kg |
|---|---|
| Kork | 25 |
| Polystyrol | 40 (PS) |
| Polyurethan | 28 (PU und PUR) |
| Holzwolle | 18 |

### A 1 3 Heizwerte einiger Ausbauteile

(Angaben in $MJ/m^2$)

| | | |
|---|---|---|
| Türen | 410 | (mit Holzrahmen 600) |
| Fenster | 510 | inkl. Sims und Sturzbrett |
| Einbauschränke | 810 | mit Türen und Rückwand, 3 Tablare |
| Holzbalkendecke | 460 | mit Täfer oder Schrägboden (Balken 12x16 cm) |
| Täfer | 130 | inkl. Lattung |

Beiblatt 2.26 - Brandbelastung und Feuerwiderstand von Tragwerken [SIA 183]

# A 2 Nutzungsabhängige Erfahrungswerte

Die nachfolgenden Werte für die immobile und mobile Brandbelastung (gemäss SIA-Dokumentation 81) erlauben die direkte Ableitung der erforderlichen Feuerwiderstandsklasse ohne besonderen Nachweis. Auswirkungen von Dehnungsbehinderungen auf den Feuerwiderstand von druckbeanspruchten Bauteilen sind gemäss Ziffer 4 5, Absatz 1 zu berücksichtigen.

| Nutzung | Immobile Brandbelastung [$MJ/m^2$] | Mobile Brandbelastung [$MJ/m^2$] | Gesamte Brandbelastung [$MJ/m^2$] | Erforderlicher Feuerwiderstand |
|---|---|---|---|---|
| Ausstellungen | 250 | 80– 500 [1] | 330– 750 | (F 30)[3] –F 60 |
| geschlossene Parkhäuser | 100–200 | 300– 600 | 400– 800 | F 30–F 60 |
| Museen | 250 | 300 | 550 | F 60 |
| Schulen | 250 | 300 | 550 | F 60 |
| Spitäler | 250 | 300 | 550 | F 60 |
| Wohnungen | 300 | 300 | 600 | F 60 |
| Hotels | 300 | 300– 500 | 600– 800 | F 60 |
| Heime | 300 | 400 | 700 | F 60 |
| Verkaufs-geschäfte | 400 | 400 | 800 | F 60 |
| Büros | 200 | 600– 800 | 800– 1000 | F 60 |
| Industrien | 50–300 [2] | 40– 5000 [1] | 90– 5300 | (F 30)[3] –F 120 |
| Lager | 50–300 [2] | 600–50000 [1] | 650–50300 | F 60–F 120 |

[1] Nutzungs- bzw. lagergutabhängig
[2] Je nach Ausbau
[3] Beachte Ziffer 4 3 Abs. 2

## 4 5 Erforderlicher Feuerwiderstand

1 Für alle Gebäude mit drei und mehr Geschossen, ausgenommen für Hochhäuser, gelten unter Vorbehalt von Ziffer 4 3, Abs. 2 die nachfolgenden Anforderungen an den Feuerwiderstand der Einzelbauteile:

| Brandbelastung in $MJ/m^2$ (mobile und immobile) | | Erforderlicher Feuerwiderstand nach Normbrand ISO |
|---|---|---|
| klein | bis 250<br>251 — 500 | < F 30<br>F 30 |
| mittel | 501 — 750<br>751 — 1000 | F 60<br>F 60* |
| hoch | 1001 — 1500<br>1501 — 2000<br>über 2000 | F 90<br>F 90*<br>F 120 |

* Der Nachweis der Feuerwiderstandsdauer von druckbeanspruchten Bauteilen wie Stützen hat der Dehnungsbehinderung Rechnung zu tragen, soweit sie von Bedeutung ist. Anstelle des besonderen Nachweises genügt eine Erhöhung der erforderlichen Feuerwiderstandsdauer um 30 Minuten.

Beiblatt 2.27 - Brandschutzplan des HIL-Gebäudes der ETH Zürich, Hönggerberg

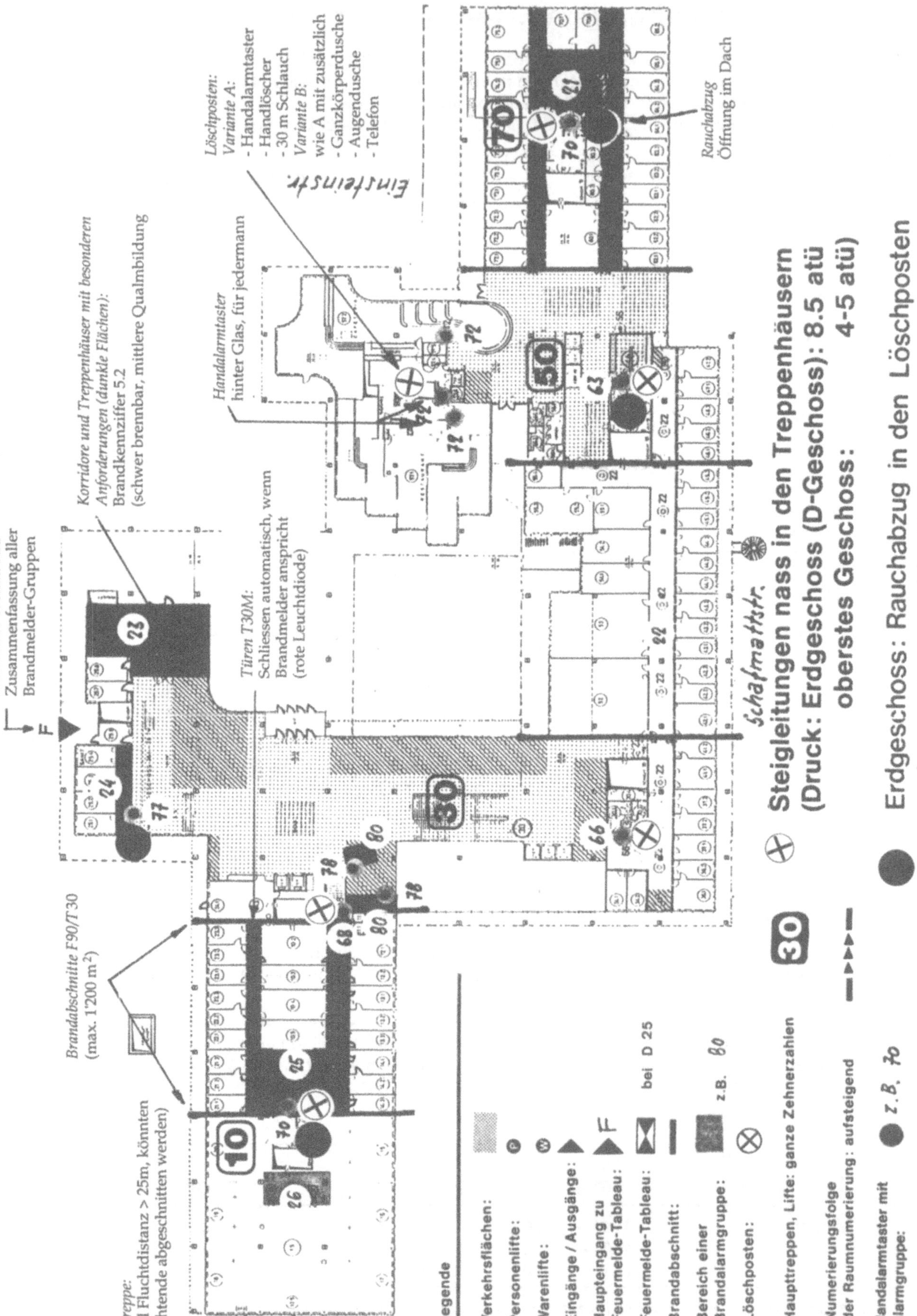

# 3 Gebäudehülle und Ausbau

**Problemstellung**

Auf die sachgemässe Gestaltung des Tragwerks von Hochbauten haben *Gebäudehülle und Ausbau* einen wesentlichen Einfluss. Dazu gehören:

- Aussenwände
- Innenwände
- Dächer
- Fenster
- Ausbau der Geschossdecken
- Sockelbereich
- Treppen
- haustechnische Anlagen.

**Zielsetzung dieses Kapitels**

Es sollen die wichtigsten Grundkenntnisse über die Bauteile von Gebäudehülle und Ausbau vermittelt werden im Hinblick auf:

- Entwurf und konstruktive Durchbildung der Bauteile;
- Wechselwirkung mit dem Tragwerk (Material, Geometrie, Verformungsverhalten, bauphysikalische Eigenschaften).

**Abgrenzung**

Die Berechnung und Bemessung tragender Bauteile von Gebäudehülle und Ausbau (tragendes Mauerwerk, Skelettbauten) werden im 4. und 5. Kapitel behandelt.

Bei den haustechnischen Anlagen werden nur Aspekte betrachtet, die in direktem Zusammenhang mit dem Tragwerk stehen. Für eine ausführlichere Behandlung wird auf die Literatur verwiesen.

## 3.1 Aussenwände

Aussenwände können unterschieden werden nach ihrer Konstruktionsart und nach den hauptsächlich verwendeten Baustoffen.

**Unterscheidung nach der Konstruktionsart**

*Massive Aussenwände*

Diese Wände haben eine Masse von ≥ ~ 200 $kg/m^2$ und sind tragend oder nichttragend:
- gemauert
- an Ort betoniert oder
- aus vorfabrizierten Elementen (Beton, Mauerwerk).

*Leichte Aussenwände*

Diese Wände haben eine Masse von ≤ ~ 200 $kg/m^2$ und sind meist nichttragend:
- aus Einzelteilen an Ort aufgebaut oder
- aus vorfabrizierten Fassadenelementen.

**Unterscheidung nach den verwendeten Baustoffen**
- Mauerwerkswände
- Betonwände
- leichte Metallfassaden
- Kollektorfassaden.

**Betrachtung verschiedener Aussenwandarten**

In den folgenden Abschnitten werden einige Wandarten exemplarisch betrachtet. Dabei werden die folgenden *wichtigen Aspekte* kurz behandelt:

*Merkmale*
- Anwendungsbereich;
- Abmessungen, Konstruktionsart;
- Oberflächenbeschaffenheit (aussen): verputzt, Sichtmauerwerk, Sichtbeton, metallisch;
- Tragfunktion.

*Vor- und Nachteile*
- Schwierigkeitsgrad der Ausführung;
- Wärmedämmung- und Wärmespeicherung;
- Kondensation von Wasserdampf;
- Schalldämmung;
- Trageigenschaften;
- Verformbarkeit in der Wandebene und Empfindlichkeit auf Temperaturdehnungen, Verformungen des Tragwerks (Skelettbauten) oder Setzungen (Fundation);
- Schwindeigenschaften.

### 3.1.1 Mauerwerkswände

(Literatur: [Back] [KS] [Heb] [el 28] [Zim])

Als *Mauerwerkswände* werden im folgenden bezeichnet:
- Wände aus Backsteinen;
- Wände aus Kalksandsteinen (KS);
- Wände aus Betonsteinen (Zementsteinen);
- Wände aus Porenbetonsteinen (Gasbetonsteinen).

Aussenwände aus Mauerwerk können ausgeführt werden als:
- homogene Mauerwerkswände;
- Zweischalen-Mauerwerkswände;
- Mauerwerkswände mit verputzter Aussendämmung;
- Mauerwerkswände mit Aussendämmung und hinterlüfteter Verkleidung.

#### a) Materialien

**Backsteine**

Backsteine sind *Mauersteine aus gebranntem Ton* (Backsteine, Sichtbacksteine, Vollsteine für Kaminmauerwerk).

*Herstellung von Backsteinen*
- Lehme mit unterschiedlichem Gehalt an Tonmineralien, Kalk und Eisenoxyd werden in Gruben gewonnen und in Ziegeleien vermischt und zerkleinert. Nach Zugabe von Wasser und Dampf entsteht eine knetbare plastische Masse.
- Zur Backsteinherstellung wird der Lehm mittels einer Schneckenpresse durch ein Mundstück zu einem Strang mit produktespezifischer Form und Lochung gepresst sowie anschliessend geschnitten.
- Nach einer gesteuerten Trocknung werden die Formlinge im Ofen "gebacken". Dies dauert vom Anwärmen bis zur Abkühlung etwa 48 Stunden, davon 10 Stunden Vollfeuerung.

*Backsteine als Fertigprodukt*
- Backsteine haben vielfältige Formate, die neuerdings in der Schweiz vereinheitlicht wurden (Swiss Modul, siehe Beiblatt 3.1):
  Länge: 29 cm
  Breite: 7.5, 10, 12.5, 15, 17.5, 20 cm
  Höhe: 19, 14 cm (Ausgleichsteine 9 und 6.5 cm).
- Die Steine sind je nach Herkunft (Lehmgrube) von unterschiedlicher hellroter bis dunkelroter Farbe.
- Je nach Stein- und Mörtelqualität werden Backsteine für verschiedene Mauerwerksarten und in verschiedenen Verbandarten (siehe Beiblatt 3.2) verwendet. Am häufigsten ist die Vermauerung zu Einsteinmauerwerk im Läuferverband.
- Die horizontalen Lagerfugen sollen beim Mauerwerk aus Modulbacksteinen eine Dicke von 10 mm haben. Damit ergibt sich eine Schichthöhe von 20 bzw. 15 cm.
- Die vertikalen Stossfugen zwischen den Modulbacksteinen können als sogenannte Pressfugen ausgebildet werden, d.h. Fugen ohne Abstand der Steine (sog. "knirsch gemauert");

nur allfällige Kopfnuten werden mit Mörtel gefüllt. Diese Pressfugen sind jedoch umstritten (Kraftübertragung bei Druckkräften parallel zu den Lagerfugen, z.B. bei Schubbeanspruchung), sodass die Backsteine auch ohne Kopfnuten hergestellt (siehe Beiblatt 3.1) und vollfugig vermörtelt werden ("Doppelspatz").
- Backsteine können Schwinden ähnlich wie Beton aufweisen.

**Kalksandsteine**
Kalksandsteine sind *Mauersteine aus Kalk, Sand und Wasser.*

*Herstellung von Kalksandsteinen*
- Kalkstein ($CaCO_3$) wird in Steinbrüchen gewonnen und mechanisch zerkleinert. Durch Brennen (bei ca. 1'200°C) im Schachtofen entsteht *gebrannter Kalk* (CaO) und daraus durch Mahlen der Feinkalk als Pulver.
- Sand und Kies aus Kiesgruben oder aus Flüssen und Seen werden gewaschen und evtl. zerkleinert und zu *Sand mit einer gewollten Kornverteilung* aufbereitet.
- Nach dem Mischen von Sand, Kalk und Wasser wird der gebrannte Kalk im Reaktor unter Wärmeentwicklung mit dem Wasser zu *gelöschtem Kalk* umgewandelt (Kalkhydrat $Ca[OH]_2$).
- Das warme Kalk-Sand-Gemisch wird *in Pressen zu Mauersteinen geformt* und *in Autoklaven* unter Druck und Wärme ausgehärtet.

*Kalksandsteine als Fertigprodukt*
- Übliche Formate sind:
  Länge: 25 cm
  Breite: 10, 12, 14.5, 18, 20 cm
  Höhe: 13.5 cm (auch 6 cm).
- Kalksandsteine sind naturfarbig hellgrau, eine Einfärbung ist möglich.
- Je nach Stein- und Mörtelqualität werden Kalksandsteine für verschiedene Mauerwerksarten und in verschiedenen Verbandarten (siehe Beiblatt 3.2) verwendet. Am häufigsten ist die Vermauerung zu Einsteinmauerwerk im Läuferverband.
- Die horizontalen Lagerfugen sollen eine Dicke von 10 mm haben, so dass sich eine Schichthöhe von 14.5 cm (auch 7 cm) ergibt.
- Die vertikalen Stossfugen sollen eine Dicke von ca. 10 mm haben und voll vermörtelt sein.
- Kalksandsteine können erhebliches Schwinden aufweisen.

**Porenbetonsteine** (früher "Gasbetonsteine")

*Herstellung von Porenbetonsteinen*
- Porenbeton wird hergestellt aus Quarzsand, Kalk, Wasser und einem *Porenbildner* (= Aluminiumpulver), die zusammen eine aufschäumende Masse bilden.
- Die Rohmasse bindet unter starker Wärmeentwicklung ab (Reaktion Aluminiumpulver mit Kalkhydrat).
- Der abgebundene Porenbeton kann *durch Sägen* zu Steinen und auch zu grossformatigen Bauelementen (Wandelemente, bewehrte Deckenelemente, usw.) geformt werden.
- Die Aushärtung erfolgt *in Autoklaven* unter Druck und Wärme (Dampf).

*Porenbetonsteine als Fertigprodukt*

- Produktenamen von Porenbetonsteinen sind Ytong, Siporex, Hebel.
- Porenbeton weist eine Vielzahl kleiner Poren mit Durchmessern von 0.5 - 1 mm auf.
- Mit einer Rohdichte von ca. 400 $kg/m^3$ ist Porenbeton rund 6mal leichter als normaler Beton und 3mal leichter als Backsteine.
- Porenbeton hat gute Wärmedämmungseigenschaften dank einer Wärmeleitfähigkeit von ca. 0.11 W/mK (~ 15mal kleiner als normaler Beton, ~ 4mal kleiner als Backstein).
- Porenbetonsteine haben bessere Schalldämmungseigenschaften, als nach dem Massengesetz zu erwarten wäre.
- Porenbeton kann starkes Schwinden aufweisen.

## b) Homogene Mauerwerkswände

Homogene Mauerwerkswände sind solche, die nur aus einer einzigen, im allgemeinen beidseitig verputzten Wandschale bestehen.

**Merkmale homogener Mauerwerkswände** (Beiblatt 3.3 links)

- Anwendung früher häufig, heute mit Ausnahme von Porenbeton-Mauerwerkswänden nur noch selten;
- homogene Wände mit Dicken von etwa 30 bis 50 cm (je nach Steinart), gemauert im Läufer- und Binderverband;
- meist beidseitig verputzt;
- ganze Wand tragend.

**Vor- und Nachteile homogener Mauerwerkswände**

- Klassische und relativ einfache Ausführung;
- mit Ausnahme der Porenbeton-Mauerwerkswände zu geringe Wärmedämmung für heutige Anforderungen;
- sehr gute Wärmespeicherung;
- keine Kondensatprobleme bei normalen Bedingungen (Vorsicht bei zu dampfdichten Verputzen, z.B. Kunststoffverputz auf Porenbeton-Mauerwerkswänden);
- mit Ausnahme der Porenbeton-Mauerwerkswände gute Schalldämmung (meist jedoch Fenster und Türen massgebend);
- mit Ausnahme der Porenbeton-Mauerwerkswände guter Tragwiderstand für Schwerelasten (Berechnung siehe 4. Kapitel), wenig geeignet für Erdbebenkräfte (Sprödigkeit, geringe Duktilität/kleines Energiedissipationsvermögen).

## c) Zweischalen-Mauerwerkswände

Zweischalige Mauerwerkswände als Aussenwände bestehen aus einer inneren, tragenden Mauerwerksschale und einer äusseren, nichttragenden Schale, beide aus Backsteinen oder Kalksandsteinen. Die äussere Schale wird mit Ankern mit der inneren Schale verbunden. Im Zwischenraum der Schalen wird eine Wärmedämmung angebracht.

**Merkmale zweischaliger Mauerwerkswände** (Beiblatt 3.3 rechts)
- Häufige Anwendung im Wohnungsbau;
- Innen- und Aussenschale mit Dicken von etwa 10-20 cm, gemauert meist als Einsteinmauerwerk im Läuferverband; dazwischen Mineralwollmatten mit Dicken von 6, 8, 10 cm und evtl. Luftspalt von 2 cm gegen aussen;
- Aussenschale verputzt oder als Sichtmauerwerk (evtl. aus vorfabrizierten und bewehrten Mauerwerks-Wandelementen), Innenschale meist verputzt;
- Innenschale tragend;
- Aussenschale kann nachträglich aufgemauert werden;
- Verbindung von Aussen- und Innenschale durch spezielle Anker erforderlich (typische Anker: Beiblatt 3.4);
- Rissesicherung der Aussenschale an heiklen Stellen (Temperaturdehngen) durch Anordnung von Bewegungsfugen, Lagerfugenbewehrung, Eckbügeln und Vertikalbewehrung empfehlenswert (Beiblatt 3.5);
- Lagerfugenbewehrung, Eckbügel und Vertikalbewehrung müssen aus rostfreiem Stahl sein (Karbonatisierungsgefahr der geringen Mörtelüberdeckung).

**Vor- und Nachteile zweischaliger Mauerwerkswände**
- Erfordern wegen der Bewegungsfugen, Anker und Bewehrungen eine erhebliche Sorgfalt bei der Ausführung;
- sehr gute Wärmedämmung;
- gute Wärmespeicherung der Innenschale;
- hoher Kondensatanfall im Winter (knapp zulässig) mit Gefahr der Durchfeuchtung der Mineralwolle; Verbesserung durch Dampfbremse auf der Innenseite der Mineralwolle oder/und Luftspalt auf Aussenseite der Mineralwolle;
- unvermeidbare Wärmebrücken infolge der durch die Dämmschicht gehenden Anker; wegen Kondensation und Korrosionsgefahr müssen die Anker aus nichtrostendem Stahl ausgebildet werden;
- sehr gute Schalldämmung (meist jedoch Fenster und Türen massgebend);
- mässiger Tragwiderstand für Schwerelasten (Berechnung siehe 4. Kapitel), wenig geeignet für Erdbebenkräfte (Sprödigkeit, geringe Duktilität/kleines Energiedissipationsvermögen).

### d) Mauerwerkswände mit verputzter Aussendämmung

Falls auf eine Mauerwerkswand aus Backsteinen oder Kalksandsteinen auf der Aussenseite eine Wärmedämmschicht aufgebracht wird, und diese direkt verputzt wird, spricht man von einer Mauerwerkswand mit verputzter Aussendämmung.

**Merkmale von Mauerwerkswänden mit verputzter Aussendämmung** (Beiblatt 3.6 links)
- Anwendung im Wohnungs- und Gewerbebau;
- Mauerwerksschale mit einer Dicke von 15 bis 20 cm, gemauert meist als Einsteinmauerwerk im Läuferverband;

- auf die Mauerwerksschale geklebte oder mechanisch befestigte Polystyrol- oder Mineralwolleplatten mit Dicken von 6 bis 10 cm;
- Aussenputz als Kunststoffputz oder mineralischer Putz, evtl. armiert (zur Rissesicherung);
- Mauerwerksschale tragend.

**Vor- und Nachteile von Mauerwerkswänden mit verputzter Aussendämmung**
- Relativ wirtschaftlich;
- geringer Platzbedarf;
- sehr gute Wärmedämmung;
- gute Wärmespeicherung der auf der warmen Seite der Wärmedämmung angeordneten Mauerwerksschale;
- Schaumkunststoffe (Polystyrolplatten) ökologisch problematisch (FCKW, Entsorgung/Verbrennung); vollmineralische Systeme (Mineralwolleplatten) ökologisch unbedenklich
- Kunststoffputz anfällig für Algenbefall/Verfärbungen;
- mineralischer Putz (Kalkputz) auf weicher Dämmschicht ist anfällig für Beschädigungen;
- hoher Kondensatanfall im Winter (knapp zulässig) bei Mineralwolledämmung, kann aber im Normalfall schadensfrei in den äussersten Schichten der Dämmung gespeichert werden;
- gute Schalldämmung (jedoch meist Fenster und Türen massgebend);
- mässiger Tragwiderstand für Schwerelasten (Berechnung siehe 4. Kapitel), wenig geeignet für Erdbebenkräfte (Sprödigkeit, geringe Duktilität/kleines Energiedissipationsvermögen).

## e) Mauerwerkswände mit Aussendämmung und hinterlüfteter Verkleidung

Wird im Gegensatz zu den Wänden aus Backsteinen oder Kalksandsteinen mit verputzter Aussendämmung auf der Aussenseite der Wärmedämmung eine Verkleidung vorgehängt und damit ein Luftraum zwischen Wärmedämmung und Verkleidung geschaffen, so spricht man von Mauerwerkswänden mit Aussendämmung und hinterlüfteter Verkleidung.

**Merkmale von Wänden mit Aussendämmung und hinterlüfteter Verkleidung**
(Beiblatt 3.6 rechts)
- Anwendung im Wohnungs- und Gewerbebau;
- Mauerwerksschale mit einer Dicke von 15 bis 20 cm, gemauert meist als Einsteinmauerwerk im Läuferverband;
- auf die Mauerwerksschale geklebte oder mechanisch befestigte Polystyrol- oder Mineralwolleplatten mit Dicken von 6 bis 10 cm;
- Verkleidung vorgehängt mit einem Luftraum von 2 bis 4 cm; Verkleidung (Wetter- und Beschädigungsschutz) aus Faserzement-, Kunststein- oder Metallplatten;
- Mauerwerksschale tragend.

**Vor- und Nachteile von Wänden mit Aussendämmung und hinterlüfteter Verkleidung**
- Relativ aufwendige, jedoch bauphysikalisch optimale Lösung;
- sehr gute Wärmedämmung;
- gute Wärmespeicherung;
- keine Kondensatprobleme;

- unvermeidbare Wärmebrücken infolge der durch den Luftraum gehenden Anker (Befestigung der Verkleidung); wegen Kondensations- und Korrosionsgefahr müssen die Anker aus nichtrostendem Stahl ausgebildet werden;
- gute Schalldämmung;
- mässiger Tragwiderstand für Schwerelasten (Berechnung siehe 4. Kapitel), wenig geeignet für Erdbebenkräfte (Sprödigkeit, geringe Duktilität/kleines Energiedissipationsvermögen).

### 3.1.2 Betonwände

(Literatur: [Rüe] [Zim])

Aussenwände aus Beton können ausgeführt werden als

- Betonwände mit Innendämmung;
- Betonwände in Sandwichkonstruktion (meist vorfabriziert; siehe dazu auch [SIA 329]);

Betonwände mit verputzter Aussendämmung sowie Betonwände mit Aussendämmung und hinterlüfteter Verkleidung sind ebenfalls möglich.

Porenbetonwände werden meist aus in Blöcke zerschnittenem Porenbeton erstellt. Sie fallen deshalb unter die Kategorie der Mauerwerkswände (vgl. Abschnitt 3.1.1).

#### a) Betonwände mit Innendämmung

Betonwände mit Innendämmung kommen bei Sichtbetonbauten in Ortsbeton zur Anwendung.

**Merkmale von Betonwänden mit Innendämmung** (Beiblatt 3.7 links)

- Anwendung z.B. bei ausgebauten Sockelgeschossen am Hang, bei ausgebauten, nur teilweise ins Erdreich eingebetteten Kellergeschossen oder bei Sichtbetonhochbauten;
- Betonaussenwand mit einer Mindestdicke von
  - $\geq$ 22 cm bei Sichtbeton: vierlagige Bewehrung mit 4 cm Betonüberdeckung (Karbonatisierung!), Vibrierlücke;
  - $\geq$ 20 cm, wenn aussen verputzt: vierlagige Bewehrung mit 3 cm Betonüberdeckung, Vibrierlücke;
- Innendämmung 6 bis 10 cm, z.B. aus Polystyrolplatten (relativ dampfdicht) oder Mineralwolleplatten (mit Dampfsperre) sowie Schutzschicht;
- Betonwand tragend.

**Vor- und Nachteile von Betonwänden mit Innendämmung**

- Konventionelle Betonbauweise;
- gute Wärmedämmung, krasse Wärmebrücke durch Deckenanschluss jedoch kaum vermeidbar (lokale Kondensation/Schimmelpilzgefahr);
- Tragwerk ist Temperaturschwankungen ausgesetzt;
- keine Wärmespeicherung (Betonschale liegt auf der Kaltseite der Wärmedämmung);

- Kondensationsprobleme bei Verletzungen der Dampfsperre von Mineralwolleplatten oder bei mangelhaften Fugen von Polystyrolplatten (Verklebungen, Baukontrollen!);
- mässige Schalldämmung (Körperschallübertragungen möglich);
- sehr guter Tragwiderstand für Schwerelasten, mit entsprechender Bewehrung geeignet für Erdbebenkräfte.

### b) Betonwände in Sandwichkonstruktion

Werden dünne, meist vorfabrizierte Betonelemente zweischalig angeordnet, so spricht man von Betonwänden in Sandwichkonstruktion.

**Merkmale von Betonwänden in Sandwichkonstruktion** (Beiblatt 3.7 rechts)
- Anwendung als vorfabrizierte Elemente (früher auch Sichtbetonfassaden an Ort);
- Betonwand innen mit Dicken von 12 - 20 cm mit zwei- oder vierlagiger Bewehrung (Schalungsvibration im Vorfabrikationswerk erübrigt Vibrierlücke, evtl. Vorspannung im Spannbett);
- Dämmschicht meist aus Polystyrol 6 - 10 cm;
- Vorsatzschale aus Beton/Waschbeton 6 oder 8 cm mit zweilagiger Bewehrung;
- Betonwand innen meist tragend.

**Vor- und Nachteile von Betonwänden in Sandwichkonstruktion**
- Rationalisierte Herstellung (Vorfabrikation) möglich;
- gute Wärmedämmung;
- gute Wärmespeicherung der inneren Betonschale;
- keine Kondensatbildung bei gut verfugten Polystyrolplatten;
- unvermeidbare Wärmebrücken infolge der durch die Dämmschicht gehenden Anker (Befestigung der Vorsatzschale); wegen Kondensation und Korrosionsgefahr müssen die Anker aus nichtrostendem Stahl ausbilden werden;
- mässige Schalldämmung;
- guter Tragwiderstand für Schwerelasten, problematisch für Erdbebenkräfte (Verbindungen der vorfabrizierten Elemente).

## 3.1.3 Leichte Metallfassaden

(Literatur: [Zim] [SIA 329])

Aussenwände aus wärmegedämmten, relativ leichten Metallfassaden mit zugehörigen Fenstern werden in grosser Vielfalt verwendet. Sie können - im Gegensatz zu den massiven Aussenwänden - kaum nach bestimmten Arten klassiert werden. Vielmehr handelt es sich meist um *patentierte Firmensysteme*, die sehr unterschiedliche Lösungsvarianten anbieten.

Leichte Metallfassaden können bauphysikalisch hochwertig gestaltet werden bezüglich Wärmedämmung, Kondensationsproblemen und evtl. Schallschutz. Im Vergleich zu massiven Aussenwänden ist jedoch die *Wärmespeicherung stark reduziert* (geringe Masse).

Verschiedene Systeme können durch folgende *Merkmale* charakterisiert werden:

A Anschluss der Fassade an die Tragwerksdecken in vertikaler Richtung (Tragkonstruktion der Metallfassade in vertikaler Richtung);

B Anschluss der Innenwände an die Fassade sowie Lage der Tragwerkstützen in horizontaler Richtung (Tragkonstruktion der Metallfassade in horizontaler Richtung);

C grundlegende Konstruktionsprinzipien;

D verwendete Materialien;

E Windkraftabtragung durch die Fassade;

F Brandschutzmassnahmen;

G Art des Sonnenschutzes;

H spezielle Energiefassaden;

I architektonische Gestaltung.

*Lösungsvarianten*

Prinzipielle Lösungsvarianten sind nach Merkmalen geordnet auf dem Beiblatt 3.8 aufgeführt und werden auf den Beiblättern 3.9 bis 3.16 erläutert. (Die Merkmale sind dort als "Einzelkriterien" bezeichnet.) Sie können grundsätzlich weitgehend beliebig miteinander kombiniert werden.

*Hinweise zu den Lösungsvarianten pro Merkmal* (Beiblätter 3.9 bis 3.16)

A Anschluss der Fassade an die Tragwerksdecken in vertikaler Richtung:
- Bei eingestellten Fassaden Wärmebrücken der Decken beachten;
- bei vorgehängten und eingestellten Fassaden ist wegen der Durchbiegungen ein Randunterzug zu empfehlen;
- konstruktive Massnahmen für Durchbiegungen der Decken und für Temperaturverformungen der Metallfassaden: vertikale und horizontale Relativverschiebungen und Dilatationen ermöglichen, z.B. durch
  · Langlöcher für Schrauben und Bolzen oder
  · ineinandergreifende Profile;

Achtung: Reibung/Zwängungen können Geräuschprobleme bewirken (z.B. häufige Knalleffekte).

B Anschluss der Innenwände an die Fassade und Lage der Tragwerkstützen in horizontaler Richtung: Häufige Lösung mit Fassadenpfosten als Trennwandanschluss, Stützen aus Fassadenebene zurückversetzt. .

D Verwendete Materialien: Für die vertikalen Pfosten werden i.a. Spezialprofile (Stahl, Aluminium) verwendet.

E Windkraftabtragung durch die Fassade: Für die Stärke der vertikalen Pfosten ist i.a. die Windkraft massgebend.

G Art des Sonnenschutzes: Wenn immer möglich sollte aussen ein Sonnenschutz angebracht werden. Innenstoren und Sonnenschutzgläser sind problematisch (Wärmestrahlung).

H Spezielle Energiefassaden: vgl. Abschnitt 3.1.4.

I Architektonische Gestaltung: Unstrukturierte Metall- und Glasfassaden sind Geschmackssache, werden aber häufig als wenig sympathisch empfunden.

Als Beispiel für eine leichte Metallfassade sind das Profil der Merkmale sowie die Pfosten-Element-Konstruktion der Fassade des HIL-Gebäudes der ETH Zürich, Hönggerberg, auf den Beiblättern 3.17 und 3.18 dargestellt.

### 3.1.4 Kollektorfassaden

Aussenwände können als Kollektorfassaden ausgebildet werden. Diesbezüglich hat eine interessante Entwicklung eingesetzt. Es gibt bereits eine erhebliche Vielfalt von Ideen und Angeboten (oft Prototypen), die sich in folgende Gruppen einteilen lassen (Beiblatt 3.16 rechts):

- Kollektoren mit Flüssigkeitskreislauf (ähnlich wie Sonnenkollektoren auf Dächern);
- Kollektoren mit fotovoltaischen Bauelementen zur Stromgewinnung.

Ein Beispiel der zweiten Gruppe, d.h. eine ausgeführte Kollektorfassade, wird in Beiblatt 3.19 dargestellt [SI+A 8/93]:

- Das Bauelement vor der Fensterbrüstung besteht aus Verbundglaselementen mit eingegossenen Siliziumzellen oder aus Einfachglas mit laminierten Siliziumzellen (Gesamtstärke 8 - 20 mm).
- Das Bauelement dient in Mehrfachfunktion ausser zur Energiegewinnung auch als Wetterschutz im Brüstungsbereich (analog zur hinterlüfteten Metallfassade).
- Die Chromstahllamellen der Auskragung auf der Höhe der Geschossdecken reflektieren und fokussieren die Sonnenstrahlen auf die Siliziumzellen.
- Die Leistung der Fassade beträgt 40 $W_{peak}$ pro m$^2$ Fassade resp. 100 $W_{peak}$ pro m$^2$ Fotovoltaikelement. Für eine Fassade von 5 x 40 m x 3 m ≈ 600 m$^2$ Fläche ergibt sich eine maximale Leistung von etwa 24 $kW_{peak}$.
- Die Kosten der Fassade liegen rund 40% höher als bei einer vergleichbaren Metallfassade.
- Das heute noch ungünstige Preis/Leistungsverhältnis dürfte sich durch Weiterentwicklungen und die Massenproduktion solcher Bauelemente erheblich verbessern lassen.

Andere Beispiele für Kollektorfassaden sind in der Literatur zu finden [Dan].

## 3.2 Innenwände

Innenwände können unterschieden werden nach ihrer Funktion und den verwendeten Baustoffen.

**Unterscheidung nach der Funktion**

*Nichttragende Innenwände*

Nichttragende Innenwände werden vor allem zur Abgrenzung von Räumen verwendet:
- in Skelettbauten aus Stahlbeton oder Stahl
- in Bauten mit tragenden Mauerwerkswänden.

*Tragende Innenwände*

Bei tragenden Innenwänden kann wie folgt unterschieden werden:
- Für primär vertikale Lasten (Schwerelasten) werden vor allem Mauerwerkswände in Bauten mit tragenden Aussenwänden verwendet. Die Verwendung in Mischbauweise (Skelettbau/Mauerwerksbau) hat sich nicht bewährt (unterschiedliche Verformungen von Tragskelett und Innenwänden);
- für primär horizontale Kräfte (Wind, Erdbeben) werden vor allem bewehrte Betonwände in Skelettbauten ("Stahlbetontragwände") verwendet.

*Schalldämmwände*

Schalldämmwände werden vor allem als Mauerwerkswände und Betonwände ausgeführt. Sie werden angewendet als:
- Wohnungstrennwände
- Haustrennwände (z.B. zwischen Reiheneinfamilienhäusern).

Sie können nichttragend oder tragend sein.

**Unterscheidung nach den verwendeten Baustoffen**
- Mauerwerkswände (nichttragend oder tragend)
- Betonwände (nichttragend oder tragend)
- Gipswände (nichttragend)
- Metallwände (nichttragend)
- Kunststoffwände (nichttragend).

**Betrachtung verschiedener Innenwandarten**

In den folgenden Abschnitten werden einige Wandarten exemplarisch betrachtet. Dabei werden die folgenden *wichtigen Aspekte* behandelt:

*Merkmale*
- Abmessungen, Konstruktionsart;
- Oberflächenbeschaffenheit: unverputzt/verputzt, glatt für Tapeten, Eignung für Befestigung von Bildern, Plänen, usw. (Nageln, Kleben, u.a.);
- Tragfunktion.

*Vor- und Nachteile*
- Wärmespeicherung;
- Schalldämmung;
- Feuerwiderstand;
- Verformbarkeit in der Wandebene und Empfindlichkeit auf Verformungen des Tragwerks (Durchbiegungen infolge Schwerelasten , Stockwerkverschiebungen infolge horizontaler Kräfte aus Wind oder Erdbeben); Anordnung von Fugen;
- Schwindeigenschaften, insbesondere differentielles Schwinden (horizontal und vertikal) gegenüber dem Tragwerk.

### 3.2.1 Mauerwerkswände

(Literatur: [Back] [el 28] [KS] [Zim])

Innenwände aus Mauerwerk werden verwendet als:
- nichttragende Mauerwerkswände
- tragende Mauerwerkswände
- Schalldämmwände.

#### a) Nichttragende Mauerwerkswände

**Merkmale nichttragender Mauerwerkswände** (Beiblätter 3.20, 3.22, 3.23);
- Einschalige, nichttragende Wände aus Backsteinen oder Kalksandsteinen mit Dicken von 7.5 bis 15 cm (je nach Steinart), gemauert als Einsteinmauerwerk im Läuferverband;
- werden meist nachträglich in das Tragwerk eingefügt;
- Beanspruchung durch allfällige horizontale Kräfte (Plattenwirkung) erfordert
  - einen guten Verbund mit der Decke (meist über Mörtel und Deckenputz erreicht) und
  - evtl. Aussteifungen quer zur Wandebene (i.a. durch Querwände, seitliche Halterungen, evtl. Stahlprofile);
- Einhalten von Maximalhöhen und -längen (z.B. infolge Schwinden von Kalksandsteinmauerwerk), sonst Anordnen einer Lagerfugenbewehrung.

**Vor- und Nachteile nichttragender Mauerwerkswände**
- Einfache Ausführung;
- mit Ausnahme von Kalksandstein-Mauerwerk Verputz erforderlich;
- gute Wärmespeicherung (Behaglichkeit);
- mässige (Backsteine) bis gute (Kalksandsteine: Gewicht!) Schalldämmung (oft jedoch Türen massgebend);
- guter Feuerwiderstand;
- empfindlich auf Verformungen des Tragwerks
  - rissanfällig bei Durchbiegungen; Abhilfe evtl. durch vorgespanntes Sturzbrett am Mauerfuss oder Lagerfugenarmierung im unteren Wandbereich, so dass eine selbsttragende Wand entsteht (Bogen- mit Zugband-Wirkung) (Abb. 3.1 und Beiblatt 3.23, Fig. 8);
  - sprödes Verhalten bei Erdbebeneinwirkung.;
- oft relativ grosses Schwinden der Kalksandsteine verbunden mit Rissbildung.

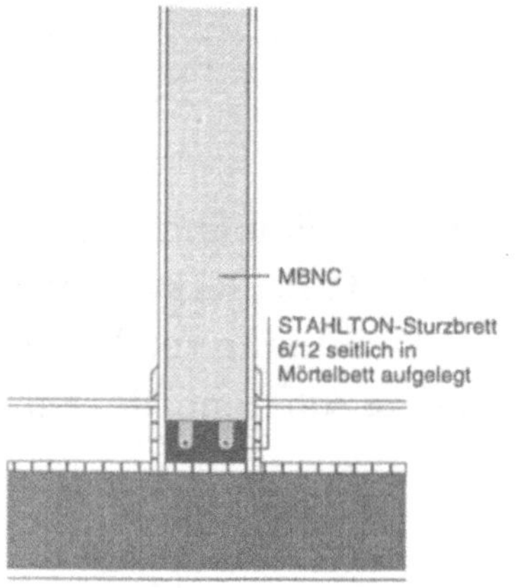


*Abb. 3.1: Selbsttragende Zwischenwand mit Sturzbrett (nach [Sta])*

## b) Tragende Mauerwerkswände

**Merkmale tragender Mauerwerkswände** (Beiblatt 3.20 und 3.22)

- Ein- oder mehrschalige tragende Wände mit einer Dicke ≥ 12 cm, meist als Einsteinmauerwerk im Läufer- oder Binderverband, seltener als Verbandmauerwerk (Beiblatt 3.21);
- Erstellung gleichzeitig mit den übrigen Tragelementen;
- mit Ausnahme von Kalksandsteinwänden Verputz erforderlich;
- für Beanspruchungen durch allfällige horizontale Kräfte (Plattenwirkung) sind bei dünneren Wänden (12, 15 cm) evtl. Aussteifungen quer zur Wandebene erforderlich (Querwände, seitliche Halterungen, usw.) (vgl. Lösungen auf Beiblatt 3.23); bei Kalksandsteinen genügt im allgemeinen der Verbund aus Reibung zwischen lastbringender Decke und Wand;
- Dilatationsfugen sind v.a. bei Kalksandsteinwänden in regelmässigen Abständen von 6-8 m nötig (Schwinden!);
- mehrstöckige Mischbauweise (verschiedene Mauerwerksarten oder Kombination von Mauerwerk mit Stahlbeton-Skelettbau) ist problematisch: Unterschiedliche Verformungseigenschaften beim Schwinden und unter Last führen zu Rissebildung und (unkontrollierter) Umlagerung von Kräften (Beiblatt 3.22);
- Mauerschlitze für Leitungen müssen in den Plänen vorgesehen werden. Horizontale und schräge Schlitze bedürfen der Genehmigung des verantwortlichen Ingenieurs.

**Vor- und Nachteile tragender Mauerwerkswände**

- Einfache Ausführung;
- gute Wärmespeicherung (Behaglichkeit);
- mässige (Backstein) bis gute (Kalksandstein) Schalldämmung (oft Türen massgebend);
- guter Feuerwiderstand;
- mässiger bis guter Tragwiderstand für Schwerelasten (Berechnung siehe 4. Kapitel), wenig geeignet für Erdbebenkräfte (Sprödigkeit, geringe Duktilität/kleines Energiedissipationsvermögen).

### c) Schalldämmwände aus Mauerwerk

**Merkmale von Schalldämmwänden aus Mauerwerk**

- Einschalige Wände aus besonders schweren Steinen mit Dicken von 17.5 - 20 cm (Beiblatt 3.20);
- bei einschaligen Schalldämmwänden sind die flankierenden Wände genügend schwer (flächenbezogene Masse ≥ 300 kg/m²) zu wählen und biegesteif mit der Schalldämmwand zu verbinden (Abb. 3.3);
- mehrschalige Wände mit zwei Mauerwerksschalen meist gleicher Dicke (≥ 12 cm) und mit weicher Trennschicht (Mineralwolle). Mehrschalige Wände werden bei Wohnungstrennwänden, Haustrennwänden und evtl. Treppenhauswänden verwendet (Abb. 3.2);
- zweischalige Wände erreichen über einen grossen Frequenzbereich eine wesentlich bessere Schalldämmung als einschalige Wände gleicher totaler Masse. Die Resonanzfrequenz $f_R$ (ungünstige Wirkung) ist umso geringer, je grösser die Masse und der Abstand der Mauerwerksschalen sind. Die Resonanzfrequenz sollte möglichst nicht höher als etwa 100 Hz sein (ist bei Mauerwerk mit m ≥ 300 kg/m² pro Schale und einem mit Mineralwolle gefüllten Schalenabstand von 3 - 4 cm in etwa erfüllt, vgl. Abb. 3.4);
- zum Einfluss von Masse der Wandschalen und Dicke der weichen Trennschicht auf die Schalldämmeigenschaften zweischaliger Wände siehe Beiblatt 3.24;
- Hartschaumplatten als Trennschicht sind akustisch ungünstig (zu steif);
- Nebenwegübertragung bei zweischaligen Schalldämmwänden beachten: Fuge mit weicher Trennschicht bis nach aussen führen (Abb. 3.6); ebenso sind Decken wenn möglich zu unterbrechen und die weiche Trennschicht bis auf das Fundament zu führen (Abb. 3.5);
- Richtwerte für die Luftschalldämmung von Kalksteinwänden finden sich auf Beiblatt 3.25.

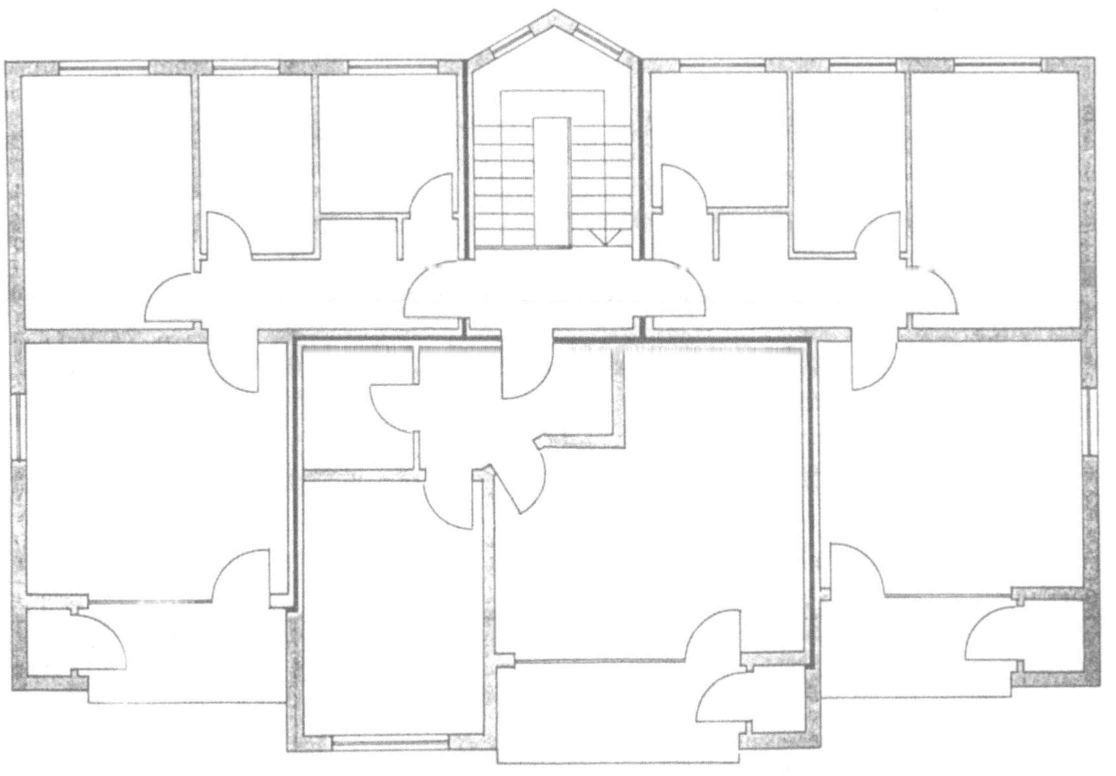

*Abb. 3.2: Mehrschalige Schalldämmwände [Heb]*

**Vor- und Nachteile von Schalldämmwänden aus Mauerwerk**

- Relativ einfache Herstellung (keine Schalung);
- gute Schalldämmung: Schalldämmwände aus Backsteinen etwas schlechter als Schalldämmwände gleicher Dicke aus Kalksandsteinen oder Beton, jedoch kein Wechsel des Baustoffs in Backsteinbauten (keine Mischbauweise);
- zweischalige Schalldämmwände sind relativ massig und aufwendig;
- hoher Kontrollaufwand während der Ausführung erforderlich (Vermeidung von Mörtelbrücken = Schallbrücken in der Trennschicht!).

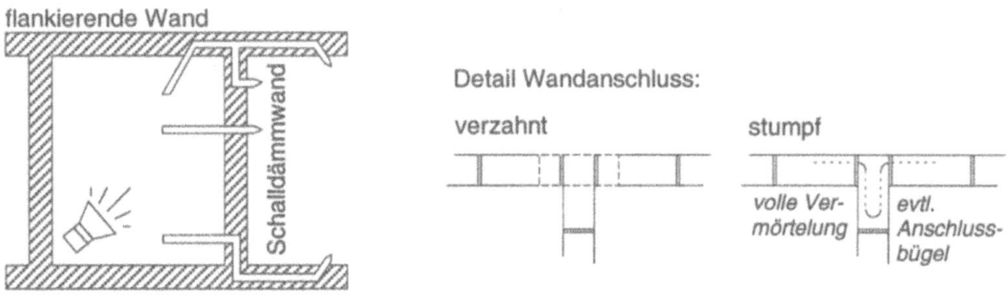


*Abb. 3.3: Nebenwegübertragung und biegesteife Verbindung von Wänden zwecks Schallschutz (nach [KS])*

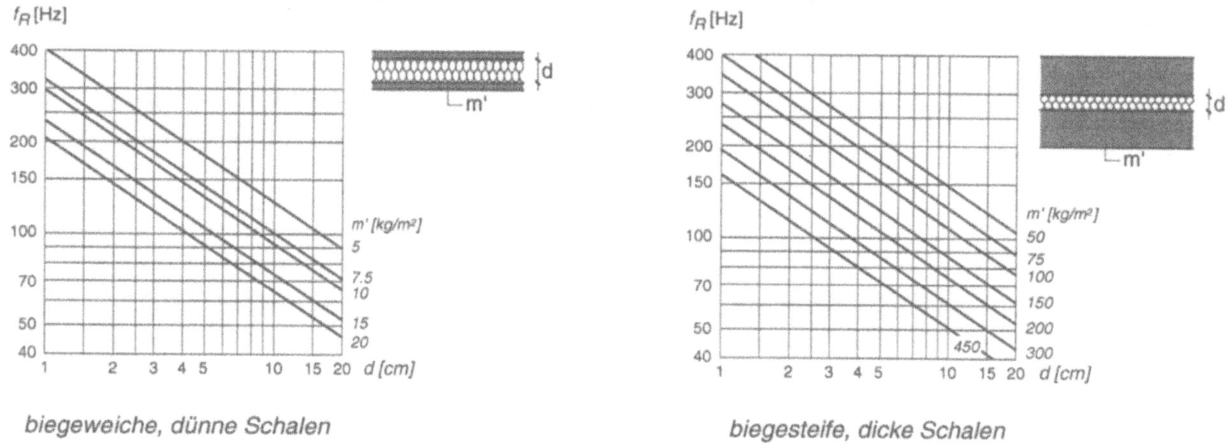


*Abb. 3.4: Resonanzfrequenz zweischaliger Schalldämmwände (nach [Gös])*

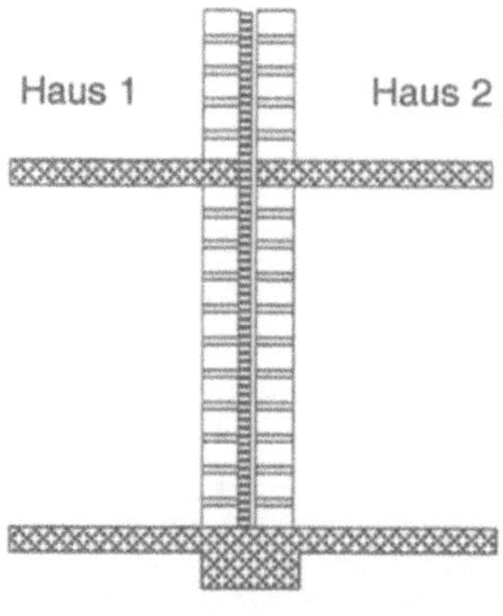


*Abb. 3.5: Massnahmen gegen Nebenwegübertragung durch Decke (Aufriss) (nach [KS])*

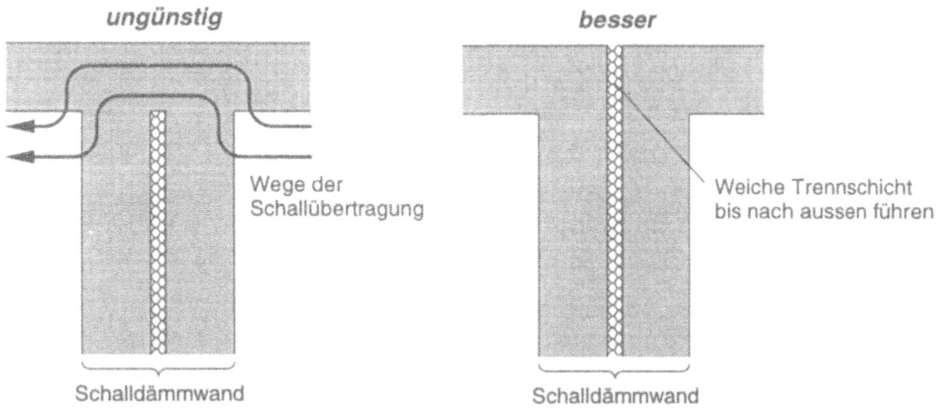


*Abb. 3.6: Nebenwegübertragung und Gegenmassnahmen im Grundriss*

## 3.2.2 Betonwände

Innenwände aus Beton werden verwendet als:

- Tragwände (bewehrt) zur Abtragung von horizontalen Kräften (Wind, Erdbeben) in Skelettbauten, auch zu Kernen (Lift, Treppenhaus) zusammengefügt; sie wirken als in der Fundation oder in den Untergeschossen eingespannte Kragarme;
- Stockwerkhohe Abfangträger zur Abtragung von Schwerelasten;
- Schalldämmwände (leicht bewehrt).

**Merkmale von Beton-Innenwänden**

- Müssen eine Mindestdicke von 22 cm aufweisen (4-lagige Bewehrung mit genügender Betonüberdeckung, Vibrierlücke);
- sollen horizontal und meist auch vertikal eine Mindestbewehrung von 0.2% des Betonquerschnittes aufweisen (zur sicheren Risseverteilung sind rund 0.6% erforderlich!).

**Vor- und Nachteile von Beton-Innenwänden**

- Konventionelle, relativ aufwendige Ausführung (Schalung, Bewehrung);
- gutes Wärmespeichervermögen;
- gute Schalldämmung (Gewicht!);
- guter Feuerwiderstand;
- sehr guter Tragwiderstand für Schwerelasten;
- sehr geeignet für Erdbebenkräfte (duktile Ausbildung möglich).

### 3.2.3 Gipswände

(Literatur: [Gips])

Innenwände aus Gipsprodukten sind nichttragende Wände aus:
- Vollgipsplatten
- Gipskartonplatten.

#### a) Gips

Gips ist ein *bewährtes Bindemittel*, das seit dem Altertum verwendet wird für:
- Verputzarbeiten
- Mauermörtel (z.B. ägyptische Pyramiden)
- Stukkaturen (z.B. Barockdecken).

Gips wird gewonnen aus den Rohstoffen:
- Gipsstein = Calciumsulfat-Dihydrat ($CaSO_4 + 2H_20$)
- Anhydrit = "wasserfreier Gips" ($CaSO_4$)
- Kohlensaurer Kalk ($CaCO_2$).

Lagerstätten von Gipsstein usw. finden sich in Sedimenten in der Schweiz:
- im Jura (z.B. Zeglingen BL)
- in den Voralpen (z.B. Bex VD, Leissigen BE, Ennetmoos LU)
- in den Alpen (z.B. Granges VS).

Der Rohgips wird gebrochen, gebrannt oder gekocht und gemahlen. Damit erhält man Baugipse und Edelgipse.

Nach dem Anmachen durch Wasserzugabe und nach der Verarbeitung/Formgebung erfolgt das Abbinden des Gipses, d.h. eine chemische Rückführung zu Gipsstein. Bei der Erhärtung wird ein grosser Teil des Anmachwassers in den Gipskristallen fest gebunden. Das Restwasser trocknet weitgehend aus und hinterlässt feine Poren und Kapillaren.

*Vollgipsplatten*
- Bestehen aus Gips und enthalten Glasfasern zur Erhöhung von Bruchfestigkeit und Feuerwiderstand;
- werden in Formkästen gegossen und durchlaufen einen Trocknungsofen;
- haben Dicken von 2.5, 4, 6, 8, 10 und 14 cm und Höhen/Längen von 50/100 cm - 37/54 cm;
- sind an den Kanten meist mit Nut und Kamm versehen.

*Gipskartonplatten*
- Bestehen aus einem beidseitig mit Kartonplatten beschichteten Gipskern;
- werden auf Bandstrassen gefertigt und durchlaufen eine Trocknungsanlage;
- haben Dicken von 1 - 2 cm und Längen/Höhen von 125/400 cm - 60/300 cm;
- müssen an Kanten/Fugen verspachtelt werden.

*Verwendung*

Gipsplatten werden verwendet für:

- nichttragende Zwischenwände (auch Schalldämmwände);
- Verkleidungen von Wänden, Stützen, Trägern, Lüftungskanälen, usw. zwecks Verbesserung von Feuerwiderstand, Schallschutz, u.a.;
- Unterdecken.

## b) Wände aus Vollgipsplatten

**Merkmale von Wänden aus Vollgipsplatten**

- Einschalige Wände mit Dicken (roh) von 6, 8, 10, 14 cm (Beiblatt 3.26);
- zweischalige Wände mit Dicken von 10.5 - 16 cm als Schalldämmwände (Beiblatt 3.27);
- ohne Aussteifungen je nach Wanddicke und Raumnutzung 3 - 7 m hoch und 6 - 14 m lang; für grössere Abmessungen ist eine Aussteifung durch vertikale Metallprofile erforderlich;
- Dilatationsfugen alle 5 - 7 m;
- Mindestdicken bei Konsollasten (Waschbecken etc.) einhalten;
- Anschlüsse an Decken und Wände mit elastischen Zwischenlagen, d.h Anschlussprofilen aus Press- oder Mooskork für Durchbiegungen und Verformungen des Tragwerks, je nach Profiltyp bis 7 mm.

**Vor- und Nachteile von Wänden aus Vollgipsplatten**

- Einfache Trockenbauweise;
- glatte Oberfläche (für Tapete geeignet);
- gute Wärme- und Feuchtigkeitsspeicherung (Behaglichkeit);
- mässige Schalldämmung;
- relativ guter Feuerwiderstand;
- empfindlich auf Verformungen des Tragwerks.

## c) Wände aus Gipskartonplatten

**Merkmale von Wänden aus Gipskartonplatten**

- Mehrschalige, leichte Wände mit Dicken von 7.5 - 25 cm (Beiblatt 3.28);
- bestehend aus einer Unterkonstruktion (Metall- oder Holzständer) mit beidseitiger Beplankung aus Gipskartonplatten;
- Höhen bis 3.5 m.

**Vor- und Nachteile von Wänden aus Gipskartonplatten**

- Einfache Trockenbauweise;
- glatte Oberfläche (für Tapeten geeignet);
- gute Anpassungsfähigkeit an Aussparungen etc.;
- relativ geringe Schalldämmung.

## 3.3 Dächer

Dächer können unterschieden werden nach der Neigung:

- Steildächer: Dächer mit einer Neigung, die eine geschuppte Eindeckung ermöglicht (> ~ 15%);
- Flachdächer: Dächer mit geringer oder praktisch keiner Neigung, die eine fugenlose Abdichtung erfordert.

**Funktionen und Anforderungen**

Dächer haben zahlreiche Funktionen zu übernehmen und vielfältige Anforderungen zu erfüllen:

- Ableitung des Meteorwassers;
- Übertragung der Schneelasten und Windkräfte (Druck und Sog) auf das Tragwerk;
- Schutz der Fassaden vor Schlagregen (Vordächer);
- winterlicher und sommerlicher Wärmeschutz gemäss [SIA 180] [SIA 180/1] [SIA 380/1], mit $k$-Werten von 0.4 - 0.3 W/m$^2$K (Dämmschichten bei wärmegedämmten Steildächern je nach $\lambda$ bis ca. 14 cm Dicke!);
- Feuchtigkeitsschutz (Kondensation);
- evtl. Schallschutz;
- evtl. Brandschutz.

### 3.3.1 Steildächer

(Literatur: [el 27] [SIA 238] [Zim])

Steildächer werden hauptsächlich angewendet bei:

- Einfamilienhäusern
- kleineren Mehrfamilienhäusern
- Gewerbe- und Industriebauten mit geneigten Dächern.

Für Steildächer sind besondere Dachformen und Bezeichnungen gebräuchlich. Sie sind in Abbildung 3.7 dargestellt.

Besondere Anforderungen an Steildächer sind:

- Luftdichtigkeit verhindert das Austreten feucht-warmer Raumluft in die Dachkonstruktion und behebt damit die Gefahr von Kondensatbildung und Pilzbefall;
- Kondenswasserfreiheit an innern Oberflächen sowie beschränkte Kondensatbildung im Dachinnern verhindert Durchfeuchtung und Pilzbefall;
- Brandschutz gemäss [SIA 183] durch zweckmässige Wahl der Materialien und Konstruktionsweisen;

- Luftschallschutz [SIA 181] mit einem bewerteten Bauschalldämmass $R'_w$ (dB) wie folgt:

| $R'_w\,(dB)$ für Schutz gegen | Mindest-Anforderungen | erhöhte Anforderungen | bei Flugplätzen |
|---|---|---|---|
| • Aussenlärm | 35 | 40 | 50 |
| • Innenlärm (Anschlussbereich Wohnungs-/Haustrennwand zu Dach) | 52 | 57 | -- |

Diese Werte gelten für eine Pegelkorrektur C von +5 dB (vgl. Abschnitt 2.3.2)

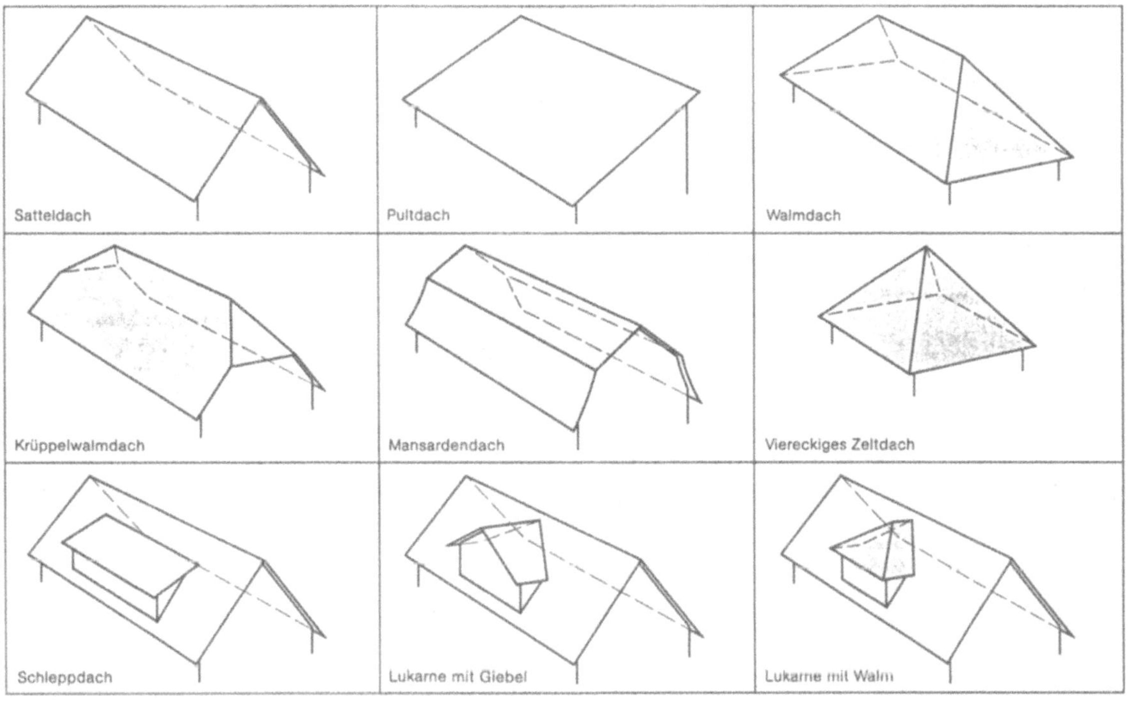


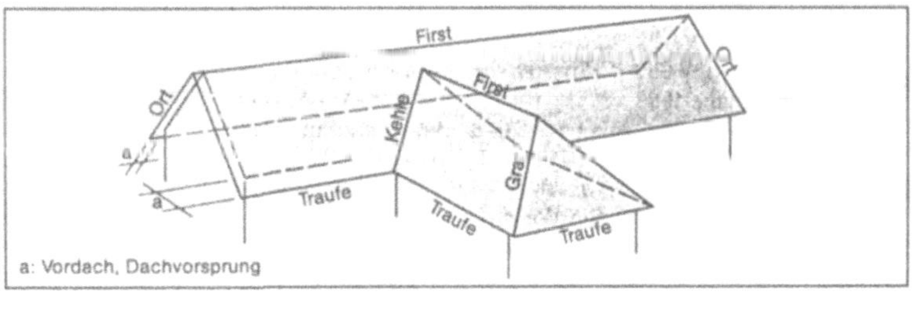


*Abb. 3.7: Bezeichnungen bei Steildächern [el 27]*

Steildächer können ausgebildet werden als

- wärmegedämmte Steildächer (vgl. auch Abb. 2.10):
  - Kaltdach (Abb. 3.8 links): Steildach mit Durchlüftungsraum zwischen Wärmedämmschicht und Unterdach (insgesamt zwei Durchlüftungsräume);
  - Warmdach (Abb. 3.8 rechts): Steildach ohne Durchlüftungsraum zwischen Wärmedämmschicht und Unterdach (insgesamt nur ein Durchlüftungsraum);
- nicht wärmegedämmte Steildächer.

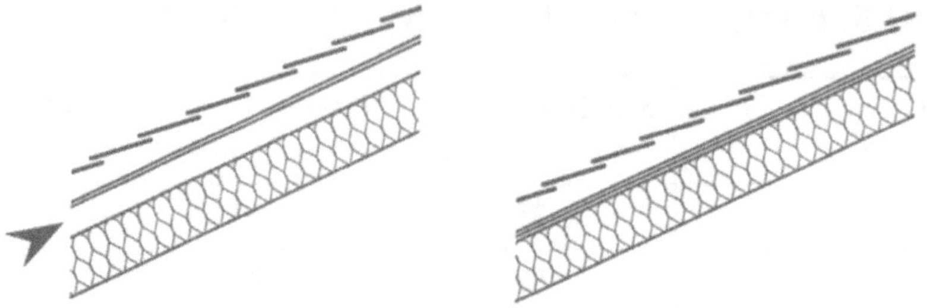

*Abb. 3.8: Prinzipieller Aufbau von Kaltdach und Warmdach (nach [SIA 238])*

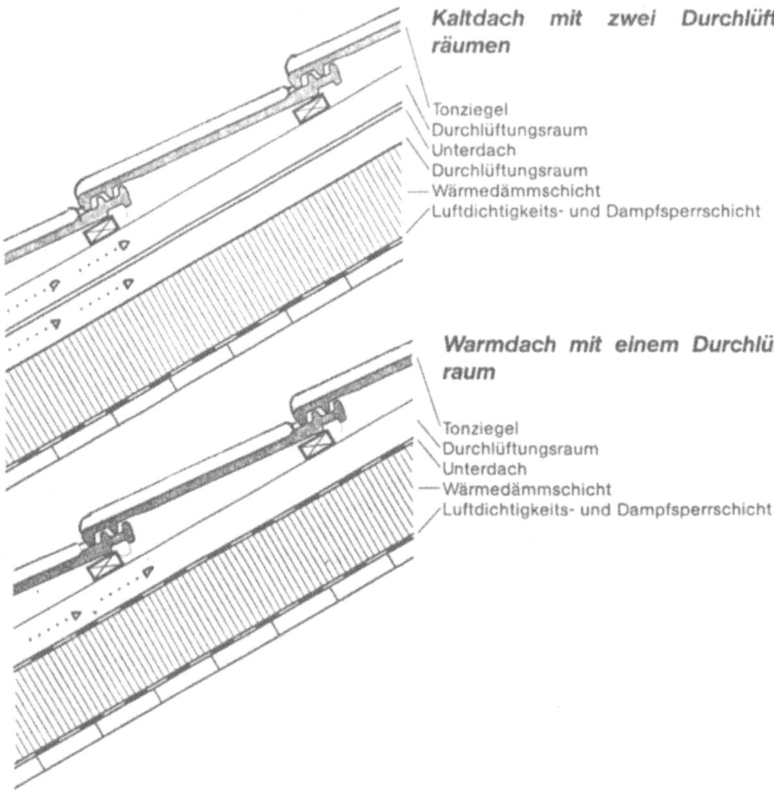


*Abb. 3.9: Prinzipieller Aufbau wärmegedämmter Steildächer [el 27]*

## a) Wärmegedämmte Steildächer

**Merkmale wärmegedämmter Steildächer**

- Wärmegedämmte Steildächer kommen vor allem bei ausgebauten Dachgeschossen vor (Wärmedämmschicht in der Dachschräge);
- der prinzipielle Aufbau unterscheidet sich für Kalt- und Warmdächer (Abb. 3.9);
- einige Varianten des Aufbaus sind in Abbildung 3.10 dargestellt;
- die Sparren können sichtbar oder unsichtbar sein; somit kann die Deckenverkleidung über oder unter den Sparren angeordnet sein (evtl. auch zwischen den Sparren in eingefräste Nuten eingeschoben);
- grundsätzlich sind sowohl eine *Luftdichtigkeitsschicht* als auch eine *Dampfsperrschicht* (bzw. Dampfbremseschicht) erforderlich;

- meist wird in Doppelfunktion eine luftdichte Dampfbremseschicht verwendet (eine auf die Wärmedämmschicht aufgezogene Folie wirkt nur als Luftdichtigkeitsschicht, wenn Stösse und Anschlüsse *luftdicht verklebt* sind!);
- Elektroleitungen sollten raumseitig der Luftdichtigkeitsschicht angeordnet werden (Hohlraum unter Deckenverkleidung erforderlich), Durchdringungen der Luftdichtigkeitsschicht sind zu vermeiden;
- Dampfbremsen bei Kaltdächern müssen einen minimalen Diffusionswiderstand von $R_D$ = 2 $m^2h$ Pa/mg aufweisen;
- die Anordnung der Wärmedämmschicht zwischen den Sparren erhöht den $k$-Wert um rund 1/4;
- eine Wärmespeicherschicht (z.B. aus Porenbeton, vgl. 3.1.1a) zur Verbesserung des sommerlichen Wärmeschutzes muss raumseitig der Wärmedämmschicht liegen ("Auffangfunktion");
- der Durchlüftungsraum zwischen Wärmedämmschicht und Unterdach bei Kaltdächern muss je nach Sparrenlänge und Dachneigung 40 - 80 mm betragen;
- der Durchlüftungsraum zwischen Unterdach und Eindeckung bei Kalt- und Warmdächern muss mindestens 45 mm betragen;
- wärmegedämmte Steildächer müssen ein Unterdach aufweisen, das für frei abfliessendes Wasser dicht ist (für Fall von Ziegelbruch usw.);
- das Unterdach kann geschuppt, fugengedichtet oder fugenlos sein, je nach Region (Mittelland/Alpen) und Dachneigung;
- die Materialien für die Luftdichtigkeitsschicht, die Wärmedämmschicht und das Unterdach müssen die Anforderungen von [SIA 238] erfüllen;
- ein bewertetes Schalldämmass $R'_w$ > 40 dB (z.B. gegen Strassen- oder Flugzeuglärm) ist nur mit zusätzlichen Massnahmen erreichbar.

**Vor- und Nachteile wärmegedämmter Steildächer**

- Zur Kaltdachkonstruktion gemäss Aufbau 1 (Abb. 3.10):
  - Der Einbau auf den Sparren muss von unten nach oben erfolgen;
  - sichere Lösung, v.a. in höheren Regionen angewendet (mit fugenlosem Unterdach gegen Eindringen von Wind, Schnee, Wasser);
  - im unteren Durchlüftungsraum wird die Feuchtigkeit vom Austrocknen der Lattungen (unten parallel zur Traufe, darüber parallel zum Ort) und von verregneten Wärmedämmplatten unter dem Unterdach abgeführt (keine Kondensation am Unterdach);
  - grosse Konstruktionshöhe;
  - mangelnder Hohlraum für Elektroinstallationen;
- Zur Kaltdachkonstruktion gemäss Aufbau 2 (Abb. 3.10):
  - Kann auf den Sparren in der Reihenfolge Unterdach-Konterlattung-Ziegellattung-Ziegeleindeckung eingebaut werden, womit Wärmedämmungs- und Dichtungsarbeiten sowie Installations- und Verkleidungsarbeiten von innen her und wettergeschützt erfolgen können;
  - übliche Lösung;
  - im unteren Durchlüftungsraum wird die Feuchtigkeit aus Undichtigkeiten (Warmluft von innen) und Austrocknung der Sparren abgeführt (keine Kondensation am Unterdach);

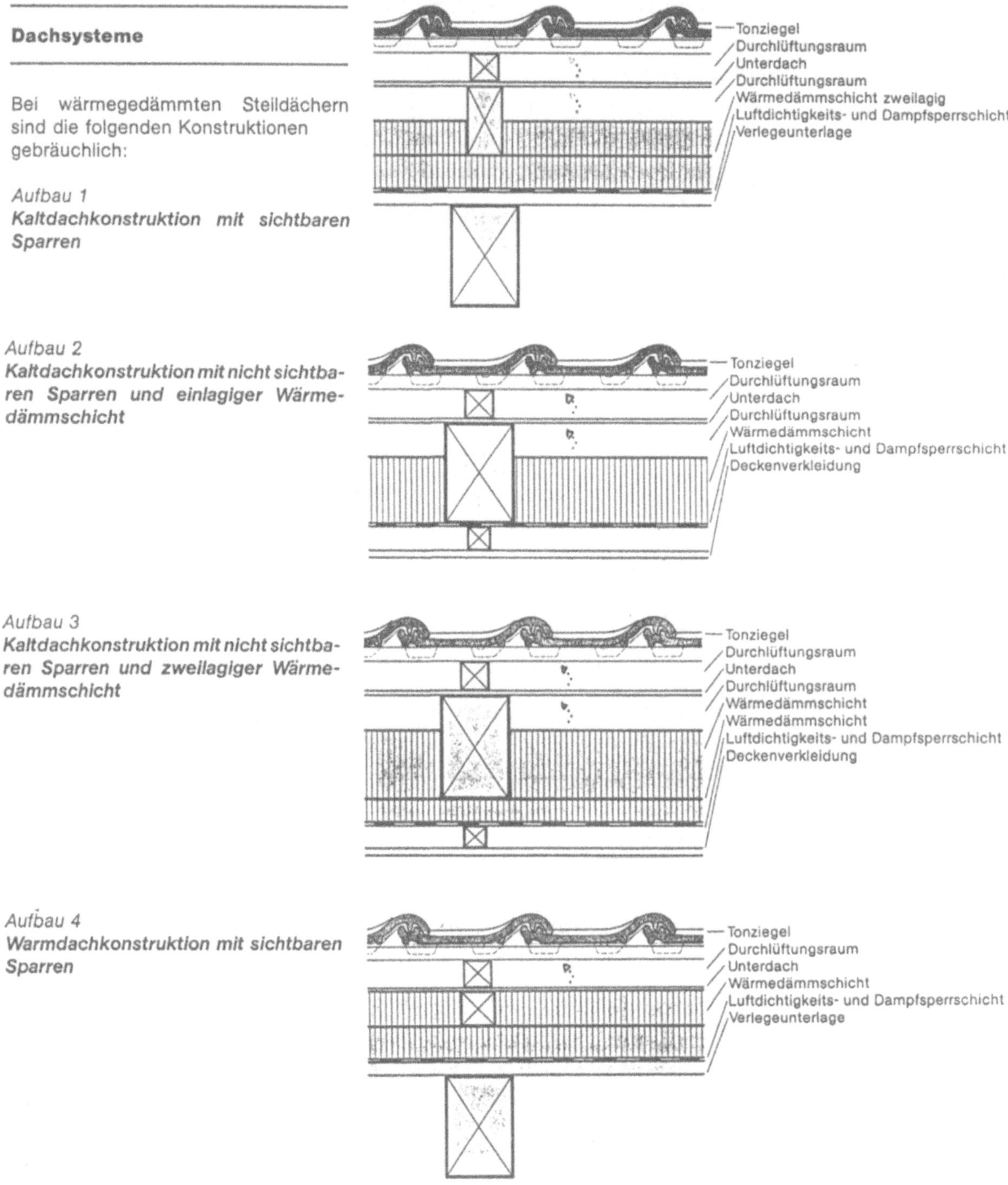


*Abb. 3.10: Varianten des Aufbaus wärmegedämmter Steildächer [el 27]*

- Wärmebrücken infolge durchgehender Sparren ($k$-Wert-Erhöhung bis zu 1/4);
- bei zu geringer Dicke der Wärmedämmschicht (Sparrenhöhe minus Höhe des Durchlüftungsraums) lässt sich eine zusätzliche Schicht gemäss Aufbau 3 einbauen oder der untere Durchlüftungsraum auffüllen (Warmdachkonstruktion ohne sichtbare Sparren);

- Zur Kaltdachkonstruktion gemäss Aufbau 3 (Abb. 3.10):
  - Ähnlich wie Aufbau 2, $k$-Wert-Erhöhung jedoch gering, Dicke der Wärmedämmschicht nicht begrenzt;
  - geeignet für den Ausbau von ursprünglich nicht wärmegedämmten Steildächern;
- Zur Warmdachkonstruktion gemäss Aufbau 4 (Abb. 3.10):
  - Muss auf den Sparren von unten nach oben ähnlich wie Aufbau 1 eingebaut werden;
  - häufige Lösung, wenn ein fugenloses Unterdach gefordert wird;
  - unterer Durchlüftungsraum fehlt, womit das Austrocknen der Lattungen und Wärmedämmplatten nicht möglich ist. Während des Einbaus sind Regen und Schnee unzulässig (Feuchtemessungen durchführen!);
  - Luftdichtigkeits- und Dampfsperrschicht muss unbedingt dicht sein, sonst ergibt sich Kondensation am Unterdach.

## b) Nicht wärmegedämmte Steildächer

**Merkmale nicht wärmegedämmter Steildächer**

- Nicht wärmegedämmte Steildächer kommen bei belüfteten Dachräumen vor (Wärmedämmschicht in Decke über dem obersten Wohnraum);
- der prinzipielle Aufbau mit und ohne Unterdach ist in Abbildung 3.11 dargestellt.

**Vor- und Nachteile nicht wärmegedämmter Steildächer**

- Die Konstruktion mit Unterdach bietet Schutz gegen Meteorwasser (Ziegelbruch), Flugschnee, Staub, Blätter, etc.
- Die Ausführung ohne Unterdach ist üblich bei einfachen Scheunen und ähnlichen Bauten.

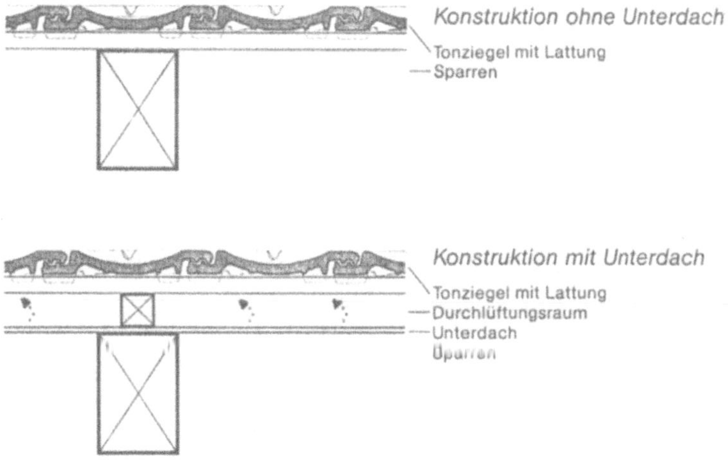


*Abb. 3.11: Prinzipieller Aufbau nicht wärmegedämmter Steildächer [el 27]*

### 3.3.2 Flachdächer

(Literatur: [SIA 271] [SIA 271/2] [Zim])

Flachdächer werden hauptsächlich angewendet bei:
- Bürobauten
- Gewerbe- und Industriebauten
- öffentlichen Bauten, Schulen, Spitälern
- grösseren Mehrfamilienhäusern
- Einfamilienhäusern (heute selten).

Flachdächer können von der Nutzung her wie folgt unterschieden werden:
- nicht begehbare Dächer
- begehbare Dächer/Balkone
- befahrbare Dächer
- begrünte/erdüberdeckte Dächer.

Besondere Anforderungen an Flachdächer sind:
- Dampfdiffusion und Kondensatbildung sind innerhalb vorgeschriebener Grenzen zu halten (in der Vergangenheit traten enorme Feuchtigkeitsschäden auf!);
- möglichst geringe Empfindlichkeit auf Austrocknung der Unterkonstruktion/Witterungseinflüsse bei der Ausführung (Baufeuchte).

Flachdächer können ausgebildet werden als:
- Warmdächer:
  Einschalige, wärmegedämmte Flachbedachung mit der Abdichtung (gegen Meteorwasser) über der wärmedämmenden Schicht;
- durchlüftete Kaltdächer:
  Flachbedachung aus einer Innenschale, einer Aussenschale mit Abdichtung und einem dazwischenliegenden Belüftungsraum (entspricht einer Aussenwand mit Aussendämmung und hinterlüfteter Verkleidung, vgl. 3.1.1e);
- Umkehrdächer:
  Flachbedachung mit der Wärmedämmschicht über der Abdichtung;
- Verbunddächer:
  Warmdachsystem, bei dem alle Schichten (ausser Schutz- und Nutzschicht) vollflächig miteinander und mit der Unterkonstruktion verbunden sind;
- Flachdächer ohne Schutz- und Nutzschicht:
  Warm- oder Kaltdachsystem ohne separate Schutz- oder Nutzschicht; die gesamte Flachbedachung wird kraftschlüssig verklebt oder mechanisch verankert.

## a) Warmdächer

**Merkmale von Flachdach-Warmdächern**

- Häufigste Art der Flachdachkonstruktion;
- prinzipieller Aufbau von oben nach unten:
  - Schutzschicht (meist Kies und Sand)
  - Abdichtung gegen Meteorwasser
  - Wärmedämmschicht
  - Dampfbremse/Dampfsperre
  - Tragkonstruktion (oft Stahlbetonplatte)
  - Innenputz;
- Varianten des Aufbaus (Beiblätter 3.29, 3.30, 3.31):
  - Traditionelles Kiesklebedach mit Bitumenbahnen als Abdichtung (Beiblatt 3.29 links);
  - Kiesklebedach als Doppeldach saniert (Beiblatt 3.29 rechts);
  - Dach mit Polymerbitumenbahnen als Abdichtung und Wärmedämmung aus
    a) Schaumstoff (Beiblatt 3.30 links)
    b) Schaumglas (Beiblatt 3.30 rechts);
  - Dach mit Kunststoffbahnen als Abdichtung (Beiblatt 3.31 links);
- die Unterkonstruktion (Tragwerk und evtl. Gefällsbeton) muss ein durchgehendes Gefälle von in der Regel 1.5% aufweisen;
- die Schutzschicht besteht i.a. aus 20 mm Sand plus 40 mm Kies bei Bitumen- und Polymerbitumenbahnen bzw. aus 50 mm Kies bei Kunststoffbahnen als Abdichtung;
- eine relativ dicke Wärmedämmschicht fällt kostenmässig kaum ins Gewicht;
- ein Flachdach ist nur so gut wie die schlechteste Schweiss- oder Klebeverbindung;
- die Anschlüsse an den Dachrändern, Auf- und Abbordungen usw. sowie die Spenglerarbeiten sind mit grosser Sorgfalt auszuführen!

**Vor- und Nachteile von Flachdach-Warmdächern**

- Schlüsselproblem ist i.a. die *Kondensation des diffundierenden Wasserdampfes an der (zu) dampfdichten Abdichtung gegen Meteorwasser.* Sie führt zur Durchfeuchtung der Wärmedämmschicht, zur Durchwurzelung und zu Wasserschäden usw.;
- Diffusionstechnische Beurteilung der Varianten:
  - Traditionelles Kiesklebedach mit Bitumenbahnen als Abdichtung: kritisch;
  - Kiesklebedach als Doppeldach saniert: keine Kondensation, da die alte Abdichtung neu als Dampfsperre wirkt;
  - Dach mit Polymerbitumenbahnen als Abdichtung (sehr dampfdicht!) und Wärmedämmung aus:
    a) Schaumstoff (relativ dampfdurchlässig): kritisch;
    b) Schaumglas (sehr dampfdicht): günstig;
  - Dach mit Kunststoffbahnen als Abdichtung: günstig, da wesentlich dampfdurchlässiger als Bitumen- und Polymerbitumenbahnen.

### b) Durchlüftete Kaltdächer

**Merkmale von durchlüfteten Flachdach-Kaltdächern**

- Vorkommen relativ selten;
- die Wärmedämmung ist die äusserste Schicht der Innenschale; diffundierende Feuchtigkeit wird durch die Belüftung abgeführt;
- es ist ein genügend grosser Belüftungsraum von 10 - 20 cm Dicke erforderlich.

**Vor- und Nachteile von durchlüfteten Flachdach-Kaltdächern**

- Relativ aufwendige, bei genügend gross gewähltem Belüftungsraum jedoch sehr sichere Konstruktion.

### c) Umkehrdächer

**Merkmale von Umkehrdächern** (Beiblatt 3.31 rechts)

- Vorkommen relativ häufig;
- die Wärmedämmschicht "liegt im Meteorwasser" oberhalb der Abdichtung;
- die Abdichtung wirkt gleichzeitig als Dampfsperre;
- diese Konstruktion ist möglich dank nicht wasseraufnehmenden Dämmaterialien (geschlossenporiges Polystyrol);
- die Abdichtung wird oft aus Gussasphalt hergestellt.

**Vor- und Nachteile von Umkehrdächern**

- Die Dampfsperre liegt eindeutig auf der Warmseite, womit keine Kondensationsprobleme entstehen;
- die Abdichtung ist vor Temperaturschwankungen geschützt;
- der Einbau ist weitgehend witterungsunabhängig;
- bei Regen erfolgt ungünstiger Wärmeabfluss (auch) parallel zur Dachfläche durch unter den Dämmplatten abfliessendes Wasser.

### d) Verbunddächer

**Merkmale von Verbunddächern**

- Vorkommen relativ häufig;
- es werden dampfdichte Schaumglasplatten verwendet, die mit darüber liegendem Heissbitumen abgedichtet werden; es ist keine separate Dampfsperre erforderlich.

### e) Flachdächer ohne Schutz- und Nutzschicht

**Merkmale von Flachdächern ohne Schutz- und Nutzschicht**

- Vorkommen als kostengünstige Lösung;
- es sind besondere Vorkehrungen gegen Sturm, Wasser- und Feuerschäden erforderlich [SIA 271].

## 3.4 Fenster

(Literatur: [SIA 331] [Zim])

Zum "Gesamtsystem Fenster" gehören:
- Bauteil Fenster (Fertigteil)
- Brüstungsabdeckung (Wetterschenkel)
- Sonnenschutz (Store)
- Sturzausbildung
- Anschluss an die verschiedenen Schichten der Aussenwand.

Das Bauteil Fenster besteht aus:
- Verglasung (meist 2 oder 3 Glasscheiben)
- Flügelrahmen (beweglich oder fest)
- Fensterrahmen (fest).

### 3.4.1 Glas und Verglasungen

#### a) Baustoff Glas

Glas wurde bereits durch die Römer als Flachglas für Fenster eingesetzt (matt, aber lichtdurchlässig). Die Durchsichtigkeit rührt daher, dass Glas eine "unterkühlte Schmelze" ohne Kristallstruktur ist.

Glas besteht hauptsächlich aus Silizium-, Natrium- und Kalkverbindungen; man spricht deshalb auch von Kalk- Natron- Silikat-Gläsern. Für die Herstellung wird ein Gemenge aus natürlichen Rohstoffen wie Quarzsand, Soda, Dolomit, Kalk, Feldspat, Sulfat verwendet.

Glas hat die folgenden *mechanischen Eigenschaften:*

| | |
|---|---|
| - E-Modul | 75'000 N/mm$^2$ |
| - Druckfestigkeit | 900 N/mm$^2$ |
| - Zugfestigkeit | 30 N/mm$^2$ |
| - Biegezugfestigkeit (Rechenwert) | 30 N/mm$^2$ |
| - Schlagzähigkeit | 0 N/mm$^2$ |

Es ist somit empfindlich auf Biegebeanspruchung und erträgt keine stossartigen Einwirkungen. Kleine Beschädigungen wie Kratzer, Ausbrüche an Kanten usw. können örtlich hohe Kerbzugspannungen bewirken, die zur Rissebildung führen.

Glas hat die folgenden *bauphysikalischen Eigenschaften:*

| | |
|---|---|
| - Wärmeleitfähigkeit $\lambda$ | 0.81 W/mK |
| - Dampfleitfähigkeit $\lambda_D$ = 0, d.h. | $\infty$ dampfdicht |
| - Ausdehnungskoeffizient | 8.5 - 9.1 $\cdot$ $10^{-6}$ K |

Es ist somit ein relativ guter Wärmeleiter. Wegen der geringen Schichtdicken von Glasscheiben ist deren Wärmedämmung schlecht. Diese kann nur durch das Zwischenschalten von Luftschichten verbessert werden. Üblich sind die zweifach Isolierverglasung (2 IV) und die dreifach Isolierverglasung (3 IV).

Glas dehnt sich unter Wärmeeinwirkung etwa gleich aus wie Holz und nur rund 10 - 15% weniger als Stahl und Beton (Aluminium-Fensterprofile haben ~ dreifache und Kunststoff-Fensterprofile ~ fünf- bis siebenfache Ausdehnung wie Glas!).

Glas hat folgende *Langzeiteigenschaften:*
- Altert nicht;
- vergilbt nicht und erleidet keine Farbveränderungen;
- ist korrosionsbeständig;
- das "Blindwerden" von Glasscheiben im Zwischenraum von Isolierverglasungen entsteht infolge Kondensatbildung; unter einem lange einwirkenden Feuchtigkeitsfilm werden die alkalischen Bestandteile des Glases (Na, Ca) aus der Glasmasse ausgelöst, und bei Zutritt von $CO_2$ entsteht ein weisser Belag; auch nach Abwaschen mit leichten Säuren bleiben die Scheiben matt.

Glas hat folgende *lichttechnische Eigenschaften:*
- Lässt Wellen im sichtbaren Frequenzbereich sowie kurzwellige Infrarotstrahlung durch;
- lässt langwellige Infrarotstrahlung nicht durch;
- Glas lässt also kurzwellige Sonnenstrahlung durch, was zu einer Erwärmung der inneren Oberflächen in den Räumen führt; die dabei entstehende langwellige Wärmestrahlung kann nicht mehr durch das Glas nach aussen treten (Treibhauseffekt).

### b) Isolierverglasung

Zwei oder drei Glasscheiben mit Luftzwischenraum für verbesserte Wärmedämmung werden am Rand miteinander verklebt (Randverbund) (Abb. 3.12 links).

Eine dickere Luftschicht bewirkt dabei einen kleineren $k$-Wert (Wärmedurchgangskoeffizienten) (Abb. 3.12 rechts).

### c) Wärmeschutzverglasung

Wärmeschutzverglasungen entstanden als Weiterentwicklung der Isolierverglasungen. Die raumseitige Scheibe wird auf der Seite zum Luftzwischenraum mit einer dünn aufgedampften *Schicht aus Edelmetall* beschichtet. Diese Schicht reflektiert einen erheblichen Anteil der kurzwelligen Strahlung, die durch normales Glas vom Innenraum nach aussen gehen würde. Dadurch wird der Transmissionsverlust an das kalte Aussenklima reduziert (Abb. 3.13 links).

Der Zwischenraum wird mit Edelgas gefüllt. Dadurch wird auch der Konvektionsanteil des Wärmeverlustes infolge Zirkulation der Füllung des Glaszwischenraumes reduziert.

Es können erstaunlich niedrige $k$-Werte erreicht werden (Abb. 3.13 rechts)

### d) Sonnenschutzverglasung

Sonnenschutzverglasungen sollen die übermässige Erwärmung im Rauminnern bei direkter Sonneneinstrahlung verhindern. Dazu wird auf der Innenseite der Aussenscheibe eine Reflexionsschicht aufgedampft. Sie reflektiert das einfallende, kurzwellige Sonnenlicht. Diese Konstruktion ergibt eine erhebliche Reduktion des $k$-Wertes, aber auch des Lichtdurchgangs!

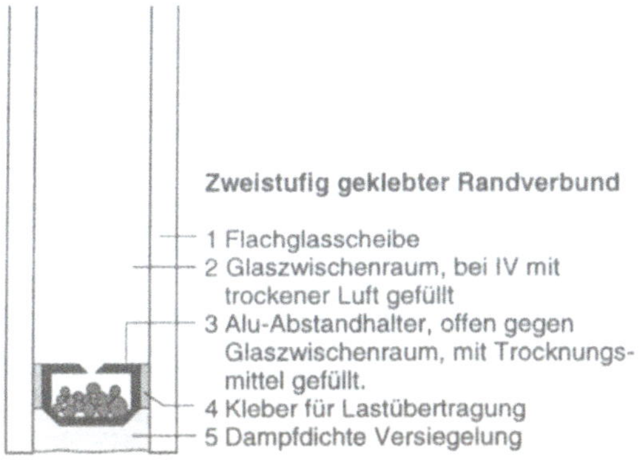


| **Isolierverglasung (2 IV)** | **4/12/4** | **4/18/4** |
|---|---|---|
| k-Wert (W/m²K) | 3.0 | 2.9 |
| Lichtdurchlässigkeit (%) | 82 | 82 |
| Gesamtenergiedurchlässigkeit (%) | 79 | 79 |
| Schalldämmass $R'_w$ (dB) | 30 | 30 |

| **Isolierverglasung (3 IV)** | **4/6/4/6/4** | **4/12/4/12/4** |
|---|---|---|
| k-Wert (W/m²K) | 2.3 | 2.1 |
| Lichtdurchlässigkeit (%) | 75 | 75 |
| Gesamtenergiedurchlässigkeit (%) | 71 | 71 |
| Schalldämmass $R'_w$ (dB) | 32 | 31 |

**Die Verschlechterung des Schalldämmasses bei Vergrösserung des Scheibenabstandes bei 3 IV ist auf die schwierig zu erfassenden Einflüsse der Resonanzerscheinungen zurückzuführen.**

*Abb. 3.12: Glasrandverbund und Kennwerte bei Isolierverglasungen (nach [Zim])*

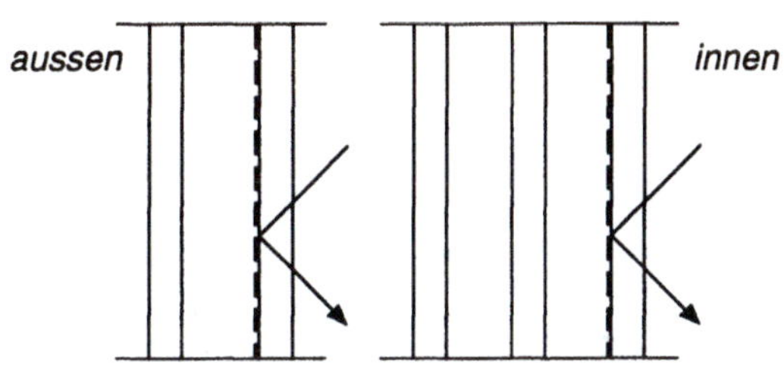


| **Wärmeschutzverglasung (2 IV)** | **4/12/4** | **4/18/4** |
|---|---|---|
| k-Wert (W/m²K) | 1.5 | 1.3 |
| Lichtdurchlässigkeit (%) | 79 | 79 |
| Gesamtenergiedurchlässigkeit (%) | 66 | 67 |
| Schalldämmass $R'_w$ (dB) | 30 | 30 |

| **Wärmeschutzverglasung (3 IV)** | **4/9/4/9/4** | **4/12/4/12/4** |
|---|---|---|
| k-Wert (W/m²K) | 1.3 | 1.1 |
| Lichtdurchlässigkeit (%) | 62 | 62 |
| Gesamtenergiedurchlässigkeit (%) | 63 | 63 |
| Schalldämmass $R'_w$ (dB) | 32 | 31 |

*Abb. 3.13: Wirkung und Kennwerte von Wärmeschutzverglasungen (nach [Zim])*

### e) Schallschutzverglasung, Sicherheitsverglasung, Brandschutzverglasung

Für Zwecke des Schallschutzes, der Sicherheit und des Brandschutzes existieren spezielle Lösungen. Deren Behandlung würde jedoch den Rahmen dieser Einführung sprengen. Deshalb wird auf die Spezialliteratur und Firmenunterlagen verwiesen.

## 3.4.2 Fensterkonstruktionen

**Funktionen und Anforderungen an Fenster**

Fenster dienen vor allem der Raumbeleuchtung durch Tageslicht. In sonst geschlossenen Aussenwänden sind sie aber *energietechnische und schalltechnische Schwachstellen.*

Fenster haben vielfältigen Anforderungen zu genügen [SIA 331].

*Allgemeine Anforderungen*

- Mechanisches Verhalten: Bemessung auf Tragsicherheit (Tragwiderstand) und Gebrauchstauglichkeit (Begrenzung der Durchbiegungen von Flügelteilen und Rahmen unter bestimmten Drücken);
- Luftdurchlässigkeit: Begrenzung des durch die Fugen dringenden Luftvolumens für bestimmte Prüfdrücke in Abhängigkeit von der Gebäudehöhe;

- Dichtheit gegen Schlagregen: Nachweis für bestimmte Prüfdrücke in Abhängigkeit von der Gebäudehöhe;
- Wärmeschutz: Erfüllung der Anforderungen an den maximalen $k$-Wert des Einzelbauteils sowie an den maximalen mittleren $k$-Wert $\bar{k}$ der Gebäudehülle gemäss [SIA 180] und [SIA 180/1];
- Schallschutz: Erfüllung der Anforderungen an die minimale Standard-Schallpegeldifferenz $D_{nT,w}$, gemessen am Bau bei geschlossenen Fenstern, gemäss [SIA 181];
- Personenschutz: Bedienung, Reinigung und Unterhalt möglichst gefahrlos; Risiko von schweren Verletzungen vermeiden (z.B. in Sport- und Schulbauten, bei Türen, Zwischenwänden, Brüstungen, Geländern, usw.).

*Konstruktive Anforderungen* (für Begriffe vgl. z.B. Beiblatt 3.32 und 3.33).
- Stahlteile und Beschläge müssen korrosionsbeständig oder korrosionsgeschützt sein;
- Abdichtungen mit Profildichtungen und Fugendichtungsmassen gegen Luft, Wasserdampf und Schall sollten in einer Ebene liegen (kein horizontaler Versatz an den Fensterecken);
- der Glasfalzraum sollte entspannt und entwässert werden;
- die äussere Anschlagkammer vor der Mitteldichtung ist wasserführend und muss entwässert werden;
- Falzdichtungen (Gummi) müssen austauschbar sein;
- der Beschlägefalz für den verdeckten Einbau moderner Beschläge muss auf der Warmseite liegen (sonst Kondensation).

**Fensterarten**
Fenster (inkl. Fenstertüren) in sonst geschlossenen Aussenwänden können nach dem für die Flügel und die Rahmen verwendeten Material unterschieden werden in:
- Holzfenster
- Metallfenster (Stahl, Aluminium)
- Kunststoffenster.

### a) Holzfenster

Hauptsächliche Anwendungen im Wohnungsbau; typischer Aufbau: Beiblatt 3.32 links.

Besondere Anforderungen bei Holzfenstern:
- Holzqualität (Sortierklassen nach [SIA 241] "Schreinerarbeiten")
- Astfreiheit des Holzes
- Rohdichte des Holzes (Laubholz > 500 kg/m$^3$)
- Holzfeuchte (< 8 - 15%)
- Grundierung, Zwischenanstrich und Fertiganstrich.

**Merkmale von Holzfenstern**
- Relativ einfacher Aufbau
- "selbstisolierende" Flügel- und Fensterrahmen.

**Vor- und Nachteile von Holzfenstern**
- Klassische Fensterart
- periodischer Unterhalt (z.B. Aussenanstrich) unabdingbar.

### b) Metallfenster

Hauptsächliche Anwendung im Zusammenhang mit Metallfassaden aus Stahl oder Aluminium im Büro- und Gewerbebau; typischer Aufbau: Beiblatt 3.33.

Besondere Anforderungen bei Metallfenstern:
- Korrosionsschutz der Metallprofile nötig, z.B. durch Eloxieren, Anodisieren, Anstreichen;
- durchgehende thermische Trennung der Metallprofile ist unabdingbar;
- direkter Kontakt zwischen Aluminium und Holz ist zu vermeiden, da sonst mit Kondensatschäden zu rechnen ist;
- elektrochemische Verträglichkeit verschiedener Metalle beachten (Beschläge!).

**Merkmale von Metallfenstern**
- Relativ komplizierter Aufbau.

**Vor- und Nachteile von Metallfenstern**
- Im allgemeinen gute Wetterfestigkeit;
- wartungs- und unterhaltsarm.

### c) Kunststoffenster

Anwendungen im Wohnungs-, Büro- und Gewerbebau; typischer Aufbau: Beiblatt 3.32 rechts.

Besondere Anforderungen bei Kunststoffenstern:
- Korrosionsgeschützte Versteifungen (Metall, evtl. Holz) erforderlich;
- unterschiedliche Dilatationen verschiedener Materialien erfordern evtl. spezielle Massnahmen.

**Merkmale von Kunststoffenstern**
- Relativ komplizierter Aufbau.

**Vor- und Nachteile von Kunststoffenstern**
- Im allgemeinen keine Korrosionsgefahr
- evtl. Versprödungsgefahr der Kunststoffteile infolge UV-Strahlung
- wartungs- und unterhaltsarm.

## 3.4.3 Fenstereinbau

Typische Beispiele für den Fenstereinbau sind auf den Beiblättern 3.34 und 3.35 ersichtlich.

Der Einbau des Fensters bzw. des Fensterrahmens muss ebenfalls vielfältigen Anforderungen genügen:
- Der isolierende Fensterrahmen muss an die Wärmedämmschicht der Aussenwand ohne Wärmebrücken angeschlossen werden (Vorsicht vor allem beim Rolladenkasten!).
- Eine allfällige Dampfbremse in der Aussenwand (Folie) muss an den Fensterrahmen luftdicht angeschlossen werden (sorgfältige Verklebung!).
- Der Einbau des Fensterrahmens in angrenzende Bauteile (Wände etc.) muss schlagregendicht und praktisch luftdicht erfolgen (meist Ausschäumungen).
- Die Befestigung des Fensterrahmens an die angrenzenden Bauteile darf nicht zu starr sein, unterschiedliche Bewegungen sollten möglich bleiben.

## 3.5 Ausbau der Geschossdecken

Beim Ausbau der Geschossdecken können unterschieden werden:
- Schwimmende Unterlagsböden
- Doppelböden ("Überböden")
- Unterdecken.

**Funktionen und Anforderungen**
Der Ausbau der Geschossdecken über und unter dem Deckentragwerk hat meist zahlreiche Funktionen zu übernehmen und vielfältige Anforderungen zu erfüllen:
- Schaffung einer begehbaren Fläche mit einem bestimmten Bodenbelag;
- Schalldämmung für Luftschall und Trittschall (zusammen mit dem Tragwerk);
- Schallabsorbtion (Raumakustik);
- evtl. Wärmedämmung gegen Kalträume;
- evtl. Aufnahme einer Bodenheizung;
- evtl. Brandschutz von Holzbalkendecken, Profilstahldecken, etc.;
- Aufnahme von Installationen vorwiegend im Hohlraum unter Doppelböden:
  - Kabel für Licht, Kraft, Telefon, Computer, usw.;
  - Heizungsleitungen;
  - Warm- und Kaltwasserleitungen;
  - Gasleitungen;
  - evtl. Abwasserleitungen;
- Aufnahme von Installationen vorwiegend im Hohlraum über Unterdecken:
  - Lüftungskanäle;
  - Klimaauslässe;
  - Deckenleuchten;
  - Rauchmelder;
- Aufnahme/Durchführung von Brand- und Schallabschottungen;
- Anschluss von Innenwänden.

Diese Funktionen und Anforderungen können je nach Verhältnissen teilweise vom Tragwerk erfüllt werden. Leitungen werden oft direkt in das Tragwerk verlegt (Stahlbetontragwerke), was jedoch zu gravierenden Sicherheitsproblemen führen kann (vgl. Abschnitt 3.9). Da der Installationsgrad und die bauphysikalischen Anforderungen an Hochbauten in der letzten Zeit stark gestiegen sind, hat der sachgemässe Ausbau der Geschossdecken an Bedeutung zugenommen.

### 3.5.1 Schwimmende Unterlagsböden

(Literatur: [Rüe] [SIA 251] [Zim])

**Merkmale schwimmender Unterlagsböden**
- Anwendung v.a. in Wohnungen, Hotels, Gewerbebauten; in Büro- und Verwaltungsbauten zunehmend abgelöst durch Doppelböden (Überböden);
- Gehbelag auf Mörtelschicht aus Zementmörtel (60 - 80 mm) oder Anhydrit-Fliessmörtel (30 - 55 mm, vgl. Abschnitt 3.2.3a) über weichfedernder Dämmschicht (z.B. Mineralwolle-

Trittschallplatte ≥ 30 mm) und ohne schallübertragende Kontakte mit harten Teilen von Decken und Wänden (Abb. 3.14);
- bei Verwendung von Zementmörtel sollten zur Vermeidung von Schwindrissen eine maximale Feldgrösse von 40 m$^2$, eine maximale Seitenlänge von 8 m und ein maximales Seitenverhältnis von 1 : 2 nicht überschritten werden; in manchen Fällen ist ein Bewehrungsnetz in halber Höhe zweckmässig;
- bei Anhydrit-Fliessmörtel ist die Feldgrösse in rechteckigen Räumen nicht begrenzt;
- bei Bodenheizung über Kalträumen ist eine dickere Dämmschicht nötig;
- weitere Hinweise und Bedingungen in SIA 251 "Schwimmende Unterlagsböden".

**Vor- und Nachteile schwimmender Unterlagsböden**
- Bei sorgfältiger Ausführung bewährte Konstruktion
- Schallbrücken vermeiden! Vorsicht bei:
  - durch Dämmschicht geflossenem Mörtel (sorgfältig verklebte Dichtungsfolie unter Mörtelschicht anordnen, Achtung auf Verletzungen!);
  - falschen Wandanschlüsse (Beiblatt 3.36 links);
  - Verlegung von Leitungen (Beiblatt 3.36 rechts);
  - falschem Einbau von Türschwellen und Stahltürzargen.

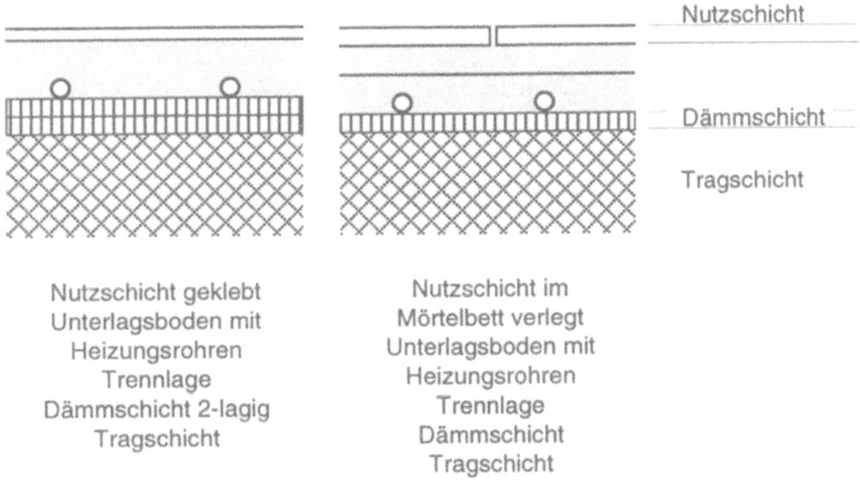


*Abb. 3.14: Typischer Aufbau von Geschossdecken mit schwimmendem Unterlagsboden (nach [Rüe])*

## 3.5.2 Doppelböden

(Literatur: [Rüe])

Doppelböden werden auch "Überböden" genannt.

**Merkmale von Doppelböden**
- Vorkommen praktisch nur in hochinstallierten Bauten, z.B. in:
  - Bürobauten mit vielen Kabeln für Licht, Kraft, Telefon, Computernetze etc. (z.B. HIL-Gebäude der ETH Zürich, Hönggerberg);
  - Laborbauten mit zahlreichen Leitungen für Wasser, Gas, Druckluft, etc.;
  - Operationssälen in Spitälern;

- typischer Aufbau gemäss Abbildung 3.15);
- begehbare Fläche ca. 20 bis 40 cm über dem Deckentragwerk aus Metall, Holz etc. auf leichten Trägern (z.B. Stahlprofile) und Stelzen mit Höhenregulierung;
- oft streifenartige, leicht anhebbare Bodenbereiche über Kabel-Gitterträgern (z.B. entlang Fensterbrüstungen), andere über Wasser- und Gasleitungen, usw.;
- nichttragende Innenwände gehen meist nicht bis auf das Deckentragwerk hinunter. Dadurch entstehen Schallprobleme;
- Brandschutzabschottungen müssen bis auf das Deckentragwerk hinuntergehen!

**Vor- und Nachteile von Doppelböden**
- Schaffen grosse Flexibilität bezüglich Installationen, d.h. einfache Anpassung an neue Bedürfnisse;
- aufwendige Konstruktion;
- schaffen zusätzliche Probleme bezüglich Schallschutz und Brandschutz.

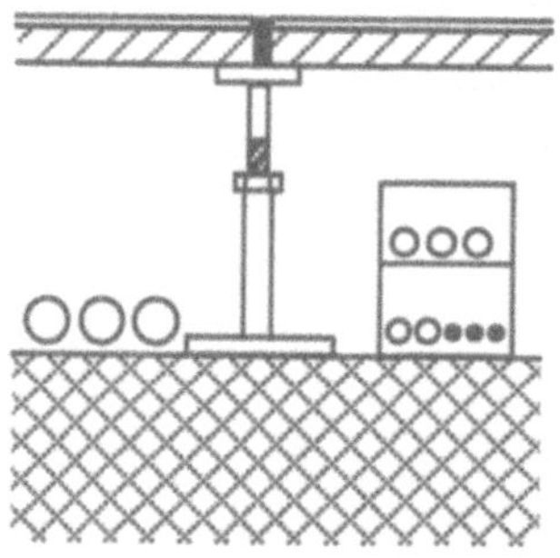


*Abb. 3.15: Typischer Aufbau von Doppelböden (nach [Rüe])*

### 3.5.3 Unterdecken

(Literatur: [Gips])

Unterdecken werden auch "abgehängte Decken", "Hängedecken", "Montagedecken" (engl. "ceiling") genannt.

**Merkmale von Unterdecken**
- Vorkommen häufig in
  - Büro- und Verwaltungsbauten mit unter dem Deckentragwerk geführten Lüftungskanälen (klimatisierte Gebäude), Abwasserleitungen, usw. (z.B. HIL-Gebäude der ETH Zürich, Hönggerberg);
  - Bauten mit brandgefährdeten Deckentragwerken (z.B. Verbundträgerdecken); die Unterdecken können hier brandhemmend ausgebildet werden;
  - Bauten mit schlecht schalldämmenden Deckentragwerken (z.B. Hohlkörperdecken); die Unterdecken können hier schalldämmend ausgebildet werden;
- meist geschlossene Fläche als obere Raumbegrenzung aus Metall, Gips, Holz etc., ca. 20 - 60 cm unter dem Deckentragwerk an herabgehängten leichten Trägern (Rost) befestigt (Abb. 3.16);
- nichttragende Innenwände gehen meist nicht bis zum Deckentragwerk hinauf; dadurch entstehen Schallprobleme;
- Brandschutzabschottungen müssen bis zum Deckentragwerk hinaufgehen!

**Vor- und Nachteile von Unterdecken**

- Schaffen grosse Flexibilität bezüglich Installationen, d.h. einfache Anpassung an neue Bedürfnisse;
- aufwendige Konstruktion;
- schaffen zusätzliche Probleme bezüglich Schallschutz und Brandschutz.

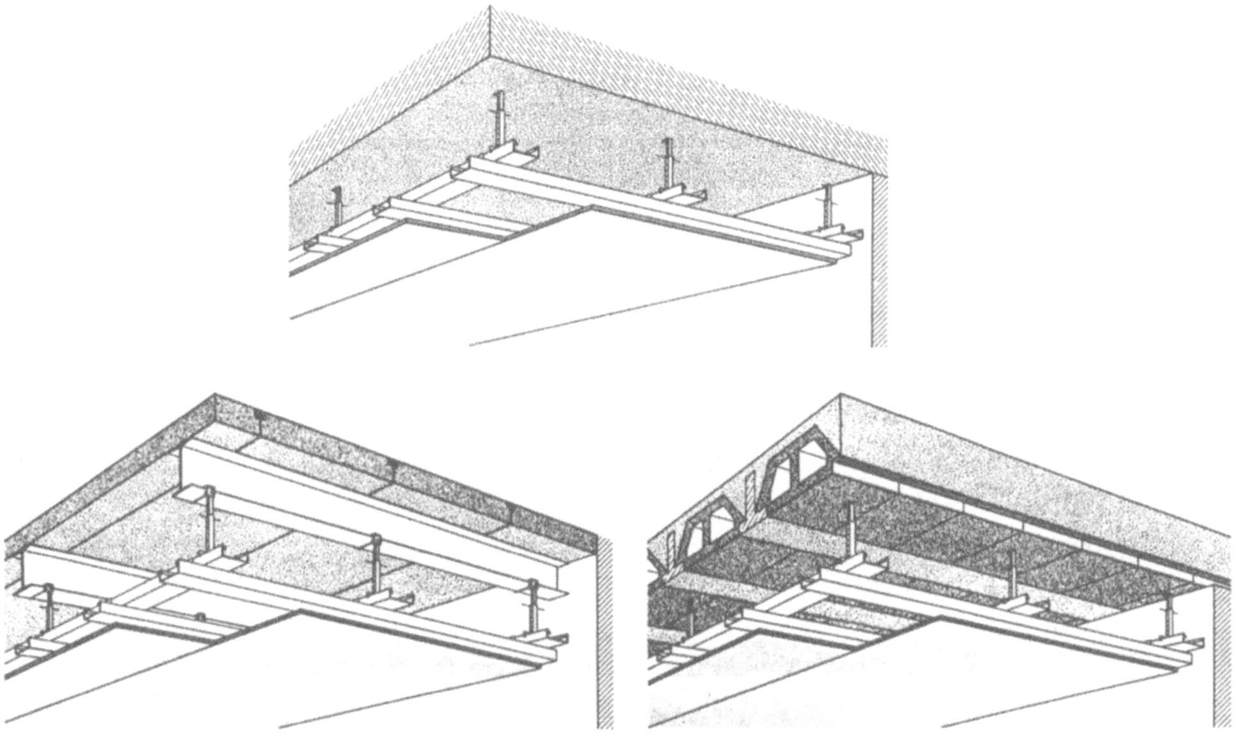

*Abb. 3.16: Typischer Aufbau von Unterdecken [Gips]*

## 3.6 Sockelbereich

(Literatur: [el 28] [Zim])

Als Sockelbereich wird bei Hochbauten der Bauwerksteil unterhalb der normalen Wohn- oder Geschäftsgeschosse bezeichnet. Im Sockelbereich findet daher der Übergang vom Erdgeschoss (EG) zu den Untergeschossen (UG) statt. Der Sockel befindet sich teilweise oder ganz im Erdreich. Somit ist der Sockelbereich dem Angriff von Sicker-, Hang- und evtl. Grundwasser ausgesetzt.

Die Untergeschosse werden genutzt als :
- unbeheizte Räume: Keller, Lager, usw.
- beheizte Räume: Bastelraum, Verkaufsraum, usw.;

Somit ist der Sockelbereich gekennzeichnet durch den:
- Übergang von beheizten zu unbeheizten Räumen
- Übergang von unbeheizten oder beheizten Räumen zum Erdreich (Boden, Wände).

**Funktionen und Anforderungen**
Im Sockelbereich stellen sich vor allem Anforderungen bezüglich:
- Wasserdichtigkeit
- Wärmedämmung.

Bezüglich *Wasserdichtigkeit* müssen die Abdichtungsmassnahmen auf die Art des Wasserangriffs abgestimmt werden:
- Erdfeuchtigkeit: kann durch kapillare Saugwirkung in Poren und Haarrissen in das Material der unterirdischen Bauteile eindringen und diese durchfeuchten;
- Sickerwasser: Meteorwasser, d.h. Regen- und Schmelzwasser, das in unmittelbarer Nähe des Gebäudes in den Boden eindringt;
- Hangwasser: in den Boden eingedrungenes Wasser aus vom Gebäude entfernteren Flächen; es fliesst auf wasserundurchlässigen Schichten hangabwärts in Richtung auf das Gebäude; es kann unterirdische Wasserläufe bilden, deren Wasserführung stark von der Witterung abhängt;
- Stauwasser: Sicker- oder Hangwasser, das im Untergrund zeitweilig aufgestaut wird. Drückendes, gespanntes Hangwasser steht unter Druck, da undurchlässige Bodenschichten eine Art Siphon bilden;
- Grundwasser: bildet ständig vorhandene unterirdische Wasserhorizonte, deren Höhe jedoch witterungsbedingt schwanken kann.

Bezüglich *Wärmedämmung* verlangt [SIA 380/1] gleiche Wärmedurchgangskoeffizienten $k$ für Wände und Böden von beheizten Räumen zu unbeheizten Räumen wie von beheizten Räumen gegen das Erdreich. Dies erfordert:
- bei unbeheizten UG-Räumen: Wärmedämmung in der Kellerdecke;
- bei beheizten UG-Räumen: Wärmedämmung in der Aussenwand und in der Bodenkonstruktion;
- zwischen beheizten und unbeheizten UG-Räumen: Wärmedämmung in den Zwischenwänden.

### 3.6.1 Untergeschosse im Sicker- und Hangwasser

Untergeschosse im Sicker- und Hangwasser erfordern Massnahmen zur:
- Drainage
- Abdichtung
- Wärmedämmung.

#### a) Drainagen

Zweck einer Drainage ist es:
- auftretendes Sicker- und Hangwasser möglichst rasch abzuführen
- die Bildung von Stauwasser zuverlässig zu verhindern.

Normalerweise wird eine Ringdrainage eingesetzt, seltener eine Flächendrainage, in Spezialfällen Pumpenbrunnen etc.

Bei der *Ringdrainage* wird um das Gebäude herum eine *ringförmige Drainageleitung = Sickerleitung* verlegt, die Sicker- und Hangwasser erfasst. Die Sickerleitung muss am Fuss des Gebäudes unter der Oberkante (OK) der Bodenplatte liegen. Das Wasser muss an den Gebäudeaussenwänden und den UG-Wänden ungehindert abfliessen können. Dies wird erreicht durch Sickerplatten, Sickerpackungen aus Kies, Perimeterisolation, usw.

Bei der *Flächendrainage* werden *Drainageleitungen auch unter der Bodenplatte* verlegt. Zwischen den Leitungen wird eine örtlich leicht geneigte Drainageschicht (z.B. Sickerpackung aus Kies) angeordnet, in der das Wasser entspannt wird und zu den Drainagerohren fliessen kann. Eine Flächendrainage soll verhindern, dass gespanntes Hangwasser von unten gegen die Bodenplatte drückt.

Folgende Punkte sind bei Drainagen besonders wichtig:
- Genügendes Gefälle zum Vorfluter (sonst Pumpen aus Sammelschächten erforderlich);
- Anordnung von Spülmöglichkeiten/Spülstutzen für periodische Spülung gegen Verstopfung durch Feinsand etc.;
- genügende Tiefe unter der Erdoberfläche gegen Verwachsen/Verstopfen durch Pflanzenwurzeln;
- evtl. Anbringen von Rattengittern.

#### b) Abdichtungen

Aussenwände in Untergeschossen werden praktisch immer in Stahlbeton ausgeführt. *Wasserdichten Stahlbeton gibt es aber nicht,* entgegen häufigen Behauptungen! Gründe dafür sind:
- Mikroskopische Poren und kleine Kanäle im Beton erlauben die kapillare Feuchtigkeitswanderung. Dadurch wird der Beton insgesamt durchfeuchtet, auch wenn kein fliessendes Wasser eindringt;
- Schwindrisse, Setzungsrisse, Kiesnester bilden Kanäle, durch die Wasser einsickern kann;
- Arbeitsfugen sind besonders kritisch, vor allem die Fuge zwischen Bodenplatte und aufgehender Wand (Verunreinigungen, Entmischen des Betons beim Betonieren der Wände mit grösserer Porosität im unteren Bereich, differentielles Schwinden von Wand und Bodenplatte, usw.).

Ferner kann Wasser eindringen bei konstruktiv bedingten Unstetigkeiten wie:
- Leitungsdurchbrüchen (Hauseinführungen);
- Dilatationsfugen;
- Anschlüssen von Lichtschächten vor Fenstern;
- Anschlüssen von Fluchtröhren aus Luftschutzräumen.

Aus all diesen Gründen sind in aller Regel gegen Sicker- und Hangwasser Abdichtungen erforderlich. Dabei macht sich Sorgfalt bezahlt. Nachträgliche Abdichtungen beim Auftreten von Mängeln können sehr aufwendig und kostspielig sein!

Abdichtungen sollten wenn immer möglich als Aussenabdichtungen ausgeführt werden. Innenabdichtungen liegen bezüglich eines allfälligen Wasserdruckes auf der falschen Seite, und sie verhindern ein Durchfeuchten der Aussenwand oder Bodenplatte nicht.

### c) Wärmedämmungen

Bei der Wärmedämmung im Sockelbereich ist insbesondere zu beachten:
- Bei unbeheiztem UG kann die Wärmedämmung des EG gegen das unbeheizte UG unter- oder oberhalb der Kellerdecke angeordnet werden (im zweiten Fall Dampfbremse auf der Warmseite erforderlich);
- bei beheiztem UG und Wechsel von Aussen- auf Innendämmung der Wände auf Höhe der Kellerdecke: Wärmebrücke und warmseitige Dampfsperre im UG beachten (Beiblatt 2.7).

**Beispiele**
Im folgenden werden die Beispiele der Beiblätter 3.37 bis 3.40 kurz kommentiert.

Ungedämmtes Untergeschoss (Beiblatt 3.37):
- Verbreitete Ausführungsart für unbeheiztes UG;
- Vliesmatte als Filter ersetzt evtl. die Notwendigkeit einer Spülmöglichkeit;
- ein wärmedämmendes Übergangselement zwischen Innenschale und Kellerdecke (z.B. Thermur-Element) hebt die Temperatur an der inneren Oberfläche von ~ 12° auf 14°C (Raumtemperatur 20°) und somit den Taupunkt an;
- bei Anordnung der Wärmedämmung auf der Oberseite der Kellerdecke wirkt die Dichtungsschicht zwischen Zementestrich und Wärmedämmschicht (Hartschaumplatte) als notwendige Dampfbremse auf der Warmseite.

Untergeschoss mit Aussendämmung (Beiblatt 3.38):
- Abdichtungsschicht *unter* der Wärmedämmung der Aussenwand mit komplizierter, aber fachgerechter Führung im Übergangsbereich zum Erdreich;
- Nachteil, dass Erdhinterfüllung erst am Schluss möglich ist.

Untergeschoss mit Perimeter-Isolation (Beiblatt 3.39):
- Abdichtungsschicht *über* der Wärmedämmung der Aussenwand;
- guter Schutz der Wärmedämmung der Aussenwand durch Sickerplatten gegen örtlich hohe Pressungen bei Erdhinterfüllung.

Perimeterdämmung mittels Foamglas (Beiblatt 3.40):
- Relativ einfacher Anschluss von Abdichtung und Wärmedämmung an das EG dank hinterlüfteter Aussenwand.

### 3.6.2 Untergeschosse im Grundwasser

Die Behandlung von Untergeschossen im Grundwasser würde den Rahmen dieser Einführung sprengen. Für Angaben über die Ausbildung von Untergeschossen im Grundwasser wird auf die Literatur und Firmendokumentationen verwiesen.

# 3.7 Treppen

(Literatur: [Neu] [SIA 358] [Zim])

**Funktionen und Anforderungen**

Treppen dienen dem Personenverkehr in vorwiegend vertikaler Richtung. Sie haben oft auch eine raumverbindende oder raumgestalterische Wirkung.

Treppen haben folgenden allgemeinen Anforderungen zu genügen:

- Geometrie:
  - Steigungsverhältnis: Anpassung an die durchschnittliche Schrittweite des erwachsenen Menschen: horizontal (Schrittlänge $l$) ca. 63 cm, vertikal (auf Leiter) ca. 31 cm; als Regel gilt die sog. "*Treppenformel*" (Abb. 3.17):

$$2s + a = \underbrace{61}_{\text{steilere}} \quad \text{bis} \quad \underbrace{63}_{\text{flachere}} \text{ cm} \quad \text{Treppen}$$

    Häufig sind Treppen mit

    | | | |
    |---|---|---|
    | $s/a =$ | 16/31 cm | bequeme Treppe |
    | | 17/29 cm | normale Treppe ($\alpha = 30°$) |
    | | 18/26 cm | |
    | | 20/22 cm | steile Treppe (z.B. Kellertreppe); |

  - Breite: Mindestens 80 cm, für bequemes Kreuzen von 2 Personen 125 cm (mindestens 110 cm), für 3 Personen 1.875 m;
  - Podeste: Länge $\geq n \cdot l + a \geq 100$ cm ($n$ = Anzahl Schritte), z.B. Treppe 17/29 cm: $l + a = 63 + 29 = 92$ cm, oder $2l + a = 2 \cdot 63 + 29 = 155$ cm, usw.;
  - Grundriss von gekrümmten Treppen: besondere Regeln (Verziehen der Stufen über den gekrümmten Teil hinaus usw., siehe Literatur);
  - evtl. baupolizeiliche Vorschriften über Steigungen, Treppenbreiten, etc.;
- Schallschutz: Anforderungen gemäss [SIA 181];
- Brandschutz: Anforderungen gemäss [SIA 183], evtl. spezielle feuerpolizeiliche Vorschriften für bestimmte Treppen (z.B. Brandschutzschleusen bei Fluchttreppen, usw.);
- Geländer, Brüstungen, Handläufe: Anforderungen gemäss [SIA 358].

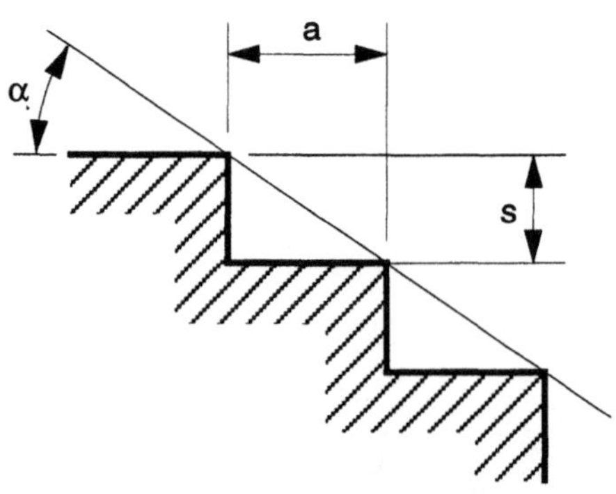


*Abb. 3.17: Bezeichnungen für die Steigung von Treppen*

**Treppenarten**

*Unterscheidung nach der Funktion*
- Podesttreppen in Treppenhäusern
- interne Treppen in Wohnungen, Eingangshallen, etc.
- externe Fluchttreppen
- spezielle Treppenkonstruktionen.

*Unterscheidung nach der Form*
- Einläufige, gerade Treppe (überwindet ein Stockwerk mit einem einzigen Lauf)
- einläufige, abgewinkelte Treppe (Viertelwendelung)
- zweiläufige Podesttreppe
- gegenläufige Treppe mit halber Wendelung anstelle des Podestes
- Wendeltreppe
- dreiläufige Treppe mit 2 Podesten und einem grossen Treppenauge
- freie Treppenformen.

Im folgenden werden exemplarisch eine zweiläufige Podesttreppe in einem Treppenhaus und zwei Arten von internen Treppen kurz behandelt.

### 3.7.1 Podesttreppen in Treppenhäusern

Eine übliche Konstruktion, wie sie in mehrgeschossigen Wohn- und Geschäftsbauten anzutreffen ist, wird in den Beiblättern 3.41 und 3.42 dargestellt. Das Hauptproblem ist die *Trittschalldämmung*. Als Massnahmen kommen in Frage:

- Vorfabrizierte Stahlbetontreppen können zwecks Schalldämmung über Gummilager auf die Podeste aufgelegt werden (Konsequenterweise sollten dann die Podeste mit schwimmendem Unterlagsboden versehen werden!);
- Ortsbetontreppen sollten gegen die Treppenhauswände hin durch eine weiche Isolationsschicht (Mineralwolleplatte) oder durch einen Luftspalt (z.B. 5 cm breit) abgetrennt werden (besser: Treppenhauswände als Zweischalenmauerwerk ausbilden, vgl. 3.2.1c); im Falle eines Luftspalts ergibt sich das Problem der Verschmutzung der Wand beim Putzen der Treppe (kein Wandanschluss-Sockel);
- eine Alternative zu obigen Massnahmen ist die Bekämpfung des Trittschalls an der Quelle durch Aufbringen eines Weichbelages (z.B. Gumminoppenbelag) anstelle von Kunststeinplatten (Ästhetik und Reinigungsfragen beachten).

### 3.7.2 Interne Treppen

Eine einläufige traditionelle Holztreppe ist in Beiblatt 3.43 dargestellt, eine Stahlwendeltreppe in Beiblatt 3.44.

## 3.8 Haustechnische Anlagen

Haus- oder gebäudetechnische Anlagen werden immer wichtiger und umfangreicher in modernen Hochbauten. Durch die immer noch steigenden Ansprüche der Benützer nimmt der Installationsgrad sowohl in Wohnbauten wie insbesondere auch in Büro- und Gewerbebauten sowie in öffentlichen Hochbauten weiterhin zu [Dan].

**Übersicht**

Haustechnische Anlagen umfassen die folgenden Installationen und Einrichtungen:

- Sanitäranlagen:
  Kaltwasserversorgung, Warmwasserversorgung, Gasversorgung, Gebäudeentwässerung, Grundstückentwässerung, Sanitäre Einrichtungen
- Heizungsanlagen
- Lüftungs- und Klimaanlagen
- Kälte- und Kühlanlagen
- Beleuchtungsanlagen
- Starkstromanlagen
- Schwachstromanlagen:
  Telefonanlagen, Datenleitungsnetze, Gegensprechanlagen, Personensuchanlagen, Antennenanlagen, Lautsprecheranlagen, Einbruchmelde- und Überfallanlagen, Brandmeldeanlagen, Fernsehüberwachungsanlagen, Verkehrsanlagen, Zugangkontroll- und Gleitzeiterfassungsanlagen, zentrale Leittechnikanlagen
- Förderanlagen:
  Aufzüge, Rolltreppen, Behälterförderanlagen (Rohrpost usw.).

**Problematik bezüglich des Tragwerks**

Bei den meisten Arten der haustechnischen Anlagen kann eine Aufteilung in *Geräte und Apparate* sowie in *Zu- und Ableitungen* vorgenommen werden:

| Geräte und Apparate | Zu- und Ableitungen |
|---|---|
| Boiler<br>Waschbecken, Dusche etc. | Warmwasserleitungen<br>Warm- und Kaltwasserleitungen<br>Abwasserleitungen |
| Heizkessel<br>Radiatoren | Heizleitungen |
| Klimazentrale | Klimakanäle |
| Elektrotableau/Verteilerkasten | Elektroschläuche |
| Telefonzentrale | Telefonleitungen |

Bei der Integration der haustechnischen Anlagen zeigt sich eine nach wie vor *hochaktuelle Problematik* wie folgt:

> Bei der Planung von Gebäuden und Anlagen wird für die Geräte und Apparate meist der erforderliche Platz vorgesehen. Die Notwendigkeit hingegen, auch *Platz für die Führung der Zu- und Ableitungen* vorzusehen bzw. zu finden, wird häufig übersehen, verdrängt oder dem einzelnen Handwerker überlassen!

Wenn für die Leitungen kein Platz vorgesehen wird, müssen sie auf improvisierte Weise irgendwo untergebracht oder versteckt werden. "Irgendwo" bedeutet häufig "im Tragwerk".

Dies hat oft *fatale Folgen*:

- Das Tragwerk wird von - meist improvisierten und oft nachträglich herausgespitzten - Aussparungen "zerfressen": *Tragsicherheitsprobleme!*
- Moderne und teure bauphysikalische Vorkehrungen werden in ihrer Wirkung beeinträchtigt: *Gebrauchstauglichkeitsprobleme!*

Beispiele dazu sind etwa folgende:

*Tragsicherheitsprobleme*

- Bündel von Elektroschläuchen verringern den tragenden Querschnitt von Stahlbetonstützen (besonders gefährlich!);
- Lüftungskanäle verringern den Stegquerschnitt von Stahlbetonträgern (Gefahr eines vorzeitigen Schubbruches!);
- tragende Mauerwerkswände werden rücksichtslos geschrotet und damit der tragende Querschnitt auf 1/2 bis 1/3 reduziert (kann durch den Widerstandsbeiwert $\gamma_R$ nicht abgedeckt werden!).

*Gebrauchstauglichkeitsprobleme*

- Elektroschläuche in Unterlagsböden mit diversen Durchdringungen verringern die Trittschalldämmung (Schallbrücken etc.);
- Sanitärleitungen in Wänden verdrängen die Wärmedämmung (Wärmebrücken!), verbreiten Körperschall, usw.

Das improvisierte Einbetonieren und Vermauern der Leitungen hat zudem den Nachteil, dass bei Störungen, Umbauten, usw. *kein Zugang zu den Leitungen mehr möglich* ist. Auch weiss nach einiger Zeit oft niemand mehr, woher ein Gerät angeschlossen wurde bzw. wohin eine bestimmte Leitung führt oder für welchen Zweck sie eingelegt wurde (Handwerkerwechsel, Benützerwechsel, fehlende oder verlorengegangene Installationspläne usw.). Auch sind solche Anlagen *sehr unflexibel bei Bedürfnisänderungen*. In manchen Fällen müssen alte Leitungen durch Aufspitzen mühsam gesucht oder neue Leitungen (oft über Putz) gezogen werden.

**Bessere Lösungen**

Bessere, sowie mittel- und längerfristig flexiblere und kostengünstigere Lösungen für die Leitungsführung sind i.a. nur möglich durch Anwendung der folgenden Grundsätze:

- Den Leitungen der haustechnischen Anlagen ist ein klar definierter, möglichst "eigenständiger" Platz einzuräumen und in den Plänen vorzusehen;
  Führung in vertikaler Richtung:
  - Für Leitungen unter Putz *geplante/kontrollierte Aussparungen* im Grundriss (gemauert, geschalt, evtl. kontrolliert geschrotet/gespitzt);
  - besser sind *eigentliche Leitungsschächte*, wenn immer möglich zugänglich, d.h. mit demontierbarer Abdeckung (z.B. gegen Treppenhaus, Korridor, usw.) (siehe Beiblatt 3.45).

  Führung in horizontaler Richtung:
  - innerhalb Deckentragwerk geplant/kontrolliert
  - in Fensterbrüstungen
  - in Unterdecken (vgl. 3.5.3)
  - in Doppelböden (vgl. 3.5.2);
- Schroten von Leitungskanälen in tragendem Mauerwerk kann
  - in klar definierten Wänden in jeder Richtung ausdrücklich zugelassen werden;
  - nur in vertikaler Richtung ausdrücklich zugelassen werden (horizontale Leitungsführung in den/längs der Decken);
  - ganz verboten werden (stark belastete Wände);
    in [SIA 177] ist eindeutig festgehalten: "Mauerschlitze für Leitungen müssen in den Plänen vorgesehen werden. Horizontale und schräge Schlitze bedürfen der Genehmigung des verantwortlichen Ingenieurs. Im Mauerwerk MH dürfen vertikale Schlitze bis 20 mm Tiefe in ausgesteiften Wänden - keinesfalls aber in Pfeilern - eingefräst werden".
- Leitungsführung innerhalb bzw. Aussparungen in Stahlbetondecken und -trägern können
  - in klar definierten Bereichen ausdrücklich zugelassen bzw. in solchen ausdrücklich verboten werden (z.B. in Flachdecken nahe den Stützen);
  - nur in geplanter und durch den Ingenieur genehmigter Weise zugelassen werden.
- Aussparungsplan:
  - Bei jedem anspruchsvolleren Hochbau soll pro Tragelement (z.B. Decke, Träger, Stütze, Wand), ein *Aussparungsplan* angefertigt werden (bei Stahlbetontragelementen auf der Basis der Schalungs- und Bewehrungspläne).

Abbildung 3.18 enthält *Konzepte für die Leitungsführung bei verschiedenen Arten von Hochbauten*. Sie zeigen Möglichkeiten zur gezielten Bewältigung dieses häufig sehr ernsthaften Problems der Leitungsführungen auf. Die Gliederung unterscheidet verschiedene Arten von Hochbauten mit zunehmendem Installationsgrad. Solche Konzepte können verfeinert werden, indem sie separat pro Art der haustechnischen Anlagen ausgearbeitet werden.

| Ort der Leitungen | Art der Hochbauten ( → zunehmender Installationsgrad → ) | | | |
|---|---|---|---|---|
| | Einfamilienhäuser, mehrstöckige Wohnhäuser | vielstöckige Wohnbauten | Büro- und Gewerbebauten | öffentliche Bauten (Schulhäuser, Hochschulen, etc.) |
| Vertikale Führung: | | | | |
| • geplante/kontrollierte Aussparungen im Grundriss | • | | | |
| • eigentliche Leitungsschächte (zugänglich) | | • | • | • |
| Horizontale Führung: | | | | |
| • geplant/kontrolliert innerhalb Deckentragwerk | • | • | | |
| • in Fensterbrüstungen | | | • oder | |
| • in Unterdecken | | | • | • oder/und |
| • in Doppelböden | | | | • |
| Schroten in tragendem Mauerwerk: | | | | |
| • in klar definierten Wänden zugelassen | • | | | |
| • nur in vertikaler Richtung zugelassen | | • oder | • oder | |
| • ganz verboten | | • | • | • |
| Aussparungen in Stahlbetondecken und -trägern: | | | | |
| • in klar definierten Bereichen zugelassen | • | • | | |
| • nur geplant | | | • | • |
| Aussparungspläne | • | • | • | • |

*Abb. 3.18: Konzepte für die Leitungsführung bei verschiedenen Arten von Hochbauten*

# 3.9 Beiblätter zum 3. Kapitel

Beiblatt 3.1 - Backsteinformate in der Schweiz: Swiss Modul [Sw]

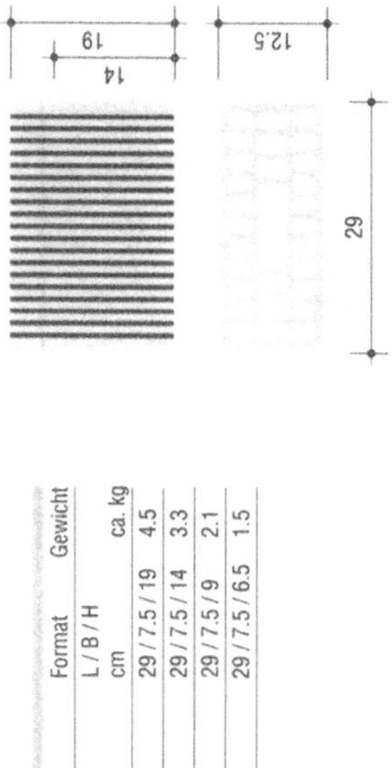


**SwissModul-Backsteine 12.5 cm**

| Sortiment | Bezeichnung Normale Qualität | Hochwertige Qualität | Format L / B / H cm | Gewicht ca. kg |
|---|---|---|---|---|
| Grundformen | BN 12.5 / 19 | BH 12.5 / 19 | 29 / 12.5 / 19 | 6.9 |
| | BN 12.5 / 14 | BH 12.5 / 14 | 29 / 12.5 / 14 | 5.1 |
| Ausgleich-steine | BN 12.5 / 9 | BH 12.5 / 9 | 29 / 12.5 / 9 | 3.3 |
| | BN 12.5 / 6.5 | BH 12.5 / 6.5 | 29 / 12.5 / 6.5 | 2.4 |

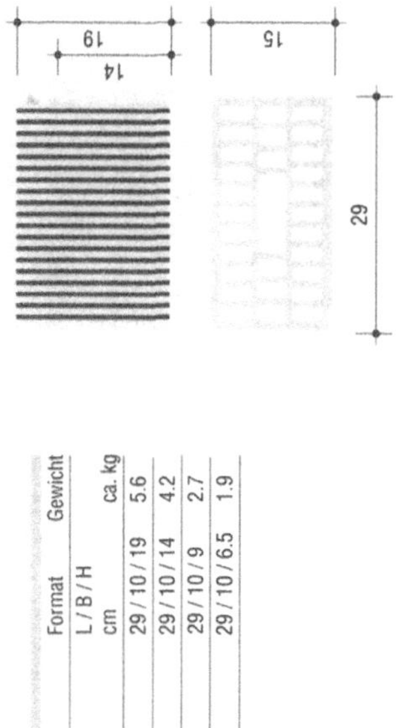


**SwissModul-Backsteine 15 cm**

| Sortiment | Bezeichnung Normale Qualität | Hochwertige Qualität | Format L / B / H cm | Gewicht ca. kg |
|---|---|---|---|---|
| Grundformen | BN 15 / 19 | BH 15 / 19 | 29 / 15 / 19 | 8.2 |
| | BN 15 / 14 | BH 15 / 14 | 29 / 15 / 14 | 6.0 |
| Ausgleich-steine | BN 15 / 9 | BH 15 / 9 | 29 / 15 / 9 | 3.9 |
| | BN 15 / 6.5 | BH 15 / 6.5 | 29 / 15 / 6.5 | 2.8 |

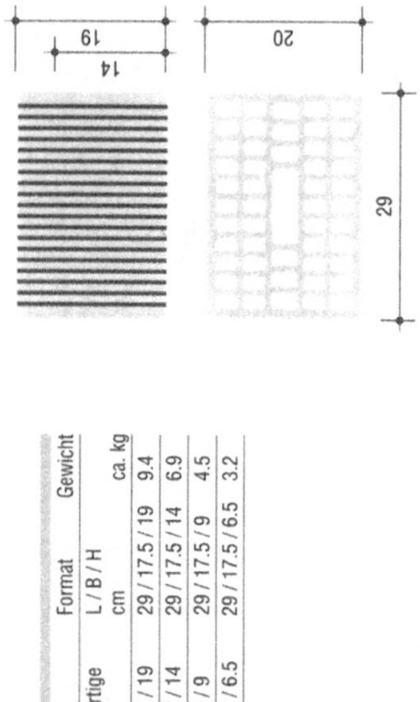


**SwissModul-Backsteine 20 cm**

| Sortiment | Bezeichnung Normale Qualität | Hochwertige Qualität | Format L / B / H cm | Gewicht ca. kg |
|---|---|---|---|---|
| Grundformen | BN 20 / 19 | BH 20 / 19 | 29 / 20 / 19 | 10.5 |
| | BN 20 / 14 | BH 20 / 14 | 29 / 20 / 14 | 7.7 |
| Ausgleich-steine | BN 20 / 9 | BH 20 / 9 | 29 / 20 / 9 | 5.0 |
| | BN 20 / 6.5 | BH 20 / 6.5 | 29 / 20 / 6.5 | 3.6 |

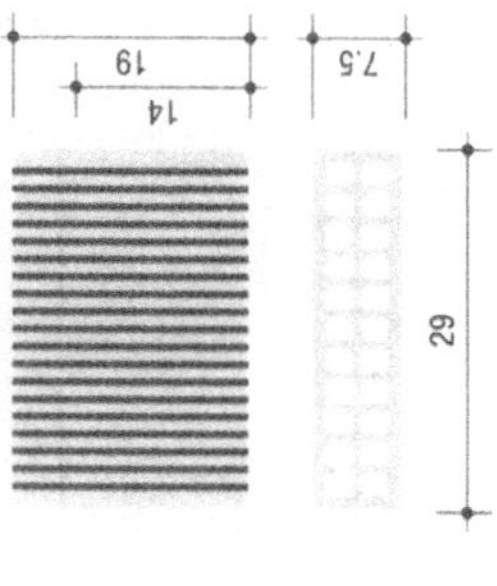


**SwissModul-Backsteine 7.5 cm**

| Sortiment | Bezeichnung Normale Qualität | Format L / B / H cm | Gewicht ca. kg |
|---|---|---|---|
| Grundformen | BN 7.5 / 19 | 29 / 7.5 / 19 | 4.5 |
| | BN 7.5 / 14 | 29 / 7.5 / 14 | 3.3 |
| Ausgleich-steine | BN 7.5 / 9 | 29 / 7.5 / 9 | 2.1 |
| | BN 7.5 / 6.5 | 29 / 7.5 / 6.5 | 1.5 |

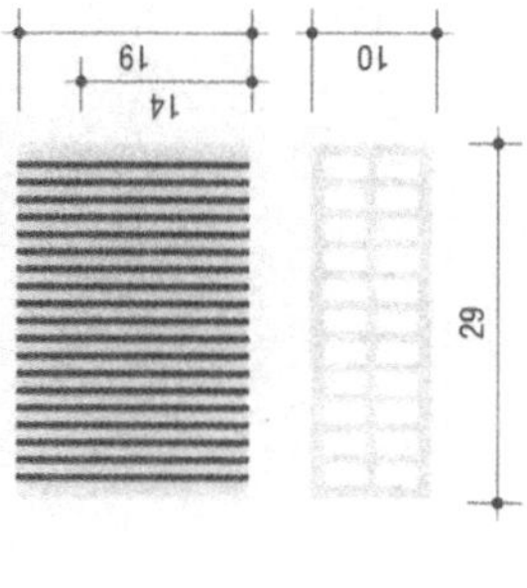


**SwissModul-Backsteine 10 cm**

| Sortiment | Bezeichnung Normale Qualität | Format L / B / H cm | Gewicht ca. kg |
|---|---|---|---|
| Grundformen | BN 10 / 19 | 29 / 10 / 19 | 5.6 |
| | BN 10 / 14 | 29 / 10 / 14 | 4.2 |
| Ausgleich-steine | BN 10 / 9 | 29 / 10 / 9 | 2.7 |
| | BN 10 / 6.5 | 29 / 10 / 6.5 | 1.9 |

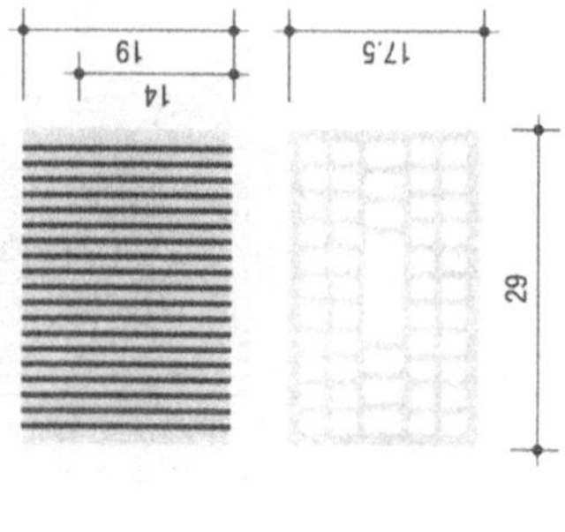


**SwissModul-Backsteine 17.5 cm**

| Sortiment | Bezeichnung Normale Qualität | Hochwertige Qualität | Format L / B / H cm | Gewicht ca. kg |
|---|---|---|---|---|
| Grundformen | BN 17.5 / 19 | BH 17.5 / 19 | 29 / 17.5 / 19 | 9.4 |
| | BN 17.5 / 14 | BH 17.5 / 14 | 29 / 17.5 / 14 | 6.9 |
| Ausgleich-steine | BN 17.5 / 9 | BH 17.5 / 9 | 29 / 17.5 / 9 | 4.5 |
| | BN 17.5 / 6.5 | BH 17.5 / 6.5 | 29 / 17.5 / 6.5 | 3.2 |

## Beiblatt 3.2 - Verbandarten von Mauerwerk aus Modulbacksteinen [Back]

**Mauerwerk aus Modulbacksteinen**

| Schicht A | Schicht B | **Mauerwerksart**<br>Mauerdicke cm | Mauerwerks-<br>qualität | Steine<br>Stk./m$^2$ | Mörtel<br>l/m$^2$ | Masse (roh)<br>kg/m$^2$ |
|---|---|---|---|---|---|---|
|  |  | **Einsteinmauerwerk** | | | | |
| | | 7,5 | MB | 16,7 | 13 | 100 |
| | | 10 | MB | 16,7 | 19 | 130 |
| | | 12,5 | MB | 16,7 | 24 | 160 |
| | | 15 | MB | 16,7 | 29 | 190 |
| | | 17,5 | MB | 16,7 | 33 | 215 |
|  |  | 17,5 | MB | 33,3 | 43 | 295 |
| | | 20 | MB | 33,3 | 49 | 340 |
|  |  | **Verbandmauerwerk** | | | | |
| | | 25 | MB | 16,7<br>16,7 | 37 | 285 |
| | | 30 | MB | 16,7<br>16,7 | 47 | 330 |
| 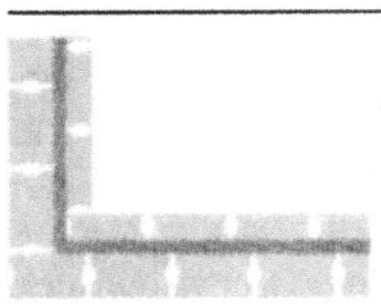 |  | **Isomodulmauerwerk** | | | | |
| | | 30 | Isolation<br>5 cm | 16,7<br>16,7 | 37 | 300 |
| | | 32,5 | Isolation<br>5 cm | 16,7<br>16,7 | 42 | 325 |
| 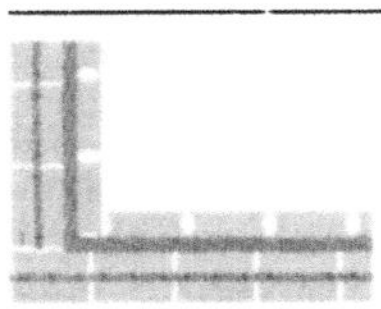 | 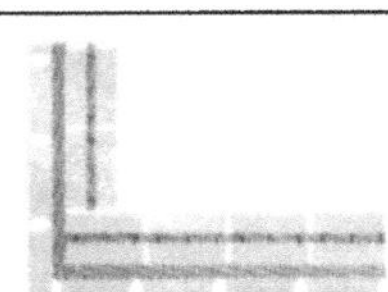 | **Isomodul Super-Mauerwerk** | | | | |
| | | 32,5 | Isolation<br>5 cm | 16,7<br>16,7 | 39 | 280 |
| | | 35 | Isolation<br>5 cm | 16,7<br>16,7 | 46 | 295 |
| | | 35 | Isolation<br>7,5 cm | 16,7<br>16,7 | 39 | 280 |
| | | **Modul-Sicht-backsteinmauerwerk** | | | | |
| | | 14 | MB | 44,4 | 41 | 210 |
| | | 14 | MB | 33,3 | 35 | 200 |
| | | 14 | MB | 22,2 | 30 | 190 |

**Mauerwerk aus Tonisolierplatten**

| Schicht A | Schicht B | **Mauerwerksart**<br>Mauerdicke cm | Steinsorte<br>Bezeichnung | Steine<br>Stk./m$^2$ | Mörtel<br>l/m$^2$ | Masse (roh)<br>kg/m$^2$ |
|---|---|---|---|---|---|---|
|  |  | **Tonisolierplatten** | | | | |
| | | 5 | ZP 5 | 10 | 7 | 60 |
| | | 6 | ZP 6 | 10 | 8 | 70 |
| | | 8 | ZP 8 | 10 | 11 | 90 |

# Beiblatt 3.3 - Beispiel für den Wandaufbau von homogenen und zweischaligen Mauerwerkswänden [Zim]

2 Aussenwandkonstruktionen, massiv
2/2 Konstruktionsgrundlagen
2/2.1 Bauphysikalische Anforderungen

PHYS

Bauphysikalische Daten — **Beispiele Wandaufbau, homogen** **2/2.1 D Seite 1**

## D Beispiele Wandaufbau homogen

### Optitherm-Backsteinmauerwerk

**Materialien**
Schlitzlochbackstein mit schmalen, langen Hohlräumen parallel zur Wandebene. Im Verband vermauert

| | | Backstein | |
|---|---|---|---|
| Nennrohdichte | $\rho$ | 970 | kg/m³ |
| ~~Zulässige Druckspannung (mit verlängertem Mörtel)~~ | ~~$\sigma_s$~~ | ~~1,0~~ | ~~N/mm²~~ |
| Wärmeleitfähigkeit | $\lambda$ | 0,20 | W/mK |

**Wandaufbau von innen nach aussen**
Innenputz, Backsteinmauerwerk Optitherm 39 cm aus BN 15 Opti und BN 22,5 Opti, Aussenputz.

**k = 0,46 W/m²K**

**Bew. Luftschalldämmass R'$_w$ 55 dB**

k-Wert Varianten
Unterschiedliche
Mauerstärke in cm

| | | |
|---|---|---|
| d | 39 * | 47,5 |
| k | 0,46 | 0,39 |

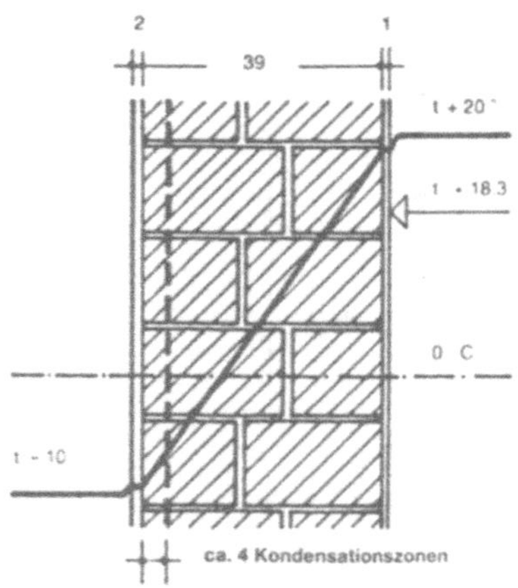


| | |
|---|---|
| **Kondensierende Wassermenge im Winter** | **350 g/m²** |
| **Austrocknende Wassermenge im Sommer** | **1990 g/m²** |

**Hinweise:**
Das anfallende Kondensat wird ohne Schäden zu verursachen in den Poren/Kapillaren des Backsteinmauerwerks gespeichert bis zur Austrocknungsperiode. Bei normalen Raumbedingungen und Klimakonditionen und mineralischem Aussenputz ist eine Diffusionsberechnung nicht erforderlich.

2 Aussenwandkonstruktionen, massiv
2/2 Konstruktionsgrundlagen
2/2.1 Bauphysikalische Anforderungen

PHYS

Bauphysikalische Daten — **Beispiele Wandaufbau, Kerndämmung** **2/2.1 E Seite 1**

## E Beispiele Wandaufbau, Kerndämmung

### Backstein-Zweischalenmauerwerk, Mineralwolledämmung

**Materialien:**
Innenschale und Aussenschale Modulbackstein. Kerndämmung Mineralwolleplatte

| | Backstein | Dämmung |
|---|---|---|
| Nennrohdichte | $\rho$ 1100 kg/m³ | $\rho$ 100 kg/m³ |
| ~~Zulässige Druckspannung, Innenschale, nach SIA 177~~ | ~~$\sigma_s$ 1,8 N/mm²~~ | – |
| Wärmeleitzahl | $\lambda$ 0,44 W/mK | $\lambda$ 0,04 W/mK |

**Wandaufbau von innen nach aussen:**
Innenputz, Innenschale Modulbackstein BN 15, Kerndämmung Mineralwolle 80 mm, Aussenschale BN 12,5, Aussenputz, mineralisch.

**k = 0,35 W/m²K**

**Bew. Luftschalldämmass R'$_w$ > 55 dB**

k-Wert, Varianten.
Unterschiedliche Dicke
der Dämmschicht in mm

| | | | | |
|---|---|---|---|---|
| d | 40 | 60 | 80 | 100 |
| k | 0,54 | 0,43 | 0,35 | 0,30 |

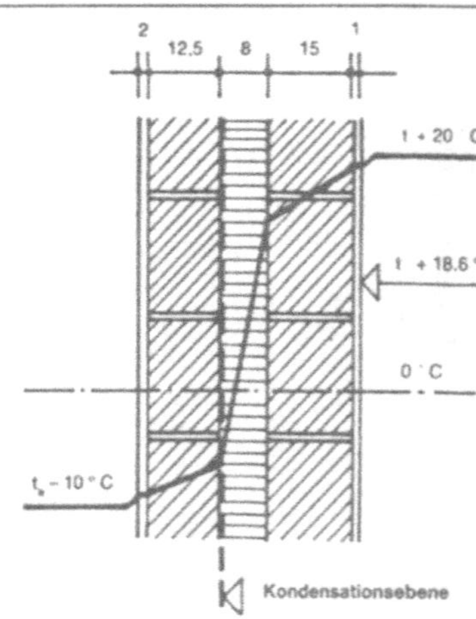


| | |
|---|---|
| **Kondensierende Wassermenge im Winter** | **766 g/m²** |
| **Austrocknende Wassermenge im Sommer** | **1435 g/m²** |

**Hinweise:**
Der Kondensatanfall liegt knapp unter den nach SIA 180 zulässigen 800 g/m²a. Das Wasser kann in der Mineralwolle nach unten sickern und Feuchtigkeitsprobleme bei Anschlüssen und Uebergängen bewirken. Es ist empfehlenswert, zwischen Innenschale und Dämmung eine Dampfbremse einzubauen. Bereits bituminiertes Kraftpapier reduziert den Kondensatanfall auf ca. 1/5.

# Beiblatt 3.4 - Ankertypen für zweischalige Mauerwerkswände [Back]

## Verankerung

Die äussere Schale muss zur Gewährleistung der Standsicherheit (Tragsicherheit) mit der Tragkonstruktion verbunden werden. Da ein starrer Verbund zwischen den beiden Mauerschalen aus Gründen der Wärmedämmung (Wärmebrükken) und der Bewegungsfreiheit der Aussenschale in Wandebene (Temperaturdehnung) aber grundsätzlich unerwünscht ist, darf die Verankerung nur durch spezielle und richtig angeordnete Zweischalenanker erfolgen. Alle übrigen Zwängungen, beispielsweise verursacht durch Mörtelbrücken, Sparrendurchführungen oder Fensterrahmen, sind sorgfältig zu vermeiden.

Selbstverständlich muss für die möglichst zwängungsfreie Verankerung der Aussenschale auch eine ausreichende Stabilität der inneren Tragkonstruktion vorausgesetzt werden. Grössere Wandscheiben sind durch die Decken, durch vertikale Mauerwerksbewehrung, Querwände, Mauerriegel oder Pfeiler einzubinden. Grössere Stützweiten können mit Hilfe von Mauerwerksbewehrung (horizontal und/oder vertikal) überspannt werden.

Verschiedene Anker sind gebräuchlich und haben sich in der Praxis bewährt. Es ist in der Regel Aufgabe des projektierenden Ingenieurs, den geeigneten Typ und die Anordnung am Bauwerk zu bestimmen. Die Wahl der Anker und der Einbauart hängen wesentlich mit dem Bauvorgang zusammen. Entsprechende Hinweise sind im Kapitel «Ausführung auf der Baustelle» zusammengefasst.

Bei allen Fabrikaten sind Anker lieferbar, welche beidseitig in die Lagerfugen eingelegt werden können. Voraussetzung für die angegebenen Verankerungskräfte ist das Einmörteln mit einer Mörtelqualität entsprechend dem Zementmörtel gemäss Norm SIA 177. Es sind aber auch Ankertypen vorhanden, die im Mauerwerk oder im Beton eingedübelt oder an Stahl- und Holzkonstruktionen befestigt werden können.

Da die Anker zwischen den beiden Schalen nicht vollkommen vor Korrosionseinflüssen geschützt sind, werden sie ausschliesslich in entsprechendem Edelstahl geliefert. Weitere Angaben dazu sind in den Prospekten der Lieferfirmen enthalten.

**Gelenkanker**

| Verankerungsart | Länge mm | Schalen-abstand mm | Zul. Anker-belastung kN |
|---|---|---|---|
| Für Verankerung in die Mörtelfuge 10er-Serie | 240 | 50-75 | 1.7 |
| | 270 | 80-105 | 1.7 |
| | 300 | 110-135 | 1.7 |
| | 330 | 140-165 | 1.7 |
| | 360 | 170-200 | 1.7 |

| Verankerungsart | Länge mm | Schalen-abstand mm | Zul. Anker-belastung kN |
|---|---|---|---|
| Für Verankerung in den Beton 20er-Serie | 195 | 50-75 | 1.7 |
| | 225 | 80-105 | 1.7 |
| | 255 | 110-135 | 1.7 |
| | 285 | 140-165 | 1.7 |
| | 315 | 170-200 | 1.7 |

| Verankerungsart | Länge mm | Schalen-abstand mm | Zul. Anker-belastung kN |
|---|---|---|---|
| Für Verankerung in den Backstein 30er-Serie | 205 | 50-75 | 1.7 |
| | 235 | 80-105 | 1.7 |
| | 265 | 110-135 | 1.7 |
| | 295 | 140-165 | 1.7 |
| | 325 | 170-200 | 1.7 |

| Verankerungsart | Länge mm | Schalen-abstand mm | Zul. Anker-belastung kN |
|---|---|---|---|
| Für Verankerung in die Profileisen-schiene 40er-Serie | 140-190 | 65-90 | 1.7 |
| | 170-220 | 95-120 | 1.7 |
| | 200-250 | 125-150 | 1.7 |
| | 230-280 | 155-180 | 1.7 |
| | 260-315 | 185-215 | 1.7 |

**Spiralanker**

| Verankerungsart | Länge mm | Schalen-abstand mm | Zul. Anker-belastung kN |
|---|---|---|---|
| Für Verankerung in die Mörtelfuge SL | 190 | 50-90 | 1.0 |
| | 230 | 90-130 | 1.2 |
| | 270 | 130-170 | 1.2 |

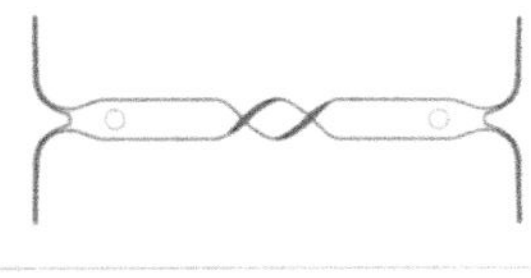

| Verankerungsart | Länge mm | Schalen-abstand mm | Zul. Anker-belastung kN |
|---|---|---|---|
| Für Verankerung in den Beton SB | 140 | 50-80 | 1.0 |
| | 170 | 80-110 | 1.2 |
| | 200 | 110-140 | 1.2 |
| | 230 | 140-170 | 1.2 |

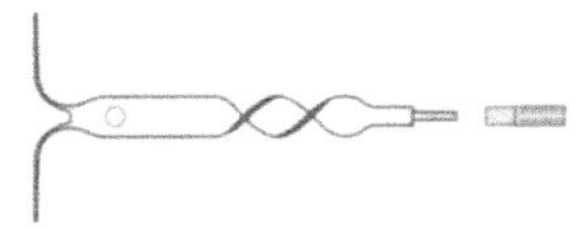

| Verankerungsart | Länge mm | Schalen-abstand mm | Zul. Anker-belastung kN |
|---|---|---|---|
| Für Verankerung in den Backstein SI | 200 | 50-80 | 1.0 |
| | 230 | 80-110 | 1.2 |
| | 260 | 110-140 | 1.2 |
| | 290 | 140-170 | 1.2 |

**Anordnung der Anker**

Die Anker müssen Zug- und Druckkräfte senkrecht zur Mauerebene übertragen können. Dabei müssen sie aber den Bewegungen parallel zur Mauerebene infolge Temperaturänderungen sowie Schwinden und Kriechen möglichst zwängungsfrei folgen können. Die Aussenschale soll sich ausdehnen und zusammenziehen können, ohne dass dabei Zwängungen entstehen oder die Anker überbeansprucht werden.

Die Anker werden aus praktischen Gründen in horizontalen Reihen angeordnet, in der Regel zwei oder eine pro Geschoss. Die Anordnung und Dimensionierung erfolgt grundsätzlich durch den verantwortlichen Ingenieur, einerseits entsprechend der Windbelastung der Aussenschale und anderseits nach konstruktiven Gesichtspunkten und nach der Erfahrung. Dabei sollen die folgenden Hinweise Beachtung finden:

- Der vertikale Abstand der Ankerreihen darf ca. 2.7 m nicht übersteigen, im obersten Geschoss ca. 2.0 m. Entlang von vertikalen Dilatationsfugen und schlanken Pfeilern sind Zwischenanker notwendig,
- Im Bereich der Decken werden die Anker entweder in der ersten oder zweiten Lagerfuge unterhalb der Decken oder aber in den Decken selbst verankert.
- Wenn die oberste Decke eines Gebäudes mit Gleitlagern verschieblich gelagert wird, ist die Befestigung der Anker in der Deckenstirn nicht zu empfehlen.
- Da sich entlang der Ankerreihen statisch ein horizontaler, tragender Gurtstreifen bildet, ist das Einlegen von Lagerfugenbewehrung zu empfehlen, entweder in der Lagerfuge über oder unter der Ankerreihe (vorzugsweise Durchmesser 5 mm) oder aber in beiden Lagerfugen über und unter der Ankerreihe (vorzugsweise je Durchmesser 4 mm).

Die Anker werden je nach Bauvorgang und System entweder beidseitig eingemörtelt oder einseitig in den Decken oder der Innenschale in Bohrungen mit Dübeln verankert, beziehungsweise an der inneren Tragkonstruktion befestigt.

## Beiblatt 3.5 - Anordnung von Ankern und Bewehrung in Mauerwerkswänden [Back]

**Schematisches Beispiel**

Anordnung der Verankerung und Armierung

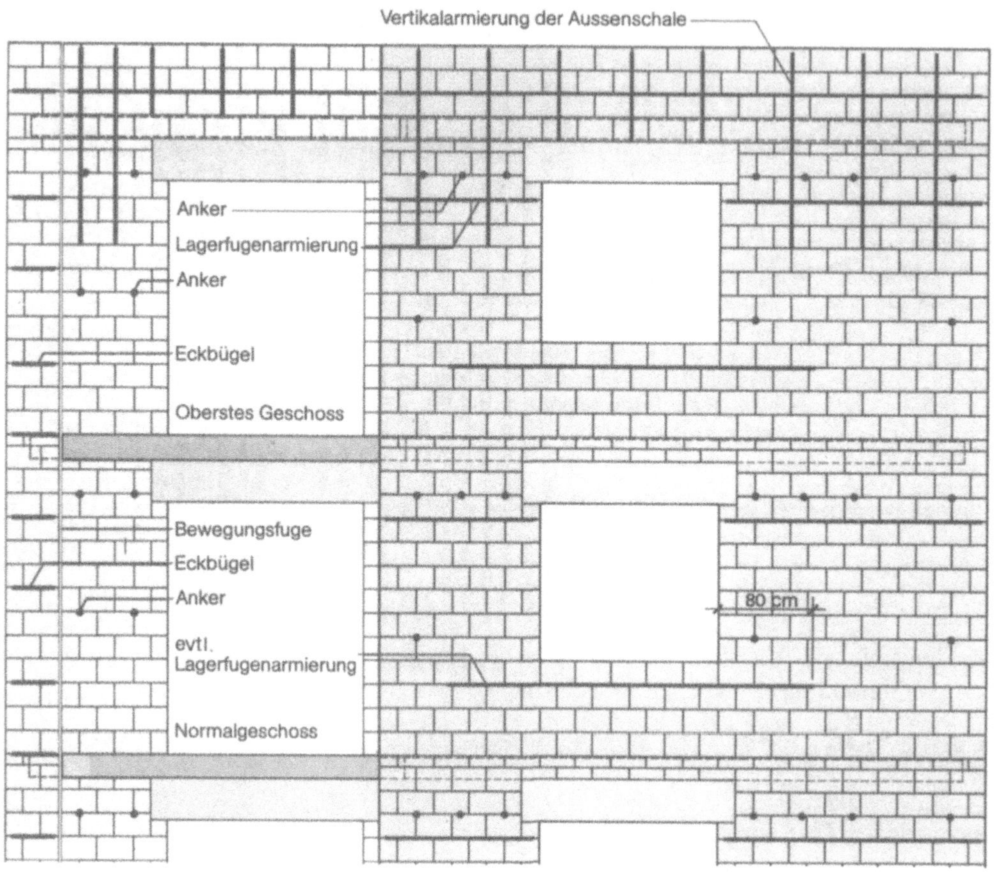


Ansicht Fassade

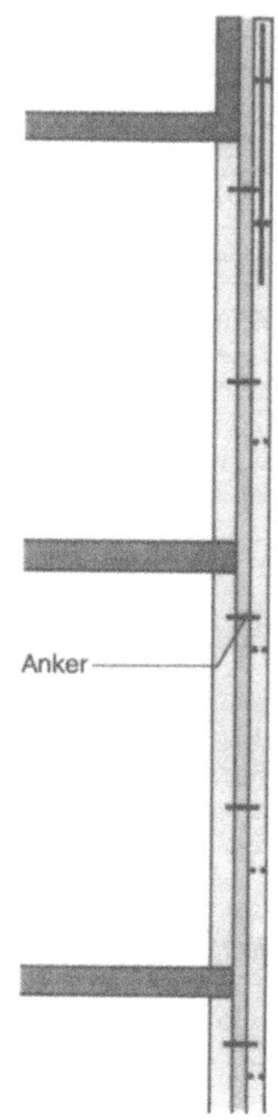


Schnitt

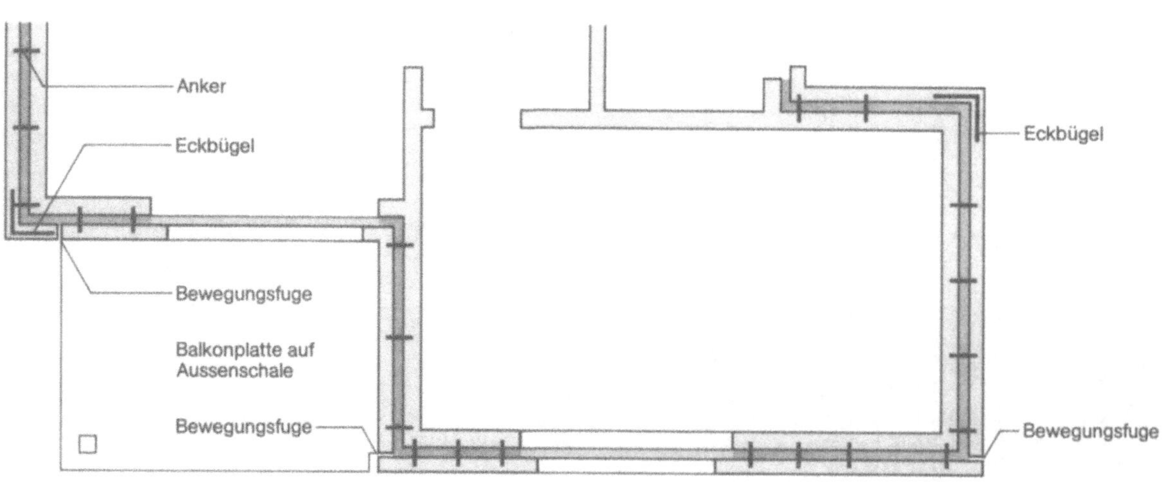


Grundriss

# Beiblatt 3.6 - Beispiel für den Wandaufbau von Mauerwerkswänden mit Aussendämmung [Zim]

| 2 Aussenwandkonstruktionen, massiv<br>2/2 Konstruktionsgrundlagen<br>2/2.1 Bauphysikalische Anforderungen | PHYS |
|---|---|
| Bauphysikalische Daten | Beispiele Wandaufbau, Aussendämmung<br>2/2.1 F Seite 3 |

## Modulbackstein-Einsteinmauerwerk, Kompaktaussendämmung vollmineralisch

**Material:**
Modulbackstein. Aussendämmung System Isoroc. Speziell geschichtete Mineralwolleplatten mit aussenseitigen Nuten zur Verankerung des mineralischen Putzes.

| | Backstein | Dämmung |
|---|---|---|
| Nennrohdichte | $\rho$ 1.00 kg/m³ | $\rho$ 85–100 kg/m³ |
| ~~Zulässige Druckspannung nach SIA 177~~ | ~~$\sigma_s$ 1.7 N/mm²~~ | - |
| Wärmeleitzahl | $\lambda$ 0.44 W/mK | $\lambda$ 0.037 W/mK |

**Wandaufbau von innen nach aussen:**
Innenputz, Modulbackstein BN 17,5, Isoroc-Mineralwolleplatte 80 mm, Aussenputz mineralisch.

**k = 0,35 W/m²K**

**Bew. Luftschalldämmass R'$_w$ ca. 54 dB**

k-Wert, Varianten, Unterschiedliche Dicke der Dämmschicht in mm

| | | | |
|---|---|---|---|
| d | 60 | 80 | 100 |
| k | 0,44 | 0,35 | 0,29 |

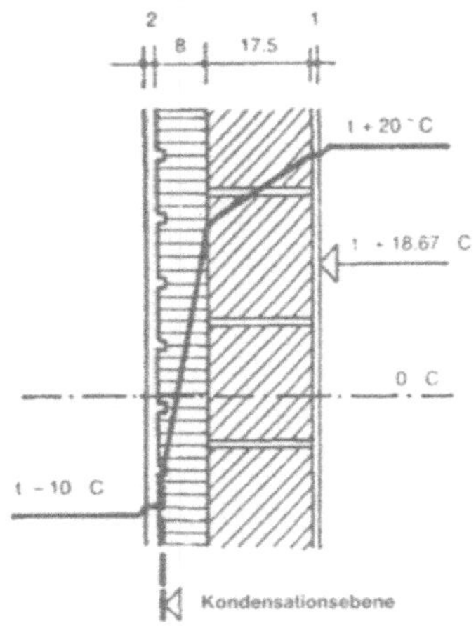


| | |
|---|---|
| **Kondensierende Wassermenge im Winter** | **742 g/m²** |
| **Austrocknende Wassermenge im Sommer** | **2158 g/m²** |

**Hinweise:**
Wandaufbau "atmungsaktiv", d.h. wenig gebremster Feuchtigkeitsdurchgang. Der hohe Kondensatanfall liegt knapp unter den nach SIA 180 zulässigen 800 g/m²a. Das Wasser kann schadlos in der äussersten Schicht der Mineralwolle gespeichert werden. Abfrieren des als Putzuntergrund aufgebrachten Zementanwurfes ist nicht zu befürchten. Dicker Aussenputz ist trotz weicher Dämmung wenig anfällig gegen Beschädigungen.

| PHYS | 2 Aussenwandkonstruktionen, massiv<br>2/2 Konstruktionsgrundlagen<br>2/2.1 Bauphysikalische Anforderungen |
|---|---|
| Beispiele Wandaufbau, Aussendämmung<br>2/2.1 F Seite 4 | Bauphysikalische Daten |

## Backstein-Einsteinmauerwerk, Aussendämmung mit hinterlüfteter Verkleidung

**Materialien:**
Modulbackstein. Dämmung Mineralwolleplatten, äussere Verkleidung Eternitplatten

| | Backstein | Dämmung |
|---|---|---|
| Nennrohdichte | $\rho$ 1100 kg/m³ | $\rho$ 85 kg/m³ |
| ~~Zulässige Druckspannung (mit Zementmörtel)~~ | ~~$\sigma_s$ 1,7 N/mm²~~ | - |
| Wärmeleitzahl | $\lambda$ 0,44 W/mK | $\lambda$ 0,036 W/mK |

**Wandaufbau von innen nach aussen:**
Innenputz, Modulbackstein BN 17,5, Mineralwolle z.B. Flumroc Ecco 80 mm, Luftraum 40 mm, be- und entlüftet, Eternitplatten auf Unterkonstruktion durch Dämmschicht gegen Mauerwerk befestigt.

**k = 0,35 W/m²K**

**Bew. Luftschalldämmass R'$_w$ ca. 53 dB**

k-Wert, Varianten, Unterschiedliche Dicke der Dämmschicht in mm

| | | | | |
|---|---|---|---|---|
| d | 40 | 60 | 80 | 100 |
| k | 0,56 | 0,42 | 0,35 | 0,29 |

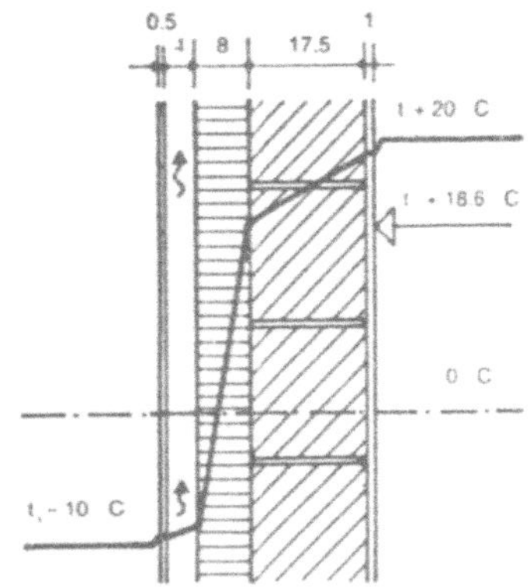


| | |
|---|---|
| **Kondensierende Wassermenge im Winter** | **0 g/m²** |

**Hinweise:**
Material und Aufbau der äusseren Verkleidung haben in der Berechnung keinen Einfluss auf die Werte, sofern der Luftraum ausreichend belüftet. Die Befestigung der Verkleidung durch die Dämmschicht hindurch führt zu lokalen Wärmebrücken. Bei Metallunterkonstruktion entsteht Kondensat zwischen Backsteinwand und Metallprofil. Korrosionsbeständigkeit aller Teile ist zu gewährleisten.

## Beiblatt 3.7 - Beispiel für den Wandaufbau von Betonwänden mit Innendämmung [Rüe] und in Sandwichkonstruktion [Zim]

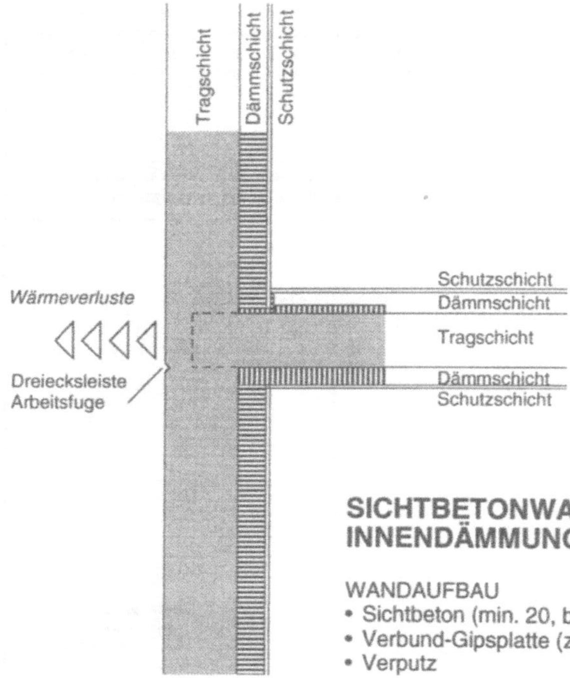


### SICHTBETONWAND MIT INNENDÄMMUNG

WANDAUFBAU
- Sichtbeton (min. 20, besser 25 cm)
- Verbund-Gipsplatte (z.B. Alba-Therm)
- Verputz

VERHALTEN
*Luftschalldämmung*
- gut, Vertikal-Übertragungen sind möglich

*Dampfdiffusion*
- bauphysikalisch abklären
- unbedingt Dampfsperre anbringen

*Speicherfähigkeit*
- wenig bis keine

MERKPUNKTE
- risikoreiche Konstruktion
- äusserst risikoreich bei klimatisierten Gebäuden (z.B. Hallenbad)
- Details mit Bauphysiker absprechen (Dampfdiffusion, Wärmebrücken)
- Tragstruktur vor Temperaturschwankungen nicht geschützt
- Eisenüberdeckung 3 cm, besser 4 cm

---

**2 Aussenwandkonstruktionen, massiv**
**2/2 Konstruktionsgrundlagen**
**2/2.1 Bauphysikalische Anforderungen** — PHYS

Bauphysikalische Daten — **Beispiele Wandaufbau, Kerndämmung 2/2.1 E Seite 5**

**Beton-Sandwichelement**

**Materialien:**
Innen- und Aussenschale Stahlbeton, Kerndämmung Polystyrol

| | Stahlbeton | Dämmung |
|---|---|---|
| Nennrohdichte | $\rho$ 2400 kg/m³ | $\rho$ 20 kg/m³ |
| ~~Zulässige Druckspannung, Innenschale, nach SIA 162~~ | ~~$\sigma_s$ bewehrungsabhängig~~ | - |
| Wärmeleitzahl | $\lambda$ 1,8 W/mK | $\lambda$ 0,038 W/mK |

**Wandaufbau von innen nach aussen:**
Tapete, Stahlbeton tragend 12 cm, Polystyrolplatte 60 mm, Aussenschale Stahlbeton 6 cm. Beim dargestellten Aufbau handelt es sich um eine für Fertigteilbauten der 70er Jahre typische Konstruktion. Daher ist die Dämmschicht dünner als bei den Vergleichsbeispielen.

**k = 0,54 W/m²K** — **Bew. Luftschalldämmass $R'_w$ ca. 53 dB**

k-Wert, Varianten, Unterschiedliche Dicke der Dämmschicht in mm

| d | 40 | 60 | 80 |
|---|---|---|---|
| k | 0,76 | 0,54 | 0,42 |

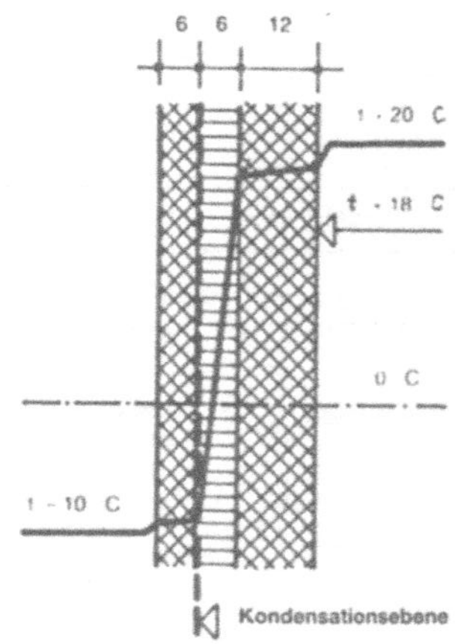


| | |
|---|---|
| **Kondensierende Wassermenge im Winter** | **46 g/m²** |
| **Austrocknende Wassermenge im Sommer** | **130 g/m²** |

**Hinweise:**
Kondensation und Austrocknung erfolgen, ohne den Wandaufbau selbst zu gefährden. Kritisch sind die Verbindungsbügel zwischen vorgehängter Aussen- und tragender Innenschale. Hier entsteht zusätzliches Kondensat infolge lokaler Wärmebrücke. Die Bügel müssen korrosionsbeständig ausgebildet werden!

## Beiblatt 3.8 - Merkmale von Metallfassaden [Zim]

7 Metallfassaden
7/2 Konstruktionsgrundlagen
7/2.1 Typologie der Metallfassaden

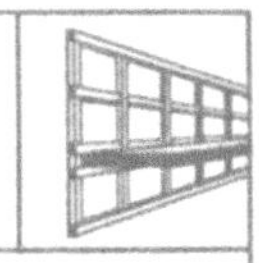

Übersicht
7/2.1 A Seite 3

| | | | | | | | |
|---|---|---|---|---|---|---|---|
| **A Zuordnung Fassade/Tragkonstruktion, vertikal** | | | | | | | |
| - Vorgehängte Fassade | O | | | | | | |
| - Eingestellte Fassade, am Gebäuderand | | O | | | | | |
| - Eingestellte Fassade, zurückgesetzt | | | O | | | | |
| - Eingestellte Fassade, Brüstungsband | | | | O | | | |
| **B Zuordnung Fassade/Tragkonstruktionen/Trannwände, horizontal** | | | | | | | |
| - Stützen in Fassadenebene, enges Stützenraster | O | | | | | | |
| - Stützen in Fassadenebene, weites Stützenraster | | O | | | | | |
| - Stützen zurückgesetzt | | | O | | | | |
| - Stützen ausserhalb der Fassade (Umgang) | | | | O | | | |
| **C Konstruktionsprinzipien** | | | | | | | |
| - Pfosten-Riegel-Konstruktion | O | | | | | | |
| - Elementkonstruktion | | O | | | | | |
| - Mischformen | | | O | | | | |
| **D Konstruktionsmaterial** | | | | | | | |
| - Aluminiumkonstruktion | O | | | | | | |
| - Aluminium-Holz-Konstruktion | | O | | | | | |
| - Stahlkonstruktion | | | O | | | | |
| **E Windlastabtragung** | | | | | | | |
| - Geschossweise Lasteintragung | O | | | | | | |
| - Mehrgeschossige Fassade gegen Tragstützen | | O | | | | | |
| - Mehrgeschossige Fassade, separate Aussteifung | | | O | | | | |
| **F Brandschutz** | | | | | | | |
| - Massive Brüstung, gemauert/betoniert | O | | | | | | |
| - Brandschutzpaneele | | O | | | | | |
| - Feuersichere Umgänge | | | O | | | | |
| **G Sonnenschutz** | | | | | | | |
| - Sonnenschutzglas und innerer Blendschutz | O | | | | | | |
| - Beweglicher, äusserer Sonnenschutz, integriert | | O | | | | | |
| - Beweglicher, äusserer Sonnenschutz, vorgehängt | | | O | | | | |
| - Starrer Sonnenschutz durch vergehängte Sonnenschutzgläser | | | | O | | | |
| - Starrer Sonnenschutz durch Beschattung | | | | | O | | |
| **H Spezielle Energiefassaden** | | | | | | | |
| - Brüstungsklimagerät | O | | | | | | |
| - Klimafassade | | O | | | | | |
| - Kollektorfassade | | | O | | | | |
| - Sonstige | | | | O | | | |
| **I Gestaltungsprinzipien** | | | | | | | |
| - Betonung horizontal, Brüstungsbänder | O | | | | | | |
| - Betonung vertikal, Fassadenpfosten | | O | | | | | |
| - Betonung der Tragstützen | | | O | | | | |
| - Spiegelfassade | | | | O | | | |
| - Structural Glazing | | | | | O | | |
| - Umgänge/starrer Sonnenschutz | | | | | | O | |
| - Mischformen | | | | | | | O |

## Beiblatt 3.9 - Metallfassaden: Tragkonstruktion im Vertikalschnitt [Zim]

**7 Metallfassaden**
**7/2 Konstruktionsgrundlagen**
**7/2.1 Typologie der Metallfassaden**

Zuordnung Fassade/Tragkonstruktion im Vertikalschnitt **A**

**Einzelkriterien**
**7/2.1 B Seite 1/2**

In der Schemadarstellung ist vereinfacht von einer Flachdecke ("Pilzkopflose Pilzdecke") ausgegangen worden. Als oberen Anschluss für die – nicht dargestellten – Innentrennwände wird die abgehängte Decke angenommen.
Bei Decken mit Unterzügen ist insbesondere bei eingestellten Fassaden deren Koordination mit der Fassade dreidimensional zu klären.

### B Einzelkriterien

**Vorgehängte Fassade**

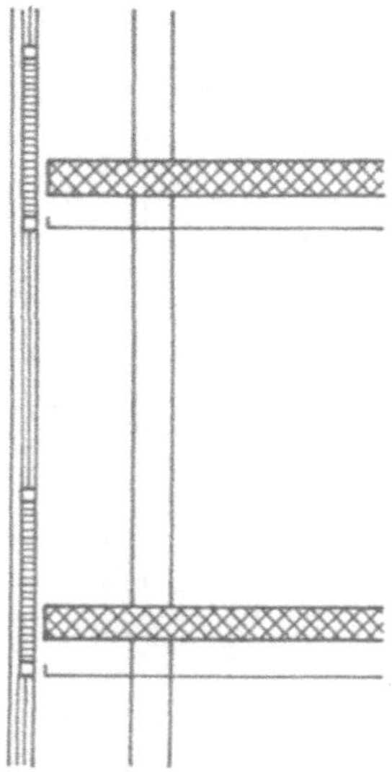

**Konstruktive Merkmale:**

- Anordnung der Fassade ausserhalb (vor) dem tragenden Skelett und der Geschossdecke.
- Lasteintragung aus Wind und Eigengewicht punktförmig über Einzelanker.
- Herstellung beliebig grosser Aussenwandflächen ohne - sichtbare - Fugen ist möglich. Dilatation muss gewährleistet sein.
- Vielfältige Gestaltungsmöglichkeiten, da unabhängig vom tragenden Skelett.
- In der Praxis zahlreiche unterschiedliche Konstruktionen, teils aus firmeneigenen Normprofilen. Bei grösseren Objekten werden projektspezifische Profile eigens hergestellt.

**Eingestellte Fassade**

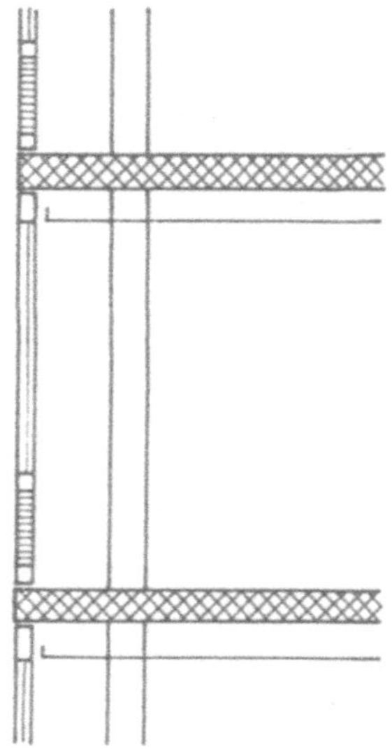

**Brüstungsband**

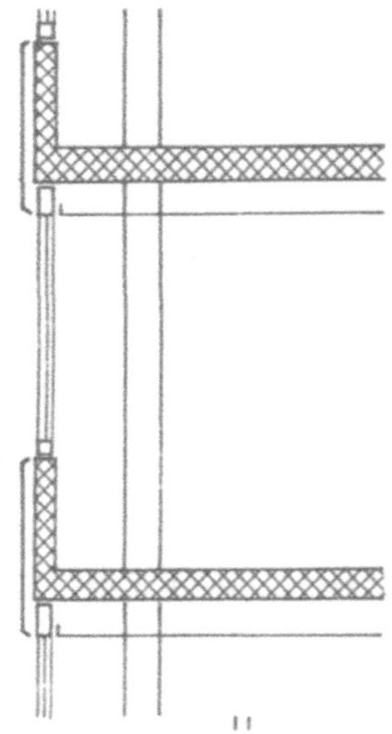

**Konstruktive Merkmale:**

- Die Fassade ist zwischen die Geschossdecken eingestellt.
- Lasteintragung aus Wind und Eigengewicht kann über die ganze Länge erfolgen.
- Die Fassade besteht aus einzelnen, geschosshohen Teilen unterschiedlicher Konstruktion.
- Zumindest die Geschossdecken zeichnen sich – auch wenn stirnseitig verkleidet – in der Fassadenansicht ab.
- Eingestellte Fassaden müssen nicht notwendig – wie hier skizziert – am freien Deckenrand angeordnet sein. Mögliche Varianten sind:
  - Einbau zwischen am Deckenrand liegenden Stützen (Skelettausfachung).
  - Auskragung der Geschossdecke durch die Fassadenebene, es entsteht ein Umgang vor der Fassade.
  - Einbau der Fassade hinter (innerhalb) der Stützen des tragenden Skeletts.
- Brüstungsbänder sind im Prinzip eingestellte Fassaden. Die geringere Höhe erlaubt kleinere Profilquerschnitte. Verwendung handelsüblicher Fenster mit zusätzlicher Brüstungsverkleidung ist möglich.

# Beiblatt 3.10 - Metallfassaden: Tragkonstruktion im Horizontalschnitt [Zim]

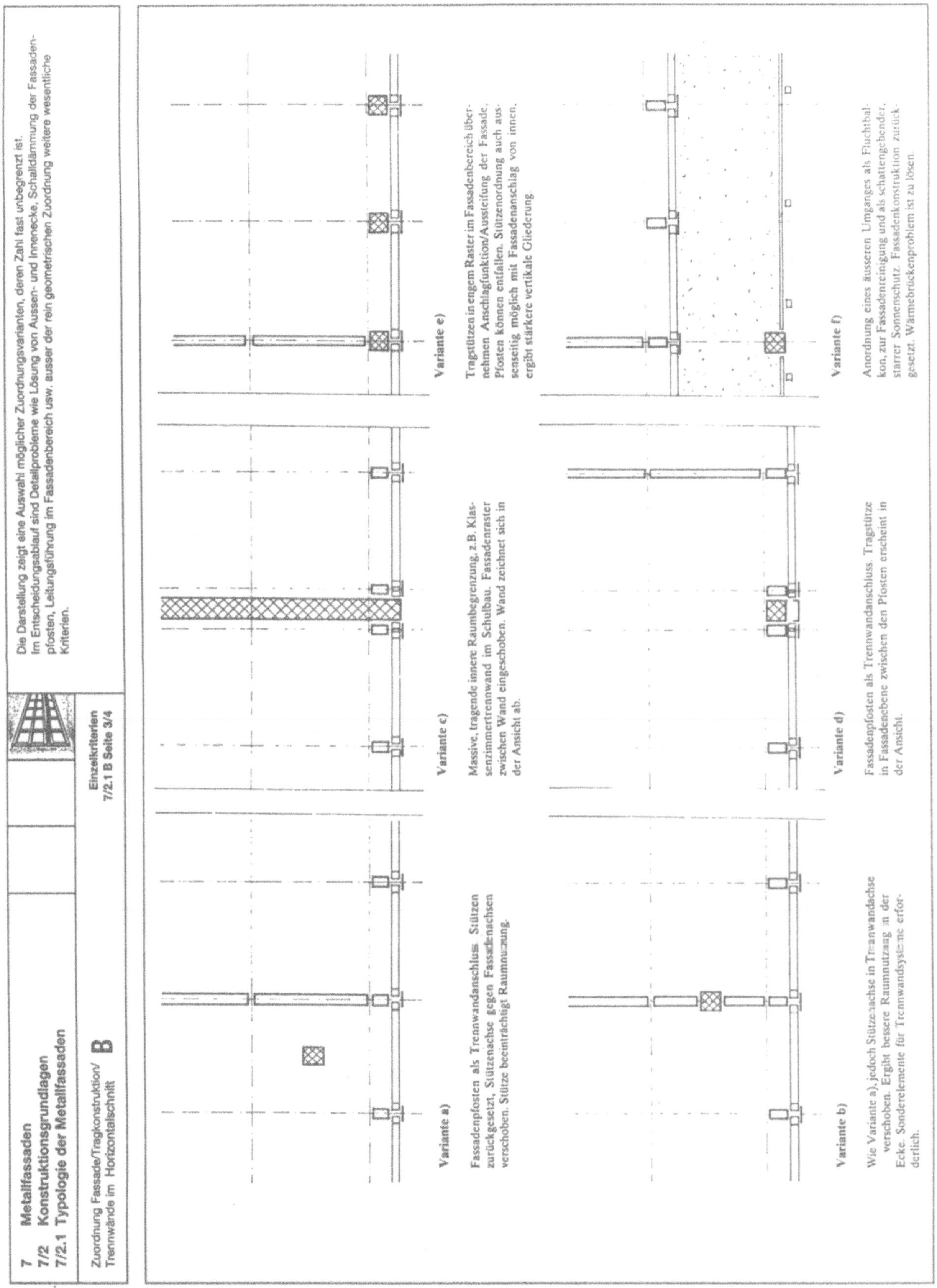

7 Metallfassaden
7/2 Konstruktionsgrundlagen
7/2.1 Typologie der Metallfassaden

Zuordnung Fassade/Tragkonstruktion/ Trennwände im Horizontalschnitt **B**

Einzelkriterien 7/2.1 B Seite 3/4

Die Darstellung zeigt eine Auswahl möglicher Zuordnungsvarianten, deren Zahl fast unbegrenzt ist. Im Entscheidungsablauf sind Detailprobleme wie Lösung von Aussen- und Innenecke, Schalldämmung der Fassadenpfosten, Leitungsführung im Fassadenbereich usw. ausser der rein geometrischen Zuordnung weitere wesentliche Kriterien.

**Variante a)**

Fassadenpfosten als Trennwandanschluss. Stützen zurückgesetzt, Stützenachse gegen Fassadenachsen verschoben. Stütze beeinträchtigt Raumnutzung.

**Variante b)**

Wie Variante a), jedoch Stützenachse in Trennwandachse verschoben. Ergibt bessere Raumnutzung in der Ecke. Sonderelemente für Trennwandsysteme erforderlich.

**Variante c)**

Massive, tragende innere Raumbegrenzung, z.B. Klassenzimmertrennwand im Schulbau. Fassadenraster zwischen Wand eingeschoben. Wand zeichnet sich in der Ansicht ab.

**Variante d)**

Fassadenpfosten als Trennwandanschluss. Tragstütze in Fassadenebene zwischen den Pfosten erscheint in der Ansicht.

**Variante e)**

Tragstützen in engem Raster im Fassadenbereich übernehmen Anschlagfunktion/Aussteifung der Fassade, Pfosten können entfallen. Stützenordnung auch aussenseitig möglich mit Fassadenanschlag von innen, ergibt stärkere vertikale Gliederung.

**Variante f)**

Anordnung eines äusseren Umganges als Fluchtbalkon, zur Fassadenreinigung und als schattengebender, starrer Sonnenschutz. Fassadenkonstruktion zurückgesetzt. Wärmebrückenproblem ist zu lösen.

# Beiblatt 3.11 - Metallfassaden: Konstruktionsprinzipien [Zim]

| | |
|---|---|
| **7 Metallfassaden**<br>**7/2 Konstruktionsgrundlagen**<br>**7/2.1 Typologie der Metallfassaden** | Es werden zwei typische Lösungen, Pfosten-Riegel-Fassade und Elementfassade gezeigt. Die Praxis arbeitet mit Varianten und Mischkonstruktionen.<br>Die Konstruktionsprinzipien können bei vorgehängten Fassaden wie bei eingestellten Fassaden angewendet werden. |
| Konstruktionsprinzipien **C** — **Einzelkriterien 7/2.1 B Seite 5/6** | |

## Pfosten-Riegel-Fassade

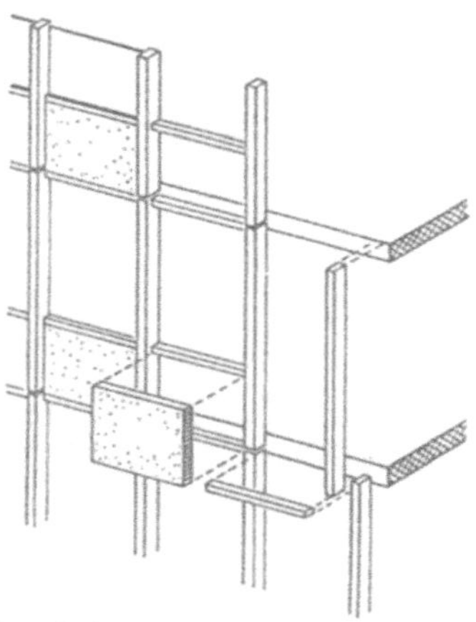

**Konstruktionsprinzip:**

Die Fassade wird aus Einzelteilen am Ort zusammengesetzt.

- Montage der vertikalen Pfosten. Diese übernehmen die Windlasten aus den flächenbildenden Füllungen und tragen sie in die Geschossdecken ab.
- Versetzen der horizontalen Riegel.
- Einbau der Füllungen, d.h. Verglasung und Brüstungselemente.

**Konstruktive Details:**

Die Lage der Montagefugen – im Endzustand als Dilatationsfugen wirkend – wird vom Fassadenkonstrukteur festgelegt. Sie muss abgestimmt werden mit

- Details des Fassadensystems. Je nach Fassadenhöhe, Verglasungstechnik usw. muss u.U. die Dilatationsfuge horizontal von Pfosten zu Pfosten durchgehen.
- Montageablauf, von unten nach oben oder von oben nach unten.
- Anordnung der Fassadenanker, Pfosten stehend gelagert oder aufgehängt.

## Element-Fassade

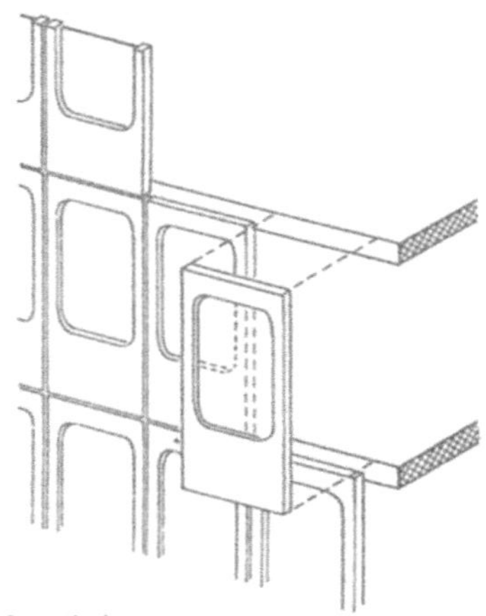

**Konstruktionsprinzip:**

Die Fassade wird aus vorgefertigten, geschosshohen Elementen montiert. Die Elemente tragen die Windlasten in die Geschossdecken ab.

**Konstruktive Details:**

Skizziert sind Blech-Sandwichpaneele, deren Tragwirkung aus dem schubfesten Verbund zwischen innerer und äusserer Blechschale über die eingelegte Dämmung resultiert. Nach diesem Prinzip konstruierte Elemente können heutige Schallschutz-, Wärmeschutz- und Brandschutzanforderungen nur bedingt erfüllen.

Häufig werden Fassadenelemente als Rahmen, bestehend aus Pfosten, Riegeln und Füllungen konstruiert. Ihr optisches Erscheinungsbild ähnelt mehr dem von Pfosten-Riegel-Konstruktionen. Unterscheidungsmerkmal sind die zwischen den Elementen umlaufenden Fugen.

Nicht jede "elementiert" aussehende Fassade ist konstruktiv eine Elementfassade. Nicht selten werden einfache Pfosten-Riegel-Konstruktionen aus architektonischen Gründen mit Verkleidungen versehen, die den Eindruck geschosshoher Fassadenelemente mit ihrem charakteristischen Fugenverlauf erwecken.

## Beiblatt 3.12 - Metallfassaden: Einflüsse des Konstruktionsmaterials [Zim]

| | |
|---|---|
| **7 Metallfassaden**<br>**7/2 Konstruktionsgrundlagen**<br>**7/2.1 Typologie der Metallfassaden** | |
| Einfluss des Konstruktionsmaterials<br>Vergleich Stahl/Aluminium **D** | **Einzelkriterien**<br>**7/2.1 B Seite 7/8** |

Konstruktionsmethoden und daraus resultierende Formen sind bei Stahl und Aluminium ähnlich bis gleich. Wichtige Unterschiede sind:

- Nur Aluminiumoberflächen können eloxiert werden, farbige Pulverbeschichtung ist bei beiden Materialien möglich.
- Stranggepresste Aluminiumprofile können im Detail differenzierter geformt werden als die eher einfachen Stahlprofile. Anpassung an die Anforderungen komplizierter Fassaden ist leichter möglich.
- Stahlkonstruktionen sind stärker belastbar. Geringere Durchbiegung bei gleichen Profilgrössen.

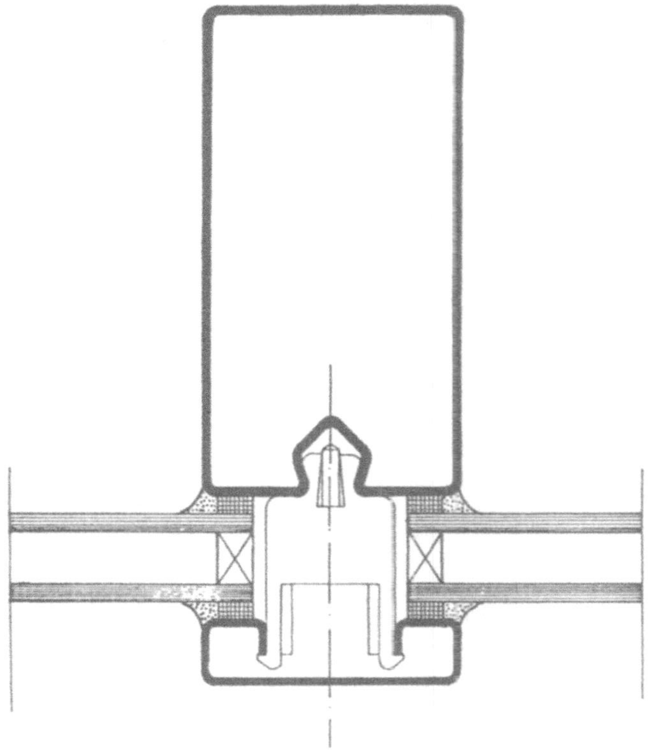

**Fassadenpfosten mit Verglasung, System forster thermfix Stahl M 1:1**

Glasscheiben mit speziellen Glashalterungen befestigt. Aufgeklemmtes äusseres Profil ohne Anpressdruck. Dichtung durch Versiegelung.

Variation der Pfostentiefe entsprechend den statischen Anforderungen.

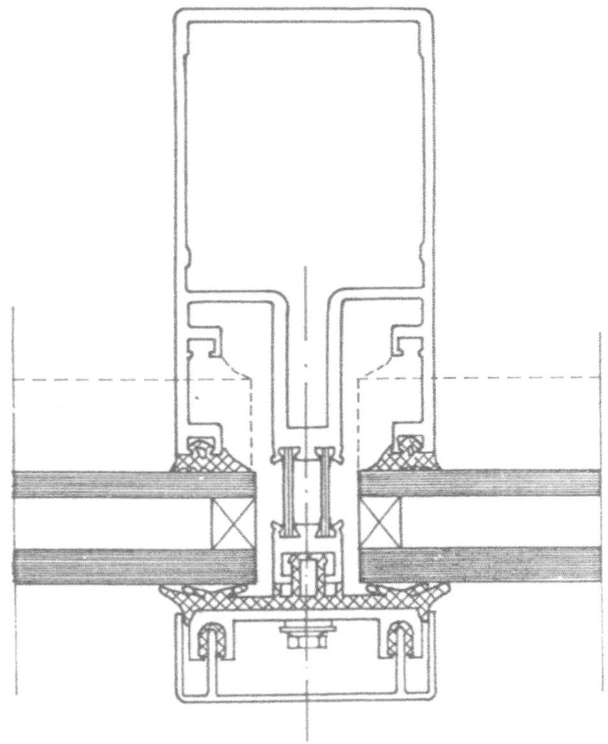

**Fassadenpfosten mit Verglasung, System Hueck KF 60 Aluminium M 1:1**

Glashalterung und Anpressdruck für elastische Dichtungen durch äusseres Vorschraubprofil. Befestigung gegen thermisch getrennten äusseren Pfostenteil. Variation der Pfostentiefe entsprechend den statischen Anforderungen.

Die Kammer innerhalb des Glasanschlages ist vorgesehen, um dort einen präzisen Dichtungsanschluss zu dickeren Brüstungspaneelen zu ermöglichen.

## Beiblatt 3.13 - Metallfassaden: Tragwirkung der Fassade [Zim]

7 Metallfassaden
7/2 Konstruktionsgrundlagen
7/2.1 Typologie der Metallfassaden

Tragwirkung der Fassade **E**

**Einzelkriterien**
**7/2.1 B Seite 9/10**

Grundsatz: Metallfassaden/Fassadenverglasungen sind keine "transparente Haut". Sie sind u.a. Tragelemente, die ihr Eigengewicht und Windkräfte in die Tragkonstruktion ableiten müssen. Entscheidendes Kriterium ist die Durchbiegung, durch welche Glasränder und Fugendichtungen beansprucht werden.

Richtwert: Bei Durchbiegungen von f ≤ 1/300 l sind bei normalen Geschosshöhen/Konstruktionen im allgemeinen keine Probleme zu erwarten. Genauer Nachweis im Einzelfall durch den Fassadeningenieur. Teilweise werden grosse Profilquerschnitte erforderlich.

**Geschosshohe Fassaden**

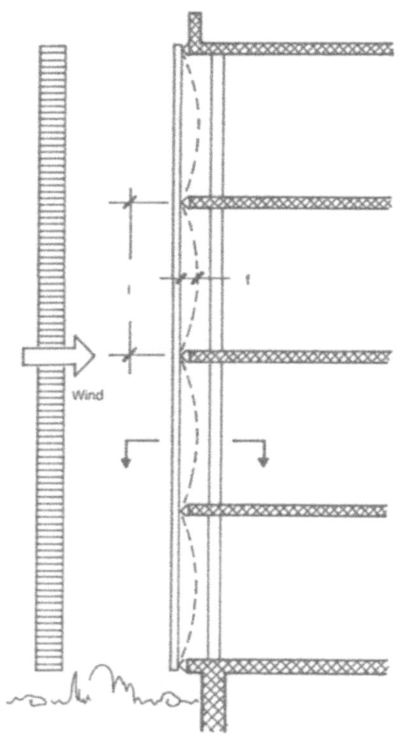


f ≤ 1/300 . l

**Schnitt 1:10**

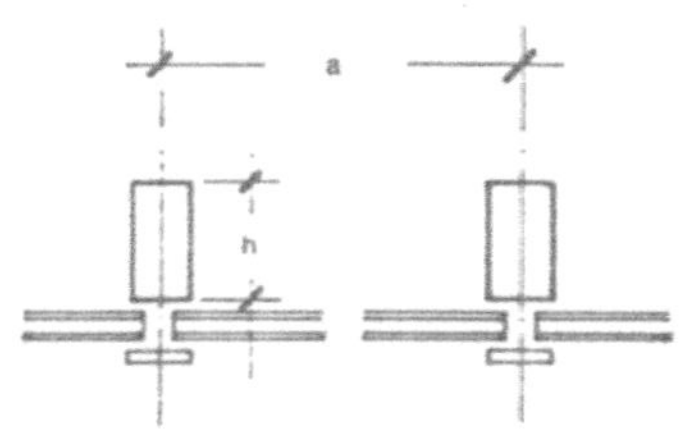


Die Konstruktionshöhe h der windlastabtragenden Fassadenpfosten ist abhängig von:

- Geschosshöhe l
- Pfostenabstand a
- Material der Pfosten (Aluminium biegt sich wesentlich stärker durch als Stahl)
- Profilbreite
- Windlast, d.h. Gebäudehöhe/Lage des Objektes

Für normale Bürobauten ist von Konstruktionshöhen von > 10 cm auszugehen, bei Stahlfassaden (z.B. Jansen/Forster) ab 60 mm.

**Fassaden von Hallenbauten**

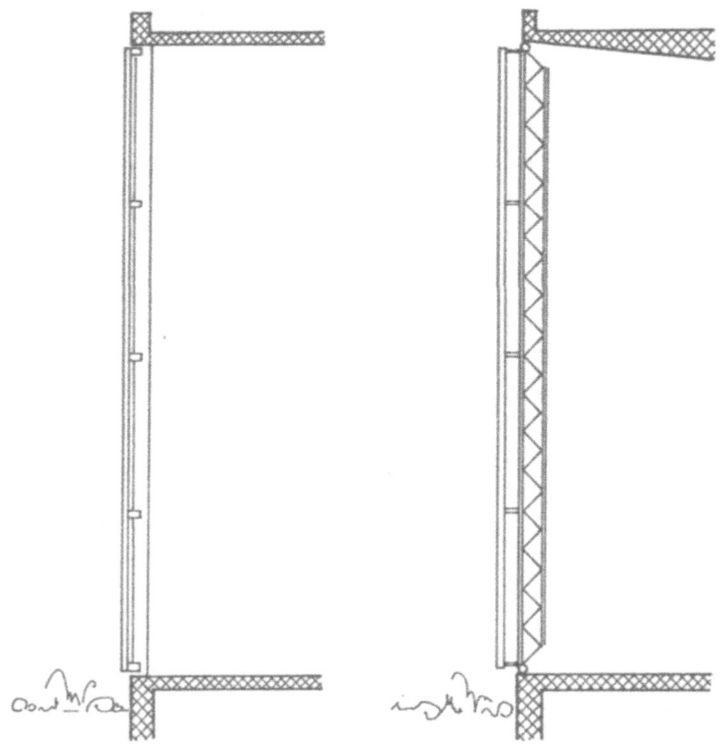

Verwendung von in der Fassadenebene gelegenen Tragstützen zur Fassadenaussteifung. Nachweis unter Berücksichtigung der Knickbeanspruchung durch Statiker in Zusammenarbeit mit Fassadeningenieur.

Einbau zusätzlicher, aussteifender Fassadenstützen bei auskragenden Hallendächern.

Je nach Höhe können Stützenquerschnitte bis 50 cm Tiefe erforderlich werden, die im Grundriss untergebracht werden müssen.

# Beiblatt 3.14 - Metallfassaden: Brandschutz [Zim]

| | |
|---|---|
| 7 Metallfassaden<br>7/2 Konstruktionsgrundlagen<br>7/2.1 Typologie der Metallfassaden | Grundsatz: Der Feuerüberschlag aussenseitig von Geschoss zu Geschoss muss verhindert werden. Feuer- und Rauchdurchgang von Geschoss zu Geschoss durch Fugen im Fassadenbereich muss verhindert werden. Die innere Oberflächentemperatur aussenseitig vom Feuer beanspruchter Bauteile darf im Brüstungsbereich kritische Werte nicht erreichen. |
| Brandschutz<br>Verhinderung von Feuerüberschlag **F** — **Einzelkriterien 7/2.1 B Seite 11/12** | Zu beachten: Kantonale Feuerschutzbestimmungen.<br>Besondere Anforderungen bei Hochhäusern und speziellen Nutzungen, z.B. Kaufhäuser. |

### Kein ausreichender Brandschutz

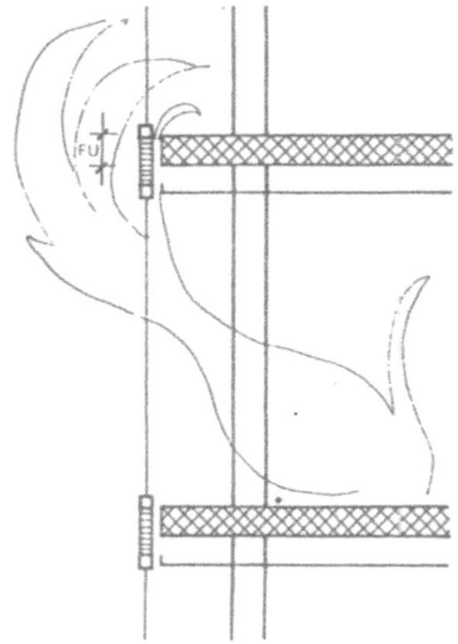


Zu geringer Feuerüberschlagsweg FÜ. Aluminiumkonstruktionen und übliche Verglasungen bilden keinen ausreichenden Brandschutz. Glas springt vor Erreichen der Schmelztemperatur und erlaubt Flammendurchgang. Aluminium (unlegiert) schmilzt bei 658°C, Stahl bei 1300–1600°C.

### Brandschutzpaneel

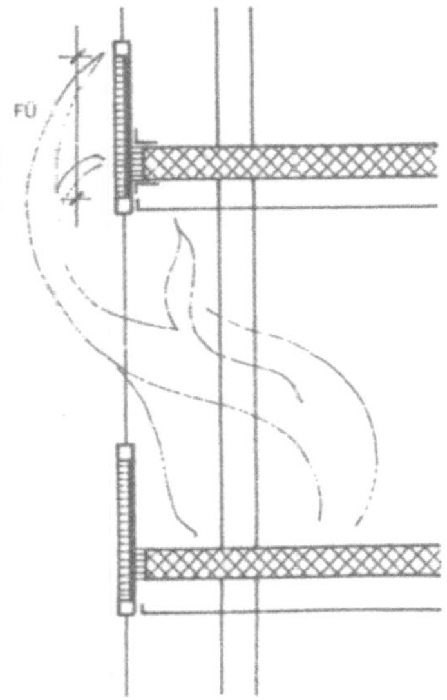


Brandschutzpaneele müssen aus Stahlblech mit mineralischen Füllungen konstruiert werden.

Befestigung unabhängig von der Aluminium-Fassadenkonstruktion an der Geschossdecke mit Stahlankern.

Füllung des Paneels muss ausreichende Dämmung und Wärmespeicherung ergeben. Brandtechnisch entscheidend ist der Verlauf der Oberflächentemperatur an der dem Feuer abgewandten Seite im Brandversuch.

### Massive Brüstung

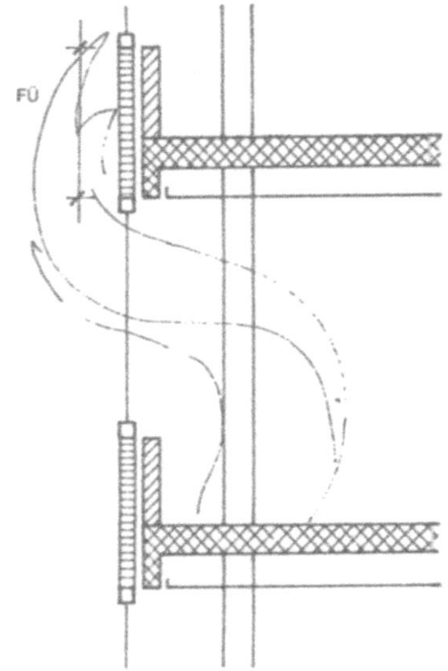


Der Schutz gegen Feuerüberschlag ist auch nach dem Wegschmelzen der Fassade durch die massive Brüstungskonstruktion gegeben. Brandschutz ist oft das massgebende Kriterium für die Anordnung von Brüstungsbändern – auch bei vorgehängten Fassaden.

### Feuerfester Umgang

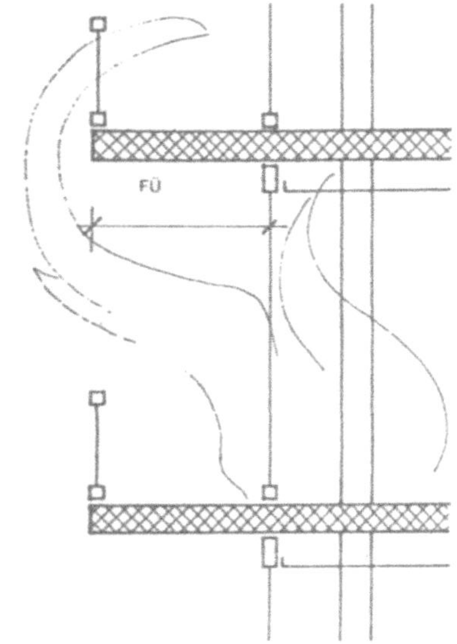


Durch den feuerfesten, für Flammen undurchlässigen Umgang wird der Feuerüberschlagsweg ausreichend gross. Nutzung des Umganges als Fluchtweg und/oder zur Fassadenreinigung.

## Beiblatt 3.15 - Metallfassaden: Sonnenschutzmassnahmen [Zim]

7 **Metallfassaden**
7/2 **Konstruktionsgrundlagen**
7/2.1 **Typologie der Metallfassaden**

Sonnenschutzmassnahmen **G**

**Einzelkriterien**
**7/2.1 B Seite 13/14**

Grundsatz: Äusserer Sonnenschutz ist besser als Sonnenschutz raumseitig, beweglicher Sonnenschutz ist sinnvoller als starrer Sonnenschutz (Ausnahme exponierte Fassaden z.B. bei Hochhäusern).

Praxis: Äussere Sonnenschutzeinrichtungen sind ein wirkungsvolles Element der Fassadengestaltung, entsprechend beliebt bei Architekten. Ähnliches gilt für Sonnenschutzverglasungen.

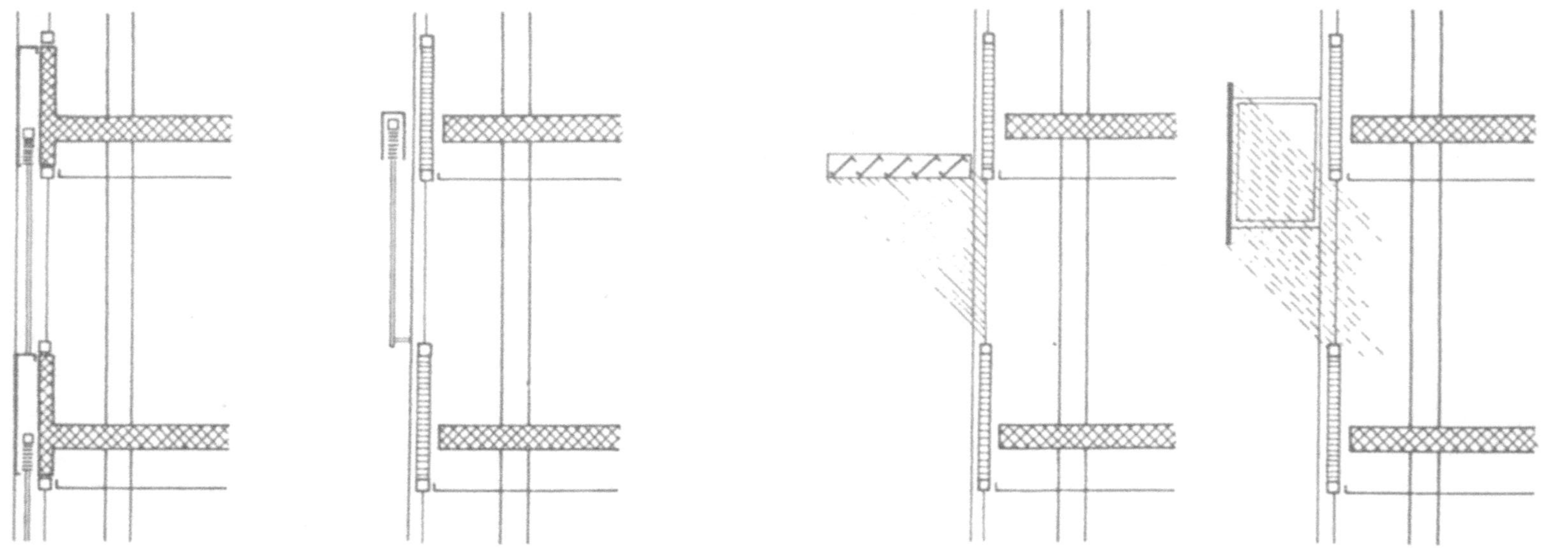

**Beweglicher Sonnenschutz, in Fassadenkonstruktion integriert**

Im Normalfall ist der Sonnenschutz (Lamellenstoren, Markisen) hinter der vorgehängten Fassadenverkleidung verborgen. Die Fassadengestaltung wird nicht durch Sonnenschutzeinrichtungen beeinflusst, allerdings ist die erforderliche Tiefe vorzusehen.

Sonnenschutzverglasung, als Alternative zu in der Fassade nicht sichtbaren Sonnenschutzeinrichtungen, bestimmt immerhin Farbgebung/Reflexionsverhalten der Scheiben. Erlaubt jedoch "flache" Fassaden ohne Rucksprünge für Storen.

**Beweglicher Sonnenschutz, aussen vorgehängt**

Sichtbar vorgehängte Sonnenschutzeinrichtungen können architektonisch erwünschte Akzente für die Fassadengliederung darstellen. Bei exponierten Bauten (Hochhäusern) ergeben sich Probleme aus den Windangriffsflächen (Geräuschentwicklung), was im übrigen für jeden äusseren Sonnenschutz gilt.

Energietechnisch ist der frei vorgehängte Sonnenschutz optimal, da die Aufheizung z.B. der Lamellen durch natürliche Luftzirkulation verhindert wird. Kein Wärmestau zwischen Sonnenschutz und Fassade!

**Starrer Sonnenschutz, Beschattungseinrichtung**

Jeder starre Sonnenschutz ist nur bei einem bestimmten Sonnenstand optimal wirksam. Nachteilig ist die Reduktion des Lichteinfalls (diffuse Strahlung).

Je nach Anforderungen der Gebäudenutzung können Sonnenschutzblenden begehbar konstruiert werden und dienen dann der Fassadenreinigung bzw. als Fluchtbalkone.

Fluchtbalkone müssen in Stahl konstruiert und direkt gegen die Stahlbetonkonstruktion befestigt werden.

**Starrer Sonnenschutz durch vorgehängte Sonnenschutzgläser**

Frei vorgehängte Sonnenschutzgläser werden aus absorbierendem (pigmentiertem) Glas oder reflektierendem Glas mit wetterfester Metalloxidbeschichtung konstruiert. Gute Sonnenschutzwirkung bei geringerer Reduktion des Lichteinfalls sind Vorteile gegenüber der starren Beschattung.

Es gelten die vorstehenden Einschränkungen betreffend Wirkung und Anfälligkeit gegen Windeinwirkung.

# Beiblatt 3.16 - Metallfassaden: Spezielle Energiefassaden [Zim]

7 Metallfassaden
7/2 Konstruktionsgrundlagen
7/2.1 Typologie der Metallfassaden

Spezielle Energiefassaden **H**

Einzelkriterien
7/2.1 B Seite 15/16

Zwei Zielrichtungen sind unter diesem Kriterium zusammengefasst:
- Konditionierung des Fensterbereiches, so dass auch die Flächen in unmittelbarer Fensternähe genutzt werden können.
- Gewinnung nutzbarer Energie aus Sonneneinstrahlung.

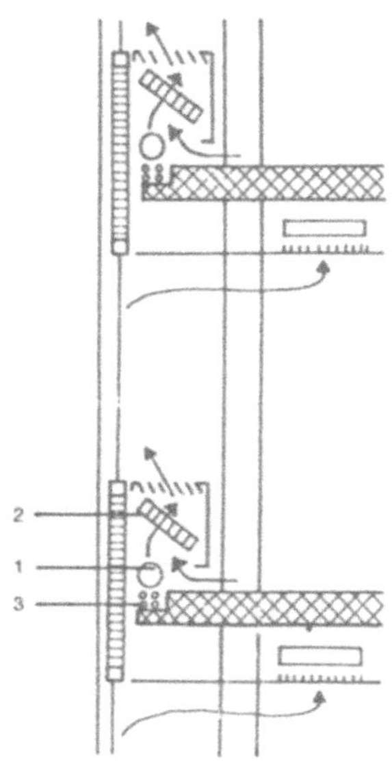


**Brüstungsklimageräte**

Verbreitete Technik zur Konditionierung des Fassadenbereiches insbesondere bei klimatisierten Bürobauten der 60er bis 70er Jahre.
1. Hochdruck-Zuluftleitung
2. Wärmeaustauscher (Heizung/Kühlung)
3. Je Vor- und Rücklauf für Heiz- und Kühlmedium.

Umluft wird angesogen und ebenfalls erwärmt/gekühlt. Abluftabsaugung durch Niederdrucksystem in der Deckenkonstruktion.

Häufiger Nachteil: Störende Geräusche und Zugerscheinungen besonders bei sommerlicher Kühlung.

Die Leitungsführung im Fassadenbereich stellt schalltechnische Probleme und führt gelegentlich zu Konfliktsituationen mit Fassadenankern.

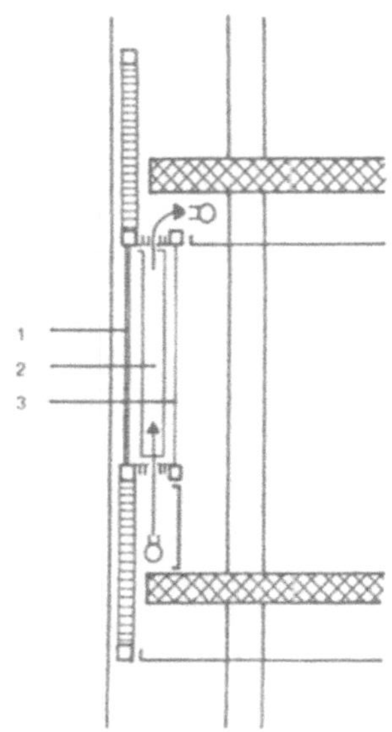


**Klimafassade**

Im Prinzip ein "klimatisiertes Kastenfenster".
1. Äussere Isolierverglasung
2. Sonnenschutz im Glaszwischenraum
3. Innere Einfachverglasung, aus Reinigungs- und Servicegründen öffenbar (Schiebefenster)

Die Zufuhr erwärmter/gekühlter Luft von unten und Absaugung nach oben bewirkt eine gleichmässige innere Oberflächentemperatur der Innenscheibe ohne Zugerscheinungen.

Im Zwischenraum anfallende Energie aus Sonneneinstrahlung wird abgeführt und kann in Wärmeaustauschern zurückgewonnen werden (z.B. Kühlung auf Südseite/Heizung auf Nordseite).

In zahlreichen Anwendungsbeispielen bewährte Konstruktion.

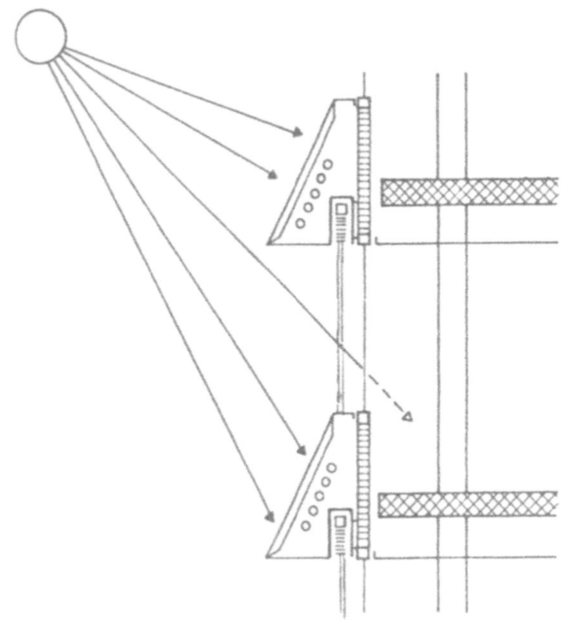

**Kollektorfassade**

Die auf die Fensterbrüstungen auftreffende Strahlungsenergie wird durch Kollektoren mit Flüssigkeitskreislauf abgeführt und zur Beheizung (von nordseitigen Räumen) oder zur Warmwasserbereitung ausgenützt.

Ebenfalls möglich ist die direkte Stromgewinnung durch Solarzellen. Einige Prototypen wurden auch in der Schweiz (z.B. Micafil-Haus in Schlieren bei Zürich) gebaut.

Der grosse technische Aufwand erlaubt, bei heutigem Kostenstand, kaum wirtschaftlichen Return of investment.

Mögliche zukünftige Entwicklungen sind zu erhoffen.

Beiblatt 3.17 - Metallfassaden: Beispiel HIL-Gebäude der ETH Zürich, Hönggerberg, Profil der Merkmale [Zim]

**7 Metallfassaden**
**7/2 Konstruktionsgrundlagen**
**7/2.1 Typologie der Metallfassaden**

ETH-Hönggerberg, Zürich, HIL-Gebäude

**Beispiele**
**7/2.1 C Seite 1**

## C Beispiele

| | | | | | | | |
|---|---|---|---|---|---|---|---|
| **A Zuordnung Fassade/Tragkonstruktion, vertikal** | | | | | | | |
| - Vorgehängte Fassade | ■ | | | | | | |
| - Eingestellte Fassade, am Gebäuderand | | O | | | | | |
| - Eingestellte Fassade, zurückgesetzt | | | O | | | | |
| - Eingestellte Fassade, Brüstungsband | | | | O | | | |
| **B Zuordnung Fassade/Tragkonstruktionen/Trannwände, horizontal** | | | | | | | |
| - Stützen in Fassadenebene, enges Stützenraster | O | | | | | | |
| - Stützen in Fassadenebene, weites Stützenraster | | O | | | | | |
| - Stützen zurückgesetzt | | | ■ | | | | |
| - Stützen ausserhalb der Fassade (Umgang) | | | | O | | | |
| **C Konstruktionsprinzipien** | | | | | | | |
| - Pfosten-Riegel-Konstruktion | O | | | | | | |
| - Elementkonstruktion | | O | | | | | |
| - Mischformen | | | ■ | | | | |
| **D Konstruktionsmaterial** | | | | | | | |
| - Aluminiumkonstruktion | ■ | | | | | | |
| - Aluminium-Holz-Konstruktion | | O | | | | | |
| - Stahlkonstruktion | | | O | | | | |
| **E Windlastabtragung** | | | | | | | |
| - Geschossweise Lasteintragung | ■ | | | | | | |
| - Mehrgeschossige Fassade gegen Tragstützen | | O | | | | | |
| - Mehrgeschossige Fassade, separate Aussteifung | | | O | | | | |
| **F Brandschutz** | | | | | | | |
| - Massive Brüstung, gemauert/betoniert | O | | | | | | |
| - Brandschutzpaneele | | ■ | | | | | |
| - Feuersichere Umgänge | | | O | | | | |
| **G Sonnenschutz** | | | | | | | |
| - Sonnenschutzglas und innerer Blendschutz | ■ | | | | | | |
| - Beweglicher, äusserer Sonnenschutz, integriert | | O | | | | | |
| - Beweglicher, äusserer Sonnenschutz, vorgehängt | | | O | | | | |
| - Starrer Sonnenschutz durch vergehängte Sonnenschutzgläser | | | | O | | | |
| - Starrer Sonnenschutz durch Beschattung | | | | | O | | |
| **H Spezielle Energiefassaden** | | | | | | | |
| - Brüstungsklimagerät | O | | | | | | |
| - Klimafassade | | O | | | | | |
| - Kollektorfassade | | | O | | | | |
| - Sonstige | | | | O | | | |
| **I Gestaltungsprinzipien** | | | | | | | |
| - Betonung horizontal, Brüstungsbänder | O | | | | | | |
| - Betonung vertikal, Fassadenpfosten | | ■ | | | | | |
| - Betonung der Tragstützen | | | O | | | | |
| - Spiegelfassade | | | | O | | | |
| - Structural Glazing | | | | | O | | |
| - Umgänge/starrer Sonnenschutz | | | | | | O | |
| - Mischformen | | | | | | | O |

## Beiblatt 3.18 - Metallfassaden: Beispiel HIL-Gebäude der ETH Zürich, Hönggerberg, Pfosten- Element-Konstruktion in Aluminium [Zim]

7 Metallfassaden
7/2 Konstruktionsgrundlagen
7/2.1 Typologie der Metallfassaden

Pfosten-Element-Konstruktion in Aluminium

Beispiele
7/2.1 C Seite 3/4

Objekt: ETH Hönggerberg, Zürich, HIL-Gebäude
Architekt: Max Ziegler, Dipl. Arch. ETH/SIA/BSA, Zürich
Fassaden-konstruktion: H. Schmidlin AG, 4147 Aesch BL

**Horizontalschnitt M 1:1**

**Konstruktive Merkmale:**
- Die horizontalen Riegel über bzw. unter den Brüstungselementen sind in die Brüstungselemente integriert, wodurch die Mischkonstruktion Pfosten-Element-Fassade entsteht.
- Klimatisch geschützt innen angeordneter Pfosten und äusseres Vorschraubprofil sind über spezielle, wärmedämmende Verbinder verschraubt und wirken statisch zusammen gegen Winddruck.
- Das innere Pfostenprofil zeigt die Möglichkeiten einer Aluminiumkonstruktion, durch Veränderung der Wandstärke das für die Durchbiegung entscheidende Trägheitsmoment zu verbessern.
- Innere Glas- und Paneeldichtung durch patentierte Isal-Federprofile, welche den Anpressdruck erzeugen.
- Durch Einbau entsprechender Distanzprofile kann dasselbe äussere Dichtungsprofil für Verglasung und Paneelbereich verwendet werden. Eckstösse der Dichtungsprofile werden am Ort versiegelt.

**Gestalterische Merkmale:**
- Broncefarbiges Sonnenschutzglas und braun beschichtete Profile/Paneele bestimmen das Farbkonzept.
- Die Fassade wirkt – insbesondere wegen der nicht in Erscheinung tretenden Riegel – von aussen flächig mit schwach ausgeprägter Vertikalstruktur durch die Vorschraubprofile, welche auch als Führung für den Fassadenreinigungswagen dienen.

Aussen

Schnitt in Brüstungshöhe

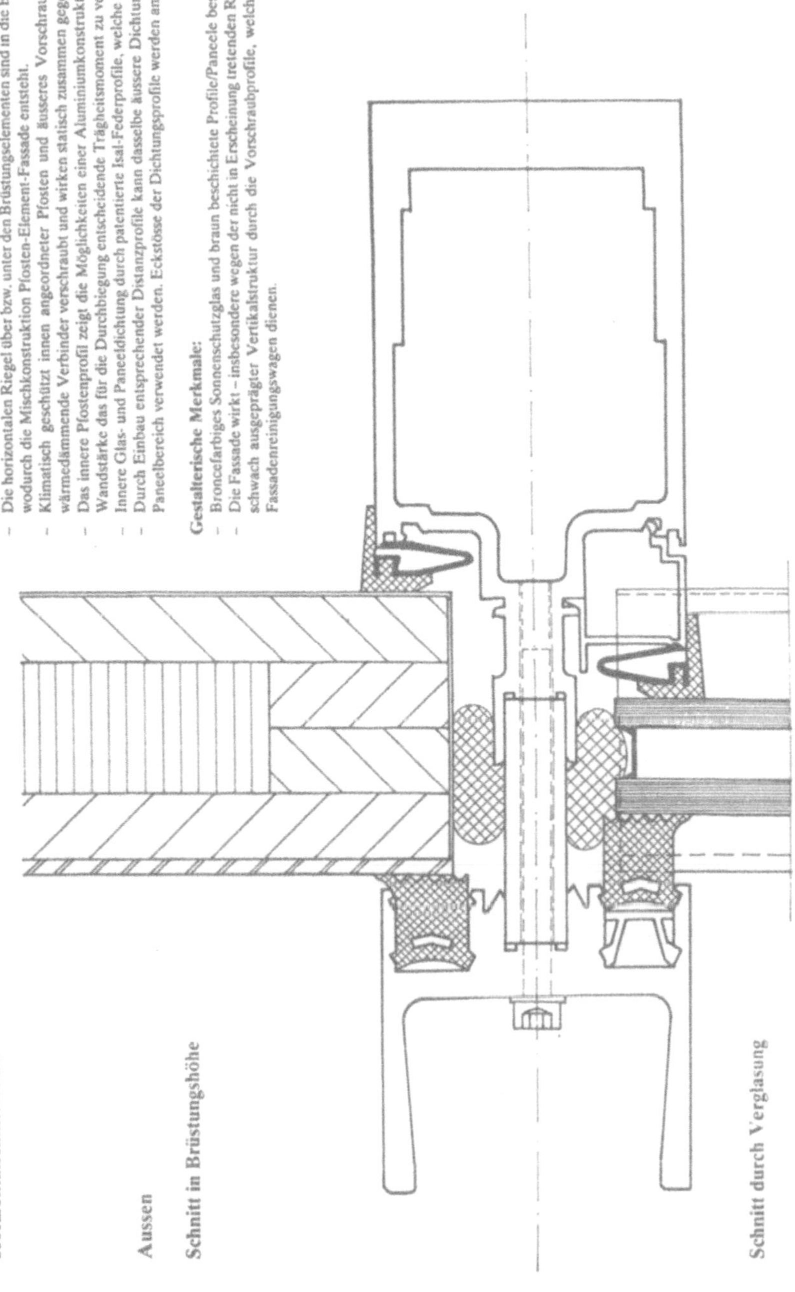

Schnitt durch Verglasung

Beiblatt 3.19 - Beispiel einer ausgeführten Energiefassade
(A. Haller, B. Winkler, Schweizer Ingenieur und Architekt 8/1993)

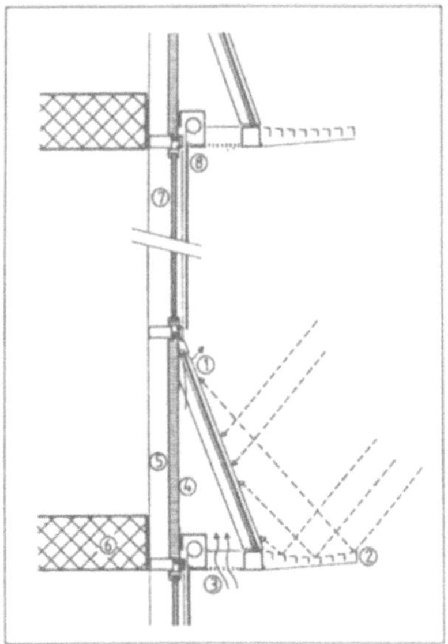

*Bild 1. Schnitt durch Fassadenkonstruktion eines Bürogeschosses. 1 – Photovoltaik; 2 – Reflektierende Chromstahllamellen; 3 – Hinterlüftung; 4 – Thermische Isolation; 5 – Pfosten-Riegel-Metallkonstruktion; 6 – Geschossdecke; 7 – Metallfenster; 8 – Stoffrollo*

*Bild 2. Fassadenausschnitte der Prototypfassade, errichtet für die Demosite-Ausstellung der ETH Lausanne in Ecublens 1992*

*Bild 3. Beispiel einer mit integrierten PV-Generatoren entwickelten Fassade eines Geschäftshauses*

# Beiblatt 3.20 - Backstein-Innenwände [Back]

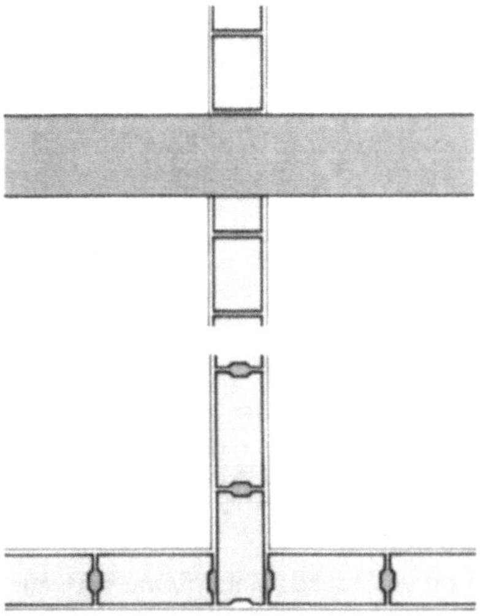

**Trag- und Trennwände aus Modulbacksteinen**

| | | | | | | | |
|---|---|---|---|---|---|---|---|
| Mauerdicke (roh) | cm | 7,5 | 10 | 12,5 | 15 | 17,5 | 14(S) |
| Flächenm. (inkl. Dünnputz) | kg/m² | 130 | 160 | 190 | 220 | 245 | 200 |
| Bew. Bauschalldämmass $R'_w$ | dB | 41 | 43 | 45 | 47 | 49 | |
| Feuerwiderstand F (verputzt) | | 60 | 90 | 120 | 120 | 180 | 120 |
| Zulässige Belastung ($l_k$ = 2,70 m, $\eta \approx 0$) | | | | | | | |
| MBNV | kN/m | | | 88 | 122 | 155 | 108 |
| MBNC | kN/m | | | 142 | 182 | 209 | 162 |
| MBHC | kN/m | | | 252 | 299 | 336 | 268 |

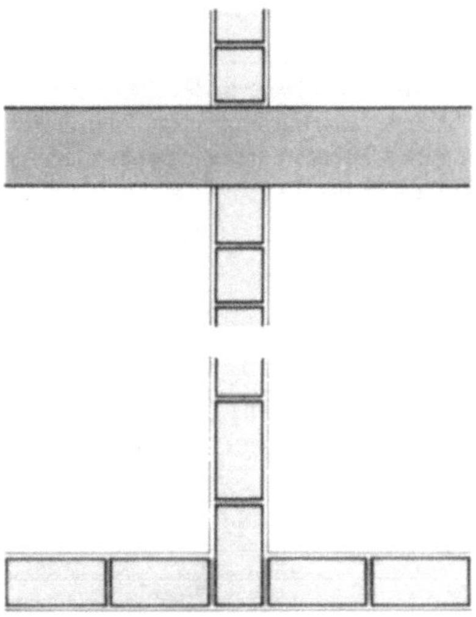

**Trag- und Trennwände aus Normalbacksteinen**

| | | | | | | |
|---|---|---|---|---|---|---|
| Mauerdicke (roh) | cm | 10 | 12 | 15 | 18 | 12(S) |
| Flächenm. (inkl. Dünnputz) | kg/m² | 175 | 195 | 235 | 275 | 180 |
| Bew. Bauschalldämmass $R'_w$ | dB | 44 | 46 | 48 | 50 | |
| Feuerwiderstand F (verputzt) | | 90 | 120 | 120 | 180 | 120 |
| Zulässige Belastung ($l_k$ = 2,70 m, $\eta \approx 0$) | | | | | | |
| MBNV | kN/m | | 81 | 122 | 162 | 81 |
| MBNC | kN/m | | 132 | 182 | 219 | 132 |
| MBHC | kN/m | | 235 | 299 | 350 | 235 |
| MBSC | kN/m | | 374 | 466 | 576 | |

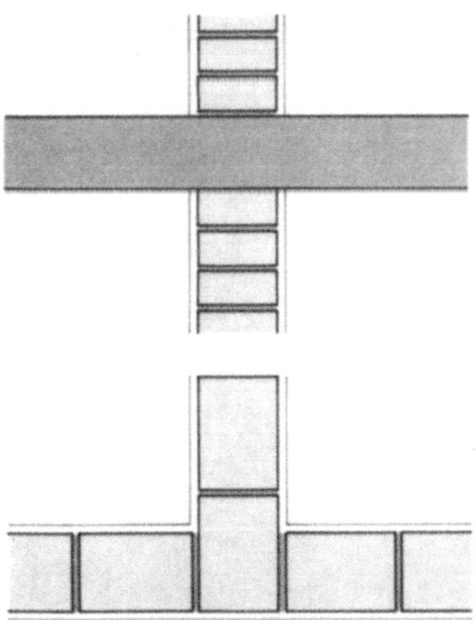

**Einschalige Schalldämmwände**
Schalldämmsteine, beidseitig mit Normalputz

| | | | | |
|---|---|---|---|---|
| Mauerdicke (roh) | cm | 17,5 | 20 | 18 |
| Backsteine | | «Calmo» | | «schwer» |
| Flächenmasse (inkl. Putz) | kg/m² | 335 | 380 | 340 |
| Bew. Bauschalldämmass $R'_w$ | dB | 53 | 55 | 53 |
| Feuerwiderstand F (verputzt) | | 180 | 180 | 180 |
| Zulässige Belastung ($l_k$ = 2,70 m, $\eta \approx 0$) | | | | |
| MBNV | kN/m | 155 | 189 | 162 |
| MBNC | kN/m | 209 | 257 | 219 |

# Beiblatt 3.21 - Kalksandstein-Innenwände: Klassifikation und Verbandarten [KS]

## 2.1 Klassifikation gemäss SIA 177

Die Mauerwerksnorm SIA 177 unterscheidet entsprechend den zur Verwendung gelangenden Kalksandsteinen und Mörtelarten drei Mauerwerksarten (Tab. 1): Sie bilden die Basis für die Bemessungswerte gemäss SIA 177/2

| Bezeichnung | Steinqualität | Mörtelqualität |
|---|---|---|
| MKNV | KN $f_s \geq 15$ N/mm² | V Verlängerter Mörtel $f_m \geq 3{,}5$ N/mm² |
| MKHV | KH $f_s \geq 25$ N/mm² | V Verlängerter Mörtel $f_m \geq 3{,}5$ N/mm² |
| MKHC | KH $f_s \geq 25$ N/mm² | Z Zementmörtel $f_m \geq 20$ N/mm² |

Tabelle 1: Mauerwerksarten gemäss SIA 177

## 2.2 Verbandarten

### 2.2.1 Läufer- und Binderschichten

Im Mauerverband unterscheidet man Läufer- und Binderschichten (Fig. 3). In den Läuferschichten werden die Steine in Längsrichtung parallel zur Wandrichtung angeordnet. In den Binderschichten liegen die Steine quer zur Wandrichtung.

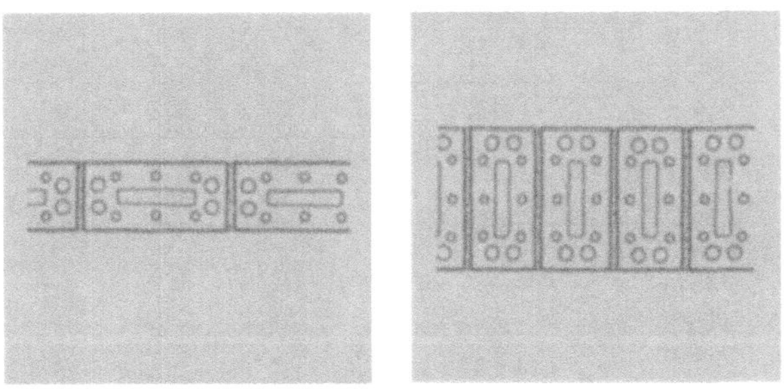

Läuferschicht Binderschicht

Fig. 3: Läufer- und Binderschicht

### 2.2.2 Einsteinmauerwerk

Das Einsteinmauerwerk wird mit Läufer- oder Binderschichten gebildet (Fig. 4).

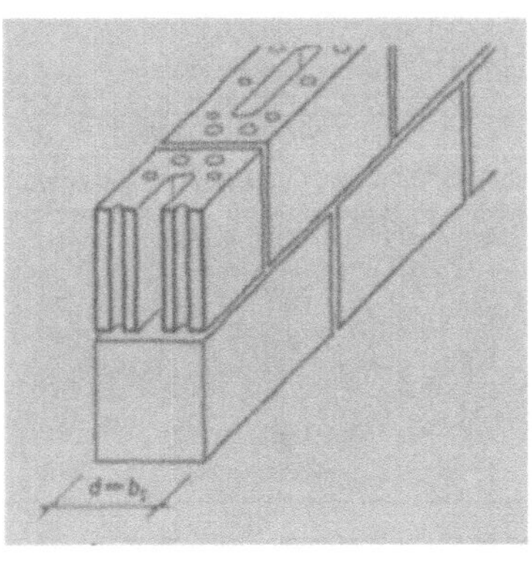

Läuferverband

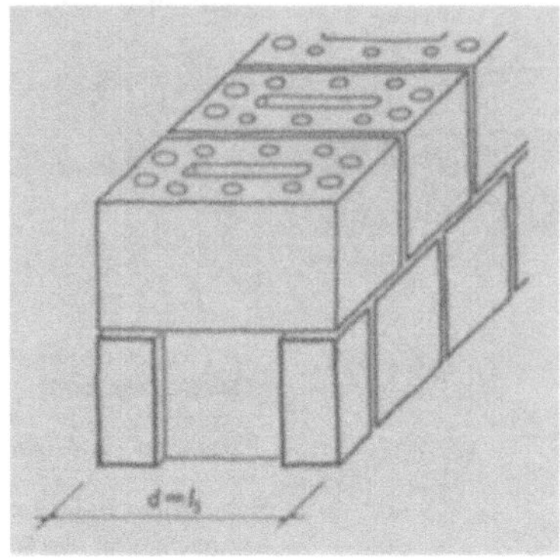

Binderverband

Fig. 4: Einsteinmauerwerk

Die rohe Mauerdicke d wird durch einen Stein, entweder mit seiner Breite $b_s$ (Läuferverband) oder seiner Länge $l_s$ (Binderverband) gebildet.

### 2.2.3 Verbandmauerwerk

Im Verbandmauerwerk wird die Mauer in der Querrichtung aus zwei oder mehr Steinen zusammengesetzt. Man unterscheidet Verbandmauerwerke aus Läuferschichten (Fig. 5) oder Läufer- und Binderschichten.

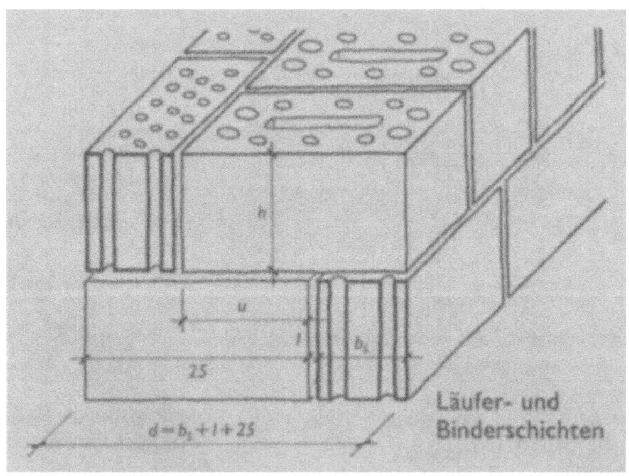


| d [cm] | $b_s$ [cm] | u/h > 0,3 |
|---|---|---|
| 36 | 10 | ~1,0 |
| 38 | 12 | ~0,8 |
| 40,5 | 14⁵ | ~0,6 |
| 44 | 18 | ~0,4 |

# Beiblatt 3.22 - Kalksandstein-Innenwände: Begrenzung der Abmessungen [KS]

## 3.1 Tragende Innenwände

Tragende Innenwände aus Kalksandsteinmauerwerk müssen eine Wanddicke von mindestens 12 cm aufweisen. Die Wahl von Stein- und Mörtelqualität richtet sich nach den statischen Anforderungen.
Bei Verwendung von verschiedenen Mauerwerksarten (Mischbauweise) oder speziellen statischen Gegebenheiten wie z. B. stark unterschiedlichen Wandlasten ist den Verformungsdifferenzen bzw. den daraus sich ergebenen Zwängungsspannungen in den Mauerwerkswänden Rechnung zu tragen. Verformungsunterschiede nehmen mit zunehmender Gebäudehöhe bzw. Stockwerkzahl zu (Fig. 6) und können zu Rissen in den Innenwänden (oder Aussenwänden) führen. Im Normalfall ergeben sich bei Gebäuden mit bis zu drei Geschossen keine Probleme mit der Mischbauweise.

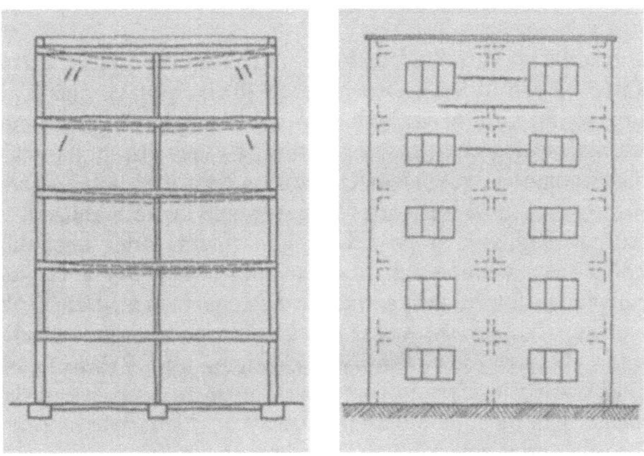

Verformung Innenwand > Verformung Aussenwand

Verformung Aussenwand > Verformung Innenwand mögliche Rissbildung in der Fassade

Fig. 6: Verformungsunterschiede

## 3.2 Nichttragende Innenwände

Nichttragende Innenwände (Ausfachwände, Hintermauerungen) werden in der Regel nach dem eigentlichen Rohbau erstellt. Bei entsprechender Ausbildung übernehmen sie Aufgaben des Brand-, Wärme-, Feuchtigkeits- und Schallschutzes, und das hohe Wärmespeichervermögen gewährleistet ein ausgeglichenes Raumklima.
Die Standsicherheit solcher Wände muss durch geeignete Massnahmen (Versteifungen, Riegel, Anschlüsse usw.) sichergestellt werden. Einflüsse wie Formänderungen angrenzender Bauteile, z. B. nachträgliches Durchbiegen weitgespannter Decken, sind für die Ausbildung der Anschlüsse zu berücksichtigen.

### 3.2.1 Ausfachwände

Als nichttragende Ausfachwände werden zwei-, drei- und vierseitig gehaltene Wände bezeichnet, die nach dem eigentlichen Rohbau hochgeführt und an das Tragsystem befestigt werden.

*Abmessungen:* Die zulässigen Wandabmessungen richten sich nach den Beanspruchungen und Halterungsbedingungen.

Für Normalfälle in bezug auf Beanspruchungen (Wohnungsbau, Bürobauten usw.) können die maximal zulässigen Wandabmessungen aus Fig. 7 übernommen werden.

a) seitlich nicht abgestützt (oder nur einseitig)

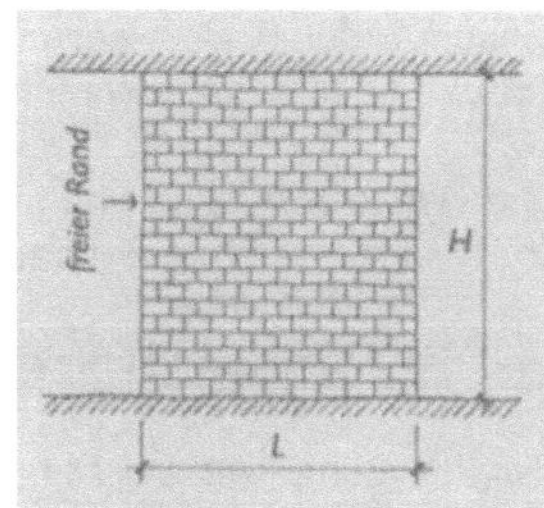


| Wanddicke d [cm] | Wandhöhe H [cm] | Max. Wandlänge L [cm] |
|---|---|---|
| 10 | 250 | ≤ 800 [1] |
| 12 | 300 | ≤ 800 [1] |
| 14,5 | 360 | ≤ 800 [1] |
| 18 | 450 | ≤ 800 [1] |
| 25 | 600 | ≤ 800 [1] |

b) seitlich abgestützt

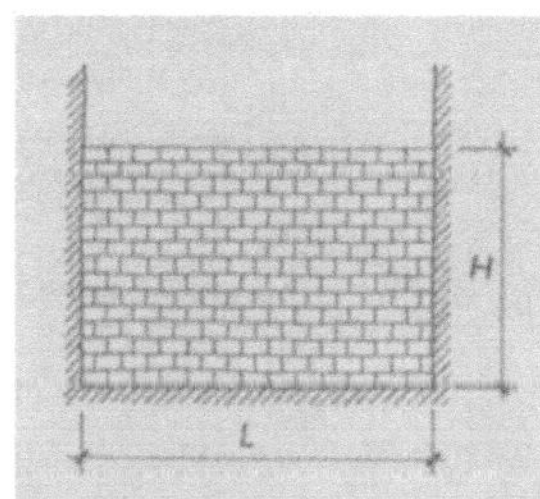


| Wanddicke d [cm] | Wandhöhe H [cm] | Max. Wandlänge L [cm] |
|---|---|---|
| 10 | 500 | 350 |
| 12 | 600 | 420 |
| 14,5 | 750 | 500 |
| 18 | 900 | ≤ 800 [1] |
| 25 | 1200 | ≤ 800 [1] |

[1] Längenbeschränkung zur Rissesicherung (bei grösseren Wandlängen mit Murfor in jeder 2. Lage bewehren).

Fig. 7: Zulässige Abmessungen von Ausfachwänden

Die Werte von Fig. 7 wurden von (1) übernommen.

Seitlich nicht abgestützte Wände (Fig. 7a) tragen allfällige Horizontallasten nach oben und unten ab (Tragrichtung vertikal). Damit ist die maximal zulässige Wandhöhe durch die Wanddicke gegeben. Die Wandlänge sollte aus Gründen der Rissesicherung auf 8.0 m beschränkt werden.

## Beiblatt 3.23 - Kalksandstein-Innenwände: Halterungen und Anschlüsse [KS]

Ist eine derartige Längenbegrenzung aus architektonischen Gründen nicht möglich, so ist die Ausfachwand mit Murfor-Lagerfugenarmierung ausreichend zu bewehren (jede 2. Lagerfuge).

Seitlich abgestützte Wände tragen Horizontallasten seitlich ab (Fig. 7b). Damit bestimmt die Wanddicke die maximal zulässige Wandlänge, wobei auch in diesem Fall die Länge aus Gründen der Rissesicherung auf 8.0 m beschränkt werden sollte. Die maximale Wandhöhe wurde auf 50 d beschränkt.

Die Werte von Fig. 7 sind für Normalfälle in bezug auf Belastungen anwendbar. Bei besonderen Verhältnissen wie z. B. bei Ausfachungen in Lagerhallen mit grossen Toröffnungen sind die Abmessungen bzw. Aussteifungen anzupassen.

*Durchbiegung von Decken:* Auf Decken oder Unterzüge gestellte Ausfachwände unterliegen wegen deren Durchbiegung einer besonderen Rissgefahr. Durch Beschränkung der Durchbiegung der Decke oder des Unterzuges und/oder durch Einlegen von Lagerfugenarmierung kann dieser Rissgefahr begegnet werden (Fig. 8).

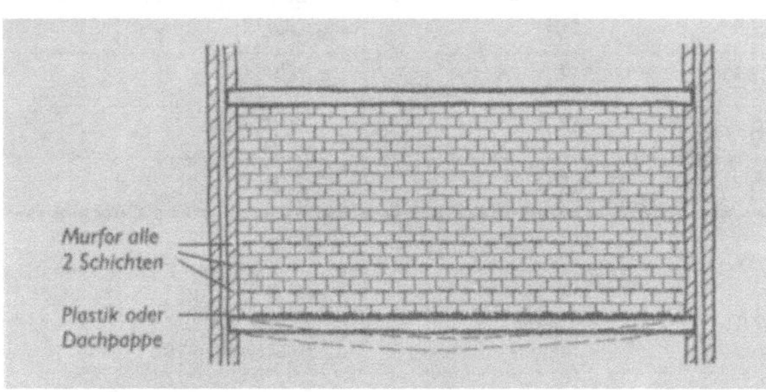


Fig. 8: Durchbiegung von Decken

Um horizontale Risse in den unteren Lagerfugen zu vermeiden, empfiehlt sich die Einlage einer Dachpappe oder Plastikfolie zwischen Decken und Mauerwerk und die Verwendung eines Mauermörtels (Zementmörtel), der eine möglichst hohe Haftzugfestigkeit zwischen Stein und Mörtel entwickelt.

*Anschlüsse an angrenzende, tragende Bauteile:* Die Abbildungen von Fig. 9 zeigen Möglichkeiten zur Verankerung von Ausfachungen an verschiedenen Tragsystemen.

a) an Stahlstütze

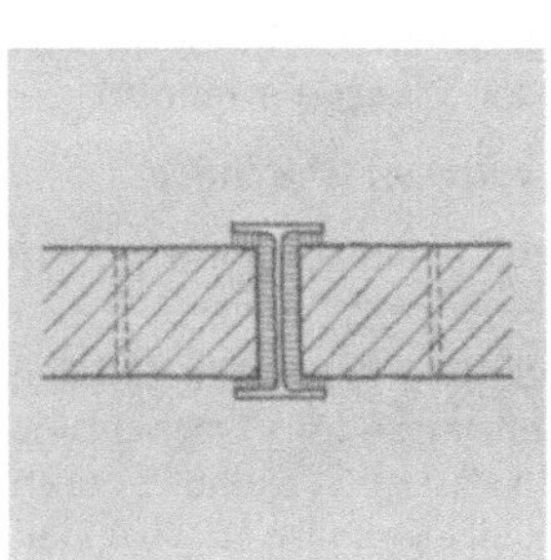

b) an Stahlbetonstütze mit Nute

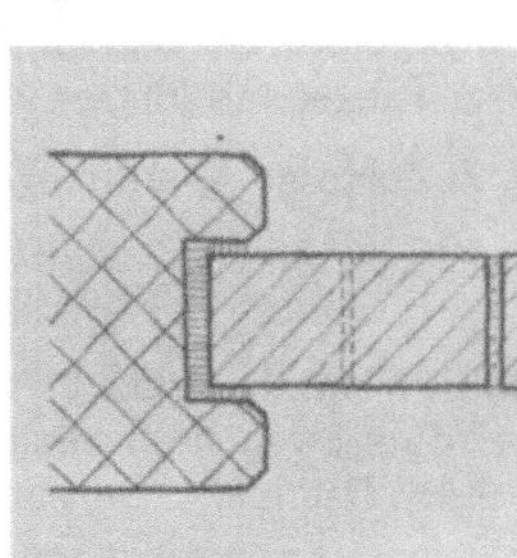

c) an Stahlbetonstütze mit Stahlprofil

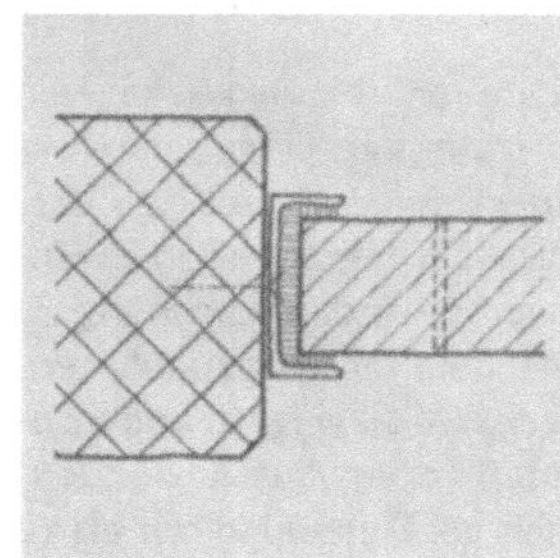

d) an Stahlbetonstützen mit ZZ-Anschlussanker

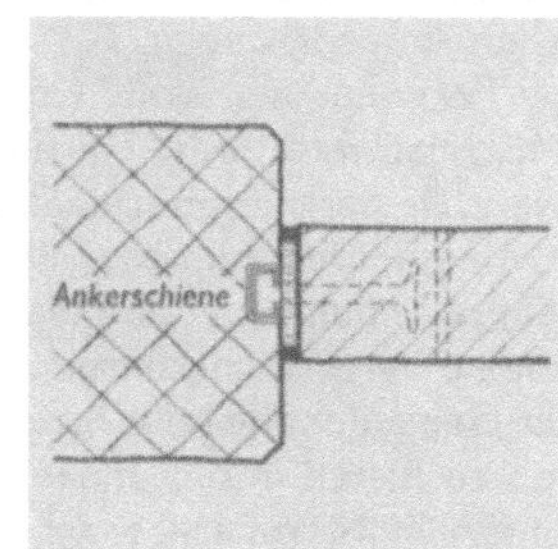


Fig. 9: Seitliche Verankerung von Ausfachwänden

Die seitliche Verankerung bei Stahlbauten (a) oder in vertikalen Nuten in Stahlbetonstützen (b) ist einfach und lässt sich solide ausführen. Will man bei Stahlbetonstützen zur Vereinfachung der Schalung auf Nuten verzichten, kann an die Stahlbetonstütze ein U-Profil nachträglich angebracht werden (c). Eine Variante (d) bietet eine in die Stahlbetonstütze eingelassene (in Schalungen gelegt) oder eingedübelte Ankerschiene des ZZ-Anschlussankers. Der Verankerungsbügel kann damit einfach in die Lagerfuge eingemörtelt werden. Die Anzahl Anker pro Laufmeter Wandhöhe richtet sich nach den Wandabmessungen und Belastungen. Diese Anschlusslösung bietet sich auch dann an, wenn die nichttragenden Innenwände seitlich an Mauerwerk- oder Betonwände angeschlossen werden sollen.
Wenn Innenwände bzw. Ausfachungen nicht bis unter die Decke gemauert werden können, ist der obere Anschluss sinngemäss wie die seitliche Verankerung gleitend und elastisch auszuführen (Fig. 10).

a) Mit Ankerschiene und ZZ-Anschlussanker

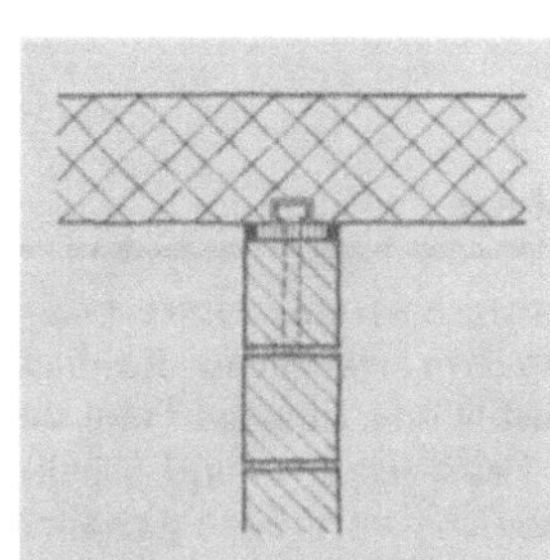

b) mit Stahlprofilen

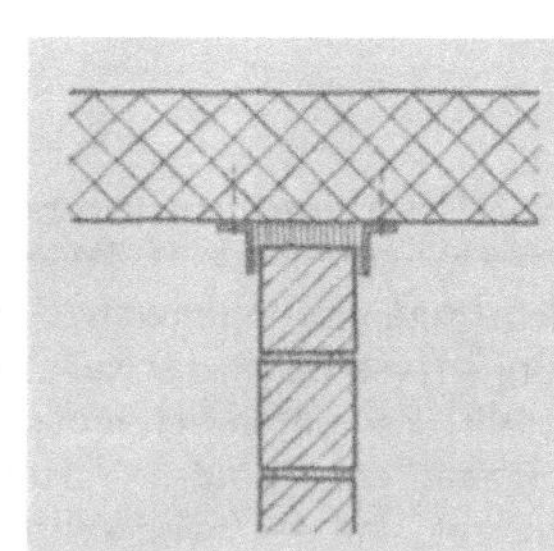

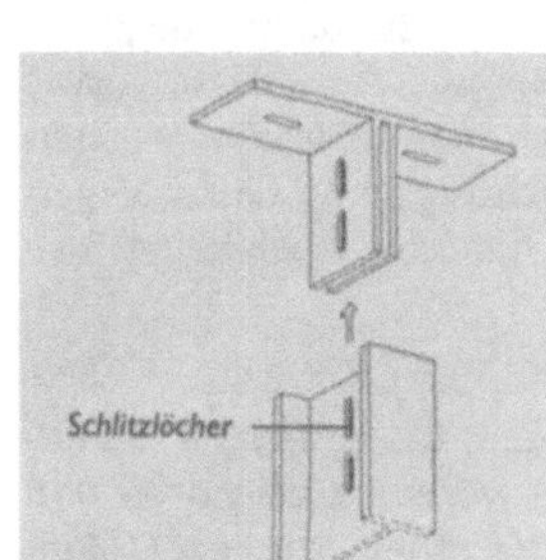


c) Befestigung von Stahlstütze als Aussteifung

Fig. 10: Obere Verankerung von Ausfachwänden

## Beiblatt 3.24 - Luftschall-Dämmasse von zweischaligen Backstein-Innenwänden (Einfluss der Wandmasse und der Trennschichtdicke) [Zim]

9 Trennwände
9/3 Beispiele Haus- und Wohnungstrennwände
9/3.3 Mauerwerkswände

Schallschutz
9/3.3 A Seite 2

**Auswirkung der Masse der Wandschalen auf das bewertete Bauschalldämmass R'w**

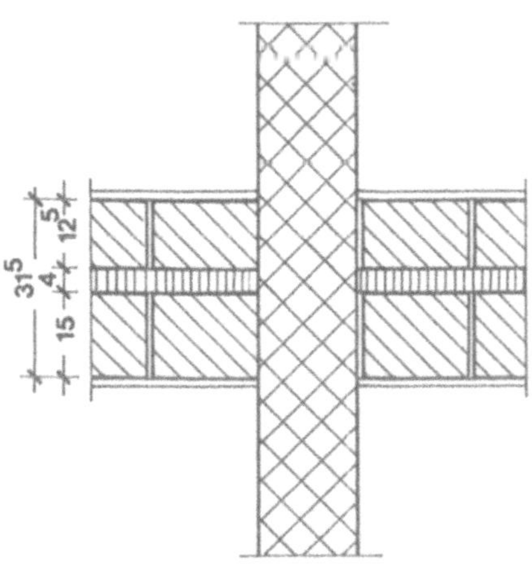


Aufbau:

Putz 15 mm
Modulbackstein BN 15M
Mineralwolle 40 mm
Modulbackstein BN 12,5M
Putz 15 mm

m' = 390 kg/m²
R'w = 57 dB (Messwert)

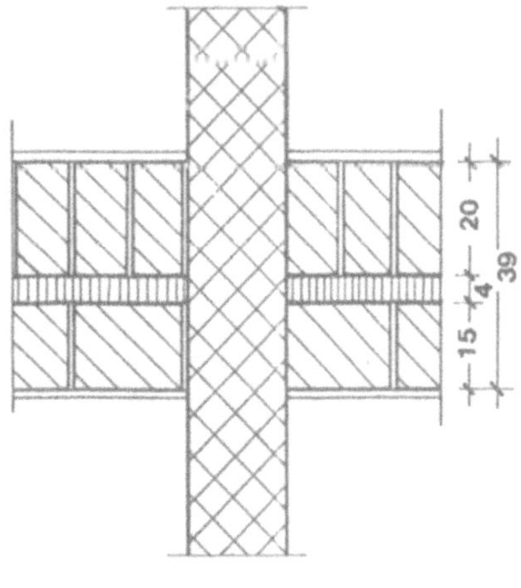


Aufbau:

Putz 15 mm
Modulbackstein BN 15M
Mineralwolle 40 mm
Calmo BN 20M
Putz 15 mm

m' = 570 kg/m²
R'w = 63 dB (Messwert)

9 Trennwände
9/3 Beispiele Haus- und Wohnungstrennwände
9/3.3 Mauerwerkswände

Schallschutz
9/3.3 A Seite 5

**Auswirkung der Trennschichtdicke auf das Bauschalldämmasss R'w**

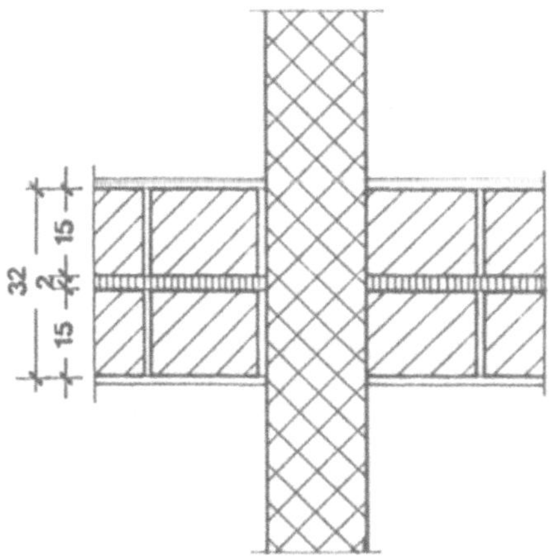


Aufbau:

Putz 15 mm
Modulbackstein BN 15M
Mineralwolle 20 mm
Modulbackstein BN 15M
Putz 15 mm

m' = 420 kg/m²
R'w ca. 56 dB (Rechnung)

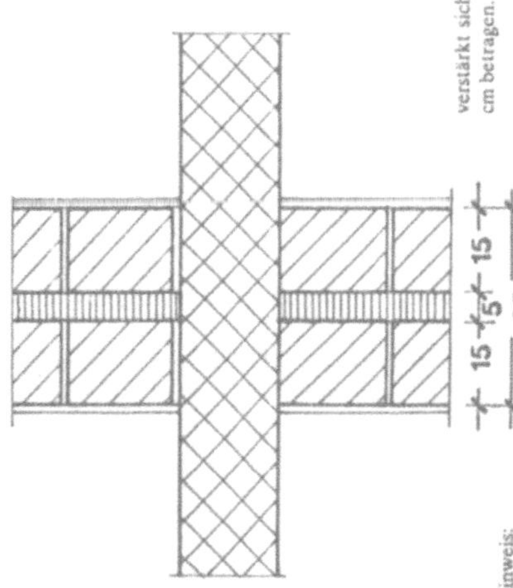


Aufbau:

Putz 15 mm
Modulbackstein BN 15M
Mineralwolle 50 mm
Modulbackstein BN 15M
Putz 15 mm

m' = 420 kg/m²
R'w ca. 59 dB (Rechnung)

Hinweis:

1 cm zusätzliche Trennschichtdicke bewirkt im oben gezeichneten Fall eine Verbesserung von R'w um ca. 1 dB. Bei wirksamer Unterbrechung des Schallnebenweges durch die Geschossdecke (vergl. S. 3) verstärkt sich die Wirkung und kann bis zu 2 dB je cm betragen.

Die Trennschichten müssen bis in die Fassade durchgeführt werden. Sehr dicke Trennschichten erfordern spezielle Massnahmen im Fassadenbereich, da Kittfugen von z.B. 5 cm Breite teuer, anfällig und hässlich sind.

# Beiblatt 3.25 - Luftschall-Dämmasse von Kalksandstein-Wänden [KS]

**Richtwerte für die Praxis unter Voraussetzung einer fachgerechten Ausführung.**

## INNENWÄNDE

**Einschalige Wand mit beidseitigem Verputz**

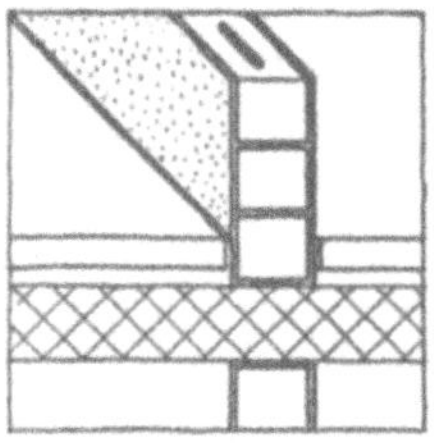

| Mauerdicke (roh) | cm | 12 | 15 | 18 | 20 | 25 |
|---|---|---|---|---|---|---|
| Schalldämmass R' | dB | 49 | 51 | 53 | 54 | 56 |

Mittelwerte von Baumessungen

**Einschalige Wand unverputzt, vollfugig gemauert**

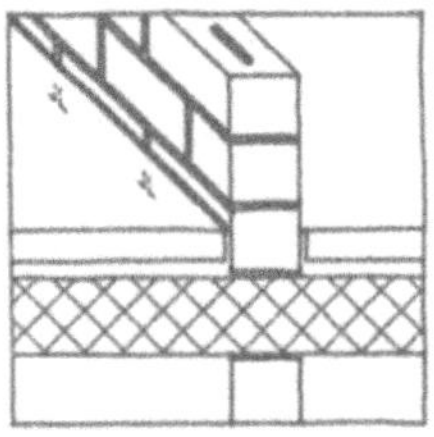

| Mauerdicke | cm | 12 | 15 | 18 | 20 | 25 |
|---|---|---|---|---|---|---|
| Schalldämmass $R'_w$ | dB | 46 | 48 | 50 | 52 | 54 |

Bewertetes Schalldämmass

**Zweischalige Wand verputzt**

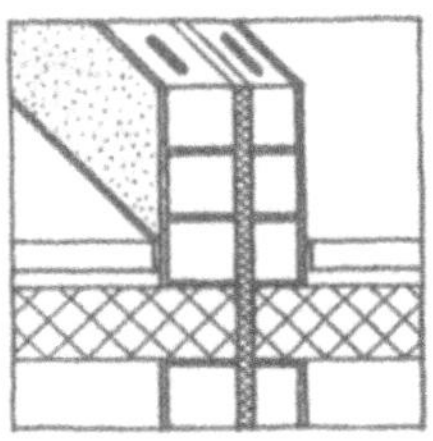

| Mauerdicke, Wand 1 | cm | 12 | 15 | 18 | 20 |
|---|---|---|---|---|---|
| Mauerdicke, Wand 2 | Schalldämmass $R'_w$ | | | | |
| 12 cm | dB | 60 | 61 | 62 | 63 |
| 15 cm | dB | 61 | 62 | 63 | 64 |
| 18 cm | dB | 62 | 63 | 64 | 65 |
| 20 cm | dB | 63 | 64 | 65 | 66 |

Schalldämmplatte 30 mm (Mineralfaser)

## AUSSENWÄNDE

**Sichtmauerwerk mit Luftspalt Zweischalenmauerwerk**

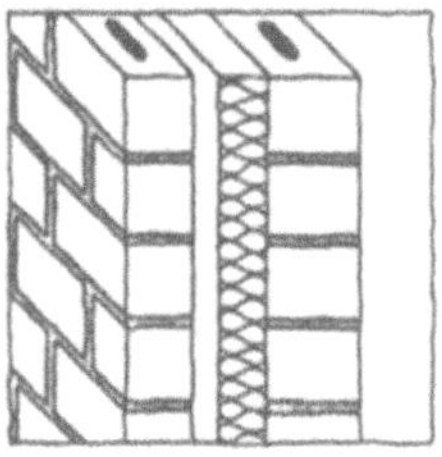

| Mauerdicke | cm | 34 | 36 | 37 | 39 | 41 |
|---|---|---|---|---|---|---|
| Aussen-/Innenschale | cm | 12/12 | 12/12 | 12/15 | 12/15 | 12/15 |
| Wärmedämmung | cm | 8 | 10 | 8 | 10 | 12 |
| Schalldämmmass $R'_w$ | dB | 63 | 65 | 65 | 67 | 69 |

**Mauerwerk mit Aussenputz Zweischalenmauerwerk**

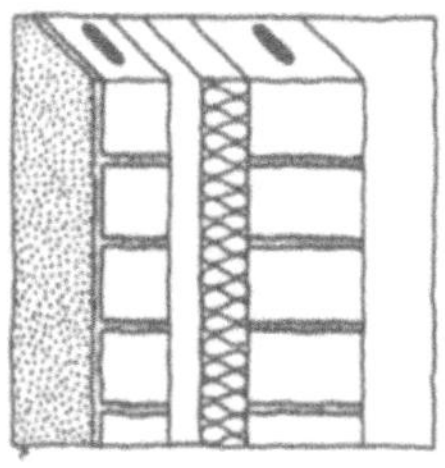

| Mauerdicke (roh) | cm | 34 | 36 | 37 | 39 | 41 |
|---|---|---|---|---|---|---|
| Aussen-/Innenschale | cm | 12/12 | 12/12 | 12/15 | 12/15 | 12/15 |
| Wärmedämmung | cm | 8 | 10 | 8 | 10 | 12 |
| Schalldämmmass $R'_w$ | dB | 65 | 67 | 66 | 68 | 70 |

**Mauerwerk mit Aussenisolation**

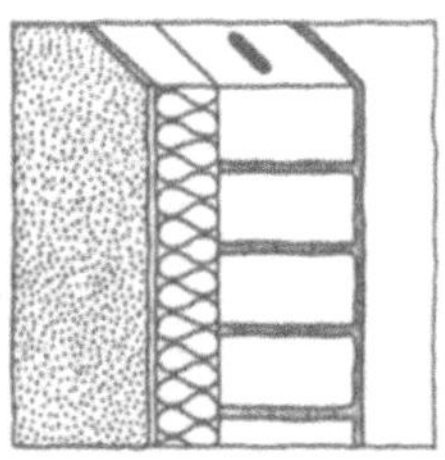

| Mauerdicke (roh) | cm | 18 | 20 | 25 |
|---|---|---|---|---|
| Wärmedämmung | cm | 8 | 8 | 8 |
| Schalldämmass $R'_w$ | dB | 51 | 53 | 54 |

**Hinterlüftete Vorhangfassade**

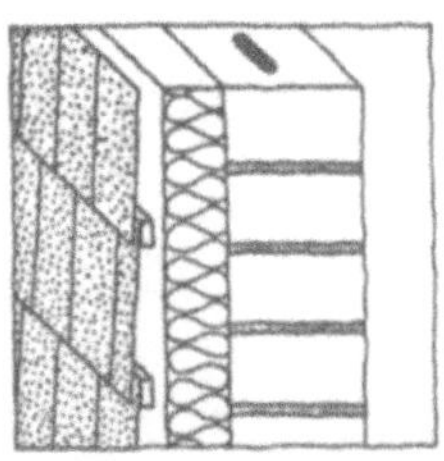

| Mauerdicke (roh) | cm | 18 | 18 | 18 |
|---|---|---|---|---|
| Wärmedämmung | cm | 8 | 10 | 12 |
| Schalldämmass $R'_w$ | dB | 55 | 56 | 57 |

Beiblatt 3.26 - Einschaliges Wandsystem mit Vollgipsplatten [Gips]

## Einschalige Wände

***Cloisons simples***

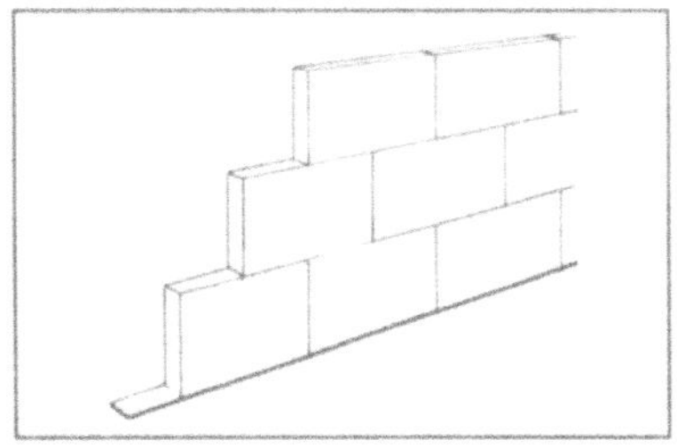

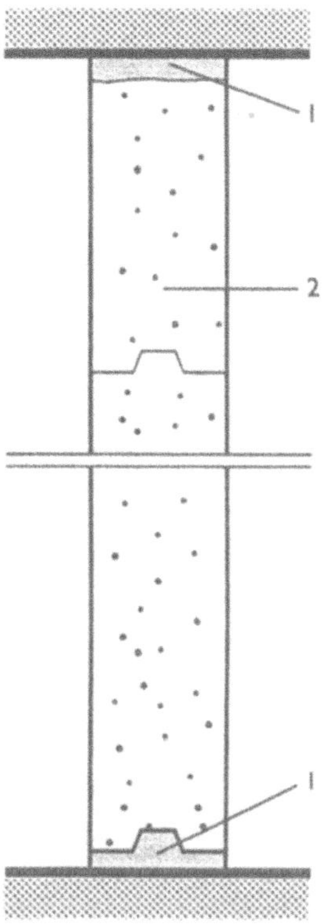


1 Alba Gips-Mörtel oder Alba Gips-Kleber/Spachtel
2 Alba Vollgipsplatten

*1 Mortier de plâtre Alba ou Colle/lissage plâtre Alba*
*2 Carreaux de plâtre massifs Alba*

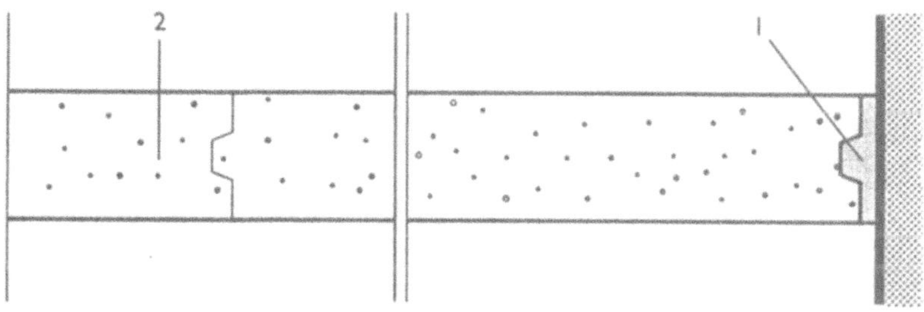


| Code/Code | cm | cm (max) | | kg/m² | R'w dB | F |
|---|---|---|---|---|---|---|
| A 6 | 6 | 300 | 300 | 60 | 34 | F 90 |
| A 8 | 8 | 400 | 400 | 80 | 38 | F 120 |
| A 10 | 10 | 500 | 500 | 100 | 40 | F 120 |
| A 14 | 14 | 700 | 600 | 140 | 45 | F 240 |

Beiblatt 3.27 - Mehrschaliges Wandsystem mit Vollgipsplatten [Gips]

## Mehrschalige Wände (Alba + Albaphon)

## *Cloisons composites (Alba + Albaphon)*

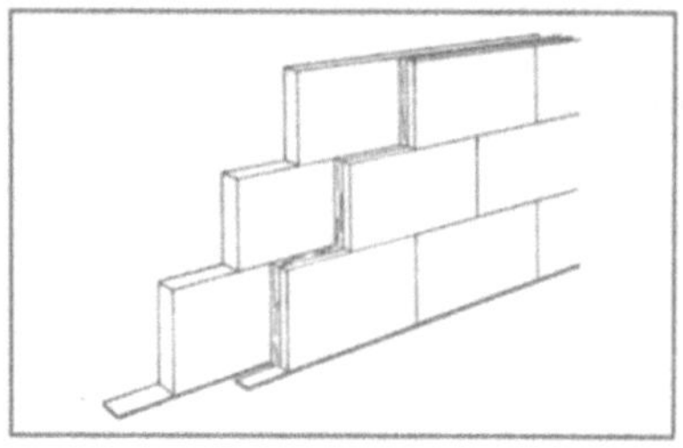

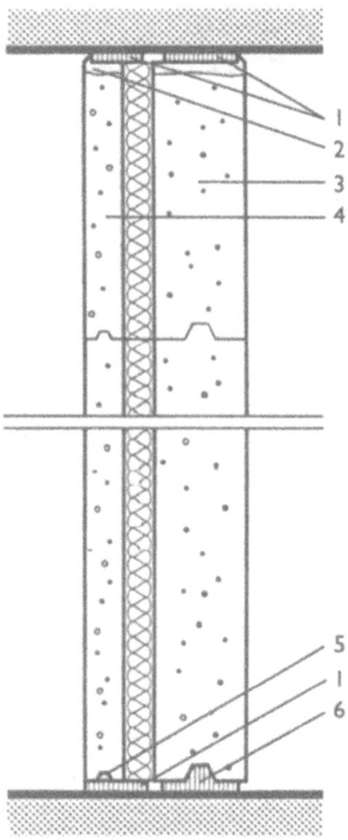


1 Pronouvo Presskorkstreifen
2 Alba Gips-Mörtel oder Alba Gips-Kleber/Spachtel
3 Alba Vollgipsplatten
4 Albaphon-Verbundplatten mit Mineralfaserdämmstoff
5 Alba Gips-Kleber/Spachtel
6 Pronouvo Presskorkprofil

*1 Bande de liège comprimé Pronouvo*
*2 Mortier de plâtre Alba ou Colle/lissage plâtre Alba*
*3 Carreaux de plâtre massifs Alba*
*4 Panneaux composites Albaphon avec isolation en laine minérale*
*5 Colle/lissage plâtre Alba*
*6 Profilé de liège comprimé Pronouvo*

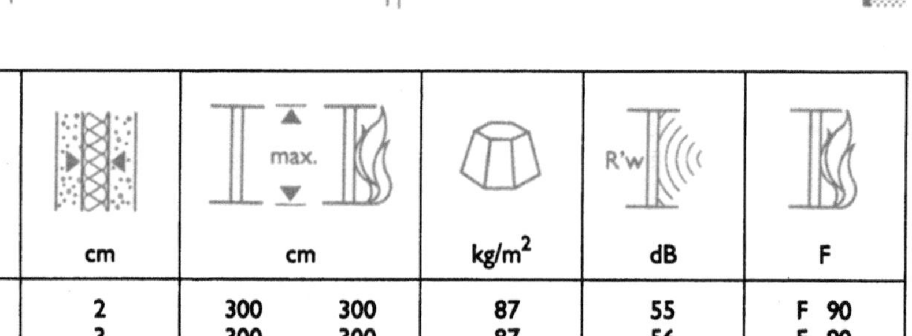


| Code/*Code* | cm | cm | cm | cm (max.) | | kg/m² | R'w dB | F |
|---|---|---|---|---|---|---|---|---|
| A 6 + AP 4,5 | 10,5 | 6 + 2,5 | 2 | 300 | 300 | 87 | 55 | F 90 |
| A 6 + AP 5,5 | 11,5 | 6 + 2,5 | 3 | 300 | 300 | 87 | 56 | F 90 |
| A 6 + AP 6 | 12 | 6 + 4,0 | 2 | 300 | 300 | 102 | 54 | F 90 |
| A 6 + AP 7 | 13 | 6 + 4 | 3 | 300 | 300 | 102 | 55 | F 90 |
| A 6 + AP 8 | 14 | 6 + 4 | 4 | 300 | 300 | 103 | 54 | F 90 |
| A 8 + AP 4,5 | 12,5 | 8 + 2,5 | 2 | 400 | 400 | 107 | 54 | F 120 |
| A 8 + AP 6 | 14 | 8 + 4,0 | 2 | 400 | 400 | 122 | 55 | F 120 |
| A 10 + AP 4,5 | 14,5 | 10 + 2,5 | 2 | 500 | 500 | 127 | 54 | F 120 |
| A 10 + AP 6 | 16 | 10 + 4,0 | 2 | 500 | 500 | 142 | 54 | F 120 |

## Beiblatt 3.28 - Leichtbau-Einfachständerwand [Gips]

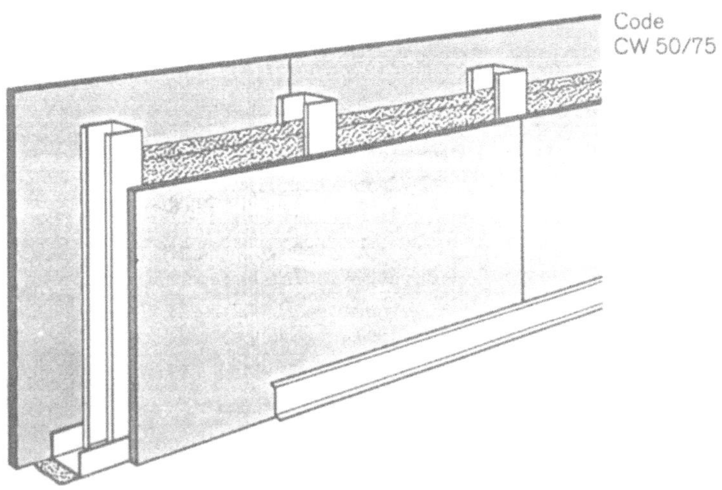


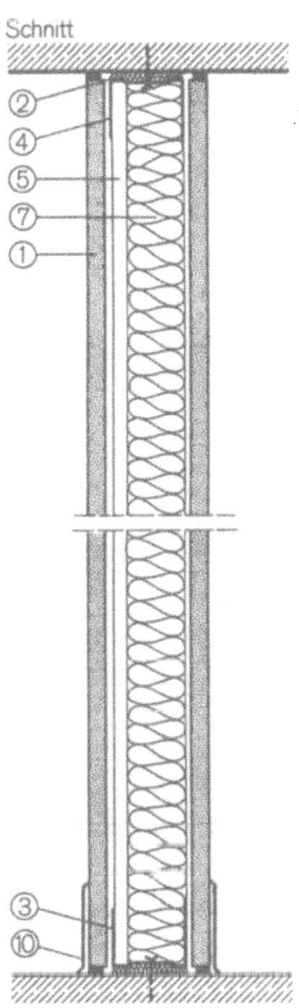


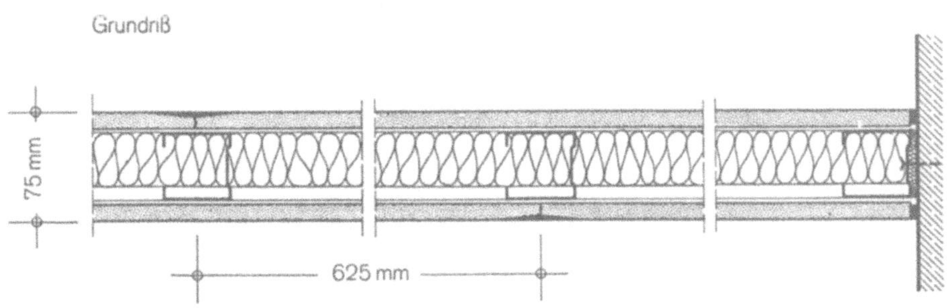


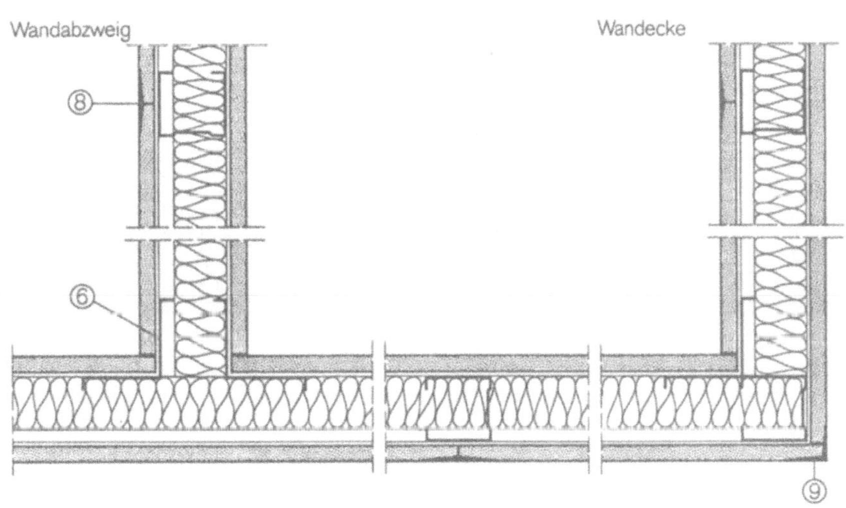


① Rigips-Platten, Dicke 12,5 mm
② Anschlußdichtung
③ Bodenanschluß UW 50-06
④ Deckenanschluß UW 50-06
⑤ Ständer CW 50-06
⑥ Inneneckprofil LW 60/60-06
⑦ Mineralfaser, Dicke min. 40 mm
⑧ Fugenverspachtelung
⑨ Kantenschutzleiste/ Alux-Kantenschutz eingespachtelt
⑩ Sockelleiste

## Beiblatt 3.29 - Flachdächer: Kiesklebedächer [Zim]

5 Flachdächer
5/2 Konstruktionsgrundlagen
5/2.3 Beispiele Dachaufbau

PHYS

Traditionelles Kiesklebedach mit Abdichtung aus Bitumenpappe

Traditionelles Kiesklebedach
5/2.3 B Seite 1

### B Traditionelles Kiesklebedach

**Vorbemerkung:**

Die dargestellte Konstruktion ist nach heutigen Vorschriften nicht mehr zulässig. Sie war eine verbreitete Flachdachlösung der 60er und 70er Jahre. Im Hinblick auf notwendig werdende Sanierungen/Renovationen wird sie zusammen mit Verbesserungsmöglichkeiten hier aufgezeigt.

| Schichtaufbau von oben nach unten | | d mm | λ W/mK | d/λ m²K/W | d/λ$_D$ m²hPa/mg |
|---|---|---|---|---|---|
| Schutzschicht nach SIA 271 | Kies 16/32<br>Sand | 40<br>20 | -<br>- | -<br>- | -<br>- |
| 3 Lagen Bitumendachbahn F3/J3/V60 + 3 Bitumenanstriche | | 10 | - | - | 335 |
| Korkplatten | | 50 | 0,042 | 1,19 | 0,6 |
| Dampfsperre V 60 | | 3,5 | - | - | 200 |
| Stahlbetondecke | | 180 | 1,8 | 0,1 | 26 |
| Innenputz | | 10 | 0,7 | 0,014 | 0,1 |

**Bauphysikalische Kenndaten**

Kondensierende Wassermenge
Austrocknende Wassermenge

$k$ = 0,68 W/m²K
$G_K$ = 5,3 g/m²a
$G_A$ = 6,77 g/m²a

**Bemerkungen:**

Diffusionstechnisch ist der Dachaufbau kritisch, obwohl die Rechnung nach Glaser keine Kondensatanreicherung ergibt.

Geht man davon aus, dass in schweizerischem Normalklima die Sandschicht immer feucht bleibt, kann keine Austrocknung nach aussen erfolgen. Die nach innen austrocknende Wassermenge beträgt rechnerisch nur 3,14 g/m²$_a$, was Kondensatanreicherung unter der Dachhaut zur Folge hätte.

Die Tatsache, dass bei zahlreichen derartigen Dächern Durchwurzelungsschäden aufgetreten sind, lässt den Schluss zu, dass in der Praxis die wasseraufnehmende Korkdämmung oft in einem für Pflanzenwurzeln "anziehenden" Umfang durchfeuchtet ist.

Kritisch bei den früheren Konstruktionen sind insbesondere ungenügende Zahl/zu grosser Abstand der Dilatationsfugen in den Winkelblechen beim Dachanschluss. Abstossen der Dachhaut ist eine häufige Schadensursache bei diesem Dachtyp. Gemäss neuer SIA 271 (1986) sind engere Abstände der Dilatationen vorgeschrieben.

Die Bitumendachbahnen gelten nicht als sicher gegen Durchwurzelung. Trotz Schutzmörtel suchen sich Wurzeln ihren Weg durch Fugen und Anschlüsse.

5 Flachdächer
5/2 Konstruktionsgrundlagen
5/2.3 Beispiele Dachaufbau

PHYS

Sanierung des Kiesklebedaches durch zusätzliche Dämmung und Dachhaut (Doppeldach)

Traditionelles Kiesklebedach
5/2.3 B Seite 3

### Kiesklebedach, als Doppeldach saniert

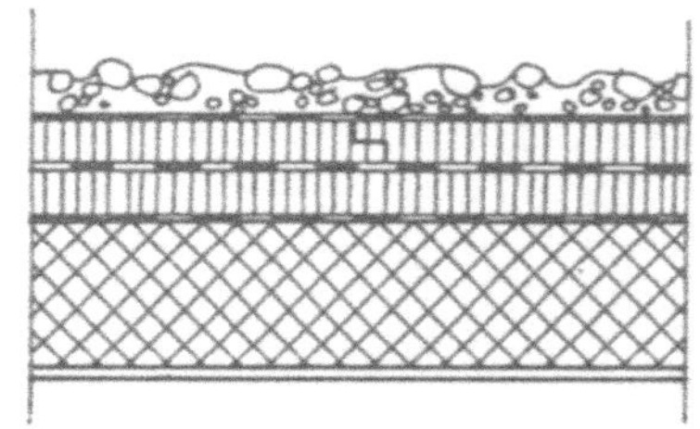

**Vorbemerkung:**

Die wärmetechnische Sanierung des Kiesklebedaches mit k = 0,68 W/m²K wird für die Varianten Grenzwert = 0,4 W/m²K und Zielwert = 0,3 W/m²K berechnet. Eine Verbesserung auf nur k = 0,5 scheint vom Aufwand her nicht gerechtfertigt.

Vor Sanierungsentscheid muss die Auswirkung der Dämmschichtdicke auf Spengleranschlüsse und allfällige Dachausgänge überprüft werden. Eine Änderung der Spengleranschlüsse ist infolge der neuen Abdichtungsschicht unumgänglich.

| Schichtaufbau von oben nach unten | d mm | λ W/mK | d/λ m²K/W | d/λD m²hPa/mg |
|---|---|---|---|---|
| Kies 8/16 oder 16/32 | 50 | - | - | - |
| Abdichtung, z.B. Sarnafil G 410-12 | 1,2 | - | - | 21,5 |
| Polyurethanschaum (λ = Rechenwert nach SIA 279) | 50 | 0,028 | 1,785 | 4,7 |
| 3 Lagen Bitumendachbahn (vorhanden) F3/J3/V 60 + 3 Bitumenanstriche | 10 | - | - | 335 |
| Korkplatten (vorhanden) | 50 | 0,042 | 1,19 | 0,6 |
| Dampfsperre V 60 (vorhanden) | 3,5 | - | - | 200 |
| Stahlbetondecke | 180 | 1,8 | 0,1 | 26 |
| Innenputz | 10 | 0,7 | 0,014 | 0,1 |

**Bauphysikalische Kenndaten**

Für neue Dämmschicht d = 50 mm

Für neue Dämmschicht d = 30 mm

**k = 0,30 W/m²K**
**Kein Kondensat**

**k = 0,39 W/m²K**
**Kein Kondensat**

Variante Dämmung Polystyrol expandiert, z.B. Sarnatherm d = 70 mm
d = 40 mm

**k = 0,29 W/m²K**
**k = 0,39 W/m²K**
**Kein Kondensat**

**Bemerkungen:**
Hier handelt es sich nicht nur um eine wärmetechnische Verbesserung, sondern um eine echte Dachsanierung.

Der Aufbau einer neuen Abdichtungsschicht ist nur sinnvoll, wenn die vorhandene Korkdämmung nicht oder nur unwesentlich durchfeuchtet ist.

Überprüfung durch:
- Sondieröffnungen im Dachaufbau
- Innenthermografie (im Winter)

Bei Änderung der Spenglerarbeiten am Dachrand ist sinnvollerweise eine gleichzeitige oder spätere Fassadensanierung mit zusätzlicher Aussendämmung (verputzt oder hinterlüftet) zu untersuchen und entsprechend vorzubereiten.

## Beiblatt 3.30 - Flachdächer: Abdichtung mit Polymerbitumenbahnen [Zim]

5 Flachdächer
5/2 Konstruktionsgrundlagen
5/2.3 Beispiele Dachaufbau

PHYS

Abdichtung mit Polymerbitumenbahnen, 2lagig, Polyurethanschaumdämmung

Polymerbitumenbahnen 5/2.3 C Seite 1

### C Polymerbitumenbahnen als Abdichtungsschicht/PU-Dämmung

**Vorbemerkung:**

Die Abdichtungsschicht kann auf die kaschierten Polyurethanschaumplatten ohne Trennlage aufgebracht werden.

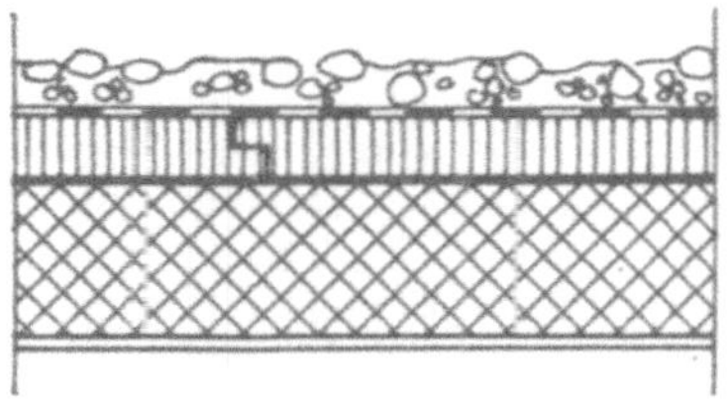

| Schichtaufbau von oben nach unten | d mm | $\lambda$ W/mK | $d/\lambda_D$ m²hPa/mg |
|---|---|---|---|
| Kies 16/32 (kann ohne Trennlage aufgebracht werden) | 50 | - | - |
| 2 Lagen Polymerbitumendachbahn, verklebt | > 7 | - | ca. 500 |
| Polyurethanschaumplatten, kaschiert $\lambda$-Rechenwert nach SIA 279 | 50–90 | 0,028 | ca. 5 |
| Dampfsperre V 60 | 3,5 | - | ca. 200 |
| Stahlbeton | 180 | 1,8 | ca. 26 |
| Innenputz | 10 | 0,7 | ca. 0,1 |

**Wärmedämmung/k-Werte**

| Dämmschichtdicke in mm | | |
|---|---|---|
| | d = 50 | k = 0,49 W/m²K |
| | d = 70 | k = 0,36 W/m²K |
| | d = 90 | k = 0,28 W/m²K |

**Beurteilung des Diffusionsverhaltens**

Mit den angesetzten $d/\lambda_D$-Werten ergibt die Berechnung nach Glaser:

$G_K = 5{,}4\ g/m^2$
$G_A = 5{,}7\ g/m^2$

Das Diffusionsgleichgewicht muss als labil betrachtet werden. Kondensationsmenge und austrocknende Wassermenge liegen sehr nahe beisammen. Angesichts der Ungenauigkeiten der Diffusionswiderstände (z.B. Dicke des Heissbitumenanstriches zwischen den Abdichtungsbahnen) ist die Austrocknung nicht mit Sicherheit garantiert.

Die Praxis hat gezeigt, dass für den Normalfall das Diffusionsverhalten toleriert werden kann. Zur Sicherheit sollte – insbesondere z.B. über Nassräumen/Küchen – eine stärkere Dampfsperre eingesetzt werden. Der Einfluss unterschiedlicher Dämmschichtdicken auf die Dampfdiffusion kann angesichts der Grössenordnungsunterschiede und der Ungenauigkeiten der Werte von Dampfsperre/Abdichtung vernachlässigt werden.

Werden die Wärmedämmplatten vollflächig aufgeklebt, verbessert die Bitumenschicht die Wirkung der Dampfsperre, die Sicherheit der Austrocknung wird grösser.

---

5 Flachdächer
5/2 Konstruktionsgrundlagen
5/2.3 Beispiele Dachaufbau

Polymerbitumenbahnen 5/2.3 C Seite 4

Abdichtung mit Polymerbitumenbahnen, 2lagig, Schaumglasdämmung

### Polymerbitumenbahnen als Abdichtung, Schaumglasdämmung

**Kompaktdach**

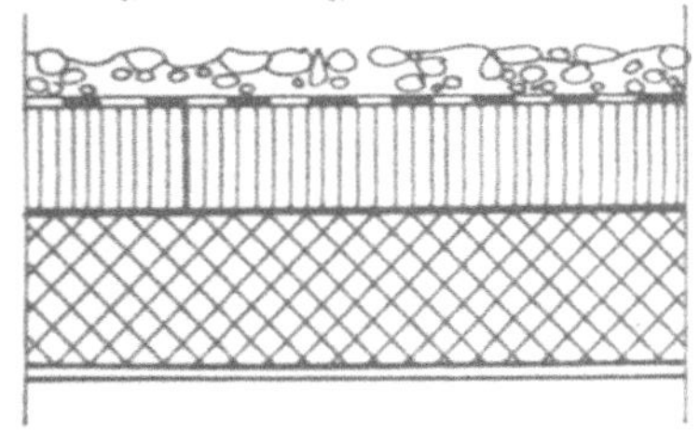

| Schichtaufbau von oben nach unten | d mm | $\lambda$ W/mK | $d/\lambda_D$ m²hPa/mg |
|---|---|---|---|
| Kies 16/32 (kann ohne Trennlage aufgebracht werden) | 50 | - | - |
| 2 Lagen Polymerbitumenbahn, verklebt, 1. Lage vollflächig auf Schaumglasdämmung geklebt | > 7 | - | ca. 500 |
| Schaumglasdämmung, in Heissbitumen vollflächig eingeschwommen, Stossfugen mit Heissbitumen satt ausgegossen. $\lambda$ = Messwert Foamglas T4 | 70–120 | 0,04 | ∞ |
| Stahlbetondecke | 180 | 1,8 | ca. 26 |
| Innenputz | 10 | 0,7 | ca. 0,1 |

**Wärmedämmung/k-Werte**

| Dämmschichtdicke in mm | | |
|---|---|---|
| | d = 120 | k = 0,3 W/m²K |
| | d = 90 | k = 0,39 W/m²K |
| | d = 70 | k = 0,49 W/m²K |

**Beurteilung des Diffusionsverhaltens**

Die Schaumglasdämmung stellt gleichzeitig eine absolute Dampfsperre dar. Kondensationsprobleme entfallen.

Weiterer Vorteil des Kompaktdaches mit Schaumglas ist die Unterlaufsicherheit. Bei korrekter Ausführung, d.h. vollständigem Verguss aller Fugen, kann auch bei einer Perforation der Abdichtungsschicht kein Wasser in die Dachkonstruktion eindringen und sich insbesondere nicht unkontrolliert im Dachaufbau verteilen. Abschottungen können entfallen.

# Beiblatt 3.31 - Flachdächer: Abdichtung mit Kunststoffbahnen, Umkehrdach [Zim]

5 Flachdächer
5/2 Konstruktionsgrundlagen
5/2.3 Beispiele Dachaufbau

Abdichtungsschicht aus hochpolymeren Kunststoffolien, 1lagig

Foliendächer
5/2.3 D Seite 1

## D Kunststoff-Dachbahnen als Abdichtungsschicht

| Schichtaufbau von oben nach unten | d mm | λW/mK | $d/\lambda_D$ m²hPa/mg |
|---|---|---|---|
| Kies 16/32 (kann ohne Trennlage verlegt werden) | 50 | - | - |
| PVC-Dachbahn z.B. Sarnafil | 1,2–3,0 | - | 21,5–87,7 |
| z.B. Sikaplan | 1,2–1,5 | - | 37,5–47 |
| Polyethylen-Dachbahn z.B. Hypalon | 1,3–1,5 | - | 50 – |
| Trennlage | je nach Dämmaterial erforderlich * | | |
| Wärmedämmung | Alle Materialien. Dicken siehe 5/2.1 A S. 4 | | |
| Dampfsperre V 60 | 3,5 | - | ca. 200 |
| Stahlbetondecke | 180 | 1,8 | ca. 26 |
| Innenputz | 10 | 0,7 | ca. 0,1 |

* Trennlagen sind erforderlich über unkaschierten Polystyrolplatten und Schaumglas (z.B. Glasvlies) und bitumenhaltigen Korkplatten (z.B. Polyesterfilz Sarnafelt T)

**Beurteilung des Diffusionsverhaltens:**

Kunststoff-Dachbahnen sind wesentlich dampfdurchlässiger als Bitumen- und Polymerbitumenbahnen. Sie sind diffusionstechnisch unproblematischer.

Im Normalfall genügt bei Foliendächern die gemäss SIA 271 vorgeschriebene Mindestdampfsperre mit u . d = 130 bzw. $d/\lambda_D$ ca. 200, d.h. eine lose verlegte V-60-Bitumenbahn.

Wie die folgenden Beispiele zeigen, reicht auch beim Extremfall Hallenbad (vgl. 5/2.3 C S. 3) eine einfache V-60-Dampfsperre aus, sofern eine Dachbahn mit niedrigem Diffusionswiderstand eingebaut wird.

Die Berechnungen sind am Beispiel verschiedener Sarnafil-Folien ausgeführt. Damit ist keine Empfehlung gegenüber im Prinzip gleichwertigen Konkurrenzprodukten beabsichtigt.

PHYS

5 Flachdächer
5/2 Konstruktionsgrundlagen
5/2.3 Beispiele Dachaufbau

Umkehrdach
5/2.3 E Seite 2

## Umkehrdach über Polymerbitumendachbahnen

**Vorbemerkung**

Aufbau des Umkehrdaches ist über sämtlichen Abdichtungsschichten möglich, sofern chemische Verträglichkeit zwischen Polystyrolplatten und Dachhaut gegeben ist.

Bei dicken Dämmschichten sind entsprechende Beschwerungsschichten aufzubringen (Richtwert Dicke Dämmschicht = Dicke Kiesschüttung). Die Gewichte der Beschwerung und die Höhe bei Dachterrassen/Terrassenausgängen bzw. am Dachrand sind zu beachten!

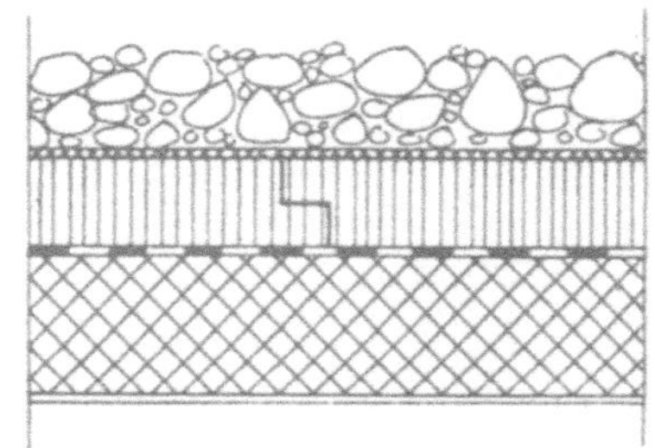

| Schichtaufbau von oben nach unten | d mm | W/mK | $d/\lambda_D$ m²hPa/mg |
|---|---|---|---|
| Beschwerung, Kiesschüttung entsprechend der Dicke der Dämmschicht, um Aufschwimmen zu verhindern | 120 | - | - |
| Dachvlies | - | - | - |
| Polystyrolplatten, extrud. Rechenwerte Roofmate SL, Stufenfalz | 120 | 0,032 | ca. 28 |
| Dachhaut 2 Lagen Polymerbitumenbahn, vollflächig verklebt | 7 | - | ca. 500 |
| Stahlbeton | 180 | 1,8 | ca. 26 |
| Innenputz | 10 | 0,7 | ca. 0,1 |

Wärmedämmung/k-Wert

| | | | |
|---|---|---|---|
| Gewünschter k-Wert W/m²K | 0,3 | 0,4 | 0,5 |
| Rechnerisch erforderliche Dämmschichtdicke mm | 98 | 71 | 55 |
| 20% Zuschlag gemäss SIA 271, mm | 19,6 | 14,2 | 11 |
| Mindestdicke inklusive Zuschlag, mm | 117,6 | 85,2 | 66 |
| Gewählte Dicke der Dämmplatte(n), mm | 120 | 90 | 70 |
| Vorhandener K-Wert W/m²K | 0,24 | 0,32 | 0,40 |

**Beurteilung des Diffusionsverhaltens**

Diffusionstechnisch gibt es keine Probleme, solange die Deckung der Wärmedämmung diffusionsoffen ist. Kondensatanreicherung in der Dämmplatte kann erfolgen z.B. durch Sandbett, in Mörtel verlegte Platten oder sonstige diffusionsbremsende Schutz- bzw. Nutzschicht.

## Beiblatt 3.32 - Normfenster: Holzfenster, Kunststoffenster [Zim]

6 Glas und Fenster
6/2 Konstruktionsgrundlagen
6/2.2 Fensterkonstruktionen

Vergleich von Normfenstern

Technische Beurteilungskriterien
6/2.2 C Seite 1/2

Detail links: Normkonstruktion Holzfenster Fa. B. Piatti AG, jetzt integriert in EgoKiefer AG, 9450 Altstätten SG

Detail rechts: Normkonstruktion Kunststoff-Fenster, Fa. EgoKiefer AG, 9450 Altstätten SG

Zeichnungen nach Firmenprospekten. Pfeile durch den Herausgeber.

### C Technische Beurteilungskriterien

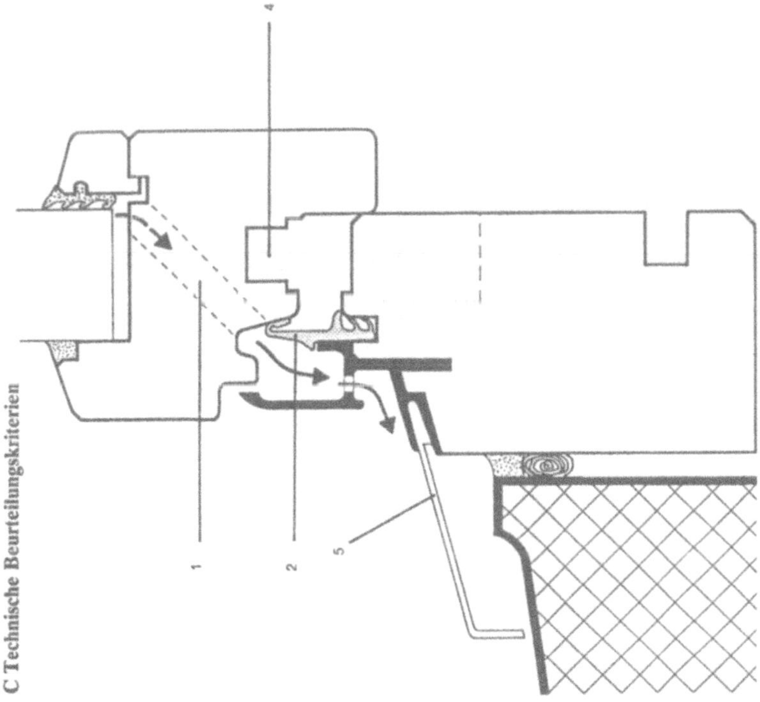


**Holzfenster unterer Anschluss M 1:1**

Normfenster Fa. B. Piatti AG, jetzt integriert in Fa. EgoKiefer AG, 9450 Altstätten

1. Glasfalzbelüftung/Entwässerung
2. Mitteldichtung, verhindert Zutritt feuchter Raumluft an die Regenschiene
4. Beschlägefalz
5. Einschiebbarer Wetterschenkel, auch in einem Stück mit Regenrinne lieferbar

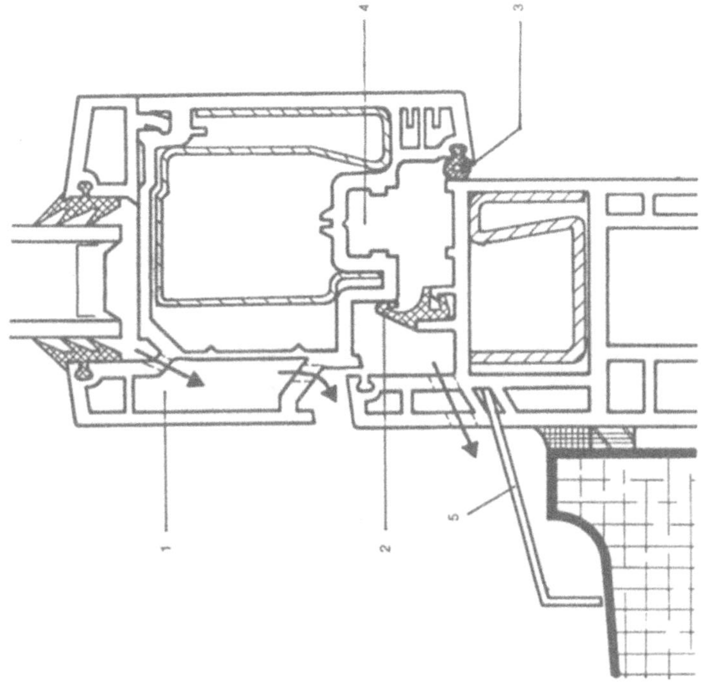


**Kunststoff-Fenster unterer Anschluss M 1:1**

Normfenster System Combidur EK, Fa. EgoKiefer AG, 9450 Altstätten

1. Glasfalzbelüftung/Entwässerung
2. Mitteldichtung
3. Innere Anschlagdichtung
4. Beschlägefalz
5. Einschiebbarer Wetterschenkel

## Beiblatt 3.33 - Normfenster: Stahlfenster, Aluminiumfenster [Zim]

6 Glas und Fenster
6/2 Konstruktionsgrundlagen
6/2.2 Fensterkonstruktionen

Vergleich von Normfenstern

**Technische Beurteilungskriterien**
**6/2.2 C Seite 3/4**

Detail links: Stahlfenster, System Janisol, Fa. Jansen AG, 9463 Oberriet SG
Teil des Janisol-Fassadensystems

Detail rechts: Aluminiumfenster, Serie Hueck 2.1, Fa. Eduart Hueck, D-5880 Lüdenscheid
Teil des umfassenden Fassadensystems

Zeichnungen nach Firmenprospekten. Pfeile durch den Herausgeber.

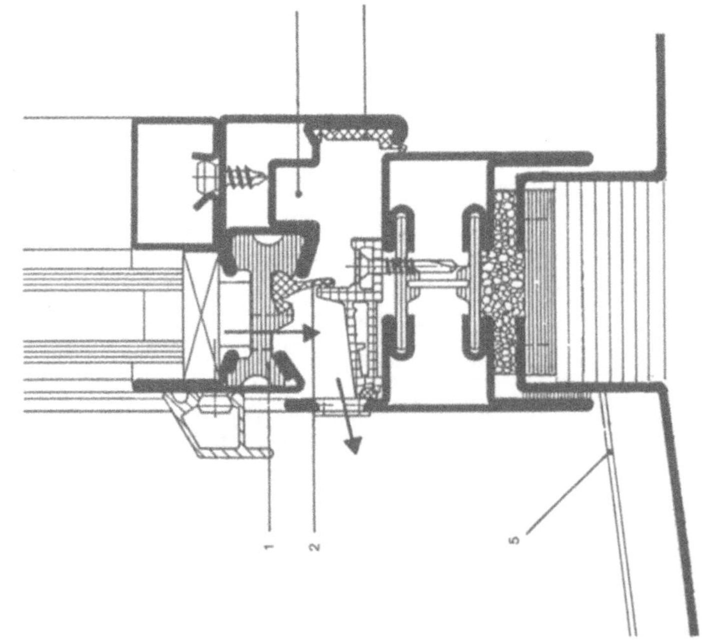


**Stahlfenster unterer Anschluss M 1:1**

Konstruktion der Fa. Jansen AG, 9463 Oberriet SG

1. Glasfalzbelüftung/Entwässerung durch Kunststoff-Verbindungsprofil
2. Mitteldichtung in Flügel eingebaut
3. Innere Anschlagdichtung
4. Beschlägefalz
5. Kein einschiebbarer Wetterschenkel. Brüstungsabdeckung ist integraler Teil der Fensterkonstruktion/des unteren Aufsatzpunktes

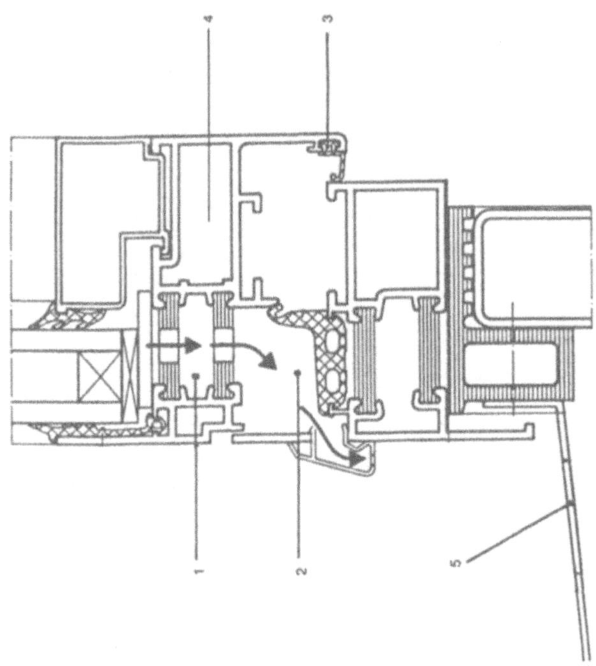


**Aluminiumfenster unterer Anschluss M 1:1**

Konstruktion der Fa. Hueck, D-5880 Lüdenscheid

1. Glasfalzentlüftung durch Kunststoff-Verbinder
2. Mitteldichtung
3. Innere Anschlagdichtung
4. Beschlagseinbau in Profilkammer bzw. in inneren Falzraum
5. Kein einschiebbarer Wetterschenkel. Brüstungsabdeckung ist integraler Teil der Fensterkonstruktion/des unteren Aufsatzpunktes

## Beiblatt 3.34 - Fenstereinbau: Isobloc-Aussenwand [Zim]

6 Glas und Fenster
6/3 Konstruktionsbeispiele Holzfenster
6/3.3 Beispiele Einbausituation

Anschlag gegen Anschlagsteine des isobloc-plus-Systems

**isobloc-plus**
**6/3.3 B Seite 1/2**

Typenkonstruktion mit isobloc-plus-Aussenwand, k-Wert verputzt = 0,32 W/m²K

Gezeichnet nach Firmendokumentation der Fa. AG Hunziker + Cie., 4601 Olten

**B Isobloc-Plus**

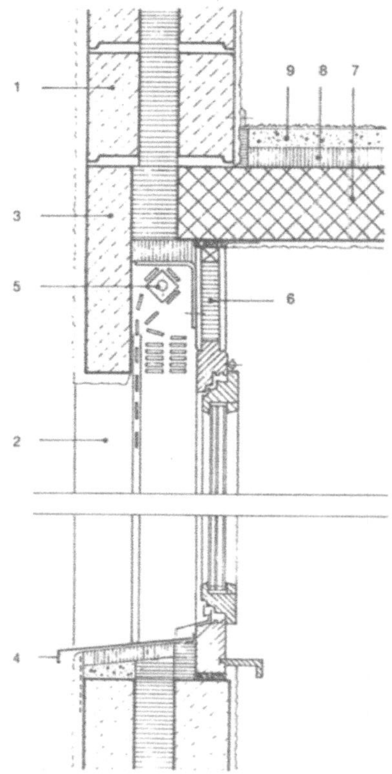


Vertikalschnitt M 1:10

Legende:

1. Mauerwerk aus isobloc-plus-Zweischalensteinen, Rohbaumass 32 cm
2. Anschlagsteine des isobloc-plus-Systems
3. Vorgefertigter Sturz aus Leca-Beton
4. Brüstungsabdeckung isoliert, Systemnorm der Fa. Wema AG, 8304 Wallisellen.
   Mit Klebemörtel aufgeklebt. Unter Brüstung hochgezogener Putz mit Glasseidennetz, alkalibeständig, armiert.
5. Faltrolladen
6. Verlängertes Rahmenholz mit 30 mm Polyurethanschaumdämmung. Raumseitige Dampfsperre
7. Betondecke
8. Trittschalldämmung
9. Unterlagsboden

Bauablauf:

Die Anschlagsteine werden vermauert. Nach dem Abbinden des Mörtels werden die Anschläge an den markierten Stellen mit der Trennscheibe angeschnitten und herausgeschlagen. Abglätten des Anschlages mit Mörtel.

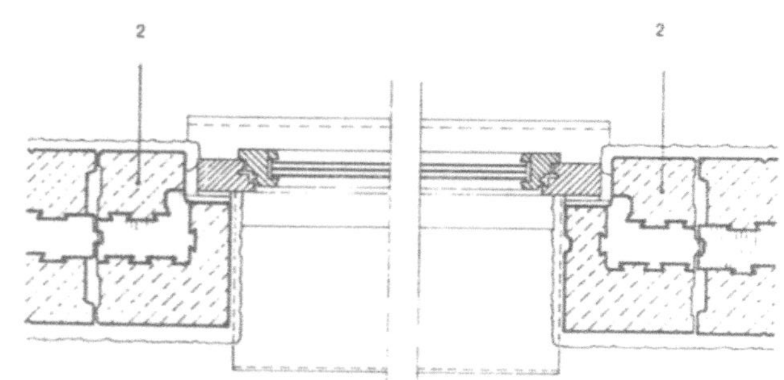


Horizontalschnitt M 1:10

## Beiblatt 3.35 - Fenstereinbau: Aussenwand mit Aussendämmung und hinterlüfteter Verkleidung [Zim]

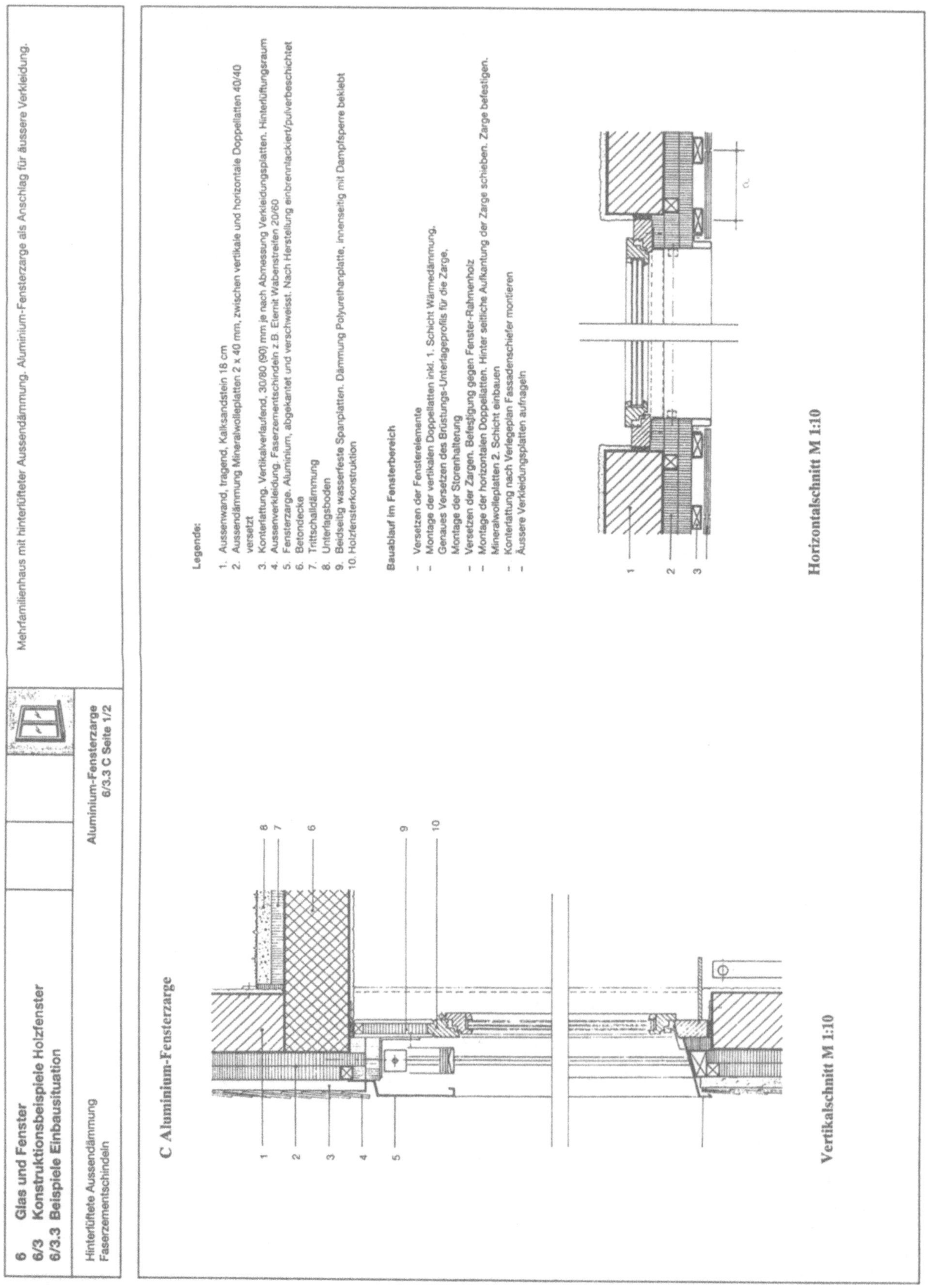

Beiblatt 3.36 - Schwimmende Unterlagsböden: Schalldämmung [Zim]

8 Geschossdecken
8/2 Konstruktionsgrundlagen Fussbodenaufbau
8/2.1 Schwimmende Unterlagsböden

Schalldämmung
8/2.1 B Seite 3

**Schalltechnisch richtiger Wandanschluss M 1:5**

**Detail mit weichem Gehbelag**

- Eingestellter Randstellreifen mit vorkonfektioniertem Anschluss an Abdichtungsfolie
- Randstreifen mit OK Unterlagsboden abgeschnitten
- Textiler Bodenbelag dämmt Sockelleiste gegen Unterlagsboden ab

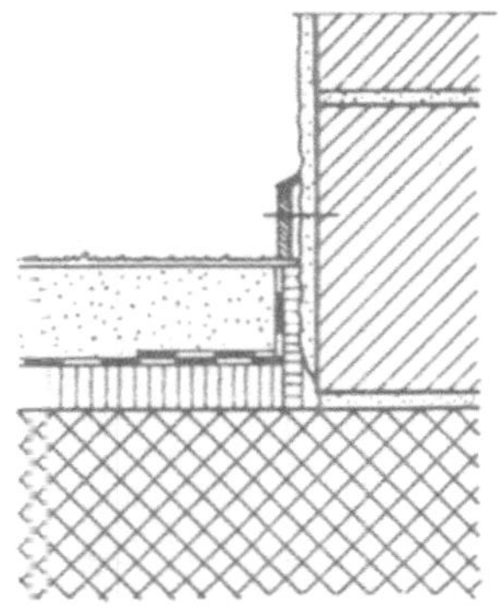

**Detail mit starrem Gehbelag**

- Randstellstreifen wie oben, mit OK Plattenbelag abgeschnitten!
- Sockelplatte gegen Wand geklebt, mit Kittfuge gegen Plattenbelag abgeschottet
- Kittfuge mit weicher Hinterlage

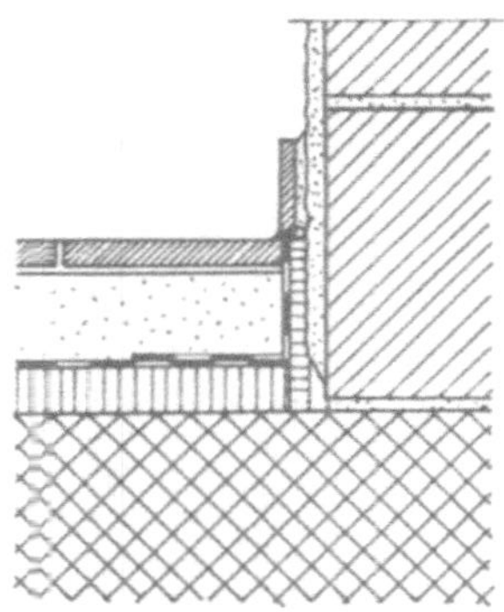

8 Geschossdecken
8/2 Konstruktionsgrundlagen Fussbodenaufbau
8/2.1 Schwimmende Unterlagsböden

Schalldämmung
8/2.1 B Seite 4

**Schalltechnische richtige Verlegung harter (Stahl-)Leitungen im Fussbodenaufbau**

"Weiche Leitungen", z.B. Elektro-Leerrohre, können ohne weitere Massnahmen in der Trittschalldämmung verlegt werden. Um die Gefahr der Rissbildung zu vermeiden (Querschnittschwächung des Unterlagsbodens bei unsorgfältiger Verlegung/Kreuzungen), ist auch dort die Verlegung nach nebenstehenden Details empfehlenswert.

**Optimale Lösung**

- Harte Leitungen auf Stahlbetondecke verlegt
- Um Übertragung von Leitungsgeräuschen zu verhindern, mit weicher Zwischenlage, z.B. Ethafoam oder Bitumenfilz, gegen Beton gedämmt
- Schüttung von z.B. Vermiculite oder erste Lage Trittschalldämmung bis OK Stahlrohr

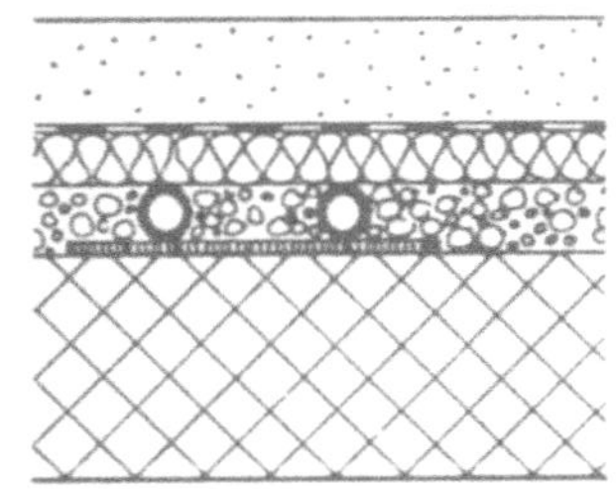

**Vereinfachte Lösung nach Gösele**
**Niedrigere Konstruktionshöhe**

- Nach Gösele genügt es, wenn harte Leitungen in der Trittschalldämmung verlegt werden
- Obere und untere Abschottung mit weicher Trennlage, z.B. Ethafoam oder Bitumenfilz

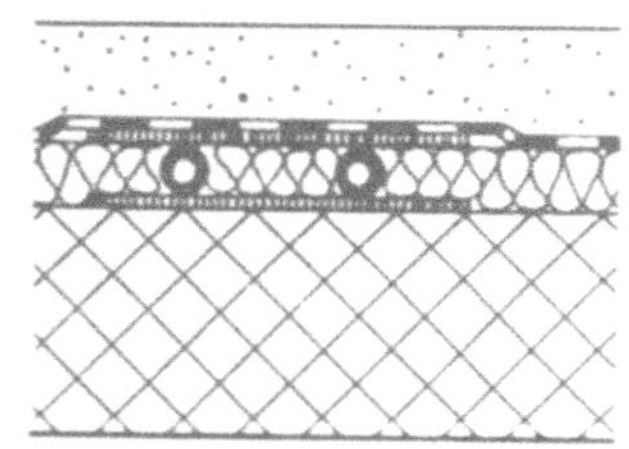

Beiblatt 3.37 - Ausbildung Sockelbereich: Beispiel 1 [Zim]

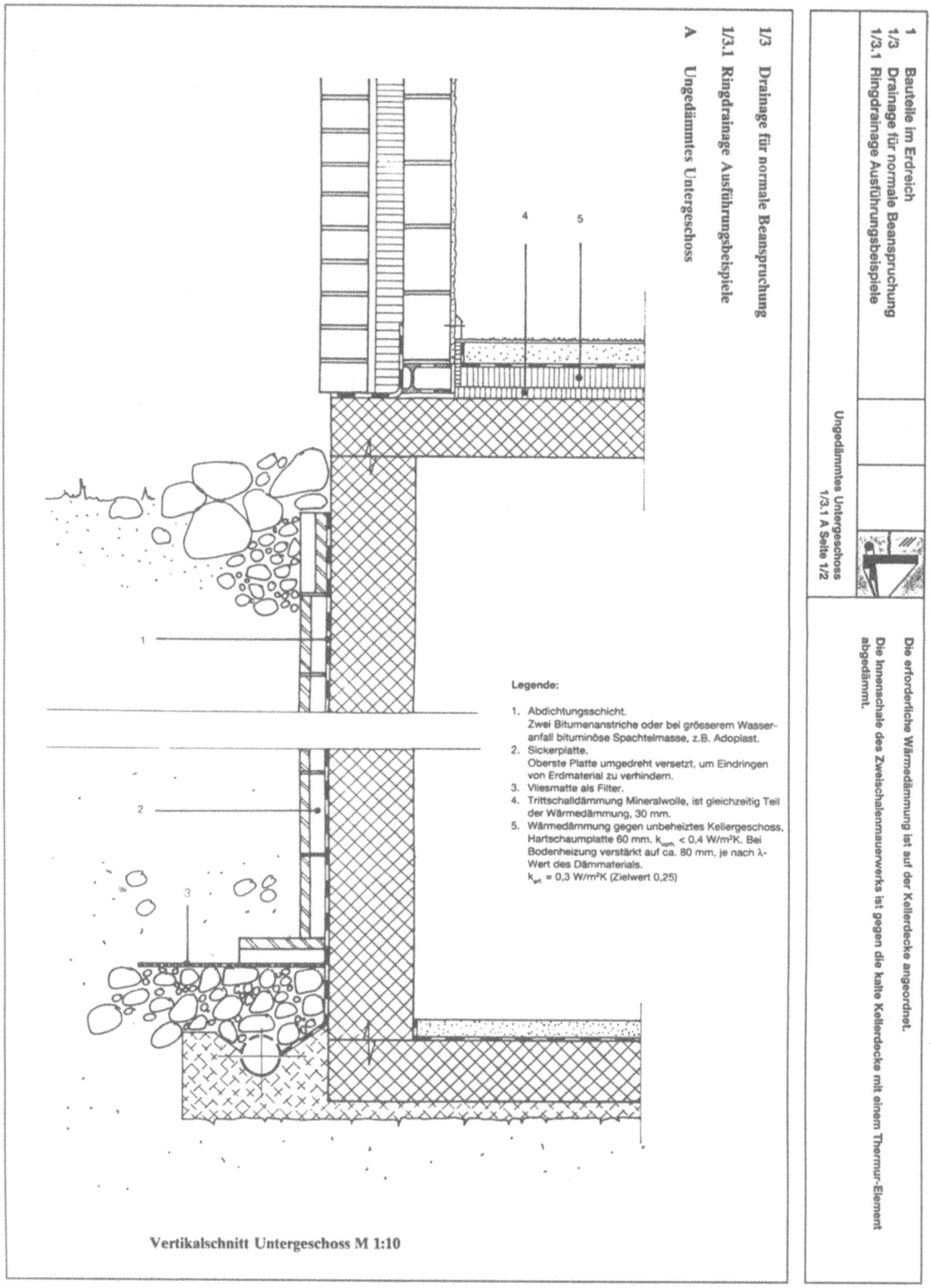


Vertikalschnitt Untergeschoss M 1:10

Beiblatt 3.38 - Ausbildung Sockelbereich: Beispiel 2 [Zim]

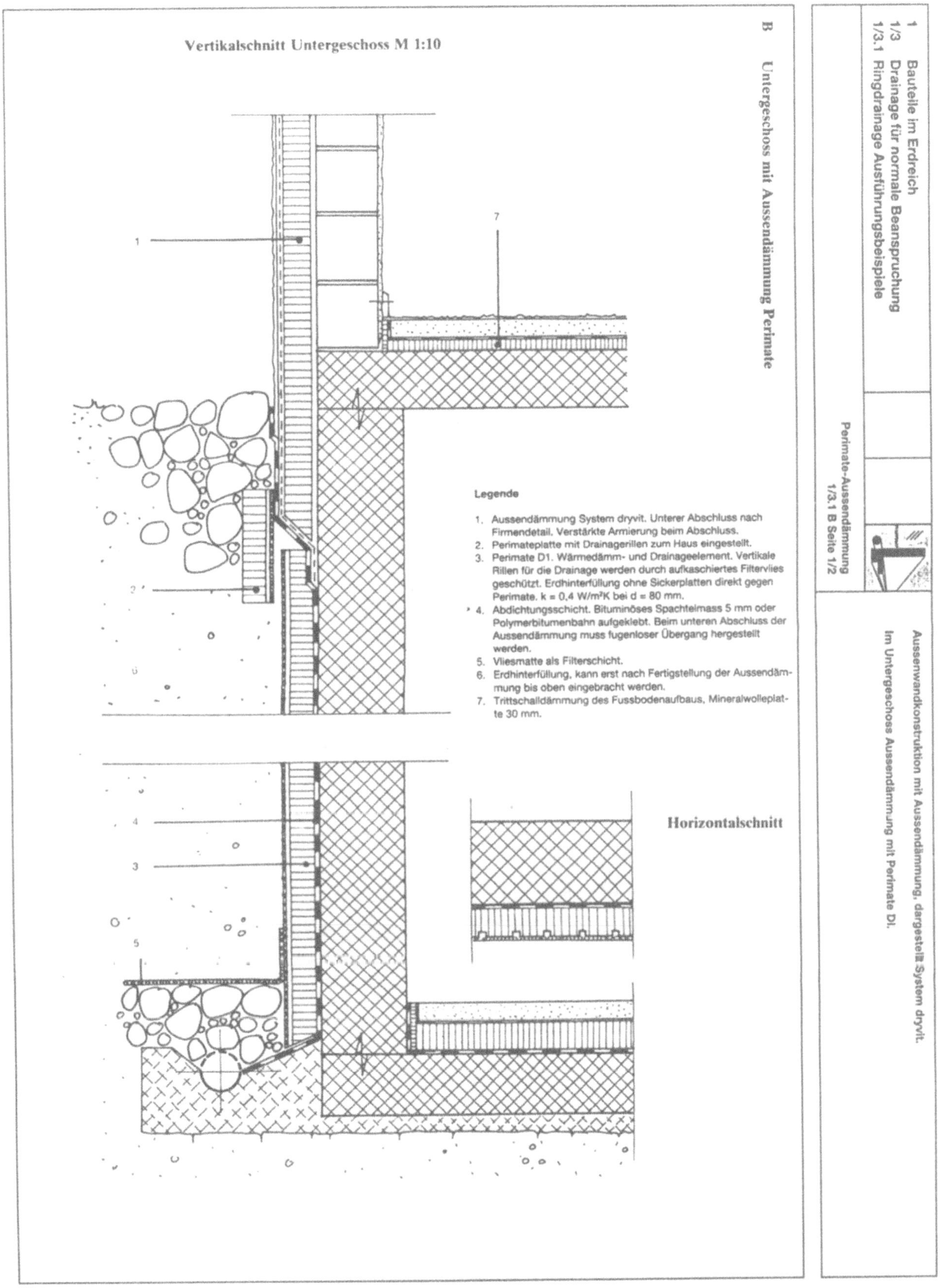

## Beiblatt 3.39 - Ausbildung Sockelbereich: Beispiel 3 [Zim]

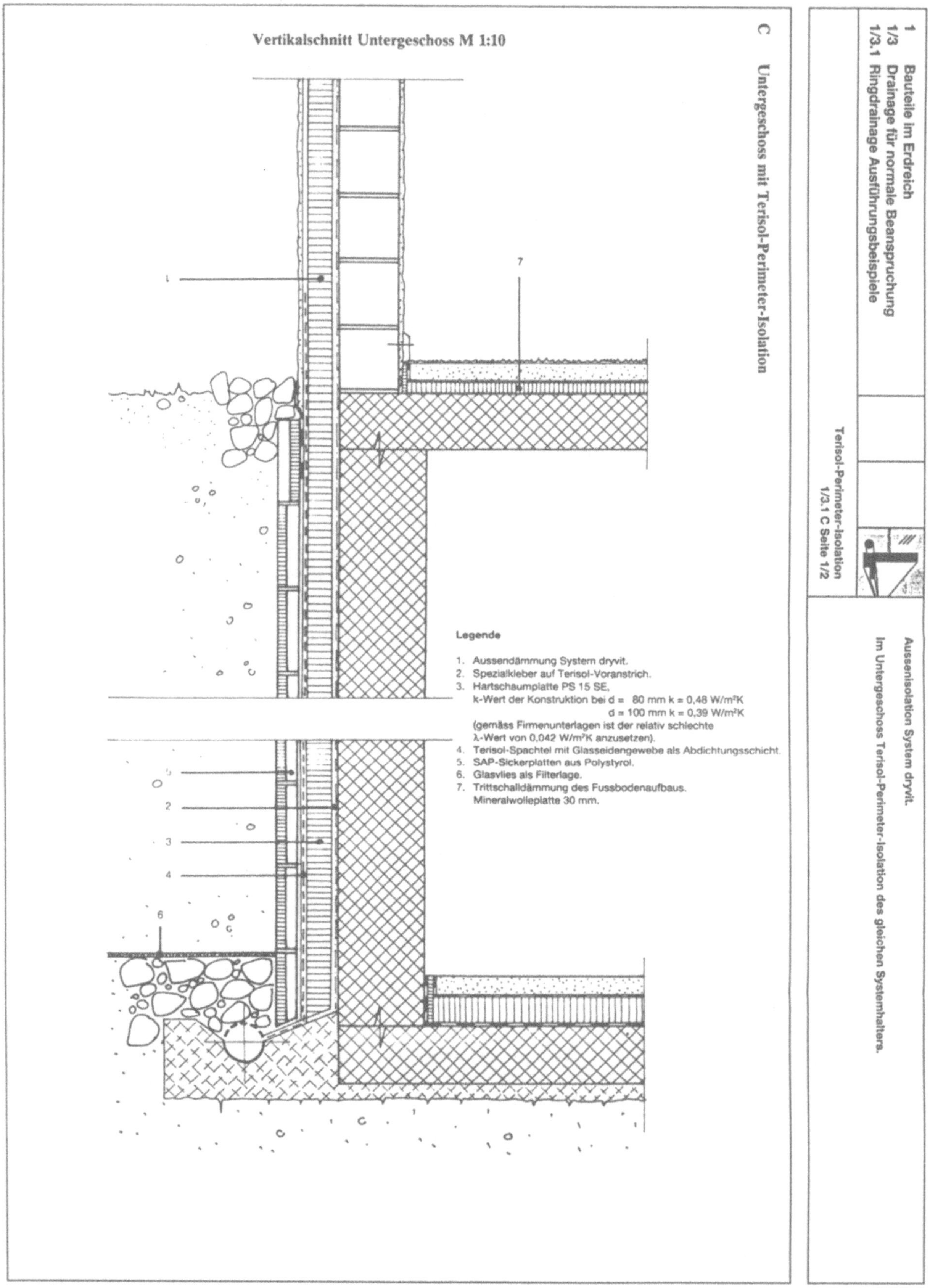

## Beiblatt 3.40 - Ausbildung Sockelbereich: Beispiel 4 [Zim]

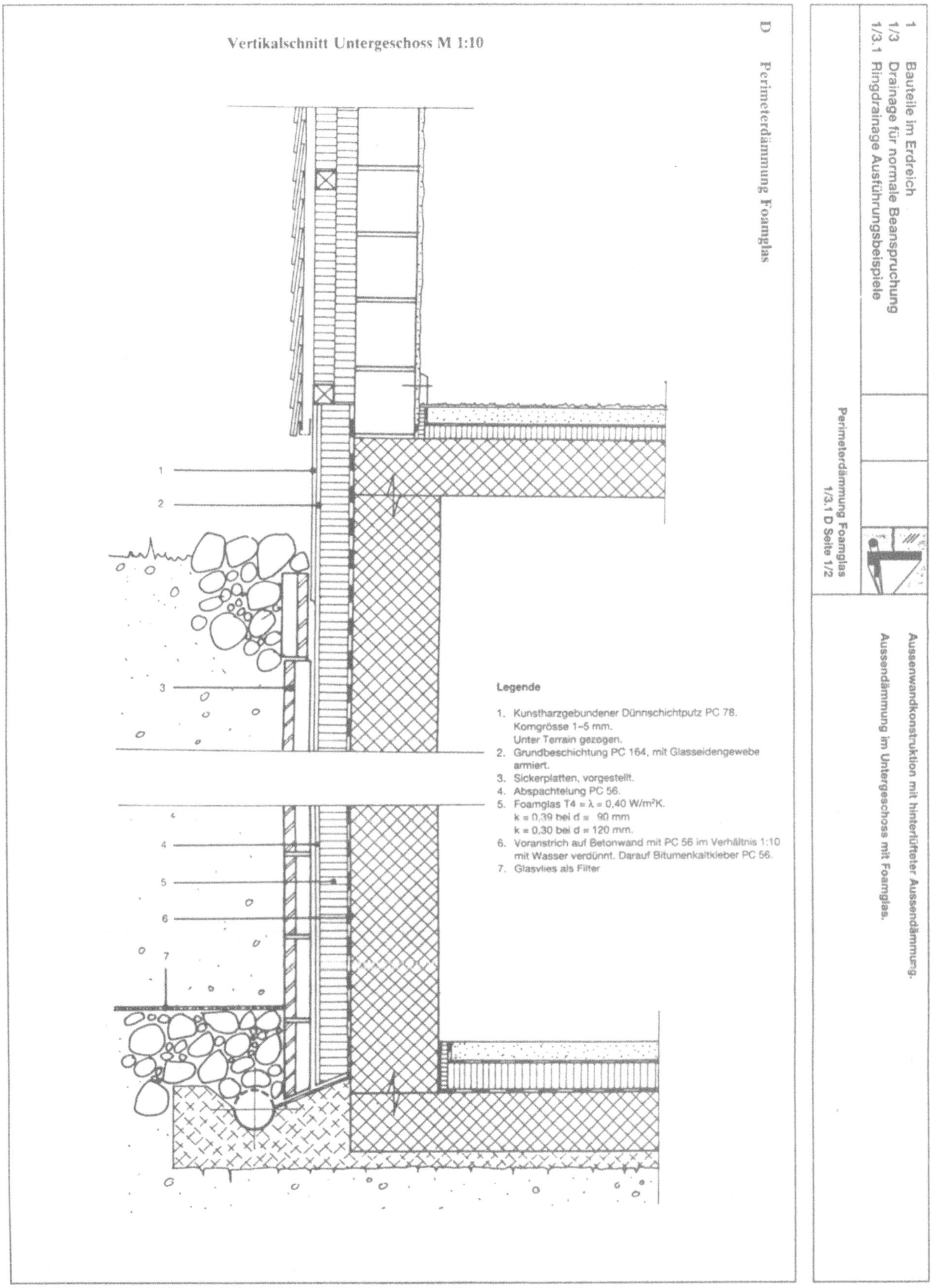

Beiblatt 3.41 - Typische Podesttreppe, Längsschnitt [Zim]

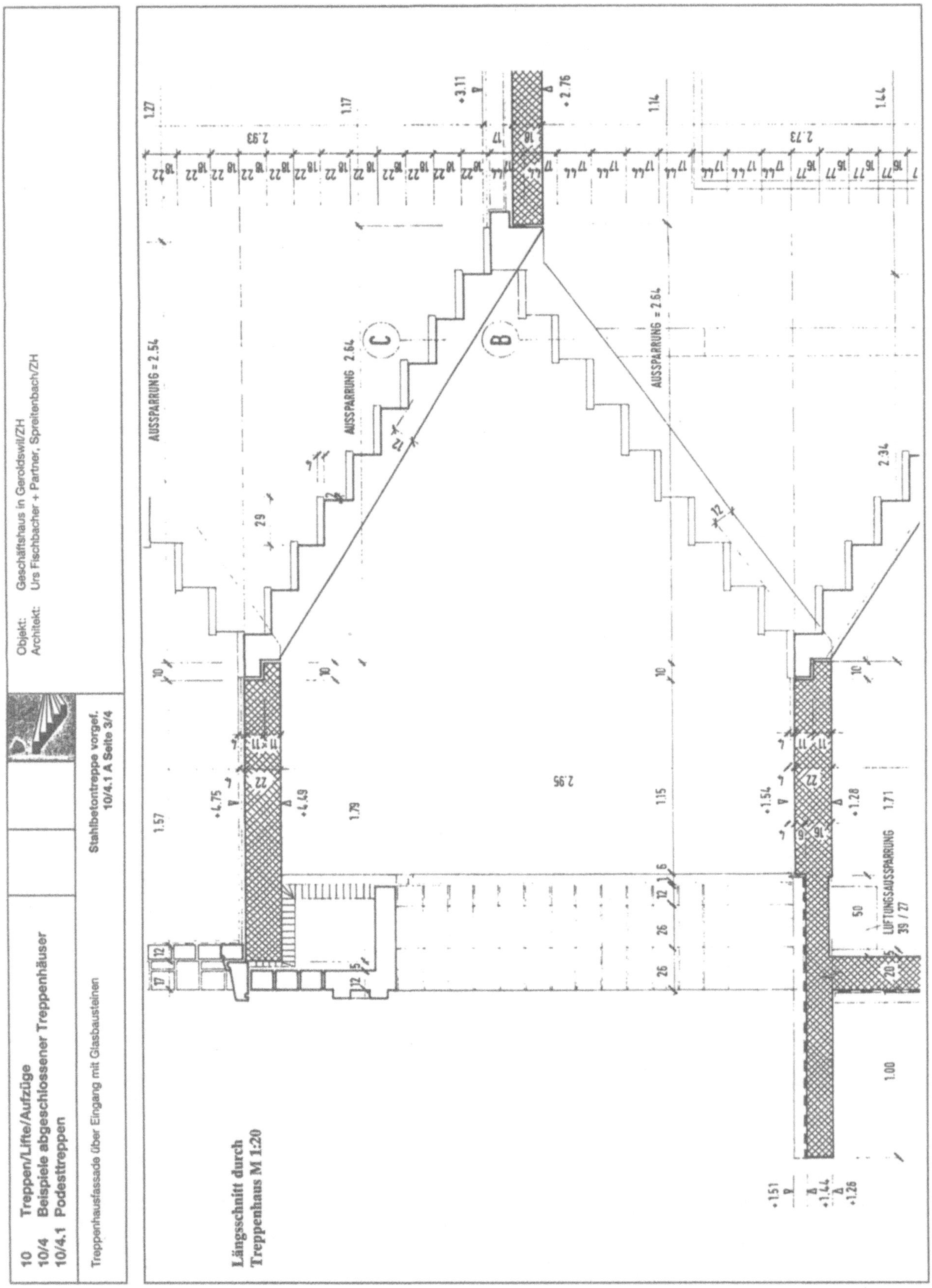

Beiblatt 3.42 - Typische Podesttreppe, Grundriss, Geländer [Zim]

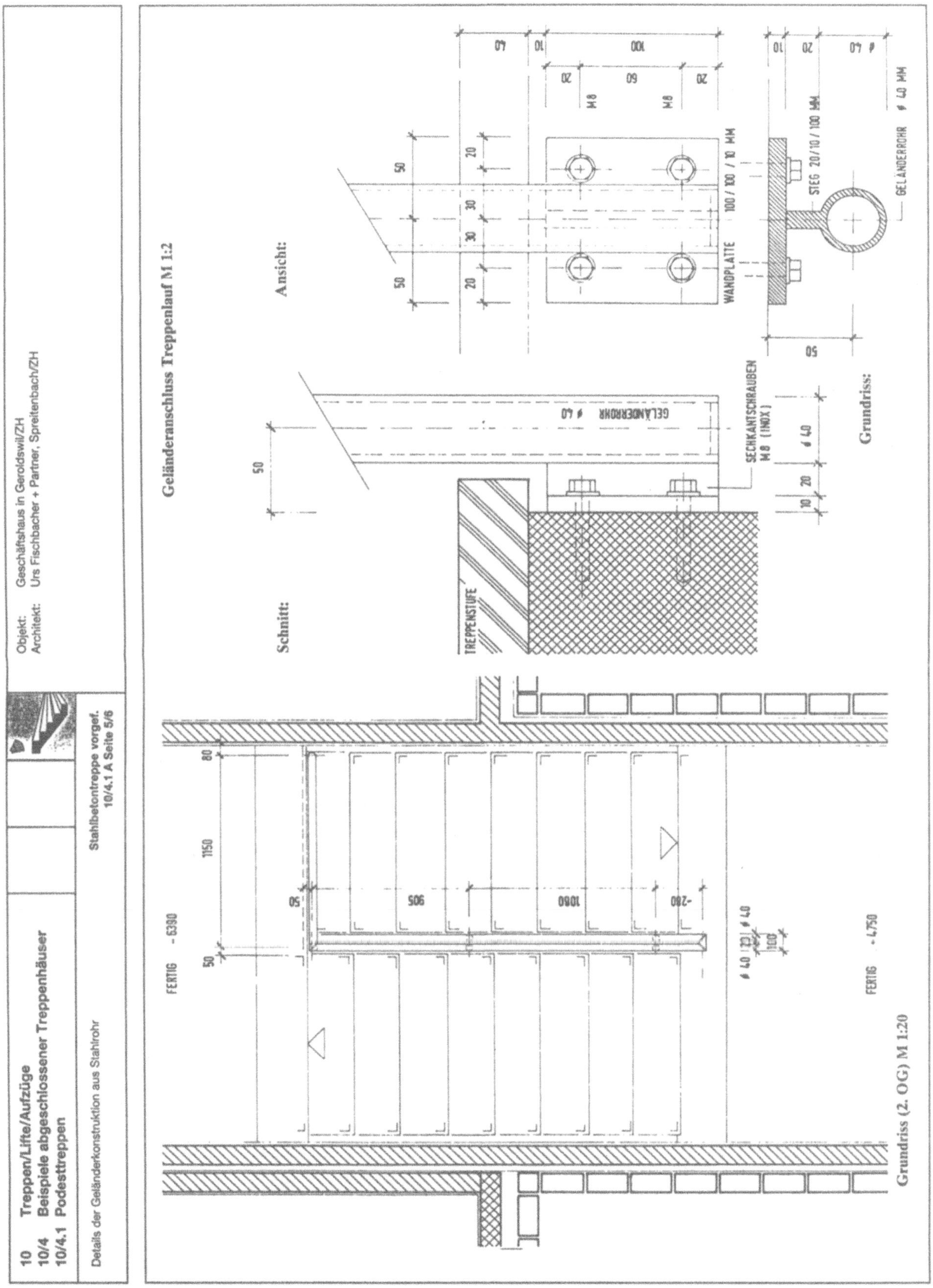

Beiblatt 3.43 - Einläufige Holztreppe [Zim]

10 Treppen/Lifte/Aufzüge
10/3 Beispiele interne Treppen
10/3.1 Einläufige Treppen

Traditionelle Holztreppe
10/3.1 A Seite 1/2

Wandwange gegen Mauerwerk befestigt. Freiwange unten auf Deckenbalken aufgesattelt, oben in Hängepfosten eingezapft, oben und unten mit Schraubbolzen gesichert.

Trittstufen und Setzstufen in Wangen eingestemmt. Zusammenschluss der Wangen durch Schraubbolzen. Unterseite der Treppe verschalt.

**10/3 Beispiele interne Treppen**

**10/3.1 Einläufige Treppen**

**A Traditionelle Holztreppe, eingestemmte Wangentreppe**

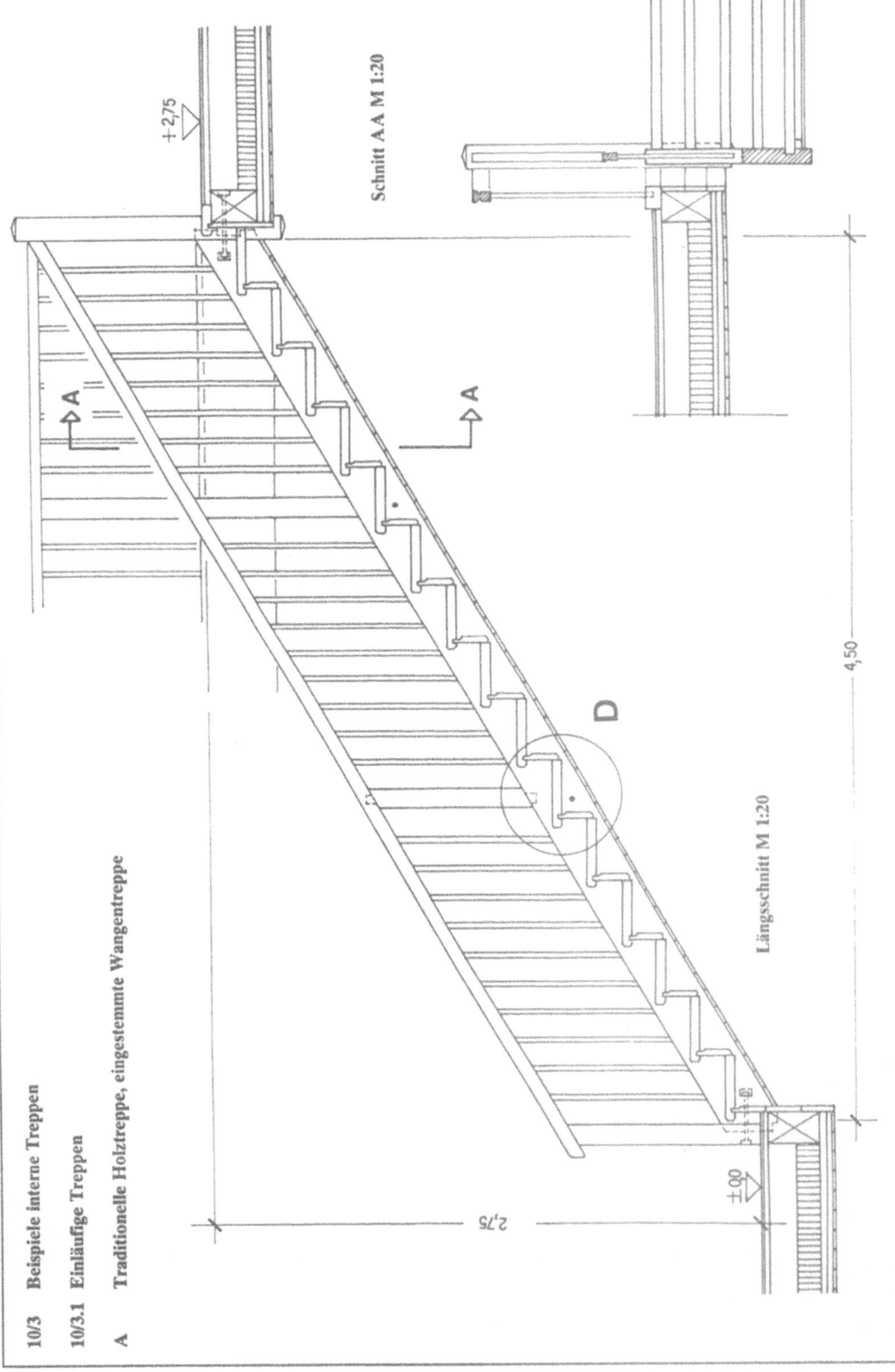

## Beiblatt 3.44 - Stahlwendeltreppe [Zim]

10 Treppen/Lifte/Aufzüge
10/3 Beispiele interne Treppen
10/3.3 Wendeltreppen

Treppengrundriss und Geländerverlauf

Stahlwendeltreppe
10/3.3 A Seite 1/2

Objekt: Geschäftshaus in Geroldswil/ZH
Architekt: Urs Fischbacher + Partner, Spreitenbach/ZH

**10/3.3 Wendeltreppen**

**A Stahlwendeltreppe in einem Geschäftshaus**

**Konstruktiver Aufbau:**
Wendeltreppe mit geschlossener Spindel.
Treppenstufen aus Stahlblech gefaltet und mit Gehbelag ausgegossen. Mit senkrechten Stegblechen gegen tragende Stahlrohrspindel geschweisst.
Austrittspodest in Stahlbeton, seitliche Schalung Stahlblech der Treppenkonstruktion

Steigungsverhältnis in der Gehlinie s/a = 19,25/21,37 cm. Stufenwinkel 25°
Radius der Treppe 90 cm
Geschosshöhe 308 cm

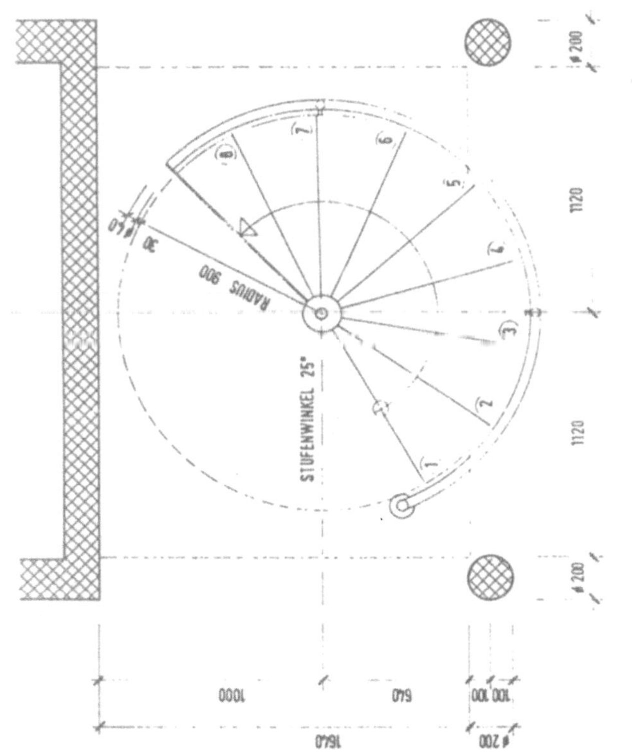


**Antritt im EG**
**Grundriss M 1:20**

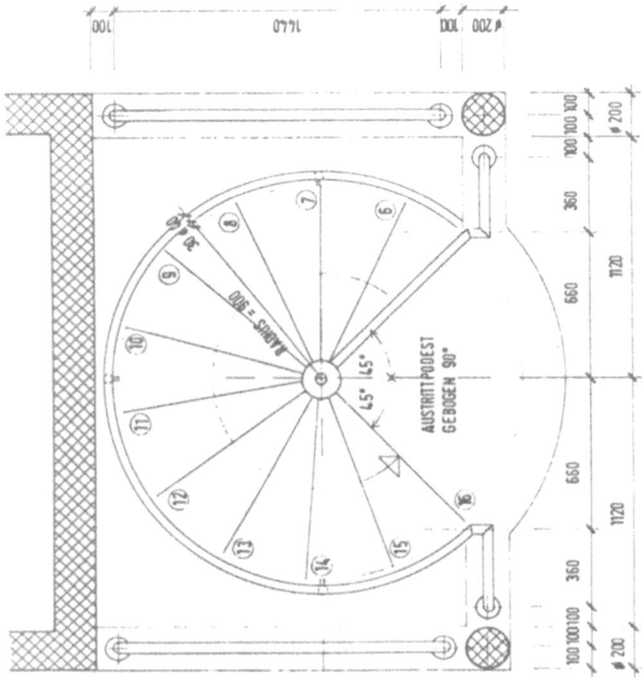


**Austritt OG**
**Grundriss M 1:20**

Beiblatt 3.45 - Beispielgrundriss zur Führung von Installationsleitungen

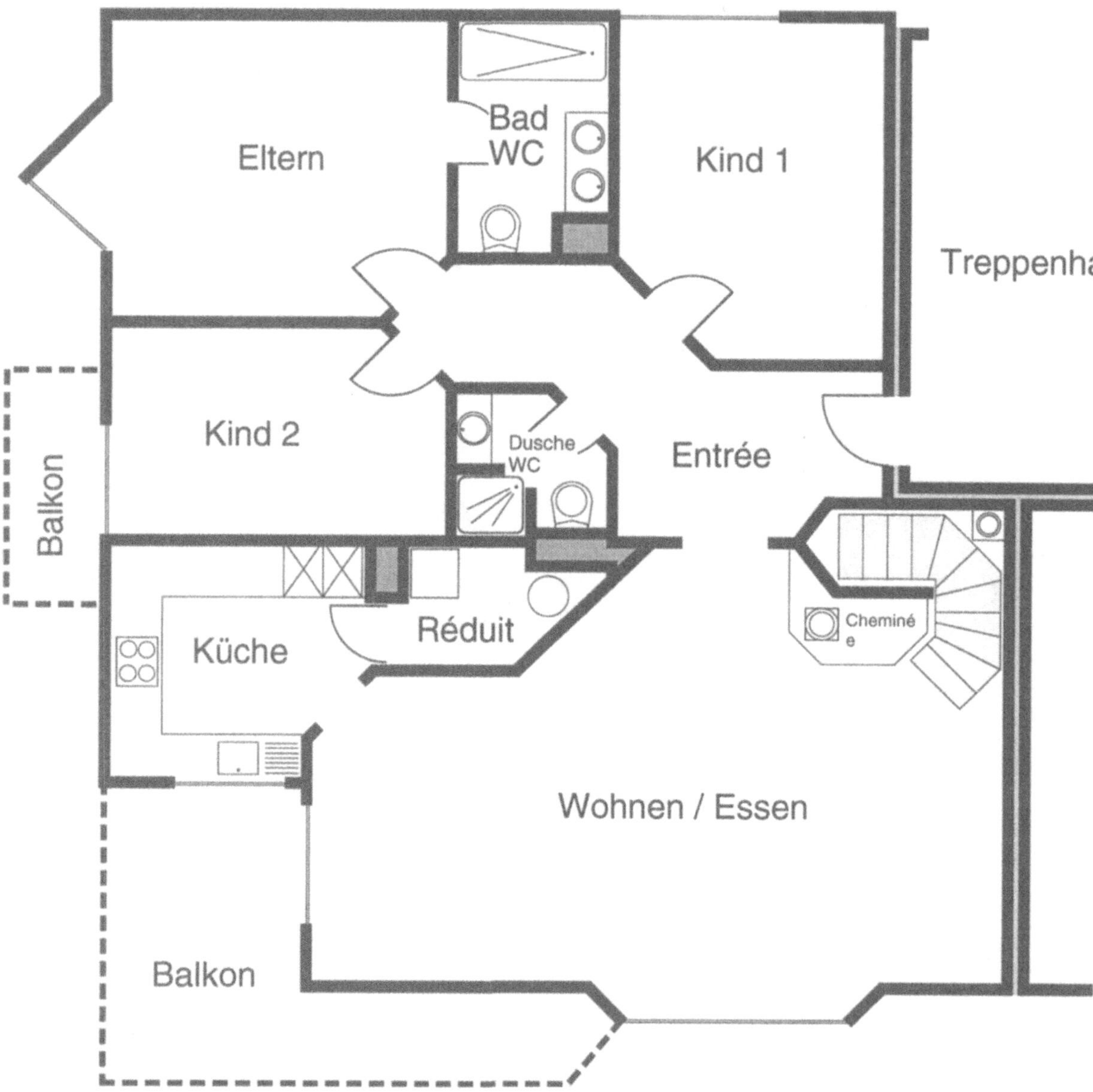


Schematisierter Grundriss einer Wohnung. Hervorgehoben sind die Installationsschächte.

# 4 Tragendes Mauerwerk

**Problemstellung**
Als Teile des Tragwerks von Hochbauten werden *tragende Wände aus Mauerwerk* beansprucht von und haben entsprechende Widerstände für:

- Normalkraft zentrisch und exzentrisch;
- Schub mit zentrischer Normalkraft;
- Schub mit exzentrischer Normalkraft;
- Querbelastung.

Die ingenieurmässige Bearbeitung von tragendem Mauerwerk erfordert Entwurf, Berechnung, Bemessung und konstruktive Durchbildung.

Zu Entwurf und konstruktiver Durchbildung wurden wesentliche Grundlagen und Zusammenhänge bereits im 3. Kapitel dargestellt.

**Zielsetzung dieses Kapitels**
Es sollen die wichtigsten Grundkenntnisse vermittelt werden über tragendes Mauerwerk aus künstlichen Steinen im Hinblick auf:

- Materialeigenschaften,
- Berechnung (Ermittlung der Schnittkräfte) und
- Bemessung (Nachweise für Tragsicherheit und Gebrauchstauglichkeit).

Diese Zielsetzung umfasst das Verständnis und die Anwendung der Norm [SIA V 177] *für häufige Fälle der Praxis.*

**Abgrenzung**
Dieses Kapitel beschränkt sich auf materialtechnologische und statische Gesichtspunkte. Andere Gesichtspunkte, insbesondere bauphysikalische und konstruktive Aspekte von Mauerwerkswänden sind im 2. und 3. Kapitel behandelt.

Für die Berechnung und Bemessung von tragenden Mauerwerkswänden aus künstlichen Steinen *in besonderen und anspruchsvolleren Fällen* (höhere Ausnützungen) ist ein *weitergehendes Studium der einschlägigen Literatur* [SIA D 053] [SIA D 054] [SIA D 054 A] [ZSS] erforderlich.

Die Berechnung und Bemessung von tragendem Mauerwerk aus Natursteinen [SIA 178] ist nicht Gegenstand dieses Kapitels.

# 4.1 Allgemeines

## 4.1.1 Einleitung

**Geschichtliche Entwicklung**

Als erste natürliche Baumaterialien verwendete der Mensch Holz, Stein und getrockneten Lehm. Das erste künstlich hergestellte Baumaterial war wohl der Backstein aus gebranntem Ton. Backsteine wie auch Töpferwaren aus gebranntem Ton sind frühe Zeugen der menschlichen Kultur.

Ein erster historischer Bericht über einen bedeutenden Mauerwerksbau aus Backsteinen ist die Geschichte des Turmbaus von Babel ca. im 10. Jahrhundert vor Christus:

| | |
|---|---|
| Ziegel: | aus Lehm gestrichen und hart gebrannt; |
| Mörtel: | Erdpech (Mosul) mit Sand; |
| Bauweise: | Stufenturm mit einer Basis und Höhe von je ca. 90 m; |
| Geistiger Hintergrund: | Bauen bis in den Himmel: "Wir wollen uns einen Namen machen" (Hybris, Überheblichkeit); |
| Strafe Gottes: | Sprachverwirrung und Zerstreuung des Volkes über die ganze Erde. |

Im 3. Jahrhundert nach Christus wurde 35 km von Bagdad ein Backsteingewölbe eines ehemaligen Sassanidenpalastes nachgewiesen, mit einer Spannweite von 25 m.

In Europa entwickelte sich in den Niederlanden und in Norddeutschland eine eigentliche Backsteingotik. Auch in Italien wurden viele repräsentative Bauten in Backstein ausgeführt (z.B. Turm von Siena).

Der Backstein hat als erstes künstliches Baumaterial die ganze Entwicklung der Menschheit mitgemacht und ist heute noch - zusammen mit dem Zementstein und dem Kalksandstein - ein sehr wichtiges Baumaterial.

**Anwendung in der Schweiz (1983)**

| | Backstein | Betonstein (Zementstein) | Kalksandstein | Porenbetonstein |
|---|---|---|---|---|
| Total | 1.3 Mio. t | | 0.27 Mio. t | |
| Deutschschweiz | 74% | 1% | 20% | 5% |
| Westschweiz | 48% | 45% | 2% | 5% |

Zum Vergleich:

| | |
|---|---|
| Zement 1983: | 4.1 Mio. t; |
| Zement 1992: | 4.5 Mio. t; |
| Bewehrungsstahl 1992: | ~ 0.6 Mio. t. |

**Normen in der Schweiz:**

| | |
|---|---|
| 1881: | Erste Norm für Kalk- und Zementmörtel; |
| 1943: | Provisorische Mauerwerksnorm [SIA 113]; |
| 1964: | Mauerwerksnorm [SIA 113]; |
| 1980: | Mauerwerk mit Natursteinen [SIA 178]; Mauerwerk mit künstlichen Steinen (Backstein, Kalksandstein, Zementstein, Porenbetonstein) [SIA 177]; war mit Ausnahme des Kapitels 3 "Berechnung und Bemessung" (ersetzt durch [SIA 177/2]) gültig bis 1995; |
| 1983: | Mauerwerkswände unter Druckbeanspruchung [SIA 177/1]; |
| 1992: | Bemessung von Mauerwerkswänden [SIA 177/2] (ersetzte [SIA 177/1] sowie Kapitel 3 von [SIA 177]); war gültig bis 1995; |
| 1995: | Mauerwerk [SIA V 177]. |

**Entwicklung der Steinformate L/B/H**

| | | |
|---|---|---|
| Babylon: | 35 x 32 x 7.2 cm (ca. 16 kg); | |
| Deutschland: | 25 x 12 x 6.5 cm (1872); | |
| Schweiz: | Normalstein | 25 x 12 x 6 cm; |
| | Doppel-Normalstein | 25 x 12 x 13.5 cm; |
| | Grossformatstein | 25 x 20 x 13,5 cm (1925); |
| | Modulstein | 30 x 7.5/10/12.5/15/17.5 x 19 cm (1970); |
| | Swiss Modul | 29 x 7.5/10/12.5/15/17.5/20 x 19/14/9/6.5 cm (1992); |
| Problematik: | Handlichkeit, Gewicht, Einhandstein; | |
| Lochung: | in Italien, Deutschland, Schweiz: allgemein verbreitet; in England, USA, Australien: keine oder nur geringe Lochung. | |

**Herstellung künstlicher Steine**

*Backsteine*

- Biblische Zeiten: Rundofen - Holz;
- bis 2. Weltkrieg: Ringofen - Kohle;
- nach 2. Weltkrieg: Durchlaufofen - Öl, Kohle, Gas.

*Kalksandsteine*

- Seit ca. 1870 erste Patente in Deutschland;
- Kalk-Sand-Mischung;
- Erhärtung in Autoklav unter Dampfdruck;
- in der Schweiz seit ca. 1910.

*Betonsteine = Zementsteine*

- Zement - Sand - Kies - Wasser;
- Einführung in der Schweiz ca. 1900.

*Porenbetonsteine*

- Kalk - Sand - Wasser - Blähmittel;
- Herstellung ähnlich wie Kalksandstein;
- seit ca. 1910 in Skandinavien entwickelt; erste Fabrik in der Schweiz 1963 (Siporex).

**Begriffe**

*Mauerwerk*

Gefüge aus Steinen, Fugen, Mörtel.

*Künstliche Steine*

- Backsteine
- Kalksandsteine
- Betonsteine (Zementsteine)
- Porenbetonsteine
- Spezialsteine (Anwendung im konstruktiven Ingenieurbau unbedeutend).

*Fugen* (Abb. 4.1)

- Mörtelfugen
- Trockene Fugen
- Geklebte Fugen (bei Porenbeton-Mauerwerk).

*Mörtel*

Unterscheidung nach der Zusammensetzung:

- Verlängerter Mörtel (Kalk-Zement)
- Zement-Mörtel
- Klebemörtel (für Porenbeton-Mauerwerk)
- Mörtel mit Zusatzmittel
- Kalk-Mörtel (nicht mehr gebraucht).

Unterscheidung nach dem Herstellungsort:

- Baustellen-Mörtel (traditionelle Mischung)
- Werk-Trockenmörtel (Sack, Silo)
- Werk-Nassmörtel (fertig ausgeliefert).

**Verband, Verbandwirkung**

Funktion des Verbandes ist die gegenseitige Verzahnung und damit eine bessere Kraftübertragung (Abb. 4.2).

**Statische Konzeption von Mauerwerksbauten**

- Wände: Mauerwerk;
- Decken: Stahlbeton, bei kleineren Bauten auch Holz, usw.;
- Konstruktion: Raumstabile Zellen (Abb. 4.3);
- Gesamt-Stabilität:
  - Labile Systeme (Abb. 4.5): Wände schneiden sich in einer vertikalen Geraden;
  - Stabile Systeme (Abb. 4.4): Bedingungen für die Stabilität und die Aufteilung einer Kraft H auf verschiedene Wände werden im 5. Kapitel behandelt (prinzipiell gleiches Vorgehen bei Mauerwerkswänden wie bei Stahlbeton-Tragwänden).

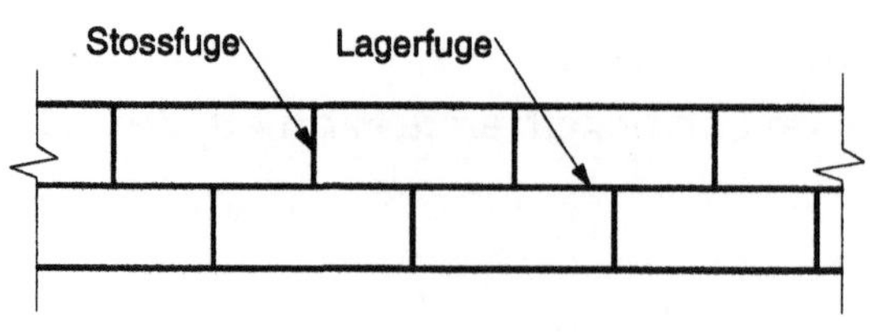


*Abb. 4.1: Fugenbezeichnung bei Mauerwerk*

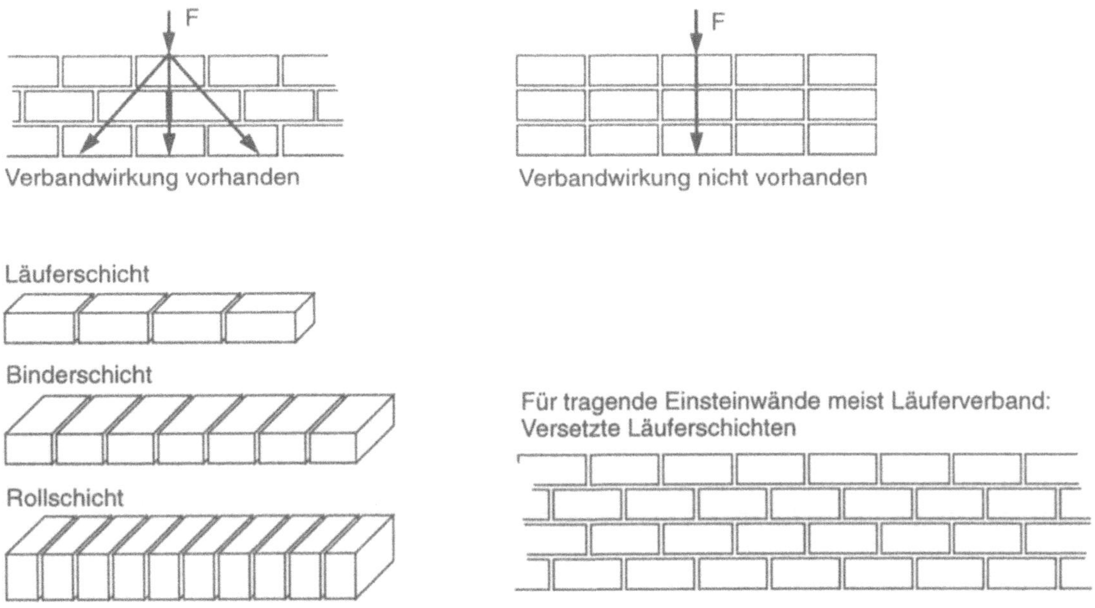


*Abb. 4.2: Mauerwerksverband (nach [TFGS])*

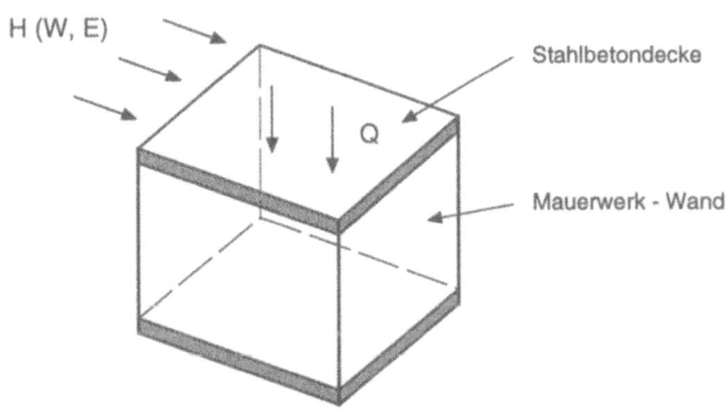


*Abb. 4.3: Raumstabile Zellen (nach [TFGS])*

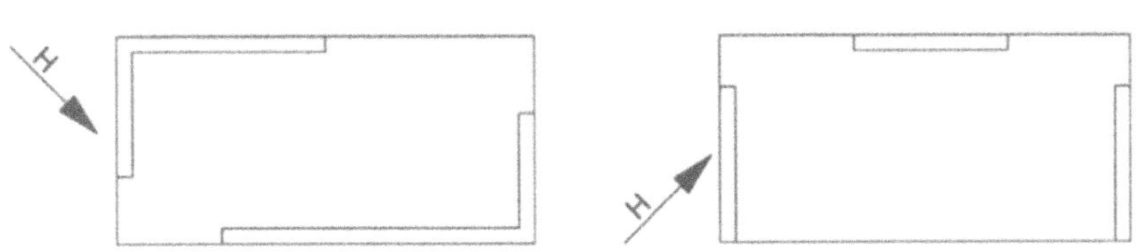


*Abb. 4.4: Stabile Anordnung von Wänden (nach [TFGS])*

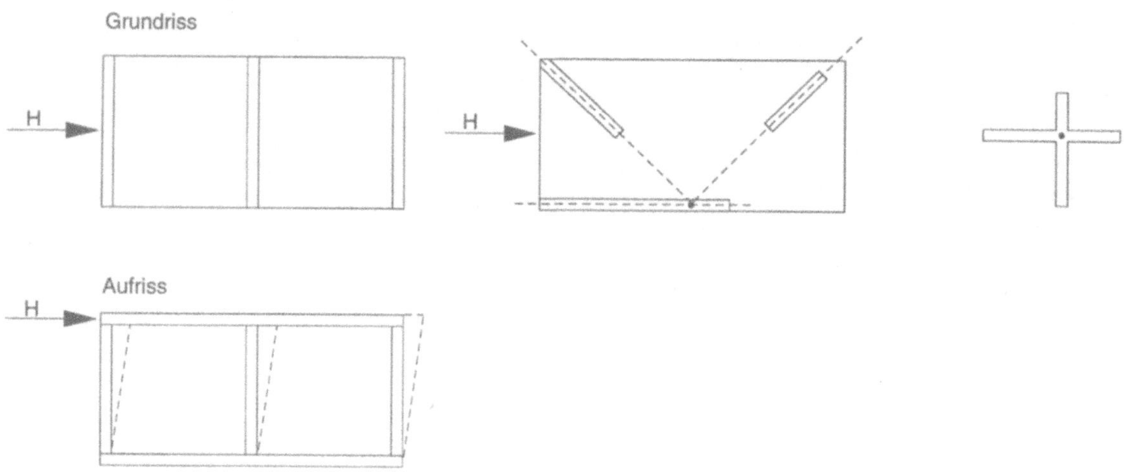


*Abb. 4.5: Labile Anordnung von Wänden (nach [TFGS])*

## 4.1.2 Beanspruchungen und Widerstände

In Abb. 4.6 sind dargestellt:
- angreifende Schnittkräfte;
- Koordinatensystem mit x-Achse senkrecht zur Lagerfuge.

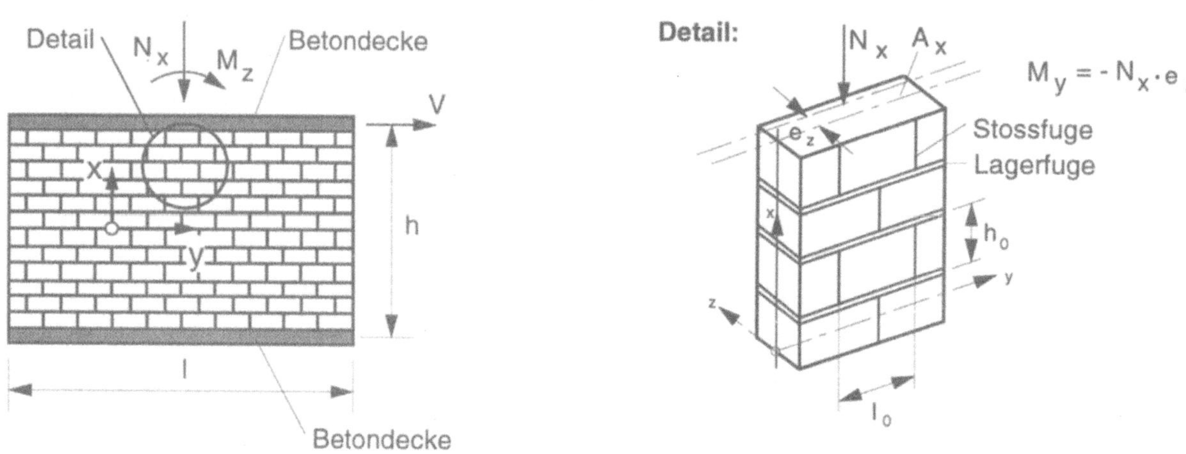


*Abb. 4.6: Bezeichnungen für Mauerwerksbemessung (nach [SIA V 177])*

**Beanspruchungen**

$S$: Beanspruchung
$S_d$: Bemessungswert der Beanspruchung
$M_y$: Biegemoment um die $y$-Achse
$M_{yd}$: Bemessungswert des Biegemoments um die $y$-Achse
$M_z$: Biegemoment um die $z$-Achse
$M_{zd}$: Bemessungswert des Biegemoments um die $z$-Achse
$N_x$: Normalkraft (Druck positiv)
$N_{xd}$: Bemessungswert der Normalkraft
$V$: Schubkraft
$V_d$: Bemessungswert der Schubkraft

**Widerstände**

$R$: Tragwiderstand
$R_d$: Bemessungswert des Tragwiderstandes
$M_{yR}$: Biegewiderstand um die $y$-Achse
$M_{yRd}$: Bemessungswert des Biegewiderstandes um die $y$-Achse
$N_{xR}$: Normalkraftwiderstand
$N_{xRd}$: Bemessungswert des Normalkraftwiderstandes
$V_R$: Schubwiderstand
$V_{Rd}$: Bemessungswert des Schubwiderstandes

**Beanspruchungsarten**

Es wird zwischen den folgenden Beanspruchungsarten unterschieden:

- Normalkraft zentrisch und exzentrisch;
- Schub mit zentrischer Normalkraft;
- Schub mit exzentrischer Normalkraft;
- Querbelastung.

Diese Beanspruchungsarten werden in den Abschnitten 4.3 bis 4.6 behandelt.

### 4.1.3 Nachweiskonzepte

Nachstehend sind die Konzepte für die Nachweise der Tragsicherheit und der Gebrauchstauglichkeit gemäss [SIA V 177] für sämtliche Arten der Beanspruchung von Mauerwerkswänden (Normalkraft zentrisch und exzentrisch, Schub mit zentrischer Normalkraft, Schub mit exzentrischer Normalkraft, Querbelastung) kurz skizziert.

#### a) Nachweis der Tragsicherheit

Der Nachweis der Tragsicherheit entspricht der Norm [SIA 160], wobei zusätzlich die Grösse $R_d$ (Bemessungswert des Tragwiderstandes) definiert wird.

Die Tragsicherheit ist nachgewiesen, wenn folgende Bedingung erfüllt ist:

$$S_d \leq R_d$$

$S_d$ : Bemessungswert der Beanspruchung
$R_d$ : Bemessungswert des Tragwiderstandes, bestimmt mit den um die Widerstandsbeiwerte $\gamma_R$ reduzierten Festigkeiten und Verformungsgrössen:

$$R_d\ (f_{xd},\ f_{yd},\ (\tan\varphi)_d,\ E_{xd},\ \ldots,\ f_{sd},\ f_{pd},\ \ldots,\ f_{cd},\ \ldots)$$

Der Bemessungswert der Beanspruchung $S_d$ für das betrachtete Gefährdungsbild wird mit den in [SIA 160] gegebenen Lastfaktoren $\gamma_s$ für Eigenlasten (1.3), Auflasten (1.3), Leiteinwirkung (1.5) und weiteren Begleiteinwirkungen (0 bis 1.0) ermittelt.

Der Widerstandsbeiwert $\gamma_R$ beträgt

- für $f_x$, $f_y$ und $E_x$ : $\gamma_R = 2.0$
- für $\tan\varphi$, $f_s$, $f_p$ und $f_c$ : $\gamma_R = 1.2$

Weitere Einzelheiten sind in Ziffer 3 12 von [SIA V 177] geregelt (Beiblatt 4.1).

### b) Nachweis der Gebrauchstauglichkeit

Der Nachweis der Gebrauchstauglichkeit im Mauerwerksbau betrifft die Risse. Es dürfen nur Risse auftreten, die

- zu keinen Folgeschäden führen (Dauerhaftigkeit);
- das Aussehen einer Wand nicht beeinträchtigen (Ästhetik).

Es wird unterschieden zwischen

- normalen Anforderungen und
- hohen Anforderungen.

Normale Anforderungen werden gestellt, wenn

- das Mauerwerk vor Witterungseinflüssen weitgehend geschützt ist,
- Risse keine Folgeschäden verursachen und
- Risse im Hinblick auf das Aussehen toleriert werden können.

Hohe Anforderungen werden gestellt, wenn

- das Mauerwerk extremen Witterungseinflüssen ausgesetzt ist, oder
- Risse Folgeschäden verursachen können, oder
- eine Rissebeschränkung aus ästhetischen Gründen erwünscht ist.

Weitere Einzelheiten sind in Ziffer 3 13 von [SIA V 177] geregelt (Beiblatt 4.2).

## 4.2 Materialeigenschaften

**Problemstellung**
Das Mauerwerk und seine Komponenten Mauerstein und Mauermörtel für

- Backstein-Mauerwerk,
- Kalksandstein-Mauerwerk,
- Betonstein-(Zementstein-)Mauerwerk und
- Porenbeton-(Gasbeton-)Mauerwerk

weisen sehr unterschiedliche Eigenschaften und insgesamt ein sehr komplexes mechanisches Verhalten auf, die ingenieurmässig zu erfassen sind.

**Zielsetzung dieses Abschnittes**
Es sollen die für das mechanische Verhalten der Komponenten Mauerstein und Mauermörtel und des Mauerwerks der oben genannten Arten wesentlichen Materialeigenschaften dargestellt werden, und zwar allgemein sowie insbesondere im Hinblick auf die Anforderungen und die Bemessung des Mauerwerks nach [SIA V 177].

### 4.2.1 Zusammenwirken von Mauersteinen und Mörtel

Das Tragverhalten von Mauerwerk wird sowohl durch das Verhalten der Einzelkomponenten Mauerstein und Mörtel als auch durch das Zusammenwirken derselben bestimmt. Die nachfolgenden Betrachtungen über das Verhalten von Mauerwerk unter einachsiger Druckbelastung senkrecht zu den Lagerfugen belegen diese Tatsache [TFGS].

#### a) Phänomenologische Betrachtung

Wird eine Mauerwerkswand zentrisch bis zum Bruch belastet, so treten in der Regel zwischen 60% und 80% der Bruchlast vertikal verlaufende Risse in den Steinen auf. Die ersten dieser Risse gehen meistens von den Stossfugen der oberen bzw. unteren Läuferschicht aus. Bei weiterer Laststeigerung entstehen auch an andern Stellen Risse, die den Mauerwerksverband in Einzelsäulen aufzulösen beginnen. Der Bruch der Wand erfolgt schliesslich durch lokales Ausknicken dieser Einzelsäulen oder durch Materialzerstörung. Letzteres äussert sich durch Abbröckeln von Steinteilchen resp. Mörtel und durch Abplatzungen grösserer Steinschalen. In Abbildung 4.7 ist ein typisches Bruchbild einer derartig belasteten Wand dargestellt.

#### b) Modellhafte Betrachtung

Bei axialer Belastung werden Stein und Mörtel axial gestaucht und gleichzeitig quer zur Kraftrichtung gedehnt. Wären die Querdehnungen der beiden Komponenten Stein und Mörtel gleich gross, so würden keine Veränderungen der einachsigen Spannungszustände auftreten. Die Querdehnung von Mörtel ist jedoch in der Regel grösser als diejenige des Steins und zudem normalspannungsabhängig. Wird nun angenommen, dass an der Kontaktfläche von Stein und Mörtel keine Relativverschiebungen auftreten, so wird einerseits der Mörtel in der Querdehnung behindert und somit durch Querdruck beansprucht und andererseits der Stein

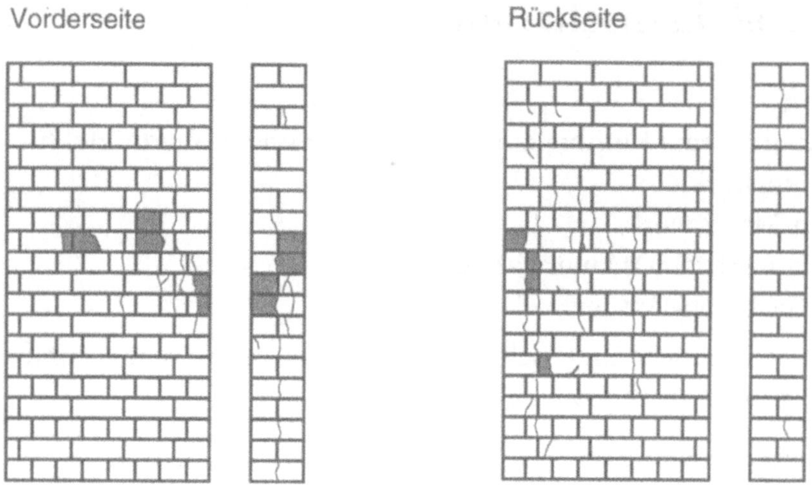


*Abb. 4.7: Bruchbild bei zentrischer Normalkraftbeanspruchung (nach [TFGS])*

durch die entsprechenden Reaktionen quer zur Kraftrichtung zusätzlich gedehnt und daher durch Querzug beansprucht.

Bei sehr langen Wänden wird die Querdehnung in Wandrichtung verhindert und es kann von einem ebenen Verformungszustand gesprochen werden, bei dem nur Querdehnungen in Wandquerrichtung auftreten. Liegt der betrachtete Mauerausschnitt im Bereich des Wandendes, so können auch in Wandrichtung Querdehnungen auftreten.

Selbst unter einachsigen, äusseren Belastungen ergeben sich somit im allgemeinen dreiachsige Spannungs- und Dehnungszustände in den Komponenten Mauerstein und Mörtel. Im Stein treten neben den Druckspannungen aus äusserer Belastung horizontale Querzugspannungen in Richtung und senkrecht zur Wandebene auf, die zu Rissen führen. Der Mörtel wird allseitig durch Druckspannungen beansprucht.

## 4.2.2 Mauersteine

### a) Steinarten

Es gibt sehr viele verschiedene Steinarten, je nach Land, baulicher Tradition, Rohstoffvorkommen, usw. In [SIA V 177] werden die Steinarten mit den Bezeichnungen gemäss Abb. 4.8 unterschieden. Abbildung 4.9 zeigt Beispiele von Mauersteinen der drei Arten Backstein, Betonstein und Kalksandstein. Porenbetonsteine haben eine streng kubische Form (i.a. keine Löcher, Rillen, usw.).

*Backsteine*

- Herstellung, Formate, usw. siehe Abschnitt 3.1.1a;
- nebst kleineren vertikalen Löchern ist in der Mitte ein Handloch zur bequemeren Handhabung der Steine vorhanden;
- die Läuferseite ist meist mit Putzrillen versehen, die eine gute Haftung des Verputzes ermöglichen.

| Steinart | Verwendete Steine | Mauerwerksart |
|---|---|---|
| B | Backstein | MB |
| BL | Leichtbackstein | MBL |
| C | Betonstein | MC |
| CL | Leichtbetonstein | MCL |
| K | Kalksandstein | MK |
| P | Porenbetonstein | MP |
| PL | Leichtporenbetonstein | MPL |

*Abb. 4.8: Bezeichnungen der Steinarten und Mauerwerksarten nach [SIA V 177]*

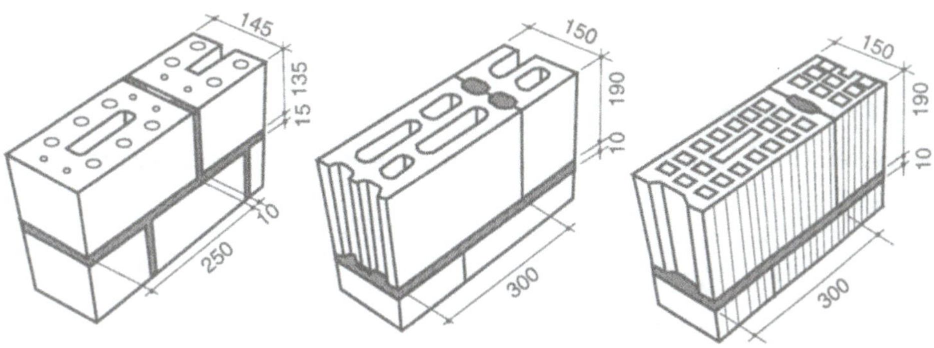


*Abb. 4.9: Typische Mauersteine*

*Kalksandsteine*
- Herstellung, Formate, usw. siehe Abschnitt 3.1.1a;
- nebst kleineren Löchern auch Handloch.

*Betonsteine*
- Herstellung: Nach den Prinzipien der Betonherstellung je nach Fabrikat und Qualität mit unterschiedlicher Zusammensetzung des Mörtels/Betons;
- Format z.B. 50 x 20 x (10 bis 24) cm;
- i.a. pro Steinfabrikat nur ein einziger Lochtyp.

*Porenbetonsteine*
- Herstellung usw. siehe Abschnitt 3.1.1a.

Leichtbacksteine gemäss Abb. 4.8 sind Backsteine mit einem besonders grossen Lochanteil und somit einem relativ kleinen nominellen Raumgewicht (bessere Wärmedämmung, Aussenwände). Leichtbetonsteine werden i.a. aus Beton mit Leichtzuschlagstoffen (Blähton, Bims, usw.) hergestellt. Leichtporenbetonsteine haben eine relativ kleine Rohdichte (bessere Wärmedämmung, Aussenwände). Alle diese "Leichtsteine" haben geringere Festigkeiten als die "Normalsteine", was auch für die entsprechenden Mauerwerke gilt (vgl. Abb. 4.16).

### b) Anforderungen an die Steine

Mit Steinen werden bestimmte materialtechnologische Prüfungen durchgeführt. Prüfverfahren für Steindruckfestigkeit, Steinquerzugfestigkeit, Masstoleranzen, Lochflächenanteil, kapillare Wasseraufnahme (Saugfähigkeit), Trockenrohdichte usw. und entsprechende Anforderungen sind in [SIA V 177] bzw. in dort aufgeführten [prEN....] festgelegt.

Von besonderer Bedeutung ist die Prüfung der *Druckfestigkeit der Mauersteine* $f_b$. Die Lagerfugenflächen der Steine werden plangeschliffen und die Steine zwischen starren Platten zentrisch in eine Prüfmaschine gestellt. Die Steindruckfestigkeit berechnet sich zu

$$f_b = \frac{\text{Maximalkraft}}{\text{Bruttoquerschnittsfläche}} \quad (\text{N/mm}^2)$$

Der Lochanteil der Querschnittsfläche erscheint somit nicht bei der Festigkeitsberechnung, d.h. der Steinquerschnitt wird wie ein Rechteckvollquerschnitt behandelt.

$f_b$ ist abhängig von der Form des Prüflings (Abnahme von $f_b$ mit zunehmender Steinhöhe) und von der Belastungsgeschwindigkeit (Zunahme von $f_b$ durch raschere Prüfung). Form und Belastungsgeschwindigkeit sind deshalb - nebst weiteren Einzelheiten - in [SIA V 177] bzw. [prEN....] genau vorgeschrieben.

Die Druckfestigkeit der Mauersteine $f_b$ liegt im allgemeinen in folgenden Bereichen (Mittel aus 10 Versuchen):

- Backstein: 20 - 35 N/mm$^2$
- Kalksandstein: 15 - 30 N/mm$^2$
- Betonstein: 10 - 18 N/mm$^2$
- Porenbetonstein: 3 - 7 N/mm$^2$

Die Druckfestigkeit von Backsteinen und Kalksandsteinen liegt somit in der Grössenordnung derjenigen von normalem Beton. (Jene des entsprechenden Mauerwerks beträgt jedoch wegen der *Wirkung der Mörtelfugen* nur ~ 1/4 derjenigen von Beton!)

## 4.2.3 Mauermörtel

### a) Mörtelarten

Es können die folgenden Mörtelarten unterschieden werden:

*Kalkmörtel*

Kalkmörtel darf für tragendes Mauerwerk nicht verwendet werden;

*Verlängerter Mörtel*

Bindemittel pro m$^3$ fertigen Mörtels: 250 kg HK (Hydraulischer Kalk) und 100 kg PC (Portland Cement);

*Zementmörtel*

Bindemittel pro m$^3$ fertigen Mörtels: 300 bis 450 kg PC;

*Klebemörtel*

Kommen nur für Porenbeton zur Anwendung.

Die traditionellen, auf der Baustelle hergestellten Mörtel wurden in letzter Zeit immer mehr abgelöst durch Werk-Trockenmörtel und Werk-Nassmörtel:

*Werk-Trockenmörtel*
werden in Säcken, Kleinbehältern oder Silowagen trocken auf die Baustelle geliefert, zwischengelagert (Silos) und unter Zugabe von Wasser aufbereitet; die Würfeldruckfestigkeiten der angebotenen Mörtel betragen 5 bis 20 N/mm²;

*Werk-Nassmörtel*
werden in Fahrmischern auf die Baustelle geliefert (analog wie Fertigbeton); infolge von speziellen Zusatzmitteln (Abbindeverzögerer) bleibt der Mörtel rund 30 Stunden verarbeitbar; die Würfeldruckfestigkeiten betragen 5 bis 20 N/mm² (oft keine bessere Festigkeit als Werk-Trockenmörtel wegen Verarbeitungsmängeln auf der Baustelle).

### b) Anforderungen an den Mörtel

Mit Mörtel werden bestimmte materialtechnologische Prüfungen durchgeführt. Prüfverfahren für Druckfestigkeit, Dichte, Wasserrückhaltevermögen, Verarbeitbarkeitszeit, usw. und entsprechende Anforderungen sind in [SIA V 177] bzw. in dort aufgeführten [prEN....] festgelegt.

Von besonderer Bedeutung ist die Prüfung der *Druckfestigkeit des Mauermörtels* $f_m$. Sie wird als Würfeldruckfestigkeit an Mörtelprismen mit den Abmessungen 40 x 40 x 160 mm bestimmt.

Die Druckfestigkeit des Mauermörtels $f_m$ liegt im allgemeinen in folgenden Bereichen (Mittel aus 3 Prismen):
- Verlängerter Mörtel: 3 - 5 N/mm²
- Zementmörtel: 15 - 25 N/mm².

## 4.2.4 Mauerwerk

### a) Festigkeitseigenschaften

Steinlochung, Steinabmessungen, Steinherstellung sowie insbesondere die Mörtelfugen erzeugen ein anisotropes Verhalten von Mauerwerk [TFGS].

Es gibt drei grundsätzlich mögliche Bruch++arten:
- Versagen der Mauersteine;
- Versagen des Mauermörtels;
- Versagen des Verbundes zwischen Stein und Mörtel.

Die zweite und die dritte Bruchart lassen sich als "Fugenversagen" zusammenfassen, wobei meist die dritte Bruchart auftritt.

Die wichtigsten Parameter für die Festigkeit von Mauerwerk sind
- bei den *Steinen*: Materialfestigkeit, Lochflächenanteil, Lochflächenanordnung, Steingeometrie, Masshaltigkeit, Saugfähigkeit, Feuchtigkeit;
- beim *Mörtel*: Mörtelfestigkeit, Fugendicke, Art der Fugenvermörtelung, Wasserrückhaltevermögen, Plastizität des Mörtels.

Im weiteren wird die resultierende Festigkeit von Mauerwerk beeinflusst durch die Beanspruchungsart, die Beanspruchungsgeschwindigkeit, den Verband, die Aushärtebedingungen (Temperatur und Luftfeuchtigkeit, Luftzug, usw.), die handwerkliche Ausführungssorgfalt, die Feuchtigkeit der Steine, usw.

**Druckfestigkeit von Mauerwerk**

Die Druckfestigkeit $f$ von Mauerwerk ist erheblich. Sie liegt bei Backstein-, Kalksandstein- und Zementstein-Mauerwerk im allgemeinen in der Grössenordnung von 6 - 10 N/mm$^2$, d.h. ~ 1/4 derjenigen von normalem Beton. Sie bildet die wichtigste Grundlage für die Bemessung von Mauerwerkswänden.

Die Druckfestigkeit wird an Mauerwerks-Probekörpern gemäss [SIA V 177] bzw. dort aufgeführten [prEn....] ermittelt, die mindestens zwei bis drei Steinlängen breit und vier bis fünf Steinlagen hoch sind. Die Druckfestigkeit des Mauerwerks berechnet sich zu

$$f = \frac{\text{Maximalkraft}}{\text{Bruttoquerschnittsfläche}} \quad (\text{N/mm}^2).$$

Der Lochanteil der Querschnittsfläche erscheint somit nicht bei der Festigkeitsberechnung, d.h. der Mauerquerschnitt wird wie ein Rechteckvollquerschnitt behandelt.

Einflüsse auf die Druckfestigkeit von Mauerwerk haben:

- *Belastungsrichtung bzw. Fugenneigung (Abb. 4.10)*
  Für Winkel $\pi/4 \leq \alpha \leq \pi/2.5$ versagt normalerweise der Verbund zwischen Stein und Mörtel, d.h. es ergibt sich ein Gleiten entlang der Lagerfugen. Für eine Belastungsrichtung parallel zu den Lagerfugen $\alpha = \pi/2$ beträgt die Druckfestigkeit ($f_y$) nur rund 30 bis 50% derjenigen für die Belastungsrichtung senkrecht zur Lagerfuge ($\alpha = 0,\ f_x$).

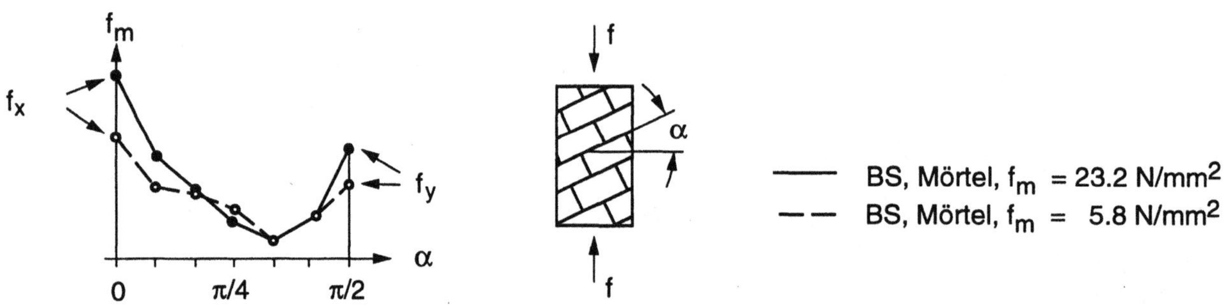


*Abb. 4.10: Richtungsabhängige Festigkeit (nach [TFGS])*

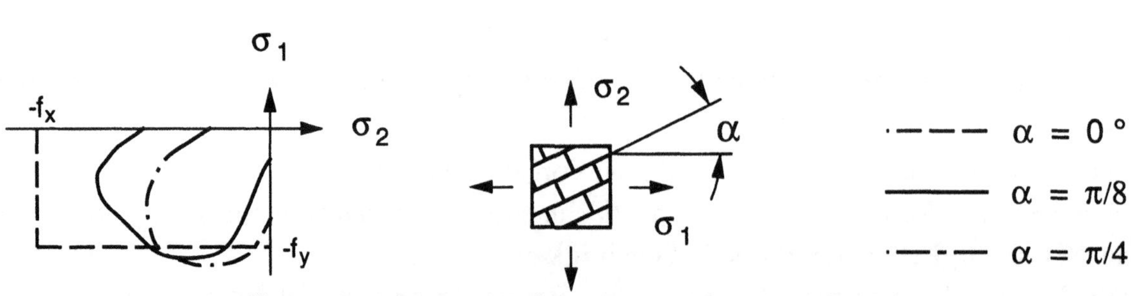


*Abb. 4.11: Festigkeit bei zweiachsiger Beanspruchung (nach [TFGS])*

- *zweiachsige Druckbelastung (Abb. 4.11)*
  - Infolge Anisotropie gibt es in Abhängigkeit vom Winkel $\alpha$ verschiedene Umhüllende für die zweiachsige Druckfestigkeit.
  - Die zweiachsige Druckfestigkeit liegt stets über der einachsigen für denselben Winkel $\alpha$.
- *Druckfestigkeit der Mauersteine* $f_b$
  Mit zunehmender Steindruckfestigkeit nimmt die Mauerwerksdruckfestigkeit i.a. leicht unterlinear zu (bei konstanter Mörtelqualität).
- *Druckfestigkeit des Mörtels* $f_m$
  Mit zunehmender Mörteldruckfestigkeit steigt die Mauerwerksdruckfestigkeit mehr oder weniger an. Bei hochfesten Steinen ist der Anstieg grösser als bei Steinen mit geringer Druckfestigkeit.
- *Fugenausbildung*
  - Eine grössere Fugendicke ergibt eine kleinere Mauerwerksfestigkeit.
  - Eine Teilvermörtelung der Fugen bewirkt eine starke Reduktion der Druckfestigkeit bei Belastungsrichtung senkrecht zu den Fugen (gilt für Lager- und Stossfugen).
- *Saugfähigkeit und Feuchtigkeit der Mauersteine*
  - Durch zu starkes Saugen der Steine wird dem Mörtel für den Abbindeprozess erforderliches Wasser entzogen: Es resultiert eine verminderte Mörteldruckfestigkeit.
  - Durch hohe Feuchtigkeit der Steine verbleibt im Mörtel zu viel Wasser ( W/Z-Faktor hoch): Es resultiert ebenfalls eine verminderte Mörteldruckfertigkeit.
  - Anzustreben sind somit Mauersteine mit mittlerer Saugfähigkeit und geringer Feuchtigkeit (vor der Witterung schützen!).
- *Belastungsdauer*
  Unter langandauernder Belastung tritt der Bruch unter geringeren Spannungen ein als im Kurzzeitversuch. Die "Dauerstandsfestigkeit" beträgt etwa 80 bis 90% der Kurzzeitfestigkeit.

**Zugfestigkeit von Mauerwerk**

Die Zugfestigkeit von Mauerwerk ist z.T. sehr gering und vor allem unsicher (enorme Streuungen!). Sie sollte deshalb für die Bemessung vernachlässigt werden. Anderseits können gewisse Phänomene ohne Berücksichtigung der Zugfestigkeit nicht erklärt werden (z.B. Lastausbreitung). Deshalb werden auch dazu einige Hinweise gegeben.

Die Zugfestigkeit kann an gleichen Kleinkörpern ermittelt und mit Hilfe der Bruttoquerschnittsfläche analog zur Druckfestigkeit definiert werden. Die Zugfestigkeit ist ebenfalls abhängig von der Belastungsrichtung. Entsprechend ergeben sich verschiedene Brucharten:

- Bruchriss entlang einer Lagerfuge;
- treppenförmiger Bruchriss durch Stoss- und Lagerfugen;
- geradliniger Bruchriss durch Stossfugen und Steine.

Die *Zugfestigkeit senkrecht zur Lagerfuge* $f_{tx}$ wird üblicherweise mit Haftzugfestigkeit bezeichnet (Bruchriss zwischen Mörtel und Stein). Sie wird durch die Saugfähigkeit der Steine, die Mörtelart, die Steinlochung und allfällige geringe Erschütterungen während des Abbindeprozesses beeinflusst.

Die *Zugfestigkeit parallel zur Lagerfuge* $f_{ty}$ entsteht vor allem durch Schubspannungen in den Lagerfugen, welche die Zugkräfte um die nicht zugfesten Stossfugen herumführen und Zugspannungen in den Steinen erzeugen (Abb. 4.12).

Versagensarten sind (Abb. 4.13):
- treppenförmiger Bruchriss durch Stoss- und Lagerfugen: Fugenversagen;
- geradliniger Bruchriss durch Stossfugen und Steine: Steinversagen.

Fugenversagen entspricht einem Gleiten in der Lagerfuge. Der Widerstand kann in einen konstanten Anteil (Kohäsion oder Haftscherfestigkeit) und einen Reibungsanteil (bei Querdruck) aufgespalten werden. Der Reibungsanteil steigt proportional mit der Auflast (Druckspannung $-\sigma_x$). Er wird jedoch begrenzt durch das Zugversagen der Steine. Dieses wird beeinflusst durch den Zugquerschnitt der Steine (Lochung) und die Zugfestigkeit des Steinmaterials. Der Übergang von der einen zur andern Bruchart wird auch beeinflusst durch das Verhältnis Steinlänge/Steinhöhe.

**Biegezugfestigkeit von Mauerwerk**

Die Biegezugfestigkeit $f_{fx}$ bzw. $f_{fy}$ senkrecht bzw. parallel zur Lagerfuge bei Plattenbeanspruchung (Querbelastung) von Mauerwerkswänden ist wie die Zugfestigkeit z.T. sehr gering und unsicher. Sie ist jedoch ein sehr gutes Kriterium für die Haftung zwischen Mörtel und Stein und damit für die Qualität des Mauerwerks. Deshalb werden gemäss [SIA V 177] gewisse Mindestanforderungen an $f_{fx}$ gestellt (z.B. für Backstein- bzw. Kalksandstein-Mauerwerk 0.2 bzw. 0.15 N/mm$^2$). Trotzdem sollte die Biegezugsfestigkeit für die Bemessung i.a. vernachlässigt werden.

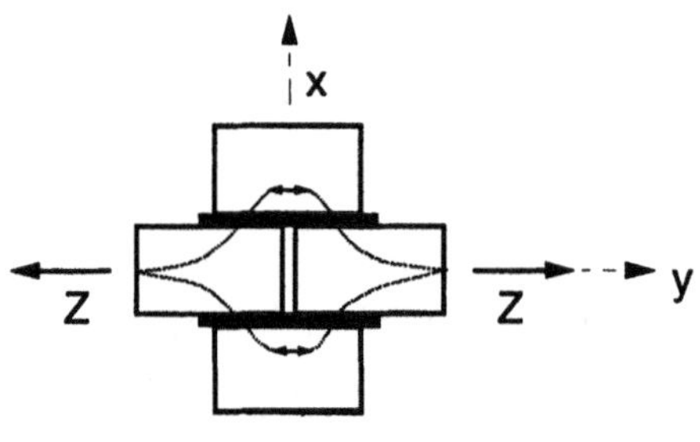


*Abb. 4.12: Zugfestigkeit parallel zu den Lagerfugen (nach [TFGS])*

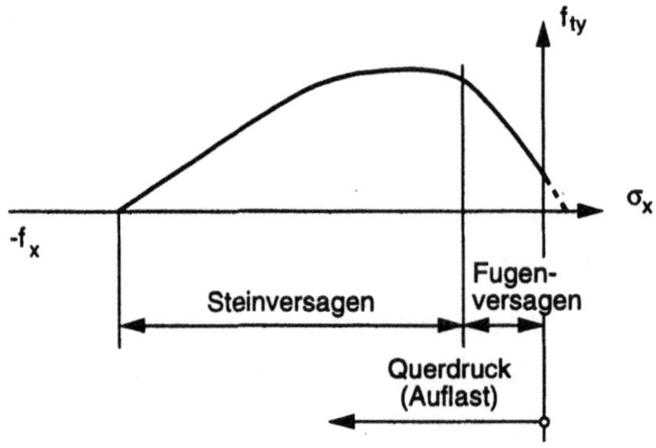


*Abb. 4.13: Versagensarten und Zugfestigkeit bei Zugbeanspruchung parallel zu den Lagerfugen (nach [TFGS])*

**Verhältnis Mauerwerksdruckfestigkeit $f$ zu Steindruckfestigkeit $f_b$**
Das Verhältnis der Druckfestigkeiten von Mauerwerk und Mauersteinen hängt vor allem von der Mörtelart ab und liegt in folgenden Bereichen:

| $f/f_b$ | Verlängerter Mörtel | Zementmörtel |
|---|---|---|
| Backstein | 0.15 - 0.25 | 0.20 - 0.30 |
| Kalksandstein | 0.25 - 0.30 | 0.35 - 0.40 |

Da die Druckfestigkeit von Backsteinen und Kalksandsteinen in der Grössenordnung der Druckfestigkeit von Beton liegt, beträgt die entsprechende Mauerwerksdruckfestigkeit nur etwa 1/4 derselben.

## b) Verformungseigenschaften

Die Gesamtverformungen von Mauerwerk setzen sich zusammen aus den Verformungen der Mauersteine, des Fugenmörtels und allfälligen Verformungen in der Kontaktfläche [TFGS].

Für die Verformungen sind ähnliche Einflüsse wie bei der Festigkeit wichtig: Verformungseigenschaften von Steinmaterial und Mörtel, Lochflächenanteil, Lochflächenanordnung, Steingeometrie, Saugfähigkeit, Feuchtigkeit, Fugendicke, usw.

**Stoffgesetz für Mauerwerk**
Mauerwerk verhält sich zwar grundsätzlich anisotrop, doch ergibt bereits ein *orthotroper Ansatz* eine vernünftige Übereinstimmung mit Versuchsresultaten. Für nicht allzu hohe Beanspruchungen kann daher ein elastisches Stoffgesetz verwendet werden mit den Steifigkeiten $S_x$, $S_y$ und den Querdehnungszahlen $\nu_x$ und $\nu_y$.

Im weiteren wird nur noch die Haupttragrichtung x senkrecht zur Lagerfuge betrachtet.

**Spannungs-Dehnungs-Diagramm**
In der Abbildung 4.14 sind Spannungs-Dehnungs-Diagramme aus Versuchen für Backstein- und Kalksandstein-Mauerwerk dargestellt. Die verschiedenen Kurven gelten für verschiedene Kombinationen von Mauersteinen und Mörtel. Sie sind auf die Mauerwerksfestigkeit $f_x$ normiert. In den Tabellen sind die Druckfestigkeiten von Steinen, Mörtel und Mauerwerk angegeben.

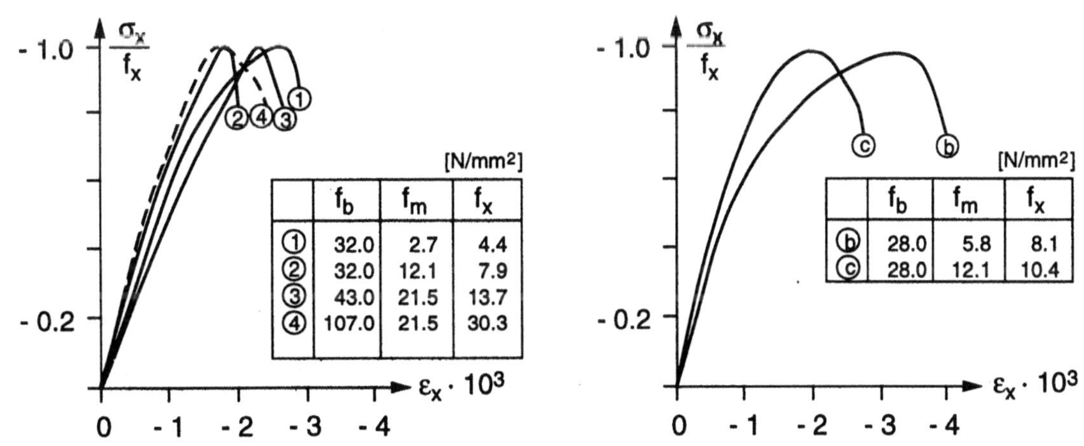


a) Backstein - Mauerwerk b) Kalksandstein - Mauerwerk

*Abb. 4.14: Spannungs-Dehnungs-Diagramme für Mauerwerk (nach [TFGS])*

Mit zunehmender Mörtelfestigkeit verhält sich das Mauerwerk spröder. Auffallend sind die relativ geringen Stauchungen bei Maximallast.

Ein Zuwachs an Duktilität kann z.B. durch Lagerfugenbewehrung aus engmaschigen Drahtnetzen (z.B. Drahtdurchmesser 0.8 mm, Maschenweite 8 mm) erzielt werden.

**Elastizitätsmodul**

Der Elastizitätsmodul von Mauerwerk kann aus Versuchen als Sekantenmodul z.B. des Punktes 0.3 $f_x$, $\varepsilon(0.3 f_x)$ im Spannungs-Dehnungs-Diagramm definiert werden. Formeln für den E-Modul in Abhängigkeit von der Druckfestigkeit des Mauerwerks oder von Parametern der Komponenten Stein und Mörtel sind möglich, es zeigt sich aber eine relativ schlechte Korrelation.

**Querdehnungszahl**

Die Querdehnungszahl von Mauerwerk aus einem bestimmten Material streut sehr stark. Für eine Normalspannung von $\sigma_x = f_x/3$ wurden folgende Streubereiche festgestellt:

| | |
|---|---|
| Backstein-Mauerwerk | $0.10 \leq \nu_y \leq 0.28$ |
| Kalksandstein-Mauerwerk | $0.18 \leq \nu_y \leq 0.28$ |
| Porenbeton-Mauerwerk | $0.15 \leq \nu_y \leq 0.20$ |
| Betonstein-Mauerwerk | $0.25 \leq \nu_y \leq 0.45$ |

Mit zunehmender Mörtelfestigkeit nimmt die Querdehnungszahl ab.

**Kriechen von Mauerwerk**

Grösse und Verlauf des Kriechens von Mauerwerk hängen von folgenden Parametern ab: Kriecheigenschaften der Mauersteine und des Mörtels, Luftfeuchtigkeit, Temperatur, Belastungsalter, Querschnittsabmessungen.

Verlängerte Mörtel kriechen stärker als Zementmörtel. Backsteine kriechen praktisch nicht, so dass der Hauptanteil des Kriechens von Backsteinmauerwerk in den Mörtelfugen entsteht. Anders ist es bei Kalksandsteinen, Porenbetonsteinen und Betonsteinen. Deren Kriecheigenschaften sind vergleichbar mit jenen von Beton.

Für die Kriechdehnung kann bei Mauerwerk derselbe Ansatz wie bei Beton gemacht werden:

$$\varepsilon_k(t{=}\infty) = \varepsilon_{el}\ \varphi_\infty \text{ und } \varepsilon_{tot}(t{=}\infty) = \varepsilon_{el}(1+\varphi_\infty) = (\sigma_x/E_x)\cdot(1+\varphi_\infty)\ .$$

Die Endkriechzahl kann gemäss [MK] wie folgt angenommen werden:

| Mauerwerksart | $\varphi_\infty$ (Streubereich) |
|---|---|
| Backstein-Mauerwerk | 0.5 - 1.5 |
| Kalksandstein-Mauerwerk | 1.0 - 2.0 |
| Porenbeton-Mauerwerk | 1.5 - 2.5 |
| Betonstein-Mauerwerk | 1.5 - 2.5 |

Bei geringem Fugenanteil in Backstein-Mauerwerk (Modulsteine) ist eher der untere Grenzwert für $\varphi_\infty$ zu erwarten. Total nasse oder trockene Steine kriechen weniger als solche mit mittlerer Feuchtigkeit. Frühe Belastung erhöht das Kriechen.

**Schwinden und Quellen von Mauerwerk**

Grösse und Verlauf des Schwindens von Mauerwerk hängen von folgenden Parametern ab: Schwindeigenschaften der Steine und des Mörtels, Luftfeuchtigkeit, Temperatur, Querschnittsabmessungen.

Verlängerte Mörtel schwinden stärker als Zementmörtel. Backsteine weisen nur sehr geringe Schwinddehnungen auf. Die Schwindeigenschaften von Kalksandsteinen, Porenbetonsteinen und Betonsteinen sind vergleichbar mit jenen von Beton (eher stärkeres Schwinden).

Das Endschwindmass kann gemäss [MK] wie folgt angenommen werden:

| Mauerwerksart | Endschwindmass in ‰ |
|---|---|
| Backstein-Mauerwerk | - 0.2 |
| Kalksandstein-Mauerwerk | - 0.1 ÷ - 0.4 |
| Porenbeton-Mauerwerk | - 0.1 ÷ - 0.4 |
| Betonstein-Mauerwerk | - 0.2 ÷ - 0.6 |

Die Erfahrung zeigt, dass Kalksandstein-Mauerwerk erheblich schwinden kann. Dies erfordert in längeren Wänden die Anordnung von vertikalen Schwindfugen alle rund 6 - 8 m. Bei längeren Aussenwänden aus Porenbeton (keine Fugen) kann das Schwinden klaffende Trennrisse bewirken. Backsteine quellen unter normalen Bedingungen. Diese Dehnung wird durch das Schwinden des Fugenmörtels - je nach Fugenanteil - ungefähr kompensiert.

**Temperaturdehnung von Mauerwerk**

Die Wärmedehnung von Mauerwerk ergibt sich zu

$$\varepsilon_T = \alpha_T \cdot \Delta T \ .$$

Der Wärmedehnungskoeffizient $\alpha_T$ kann gemäss [MK] wie folgt angenommen werden:

| Mauerwerksart | $\alpha_T$ in $10^{-6}$/K |
|---|---|
| Backstein-Mauerwerk | 6 |
| Kalksandstein-Mauerwerk | 8 |
| Porenbeton-Mauerwerk | 8 |
| Betonstein-Mauerwerk | 10 |

Backstein-Mauerwerk dehnt sich bei Temperaturänderungen somit etwa halb so stark und Betonstein-Mauerwerk etwa gleich stark wie Beton und Stahl (0.1 mm/m und 10°C).

## c) Mauerwerksarten

Es gibt sehr viele verschiedene Mauerwerksarten, je nach Land, baulicher Tradition, Rohstoffvorkommen, usw. In [SIA V 177] werden gemäss Abb. 4.8, entsprechend den zur Verwendung gelangenden Steinarten, verschiedene Mauerwerksarten erfasst. Dabei wird unterschieden zwischen:

- Mauerwerk ohne besondere Eigenschaften
- Mauerwerk mit besonderen Eigenschaften

Mauerwerk mit besonderen Eigenschaften kann sein:

- wärmedämmend
- schalldämmend
- mit erhöhtem Feuerwiderstand
- mit erhöhten Festigkeitswerten
- bewehrt
- äusseres Vorsatzmauerwerk
- nicht bewittertes Sichtmauerwerk
- bewittertes Sichtmauerwerk

Die folgenden Ausführungen beziehen sich wo nichts anderes vermerkt ist auf "Mauerwerk ohne besondere Eigenschaften".

## d) Anforderungen an das Mauerwerk

Mit Mauerwerk werden bestimmte materialtechnologische Prüfungen durchgeführt. Prüfverfahren und entsprechende Anforderungen sind in [SIA V 177] bzw. in dort aufgeführten [prEN....] festgelegt. Abbildung 4.15 zeigt die Mindestanforderungen (charakteristische Werte) für "Mauerwerk ohne besondere Eigenschaften". Die Werte gelten für Einsteinmauerwerk. Für Verbandmauerwerk sind die Werte $f_x$ mit dem Faktor 0.85 zu multiplizieren.

| Anforderungen | Mauerwerksart | | | | | | |
|---|---|---|---|---|---|---|---|
| | MB | MBL | MC | MCL | MK | MP | MPL |
| Druckfestigkeit $f_x$ [N/mm²] | 8.0 | 4.0 | 8.0 | 2.0 | 7.0 | 3.2 | 1.8 |
| Biegezugsfestigkeit $f_{fx}$ [N/mm²] | 0.15 | 0.10 | 0.25 | 0.15 | 0.15 | 0.90 | 0.60 |
| Elastizitätsmodul $E_x$ [kN/mm²] | 4.5 | 2.5 | 8.0 | 2.5 | 4.0 | 2.2 | 1.0 |

*Abb. 4.15: Anforderungen an "Mauerwerk ohne besondere Eigenschaften" gemäss [SIA V 177]*

Für *Mauerwerk mit erhöhten Festigkeitswerten* müssen $f_x$, $f_y$, $f_{fx}$, $f_{fy}$ und $E_x$ durch *systematische, schlüssige Versuche* ermittelt und durch den Lieferanten deklariert werden.

## e) Charakteristische Werte und Bemessungswerte von Mauerwerk

Der *charakteristische Wert* einer Baustoffeigenschaft ist eine aus den Materialkennwerten (i.a. durch Versuche ermittelt) abgeleitete rechnerische Grösse, die einem Fraktilwert in einer angenommenen statistischen Verteilung der betreffenden Baustoffeigenschaft entspricht.

Charakteristische Werte sind:

- Druckfestigkeit senkrecht zur Lagerfuge $f_x$
- Druckfestigkeit parallel zur Lagerfuge $f_y$
- Elastizitätsmodul (Druck) senkrecht zur Lagerfuge $E_x$
- Biegezugfestigkeit senkrecht zur Lagerfuge $f_{fx}$
- Biegezugfestigkeit parallel zur Lagerfuge $f_{fy}$
- Winkel der inneren Reibung $\tan\varphi$

Der *Bemessungswert* einer Baustoffeigenschaft wird gemäss [SIA V 177] aus dem charakteristischen Wert durch Abminderung mit $\gamma_R$ bestimmt (vgl. Abschnitt 4.1.3):

$$f_{xd} = \frac{f_x}{2.0} \quad ; \quad f_{yd} = \frac{f_y}{2.0} \quad ; \quad E_{xd} = \frac{E_x}{2.0} \quad ; \quad (\tan\varphi)_d = \frac{\tan\ \varphi}{1.2}$$

Abbildung 4.16 zeigt charakteristische Werte und Bemessungswerte von Baustoffeigenschaften für "Mauerwerk ohne besondere Eigenschaften" gemäss [SIA V 177].

Für die Werte von $f_y$ bzw. $f_{yd}$ ist keine vollfugige Vermörtelung der vertikalen Stossfugen vorausgesetzt ("knirsch gemauert", vgl. Abschnitt 3.1.1a). Bei Wänden mit Schubbeanspruchung und bei Mauerwerk mit erhöhten Festigkeitswerten ist eine solche jedoch zu empfehlen bzw. zu verlangen.

$\tan\varphi \approx 0.7$ bzw. $(\tan\varphi)_d \approx 0.6$ ist ein charakteristischer Wert, der praktisch unabhängig von der Stein- bzw. Mauerwerksart ist (sogar geschliffene Steine ohne Mörtel weisen diesen Wert auf).

| Mauer-werk | $f_x$ [N/mm²] | $f_{xd} = f_x/2$ [N/mm²] | $f_{yd} = f_y/2$ [N/mm²] | $f_{fx}$ [N/mm²] | $(\tan\varphi)_d = (\tan\varphi)/1.2$ | $E_x$ [kN/mm²] | $E_{xd} = E_x/2$ [kN/mm²] | G [kN/mm²] |
|---|---|---|---|---|---|---|---|---|
| MB | 8.0 | 4.0 | 1.2 | 0.15 | 0.6 | 4.5 | 2.3 | 1.4 |
| MBL | 4.0 | 2.0 | 0.6 | 0.10 | 0.6 | 2.5 | 1.3 | 0.8 |
| MC | 8.0 | 4.0 | 2.0 | 0.25 | 0.6 | 8.0 | 4.0 | 3.2 |
| MCL | 2.0 | 1.0 | 0.5 | 0.15 | 0.6 | 2.5 | 1.3 | 1.0 |
| MK | 7.0 | 3.5 | 1.1 | 0.15 | 0.6 | 4.0 | 2.0 | 2.0 |
| MP | 3.2 | 1.6 | 0.8 | 0.90 | 0.6 | 2.2 | 1.1 | 1.2 |
| MPL | 1.8 | 0.9 | 0.4 | 0.60 | 0.6 | 1.0 | 0.5 | 0.5 |

*Abb. 4.16: Charakteristische Werte und Bemessungswerte von Baustoffeigenschaften für "Mauerwerk ohne besondere Eigenschaften" gemäss [SIA V 177]*

### f) Rechnerische Rissbreite und Verformungen von Mauerwerk

Für den Nachweis der Gebrauchstauglichkeit kann das Einhalten von Richtwerten von Verformungsgrössen verlangt werden. Gemäss [SIA V 177] sind diese Grössen:

$r_{lim}$: Richtwert der rechnerischen Rissbreite bei Normalkraftbeanspruchung
$v_{lim}$: Richtwert der rechnerischen Stockwerkverschiebung bei Schubbeanspruchung
$\varepsilon_{x,\,lim}$: Richtwert der rechnerischen Randzugdehnung bei Schubbeanspruchung

Abbildung 4.17 zeigt die entsprechenden numerischen Grössen.

| Anforderungen | $r_{lim}$ | $v_{lim}$ | $\varepsilon_{x,\,lim}$ |
|---|---|---|---|
| normale | 0.20 mm | $10^{-3}$ h | $10^{-3}$ |
| hohe | 0.05 mm | $3 \cdot 10^{-4}$ h | $10^{-4}$ |

*Abb. 4.17: Richwerte von Verformungsgrössen gemäss [SIA V 177]*

## 4.3 Normalkraftbeanspruchung zentrisch und exzentrisch

**Problemstellung**

Der in Abbildung 4.18 dargestellte Vertikalschnitt zeigt ein im Hochbau übliches und typisches Tragsystem [TFGS].

Die Stahlbetondecken sind im allgemeinen voll oder teilweise in die Mauerwerkswände eingebunden. In gewissen Fällen werden zwischen Wand und Decken Lagerstreifen vorgesehen (Abb. 4.19).

Im Falle des Deckeneinbundes ergibt sich durch das Zusammenwirken von Wand und Decke eine Einspannwirkung; die Last stellt sich (infolge der Verdrehung des Deckenauflagers) bezüglich der Wandachse exzentrisch. Die Grösse der Exzentrizität ist von verschiedenen Einflussfaktoren abhängig (Normalkraft, Wandschlankheit, Wanddicke, Deckenspannweite, Deckenstärke, u.a.) und mit einfachen Methoden der Statik nicht bestimmbar.

Im Falle des Einbaus von Lagerstreifen (meist zentrisch) ergibt sich dagegen eine klar definierte Lage der Normalkraft. Das Tragverhalten kann auf verhältnismässig einfache Art erfasst werden.

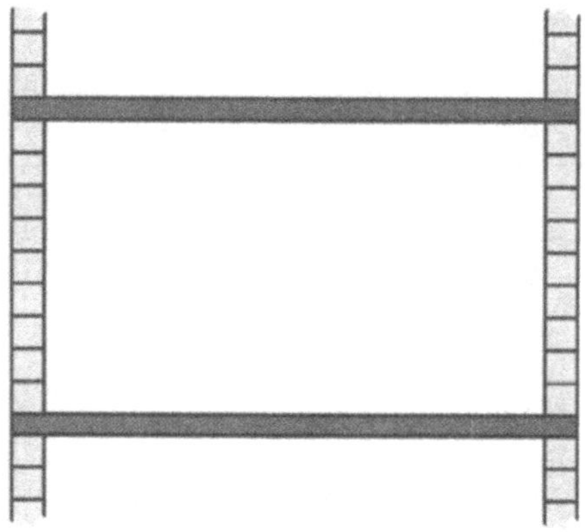

*Abb. 4.18: Typisches Tragsystem (nach [TFGS])*

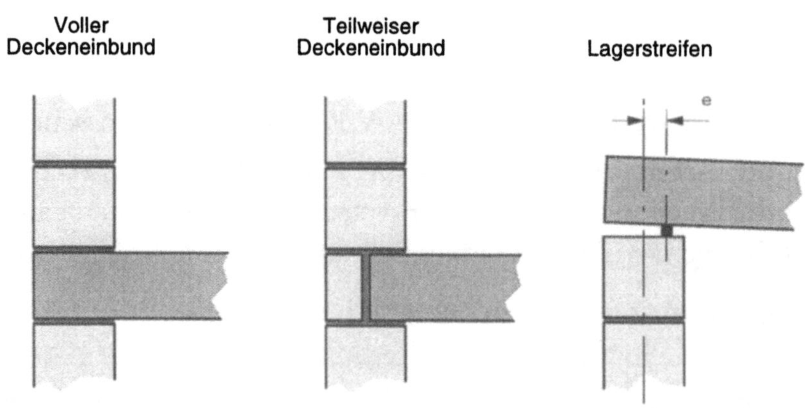


*Abb. 4.19: Anschluss Decke - Wand*

**Zielsetzung dieses Abschnittes**

Es sollen die grundlegenden Zusammenhänge und die Kenntnis der Nachweisverfahren vermittelt werden für *häufige einfache Fälle der Praxis*:

- Nachweis der Tragsicherheit nach [SIA V 177] Ziffer 3 31 1 bzw. 3 31 2 (Wände sowohl ohne Material- als auch ohne Stabilitätsversagen).
- Nachweis der Gebrauchstauglichkeit im Fall eines plastischen Gelenkes im Übergangsbereich zwischen Decke und Wand.

Für Nachweise *in anspruchsvolleren Fällen* (allgemeines Vorgehen, Benützung von Bemessungsdiagrammen und entsprechender Computerprogramme gemäss [SIA V 177]) wird auf die Literatur verwiesen ([SIA D 053] [SIA D 054] [SIA D 054 A] [ZSS]).

## 4.3.1 Experimentelle Untersuchungen

In einem Forschungsprojekt wurden stockwerkhohe Mauerwerkswände aus Backstein und aus Kalksandstein (44 resp. 16 Wände) auf ihre Rotationsfähigkeit geprüft [FT] [TFGS].

### a) Versuchsanlage

Abb. 4.20 (links) zeigt die Versuchsanlage. Die auf eine Betonplatte aufgemauerte Wand war an ihrem oberen und unteren Ende mittels Linienkipplager gelenkig gelagert. Unter konstanter Normalkraft wurde das untere Wandende mit Hilfe eines Stahlrahmens schrittweise bis zum Bruch verdreht.

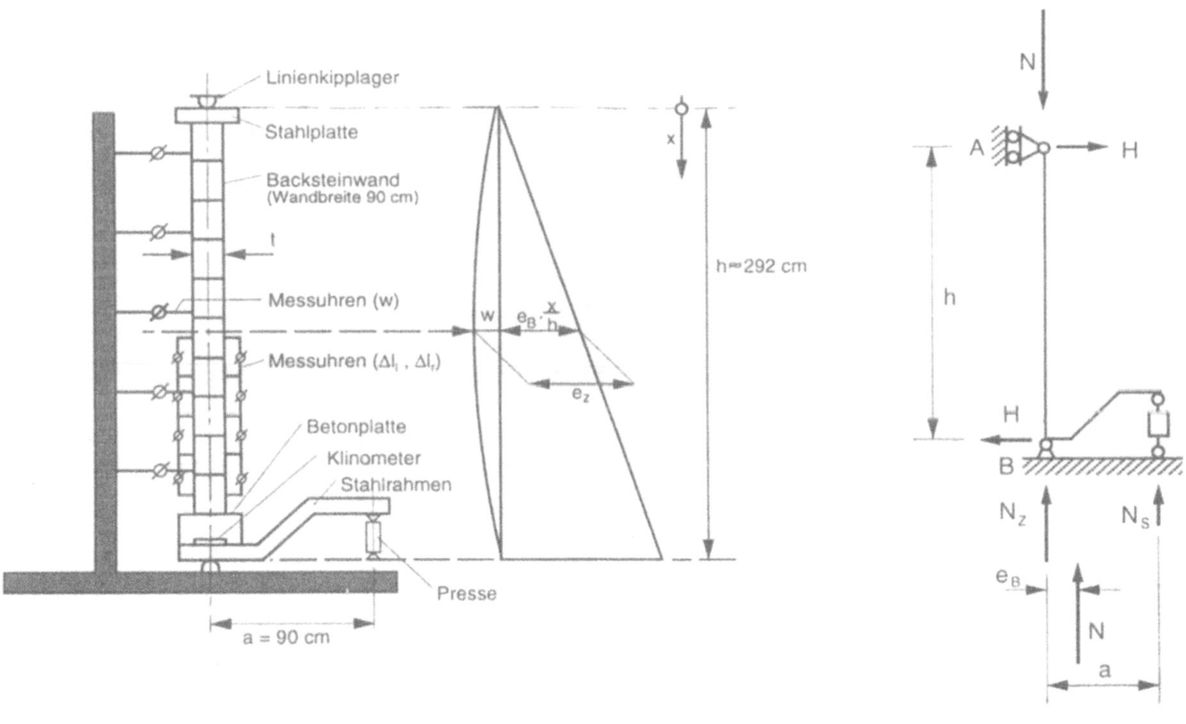


*Abb. 4.20: Versuchsanlage für Mauerwerkswände (nach [TFGS])*

Abbildung 4.20 (rechts) zeigt die statischen Verhältnisse. Die anfänglich zentrische Last $N$ ($N = N_z$) stellte sich bei einer Verdrehung des Stahlrahmens exzentrisch. In der Presse wurde die Kraft $N_s$ gemessen. Da $N$ konstant gehalten wurde, verminderte sich die anfängliche Auflagerkraft $N_z = N$ um $N_s$. Bezüglich des unteren Linienkipplagers Punkt B ergab sich damit folgende Gleichgewichtsbedingung ($N$ statisch äquivalent zu $N_z$ und $N_s$):

$$e_B = a \cdot \frac{N_s}{N}$$

Bei der exzentrischen Lage von $N$ traten aus Gleichgewichtsgründen horizontale Reaktionen $H$ in den Linienkipplagern auf. Deren Grösse konnte wiederum aus einer Gleichgewichtsbetrachtung bezüglich B bestimmt werden:

$$H = N_s \cdot \frac{a}{h} = N \cdot \frac{e_B}{h}$$

Die Exzentrizität zur unverformten Wandachse nimmt - ausgehend von $e_B$ - mit zunehmender Wandhöhe linear ab und verschwindet am oberen Wandende.

Durch Addition dieser Exzentrizität und der horizontalen Auslenkung $w$ infolge von Momenten erhält man in einem beliebigen Schnitt auf der Höhe $x$ die totale Exzentrizität $e_z$. Die horizontale Auslenkung $w$ wurde mit seitlich der Wand angebrachten Messuhren bestimmt. Die Exzentrizität $e_z$ beträgt (Abb. 4.20):

$$e_z = e_B \cdot \frac{x}{h} + w$$

Auf beiden Seiten waren mehrere Messuhren angebracht. Die Messbasis erstreckte sich über eine Mörtelfuge und je die Steinhälften unter- und oberhalb der Mörtelfuge. Die Uhren dienten zur Messung der vertikalen Deformationen. Aus den Messwerten von je zwei gegenüberliegenden Uhren konnte die Krümmung bestimmt werden:

$$\phi = \frac{\frac{\Delta l_l}{l_l} - \frac{\Delta l_r}{l_r}}{t}$$

Damit konnte jedem Krümmungswert eine Exzentrizität zugeordnet und ein $\phi$-$e$-Diagramm erstellt werden. Die Krümmung $\phi$ stellt einen Mittelwert der Krümmungen innerhalb des Messbereichs dar, und die Exzentrizität $e_z$ wurde auf der Höhe der Mörtelfuge, d.h. in der Mitte des Messbereichs, bestimmt.

## b) Versuchsresultate

Das Tragverhalten wurde durch die Grösse der Normalkräfte stark beeinflusst.

Unter konstanter Normalkraft entstanden bei der Verdrehung der Betonplatte im unteren Wandbereich bzw. zwischen Wand und Betonplatte horizontale Risse in den Lagerfugen:

- Unter *relativ kleiner Normalkraft* weiteten sich diese Risse mit zunehmender Verdrehung aus, und *in einer der untersten Fugen bildete sich ein klaffender Riss*. Entsprechend wies auch die Ausbiegungskurve auf der Höhe dieses markanten Risses einen starken Knick auf (Abb. 4.21 links).
- Unter *grösserer Normalkraft* traten statt des einen klaffenden Risses *mehrere ungefähr gleich grosse Risse* auf, und die Ausbiegungskurve der Wand wies die Form einer "Gelenkkette" auf (Abb. 4.21 rechts).

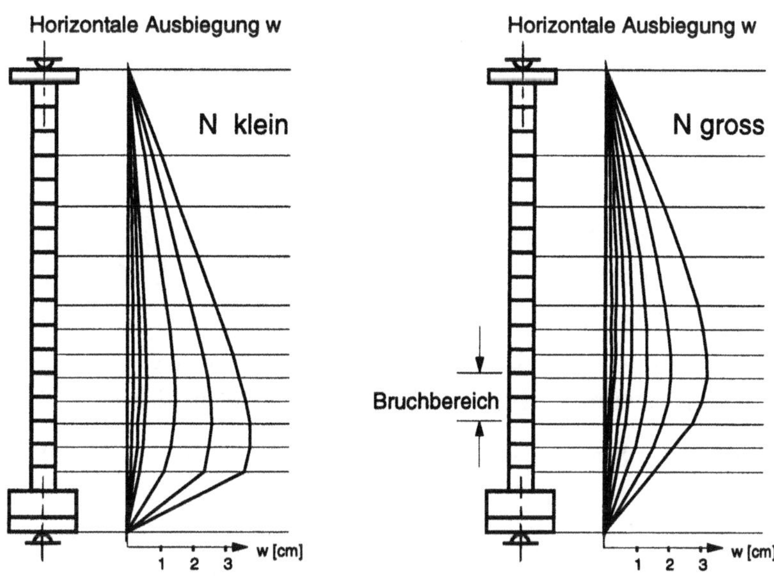


*Abb. 4.21: Ausbiegungskurven für zentrische Normalkraft (nach [TFGS])*

Nebst diesen Rissbildungen setzten auf der Wanddruckseite zuerst feine und bei grösserer Verdrehung stärkere Absplitterungen von Stein- und Mörtelteilen ein. Unter grosser Normalkraft trat diese Erscheinung in der Regel bei geringerer Verdrehung auf als unter kleiner Normalkraft. Bei den Backsteinwänden waren Spannungsumlagerungen im Wandinnern akustisch wahrnehmbar. Demgegenüber waren sie in den Kalksandsteinwänden nur in wenigen Fällen von akustischen Signalen begleitet. Der Wandbruch trat jeweils fast "lautlos" ein. Im Gegensatz zum "spröden" Bruchverhalten von Backsteinmauerwerk handelte es sich beim Kalksandsteinmauerwerk um ein "weiches", durch plastische Verformungen gekennzeichnetes Bruchverhalten.

Vertikales Aufreissen und Abplatzungen ganzer Steinplatten, ein für Backsteinmauerwerk unter hoher Normalkraft übliches Bruchbild, traten beim Kalksandsteinmauerwerk nicht auf. Beim Bruch lösten sich in der Regel beidseits der Mörtelfuge keilförmige Steinteile heraus. Im Schnitt waren diese Körper dreieckförmig.

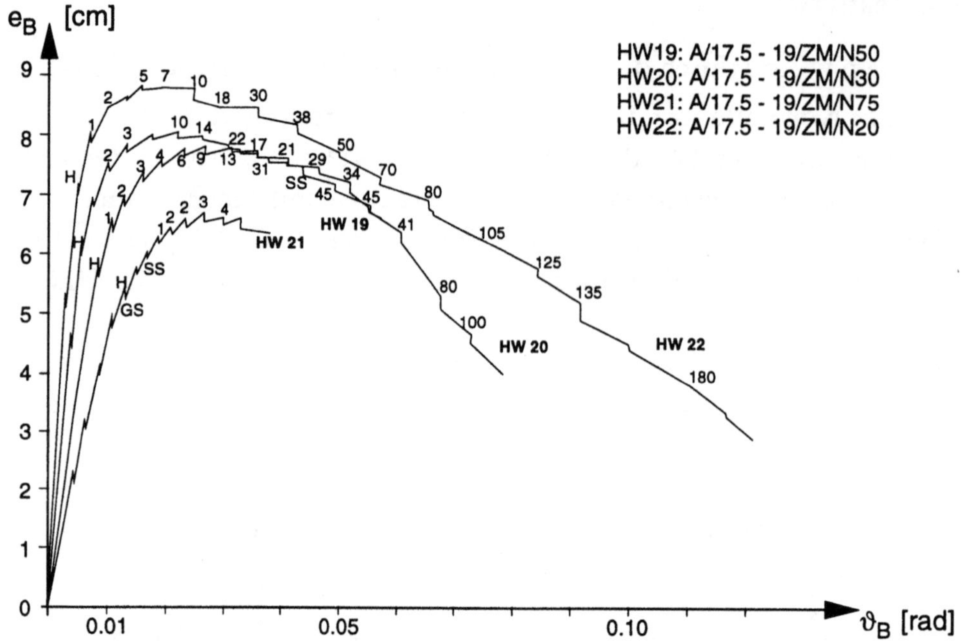


*Abb. 4.22: Zusammenhang Endverdrehung - Endexzentrizität (nach [TFGS])*

In Abbildung 4.22 ist der Zusammenhang zwischen der Endexzentrizität $e_B$ und der Endverdrehung $\vartheta_B$ unter verschiedenen Normalkräften $N$ (750, 500, 300, 200 kN) für Backstein- und Kalksandstein-Mauerwerk der Dicke 17.5 cm dargestellt. $e_B$ ist die Exzentrizität der Normalkraft $N$ auf der Höhe des unteren Linienkipplagers. Sie wurde gemäss der vorstehenden Gleichung bestimmt. $\vartheta_B$ ist der Verdrehungswinkel der Betonplatte.

Eingetragen ist in Abbildung 4.22 auch die jeweilige maximale Rissbreite in 0.01 mm. Beim Auftreten des ersten horizontalen Risses in einer Mörtelfuge flacht der anfänglich lineare Kurvenast ab. Nach dem Überschreiten einer maximalen Exzentrizität stellt sich der Bruch der Wand in der Regel im Bereich des abfallenden Kurvenastes ein.

Der *Einfluss der Normalkraft* ist aus dem oben aufgeführten Bild klar ersichtlich. Mit grösserer Normalkraft nimmt die Steigung der $e_B$-$\vartheta_B$-Kurven im Ursprung ab, und die maximale Exzentrizität sowie die Verdrehung der Betonplatte beim Bruch der Wand werden kleiner.

Die *Qualität des Mauermörtels* (Verlängerter Mörtel oder Zement-Mörtel) hatte keinen deutlichen Einfluss auf den Kurvenverlauf bzw. auf das Riss- und Bruchverhalten.

Das *Steinformat* war demgegenüber für das Riss- und Bruchverhalten von Bedeutung (Schlankheitsunterschied).

Die *Steinqualität* spielte insbesondere für das Bruchverhalten eine wichtige Rolle. Mauersteine normaler Qualität führten zu deutlich geringeren Bruchverdrehungen als Steine hochwertiger Qualität.

Unter grossen Normalkräften sind somit die Bruchverdrehungen klein, unter kleinen Normalkräften gross. Bestimmte Rissweiten von 0.05 und 0.5 mm werden unter kleinen Normalkräften bei kleinen, unter grossen Normalkräften bei grösseren Verdrehungen erreicht.

In Abbildung 4.23 sind für drei verschiedene Normalkräfte die Exzentrizität-Krümmungs-Kurven von Backsteinwänden dargestellt. Die Backsteinwände waren 15 cm dick und 90 cm lang. Die in der Abbildung angegebenen Normalkräfte entsprechen somit mittleren Bruttospannungen von 1.1, 2.9 und 4.8 N/mm². Die Wände bestanden aus hochwertigen Backsteinen und Zementmörtel.

Nach einem anfänglich linearen Anstieg flachen die Kurven beim Auftreten der ersten Horizontalrisse im Messbereich ab. Die Krümmungen nehmen mit zunehmender Exzentrizität überproportional zu. Die Exzentrizitäten überschreiten die halbe Querschnittsbreite nicht.

In Abbildung 4.24 ist die aus den Versuchen ermittelte Interaktion (für MB 15 cm) zwischen der Normalkraft $N$ und der Exzentrizität $e_z$ (vgl. Bild Versuchsanordnung) bzw. dem Moment beim Bruch (im entsprechenden Messbereich) dargestellt.

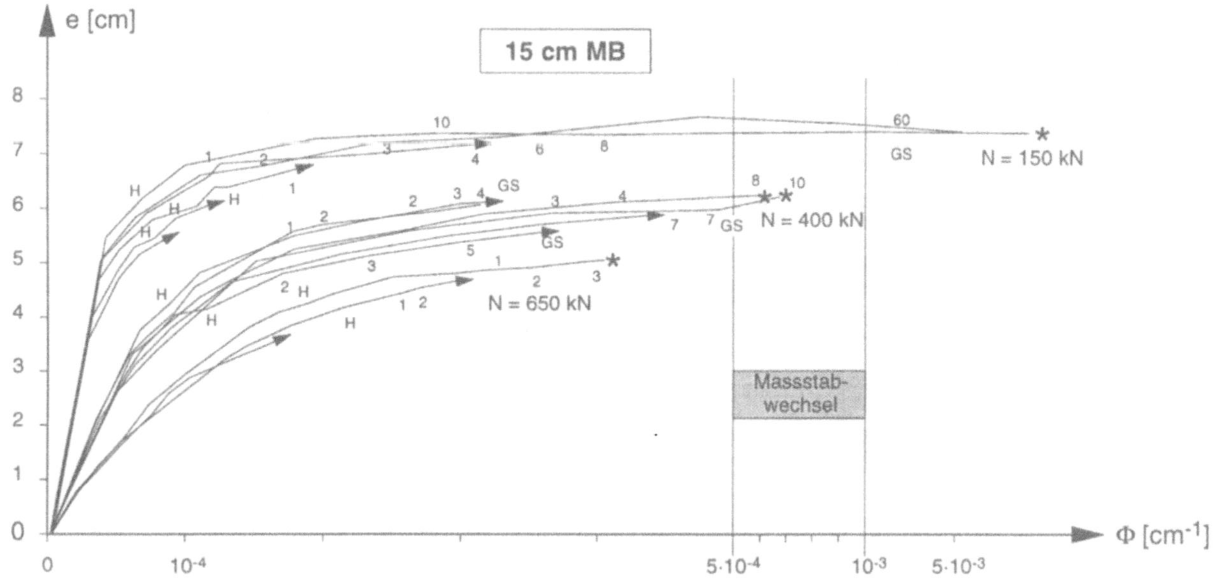


*Abb. 4.23: Gemessenes Exzentrizitäts-Krümmungs-Diagramm (nach [TFGS])*

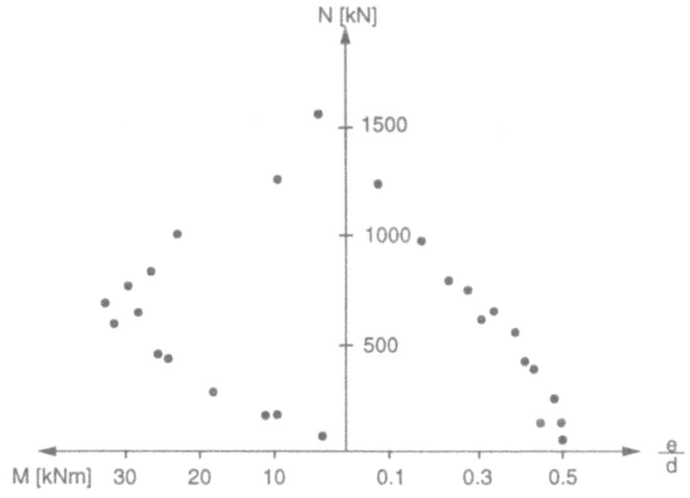


*Abb. 4.24: Normalkraft-Exzentrizitäts-Diagramm aus Versuchen (nach [TFGS])*

## 4.3.2 Grundlagen für die Bemessung

### a) Verhalten des Querschnittes

Um das Verhalten von Mauerwerkswänden zu erfassen, wird zuerst dasjenige eines Mauerwerksquerschnittes diskutiert.

**Vereinfachtes Modell: Lineares Stoffgesetz**
Für eine vereinfachte Betrachtung wird von folgenden Annahmen ausgegangen:

- Der Querschnitt aus gelochten Steinen wird rechnerisch als Rechteckvollquerschnitt behandelt;
- die Querschnitte bleiben eben;
- die Zugfestigkeit wird vernachlässigt;
- das Stoffgesetz wird als linear-elastisch angesetzt.

Daraus ergeben sich für verschiedene Exzentrizitäten der Normalkraft $N$ die Spannungsbilder gemäss Abb. 4.25. Die Abbildung zeigt, dass die *Exzentrizität* $e_z$ *nicht grösser als* $t/2$ werden kann, da $N$ ohne Zugfestigkeit des Mauerwerkes nicht ausserhalb des Querschnittes angreifen kann.

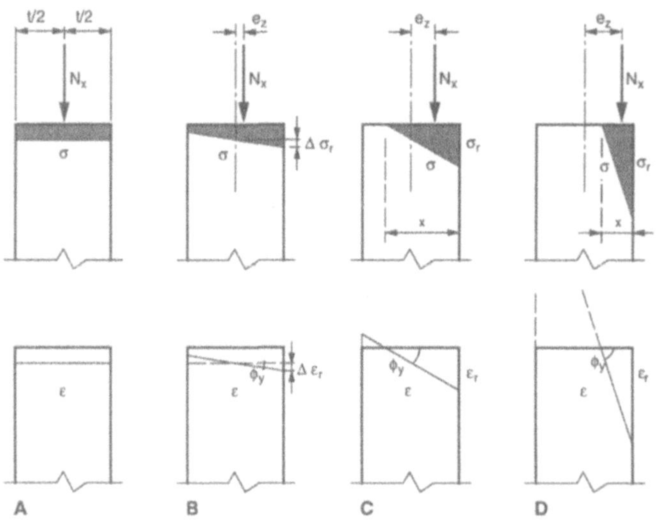


*Abb. 4.25: Spannungsbilder und Dehnungsebenen für verschiedene Exzentrizitäten*

Werden aus den Spannungsbildern die Dehnungsebenen abgeleitet, so kann die Beziehung zwischen *Exzentrizität und Krümmung* bestimmt werden.

Bei *kleiner Exzentrizität* (Abb. 4.25 B), d.h. solange am ungerissenen Querschnitt keine Zugspannungen, bzw. keine Risse auftreten, wirkt der ganze Querschnitt mit, und die Krümmung $\phi$ ist direkt proportional zur Exzentrizität $e_z$:

$$\Delta\sigma_r = \frac{N \cdot e_z}{I} \cdot \frac{t}{2} \;\; ; \;\; \Delta\varepsilon_r = \frac{\Delta\sigma_r}{E}$$

$$\phi_y = \frac{\Delta\varepsilon_r}{t/2} = \frac{\Delta\sigma_r}{E \cdot t/2} = \frac{N \cdot e_z}{EI} = \frac{N \cdot t}{EI} \cdot \frac{e_z}{t} \qquad \text{(gilt für } e_z/t \leq 1/6\text{)}$$

Bei *grosser Exzentrizität* (Abb. 4.25 C und D), fällt infolge Rissebildung ein Teil des Querschnittes aus, und für die $e_z$-$\phi$-Beziehung ergibt sich eine ausgeprägte Nichtlinearität:

$$\sigma_r = \frac{2N}{3(t/2 - e_z)} \; ; \; \varepsilon_r = \frac{\sigma_r}{E}$$

$$\phi_y = \frac{\varepsilon_r}{x} = \frac{N \cdot t}{EI} \cdot \frac{1}{54} \cdot \frac{1}{(1/2 - e_z/t)^2} \qquad \text{(gilt für } 1/6 \le e_z/t \le 1/2\text{)}$$

Die aus den beiden Beziehungen für das einfache Modell resultierende *Exzentrizitäts-Krümmungs-Beziehung* ist in Abb. 4.26 als ausgezogene Linie dargestellt (vgl. auch Abb. 4.23).

Die Krümmung $\phi$ ist im linearen und im nichtlinearen Bereich direkt proportional zur Normalkraft; damit ist folgende Normierung unter Verwendung von $h_E = \pi^2 \sqrt{EI/N}$ möglich:

$$\phi_y \cdot \frac{EI}{N \cdot t} = \frac{e_z}{t} \quad \text{und} \quad \frac{\phi_y \cdot h_E^2}{t} = \pi^2 \cdot \frac{e_z}{t} \qquad \text{(für } e_z/t \le 1/6\text{ )}$$

$$\phi_y \cdot \frac{EI}{N \cdot t} = \frac{1}{54} \cdot \frac{1}{(1/2 - e_z/t)^2} \quad \text{und} \quad \frac{\phi_y \cdot h_E^2}{t} = \frac{\pi^2}{54} \cdot \frac{1}{(1/2 - e_z/t)^2} \qquad \text{(für } 1/6 \le e_z/t \le 1/2\text{ ).}$$

Auch in [SIA V 177] erfolgt eine Normierung unter Verwendung von $h_E^2$.

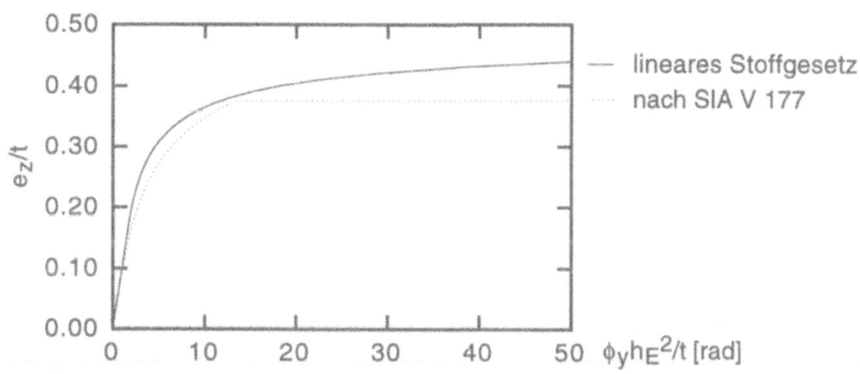


*Abb. 4.26: Vereinfachte Exzentrizitäts-Krümmungs-Beziehung (lineares Stoffgesetz)*

**Anpassung an Versuchsresultate: Nichtlineares Stoffgesetz**

Soll die $e_z$-$\phi$-Beziehung derart optimiert werden, dass sie die Versuchsergebnisse möglichst gut approximiert und sich gleichzeitig theoretisch begründen lässt, so müssen weitere nichtlineare Effekte berücksichtigt werden. Diese sind bedingt durch den typischen Steinaufbau (z.B. Lochung), durch das Zusammenspiel von Fugen und Steinen und auch durch das nichtlineare Stoffgesetz der Komponenten. Die in [SIA V 177] verwendete *Exzentrizitäts-Krümmungs-Beziehung* ist in Abb. 4.27 links mit ihrer Definition dargestellt. Die Krümmung wird als

Tangensfunktion der Exzentrizität angesetzt, wobei die Exzentrizität beschränkt bleibt. Bei der maximal möglichen Exzentrizität $e_z/t = 3/8$ wird ein Plateau erreicht. Zum Vergleich

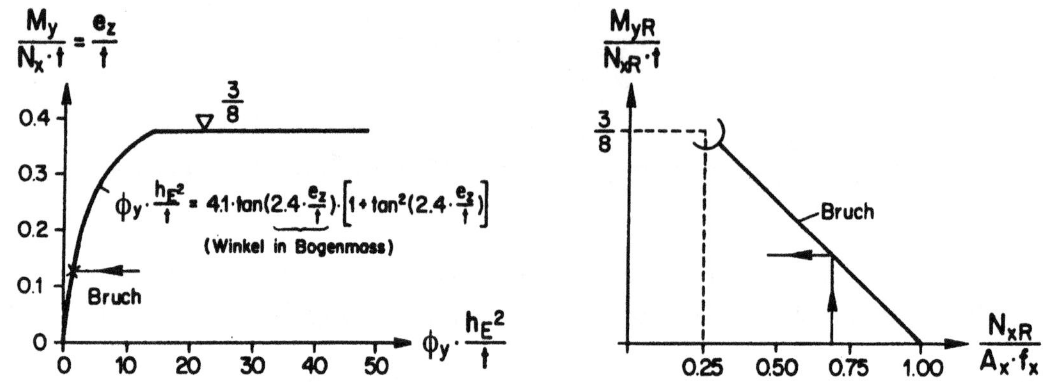


*Abb. 4.27: Exzentrizitäts-Krümmungs-Beziehung und M-N-Interaktionsdiagramm nach [SIA V 177]*

ist die Exzentrizitäts-Krümmungs-Beziehung nach [SIA V 177] auch in Abb. 4.26 gestrichelt eingetragen.

In Abb. 4.27 rechts ist zudem das in [SIA V 177] verwendete $M$-$N$-Interaktionsdiagramm für Mauerwerk gegeben (vgl. auch Abb.4.24). Es illustriert die Abnahme des übertragbaren Momentes bei zunehmender Normalkraft.

**Normalkraftabhängiges Tragverhalten**

Die Nichtlinearität der Exzentrizitäts-Krümmungs-Beziehung sowie das vorhandene Plateau führen dazu, dass das Versagen unter exzentrischer Normalkraft nicht wie im Stahlbeton üblich mit einer Randbruchstauchung $\varepsilon_{r,u}$ beschrieben werden kann. Das Diagramm in Abb. 4.28 zeigt, dass die aus dem $M$-$N$-Interaktionsdiagramm abgeleiteten rechnerischen Randbruchdehnungen stark von der Grösse der Normalkraftbeanspruchung abhängen.

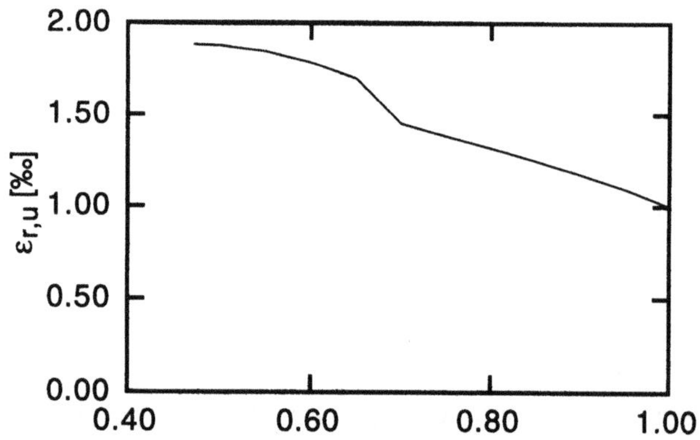


ν = N/(Ax·fx)

Bestimmung von $\varepsilon_{r,u}$:
1. Gegeben: $\nu = N/(A_x \cdot f_x)$
2. Bestimmung $e_z/t$ aus M-N-Interaktionsdiagramm
3. Bestimmung $\phi_y$ aus Exzentrizitäts-Krümmungs-Beziehung
4. Bestimmung der Randdehnung $\varepsilon$:
   $e_z/t < 1/6$: $\varepsilon = \phi_y \cdot t/2 + N/EA$
   $e_z/t > 1/6$: $\varepsilon = \phi_y \cdot x = \phi_y \cdot 3(t/2 - e_z)$

*Abb. 4.28: Rechnerische Randbruchdehnung $\varepsilon_{r,u}$ für Mauerwerk mit $f_x/E_x = 0.001$ (z.B. Mauerwerk aus Betonsteinen)*

Bei *kleiner Normalkraft*, d.h. für $N \leq 0.25 A_x f_x$, haben die in Abschnitt 4.3.1 beschriebenen Versuche gezeigt, dass sich im allgemeinen ein *Gelenk mit sehr grosser Rotationsfähigkeit* ausbildet. Das Tragverhaltendort lässt sich mit Regime I in Abb. 4.29 erklären. Eine kleine vorhandene Normalkraft kann auf einem kleinen Anteil des Querschnitts übertragen werden. Es kann deshalb eine sehr schmale Druckzone mit grosser Exzentrizität am Rand des Querschnitts entstehen. Dank der beträchtlichen Behinderung der Querdehnung im Mörtel beginnen sich dann bei Erreichen einer maximalen Exzentrizität die zwei übereinanderstehenden Steine praktisch um einen Punkt zu drehen, womit eine grosse Rotationsfähigkeit gegeben ist. Dieses Verhalten wird durch das Plateau in der Exzentrizitäts-Krümmungs-Beziehung beschrieben.

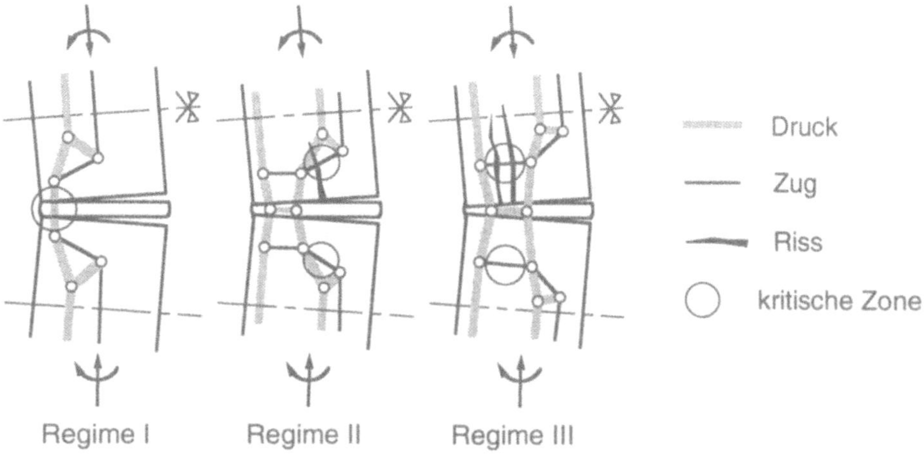


*Abb. 4.29: Versagensregimes (Bruchmechanismen) (nach [SIA D 053])*

Bei *grosser Normalkraft* hingegen stellt sich ein Tragverhalten gemäss Regime III in Abb. 4.29 ein. Es ist ein grosser Anteil des Querschnittes nötig, um die Normalkraft zu übertragen. In diesem Bereich werden Stein und Mörtel infolge unterschiedlicher Poisson'scher Querdehnungszahlen in Wandquerrichtung beansprucht. Hat typischerweise der Mörtel eine höhere Querdehnung als der Stein, so entsteht Querzug im Stein und Querdruck im Mörtel. Während die mehrachsige Druckbeanspruchung das Mörtelverhalten günstig beeinflusst, führen die Querzugspannungen in den Steinen schliesslich zu Rissen parallel zur Normalkraftbeanspruchung und damit zum Versagen. Unter Regime III werden die möglichen Exzentrizität infolge hoher Querschnittsausnützung kleiner und damit wird auch die Rotationsfähigkeit stark vermindert.

Bei *mittlerer Normalkraft* schliesslich kann ein Verhalten gemäss Regime II in Abb. 4.29 eintreten. In diesem Fall führen die sich in den Steinen seitlich ausbreitenden Normalkräfte zu Querzug im Stein, der in weniger häufigen Fällen ebenfalls zum Versagen führen kann.

### b) Abgrenzung der Versagensarten

Wie bei schlanken Druckgliedern aus Stahlbeton und Stahl sind auch bei solchen aus Mauerwerk zwei Versagensarten möglich:

- Materialversagen, gegebenenfalls hervorgerufen durch Effekte II. Ordnung
- Stabilitätsversagen mit oder ohne Gleichgewichtsverzweigung

Bei *zentrischer Normalkraft* existieren per Definition keine Effekte II. Ordnung, sodass sich der Nachweis gegen Materialversagen leicht führen lässt, indem die vorhandene Spannung im Querschnitt mit der Bruchspannung verglichen wird.

Beim Stabilitätsversagen unter *zentrischer Normalkraft* handelt es sich generell um ein Verzweigungsproblem. D.h. bei einer bestimmten Belastungsintensität reicht eine geringe Störung aus, um das Versagen des Druckgliedes einzuleiten, wobei aber keine Aussage über die Richtung des Ausweichens gemacht werden kann. Man spricht deshalb von einem Stabilitätsproblem mit Gleichgewichtsverzweigung.

Bei *exzentrischer Normalkraft* treten Effekte II. Ordnung auf. Die entstehenden Zusatzmomente sind beim Nachweis gegen Materialversagen zu berücksichtigen. Die Schwierigkeit des Nachweises besteht hier in der Ermittlung dieser Zusatzmomente. Von Ausnahmefällen (vgl. Stab 2 in Abb. 4.30) abgesehen, ist eine Gleichgewichtsverzweigung nicht möglich und bei linearem Materialverhalten ist folglich mit dem Nachweis gegen Materialversagen jedes Versagen ausgeschlossen. Tritt Stabilitätsversagen ein, handelt es sich in der Regel um ein Stabilitätsproblem ohne Gleichgewichtsverzweigung, da die Richtung des Ausweichens mit der Richtung der zu diesem Zeitpunkt vorhandenen Verformung identisch, und somit bekannt ist. Diese Art des Stabilitätsversagens bedingt nichtlineares Materialverhalten, wie wir es bei Mauerwerk vorfinden.

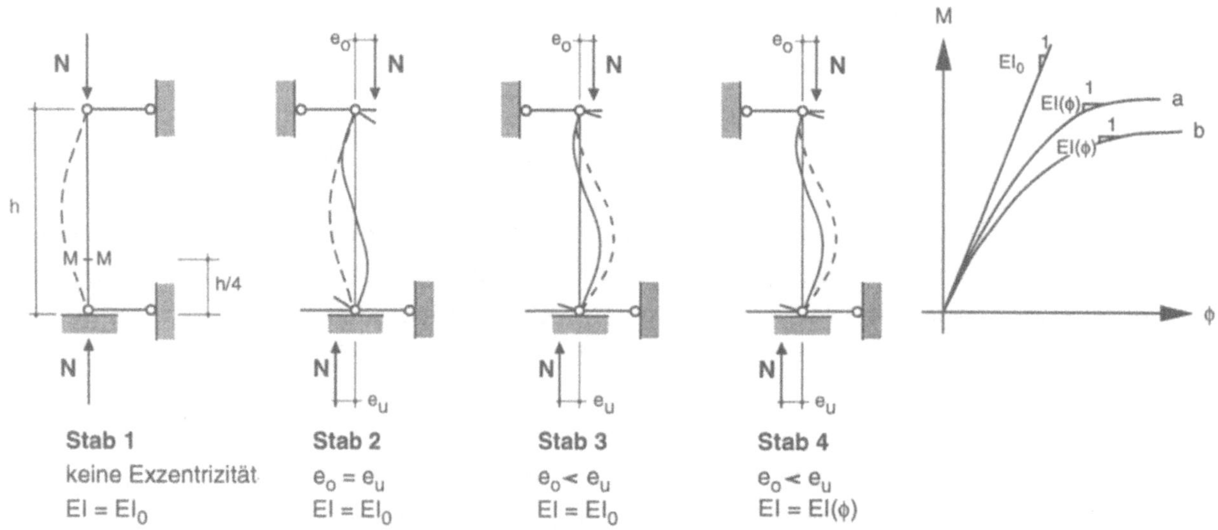


*Abb. 4.30: Stäbe unter Druckbeanspruchung, Verformungs- und Versagensfiguren*

Abb. 4.30 soll diese Zusammenhänge verdeutlichen. Sie zeigt Stäbe, die sich durch die Exzentrizitäten der aufgebrachten Normalkraft und ihre Biegesteifigkeit $EI$ voneinander unterscheiden. Die Materialfestigkeit und der Querschnitt der vier Stäbe seien identisch, sodass für alle Stäbe hinsichtlich des Materialversagens die gleiche Bruchbedingung gilt. Diese wird querkraftunabhängig angenommen und lässt sich deshalb auf Querschnittsebene als Bruchumhüllende in einem $M$-$N$-Interaktionsdiagramm darstellen. In der folgenden Diskussion verwenden wir folgende Begriffe:

- *Verformungsfigur* (durchgezogene Linien) - ein Verformungszustand vor dem Versagen;
- *Knickfigur* - die Form des Stabes nach Stabilitätsversagen mit und ohne Gleichgewichtsverzweigung, wobei die Amplitute nicht definiert ist;
- *Versagensfigur* (gestrichelte Linien)- die Form des Stabes im Moment des Versagens, wobei es sich sowohl um eine Verformungs-, als auch um eine Knickfigur handeln kann.

Zwei solche Figuren können *orthogonal* zueinander sein. Dieses ist dann der Fall, wenn das Integral über das Produkt der die Figuren beschreibenden Funktionen den Wert Null liefert, wie es z.B. bei einer symmetrischen und einer antimetrischen Figur der Fall ist.

Auf die Stäbe wird nun die Normalkraft $N$ aufgebracht und kontinuierlich erhöht. Hierdurch ergeben sich die in Abb. 4.31 dargestellten $M$-$N$-Kurven. In der Abbildung ist zudem die Eulersche Knicklast $N_k$ eingetragen, die sich für einen Stab mit der Knicklänge $h$ und der Biegesteifigkeit $EI_o$ ergibt.

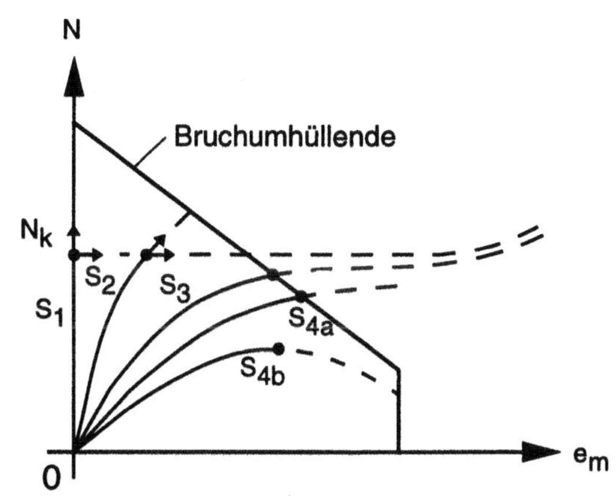


*Abb. 4.31: $M$-$N$-Interaktionsdiagramm mit Bruchumhüllender, Knicklast $N_k$ und Versagenspunkt **

Wir wollen nun das Trag- und Verformungsverhalten der vier Stäbe diskutieren und die, für die weiteren Erläuterungen erforderlichen Bezeichnungen für die Versagensarten definieren. Dabei setzen wir vereinfachend voraus, dass der betrachtete Querschnitt M-M massgebend für die Bruchbedingung ist, was natürlich für die Stäbe 3 und 4 nicht exakt stimmt.

*Stab 1* ist beidseits gelenkig gelagert, zentrisch belastet und hat eine konstante Biegesteifigkeit. Er erreicht die Bruchumhüllende nicht und versagt unter der Knicklast $N_k$ auf Stabilität. Es handelt sich um ein *Stabilitätsversagen mit Gleichgewichtsverzweigung*. Die Richtung, in die der Stab ausknickt, ist nicht definiert, und die entsprechende $M$-$N$-Kurve verzweigt.

*Stab 2* wird exzentrisch und antimetrisch belastet. Seine Biegesteifigkeit ist ebenfalls konstant. Sobald die Knicklast erreicht wird, schlägt die, sich unter der Belastung zunächst einstellende, zweiwellige, antimetrische Verformungsfigur in die einwellige, symmetrische Knickfigur des beidseits gelenkig gelagerten, zentrisch belasteten Stabes um. Die Richtung des Ausknickens ist wie bei Stab 1 unbekannt und es handelt sich ebenfalls um ein *Stabilitätsversagen mit Gleichgewichtsverzweigung*. Dieses Problem des "Umschlagens" der Verformungsfigur in eine Knickfigur wurde erstmals von Zimmermann aufgezeigt (Zimmermann-Stab). Es ist deshalb von Bedeutung, weil es zeigt, dass in speziellen Fällen eine Berechnung nach Theorie II. Ordnung nicht die Ermittlung der Verzweigungslast ersetzt.

*Stab 3* hat ebenfalls konstante Biegesteifigkeit, wird aber im Gegensatz zu Stab 2 nicht exakt antimetrisch belastet und hat deshalb eine Verformungsfigur, die nicht orthogonal zur Knickfigur ist. In diesem Fall nähert sich die Verformungsfigur bei steigender Normalkraft immer mehr der Knickfigur an, und die $M$-$N$-Kurve konvergiert gegen die Knicklast. Damit stellt sich das Versagen immer bei Erreichen der Bruchumhüllenden ein. Wir bezeichnen diese Versagensart als *Materialversagen*, obwohl es sich strenggenommen um ein Querschnittsversagen handelt.

Aus dem Verhalten der Stäbe 2 und 3 lässt sich folgern, dass ein Stabilitätsversagen von Stäben mit linearer $M$-$\phi$-Beziehung nur bei nicht zur Knickfigur orthogonaler Verformungsfigur möglich ist.

*Stab 4* ist bis auf die nichtlineare $M$-$\phi$-Beziehung mit Stab 3 identisch. Da der Stab beim Erhöhen der Normalkraft, d.h. mit zunehmender Krümmung weicher wird, konvergiert die $M$-$N$-Kurve nicht gegen die Knicklast $N_k$, sondern sie erreicht ihr Maximum - abhängig vom Grad der Nichtlinearität - mehr oder weniger weit unterhalb dieser. Liegt dieses Maximum ausserhalb der Bruchumhüllenden, so stellt sich Materialversagen ein. Wird das Maximum aber vor der Bruchumhüllenden erreicht, so müsste zur Aufrechterhaltung des Gleichgewichts bei zunehmender Krümmung die Normalkraft abnehmen. Da wir letztere jedoch voraussetzungsgemäss steigern, entsteht eine Gleichgewichtsdivergenz, und der Stab wird bei Erreichen des Maximums instabil. Die Richtung, in die er ausweicht, ist bekannt. Man spricht deshalb von einem *Stabilitätsversagen ohne Gleichgewichtsverzweigung*.

### c) Zentrisch beanspruchte Mauerwerkswände

Eine *zentrische Beanspruchung* darf angenommen werden

- bei Innenwänden, wenn die Spannweiten der durchlaufenden, aufliegenden Decke beidseitig etwa gleich gross und ähnlich belastet sind und somit keine wesentlichen Deckenverdrehungen zu erwarten sind;
- bei zentrisch auf der Wand angeordneten Lagerstreifen.

**Versagensarten**

Unter zentrischer Beanspruchung können bei Mauerwerkswänden grundsätzlich zwei verschiedene Versagensarten auftreten. Es sind dies

- Materialversagen
- Stabilitätsversagen mit Gleichgewichtsverzweigung (Knicken); diese Versagensart tritt insbesondere bei schlanken, d.h. hohen, dünnen Wänden auf.

Beide Versagensarten müssen gesondert untersucht und nachgewiesen werden. Um ein Materialversagen ausschliessen zu können, dürfen die Normalspannungen die Mauerwerksfestigkeit nicht überschreiten:

$$N_x \leq A_x f_x$$

Um ein Stabilitätsversagen auszuschliessen, wird die bekannte Beziehung für zentrisches Knicken verwendet:

$$N_x < N_k = \frac{\pi^2 \cdot B_y}{h_k^2} \quad \text{oder} \quad h_k < h_E = \pi\sqrt{\frac{B_y}{N_x}}$$

mit $N_k$ Knicklast

$h_k$ Knicklänge der betrachteten Wand, resp. des Wand-Decken-Systems, vgl. Abb. 4.30

$h_E$ Länge eines Eulerstabes (beidseitg gelenkig gelagert) mit der Knicklast $N_x$ und der Biegesteifigkeit $B_y$

$B_y$ Biegesteifigkeit, ermittelt unter Berücksichtigung des Normalkrafteinflusses gemäss

$$B_y = E_x I_y \sqrt{1 - \frac{1}{2} \cdot \frac{N_x}{A_x f_x}}$$

Dieser Nachweis kann mit der Wandhöhe $h = \zeta \cdot h_k$ wie folgt geschrieben werden:

$$h < h_k \quad \text{bzw.} \quad h < \zeta \cdot h_E$$

Der Faktor $\zeta$ ist für verschiedene Lagerungsfälle in Abb. 4.32 angegeben. Die für Fälle mit Einspannungen angegebenen Werte für $\zeta$ sind streng nur gültig, wenn einerseits die Decken sehr steif sind und andererseits der Decken-Wand-Knoten starr ist. Bei durchlaufenden Stahlbetondecken mit kleinen Spannweiten ist die erste Bedingung i.d.R. annähernd erfüllt. Deckensysteme mit grossen Spannweiten und/oder weiche Deckenkonstruktionen (z.B. Holzbalkendecken) sind jedoch i. a. zu weich um eine annähernd starre Einspannung der Wand zu gewährleisten, was zu einer Vergrösserung der Knicklänge führt. Dies sollte entweder mit dem konservativen Grenzwert $\zeta = 1$ oder einer genaueren Untersuchung des Wand-Decken-Systems berücksichtigt werden. Die Erfüllung der Bedingung des starren Decken-Wand-Knotens muss im Einzelfall beurteilt werden.

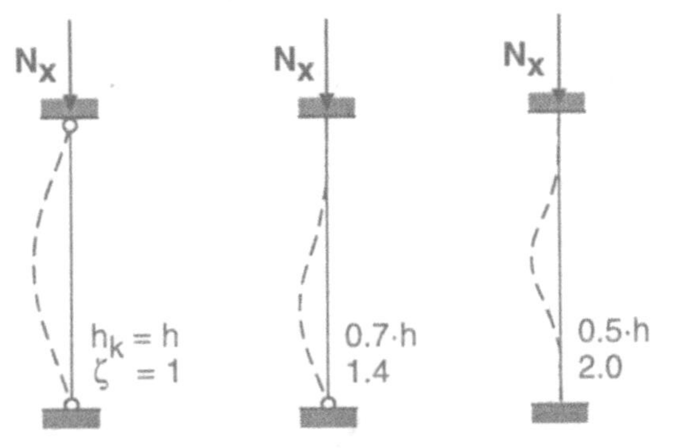


*Abb. 4.32: Knicklänge und Faktor $\zeta$ für zentrische Normalkraftbeanspruchung*

## d) Exzentrisch beanspruchte Mauerwerkswände

Eine exzentrische Beanspruchung muss angenommen werden

- bei Wänden unter direkt gelagerten Decken, die sich im Bereich der Wand verdrehen, d.h. bei Aussenwänden sowie bei Innenwänden, die unter zentrischer Beanspruchung nicht angesprochen wurden
- bei exzentrisch auf der Wand angeordneten Lagerstreifen.

**Versagensarten**

Wie bei zentrischer Beanspruchung können auch bei *exzentrischer Beanspruchung* zwei unterschiedliche Versagensarten auftreten:

- Materialversagen
- Stabilitätsversagen mit oder ohne Gleichgewichtsverzweigung

Eine gesonderte Untersuchung beider Versagensarten ist notwendig. Es ist jedoch möglich, diese Nachweise in einem Diagramm vorzunehmen, wie es in Abb. 4.34 dargestellt ist.

**Verhalten der Mauerwerkswand**

Die bei Mauerwerkswänden auftretenden Bemessungsfälle lassen sich in zwei Kategorien aufteilen:

- Fall E: Die *Exzentrizität* der aufgebrachten Normalkraft in Höhe der Decke ist bekannt (Lagerstreifen)
- Fall V: Die *Verdrehung* der Wand in Höhe der Decke kann unter der Annahme eines starren Wand-Decken-Knotens aus der Deckenverdrehung und Gleichgewicht am Knoten ermittelt werden.

Für beide Fälle ist es sinnvoll, die Wandsteifigkeit (Stabsteifigkeit) in Form einer bezogenen Endmomenten (Endexzentrizitäts)-Endverdrehungs-Beziehung zusammenzufassen. Wir bezeichnen die entsprechenden Kurven im folgenden als $M$-$\vartheta$-Linien. Mit der aus Kapitel 4.3.2 a) bekannten Exzentrizitäts-Krümmungs-Beziehung wurden diese Linien für unterschiedliche Bemessungsfälle (Randbedingungen) abgeleitet. Die Ableitung kann im Prinzip wie für eine lineare Exzentrizitäts-Krümmungs-Beziehung erfolgen, ist aber mathematisch wesentlich aufwendiger. In Abb. 4.33 sind die drei in [SIA V 177] enthaltenen Bemessungsfälle mit den entsprechenden Randbedingungen dargestellt.

| $\zeta$ | *) | 0.3 | 0.5 |
|---|---|---|---|
| Bemessungsfall | 1 | 2 | 3 |
| Biegelinie | 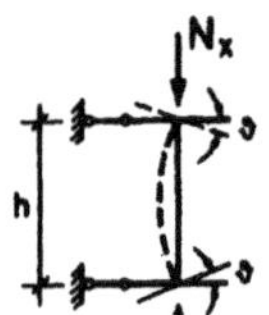  | 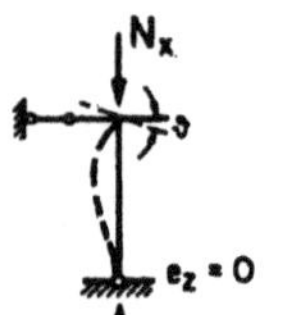  | 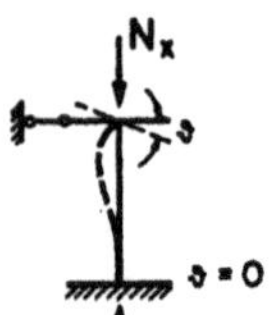  |

*) Berechnung gemäss Ziffer 3 4

*Abb. 4.33: Bemessungsfälle entsprechend [SIA V 177]*

**Diskussion der Ergebnisse**

In Abb. 4.34 ist die normalkraftabhängige $M$-$\vartheta$-Beziehung für Bemessungsfall 2 in normierter Form dargestellt. Sie enthält zudem die ebenfalls normalkraftabhängigen Grenzlinien für das Materialversagen, die wir im folgenden als Grenznormalkraftlinien bezeichnen.

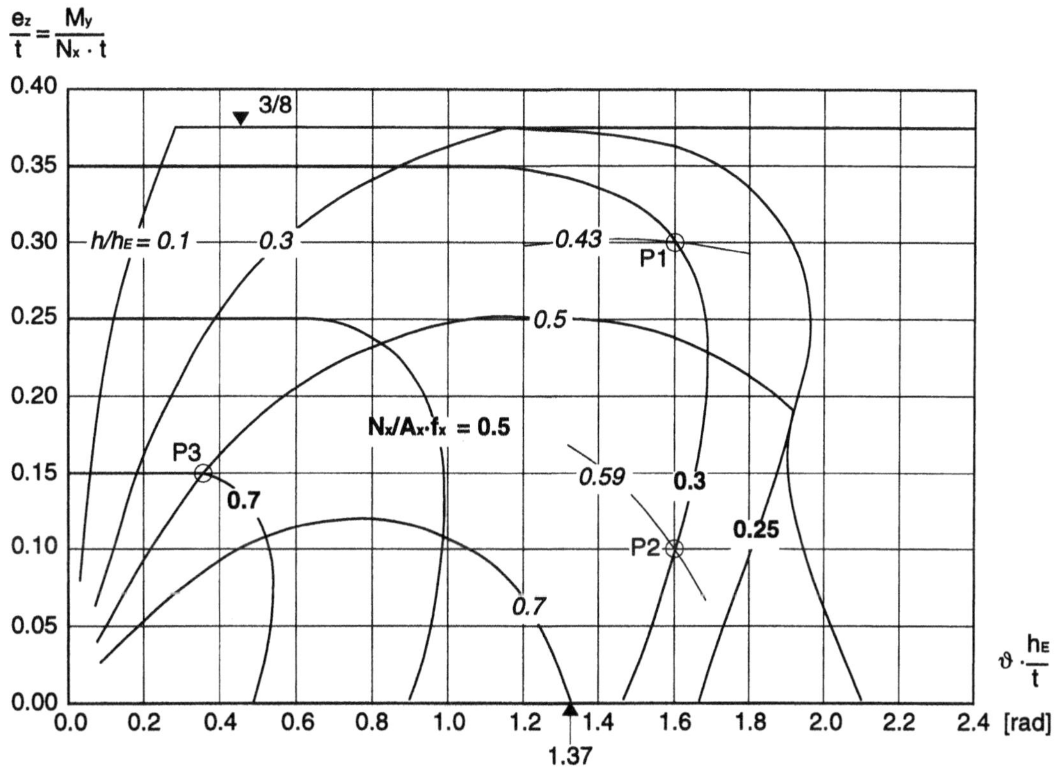


*Abb. 4.34: Bemessungsdiagramm nach [SIA V 177] für den Bemessungsfall 2*

Das Diagramm erlaubt folgende Interpretationen:

- Der Verlauf der $M$-$\vartheta$-Linien repräsentiert die Wandsteifigkeit (Stabsteifigkeit), keine Querschnittssteifigkeit. Er gibt also in Abhängigkeit der Schlankheit an, welches Moment in der Wand entsteht, wenn ihr Ende bei Belastung auf einem bestimmten Normalkraftniveau verdreht wird. Diese Wandsteifigkeit entspricht somit der Stabsteifigkeit $EI/h \cdot \gamma$ gemäss Deformationsmethode. Dort gilt für das Moment am verdrehten Ende: $M = EI/h \cdot \gamma \cdot \vartheta$.
- Aus dem Verlauf der Grenznormalkraftlinien kann der Einfluss von Effekten II. Ordnung abgelesen werden. In dem Bereich, in dem diese Grenzlinien horizontal verlaufen, spielen Effekte aus Theorie II. Ordnung keine Rolle, da die aufgezwungene Wandverformung nicht ausreicht, um mit der zugehörigen Normalkraft wesentliche Zusatzmomente zu erzeugen. Für $N_x/(A_x \cdot f_x) = 0.3$ und $\vartheta \cdot h_E/t = 1.6$ versagt eine gedrungene Wand mit $h/h_E = 0.43$ bei einer bezogenen Exzentrizität von $e_z/t = 0.3$ (Punkt P1 in Abb. 4.34), eine schlanke Wand mit für $h/h_E = 0.59$ bei $e_z/t = 0.1$ (Punkt P2). Bei der gedrungenen Wand dominiert das Moment aus Theorie I. Ordnung, d.h. das Moment infolge der ausgewiesenen Endexzentrizität $e_z/t = 0.3$, da die Stabsteifikeit relativ gross und die aus der Verdrehung entstehende Exzentrizität relativ klein ist. Bei der schlanken Wand hingegen wird bei gleicher Endverdrehung die maximale Exzentrizität grösser und die Zusatzbeanspruchung aus Theorie II. Ordnung folglich ebenfalls. Die mögliche Endexzentrizität fällt deshalb ab auf $e_z/t = 0.1$. Da die Stabsteifigkeit relativ klein ist, ist auch das Moment I. Ordnung relativ klein. In Abb. 4.35 ist der Verlauf der Momente infolge I. Ordnung und II. Ordnung, sowie der zugehörige Enddrehwinkel in Abhängigkeit von der Wandschlankheit für das Normalkraftniveau $N_x/(A_x \cdot f_x) = 0.3$ dargestellt. Der Enddrehwinkel ist im Bereich mit Effek-

ten aus II. Ordnung nahezu konstant. Die beiden in der Abbildung dargestellten Stäbe unterschiedlicher Schlankheit veranschaulichen obige Ausführungen zum Einfuss aus II. Ordnung bei gleicher Endverdrehung.

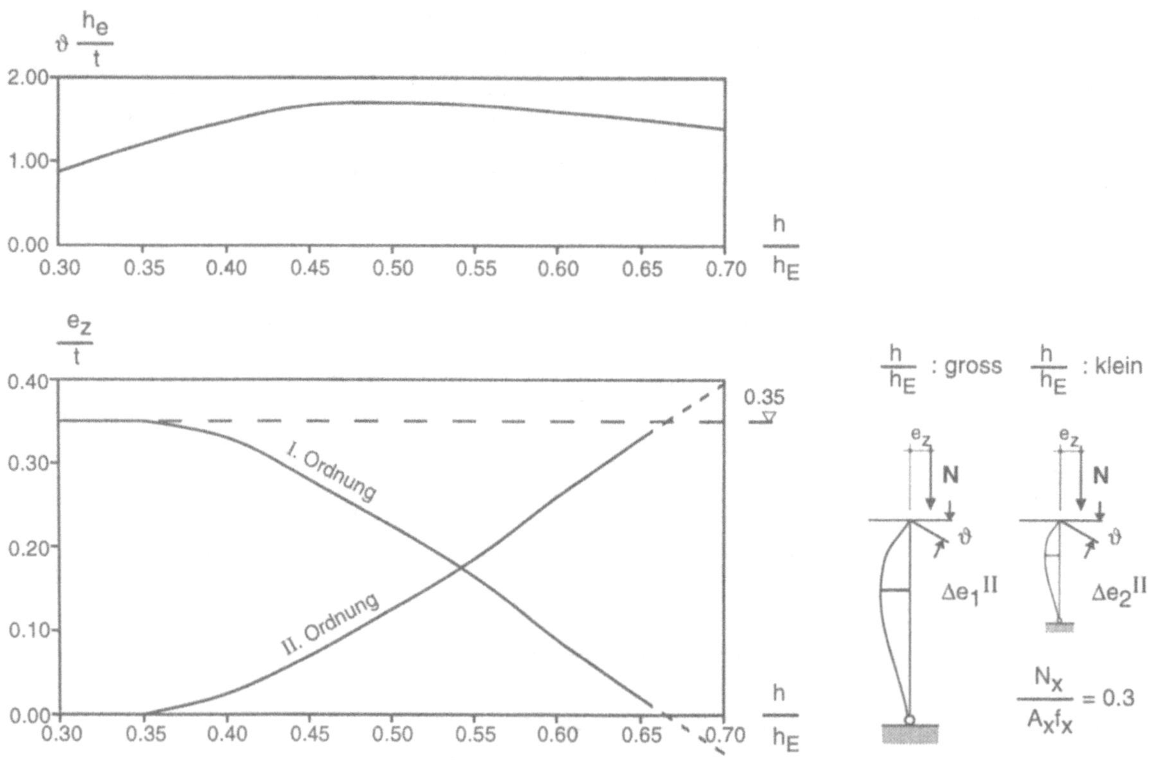


*Abb. 4.35: Zum Einfluss aus I. Ordnung und II. Ordnung*

- Für $h/h_E \leq 0.3$ kann ein Stabilitätsversagen ohne Gleichgewichtsverzweigung ausgeschlossen werden. Die $M$-$\vartheta$-Linien zeigen, dass das Moment am Wandende und folglich die Biegesteifigkeit der Wand bei zunehmender Rotation nicht abnehmen. Das liegt daran, dass sich frühzeitig ein Gelenk am Übergang zwischen Wand und Decke ausbildet. So kann die Biegesteifigkeit in der Wand nicht stark reduziert werden. Hat sich das Gelenk gebildet, so ändert sich die Momentenbeanspruchung in der Wand auch bei weiterer Rotation nicht mehr. Die Schlankheit $h/h_E = 0.3$ entspricht dem $\zeta$-Wert in Abb. 4.34. Für den Bemessungsfall 3 gilt die gleiche Aussage für $h/h_E \leq 0.5$ ($\zeta = 0.5$ in Abb. 4.34).
- Gilt sowohl $h/h_E \leq 0.3$ als auch $N_x/(A_x \cdot f_x) \leq 0.25$, müsste die bezogene Exzentrizität in der Wand grösser als $e_z/t = 3/8$ sein, damit Materialversagen eintritt. Dieser Wert wird jedoch aufgrund des Gelenkes nicht erreicht. Folglich ist für diesen Fall Materialversagen generell ausgeschlossen.

Aus den beiden letztgenannten Punkten ergibt sich, dass im Fall von $h/h_E \leq 0.3$ und $N_x/(A_x \cdot f_x) \leq 0.25$ ein Versagen der Wand generell ausgeschlossen werden kann. Eine Anwendung der Bemessungsdiagramme nach [SIA V 177] kann in diesen Fällen entfallen. Formal können diese Aussagen auch analog zum Fall der zentrischen Beanspruchung dargestellt werden, d.h. wir können sagen, dass *ein Versagen der Wand ausgeschlossen ist,* wenn

$$N_x \leq 0,25 \cdot A_x f_x \quad \text{und} \quad h \leq \zeta \cdot h_E \quad \text{mit } \zeta \text{ gem. Abb. 4.33.}$$

Im folgenden sollen nun noch die im Kapitel 4.3.2. b) erläuterten Versagensarten anhand von Abb. 4.34 diskutiert werden.

- Die Wandsteifigkeit und damit die Determinante der Systemmatrix ist, oberhalb von $e_z/t = 0$, d.h. im dargestellten Bereich von Abb. 4.34 positiv. Erreicht man auf einer $M$-$\vartheta$-Linie die Abszisse, so tritt folglich *Stabilitätsversagen mit Gleichgewichtsverzweigung* ein. Dies ist für eine schlanke Wand mit $h/h_E \leq 0.7$ bei einer bezogenen Endverdrehung von 1.37 rad der Fall. Die Wandsteifigkeit ist so weit abgefallen, dass für den Stab der Länge $0.7h_E$ die Knicklast erreicht wird. Daraus folgt, dass zu diesem Zeitpunkt noch eine durchschnittliche Querschnittssteifigkeit von $0.7^2 = 49\%$ derer ohne Endverdrehung vorhanden ist. Unterhalb $e_z/t = 0$ wäre eine Einspannung der Wand in die Decke erforderlich, damit diese keinem Stabilitätsversagen mit Gleichgewichtsverzweigung unterliegt.
- Wir betrachten nun die $M$-$\vartheta$-Linie für $h/h_E = 0.5$ und stellen fest, dass keine bezogene Exzentrizität $e_z/t > 0.25$ erreicht werden kann. Wollte man eine grössere Exzentrizität aufbringen, so könnte das erforderliche Moment in der Wand von dieser nicht aufgebaut werden, da die Steifigkeitsreduktion infolge der Biegung in der Wand zu gross ist. Es entsteht somit eine Gleichgewichtsdivergenz und demzufolge *Stabilitätsversagen ohne Gleichgewichtsverzweigung*, wobei die Wand in Richtung der ihr aufgezwungenen Verformung ausweicht.
- Betrachten wir noch den Fall einer bezogenen Exzentrizität von $e_z/t = 0.15$, so ist zur Erzeugung des für das Gleichgewicht erforderlichen Momentes in einer Wand mit $h/h_E = 0.5$ eine bezogene Wand-Endverdrehung von 0.35 rad erforderlich (Punkt P3 in Abb. 4.34). Stabilitätsprobleme sind nicht zu erwarten. Ist jedoch die bezogene Normalkraft zu gross - $N_x/(A_x \cdot f_x) > 0.7$ -, so ist aus der Grenznormalkraftlinie ersichtlich, dass Materialversagen eintritt. Oder anders ausgedrückt: Ist die bezogene Normalkraft $N_x/(A_x \cdot f_x) = 0.7$, so darf die bezogene Exzentrizität $e_z/t$ nicht grösser als 0.15 (Grenzexzentrizität) werden.

## e) Rissbreite im Gelenk

Da das Verformungsverhalten von Mauerwerkswänden durch Abb. 4.34 beschrieben werden kann, lässt sich die Rissbreite über ein analoges Diagramm untersuchen. Zur Anwendung dieses in [SIA V 177] enthaltenen Diagramms ist von den Grössen im Gebrauchszustand auszugehen. Anstelle der Grenznormalkraftlinien enthält das Diagramm Grenzlinien für eine bezogene Rissbreite.

Meist konzentriert sich die Verformung jedoch im Übergangsbereich zwischen Wand und Decke, da die bezogene Schlankheit der Wand und die Normalkraft auf Gebrauchsniveau klein sind (vergl. Interpretationen zu Abb. 4.34).

Für die *oberste Decke* ergibt sich für diesen, dort meisst vorliegenden Fall ein konservativer Näherungswert für die rechnerische Rissbreite zu

$$r \approx d \cdot \vartheta_1$$

$\vartheta_1$ Auflagerdrehwinkel der auf der Wand gelagerten Decke

Im Fall einer Zwischenkdecke kann kann die rechnerische Rissbreite nach einem Modell gemäss Abb. 4.36 [ZSS] abgeschätzt werden. Dabei wird wie folgt vorgegangen:

Es wird der Knotenpunkt von Decke und Wand betrachtet. Die Exzentrizitäten der vorhandenen Normalkräfte $N_1$, $N_2$ und $\Delta N$ sind vorerst unbekannt. Wir treffen folgende Annahmen:

- Die Randspannung infolge $N_2$ erreiche den Wert von $f_x$ - damit lässt sich die Exzentrizität von $N_2$ bestimmen;
- die Exzentrizität von $N_1$ sei gleich jener von $N_2$;
- da $N_2$ und $\Delta N$ an derselben Berührungsfläche übertragen werden, sind ihre Exzentrizitäten auch gleich.

Unter diesen Voraussetzungen gilt also:

$$e = \frac{t}{2} - \frac{2}{3} \cdot \frac{N_2}{f_x} \geq 0 \ .$$

Die oben und unten an der Decke angreifenden Normalkräfte ergeben ein Moment, das eine Art "teilweiser Einspannung" der Decke bewirkt. Mit der Beziehung $N_2 = N_1 + \Delta N$ ergibt sich ein von der Wand aufgebrachtes Moment von

$$M_W = N_1 \cdot e + (N_2 - \Delta N) \cdot e = 2 \cdot N_1 \cdot e \ .$$

Ausgehend vom Festeinspannmoment der Decke $M_{D0}$, das eine Verdrehung der Decke ausschliesst, und der Verdrehung bei freier Auflagerung $\vartheta_1$, die entsteht, wenn kein Moment von der Wand aufgenommen werden kann, lässt sich die Deckenverdrehung unter Annahme einer linearen Beziehung wie folgt abschätzen:

$$\vartheta_{red} = \vartheta_1 \cdot \frac{M_{D0} - M_W}{M_{D0}} \geq 0$$

Schliesslich wird die Rissbreite aus dem Verdrehungswinkel der Decke und der Länge, auf der sich Decke und Wand nicht berühren, bestimmt:

$$r = t_r \cdot \vartheta_{red} = \left(t - 3 \cdot \left(\frac{t}{2} - e\right)\right) \cdot \vartheta_{red} = \left(t - \frac{2 \cdot N_2}{f_x}\right) \cdot \vartheta_{red} \geq 0$$

Mit diesem Modell wird dem Einfluss einer oben an der Decke angreifenden Normalkraft Rechnung getragen. Bei näherer Betrachtung werden auch die verschiedenen Einflüsse der Normalkraft deutlich: Die Vergrösserung von $N_1$ führt direkt zur Vergrösserung des Wandmomentes und damit zu einer Verringerung der Rissbreite. Eine grössere Normalkraft $N_2$ führt zuerst zu einer Verkleinerung der Exzentrizität. Das Wandmoment $M_W$ und die Einspannwirkung werden dadurch verkleinert, was eine grössere Rissbreite nach sich zieht, während die Verkleinerung von $t_r$ reduzierend auf die Rissbreite wirkt. Damit zeigt sich auch der Einfluss des Verhältnisses von $N_1$ und $N_2$: Ist $N_2$ viel grösser als $N_1$ (oben an einer Mauerwerkswand), so überwiegt die Verkleinerung der Exzentrizität, was grosse Rissbreiten zur

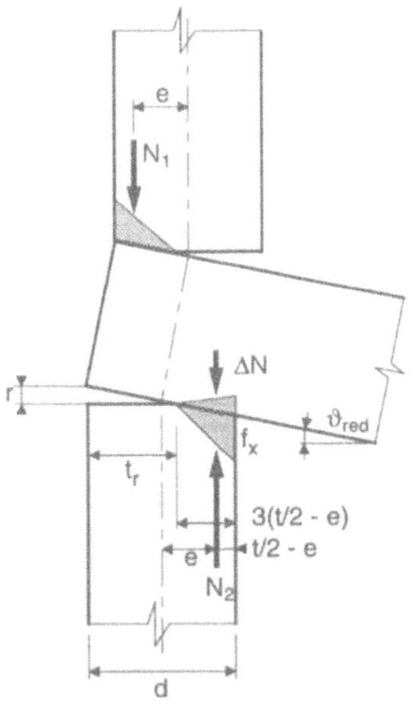


*Abb. 4.36: Vereinfachtes Rissbreitenmodell [ZSS]*

Folge hat. Ist jedoch $N_1$ ungefähr gleich gross wie $N_2$ (unten an einer Mauerwerkswand), so führt die Vergrösserung des von der Wand aufgenommenen Momentes zu kleineren Rissbreiten.

## f) Laufmeterlast von Mauerwerkswänden

Bei der für Nachweise benötigten Normalkraft als Laufmeterlast stellt sich insbesondere die Frage, wie die Deckenlasten auf die einzelnen Wände verteilt werden sollen.

Die Auflagerkraft einer Decke kann längs eines Wandabschnittes zwar erheblich variieren (z.B. etwa sinusförmig gemäss elastischer Plattentheorie). Benachbarte Bereiche des Wandabschnittes können sich jedoch aus Verträglichkeitsgründen (Verbund) nicht entsprechend unterschiedlich verformen. Dies führt zu einem *starken Ausgleich der Beanspruchungen*. Bereits ein bis zwei Stockwerke tiefer (je nach Wandlänge) verläuft die Beanspruchung aus der erwähnten Decke längs des Wandabschnittes mehr oder weniger linear bzw. bei symmetrischen Verhältnissen konstant. Zudem ist eine allzu hohe Genauigkeit meist nicht angebracht. Im allgemeinen (besondere Fälle wie grössere Einzellasten, stark unsymmetrische Verhältnisse, Wandquerschnitte neben grossen Aussparungen bei hoch beanspruchtem Mauerwerk, usw. vorbehalten) kann deshalb von der folgenden einfachen *Modellvorstellung* ausgegangen werden:

Die Lasten gehen von den Decken auf die Wandabschnitte und sind längs diesen als Laufmeterlast gleichmässig verteilt. Die Laufmeterlast auf Fenster- und Türstürzen geht in Form von Auflagerkräften in die angrenzenden Wandquerschnitte, wo sie sich durch Lastausbreitung ebenfalls gleichmässig verteilen.

Das *Vorgehen* bei der Ermittlung der Laufmeterlast (Normalkraft) von Mauerwerkswänden ergibt sich hiermit wie folgt (Definitionen gemäss Abb. 4.37):

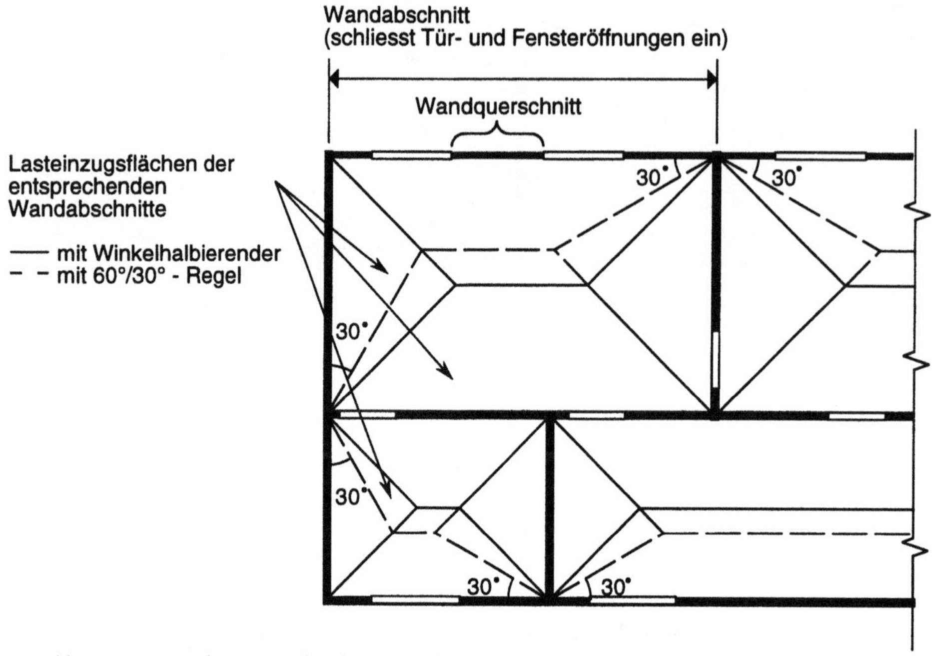


*Abb. 4.37: Bezeichnungen für die Ermittlung der Laufmeterlast von tragenden Wänden*

- Pro Deckenfeld:
  Festlegen der *Lasteinzugsflächen*. In Ecken wird i.a. die Winkelhalbierende als Grenze benachbarter Lasteinzugsflächen angenommen; wo eingespannte und frei drehbare Deckenränder zusammenstossen, kann auch die 60°/30°-Regel nach [Ba II] (S. 383 unter 5. Kapitel) angewendet werden.
- Pro Wandabschnitt:
  Ermittlung der Gesamtlast aus der Decke und der *gleichmässigen Laufmeterlast auf den Wandabschnitt* (Tür- und Fensteröffnungen werden noch vernachlässigt);
- Pro Wandquerschnitt (i.a. zwischen zwei Öffnungen wie in Abb. 4.37):
  - Umlegen der Laufmeterlast der Tür- und Fensterstürze aus der Decke sowie der Eigenlast der Stürze auf die angrenzenden Wandquerschnitte;
  - Ermittlung der Eigenlast des betrachteten Wandquerschnittes;
  - Ermittlung der Gesamtlast pro Stockwerk (Decke und stockwerkshohe Wand) und der entsprechenden *gleichmässigen Laufmeterlast des Wandquerschnittes* .

In Abschnitt 4.3.4 ist ein Beispiel für die Ermittlung der Laufmeterlast von Wandquerschnitten eines Wohnhauses gemäss dem dargelegten Vorgehen ausführlich dargestellt.

## 4.3.3 Einfache Nachweise nach SIA V 177

Gemäss der eingangs formulierten Zielsetzung sind auf der Grundlage von [SIA V 177] die folgenden Nachweise zu führen:

- Nachweis der Tragsicherheit nach Ziffer 3 31 1 bzw. 3 31 2 (Einfache Nachweise für zentrische und exzentrische Normalkraftbeanspruchung)
- Nachweis der Gebrauchstauglichkeit im Fall eines Gelenkes im Übergang zwischen Decke und Wand.

Damit können *häufige, einfache Fälle der Praxis* korrekt erfasst werden. In *besonderen und anspruchsvolleren Fällen* sind die erweiterten Nachweise gem. [SIA V 177] Ziffer 3.4 durchzuführen. Weitere Hinweise dazu (vgl. auch Kap. 4.3.2) finden sich in [SIA D053], [SIA D054], [SIA D054A] und [ZSS].

## a) Nachweis der Tragsicherheit

Das allgemeine Konzept für den Nachweis der Tragsicherheit gemäss [SIA V 177] ist in Abschnitt 4.1.3 beschrieben (s. auch Beiblatt 4.1).

Die Grundlagen für die Nachweise der Tragsicherheit unter Normalkraftbeanspruchung wurden in den Abschnitten 4.3.2 a) bis d) dargelegt. Die entsprechenden Bestimmungen für einfache Nachweise nach [SIA V 177] sind auf Beiblatt 4.3 wiedergegeben.

**Zentrische Normalkraftbeanspruchung**

Die Bestimmungen "3 31 1 Zentrische Normalkraftbeanspruchung" dürfen nur angewendet werden, wenn die in 4.3.2 c aufgeführten Voraussetzungen erfüllt sind. In diesem Fall sind zwei Nachweise erforderlich:

- *Materialversagen* ist ausgeschlossen, sofern

$$N_{xd} \le A_x \cdot f_{xd}$$

- *Stabilitätsversagen* ist ausgeschlossen, sofern

$$h_k < h_{Ed} \quad \text{bzw.} \quad h < \zeta \cdot h_{Ed}$$

Zur Bestimmung von $h_{Ed}$ muss die Biegesteifigkeit $B_{yd}$ bestimmt werden, die mit höherem Normalkraftniveau $\nu = N_{xd}/A_x f_{xd}$ kleiner wird. Anschliessend ist entsprechend dem vorhandenen Tragsystem bzw. der Knickbiegelinie die Knicklänge $h_k$ bzw. der Faktor $\zeta$ nach Abb. 4.32 zu wählen.

**Exzentrische Normalkraftbeanspruchung**

Die Bestimmungen "3 31 2 Exzentrische Normalkraftbeanspruchung" kommen in Fällen zur Anwendung, die in Abschnitt 4.3.2 d) genauer beschrieben wurden. Wie dort aufgeführt, sind zwei Nachweise erforderlich, um Material- und Stabilitätsversagen ausschliessen können

- *Beschränkung der Normalkraft:*

$$N_x \le 0.25 A_x \cdot f_{xd}$$

- *Beschränkung der Wandschlankheit:*

$$h < \zeta \cdot h_{Ed}$$

Die Grössen $h_k$ und $B_{yd}$ sind wie bei zentrischer Normalkraftbeanspruchung zu bestimmen. Der Faktor $\zeta$ kann der Abb. 4.33 entnommen werden.

Sind die beiden oben angegebenen Bedingungen erfüllt, so bildet sich ein Gelenk im Übergang zwischen Decke und Wand, das eine praktische unbeschränkte Rotationsfähigkeit aufweist. *Damit erhält das Gesamtsystem Decke-Wand eine grosse Verformungsfähigkeit, eine Eigen-*

*schaft die grundsätzlich angestrebt werden sollte.* Sind nicht beide Bedingungen erfüllt, so ist ein Vorgehen gemäss Abschnitt "3 4 Erweiterte Nachweise" von [SIA V 177] unter Benützung der entsprechenden Bemessungsdiagramme erforderlich.

### b) Nachweis der Gebrauchstauglichkeit

Das allgemeine Konzept für den Nachweis der Gebrauchstauglichkeit (Rissbreiten) gemäss [SIA V 177] ist in Abschnitt 4.1.3 beschrieben (Beiblatt 4.2).

Für "Zentrische und exzentrische Normalkraftbeanspruchung" wird eine rechnerische Rissbreite $r$ mit einer rechnerisch zulässigen Rissbreite $r_{lim}$ verglichen (vgl. Abb 4.17):

| | Anforderungen<br>normal | hoch |
|---|---|---|
| $r \le r_{lim} =$ | 0.20 mm | 0.05 mm |

Für die konkrete Durchführung des Nachweises können die folgenden - in [SIA V 177] nicht explizit aufgeführten - Ansätze für die Abschätzung der Rissbreite verwendet werden (vgl. 4.3.2e):

- Bei einer *obersten Decke* mit einem Gelenk zwischen Decke und Wand gilt:

$$r \approx t \cdot \vartheta_1$$

- Bei einer *Zwischendecke*gilt:

$$e = \frac{t}{2} - \frac{2}{3} \cdot \frac{N_2}{f_x} \ge 0 \quad ; \quad M_W = 2 \cdot N_1 \cdot e$$

$$\vartheta_{red} = \vartheta_1 \cdot \frac{M_{D0} - M_W}{M_{D0}} \ge 0 \quad ; \quad r = t_r \cdot \vartheta_{red} = \left(t - \frac{2 \cdot N_2}{f_x}\right) \cdot \vartheta_{red} \ge 0$$

mit $\vartheta_1$ : Auflagerdrehwinkel der einfach gelagerten Decke
$\vartheta_{red}$: Reduzierter Auflagerdrehwinkel der Decke infolge Einspannwirkung der Wand
$N_1$ : Normalkraft im Wandquerschnitt oberhalb der Decke
$N_2$ : Normalkraft im Wandquerschnitt unterhalb der Decke
$M_W$: Moment, das von der Wand aufgenommen werden kann
$M_{D0}$: Festeinspannmoment der Decke
$e$ : Exzentrizität der angreifenden Normalkräfte
$t_r$ : Rechnerische Risslänge, massgebend zur Bestimmung der Rissbreite

Der Rissnachweis ist wie folgt zu interpretieren: Falls $r > r_{lim}$ resultiert, muss nicht etwa das statische System verändert werden (steifere Decke, dünnere Wand) bis der Rissnachweis erfüllt ist - vielmehr müssen in solchen Fällen konstruktive Massnahmen ergriffen werden, die nachteilige Folgen von Rissen ausschliessen. Diese Massnahmen müssen vor allem den Zutritt von Meteorwasser verhindern (Zerstörung des Mauerwerks infolge Wasser in den Rissen) und breite Risse verdecken (Ästhetik).

## 4.3.4 Beispiele

Nachfolgend wird das Vorgehen bei den Nachweisen der Tragsicherheit und der Gebrauchstauglichkeit für "Normalkraftbeanspruchung exzentrisch" vorerst an zwei einfachen Beispielen gezeigt (ähnlich denjenigen in [SIA D 054]). Anschliessend wird anhand des Grundrisses eines Wohnhauses die Ermittlung der Laufmeterlast von Mauerwerkswänden dargestellt (Abschnitt 4.3.2f). Dieser Grundriss dient als Grundlage für weitere Beispiele.

### a) Beispiel 1: Aussenwand eines einstöckigen Gebäudes

Für die Aussenwände eines gegebenen, einstöckigen Gebäudes soll die Tragsicherheit für das Gefährdungsbild "Nutzlast" nachgewiesen werden, und es soll die Gebrauchstauglichkeit für den Nutzungszustand "Dauerlast" überprüft werden.

**Tragsystem**

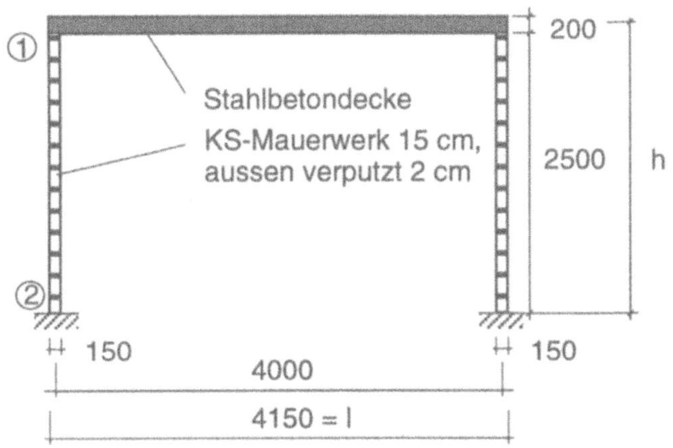


*Mauerwerk MK [SIA V 177]:*

$f_{xd}$ = 3.5 N/mm²
$E_{xd}$ = 3.5 kN/mm²
$\rho_M$ = 18 kN/m³, $\rho_P$ = 16 kN/m³

*Beton B30/20 [SIA 162]:*

$f_{ct}$ = 2.0 N/mm²
$E_c$ = 30 kN/mm²
$\varphi$ = 2
$\varepsilon_{cs}$ = - 0.3 10⁻³
$\rho_c$ = 25 kN/m³

*Abb. 4.38: Tragsystem Beispiel 1*

**Einwirkungen**

Eigenlast Decke $g_{mD} = d_D \cdot \rho_C = 0.2 \cdot 25 = 5\ \text{kN/m}^2$

Eigenlast Wand $g_{mW} = (t_M \cdot \rho_M + t_P \cdot \rho_P) = (0.15 \cdot 18 + 0.02 \cdot 16) - 3\ \text{kN/m}^2$

Nutzlast für Tragsicherheit $q_{rN} = 2\ \text{kN/m}^2$

Nutzlast für Gebrauchstauglichkeit $q_{ser\ lang\ N} = 0.5\ \text{kN/m}^2$

Auflasten $q_{rA} = 1\ \text{kN/m}^2$

**Sicherheitsfaktoren**

| | | |
|---|---|---|
| Eigenlasten | $\gamma_G$ | $= 1.3$ |
| Leiteinwirkung Nutzlast | $\gamma_Q$ | $= 1.5$ |
| Begleiteinwirkung Auflast | $\psi$ | $= 1.3$ |

**Lasten für den Tragsicherheitsnachweis**

Für das Gefährdungsbild "Nutzlast" ergeben sich folgende Lasten aus Decke und Wand:

Bemessungslast Decke $\quad q_{dD} = \gamma_G \cdot g_{mD} + \gamma_Q \cdot q_{rN} + \psi \cdot q_{rA}$

$= 1.3 \cdot 5.0 + 1.5 \cdot 2 + 1.3 \cdot 1$

$= 10.8 \text{ kN/m}^2$

Bemessungslast Wand $\quad q_{dW} = \gamma_G \cdot g_{mW}$

$= 1.3 \cdot 3$

$= 3.9 \text{ kN/m}^2$

**Lasten für den Gebrauchstauglichkeitsnachweis**

Für den Nutzungszustand "Dauerlast" ergeben sich folgende Lasten aus Decke und Wand:

Gebrauchslast Decke $\quad q_{ser\ D} = g_{mD} + q_{ser\ lang\ N} + q_{rA}$

$= 5 + 0.5 + 1$

$= 6.5 \text{ kN/m}^2$

Gebrauchslast Wand $\quad q_{ser\ W} = g_{mW}$

$= 3 \text{ kN/m}^2$

**Beanspruchungen der Wände**

Die Beanspruchung (hier nur Normalkraft) wird am oberen und unteren Wandende sowohl für das Gefährdungsbild "Nutzlast" als auch für den Nutzungszustand "Dauerlast" bestimmt. Die Beanspruchung wird an einem Wandstreifen von 1 m Länge ermittelt:

| | | | | |
|---|---|---|---|---|
| Schnitt 1 | $N_{1d} =$ | $l/2 \cdot q_{dD}$ | $= 2.075 \cdot 10.8$ | $= 22.4 \text{ kN/m}$ |
| | $N_{1ser} =$ | $l/2 \cdot q_{serD}$ | $= 2.075 \cdot 6.5$ | $= 13.5 \text{ kN/m}$ |
| Schnitt 2 | $N_{2d} =$ | $N_{1d} + h \cdot q_{dW}$ | $= 22.4 + 2.5 \cdot 3.9$ | $= 32.2 \text{ kN/m}$ |
| | $N_{2ser} =$ | $N_{1ser} + h \cdot q_{serW}$ | $= 13.5 + 2.5 \cdot 3$ | $= 21.0 \text{ kN/m}$ |

**Tragsicherheitsnachweis**

*Materialversagen*

Mit der Bedingung $N_{xd} \leq 0.25 \ A_x \cdot f_{xd}$ oder $\nu = N_{xd}/(A_x \cdot f_{xd}) \leq 0.25$ wird überprüft, ob ein Materialversagen ausgeschlossen werden kann. Ist die Normalkraftbeanspruchung grösser, so sind detailliertere Untersuchungen notwendig.

Massgebend wird bei gleichbleibendem Wandquerschnitt der Ort mit der grössten Normalkraft, in unserem Fall Schnitt 2:

$$\text{Normalkraftniveau } \nu = \frac{N_{2d}}{A_x \cdot f_{xd}} = \frac{32.2 \cdot 10^3}{1000 \cdot 150 \cdot 3.5} = 0.06 < 0.25 \quad \text{i.O.}$$

Materialversagen kann ausgeschlossen werden.

*Stabilitätsversagen*

Mit der Bedingung $h < \zeta \cdot h_{Ed}$ wird überprüft, ob ein Stabilitätsversagen ausgeschlossen werden kann. Ist der Nachweis nicht erfüllt, so sind detailliertere Untersuchungen oder Veränderungen am Tragwerk (z.B. dickere Wand) notwendig.

Massgebend wird bei gleichbleibendem Wandquerschnitt der Ort mit der grössten Normalkraft, in unserem Falle Schnitt 2.

$$B_{yd} = E_{xd} \cdot I_y \cdot \sqrt{1 - N_{2d}/2A_x f_{xd}} = E_{xd} \cdot I_y \cdot \sqrt{1 - \nu_2/2}$$

$$= 2000 \cdot \frac{1000 \cdot 150^3}{12} \cdot \sqrt{1 - \frac{32.2 \cdot 10^3}{2 \cdot 1000 \cdot 150 \cdot 3.5}}$$

$$= 5.45 \cdot 10^{11} \text{ Nmm}^2/\text{m}$$

$$h_{Ed} = \pi \cdot \sqrt{B_{yd}/N_{2d}} = \pi \cdot \sqrt{5.45 \cdot 10^{11}/32.2 \cdot 10^3}$$

$$= 12925 \text{ mm} = 12.9 \text{ m}$$

Die vorliegende, unten eingespannte Wand mit aufliegender Decke (aufgezwungene Verformungen) wird mit dem Bemessungsfall 3 von [SIA V 177] erfasst (Beiblatt 4.3).

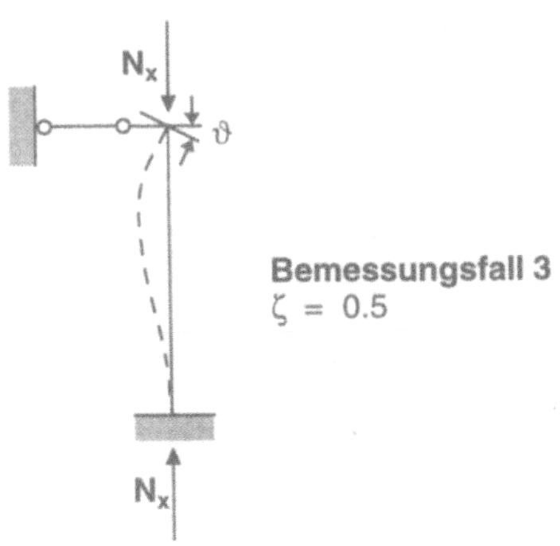


*Abb. 4.39: Statisches System der Tragwand Beispiel 1*

Es gilt:

$$\zeta = 0.5, \quad \zeta \cdot h_{Ed} = 0.5 \cdot 12.9 = 6.45 \text{ m}$$

Der Nachweis ergibt damit

| $h = 2.6 \text{ m} < \zeta \cdot h_{Ed} = 6.45 \text{ m}$ i.O. |
|---|
| Stabilitätsversagen kann ausgeschlossen werden. |

**Gebrauchstauglichkeitsnachweis**

Es wird der konservative Näherungswert für die rechnerische Rissbreite verwendet. Im vorliegenden Fall eines einstöckigen Gebäudes können damit genügend zuverlässige Werte ermittelt werden. Für Fälle, in denen eine obere Wand und die dortige Normalkraft die Verdrehung der Wand teilweise verhindern, werden die Rissweiten hingegen deutlich überschätzt (siehe "verbesserter Ansatz" in 4.3.2e).

Es gilt: $r = \vartheta_1 \cdot t$

Die Deckenverdrehung $\vartheta_1$ muss Schwind- und Kriecheinflüsse berücksichtigen. Sie wird an einem einfachen Balken ermittelt.

Ist die Decke gerissen?

Maximalmoment $$M_{max} = \frac{q_{serD} \cdot l^2}{8} = \frac{6.5 \cdot 4.15^2}{8} = 14 \text{ kNm/m}$$

Rissmoment $$M_r = W_c \cdot f_{ct} = \frac{1000 \cdot 200^2}{6} \cdot 2 \cdot 10^{-6} = 13.3 \text{ kNm/m}$$

Mit $M_{max} > M_r$ muss die Decke als gerissen angenommen werden. Für die Endverdrehung an einem einfachen Balken der Breite 1 m ergibt sich dann mit einer um 40 % abgeminderten Deckensteifigkeit:

Aus Last

$$\vartheta_c = \frac{q_{serD} \cdot l^3}{24 \cdot 0.6 \cdot E_c I_c} = \frac{6.5 \cdot 4150^3 \cdot 12}{24 \cdot 0.6 \cdot 30000 \cdot 1000 \cdot 200^3} = 0.0016 \text{ rad}$$

Aus Last und Kriechen

$$\vartheta_{cc} = \vartheta_c \cdot (1 + \varphi) = 3\vartheta_c = 0.0048 \text{ rad}$$

Aus Schwinden (die Deckenverkürzung verkleinert die Deckendrehwinkel)

$$\vartheta_{cs} = \frac{\Delta \text{ Deckenlänge}}{h} = \frac{\varepsilon_{cs} \cdot l/2}{h} = -\frac{0.3 \cdot 10^{-3} \cdot 2075}{2500} = -0.00025 \text{ rad}$$

Total

$$\vartheta_1 = \vartheta_{cc} + \vartheta_{cs} = 0.0048 - 0.00025 = 0.0045 \text{ rad}$$

Die rechnerische Rissbreite, die die Bedingung $r < r_{lim}$ = 0.2 mm für normale Anforderungen erfüllen sollte, ergibt sich zu

$$r = \vartheta_1 \cdot t = 0.0045 \text{ rad} \cdot 150 \text{ mm} = 0.68 \text{ mm} \quad > r_{lim} \qquad \text{nicht i.O.}$$

Die Gebrauchstauglichkeit ist nicht erfüllt, es sind Massnahmen erforderlich.

Als Massnahmen (gegen eindringendes Wasser, für Aesthetik) kommen in Frage:
- Vorspringende Decke mit Wassernase und Fuge im Verputz (Schwedenschnitt);
- Abdeckblech am Übergang Decke-Wand;
- armierter Verputz;
- Lagerstreifen (vgl. Beispiel 2).

### b) Beispiel 2: Aussenwand mit Lagerstreifen eines einstöckigen Gebäudes

Dieses Beispiel ist analog zu Beispiel 1 aufgebaut. Im vorliegenden Fall ist aber die Stahlbetondecke auf einem Lagerstreifen aufgelegt. Dieser ist exzentrisch angeordnet, um Platz zu schaffen für eine Vormauerung (Verankerung durch Bewehrungseisen empfehlenswert). Für nähere Erläuterungen zu den Zahlenwerten und Rechenschritten vergleiche man mit Beispiel 1.

**Tragsystem**

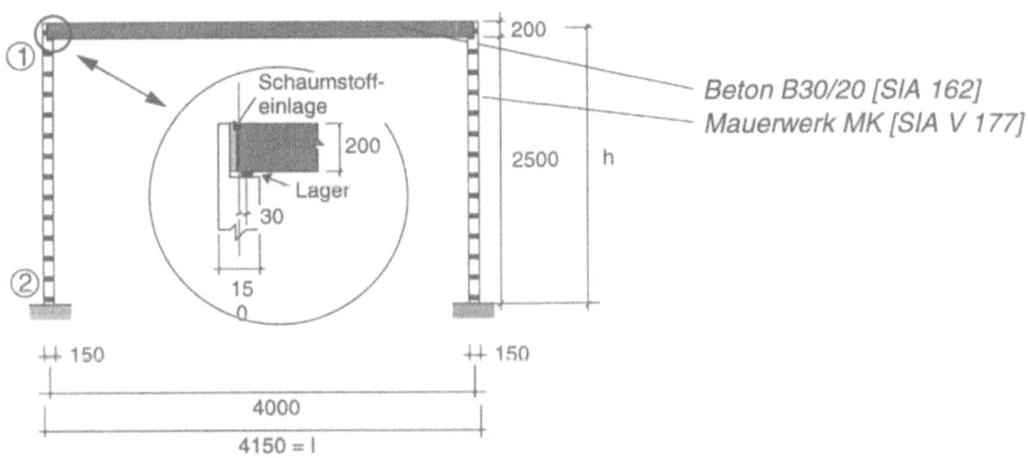


*Abb. 4.40: Tragsystem Beispiel 2*

**Beanspruchung der Wände**
Einwirkungen, Sicherheitsfaktoren, Lasten und Beanspruchungen werden genau gleich ermittelt wie in Beispiel 1.

| | | | |
|---|---|---|---|
| Schnitt 1 | $N_{1d}$ | = | 22.4 kN/m |
| | $N_{1ser}$ | = | 13.5 kN/m |
| Schnitt 2 | $N_{2d}$ | = | 32.2 kN/m |
| | $N_{2ser}$ | = | 21.0 kN/m |

**Tragsicherheitsnachweis**

*Materialversagen*

$$\nu = \frac{N_{2d}}{A_x \cdot f_{xd}} = \frac{32.2 \cdot 10^3}{1000 \cdot 150 \cdot 3.5} = 0.06 \; < \; 0.25 \qquad \text{i.O.}$$

Materialversagen kann ausgeschlossen werden.

*Stabilitätsversagen*

$B_{yd} \;=\; 5.45 \cdot 10^{11}\ \text{Nmm}^2/\text{m}$

$h_{Ed} \;=\; 12.9\ \text{m}$

Durch die Anordnung des Lagerstreifens wird die Wand nicht wie in Beispiel 1 durch aufgezwungene Verdrehungen beansprucht, sondern durch eine durch das Lager klar positionierte, exzentrisch angreifende Normalkraft (Abbildung 4.41). Die Normalkraftbeanspruchung erfolgt also exzentrisch und es kann deshalb mit dem gleichen Wert $\zeta$ bzw. $\zeta \cdot h_{ed}$ wie in Beispiel 1 gerechnet werden. Die Unterschiede der zwei Lagerungsarten werden erst bei der Anwendung des Abschnittes "3.4 Erweiterte Nachweise" in [SIA V 177] und entsprechender Bemessungsdiagramme deutlich.

Somit gilt:

$$\zeta = 0.5, \quad \zeta \cdot h_{Ed} = 0.5 \cdot 12.9 = 6.45\ \text{m}$$

$$h = 2.6\ \text{m} < \zeta \cdot h_{Ed} = 6.45\ \text{m} \qquad \text{i.O.}$$

Stabilitätsversagen kann ausgeschlossen werden.

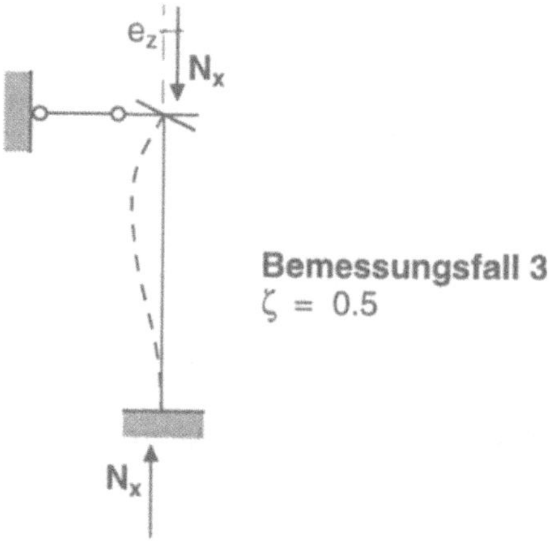


*Abb. 4.41: Statisches System der Tragwand Beispiel 2*

**Gebrauchstauglichkeitsnachweis**

Die Decke kann sich dank dem Deckenauflager verdrehen, ohne dass das Mauerwerk diese Verdrehung mitmachen muss: Decke und Wand sind gewissermassen entkoppelt. Allgemein lässt sich sagen, dass Wände, bei denen der Tragsicherheitsnachweis erfüllt ist und bei denen die Decke auf einem Lager aufliegt, bezüglich Gebrauchstauglichkeit genügen - es ist kein Nachweis erforderlich.

$r \cong 0$ i.O.

### c) Beispiel 3: Laufmeterlast von Wandquerschnitten eines Wohnhauses

Das in Abschnitt 4.3.2f vorgestellte Vorgehen soll an einem Grundriss demonstriert werden, dessen Wandquerschnitte die Grundlage für weitere Beispiele darstellen.

Aus didaktischen Gründen sind im folgenden die verschiedenen Zahlenwerte sämtlicher Wandquerschnitte angegeben. Mit etwas Erfahrung würde man aber sozusagen direkt auf die am meisten beanspruchten Querschnitte "lossteuern" und nur diese nachweisen.

Es handelt sich um einen 4stöckigen Wohnbau mit Grundriss gemäss Abbildung 4.42. Die beiden Wohnungen pro Stockwerk sind durch Zweischalen-Mauerwerkswände (Schalldämmwände) getrennt - die Stahlbetondecken weisen jedoch keine Fugen auf.

**Deckenfelder**

Die Decke wird in einzelne Deckenfelder aufgeteilt:

Deckenfeld 1 I- II - III - IV - V - VI
Deckenfeld 2 VI - V - X - VII
Deckenfeld 3 VII - X - IX - VIII
Deckenfeld 4 IV - III - XII - XIII
Deckenfeld 5 XIII - XII - XI - IX.

**Lasteinzugsflächen**

Pro Deckenfeld werden nun mithilfe der Winkelhalbierenden die Lasteinzugsflächen festgelegt; es sind dies die Flächen $F_1 - F_{12}$, wobei kongruente Flächen gleiche Bezeichnungen tragen. Im Deckenfeld 1 ergibt sich die unregelmässige Lasteinzugsfläche $F_3$. Die Flächeninhalte sind in der Tabelle 4.1 zusammengestellt.

**Lasten auf den Wandabschnitten**

Im nächsten Schritt werden die "Laufmeterlasten bei einer Deckenlast 1" aller Wandabschnitte bestimmt. Dies entspricht dem Verhältnis "Lasteinzugsfläche pro Laufmeter Wandabschnitt" und wird als *spezifische Lasteinzugsfläche a' der Wandabschnitte* (in $m^2/m$) bezeichnet.

Vorsicht ist geboten bei Wandabschnitten, die aus mehreren Lasteinzugsflächen Lasten erhalten. So erhält z.B. der Wandabschnitt IV - XIII Lasten aus den Einzugsflächen $F_3$, $F_6$, $F_8$ und $F_{11}$. Es ist aber zu beachten, dass von $F_3$ nur ein Anteil übernommen wird, der dem Verhältnis der Länge IV - V zur Länge III - IV - V entspricht. Ähnlich steht es bei der Einzugsfläche $F_8$, die einen Anteil auf den Wandabschnitt IV - XIII abgibt, der dem Verhältnis der Längen X - XIII zur Länge X - IX entspricht. Aus den Einzugsflächen $F_6$ und $F_{11}$ hingegen wird die gesamte Last übernommen.

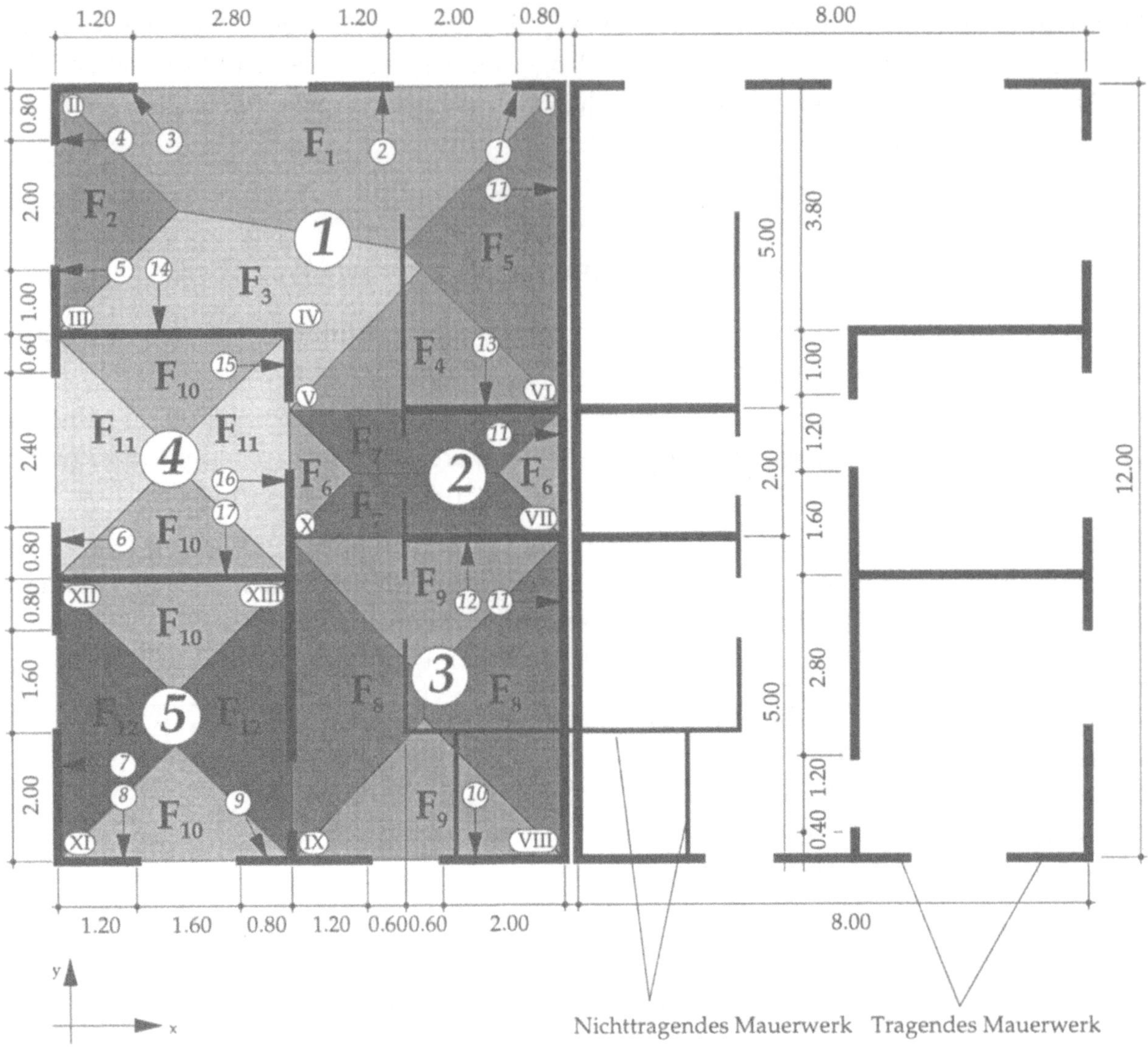


*Abb. 4.42: Gebäudegrundriss mit Bezeichnung der Deckenfelder, Lasteinzugsflächen, Wandabschnitte und Wandquerschnitte*

Die Laufmeterlasten für die Wandabschnitte sind in der Tabelle 4.2 zusammengestellt.

**Lasten auf den Wandquerschnitten**

Die Laufmeterlasten der Wandabschnitte müssen nun noch auf die Wandquerschnitte (1-17) umgelagert werden. Lasten, die über Aussparungen (Türen, Fenster) angreifen, werden je hälftig auf die beiden angrenzenden Wandquerschnitte verteilt.

Damit ergeben sich die in der Tabelle 4.3 zusammengefassten Laufmeterlasten der Wandquerschnitte bei einer "Deckenlast 1". Dies entspricht dem Verhältnis "Lasteinzugsfläche pro Laufmeter Wandquerschnitt" und wird als *spezifische Lasteinzugsfläche a der Wandquerschnitte* (in $m^2/m$) bezeichnet.

| | | |
|---|---|---|
| $F_1$ | $0.5 \cdot (8 + 8 - 3.8) \cdot 1.9 + 0.5 \cdot (8 - 3.8) \cdot (2.5 - 1.9)$ | 12.85 $m^2$ |
| $F_2$ | $3.8^2/4$ | 3.61 $m^2$ |
| $F_3$ | $(8 \cdot 3.8) + (4.4 \cdot 1.2) - F_1 - F_2 - F_4 - F_5$ | 8.13 $m^2$ |
| $F_4$ | $4.4^2/4$ | 4.84 $m^2$ |
| $F_5$ | $5.0^2/4$ | 6.25 $m^2$ |
| $F_6$ | $2.0^2/4$ | 1.00 $m^2$ |
| $F_7$ | $0.5 \cdot (2 \cdot 4.4) - F_6$ | 3.40 $m^2$ |
| $F_8$ | $0.5 \cdot (5 \cdot 4.4) - F_9$ | 6.16 $m^2$ |
| $F_9$ | $4.4^2/4$ | 4.84 $m^2$ |
| $F_{10}$ | $3.6^2/4$ | 3.24 $m^2$ |
| $F_{11}$ | $0.5 \cdot (3.8 \cdot 3.6) - F_{10}$ | 3.60 $m^2$ |
| $F_{12}$ | $0.5 \cdot (4.4 \cdot 3.6) - F_{10}$ | 4.68 $m^2$ |
| Kontrolle | $\sum_1^5 F_i + 2 \cdot \sum_6^9 F_i + 4 \cdot F_{10} + 2 \cdot \sum_{11}^{12} F_i$ | 96.00 $m^2$ |

*Tabelle 4.1: Lasteinzugsflächen*

**Beurteilung der Beanspruchung**

*Normalkräfte*

Die 2. Kolonne der Tabelle 4.3 gibt Aufschluss darüber, ob im wesentlichen zentrische (Z: Innenwände) oder exzentrische (E: Aussenwände) Normalkraftbeanspruchung vorhanden ist.

Unter den exzentrisch beanspruchten Wandquerschnitten ist Nr. 2 der am meisten beanspruchte; die Lasteinzugsfläche pro Laufmeter beträgt dort $a = 4.83\ m^2/m$. Bei den etwa zentrisch beanspruchten liegt der Querschnitt 15 mit $a = 4.78\ m^2/m$ vorn.

Der Querschnitt 2 wird in Abschnitt 4.3.4d als weiteres Beispiel für die Beanspruchungsart "Normalkraft exzentrisch" behandelt.

*Schub in Wandrichtung*

Im Sinne einer plastischen Grenzwertbetrachtung werden die Schub- resp. Querkräfte nur jenen Wandquerschnitten zugewiesen, die ein grosses Biegeträgheitsmoment in der entsprechenden Richtung aufweisen (nähere Betrachtungen dazu in Abschnitt 4.4.4). Da sich das Trägheitsmoment proportional zu $l^3$ verhält, werden nur die pro Richtung längsten Wandquerschnitte auf Schub beansprucht:

$x$-Richtung: Querschnitte 12, 13, 14 und 17;
$y$-Richtung: Querschnitt 11.

Diese Querschnitte werden gleichzeitig zentrisch durch Normalkräfte beansprucht. Im Abschnitt 4.4.4 wird in einem Beispiel der durch horizontale Kräfte in $x$-Richtung am meisten beanspruchte Querschnitt 17 untersucht.

Die wesentlich kürzeren Wandquerschnitte (Aussenwände) tragen praktisch keine Schubkräfte aus Wind und Erdbeben ab. Sie müssen aber in der Lage sein, bei relativ grosser Normalkraft die Schubverformungen der längeren Wände mitzumachen. Dies kann allenfalls kritisch sein.

| Wand-abschnitt | Lasteinzugs-fläche | Spezifische Lasteinzugsfläche $a'$ der Wandabschnitte ($m^2/m$) | | |
|---|---|---|---|---|
| I - II | $F_1$ | $a' = 12.85/8.0$ | | 1.61 |
| II - III | $F_2$ | $a' = 3.61/3.8$ | | 0.95 |
| I - VI | $F_5$ | $a' = 6.25/5.0$ | | 1.25 |
| V - VI | $F_4$ | • $a'_1 = 4.84/4.4$ | $= 1.10$ | |
| | $F_7$ | • $a'_2 = 3.4/4.4$ | $= 0.77$ | |
| | | $a' = a'_1 + a'_2 = 1.1 + 0.77$ | | 1.87 |
| VI - VII | $F_6$ | $a' = 1.0/2.0$ | | 0.50 |
| VII - X | $F_7$ | • $a'_1 = 3.4/4.4$ | $= 0.77$ | |
| | $F_9$ | • $a'_2 = 4.84/4.4$ | $= 1.10$ | |
| | | $a' = a'_1 + a'_2 = 1.1 + 0.77$ | | 1.87 |
| VII - VIII | $F_8$ | $a' = 6.16/5.0$ | | 1.23 |
| VIII - IX | $F_9$ | $a' = 4.84/4.4$ | | 1.10 |
| IX - XI | $F_{10}$ | $a' = 3.24/3.6$ | | 0.90 |
| XI - XII | $F_{12}$ | $a' = 4.68/4.4$ | | 1.06 |
| XII - III | $F_{11}$ | $a' = 3.6/3.8$ | | 0.95 |
| XII - XIII | $2 \cdot F_{10}$ | $a' = 2 \cdot 3.24/3.6$ | | 1.80 |
| III - IV | $F_3$ | • $a'_1 = 8.13/(3.6 + 1.2)$ | $= 1.69$ | |
| | $F_{10}$ | • $a'_2 = 3.24/3.6$ | $= 0.90$ | |
| | | $a' = a'_1 + a'_2 = 1.69 + 0.9$ | | 2.59 |
| IV - XIII | $F_3$ | • $a'_1 = 8.13/(3.6 + 1.2)$ | $= 1.69$ | |
| | $F_6$ | • $a'_2 = 1.0/2$ | $= 0.50$ | |
| | $F_8$ | • $a'_3 = 6.16/5$ | $= 1.23$ | |
| | $F_{11}$ | • $a'_4 = 3.6/3.8$ | $= 0.95$ | |
| | | $a' = (1.2/3.8) \cdot a'_1 + (2/3.8) \cdot a'_2 + (0.6/3.8) \cdot a'_3 + a'_4$ | | 1.94 |
| XIII - IX | $F_{12}$ | • $a'_1 = 4.68/4.4$ | $= 1.06$ | |
| | $F_8$ | • $a'_2 = 6.16/5.0$ | $= 1.23$ | |
| | | $a' = a'_1 + (4.4/5) \cdot a'_2$ | | 2.14 |
| | Kontrolle: | $\sum_i a'_i \cdot l_i = \sum_i \bar{F}_i \cong 96 = 12.0 \cdot 8$ i.O.<br>$l_i$ Länge des Wandabschnittes $i$<br>$\bar{F}_i$ gesamte Lasteinzugsfläche des Wandabschnitts $i$ | | |

*Tabelle 4.2: Spezifische Lasteinzugsflächen der Wandabschnitte*

*Querbelastung*

Bei Windeinwirkung müssen die in der Fassade stehenden Wandquerschnitte die direkt auf sie einwirkenden Windkräfte auf die oben- und untenliegende Decke ableiten. Dadurch entsteht eine Querbelastung dieser Wandquerschnitte. Da eine vorhandene Normalkraft den

| Wandquerschnitt | Beanspruchungsart | Last aus Wandabschnitt | Spezifische Lasteinzugsfläche $a$ der Wandquerschnitte ($m^2/m$) | |
|---|---|---|---|---|
| 1 | E | I - II | $a = 1.61 \cdot (1 + 0.8)/0.8$ | 3.62 |
| 2 | E | I - II | $a = 1.61 \cdot (1.2 + 1 + 1.4)/1.2$ | 4.83 |
| 3 | E | I - II | $a = 1.61 \cdot (1.2 + 1.4)/1.2$ | 3.49 |
| 4 | E | II - III | $a = 0.95 \cdot (0.8 + 1.0)/0.8$ | 2.14 |
| 5 | E | II - III | $a_1 = 0.95 \cdot (1.0 + 1.0)/1.6 = 1.19$ | |
| | | XII - III | $a_2 = 0.95 \cdot (0.6 + 1.2)/1.6 = 1.07$ | 2.26 |
| 6 | E | XII - III | $a_1 = 0.95 \cdot (0.8 + 1.2)/1.6 = 1.19$ | |
| | | XI - XII | $a_2 = 1.06 \cdot (0.8 + 0.8)/1.6 = 1.06$ | 2.25 |
| 7 | E | XI - XII | $a = 1.06 \cdot (2.0 + 0.8)/2.0$ | 1.48 |
| 8 | E | IX - XI | $a = 0.90 \cdot (1.2 + 0.8)/1.2$ | 1.50 |
| 9 | E | IX - XI | $a_1 = 0.90 \cdot (0.8 + 0.8)/2.0 = 0.72$ | |
| | | VIII - IX | $a_2 = 1.10 \cdot (1.2 + 0.6)/2.0 = 0.99$ | |
| | | XIII - IX | $a_3 = 2.14 \cdot (0.4 + 0.6)/2.0 = 1.07$ | 2.78 |
| 10 | E | VIII - IX | $a = 1.10 \cdot (2.0 + 0.6)/2.0$ | 1.43 |
| 11 | Z, $V_y$ | I - VI | $a_1 = 1.25 \cdot 5.0/12.0 = 0.52$ | |
| | | VI - VII | $a_2 = 0.50 \cdot 2.0/12.0 = 0.08$ | |
| | | VII - VIII | $a_3 = 1.23 \cdot 5.0/12.0 = 0.51$ | 1.11 |
| 12 | Z, $V_x$ | VII - X | $a = 1.87 \cdot (2.6 + 0.9)/2.6$ | 2.52 |
| 13 | Z, $V_x$ | V - VI | $a_1 = 1.87 \cdot (2.6 + 0.9)/2.6$ | 2.52 |
| 14 | Z, $V_x$ | III - IV | $a_2 = 2.59$ | 2.59 |
| 15 | Z | IV - XIII | $a_1 = 1.94 \cdot (1.0 + 0.6)/1.0 = 3.10$ | |
| | | V - VI | $a_2 = 1.87 \cdot 0.9/1.0 = 1.68$ | 4.78 |
| 16 | Z | IV - XIII | $a_1 = 1.94 \cdot (1.6 + 0.6)/4.4 = 0.97$ | |
| | | VII - X | $a_2 = 1.87 \cdot 0.9/4.4 = 0.37$ | |
| | | XIII - IX | $a_3 = 2.14 \cdot (2.8 + 0.6)/4.4 = 1.65$ | 2.99 |
| 17 | Z, $V_x$ | XII - XIII | $a = 1.80$ | 1.80 |
| | Kontrolle | | $\sum_i a_i \cdot h = \sum_i \tilde{F}_i \cong 96 = 12 \cdot 8$ i.O.<br>$l_i$ Länge des Wandquerschnitts $i$<br>$\tilde{F}_i$ gesamte Lasteinzugsfläche des Wandquerschnitts $i$ | |

*Tabelle 4.3: Spezifische Lasteinzugsflächen der Wandquerschnitte*

Biegewiderstand günstig beeinflusst, sind Querschnitte mit niedriger Normalkraftbeanspruchung eher gefährdet. Das trifft im vorliegenden Fall besonders auf die Querschnitte 10 und 8 mit $a = 1.43$ $m^2/m$ resp. 1.5 $m^2/m$ zu.

### d) Beispiel 4: Aussenwand eines mehrstöckigen Wohngebäudes

Die untersuchte Wand entspricht dem Wandquerschnitt 2 des Grundrisses des Beispiels zur Aufteilung der Deckenlasten in Abschnitt 4.3.4c. Es handelt sich dabei um eine kurze Aussenwand, die zwar hohe Normalkräfte, wegen ihrer Kürze aber keine Längsschubkräfte aus Wind oder Erdbeben aufnimmt. Es werden das Gefährdungsbild "Nutzlast" für die Tragsicherheit (TS) und der Nutzungszustand "Dauerlasten" für die Gebrauchstauglichkeit (GT) untersucht.

**Tragsystem**

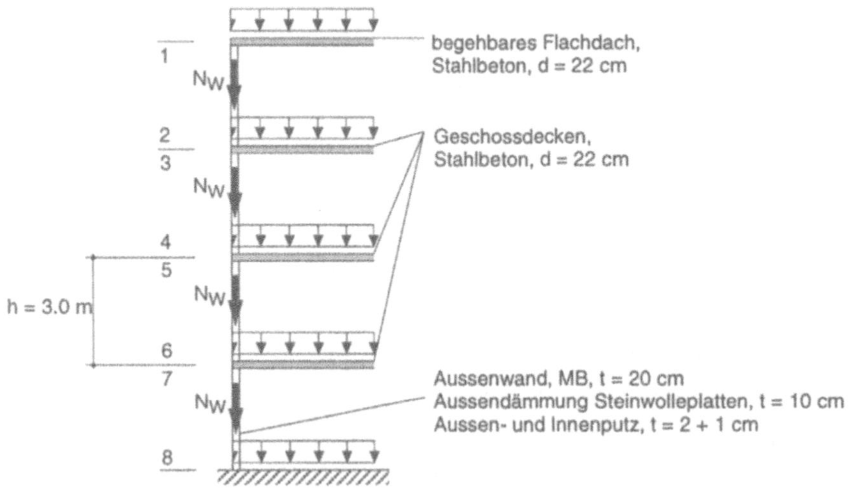


*Mauerwerk MB [SIA V177]:*

$f_{xd}$ = 4.0 N/mm²
$f_x$ = 8.0 N/mm²
$E_{xd}$ = 2.3 kN/mm²
$\rho_M$ = 11 kN/mm²
$\rho_P$ = 16 kN/m³
$\rho_D$ = 1 kN/m³

*Beton B30/20 [SIA 162]:*

$f_{ct}$ = 2.0 N/mm²
$E_c$ = 30 kN/mm²
$\varphi$ = 2
$\varepsilon_{cs}$ = - 0.3 · 10⁻³
$\rho_c$ = 25 kN/m³

*Abb. 4.43: Tragsystem Beispiel 4*

**Einwirkungen**

Eigenlast Decke $g_{mD} = d \cdot \rho_B = 0.22 \cdot 25 = 5.5\ \text{kN/m}^2$

Eigenlast Wand $g_{mW} = t \cdot \rho_M = 0.20 \cdot 11 = 2.2\ \text{kN/m}^2$

Auflast Decke $q_{rA,De} = 1.0\ \text{kN/m}^2$ (Boden, Zwischenwände)

Auflast Dach $q_{rA,Da} = 2.0\ \text{kN/m}^2$ (begehbarer Dachbelag)

Auflast Wand $q_{rA,W} = t_p \cdot \rho_p + t_D \cdot \rho_D$

$= 0.03 \cdot 16 + 0.1 \cdot 1 = 0.6\ \text{kN/m}^2$

(Putz und Wärmedämmung)

Die Nutzlast des begehbaren Flachdachs wird gleich angesetzt wie jene der Geschossdecken:

Nutzlast für TS $q_{rN} = 2.0\ \text{kN/m}^2$

Nutzlast für GT $q_{ser\ lang\ N} = 0.5\ \text{kN/m}^2$

Die Norm [SIA 160] schreibt vor, dass i.a. *eine* veränderliche Begleiteinwirkung berücksichtigt werden muss. In unserem Fall wäre dies Schnee. Die Schneelasten (Schweizerisches Mittelland) sind im Vergleich zu den Nutzlasten klein, und es wird angenommen, dass der Schnee in den oben angesetzten Nutzlasten enthalten ist (Gleiche Nutzlast für Flachdach und Geschossdecken).

**Sicherheitsfaktoren**

| | | |
|---|---|---|
| Eigenlasten | $\gamma_G$ | $= 1.3$ |
| Leiteinwirkung Nutzlast | $\gamma_Q$ | $= 1.5$ |
| Begleiteinwirkung Auflast | $\psi_A$ | $= 1.3$ |

**Lasten für den Tragsicherheitsnachweis**

Für das Gefährdungsbild "Nutzlast" ergeben sich folgende Lasten aus Dach, Decke und Wand:

Bemessungslast Dach
$$q_{d,Da} = \gamma_G \cdot g_m + \gamma_Q \cdot q_{rN} + \psi_A \cdot q_{rA,Da} = 1.3 \cdot 5.5 + 1.5 \cdot 2.0 + 1.3 \cdot 2.0 = 12.8 \text{ kN/m}^2$$

Bemessungslast Decke
$$q_{d,De} = \gamma_G \cdot g_m + \gamma_Q \cdot q_{rN} + \psi_A \cdot q_{rA,De} = 1.3 \cdot 5.5 + 1.5 \cdot 2.0 + 1.3 \cdot 1.0 = 11.5 \text{ kN/m}^2$$

Bemessungslast Wand
$$q_{d,W} = \gamma_G \cdot g_m + \psi_A \cdot q_{rA,W} = 1.3 \cdot 2.2 + 1.3 \cdot 0.6 = 3.6 \text{ kN/m}^2$$

**Lasten für den Gebrauchstauglichkeitsnachweis**

Für den Nutzungszustand "Dauerlast" ergeben sich folgende Lasten aus Dach, Decke und Wand:

Gebrauchslast Dach $\quad q_{ser,Da} = g_m + q_{rA,Da} + q_{rN} = 5.5 + 2.0 + 2.0 = 9.5 \text{ kN/m}^2$

Gebrauchslast Decke $\quad q_{ser,De} = g_m + q_{rA,De} + q_{rN} = 5.5 + 2.0 + 1.0 = 8.5 \text{ kN/m}^2$

Gebrauchslast Wand $\quad q_{ser,W} = g_m + q_{rA,W} = 2.2 + 0.6 = 2.8 \text{ kN/m}^2$

**Beanspruchung des Wandquerschnitts**

Gemäss den Ausführungen zu Beispiel 3 in Abschnitt 4.3.4c hat der untersuchte Wandquerschnitt eine spezifische Lasteinzugsfläche von $a = 4.83\text{m}^2/\text{m}$ für Decken- und Dachlasten. Damit ergibt sich:

$$\Delta N_{d,Da} = a \cdot q_{d,Da} = 4.83 \cdot 12.8 = 61.8 \text{ kN/m}$$
$$\Delta N_{d,De} = a \cdot q_{d,De} = 4.83 \cdot 11.5 = 55.5 \text{ kN/m}$$
$$\Delta N_{d,W} = (h-d) \cdot q_{d,W} = (3-0.22) \cdot 3.6 = 10.0 \text{ kN/m}$$
$$\Delta N_{ser,Da} = a \cdot q_{ser,Da} = 4.83 \cdot 9.5 = 45.9 \text{ kN/m}$$
$$\Delta N_{ser,De} = a \cdot q_{ser,De} = 4.83 \cdot 8.5 = 41.1 \text{ kN/m}$$
$$\Delta N_{ser,W} = (h-d) \cdot q_{ser,W} = (3-0.22) \cdot 2.8 = 7.8 \text{ kN/m}$$

Damit ergeben sich in den Schnitten 1-8 (vgl. Abb. 4.43) die Beanspruchungen gemäss Tabelle 4.4.

| Schnitt | N für TS (kN) | N für GT (kN) |
|---|---|---|
| 1 | 61.8 [1)] | 45.9 |
| 2 | 71.8 [2)] | 53.7 |
| 3 | 127.3 [3)] | 94.8 |
| 4 | 137.3 | 102.6 |
| 5 | 192.8 | 143.7 |
| 6 | 202.8 | 151.5 |
| 7 | 258.3 | 192.6 |
| 8 | 268.3 | 200.4 |

1) $N_1 = \Delta N_{Da}$

2) $N_2 = N_1 + \Delta N_W$

3) $N_3 = N_2 + \Delta N_{De}$

*Tabelle 4.4: Beanspruchungen (Normalkraft) der Tragwand*

**Tragsicherheitsnachweis**

*Materialversagen*

Der Wandquerschnitt bleibe über die gesamte Gebäudehöhe konstant. Dann wird der Wandfuss im untersten Geschoss (Schnitt 8) massgebend:

$$\nu = \frac{N_{8d}}{A_x \cdot f_{xd}} = \frac{268.3 \cdot 10^3}{1000 \cdot 200 \cdot 4.0} = 0.34 > 0.25$$

Im untersten Geschoss kann Materialversagen nicht ausgeschlossen werden

Für das zweite Geschoss (Schnitt 6) mit $\nu = 0.25$ und die darüberliegenden Geschosse ist der Nachweis für Materialversagen erfüllt.

Für das unterste Geschoss müssen also entweder detailliertere Untersuchungen nach Abschnitt "3.4 Erweiterte Nachweise" in [SIA V 177] und entsprechender Bemessungsdiagramme durchgeführt oder geeignete Massnahmen ergriffen werden. Abbildung 4.42 macht die verhältnismässig hohe Beanspruchung des untersuchten Wandquerschnittes zwischen den beiden grossen Aussparungen offensichtlich. Ein Nachweis mit Bemessungsdiagrammen würde im vorliegenden Fall zeigen, dass die Tragsicherheit gewährleistet ist, dass aber mit einem spröden Versagen der Wand gerechnet werden muss. Als möglicherweise geeignete Massnahme könnte der Wandquerschnitt z.B. aus Stahlbeton ausgebildet werden. Die Anordnung solcher einzelner Stahlbetonpfeiler muss aber insbesondere bezüglich bauphysikalischer Aspekte und allenfalls auch bezüglich der Verträglichkeit mit der umgebenden Konstruktion (unterschiedliches Schwinden) sorgfältig geprüft werden.

*Stabilitätsversagen*

Das Erdgeschoss unterscheidet sich bezüglich der Biegelinie der Wand von den darüberliegenden. Im Erdgeschoss bleibt der Wandfuss unverdreht, während in den Obergeschossen infolge Deckenrotation "verschränkte" Biegelinien entstehen (Abbildung 4.44). Im Erdgeschoss entsprechen die Verhältnisse damit dem Bemessungsfall 3 in [SIA V 177].

Der Nachweis im Erdgeschoss (Schnitt 8) lautet wie folgt:

$$B_{yd} = E_{xd} \cdot I_y \sqrt{1 - N_{8d}/2A_x \cdot f_{xd}}$$

$$= 2300 \cdot \frac{1000 \cdot 200^3}{12} \cdot \sqrt{1 - \frac{268.3 \cdot 10^3}{2 \cdot 1000 \cdot 200 \cdot 4.0}}$$

$$= 1.40 \cdot 10^{12} \ \text{Nmm}^2/\text{m}$$

$$h_{Ed} = \pi \cdot \sqrt{B_{yd}/N_{8d}} = \pi \cdot \sqrt{1.40 \cdot 10^{12}/268.3 \cdot 10^3}$$

$$= 7176 \ \text{mm} = 7.2 \ \text{m}$$

$$\zeta = 0.5, \qquad \zeta \cdot h_{Ed} = 0.5 \cdot 7.2 = 3.6 \ \text{m}$$

$h = 3 \ \text{m} < \zeta \cdot h_{Ed} = 3.6 \ \text{m}$ i.O.

Stabilitätsversagen im Erdgeschoss kann ausgeschlossen werden.

Die Verhältnisse im Obergeschoss entsprechen dem Bemessungsfall 2 in [SIA V 177], wobei nur die halbe Wandhöhe betrachtet wird (Abb. 4.44). Der entsprechende Nachweis ergibt sich wie folgt:

$$B_{yd} = E_{xd} \cdot I_y \cdot \sqrt{1 - N_{6d}/2A_x \cdot f_{xd}}$$

$$= 2300 \cdot \frac{1000 \cdot 200^3}{12} \cdot \sqrt{1 - \frac{202.8 \cdot 10^3}{2 \cdot 1000 \cdot 200 \cdot 4.0}}$$

$$= 1.43 \cdot 10^{12} \ \text{Nmm}^2/\text{m}$$

$$h_{Ed} = \pi \cdot \sqrt{B_{yd}/N_{6d}} = \pi \cdot \sqrt{1.43 \cdot 10^{12}/202.8 \cdot 10^3}$$

$$= 8342 \ \text{mm} = 8.3 \ \text{m}$$

$$\zeta = 0.3, \qquad \zeta \cdot h_{Ed} = 0.3 \cdot 8.3 = 2.5 \ \text{m}$$

$h/2 = 1.5 \ \text{m} < \zeta \cdot h_{Ed} = 2.5 \ \text{m}$ i.O.

Stabilitätsversagen in den Obergeschossen kann ausgeschlossen werden.

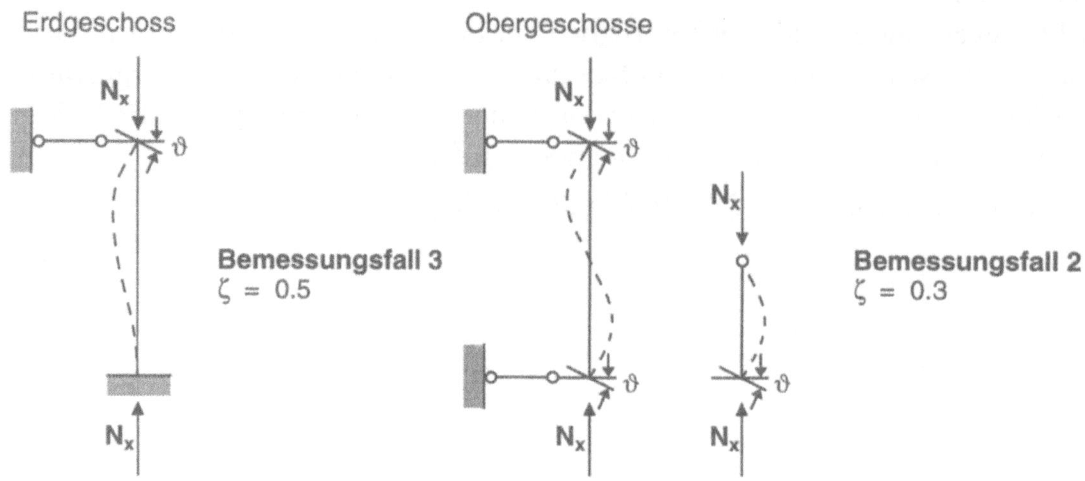


*Abb. 4.44: Statisches System der Tragwand Beispiel 4*

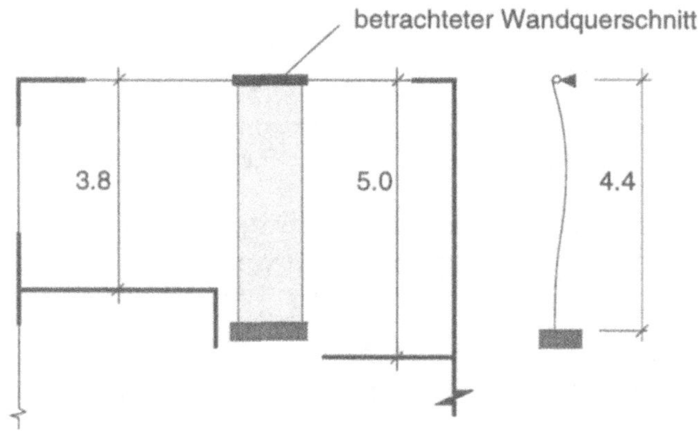


*Abb. 4.45: Modell zur Abschätzung der Deckenrotation*

Das günstigere Resultat in den Obergeschossen OG kann im Vergleich zum Erdgeschoss EG wie folgt begründet werden:

- Die Normalkraft ist kleiner, was auf einen grösseren Wert $h_{Ed}$ führt.
- Die Knicklänge ist (gemäss Biegelinien) kürzer (s. Abb. 4.44), was auf einen grösseren Wert $\zeta$ führt.

Damit gilt $(\zeta \cdot h_{Ed})_{OG} > (\zeta \cdot h_{Ed})_{EG}$.

**Gebrauchstauglichkeitsnachweis**

Die Gebrauchstauglichkeit soll mit dem "verbesserten Ansatz" zur Rissbreitenbestimmung gemäss Abschnitt 4.3.2e nachgewiesen werden. Damit kann bei den Zwischendecken der günstige Einfluss einer oben angreifenden Normalkraft berücksichtigt werden, während sich für die Dachdecke identische Resultate wie mit dem vereinfachten Verfahren ergeben.

Die Deckenverdrehung wird an einem einseitig eingespannten Balken mit einer Länge $l = (5 + 3.8)/2 = 4.4$ m abgeschätzt (Abb. 4.45), das Festeinspannmoment an einem beidseitig eingespannten Balken gleicher Länge.

Für die Bestimmung der Deckenverdrehung ist zu prüfen, ob die (Dach-)Decke gerissen ist:

Maximalmoment $M_{max,\,Da} = \dfrac{q_{ser,\,Da} \cdot l^2}{8} = \dfrac{9.5 \cdot 4.4^2}{8} = 23 \;\text{kNm/m}$

$M_{max,\,De} = \dfrac{q_{ser,\,De} \cdot l^2}{8} = \dfrac{8.5 \cdot 4.4^2}{8} = 20.6 \;\text{kNm/m}$

Rissmoment $M_r = W_c \cdot f_{ct} = \dfrac{1000 \cdot 220^2}{6} \cdot 2 \cdot 10^{-6} = 16.1 \;\text{kNm/m}$

Mit $M_{max} > M_r$ sind alle Decken teilweise gerissen. Dem wird mit einer Abminderung von $E_c I_c$ auf 60% Rechnung getragen. Für die Randverdrehung ergibt sich dann:

Aus Last

$$\vartheta_{c,\,Da} = \frac{q_{ser,\,Da} \cdot l^3}{48 \cdot 0.6\; E_c I_c} = \frac{9.5 \cdot 4400^3 \cdot 12}{48 \cdot 0.6 \cdot 30000 \cdot 1000 \cdot 220^3} = 0.00106 \;\text{rad}$$

$$\vartheta_{c,\,De} = \frac{q_{ser,\,De} \cdot l^3}{48 \cdot 0.6\; E_c I_c} = \frac{8.5 \cdot 4400^3 \cdot 12}{48 \cdot 0.6 \cdot 30000 \cdot 1000 \cdot 220^3} = 0.00094 \;\text{rad}$$

Aus Last und Kriechen

$$\vartheta_{cc,\,Da} = (1+\varphi) \cdot \vartheta_{c,Da} = 3 \cdot 0.00106 = 0.00318 \;\text{rad}$$

$$\vartheta_{cc,\,Dc} = (1+\varphi) \cdot \vartheta_{c,De} = 3 \cdot 0.00094 = 0.00282 \;\text{rad}$$

Aus Schwinden (Annahme: Innenwand ist unverschieblich)

$$\vartheta_{cs} = \frac{\Delta \text{ Deckenlänge}}{h} = \frac{\varepsilon_{cs} \cdot l}{h} = \frac{-\,0.3 \cdot 10^{-3} \cdot 4.4}{3} = -\,0.00044 \;\text{rad}$$

Total

$$\vartheta_{1,Da} = \vartheta_{cc,Da} + \vartheta_{cs} = 0.00274 \;\text{rad}$$

$$\vartheta_{1,De} = \vartheta_{cc,De} + \vartheta_{cs} = 0.00238 \;\text{rad}$$

Die Festeinspannmomente $M_{D0}$ errechnen sich wie folgt:

$$M_{D0,\,Da} = \frac{q_{ser,\,Da} \cdot l^2}{12} = \frac{9.5 \cdot 4.4^2}{12} = 15.3 \;\text{kNm/m}$$

$$M_{D0,\,De} = \frac{q_{ser,\,De} \cdot l^2}{12} = \frac{8.5 \cdot 4.4^2}{12} = 13.7 \;\text{kNm/m}$$

Damit lassen sich nun die Rissbreiten bestimmen:

$$e = \frac{t}{2} - \frac{2 \cdot N_2}{3 f_x} \qquad M_W = 2 \cdot N_1 \cdot e \qquad \vartheta_{red} = \vartheta_1 \cdot \frac{M_{D0} - M_W}{M_{D0}}$$

$$t_r = t - \frac{2 \cdot N_2}{f_x} \qquad r = \vartheta_{red} \cdot t_r$$

Der Nachweis mit dem verbesserten Ansatz zeigt deutlich, wie die nach unten zunehmende Normalkraft die Risweiten stark verkleinert. Im vorliegenden Fall ist einzig im Schnitt 1

| Schnitt | $\vartheta_1$ (rad) | $M_{D0}$ (kNm/m) | $N_1$ (kN) | $N_2$ (kN) | $e$ (mm) | $M_W$ (kNm/m) | $\vartheta_{red}$ (rad) | $t_r$ (mm) | $r$ (mm) |
|---|---|---|---|---|---|---|---|---|---|
| 1 | 0.0027 | 15.3 | 0 | 45.9 | 96 | 0 | 0.0027 | 189 | 0.51 |
| 3 | 0.0024 | 13.7 | 53.7 | 94.8 | 92 | 9.9 | 0.0007 | 176 | 0.12 |
| 5 | 0.0024 | 13.7 | 102.6 | 143.7 | 88 | 18.1 | 0.0000 | 164 | 0.00 |
| 7 | 0.0024 | 13.7 | 151.5 | 192.6 | 84 | 25.5 | 0.0000 | 152 | 0.00 |

(Dachdecke) mit einem zu breiten Riss ($r \gg r_{lim} = 0.2$ mm) zu rechnen. Da das vorspringende Flachdach und die vollflächige Aussendämmung den Zutritt von Meteorwasser verhindern und der Riss dank der Aussendämmung unsichtbar bleibt, kann er aber toleriert werden. Ohne Vorhandensein einer Aussendämmung wären die bereits im Beispiel 1 genannten Massnahmen in Betracht zu ziehen.

**Weitere exzentrisch beanspruchte Wandquerschnitte**

Im Beispiel 3 in Abschnitt 4.3.4c gibt es nebst dem Wandquerschnitt 2 noch weitere Aussenwandquerschnitte, die auf exzentrische Normalkraft bemessen werden müssten. Es sind dies die Wandquerschnitte 1 und 3 bis 10. Die meistbeanspruchten Querschnitte sind Nr. 1 mit einer spezifischen Lasteinzugsfläche von $a = 3.62\ \mathrm{m^2/m}$ und Nr. 3 mit $3.49\ \mathrm{m^2/m}$. Eine kurze Betrachtung zeigt, dass diese Wandquerschnitte im Erdgeschoss ein $\nu$ aufweisen, das nur knapp über 0.25 liegt. Damit sind alle exzentrisch beanspruchten Wandquerschnitte nachgewiesen.

| Wandquerschnitt | 1 | 2 | 3 |
|---|---|---|---|
| $a$ (m²/m) | 3.62 | 4.83 | 3.49 |
| $\nu_8$ | 0.26 | 0.34 | 0.26 |
| $\nu_6$ | 0.20 | 0.25 | 0.29 |

$a$: Spezifische Lasteinzugsfläche (m²/m)
$\nu_8$: Normalkraftniveau im Erdgeschoss (Schnitt 8)
$\nu_6$: Normalkraftniveau im ersten Geschoss (Schnitt 6)

## 4.4 Schubbeanspruchung mit zentrischer Normalkraft

**Problemstellung**

Die in Abbildung 4.46 dargestellte Tragwand aus Mauerwerk verläuft über mehrere Stockwerke, die durch Stahlbetondecken getrennt sind. Die betrachteten Einwirkungen auf die Tragwand sind:

- vertikale Lasten (Schwerelasten der Decken und Eigenlast der Tragwand);
- horizontale Kräfte (Wind, Erdbeben).

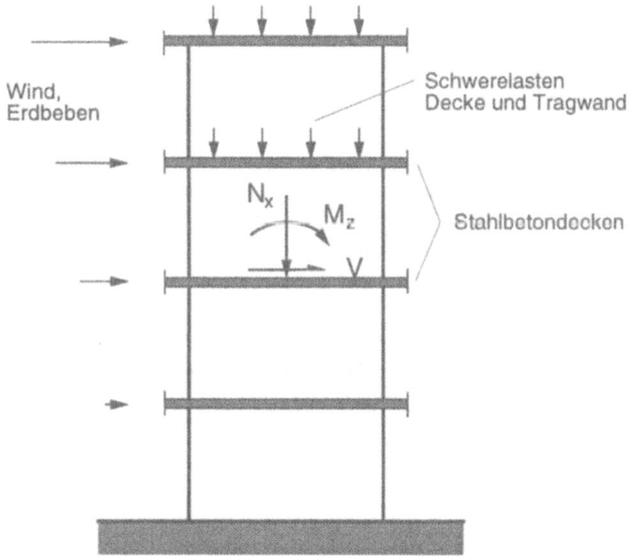


*Abb. 4.46: Typische Lasten, Kräfte und Schnittkräfte an einer Tragwand*

Das statische System ist ein in der Fundation eingespannter *Kragträger,* der durch die folgenden Schnittkräfte beansprucht wird:

- Biegemoment $M_z$
- Normalkraft $N_x$
- Querkraft $V$.

Da bei Mauerwerk die Beanspruchung durch Querkräfte besonders heikel ist, wird diese Beanspruchungsart (Scheibenbeanspruchung $M_z$, $N_x$, $V$) abgekürzt mit "*Schubbeanspruchung mit zentrischer Normalkraft*" bezeichnet. Der Zusatz "mit zentrischer Normalkraft" bedeutet, dass die Normalkraft in der Wandmittelebene angreift. Eine zentrische Beanspruchung kann angenommen werden

- bei Innenwänden sofern die Spannweiten der aufliegenden Decke beidseitig der Wand etwa gleich und ähnlich belastet sind und somit keine wesentlichen Deckenverdrehungen zu erwarten sind (eingespannte Lagerung der Wand);
- bei zentrisch auf der Wand angeordneten Lagerstreifen (gelenkige Lagerung der Wand).

**Zielsetzung dieses Abschnittes**

Es sollen die grundlegenden Zusammenhänge und die Kenntnis der Nachweisverfahren vermittelt werden für *häufige einfache Fälle der Praxis:*

- Nachweis der Tragsicherheit nach [SIA V 177] Ziffer 3 31 3.

- Nachweis der Gebrauchstauglichkeit nach [SIA V 177] Ziffer 3 42 22.

Für den Nachweis der Tragsicherheit *in anspruchsvolleren Fällen* (allgemeines Vorgehen, Überlagerung von Spannungsfeldern) wird auf die Literatur verwiesen (z.B. [SIA D 053] [SIA D 054] [SIA D 054 A] [ZSS] [TFGS]).

Der Fall mit exzentrischer Normalkraft, d.h. wenn diese ausserhalb der Wandmittelebene angreift, wird in Abschnitt 4.5 behandelt.

## 4.4.1 Experimentelle Untersuchungen

In einem Forschungsprojekt wurden geprüft:
- stockwerkhohe Mauerwerkswände unter Biegemoment, Normal- und Querkraft [GT 84];
- Versuchskörper aus Mauerwerk unter zweiachsiger Beanspruchung [GT 82].

### a) Versuche an Mauerwerkswänden

In Abbildung 4.47 sind die Versuchswände dargestellt. An den seitlichen Rändern waren Flansche aus Mauerwerk sowie oben und unten Stahlbetonplatten angeordnet. Normalkraft, Biegemoment und Querkraft griffen in der Mittelebene der Wand an. Normalkraft und Biegemoment wurden konstant gehalten, die Querkraft wurde monoton oder zyklisch bis zum Bruch der Wand gesteigert (Deformationssteuerung).

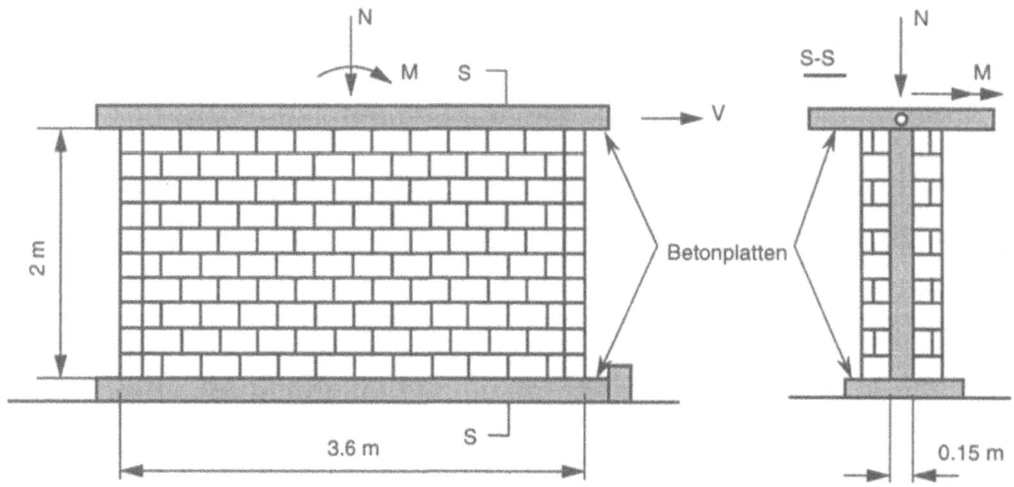


*Abb. 4.47: Mauerwerkswände für Schubversuche (nach [TFGS])*

Die Tabelle 4.5 zeigt wesentliche Parameter von vier geprüften Versuchswänden aus Modulbacksteinen mit $t$ = 150 mm (Fugenraster 300 x 200 mm) und Zementmörtel. W2 war mit einer hohen, W1, W3 und W4 waren mit einer relativ kleinen Normalkraft belastet. Ein Biegemoment wurde nur bei der Wand W4 aufgebracht. W3 wies eine Lagerfugenbewehrung auf.

Abbildung 4.48 zeigt die gemessenen Querkraft-Verschiebungs-Diagramme. Unter hoher Normalkraft verhalten sich die Wände spröde (W2). Bei kleiner Normalkraft ist bei monotoner Beanspruchung eine gewisse Duktilität ("Fliessen") vorhanden (W1, W4). Diese kann

| Versuch | Normalkraft $N$ [kN] | Biegemoment $M$ [kNm] | Bewehrung in Lagerfugen | Belastungs-Geschichte | Bruch-Querkraft $V$ [kN] |
|---|---|---|---|---|---|
| W1 | 415 | 0 | - | monoton | 260 |
| W2 | 1287 | 0 | - | monoton | 454 |
| W3 | 415 | 0 | 2 x $\phi$ 5 | monoton | 273 |
| W4 | 423 | 355.3 | - | monoton | 187 |

*Tabelle 4.5: Kenndaten der Schubversuche*

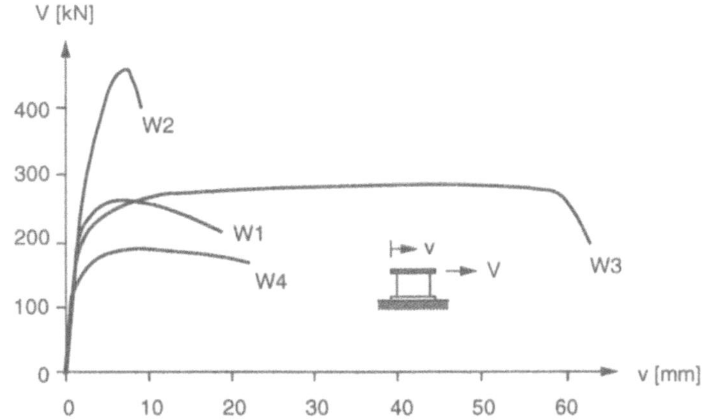


*Abb. 4.48: Stockwerkverschiebung infolge Schubbeanspruchung (nach [TFGS])*

durch eine gut verankerte Lagerfugenbewehrung erheblich gesteigert werden (W3). Ein Biegemoment verringert die übertragbare Querkraft (W4).

Abbildung 4.49 zeigt die in den Versuchen gemessenen Richtungen der Hauptdehnungen der Wände W1 und W4 (quasi-elastischer Zustand). Die beiden Wände unterscheiden sich durch die Lage der angreifenden Normalkraft. Diese ist bei W4 wegen des zusätzlichen Biegemomentes um die Exzentrizität M/N = 0.84 m verschoben. Eingetragen sind ferner im Sinne einer Modellbildung *idealisierte schräge Druckstreben*, die etwa in die Richtung der Hauptdruckdehnungen eingelegt wurden. Sie bilden einen *Fächer*. Es ist deutlich zu erkennen, dass im Falle mit dem zusätzlichen Biegemoment (W4) die Hauptdehnungen und somit die Druckstreben steiler verlaufen, als wenn das Biegemoment nicht wirkt (W1). Dies lässt sich ohne weiteres damit erklären, dass mit dem Biegemoment ein grösserer Teil der Normalkraft weiter rechts angreift. Diese Beobachtungen konnten zur Herleitung eines einfachen Bemessungsverfahrens von Mauerwerkswänden verwendet werden.

## b) Versuche über die zweiachsige Festigkeit von Mauerwerk

Abbildung 4.50 zeigt die Versuchskörper mit Abmessungen von 1.2 m x 1.2 m. Die Kräfte $F_1$ und $F_2$ greifen schief zu den Fugenrichtungen an (Winkel $\alpha$ zwischen $F_2$ und Stossfugen bzw. zwischen $F_1$ und Lagerfugen). Da $F_1$ und $F_2$ Normalkräfte sind (keine Schubkräfte aufgebracht), sind 1 und 2 die Richtungen der Hauptspannungen $\sigma_1$ und $\sigma_2$. Die qualitative Transformation von $\sigma_1$ und $\sigma_2$ zu $\sigma_x$, $\sigma_y$ und $\tau_{xy}$ zeigt Abbildung 4.51. Quantitativ kann sie am Mohrschen Kreis bzw. mittels der entsprechenden Formeln durchgeführt werden.

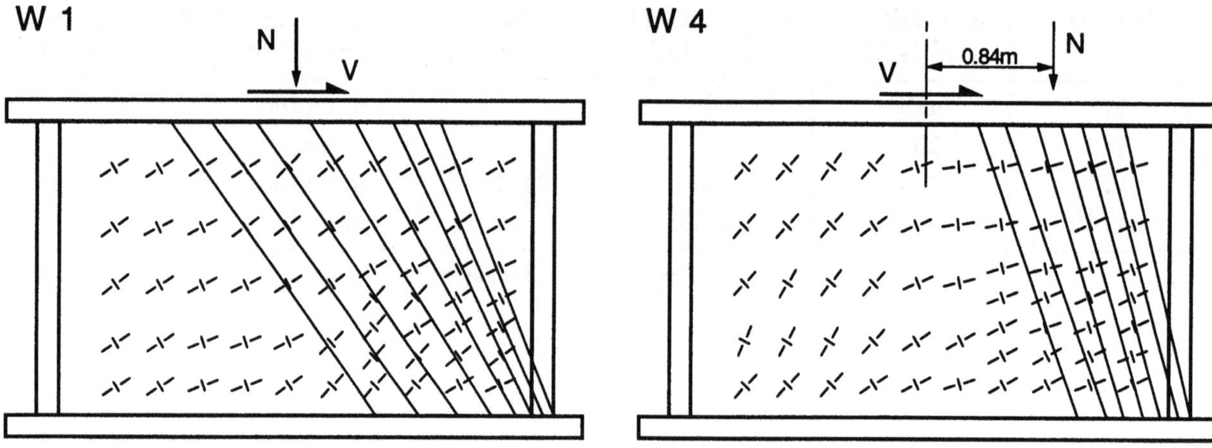


*Abb. 4.49: Hauptdehnungen und schräge Druckstreben (Fächer) bei Schubbeanspruchung (nach [GT 84])*

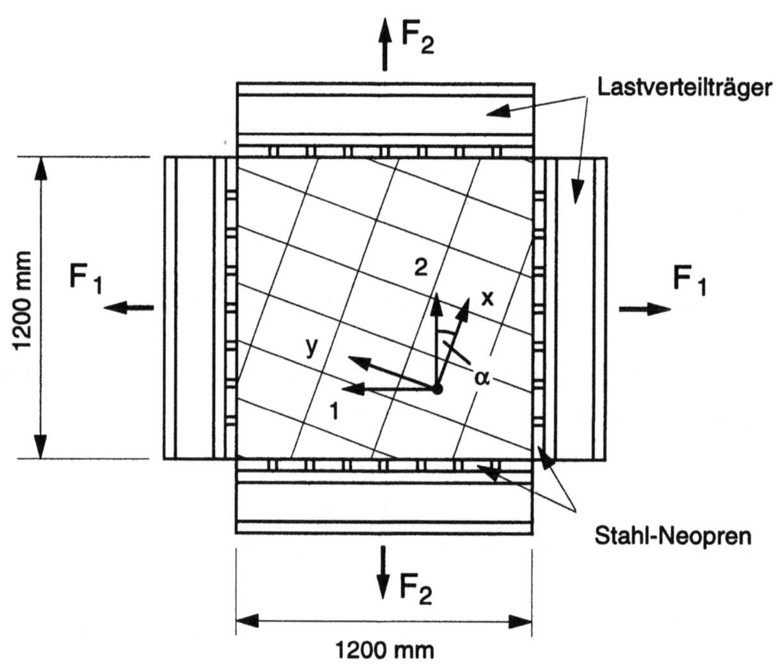


*Abb. 4.50: Versuchskörper für zweiachsige Beanspruchung (nach [TFGS])*

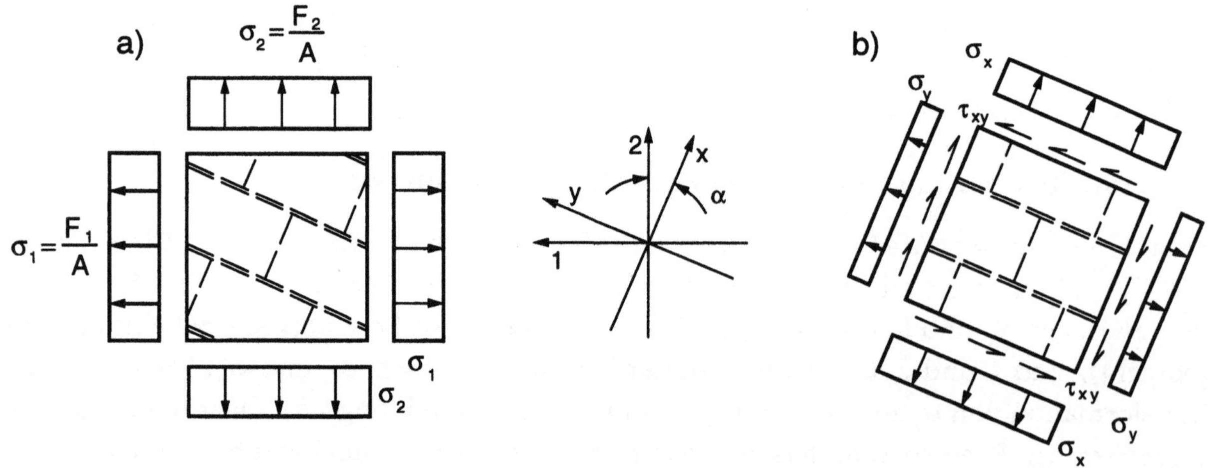


*Abb. 4.51: Spannungen in schief beanspruchtem Mauerwerk (nach [SIA D 053])*

Es wurden u.a. durchgeführt:

- 5 einachsige Druckversuche ($\sigma_2$, $\sigma_1 = 0$, d.h. $\sigma_1 / \sigma_2 = 0$);
- 3 zweiachsige Druckversuche ($\sigma_2$, $\sigma_1$) mit einem Verhältnis der Hauptspannungen von $\sigma_1/\sigma_2 = -1/(-3.2)$.

Abbildung 4.52 zeigt Versuchsresultate und theoretische Kurven. Dargestellt ist die Festigkeit $\sigma_2$ (in Richtung 2) in Abhängigkeit vom Winkel $\alpha$, d.h. dem Winkel zwischen der Stossfuge und $\sigma_2$.

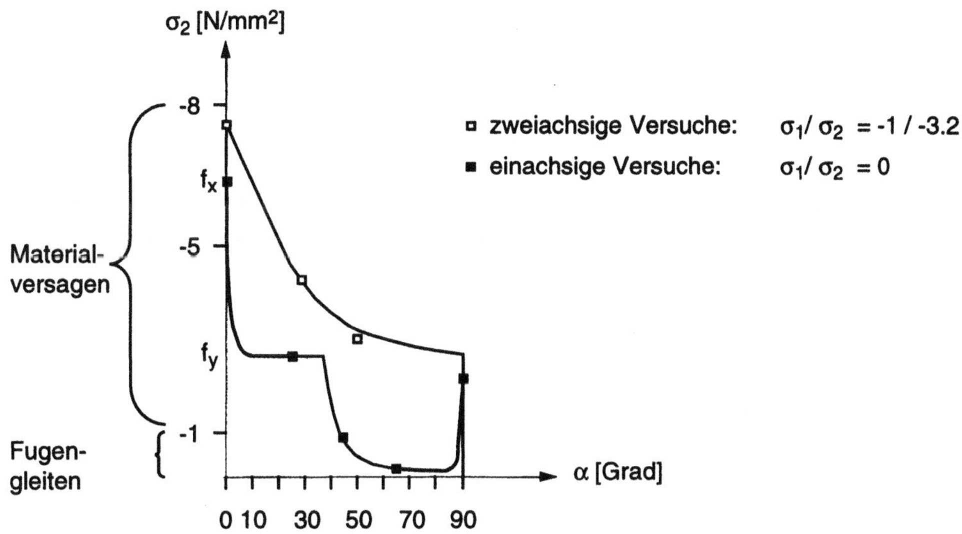


*Abb. 4.52: Versuchsresultate und theoretische Kurven (nach [TFGS])*

Bei *einachsigem Druck* ($\sigma_1 / \sigma_2 = 0$) gelten folgende Feststellungen:

- Für $\alpha = 0$ ist $\sigma_2$ gleich der Druckfestigkeit in Richtung senkrecht zur Lagerfuge ($f_x$);
- bereits bei relativ kleinem Winkel $\alpha$ fällt $\sigma_2$ auf die Druckfestigkeit in Richtung parallel zur Lagerfuge ab ($f_y$);
- ist $\alpha$ grösser als der Winkel der inneren Reibung $\varphi$ in der Lagerfuge, so tritt Gleiten in den Lagerfugen auf, und $\sigma_2$ ist sehr klein (nur Wirkung einer relativ kleinen und unsicheren Kohäsion);
- für $\alpha = 90°$ steigt die Festigkeit wieder auf die Druckfestigkeit in Richtung parallel zur Lagerfuge an ($f_y$).

Bei *zweiachsigem Druck* und $\alpha > 0$ bewirkt bereits eine relativ kleine Druckspannung $\sigma_1$ eine erhebliche Erhöhung der Bruchspannung $\sigma_2$. Eine solche "Querdruckspannung" ist in Mauerwerkswänden jedoch i.a. nicht vorhanden.

Die in Abbildung 4.52 eingetragenen theoretischen Kurven wurden aufgrund allgemeiner Bruchbedingungen für Mauerwerk hergeleitet (siehe [SIA D 053], [TFGS]). Die Übereinstimmung zwischen experimentellen und theoretischen Festigkeitswerten ist gut.

## 4.4.2 Grundlagen für die Bemessung

### a) Spannungsfelder in Wänden

Die Plastizitätstheorie liefert die Grundlage zur Berechnung und Bemessung von Tragwänden aus Mauerwerk unter Normalkraft, Biegemoment und Querkraft. Nach dem *statischen Grenzwertsatz der Plastizitätstheorie* muss ein *statisch zulässiger Spannungszustand* gefunden werden, d.h. ein *"Spannungszustand, der die Gleichgewichtsbedingungen und die statischen Randbedingungen überall erfüllt und die Bruchbedingung nirgends verletzt"*.

Ein solcher Spannungszustand kann durch *Druckspannungsfelder* dargestellt werden. Diese bestehen aus einachsigen Spannungszuständen, die auch überlagert werden dürfen. Mit der Technik der Spannungsfelder kann insbesondere der in Versuchen beobachtete *Fächer* (vgl. Abb. 4.49) nachgebildet werden [TFGS] [SIA D 053].

Aufgrund der Plastizitätstheorie ist grundsätzlich jede Spannungsverteilung am Scheibenrand zulässig, die statisch äquivalent zu den äussern Kräften ist. Da aber Umlagerungen im Bereich der Deckenanschlüsse nur beschränkt möglich sind, müssen die Spannungsfelder dennoch sorgfältig gewählt werden.

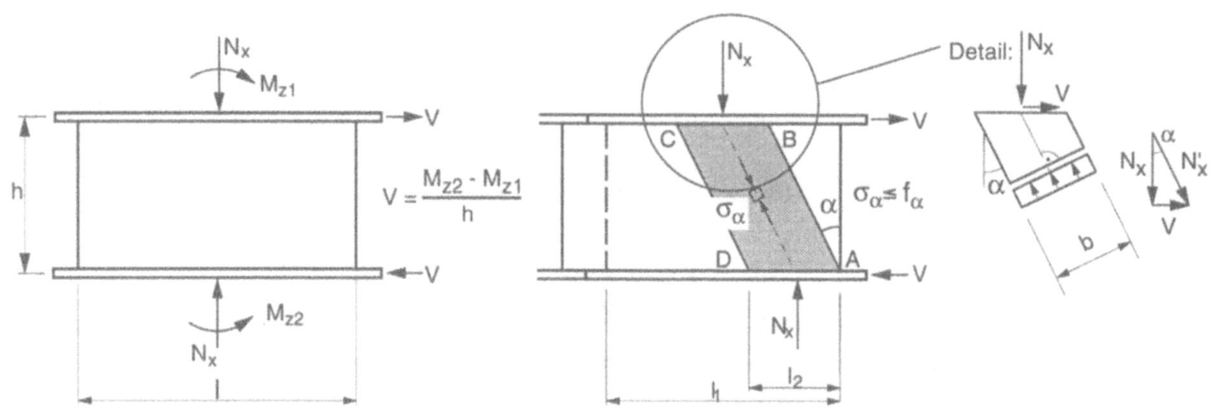


*Abb. 4.53: Spannungsfelder in Wänden [SIA D 053]*

Ein *vereinfachtes Verfahren* für das Finden eines statisch zulässigen Spannungszustandes ist folgendes (Abb. 4.53): Die gesamthaft angreifende Normalkraft $N_x$ wird am Scheibenrand in einem statisch zulässigen Spannungszustand durch eine äquivalente, rechteckige Spannungsverteilung ersetzt. Im einaxial beanspruchten parallelen und homogenen Feld ABCD werden die gesamte Schubkraft $V$ und die Normalkraft $N_x$ abgetragen. Die Neigung $\alpha$ und die Achse des Spannungsfeldes sind durch die Gleichgewichtsbedingungen festgelegt. Die horizontale Breite des Spannungsfeldes ist durch die statischen Randbedingungen bestimmt (am unteren Scheibenrand rechts muss das Spannungsfeld innerhalb der Wand bleiben) und durch $l_2$ gegeben:

$$l_2 = l - 2\,\frac{M_{z2}}{N_x}.$$

Damit wird:

$$b = l_2 \cdot \cos\alpha$$

$$N'_x = \frac{N_x}{\cos\alpha}$$

$$\sigma_\alpha = \frac{N'_x}{b \cdot d} = \frac{N_x}{l_2 \cdot d \cdot \cos^2\alpha}$$

Die Spannung $\sigma_\alpha$ kann mit der für den Winkel $\alpha$ gültigen einachsigen Druckfestigkeit des Mauerwerks verglichen werden:

$$\sigma_\alpha \leq f_\alpha$$

Zudem muss geprüft werden, ob Gleiten in der Lagerfuge möglich ist:

$$\tan\alpha \leq \tan\varphi$$

Sind beide Bedingungen erfüllt, so sind die hier massgebenden Bruchbedingungen nicht verletzt.

## b) Einachsige Druckfestigkeit

In Abbildung 4.52 stellt die untere ausgezogene Kurve die einachsige Druckfestigkeit des Mauerwerks dar ($\sigma_1 / \sigma_2 = 0$). Wird die geringe und unsichere Kohäsion vernachlässigt, so ergibt sich die Festigkeit $f_\alpha$ gemäss Abbildung 4.54.

Für $\alpha = 0$ ist die einachsige Festigkeit $f_x$; für $0 \leq \alpha \leq \varphi$ (Winkel der inneren Reibung) und für $\alpha = \pi/2$ beträgt sie $f_y$, und für $\varphi \leq \alpha \leq \pi/2$ ist sie Null.

Diese Kurve kann auch folgendermassen interpretiert werden:

Wenn der einachsige Druck nicht senkrecht zur Lagerfuge wirkt, entsteht eine Beanspruchung in Richtung der Lagerfuge. Diese wird begrenzt durch:

- Druckfestigkeit des Mauerwerks in Richtung der Lagerfuge ($f_y$) oder
- Gleiten in y-Richtung wenn $\alpha \geq \varphi$.

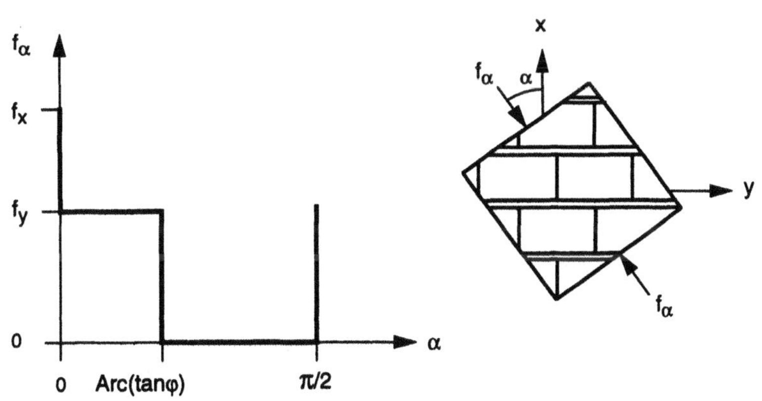


*Abb. 4.54: Einachsige Druckfestigkeit [SIA D 053]*

## c) Rissbreiten

In Mauerwerkswänden unter Normalkraft, Biegemoment und Querkraft können zwei Risstypen auftreten:

- *Schubrisse*: Sie sind geneigt und verlaufen treppenförmig in Fugen oder durch Steine;
- *Biegerisse*: Sie sind horizontal und verlaufen in Lagerfugen oder zwischen Wand und Decke.

Die Rissbreiten können wie folgt abgeschätzt werden (Abb. 4.55):
Schubrisse: über die Stockwerkverschiebung $v$;
Biegerisse: über die Randdehnung $\varepsilon_x$.

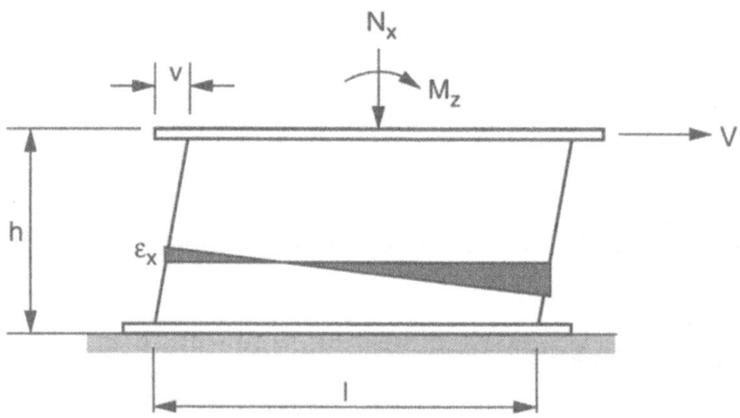


*Abb. 4.55: Stockwerkverschiebungen und Randdehnungen*

Die Grössen $v$ und $\varepsilon_x$ können nach der Balkentheorie ermittelt werden, wobei elastisches Materialverhalten vorausgesetzt wird:

$$v = \frac{V \cdot h^3}{3E_x \cdot I_z} + \frac{M_z \cdot h^2}{2E_x \cdot I_z} + \frac{V \cdot h}{G \cdot A_x} \quad \text{und} \quad \varepsilon_x = -\frac{N_x}{E_x \cdot A_x} + \frac{l(V \cdot h + M_z)}{2E_x \cdot I_z}$$

$$\text{mit} \quad I_z = \frac{t \cdot l^3}{12} \quad ; \quad A_x = t \cdot l \, .$$

Richtwerte für die Schubrissbreite in Abhängigkeit von der Stockwerkverschiebung sind die folgenden:

| $v/h$ | 1/3000 | 1/2000 | 1/1500 | 1/750 |
|---|---|---|---|---|
| $r$ [mm] | 0 ÷ 0.05 | 0.1 | 0.2 | 0.5 |

Richtwerte für die Biegerissbreite in Abhängigkeit von der Randdehnung sind die folgenden (Steinhöhe 200 mm):

| $\varepsilon_x$ | $1/10000 = 10^{-4}$ | $1/1000 = 10^{-3}$ |
|---|---|---|
| $r$ [mm] | 0 - 0.02 | 0.2 |

### 4.4.3 Nachweise nach SIA V 177

Gemäss der eingangs formulierten Zielsetzung sind auf der Grundlage von [SIA V 177] die folgenden Nachweise zu führen:
- Nachweis der Tragsicherheit nach Ziffer 3 31 3 und
- Nachweis der Gebrauchstauglichkeit nach Ziffer 3 42 22.

Damit können *häufige einfache Fälle der Praxis* korrekt erfasst werden. Für *anspruchsvollere Fälle* ist ein Verfahren mit überlagerten Spannungsfeldern (z.B. nach [SIA D 054 A]) anzuwenden.

#### a) Nachweis der Tragsicherheit

Das allgemeine Konzept für den Nachweis der Tragsicherheit gemäss [SIA V 177] ist in Abschnitt 4.1.3 beschrieben (Beiblatt 4.1).

[SIA V 177] Ziffer 3 31 3 ist abgedruckt auf Beiblatt 4.4. Entscheidend sind die folgenden zwei Bedingungen:

- *Materialversagen* (auf Druck) ist ausgeschlossen, sofern

$$N_{xd} \leq f_{yd} \cdot l_2 \cdot t \cdot \cos^2\alpha \text{ , wobei } \alpha = \operatorname{arc}(\tan\alpha = V_d/N_{xd}) .$$

- *Gleiten* (in Lagerfugen) ist ausgeschlossen, sofern

$$V_d/N_{xd} \leq (\tan\varphi)_d .$$

Sind in den Wänden Öffnungen vorhanden (z.B. Türen, Fenster), so kann der Tragsicherheitsnachweis separat für jede der seitlich der Öffnung vorhandenen Teilwände geführt werden [SIA D 053].

#### b) Nachweis der Gebrauchstauglichkeit

Das allgemeine Konzept für den Nachweis der Gebrauchstauglichkeit (Rissbreiten) gemäss [SIA V 177] ist in Abschnitt 4.1.3 beschrieben (Beiblatt 4.2).

Für "Schubbeanspruchung" werden rechnerische Verformungswerte mit zulässigen Grenzwerten verglichen (vgl. Abbildung 4.17):

| | Anforderungen | |
|---|---|---|
| | normal | hoch |
| Stockwerkverschiebung $v_{lim}/h$ | $10^{-3}$ | $3 \cdot 10^{-4}$ |
| Randdehnung $\varepsilon_{x\ lim}$ | $10^{-3}$ | $10^{-4}$ |

Die Verformungswerte können nach der Balkentheorie und mit elastischem Materialverhalten ermittelt werden (vgl. Abschnitt 4.4.2c). Die entsprechenden Rissbreiten können nach Abschnitt 4.4.2c geschätzt werden.

## 4.4.4 Beispiel

Nachfolgend wird das Vorgehen bei den Nachweisen der Tragsicherheit und der Gebrauchstauglichkeit für "Schubbeanspruchung mit zentrischer Normalkraft" an einem Beispiel demonstriert. Die untersuchten Wände stammen aus dem Grundriss des Beispiels 3 für die Ermittlung der Laufmeterlast von Wandquerschnitten eines Wohnhauses in Abschnitt 4.3.4c.

**4-stöckige Tragwände**

Die gegebenen Wandquerschnitte sollen für die Abtragung horizontaler Kräfte aus Wind und Erdbeben nachgewiesen werden, wobei sich dieses Beispiel auf die Einwirkungen in $x$-Richtung beschränkt. Eine überschlägige Betrachtung zeigt, dass die Beanspruchung infolge Erdbebens einiges grösser wird als jene infolge Windes (siehe Ende dieses Abschnitts). Aus didaktischen Gründen wird aber zuerst die Einwirkung Wind untersucht. Sowohl das Vorgehen für den Tragsicherheits- wie auch für den Gebrauchstauglichkeitsnachweis wird dabei exemplarisch gezeigt. Anschliessend folgt die Betrachtung für die Einwirkung Erdbeben.

**Tragsystem - Aufteilung der Stockwerkquerkraft**

Abbildung 4.56 zeigt alle vorhandenen, tragenden Mauerwerkswände (vgl. Abschnitt 4.3.4c). Es handelt sich um MB-Mauerwerk mit einer Dicke von $t_M = 20$ cm. Innen- und Aussenwände sind beidseitig verputzt.

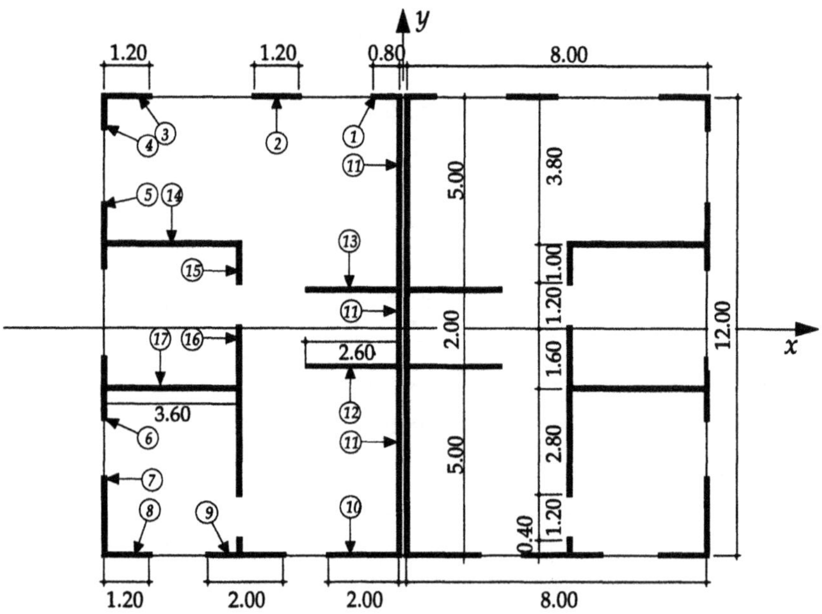

*Abb. 4.56: Grundriss mit Wandquerschnitten*

Um zu entscheiden, welche Wandquerschnitte stark auf Schub beansprucht werden, muss die "Verteilung der Stockwerkquerkraft auf die vorhandenen Wände" bekannt sein (Vorgehen siehe Abschnitt 5.3.3). Um diese Verteilung bestimmen zu können, muss eine wichtige Annahme getroffen werden: *Sich kreuzende Wände wirken nicht zusammen* - d.h. jeder Wandquerschnitt wirkt ausschliesslich für sich alleine und es entsteht keine Flanschwirkung. Diese Annahme kann mit den folgenden Überlegungen gestützt werden:

- *Verzahnung*: Die Verzahnung sich kreuzender Wände ist - insbesondere im Gebäudeinnern- oft schwach ausgebildet: lediglich drei bis vier Steine ragen in die Querwand hinein und bilden den Wandanschluss. Eine gute Schubübertragung, wie sie für ein Zusammenwirken im Sinne von Flanschen nötig wäre, ist nicht gewährleistet.
- *Längsschub*: Bei Querwänden, die als Flanschen wirken sollen, muss die eingeleitete Kraft via (vertikalem) Längsschub auf die ganze Querschnittslänge verteilt werden. Dies ist insbesondere bei langen Querwänden unmöglich. Die Einführung einer "mitwirkenden Breite" analog zur Behandlung dieses Problems bei Stahlbetonquerschnitten wäre grundsätzlich denkbar. Da aber Flanschen kaum zum Tragwiderstand gegen Gleiten beitragen können, wird ihre Wirkung ganz ausser acht gelassen.

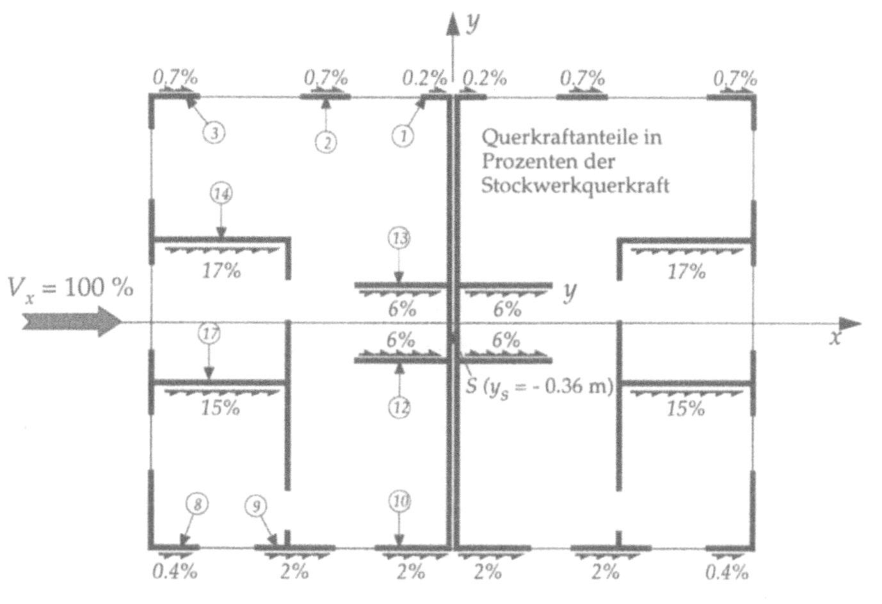


*Abb. 4.57: Schubbeanspruchungen bei Berücksichtigung aller Wandquerschnitte*

In einem ersten Schritt wird die Verteilung einer Stockwerkquerkraft $V_x = 1$ bestimmt, wobei alle Wandquerschnitte, die parallel zur $x$-Achse verlaufen, berücksichtigt werden. Für Wandquerschnitte parallel zur $y$-Achse wird das Trägheitsmoment $I_y$ vernachlässigt. Es ergibt sich das Resultat gemäss Abbildung 4.57.

Ganz deutlich zeigt sich, dass nur die längsten Querschnitte (12, 13, 14, 17) eine wesentliche Schubbeanspruchung erhalten, weil ihr Trägheitsmoment $I_y$ sehr viel grösser ist als jenes der kurzen Wände.

Im Sinne einer plastischen Grenzwertbetrachtung ist es deshalb erlaubt und in der Praxis üblich, dass von Beginn an nur die längsten Wandquerschnitte bei der Berechnung berücksichtigt werden. Als Faustregel kann angenommen werden, dass nur all jene Wandquerschnitte berücksichtigt werden, die länger sind als die Hälfte des längsten Wandquerschnittes in der betrachteten Richtung ($l_i > l_{max}/2$). Dabei muss sichergestellt werden, dass die übrigen, kurzen Wandquerschnitte die Schubverformungen mitmachen können, ohne dass ihr Normalkraft-Tragwiderstand dadurch vermindert wird. Diese Voraussetzung ist i.a. erfüllt.

Werden nun zur Abtragung der horizontalen Einwirkungen nur die vier oben bezeichneten Wandquerschnitte berücksichtigt, so müssen sie natürlich auch die Kräfte der vernachlässigten Wandquerschnitte übernehmen. Dies zeigt die Aufteilung der Stockwerkquerkraft $V_x = 1$ bei Berücksichtigung der Wände 12, 13, 14 und 17 gemäss Abbildung 4.58.

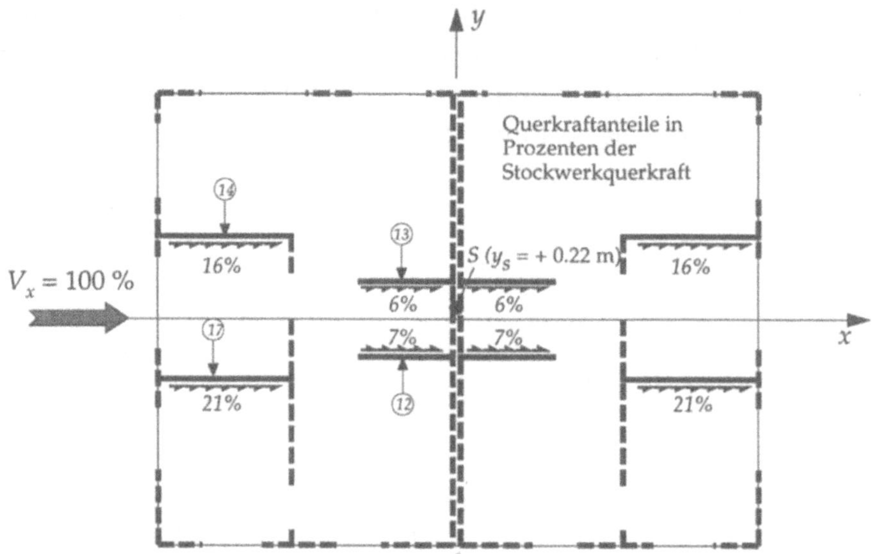


*Abb. 4.58: Schubbeanspruchungen bei Berücksichtigung der Wandquerschnitte 12,13,14 und 17*

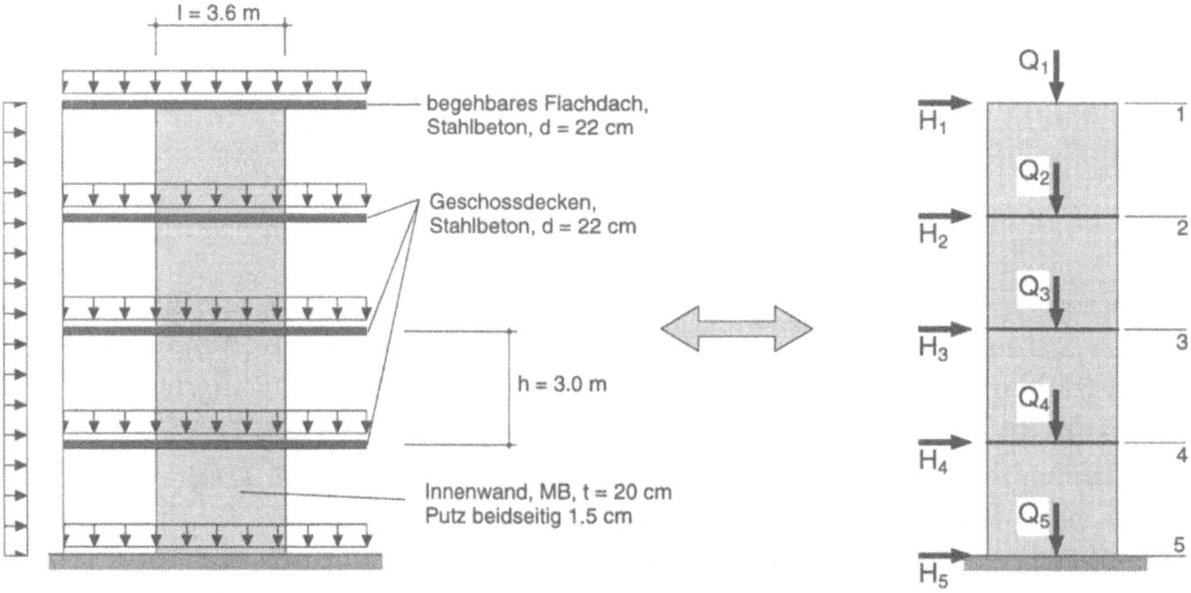


*Abb. 4.59: Tragsystem Tragwand*

Der Wandquerschnitt 17 wird stark beansprucht. Er erhält einen Anteil an der Stockwerkquerkraft von 21%. Daneben wird er durch eine zentrische Normalkraft beansprucht. Im folgenden soll nun dieser Wandquerschnitt 17 auf "Schub mit zentrischer Normalkraft" nachgewiesen werden. Dabei wird die Wand in vertikaler Richtung als Kragbalken mit Einzellasten modelliert (Abb. 4.59).

Sowohl für Wind- wie auch für Erdbebeneinwirkung lässt sich dieses Modell verwenden, bei dem auf der Höhe der Geschossdecken die Horizontalkräfte $H_1 - H_5$ sowie die vertikalen Wandlasten $Q_1 - Q_5$ angreifen. Dabei werden die Wandlasten je hälftig der oben- und untenliegenden Decke zugerechnet.

**WIND**

Als erste horizontale Einwirkung wird "Wind" untersucht.

Dabei müssen für den Nachweis der Tragsicherheit (TS) zwei Gefährdungsbilder (GB) betrachtet werden: "Wind" (minimale Lasten; $V$ gross, $N$ klein, für Gleiten massgebend) und "Wind mit Nutzlast" ($V$ gross, $N$ gross, für Materialversagen massgebend). Für den Nachweis der Gebrauchstauglichkeit (GT) wird der Nutzungszustand (NZ) "Dauerlast mit Wind" untersucht.

**Einwirkungen** (Wind)

| | | | | |
|---|---|---|---|---|
| Eigenlast Decke | $g_{mD}$ | $= d \cdot \rho_B$ | $= 0.22 \cdot 25$ | $= 5.5\ \text{kN/m}^2$ |
| Eigenlast Wand | $g_{mW}$ | $= t_M \cdot \rho_M$ | $= 0.2 \cdot 11$ | $= 2.2\ \text{kN/m}^2$ |
| Auflast Decke | $q_{rA,De}$ | $= 1.0\ \text{kN/m}$ | | |
| Auflast Dach | $q_{rA,Da}$ | $= 2.0\ \text{kN/m}^2$ | | |
| Auflast Wand | $q_{rA,W}$ | $= t_p \cdot \rho_p$ | $= 0.03 \cdot 16$ | $= 0.5\ \text{kN/m}^2$ |
| Nutzlast Tragsicherheit | $q_{rN}$ | $= 2.0\ \text{kN/m}^2$ | | |
| Nutzlast Gebrauchstauglichkeit | $q_{ser\ lang\ N}$ | $= 0.5\ \text{kN/m}^2$ | | |
| Wind, Staudruck für TS | $q_{rSt}$ | $= 0.9\ \text{kN/m}^2$ | | |
| Wind, Staudruck für GT | $q_{serSt}$ | $= 0.72\ \text{kN/m}^2$ | | |

**Sicherheitsfaktoren** (Wind)

*Gefährdungsbild "Wind"*

| | | |
|---|---|---|
| Eigenlasten (günstig wirkend) | $\gamma_G$ | $= 0.8$ |
| Wind als Leiteinwirkung | $\gamma_Q$ | $= 1.5$ |
| Nutzlast/Auflast (min.) | $\psi_A$ | $= \psi_N = 0$ |

*Gefährdungsbild "Wind mit Nutzlast"*

| | | |
|---|---|---|
| Eigenlasten | $\gamma_G$ | $= 1.3$ |
| Wind als Leiteinwirkung | $\gamma_Q$ | $= 1.5$ |

Auflast als Begleiteinwirkung $\psi_A = 1.3$

Nutzlast als Begleiteinwirkung (min.) $\psi_N = 0.5$

**Einwirkungen für den Tragsicherheitsnachweis** (Wind)

Bemessungslast Dach $q_{d,Da} = \gamma_G \cdot g_{mD} + \psi_A \cdot q_{rA,Da} + \psi_N \cdot q_{rN}$

Bemessungslast Decke $q_{d,De} = \gamma_G \cdot g_{mD} + \psi_A \cdot q_{rA,De} + \psi_N \cdot q_{rN}$

Bemessungslast Wand $q_{d,W} = \gamma_G \cdot g_{mW} + \psi_A \cdot q_{rA,W}$

Windkräfte horizontal $q_{d,Wh} = C_1 \cdot C_{red} \cdot C_{dyn} \cdot C_h \cdot q_{rSt} \cdot \gamma_Q$

Windkräfte vertikal $q_{d,Wv} = C_3 \cdot C_{red} \cdot C_{dyn} \cdot C_h \cdot q_{rSt} \cdot \gamma_Q$

wobei:

$C_1 = 1.05$ $C_3 = -0.75$

$C_{red} = 0.87$ $C_h = 1.47$ $C_{dyn} = 1.0$

| | GB "Wind" | GB "Wind mit Nutzlast" |
|---|---|---|
| $q_{d,Da}$ (kN/m$^2$) | 4.4 | 10.8 |
| $q_{d,De}$ (kN/m$^2$) | 4.4 | 9.5 |
| $q_{d,W}$ (kN/m$^2$) | 1.8 | 3.5 |
| $q_{d,Wh}$ (kN/m$^2$) | 1.8 | 1.8 |
| $q_{d,Wv}$ (kN/m$^2$) | - 1.3 | - 1.3 |

**Einwirkungen für den Gebrauchstauglichkeitsnachweis** (Wind)

Gebrauchslast Dach $q_{serDa} = g_m + q_{rA,Da} + q_{ser\ lang\ N}$ $5.5 + 2.0 + 0.5 = 8.0$ kN/m$^2$

Gebrauchslast Decke $q_{serDe} = g_m + q_{rA,De} + q_{ser\ lang\ N}$ $5.5 + 1.0 + 0.5 = 7.0$ kN/m$^2$

Gebrauchslast Wand $q_{serW} = g_m + q_{rA,W}$ $2.2 + 0.5 = 2.7$ kN/m$^2$

Windkräfte horizontal $q_{serWh} = C_1 \cdot C_{red} \cdot C_{dyn} \cdot C_n \cdot q_{serSt} = 1.0$ kN/m$^2$

Windkräfte vertikal $q_{serWv} = C_3 \cdot C_{red} \cdot C_{dyn} \cdot C_n \cdot q_{serSt} = -0.7$ kN/m$^2$

**Beanspruchungen des Wandquerschnittes** (Wind)

Für vertikale Lasten hat die Wand eine Einzugsfläche von: $A = l \cdot a = 3.6 \cdot 1.8 = 6.48 \text{ m}^2$ (siehe Abschnitt 3.4.3c). Damit ergeben sich die folgenden Normalkraftanteile im Wandquerschnitt (in kN):

| | | GB "Wind" | GB "Wind mit Nutzlast" | NZ "Dauerlast mit Wind" |
|---|---|---|---|---|
| $\Delta N_{Da}$ | $= A \cdot q_{Da}$ | 28.5 | 70.0 | 51.8 |
| $\Delta N_{De}$ | $= A \cdot q_{De}$ | 28.5 | 61.6 | 45.4 |
| $\Delta N_W$ | $= l \cdot q_W \cdot h$ | 19.4 | 37.8 | 29.2 |
| $\Delta N_{Wv}$ | $= A \cdot q_{Wv}$ | - 8.4 | - 8.4 | - 4.5 |

Für horizontale Kräfte wurde weiter oben ermittelt, dass 21% der Stockwerkquerkraft vom Wandquerschnitt 17 übernommen werden müssen ($k = 0.21$). Damit ergeben sich die folgenden horizontalen Kräfte (in kN):

| | | GB "Wind" | GB "Wind mit Nutzlast" | NZ "Dauerlast mit Wind" |
|---|---|---|---|---|
| $H_1 = H_5$ | $= b_{tot} \cdot h \cdot k \cdot q_{Wh} \cdot 1/2$ | 6.8 | 6.8 | 3.8 |
| $H_2 \ldots H_4$ | $= b_{tot} \cdot h \cdot k \cdot q_{Wh}$ | 13.6 | 13.6 | 7.6 |

Mit

$$Q_1 = \Delta N_{Da} + 1/2 \ \Delta N_W + \Delta N_{Wv}$$

$$Q_2 \ldots Q_4 = \Delta N_{De} + \Delta N_W$$

$$Q_5 = \Delta N_{De} + 1/2 \ \Delta N_W$$

ergeben sich die in den folgenden Tabellen (4.6 bis 4.8) dargestellten Beanspruchungen. Es ist zu beachten, dass die Kräfte $H_5$, $Q_5$ an der Decke angreifen, der Schnitt 5 aber oberhalb liegt!

| $i$ | $Q_i$ | $H_i$ | $N_{di}$ | $V_{di}$ | $M_{di}$ |
|---|---|---|---|---|---|
| 1 | 29.8 | 6.8 | 29.8 | 6.8 | 0 |
| 2 | 47.9 | 13.6 | 77.7 | 20.4 | 20.4 |
| 3 | 47.9 | 13.6 | 125.6 | 34.0 | 81.6 |
| 4 | 47.9 | 13.6 | 173.5 | 47.6 | 183.6 |
| 5 | (38.2) | (6.8) | 173.5 | 47.6 | 326.4 |

*Tabelle 4.6: Beanspruchungen der Tragwand (in kN, kNm) für das Gefährdungsbild "Wind"*

In Abbildung 4.60 ist der Kräftefluss dargestellt. Die Resultierende aus Schub und Normalkraft verläuft schräg in der Wand. Die Neigung entspricht $\tan\alpha$. Die Breite der jeweils schattierten Druckstreben entspricht $l_2$. Es ist festzuhalten, dass die Resultierende auch im untersten Geschoss den Wandquerschnitt nicht verlässt.

| $i$ | $Q_i$ | $H_i$ | $N_{di}$ | $V_{di}$ | $M_{di}$ |
|---|---|---|---|---|---|
| 1 | 80.5 | 6.8 | 80.5 | 6.8 | 0 |
| 2 | 99.4 | 13.6 | 179.9 | 20.4 | 20.4 |
| 3 | 99.4 | 13.6 | 279.3 | 34.0 | 81.6 |
| 4 | 99.4 | 13.6 | 378.7 | 47.6 | 183.6 |
| 5 | (80.5) | (6.8) | 378.7 | 47.6 | 326.4 |

*Tabelle 4.7: Beanspruchungen der Tragwand (in kN, kNm) für das Gefährdungsbild "Wind mit Nutzlast"*

| $i$ | $Q_i$ | $H_i$ | $N_{ser\ i}$ | $V_{ser\ i}$ | $M_{ser\ i}$ |
|---|---|---|---|---|---|
| 1 | 61.9 | 3.8 | 61.9 | 3.8 | 0 |
| 2 | 74.6 | 7.6 | 136.5 | 11.4 | 11.4 |
| 3 | 74.6 | 7.6 | 211.1 | 19.0 | 45.6 |
| 4 | 74.6 | 7.6 | 285.7 | 26.6 | 102.6 |
| 5 | (60.0) | (3.8) | 285.7 | 26.6 | 182.4 |

*Tabelle 4.8: Beanspruchungen der Tragwand (in kN, kNm) für den Nutzungszustand "Dauerlast mit Wind"*

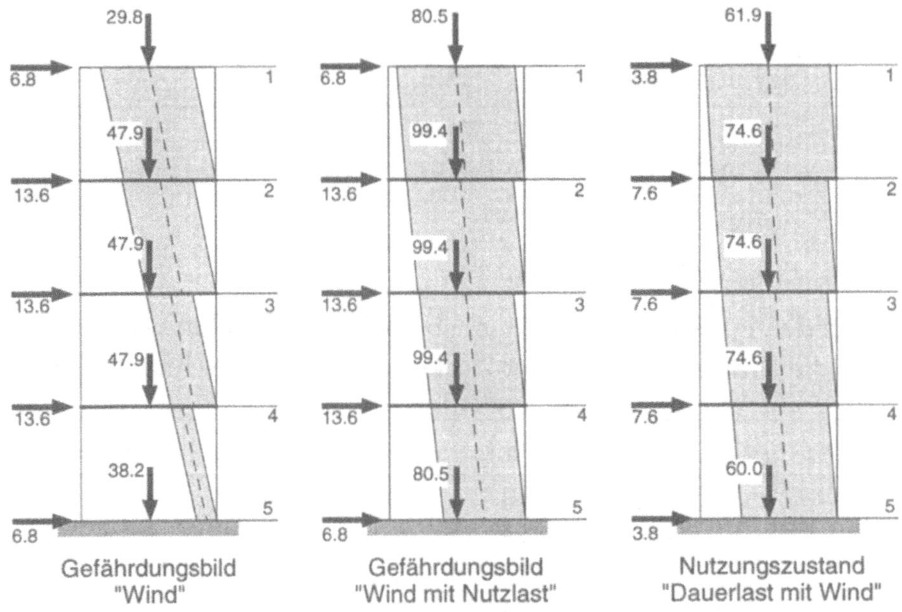


*Abb. 4.60: Spannungsfelder der Mauerwerkstragwand für verschiedene Einwirkungskombinationen mit Wind*

## Tragsicherheitsnachweis (Wind)

*Nachweis gegen Gleiten (Wind)*

Mit dem Nachweis $\tan\alpha = V_d/N_d < (\tan\varphi)_d$ soll ein Versagen der Lagerfugen durch Gleiten ausgeschlossen werden. In unserem Fall, d.h. bei Verwendung von MBNC, ist für die Bemessung der innere Reibungswinkel in den Fugen $(\tan\varphi)_d = 0.6$.

Die Nachweise, die pro Stockwerkwandteil - und nicht in Schnitten - geführt werden, sind in der folgenden Tabelle zusammengestellt:

| Wandteil | GB "Wind" | | | GB "Wind mit Nutzlast" | | |
|---|---|---|---|---|---|---|
| | $V_d$ | $N_d$ | $\tan\alpha$ | $V_d$ | $N_d$ | $\tan\alpha$ |
| 1 - 2 | 6.8 | 29.8 | 0.23 | 6.8 | 80.5 | 0.08 |
| 2 - 3 | 20.4 | 77.7 | 0.26 | 20.4 | 179.9 | 0.11 |
| 3 - 4 | 34.0 | 125.6 | 0.27 | 34.0 | 279.3 | 0.12 |
| 4 - 5 | 47.6 | 173.5 | 0.27 | 47.6 | 378.7 | 0.13 |

Der Nachweis ist für beide Gefährdungsbilder in allen Geschossen erfüllt.

*Nachweis gegen Materialversagen (Wind)*

Unter Schub - und (damit verbunden) Momentenbeanspruchung wirkt nicht der ganze Querschnitt bei der Abtragung der Normalkräfte mit. Der Nachweis gegen Materialversagen $N_{xd} < f_{yd} \cdot t \cdot l_2 \cdot \cos^2\alpha \;=\; N_{xRd}$ berücksichtigt diese Tatsache mit der reduzierten Länge $l_2 \;=\; l - 2 \cdot M_{zd2}/N_{xd}$. Beim hier verwendeten Mauerwerk MB ist die massgebende Druckfestigkeit $f_{yd} \;=\; 1.20 \;\; \mathrm{N/mm^2}$.

Die entsprechenden Nachweise sind in der folgenden Tabelle dargestellt:

| Wandteil | Gefährdungsbild "Wind" | | | | | | Gefährdungsbild "Wind mit Nutzlast" | | | | | |
|---|---|---|---|---|---|---|---|---|---|---|---|---|
| | $M_{zd2}$ | $N_{xd}$ | $l_2$ | $V_d$ | $cos^2\alpha$ | $N_{xRd}$ | $M_{zd2}$ | $N_{xd}$ | $l_2$ | $V_d$ | $cos^2\alpha$ | $N_{xRd}$ |
| 1 - 2 | 20.4 | 29.8 | 2.23 | 6.8 | 0.95 | 508 | 20.4 | 80.5 | 3.09 | 6.8 | 0.99 | 734 |
| 2 - 3 | 81.6 | 77.7 | 1.50 | 20.4 | 0.94 | 338 | 81.6 | 179.9 | 2.69 | 20.4 | 0.99 | 639 |
| 3 - 4 | 183.6 | 125.6 | 0.68 | 34.0 | 0.93 | 152 | 183.6 | 279.3 | 2.29 | 34.0 | 0.99 | 544 |
| 4 - 5 | 326.4 | 173.5 | < 0 | 47.6 | 0.93 | 0 | 326.4 | 378.7 | 1.88 | 47.6 | 0.98 | 442 |

Der Nachweis für das GB "Wind" ist in den untersten zwei Geschossen klar nicht erfüllt: Das Moment infolge von Wind führt zu einer Exzentrizität der Normalkraft, die vom Querschnitt nicht übernommen werden kann. Der Nachweis für das GB "Wind mit Nutzlast" ist erfüllt.

**Gebrauchstauglichkeitsnachweis** (Wind)

Damit Biege- und Schubrisse in ihrer Grösse beschränkt bleiben, sollen die folgenden Bedingungen eingehalten werden: $v/h < 10^{-3}$ und $\varepsilon_x < 10^{-3}$. Die Verformungen und Verzerrungen der Wandquerschnitte werden an einem ideal elastischen Kragarm bestimmt, wobei Schubverformungen mitberücksichtigt werden. Das hier verwendete Mauerwerk weist die folgenden Verformungs- und Flächenkennwerte auf:

$E_x \;= 4500\ \mathrm{N/mm^2}$

$G \;= 1400\ \mathrm{N/mm^2}$

$I \;= 0.7776 \cdot 10^{12}\mathrm{mm^4}$

$A \;= 720'000\ \mathrm{mm^2}$.

Die Nachweise sind in der folgenden Tabelle zusammengestellt.

| Wandteil | $N_{ser}$ (kN) | $V_{ser}$ (kN) | $M_{ser}$ (kNm) | $v$ (mm) | $v/h$ | $\varepsilon_x$ |
|---|---|---|---|---|---|---|
| 1 - 2 | 61.9 | 3.8 | 0 | 0.021 | $7.03 \cdot 10^{-6}$ | $-1.32 \cdot 10^{-5}$ |
| 2 - 3 | 136.5 | 11.4 | 11.4 | 0.078 | $2.60 \cdot 10^{-5}$ | $-1.87 \cdot 10^{-5}$ |
| 3 - 4 | 211.1 | 19.0 | 45.6 | 0.164 | $5.47 \cdot 10^{-5}$ | $-1.24 \cdot 10^{-5}$ |
| 4 - 5 | 285.7 | 26.6 | 102.6 | 0.280 | $9.32 \cdot 10^{-5}$ | $-0.56 \cdot 10^{-5}$ |

Die oben aufgeführten Bedingungen für $v/h$ und $\varepsilon_x$ sind klar erfüllt, die Gebrauchstauglichkeit für den NZ " Dauerlast mit Wind" ist somit nachgewiesen.

**ERDBEBEN**

Als zweite horizontale Einwirkung wird nun noch "Erdbeben" untersucht. Beim Tragsicherheitsnachweis sind die Besonderheiten für diese *aussergewöhnliche Leiteinwirkung* zu berücksichtigen. Ein Gebrauchstauglichkeitsnachweis ist nicht zu führen, da es sich um ein Bauwerk der Bauwerksklasse I handelt, das im Erdbebenfall Schäden aufweisen darf.

**Einwirkungen** (Erdbeben)

Eigenlast Decke $g_{mD} = 5.5 \text{ kN/m}^2$

Eigenlast Wand $g_{mW} = 2.2 \text{ kN/m}^2$

Auflast Decke $q_{rA,De} = 1.0 \text{ kN/m}^2$

Auflast Dach $q_{rA,Da} = 2.0 \text{ kN/m}^2$

Auflast Wand $q_{rA,W} = 0.5 \text{ kN/m}^2$

Nutzlast Tragsicherheit $q_{rN} = 2.0 \text{ kN/m}^2$

Nutzlast Gebrauchstauglichkeit $q_{ser\ lang\ N} = 0.5 \text{ kN/m}^2$

Erdbeben (nach [SIA 160]) Zone 1, BWK I, $a_h/g = 0.127$ (Plateauwert), K = 1.2

**Sicherheitsfaktoren** (Erdbeben)

Eigenlasten 1.0

Erdbeben als aussergewöhnliche Leiteinwirkung: 1.0

Auflast als Begleiteinwirkung $\psi_{accA} = 1.0$

Nutzlast als Begleiteinwirkung $\psi_{accN} = 0.3$

**Einwirkungen für den Tragsicherheitsnachweis** (Erdbeben)

Bemessungslast Dach $q_{d,Da} = g_m + \psi_{accA} \cdot q_{rA,Da} + \psi_{accN} \cdot q_{rN}$

$$= 5.5 + 1.0 \cdot 2.0 + 0.3 \cdot 2.0 = 8.1 \text{ kN/m}^2$$

Bemessungslast Decke $q_{d,De} = g_m + \psi_{accA} \cdot q_{rA,De} + \psi_{accN} \cdot q_{rN}$

$= 5.5 + 1.0 \cdot 1.0 + 0.3 \cdot 2.0 = 7.1 \text{ kN/m}^2$

Bemessungslast Wand $q_{d,W} = g_m + \psi_{accA} \cdot q_{rA,W}$

$= 2.2 + 1.0 \cdot 0.5 = 2.7 \text{ kN/m}^2$

Horizontalkräfte Erdbeben: Die Kräfte aus Erdbebeneinwirkung werden mit dem Ersatzkraftverfahren gemäss [SIA 160] ermittelt:

$$Q_{acc} = a_h/g \cdot C_k \cdot (G_m + \Sigma\psi_{acc} \cdot Q_r)$$

$$= 0.127 \cdot 0.54 \cdot 10252 = 703 \text{ kN, mit}$$

$$C_k = C_d/K = 0.65/1.2 = 0.54$$

**Beanspruchung des Wandquerschnittes** (Erdbeben)
Die Ermittlung der Beanspruchung erfolgt analog zum Fall mit Windeinwirkung. Es ergeben sich die folgenden Normalkraftanteile in der Wand:

$$\Delta N_{Da} = A \cdot q_{Da} = 52.5 \text{ kN}$$

$$\Delta N_{De} = A \cdot q_{Dc} = 46.0 \text{ kN}$$

$$\Delta N_W = l \cdot q_W \cdot h = 29.2 \text{ kN}$$

Zur Ermittlung der Horizontalkräfte aus Erdbebeneinwirkung wird zuerst die gesamte Erdbebenkraft $Q_{acc}$ gemäss [SIA 160] auf die einzelnen Stockwerke (Deckenscheiben) verteilt, und daraus die Stockwerkquerkraft $V_i$ in jedem Geschoss bestimmt. Bei über die Höhe gleich bleibendem Grundriss lässt sich dann die Querkraft im betrachteten Wandquerschnitt 17 als $V_{17i} = k \cdot V_i$ bestimmen, mit wiederum $k = 0.21$:

| $i$ | $h_i$ (m) | $(G_m + \Sigma\psi_{acc} \cdot Q_r)_i$ (kN) | $h_i(G_m + \Sigma\psi_{acc} \cdot Q_r)_i$ (kN) | $Q_{acc,i}$ (kN) | $V_i$ (kN) | $V_{17} = k \cdot V_i$ (kN) | $H_i$ (kN) |
|---|---|---|---|---|---|---|---|
| 1 | 15 | 1'916 | 28'740 | 221 | 221 | 46.4 | 46.4 |
| 2 | 12 | 2'084 | 25'008 | 193 | 414 | 86.9 | 40.5 |
| 3 | 9 | 2'084 | 18'756 | 144 | 558 | 117.2 | 30.2 |
| 4 | 6 | 2'084 | 12'504 | 96 | 654 | 137.3 | 20.2 |
| 5 | 3 | 2'084 | 6'252 | 49 | 703 | 147.6 | 10.3 |

Die Beanspruchungen im Gefährdungsbild "Erdbeben" ergeben sich nun wie folgt (Bezeichnungen gemäss Abbildung 4.59).

| $i$ | $Q_i$ | $H_i$ | $N_{di}$ | $V_{di}$ | $M_{di}$ |
|---|---|---|---|---|---|
| 1 | 67.1 | 46.4 | 67.1 | 46.4 | 0 |
| 2 | 75.2 | 40.5 | 142.3 | 86.9 | 139.2 |
| 3 | 75.2 | 30.2 | 217.5 | 117.2 | 399.9 |
| 4 | 75.2 | 20.2 | 292.7 | 137.3 | 751.5 |
| 5 | (60.6) | (10.3) | 292.7 | 147.6 | 1163.4 |

*Tabelle 4.9: Beanspruchungen der Tragwand (in kN, kNm) für das Gefährdungsbild "Erdbeben"*

Abbildung 4.61 zeigt den Kräftefluss für die Einwirkung Erdbeben. Dabei wird deutlich, dass die Druckstreben als Resultierende von Schub und Normalkraft sehr flach verlaufen und den Wandquerschnitt schon im obersten Stockwerk verlassen. Das bedeutet, dass ein Gleichgewicht ohne Einlegen einer Bewehrung nicht möglich ist. Das zeigen auch die folgenden Nachweise.

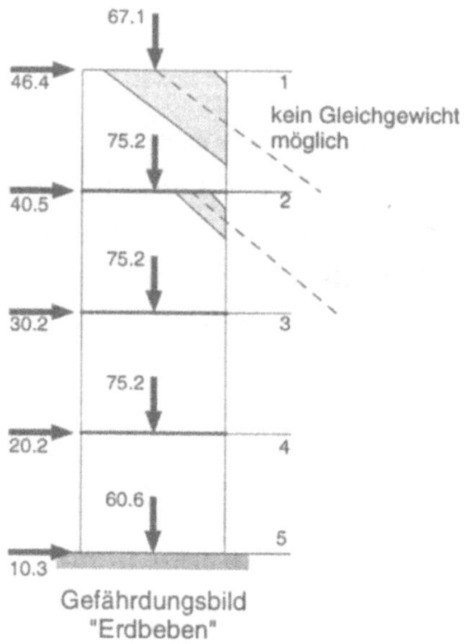


*Abb. 4.61: Spannungsfelder der unbewehrten Mauerwerkstragwand für Erdbebeneinwirkung*

**Tragsicherheitsnachweis** (Erdbeben)

*Nachweis gegen Gleiten (Erdbeben)*

Die Nachweise sind in der folgenden Tabelle zusammengestellt für $(\tan\varphi)_d = 0.6$:

| Wandteil | $V_d$ | $N_d$ | $\tan\alpha$ |
|---|---|---|---|
| 1 - 2 | 46.4 | 67.1 | 0.69 |
| 2 - 3 | 86.9 | 142.3 | 0.61 |
| 3 - 4 | 117.2 | 217.5 | 0.54 |
| 4 - 5 | 137.3 | 292.7 | 0.47 |

Es zeigt sich, dass der Nachweis in den 2 obersten Geschossen nicht erfüllt werden kann; die Normalkraft ist zu klein, um ein Gleiten zu verhindern.

*Nachweis gegen Materialversagen (Erdbeben)*
Die entsprechenden Nachweise sind in der folgenden Tabelle zusammengestellt:

| Wandteil | $M_{zd2}$ | $N_{xd}$ | $l_2$ |
|---|---|---|---|
| 1 - 2 | 139.2 | 67.1 | < 0 |
| 2 - 3 | 399.9 | 142.3 | < 0 |
| 3 - 4 | 751.5 | 217.5 | < 0 |
| 4 - 5 | 1'163.4 | 292.7 | < 0 |

Die reduzierte (mitwirkende) Länge $l_2$ ergibt sich in allen Wandteilen als $< 0$. Die Resultierende aus Schub- und Normalkraft verlässt also schon im obersten Stockwerk den Wandquerschnitt. Damit kann der Nachweis gegen Materialversagen nicht geführt werden (kein Gleichgewicht möglich).

**Folgerungen** (Erdbeben)
Es zeigte sich in den zwei vorangehenden Absätzen, dass es nicht möglich ist, mit dem vorhandenen Grundriss in Mauerwerk einen Nachweis für Erdbebeneinwirkung zu erbringen. Eine kurze Plausibilitätsbetrachtung führt zum selben Schluss.

Bei der Bestimmung der Erdbebenersatzkraft $Q_{acc}$ wird diese in Prozenten der vertikalen Lasten bzw. des Gebäudegewichts bestimmt. Für das ganze Gebäude ergeben die Faktoren $a_h/g \cdot C_k$ eine Horizontalkraft, die 6.9% der vertikalen Lasten entspricht. Da die Horizontalkräfte etwa dreieckförmig über die Höhe verteilt werden, ergibt sich für die oberste Decke eine Horizontalkraft, die etwa 14% der dortigen Deckenlasten entspricht. Der untersuchte Wandquerschnitt 17 übernimmt dabei die folgenden Last- und Kraftanteile:

- Normalkraft $N$: Die gesamte Lasteinzugsfläche des Wandquerschnitts beträgt 6.48 $m^2$. Bei einer Deckenfläche von 192 $m^2$ entspricht dies 3.5%;
- Schubkraft $V$: Der Wandquerschnitt übernimmt 21% der Stockwerkquerkraft.

Werden nun diese Anteile in der oben angestellten Überlegung berücksichtigt, so ergibt sich im obersten Geschoss ein approximatives Verhältnis von Schub- zu Normalkraft von

$$V/N = 14\% \cdot \frac{21}{3.5} \cong 84\% = 0.84$$

Damit wird sofort ersichtlich, dass ein Gleitversagen in den Lagerfugen wahrscheinlich ist $(V/N = 0.84 > (\tan\varphi)_d = 0.6)$ und dass die Resultierende aus Normal- und Schubkraft schon am Fuss des obersten Geschosses ausserhalb des Querschnitts der Tragwand liegt $(V/N = 0.84 > l_w/2h = 0.6)$.

Abhilfe kann grundsätzlich durch das Anbringen einer schlaffen vertikalen Bewehrung oder einer Vorspannung geschaffen werden (Abb. 4.62). Diese Bewehrung ermöglicht die Ausbildung weiterer Druckstreben, die einen Teil der Querkraft abtragen helfen. Mit der Wahl der

Bewehrung bzw. der Vorspannung kann das Mass der Umverteilung der Schubkräfte gesteuert werden. Die Druckstrebe, die den Querschnitt zu verlassen droht, kann damit steiler gemacht werden, und sie bleibt dadurch im Querschnitt.

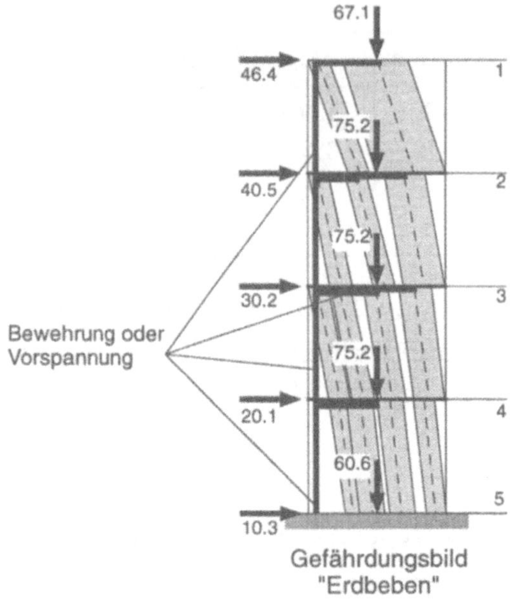


*Abb. 4.62: Spannungsfelder der bewehrten Mauerwerkstragwand für Erdbebeneinwirkung*

**VERGLEICH VON WIND- UND ERDBEBENEINWIRKUNG**

In der Einleitung wurde festgestellt, dass die Erdbebenkräfte sehr viel grösser seien als jene aus Wind. Dies zeigt die folgende grobe Abschätzung mit der gesamten Horizontalkraft aus Wind resp. Erdbeben.

*Wind*

Die totale Ersatzkraft ergibt sich zu

$$\begin{aligned} H_d &= \gamma_Q \cdot b \cdot h \cdot q_{st} \cdot C_1 \cdot C_{red} \cdot C_u \cdot C_{dyn} \\ &= 1.5 \cdot 12 \cdot 12 \cdot 0.8 \cdot 1.05 \cdot 0.87 \cdot 1.47 \cdot 1.0 \\ &= 232 \text{ kN} \end{aligned}$$

*Erdbeben*

Für die Beschleunigung wird auch hier der Plateauwert aus dem Antwortspektrum gemäss [SIA 160] angesetzt. Das Gebäudegewicht wird überschlägig auf das Doppelte der Summe aller Deckenlasten geschätzt (viele Wände):

$$\begin{aligned} \overline{Q}_{acc} &= a_h/g \cdot C_k \cdot (G_m + \Sigma_{\psi acc} \cdot Q_r)_{\text{Decken}} \cdot 2 \\ &= a_h/g \cdot C_k \cdot 5 \cdot l \cdot b \cdot (g_{mDe} + \psi_{accA} \cdot q_{rA,De} + \psi_{accN} \cdot q_{rN}) \cdot 2 \\ &= 0.127 \cdot 0.54 \cdot 5 \cdot 16 \cdot 12(5.5 + 1.0 \cdot 1.0 + 0.3 \cdot 2.0) \cdot 2 \\ &= 633 \text{ kN} \end{aligned}$$

Selbst ohne Berücksichtigung der dreieckförmigen Verteilung der Erdbebenersatzkraft über die Höhe, und obwohl das Gebäudegewicht erheblich unterschätzt wurde, ist offensichtlich, dass die Beanspruchung aus Erdbebeneinwirkung viel höher ausfällt als jene infolge Wind.

## 4.5 Schubbeanspruchung mit exzentrischer Normalkraft

**Problemstellung**
Im allgemeinen wirken in einer Mauerwerkswand gleichzeitig:
- Normalkraft exzentrisch;
- Schubbeanspruchung.

Die entstehende Beanspruchung kann auch als "Kombinierte Beanspruchung Schub mit Querbiegung" bezeichnet werden. Es handelt sich um eine komplexe Beanspruchungsart, die noch nicht vollständig erforscht ist.

**Zielsetzung dieses Abschnittes**
Es soll das Nachweisverfahren der Norm [SIA V 177] Ziffer 3 31 4 für "Schubbeanspruchung mit exzentrischer Normalkraft" anhand von Plausibilitätsbetrachtungen und im Sinne einer einfachen und sicheren Lösung kurz erläutert werden.

Für weitergehende Verfahren und Betrachtungen wird auf die folgende Literatur verwiesen ([SIA D 053] [SIA D 054] [SIA D 054A]).

### 4.5.1 Grundlagen für die Bemessung

Für die Bemessung auf "Schubbeanspruchung mit exzentrischer Normalkraft" geht man zweckmässigerweise aus von der "Schubbeanspruchung mit zentrischer Normalkraft" (Abschnitt 4.4). Wirkt die Normalkraft jedoch exzentrisch, so ist wegen Fehlens einer Zugfestigkeit eine *Schubabtragung nur in den durch die Normalkraft überdrückten Querschnittsbereichen* möglich. Die Exzentrizität $e_z$ der Normalkraft bewirkt somit, dass nur ein begrenzter Bereich des Querschnittes für die Schubabtragung mobilisiert werden kann (Abb. 4.63, Beiblatt 4.4). Wird eine rechteckige Verteilung der Druckspannungen angenommen (Abb. 4.63) so kann dieser Bereich angegeben werden mit

$$t_{red} = t - 2e_z$$

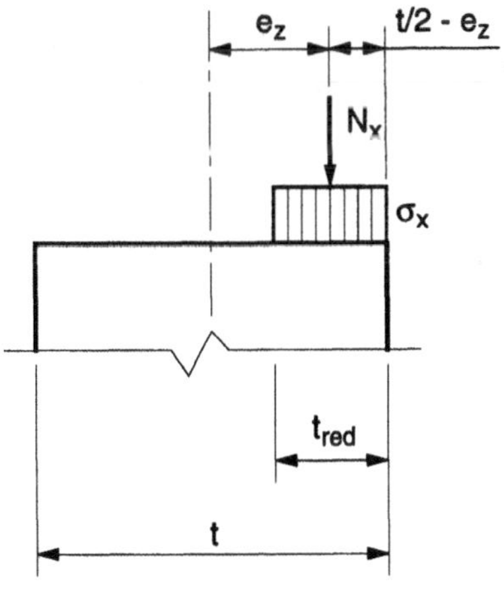


*Abb. 4.63: Schubabtragung bei exzentrischer Normalkraft*

Die Bemessung von Mauerwerkswänden für "Schubbeanspruchung mit exzentrischer Normalkraft" kann somit auf gleiche Weise wie für "Schubbeanspruchung mit zentrischer Normalkraft", jedoch mit einer *reduzierten Wandstärke* $t_{red}$ erfolgen. Voraussetzung ist, dass Materialversagen und Stabilitätsversagen (Einflüsse 2. Ordnung) ausgeschlossen werden kann.

Die reduzierte Wandstärke muss im Nachweisquerschnitt am Wandfuss bekannt sein. Dazu wird die dortige Exzentrizität benötigt. Sie ist entweder fest gegeben (Lagerstreifen am Wandkopf), oder sie muss geschätzt werden (aufgezwungene Verformung).

## 4.5.2 Nachweise nach SIA V 177

### a) Nachweis der Tragsicherheit

Die Bestimmungen von [SIA V 177] Ziffer 3 31 4 zur betrachteten Beanspruchung sind auf den Beiblättern 4.3 und 4.4 ersichtlich.

Die Stossfugen sollten vollfugig vermörtelt sein (Doppelspatz), weil die "Ersatz-Schubwand" der Dicke $t_{red}$ nur von den durch die Normalkraft überdrückten Querschnittsbereichen gebildet werden kann. Eine Vermörtelung der Stossfugen nur in den Steinnuten im Bereich der Wandmittelebene oder gar überhaupt keine Vermörtelung der Stossfugen sind problematisch.

Es sind die folgenden Nachweise durchzuführen:

- kein Stabilitätsversagen wenn

$$h < \zeta \cdot h_{Ed}$$

- kein Materialversagen wenn

$$N_{xd} \leq f_{yd} \cdot l_2 \cdot t_{red} \cdot \cos^2\alpha \quad \text{mit } t_{red} = t/4$$

- kein Gleiten wenn

$$V_d / N_{xd} \leq (\tan\varphi)_d$$

Damit ist die "Schubbeanspruchung mit exzentrischer Normalkraft (Querbiegung)" auf die "Schubbeanspruchung mit zentrischer Normalkraft" zurückgeführt.

### b) Nachweis der Gebrauchstauglichkeit

Dieser erfolgt wie bei "Schubbeanspruchung mit zentrischer Normalkraft", jedoch mit $t_{red}$ anstelle von $t$.

# 4.6 Querbelastung

**Problemstellung**
In Wänden aus Mauerwerk können neben den Beanspruchungen in der Wandebene auch solche aus Einwirkungen quer zu ihrer Ebene auftreten (z.B. infolge von Wind). Es wirken dann gleichzeitig:
- Normalkraft exzentrisch;
- Schubkräfte längs der Wand;
- Querbelastung.

Diese komplexe Beanspruchungsart, bei der das Mauerwerk sowohl eine Scheiben- wie auch eine Plattenbeanspruchung erfährt, ist noch nicht vollständig erforscht.

**Zielsetzung dieses Abschnittes**
Es soll das Nachweisverfahren der Norm [SIA V 177] Ziffer 3 41 3 für "Querbelastung" (ohne Längsschub) anhand von Plausibilitätsbetrachtungen und im Sinne von einfachen und sicheren Lösungen kurz erläutert werden.

## 4.6.1 Grundlagen für die Bemessung

Infolge von Querbelastung entsteht in einer Mauerwerkswand eine Plattenbeanspruchung. Um diese abzutragen, sind grundsätzlich zwei verschiedene Möglichkeiten denkbar: Druckbogen oder Plattenwirkung (Abb. 4.64).

Für die Variante "Druckbogen" muss eine ausreichende Normalkraft vorhanden sein. Diese kann als in einem Bogen wirkend angenommen werden und vermag dann eine Querbelastung aufzunehmen, für die $M_{max}(q) \leq f \cdot N$ gilt.

Ist keine oder eine zu kleine Normalkraft vorhanden, so muss die Wand als horizontal gespannte Platte ausgebildet werden. Dies bedingt einerseits eine Lagerfugenbewehrung und zum andern Querwände, die als Auflager dienen können.

### a) Druckbogen

Zur Ermittlung des Tragwiderstands kann wie folgt vorgegangen werden: Der Kräfteverlauf in Wandquerrichtung wird untersucht. Es wird eine plastische Grenzwertbetrachtung verwendet, indem ein Druckbogen in den Wandquerschnitt eingelegt wird (Abb. 4.65).

Der Tragwiderstand für Momente in Querrichtung wird dann von der vorhandenen Normalkraft und der Geometrie des Bogens bestimmt.

### b) Plattenwirkung

Die bewehrte Mauerwerkswand wirkt ähnlich wie eine Stahlbetonplatte. Entsprechend dürfen die Modelle, die für Stahlbeton angewendet werden, auf den Fall von Mauerwerkswänden übertragen werden.

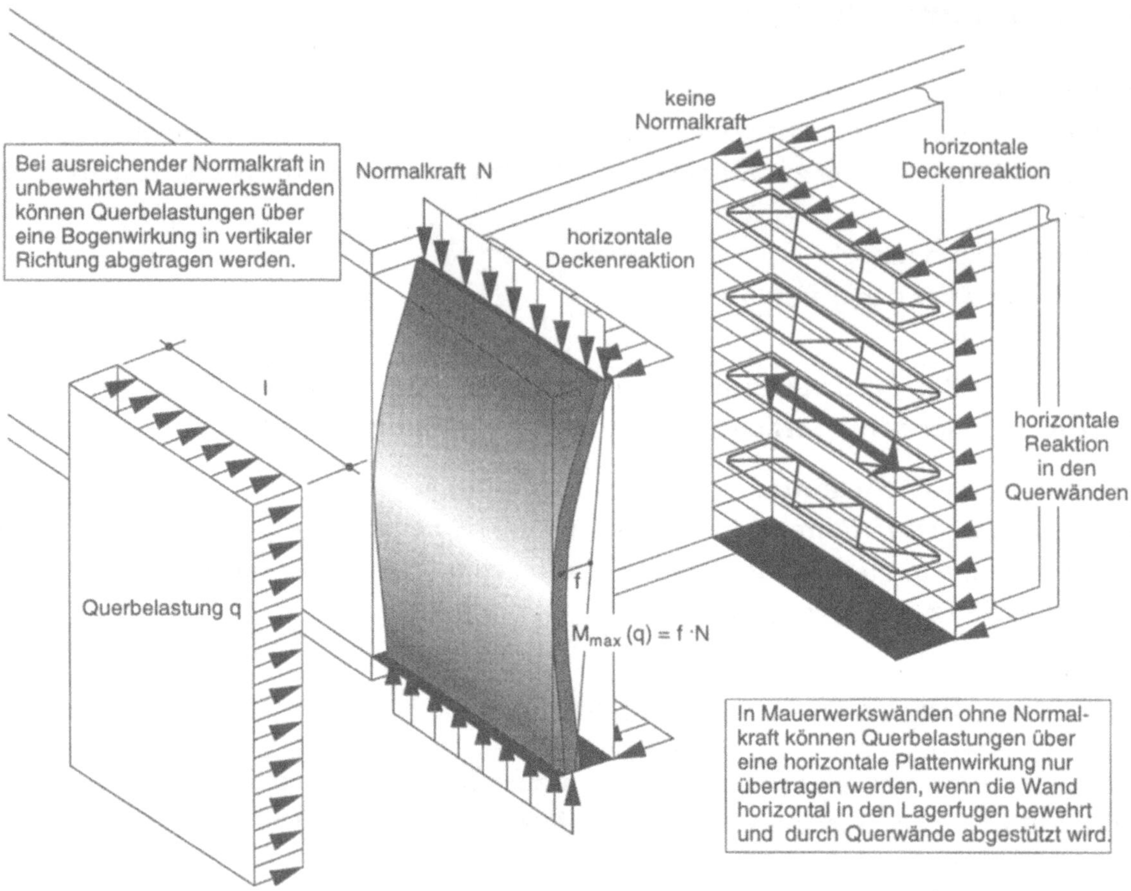


*Abb. 4.64: Tragwirkungen bei Querbelastung*

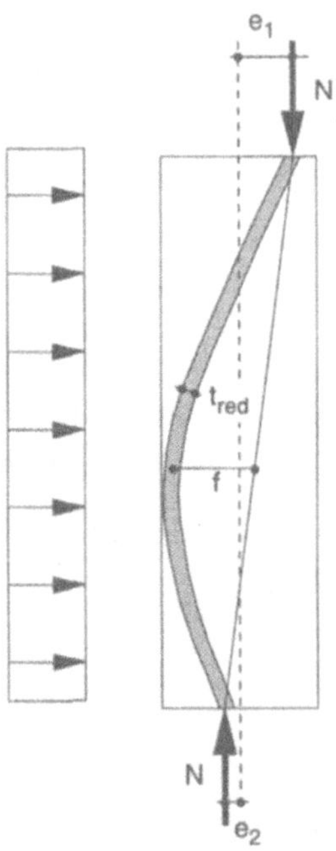


*Abb. 4.65: Druckbogenwirkung bei Querbelastung*

## 4.6.2 Nachweise nach SIA V 177

Es werden nur die Nachweise für unbewehrtes Mauerwerk kommentiert. In Fällen von bewehrtem Mauerwerk sind die Bestimmungen aus den Stahlbetonnormen sinngemäss anzuwenden.

### a) Nachweis der Tragsicherheit

Die Bestimmungen der Norm [SIA V 177] Ziffer 3 41 3 für "Querbelastung" sind auf dem Beiblatt 4.5 ersichtlich. Wesentlich ist:

- Einhalten der Bedingung für $h < \zeta \cdot h_{Ed}$ bedeutet, dass ein Stabilitätsversagen ausgeschlossen werden kann und dass der Tragwiderstand ohne Berücksichtigung von Effekten 2. Ordnung bestimmt werden kann.
- Die Exzentrizitäten der Normalkraft müssen unter Berücksichtigung der Interaktion von Decke und Wand bestimmt werden (Bemessungsdiagramme).
- Die Anwendung von plastischen Grenzwertbetrachtungen liefert die Dicke des Druckbogens $t_{red}$ (am Wandkopf und am Wandfuss)
- Die Pfeilhöhe $f$ ist durch die Geometrie des gewählten Bogens bestimmt.
- Der Tragwiderstand für Momente aus Querbelastung ergibt sich dann zu:

$$M_{Rd} = N_{Rd} \cdot f = f_{xd} \cdot l \cdot t_{red} \cdot f$$

# 4.7 Beiblätter zum 4. Kapitel

Beiblatt 4.1 - Prinzip des Tragsicherheitsnachweises [SIA V 177]

## 3 NACHWEISE UND BEMESSUNG

### 3 1 Grundsätze

#### 3 11 Allgemeines

3 11 1 Es sind grundsätzlich zwei Nachweise zu führen:

- Nachweis der Tragsicherheit
- Nachweis der Gebrauchstauglichkeit.

Auf einen der beiden Nachweise darf verzichtet werden, wenn er nicht massgebend ist.

3 11 2 Tragwerke sind mit Modellen zu berechnen, die dem wirklichen Tragverhalten nahekommen.

3 11 3 Für den Nachweis der Tragsicherheit und der Gebrauchstauglichkeit sind die Einwirkungen gemäss Sicherheits- bzw. Nutzungsplan nach Norm SIA 160 zu berücksichtigen.

#### 3 12 Tragsicherheit

3 12 1 Die Tragsicherheit ist nachgewiesen, wenn folgende Bedingung erfüllt ist:

$$S_d \leq R_d$$

$S_d$ : Bemessungswert der Beanspruchung
$R_d$ : Bemessungswert des Tragwiderstandes, bestimmt mit den um die Widerstandsbeiwerte $\gamma_R$ reduzierten Festigkeiten und Verformungsgrössen

$R_d$ ($f_{xd}$, $f_{yd}$, $[\tan\varphi]_d$, $E_{xd}$, ..., $f_{sd}$, $f_{pd}$, ..., $f_{cd}$, ...)

3 12 2 Der Widerstandsbeiwert berücksichtigt vor allem folgende Einflüsse:

- Abweichungen des wirklichen Tragsystems von dem der Berechnung zugrunde gelegten Modell
- Vereinfachungen und Ungenauigkeiten des Widerstandsmodells
- Querschnittsungenauigkeiten.

3 12 3 Die Widerstandsbeiwerte betragen:

- für $f_x$, $f_y$ und $E_x$ $\gamma_R = 2.0$
- für $\tan\varphi$, $f_s$, $f_p$ und $f_c$ $\gamma_R = 1.2$

3 12 4 Die Kohäsion in der Lagerfuge und die Mauerwerkszugfestigkeit werden vernachlässigt.

3 12 5 Unbewehrte Mauerwerkswände müssen quer zur Wandebene gehalten sein.

3 12 6 Es ist von einem Gleichgewichtszustand der inneren Kräfte auszugehen. Zugkräfte sind durch ausreichend verankerte Bewehrungen aufzunehmen.

## Beiblatt 4.2 - Prinzip des Gebrauchstauglichkeitsnachweises [SIA V 177]

3 13 **Gebrauchstauglichkeit**

3 13 1 ANFORDERUNGEN

3 13 11 Risse dürfen nicht zu Folgeschäden führen und das Aussehen der Wand nicht beeinträchtigen.

3 13 12 Bei der Beurteilung möglicher Folgeschäden durch Risse sind die Oberflächenbeschaffenheit und der Standort der Wand in bezug auf mögliche Witterungseinflüsse zu berücksichtigen.

3 13 13 Normale Anforderungen genügen, wenn

- das Mauerwerk vor Witterungseinflüssen weitgehend geschützt ist und
- Risse keine Folgeschäden verursachen und
- Risse im Hinblick auf das Aussehen toleriert werden.

3 13 14 Hohe Anforderungen sind zu erfüllen, wenn

- das Mauerwerk extremen Witterungseinflüssen ausgesetzt ist oder
- Risse Folgeschäden verursachen oder
- eine Beschränkung von Rissen aus ästhetischen Gründen gefordert ist.

3 13 2 BEURTEILUNG

3 13 21 Die Gebrauchstauglichkeit ist erfüllt, wenn die Richtwerte der rechnerischen Rissbreite unter Langzeiteinwirkungen nicht überschritten werden:

$$r \leq r_{lim}$$

$r$ : rechnerische Rissbreite
$r_{lim}$ : Richtwert für die rechnerische Rissbreite

Bei den Langzeiteinwirkungen sind auch Schwinden, Kriechen (beim Mauerwerk im charakteristischen Wert des Elastizitätsmoduls bereits enthalten) und Auflagerverschiebungen zu berücksichtigen.

3 13 22 Die rechnerische Rissbreite dient zur Abschätzung möglicher Rissbreiten. Am Bauwerk können einzelne Risse auftreten, die nicht zu Folgeschäden führen, obschon ihre Breite erheblich über der rechnerischen liegt.

Beiblatt 4.3 - Einfacher Nachweis der Tragsicherheit für zentrische und exzentrische Normalkraft [SIA V 177]

## 3 3 Einfache Nachweise

### 3 31 Tragsicherheit

#### 3 31 1 ZENTRISCHE NORMALKRAFTBEANSPRUCHUNG

Die Tragsicherheit ist gewährleistet, wenn die zwei folgenden Bedingungen eingehalten sind:

- Materialversagen: $N_{xd} \leq A_x \cdot f_{xd}$
- Stabilitätsversagen: Knicklänge < $h_{Ed}$

$h_{Ed} = \pi \cdot \sqrt{B_{yd} / N_{xd}}$  $B_{yd} = E_{xd} \cdot I_y \cdot \sqrt{1 - N_{xd} / 2\, A_x \cdot f_{xd}}$  $f_{xd} = f_x / \gamma_R$

#### 3 31 2 EXZENTRISCHE NORMALKRAFTBEANSPRUCHUNG

Die Tragsicherheit ist gewährleistet, wenn die zwei folgenden Bedingungen eingehalten sind:

- Materialversagen: $N_{xd} \leq 0.25 \cdot A_x \cdot f_{xd}$
- Stabilitätsversagen: $h < \zeta \cdot h_{Ed}$ mit $\zeta$ gemäss Tabelle 3

| $\zeta$ | *) | 0.3 | 0.5 |
|---|---|---|---|
| Bemessungsfall | 1 | 2 | 3 |
| Biegelinie | 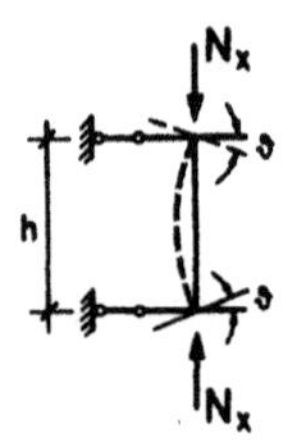 | 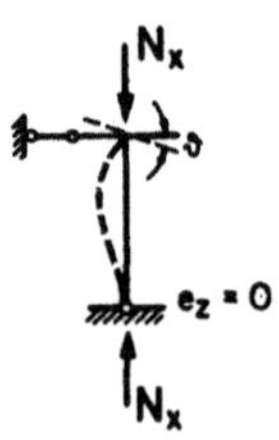 | 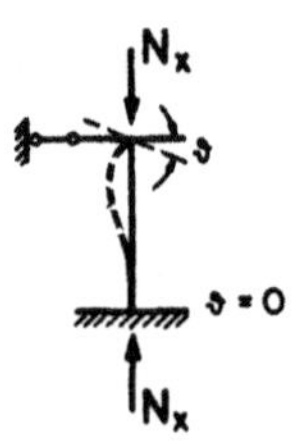 |

*) Berechnung gemäss Ziffer 3 4

Tabelle 3 Faktor $\zeta$ in Abhängigkeit der Form der Biegelinie der Wand

Ist eine der beiden Bedingungen nicht erfüllt, kann gemäss Ziffer 3 4 vorgegangen werden.

# Beiblatt 4.4 - Nachweis der Tragsicherheit für Schub mit zentrischer und mit exzentrischer Normalkraft [SIA V 177]

## 3 31 3 SCHUBBEANSPRUCHUNG MIT ZENTRISCHER NORMALKRAFT

Der Nachweis der Tragsicherheit kann mit Hilfe einer geneigten, einachsig beanspruchten Druckstrebe und der Mauerwerksfestigkeit $f_\alpha$ gemäss Figur 2 durchgeführt werden. Für eine Schubwand gemäss Figur 5 ist die Tragsicherheit erfüllt, wenn die zwei folgenden Bedingungen eingehalten sind:

- Materialversagen: $N_{xd} \leq f_{yd} \cdot l_2 \cdot t \cdot \cos^2\alpha$
  mit $V_d / N_{xd} = \tan\alpha$
  und $l_2 = l - 2\, M_{zd2} / N_{xd}$
- Gleiten: $V_d / N_{xd} \leq (\tan\varphi)_d$

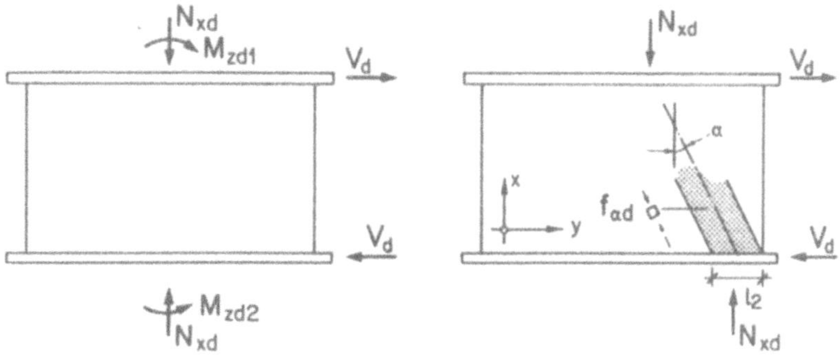


Figur 5 Schubwand mit geneigter Druckstrebe

## 3 31 4 SCHUBBEANSPRUCHUNG MIT EXZENTRISCHER NORMALKRAFT

Der Nachweis ist am reduzierten Wandelement der Länge $l_2$ gemäss Figur 6 zu führen.

$l_2 = l - 2\, M_{zd2} / N_{xd}$ $A_{x,red} = l_2 \cdot t$ $I_{y,red} = l_2 \cdot t^3 / 12$

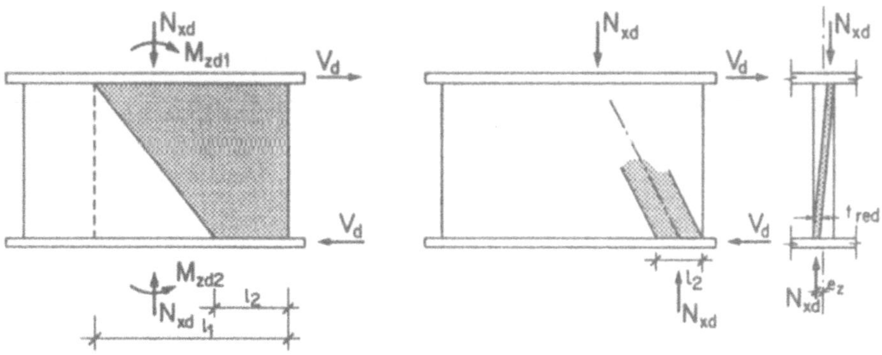


Figur 6 Wand unter kombinierter Beanspruchung mit geneigter Druckstrebe

Die Tragsicherheit ist erfüllt, wenn die folgenden Bedingungen erfüllt sind:

- $h \leq \zeta\, h_{Ed}$ mit $\zeta$ gemäss Tabelle 3
- $N_{xd} \leq f_{yd} \cdot l_2 \cdot t_{red} \cdot \cos^2\alpha$ mit $t_{red} = t / 4$
- $V_d / N_{xd} \leq (\tan\varphi)_d$

## Beiblatt 4.5 - Nachweis der Tragsicherheit für Querbelastung [SIA V 177]

3 41 3 QUERBELASTUNG

3 41 31 Wenn die Bedingung für h gemäss Ziffer 3 31 2 eingehalten ist, kann vereinfachend angenommen werden, dass die Effekte 2. Ordnung den Tragwiderstand nicht beeinflussen. Der Querbiegewiderstand kann dann nach dem statischen Grenzwertsatz der Plastizitätstheorie ermittelt werden.

3 41 32 Es sind bei unbewehrtem Mauerwerk als statisch zulässige Spannungszustände Druckgewölbe anzunehmen. Bei einem Druckgewölbe in der y–z-Ebene sind die Stossfugen vollfugig zu vermörteln. Lokal darf mit dem Bemessungswert der Biegezugfestigkeit gerechnet werden, wobei der Widerstandsbeiwert mindestens $\gamma_R = 2$ betragen muss.

3 41 33 Reicht der Querbiegewiderstand nicht aus, sind konstruktive Massnahmen vorzusehen oder es ist eine Bewehrung nachzuweisen.

# 5 Tragwerke von Skelettbauten

**Problemstellung**

*Tragwerke mehrgeschossiger Skelettbauten* aus Stahlbeton oder Stahl haben vielfältigen Ansprüchen zu genügen. Die Gestaltung der Tragwerke kann durch sehr unterschiedliche Anforderungen beeinflusst werden, die sich ergeben aus

- Einwirkungen aus der Umwelt (z.B. Temperatur, Feuchtigkeit, Lärm, Brandgefahr, Erschütterungen, Wind, Erdbeben, usw.);
- Einwirkungen aus der Nutzung des Bauwerks (z.B. statische Nutzlasten, dynamische Einwirkungen durch Maschinen, Menschen, usw.);
- Anforderungen an die Gestaltung von Gebäudehülle und Ausbau.

**Zielsetzung dieses Kapitels**

Es sollen die wichtigsten Grundkenntnisse vermittelt werden über Tragwerke von Skelettbauten im Hinblick auf:

- Gestaltung für die massgebenden Einwirkungen;
- Wechselwirkungen mit den Bauteilen von Gebäudehülle und Ausbau (Materialien, Geometrie, Verformungsverhalten, bauphysikalische Eigenschaften, usw.).

**Abgrenzung**

Die Beherrschung der Festigkeitslehre sowie der Berechnung, Bemessung und konstruktiven Durchbildung der Grundelemente des Stahlbetonbaus und des Stahlbaus wird vorausgesetzt. Es werden nur Tragwerke von mehrgeschossigen Skelettbauten, vorwiegend Büro- und Gewerbebauten, behandelt (keine eigentlichen Industriebauten, keine Hallenbauten). Dabei stehen (quasi-)statische, monotone Einwirkungen im Vordergrund. Für die Gestaltung von Skelettbauten, die wesentlichen dynamisch-zyklischen Einwirkungen standhalten müssen, wird auf die Literatur verwiesen [BaE] [PBM].

# 5.1 Allgemeines

Dieser Abschnitt behandelt wesentliche Merkmale und wichtige Entwurfsgrundsätze des Skelettbaus sowie die meistens zu berücksichtigenden Einwirkungen.

## 5.1.1 Merkmale des Skelettbaus

### a) Definitionen

*Skelettbauten*

Skelettbauten sind vielgeschossige Bauwerke, bei denen die tragende Funktion und die raumabschliessende Funktion von verschiedenen Bauteilen - *Tragwerk* und *nichttragende Wände* - übernommen werden.

*Tragwerk = Tragskelett*

Das Tragwerk ist im wesentlichen ein Tragskelett, d.h. ein *Gerippe*, das die folgenden Arten von Einwirkungen in den Baugrund abtragen muss:

- *Schwerelasten* als vertikale Einwirkungen infolge der Erdbeschleunigung: Eigenlasten, Auflasten, Nutzlasten, etc.;
- *Horizontale Kräfte*: Wind, Erdbeben, etc.

Die Konstruktionselemente des Tragskeletts sind im allgemeinen in Stahlbeton und/oder Stahl ausgebildet.

*Tragwände*

Zur Abtragung der horizontalen Kräfte enthält das Tragskelett oft scheibenartige Wände aus Stahlbeton, die sogenannten Tragwände (Abb. 5.1a). Solche können *einzeln* angeordnet oder zu *Kernen* (Liftschachtkerne, Treppenhauskerne) zusammengefügt werden.

Skelettbauten mit Tragwänden können als *Tragwandsysteme* bezeichnet werden.

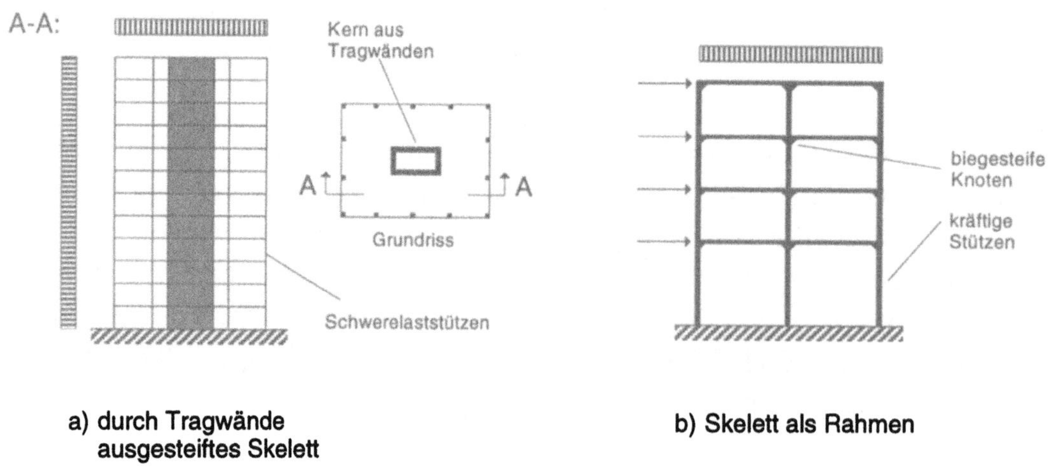


*Abb. 5.1: Tragwand- und Rahmensysteme (nach [FSA])*

*Rahmen*
Zur Abtragung der horizontalen Kräfte können auch Rahmen herangezogen werden. Die Erzielung einer Rahmenwirkung erfordert eine biegesteife Ausbildung der Knotenpunkte von Trägern und Stützen des Tragskeletts und vor allem kräftige Stützen, die Biegemomente und Querkräfte abtragen können (Abb. 5.1b). Rahmen werden vorwiegend bei Bauten mit wenigen Geschossen realisiert.

Skelettbauten mit ausgeprägten Rahmen können als *Rahmensysteme* bezeichnet werden.

*Gemischte Systeme*
Gelegentlich wird zur Abtragung der horizontalen Kräfte eine Kombination von Tragwänden und biegesteifen Rahmen gewählt. Solche gemischte Systeme können auch als *Tragwand-Rahmen-Systeme* bezeichnet werden.

*Nichttragende Wände*
Die nichttragenden Wände sind mit dem Tragskelett fest oder nachgiebig (flexible Fugen) verbundene Bauteile, die bezüglich Materialwahl und Ausbildung auf die gegebenen Anforderungen abgestimmt sind: Aussenwände, Innenwände (oft verstellbar).

### b) Vor- und Nachteile des Skelettbaus

*Hohe Flexibilität*
Die konsequente Trennung von Tragskelett und raumabschliessenden Wänden erlaubt eine *problemlose Umgestaltung der Raumeinteilung* während der ganzen Nutzungsdauer. Skelettbau ist daher eine vor allem bei Büro- und Gewerbebauten oft angewandte Bauweise.

*Maximale Nutzung*
Schlanke *Tragelemente mit hoher Festigkeit* und nichttragende *Wände mit geringer Eigenmasse* ermöglichen die Realisierung von Bauten mit:
- zahlreichen Geschossen (Hochhausbauten);
- grossem Nutzraum im Verhältnis zum Bruttoraum.

Die vorhandene, oft beschränkte Gebäudegrundrissfläche kann so maximal genutzt werden.

Da die Baukosten überproportional zur Gebäudehöhe anwachsen, ist die wirtschaftlichste Höhe theoretisch abhängig vom Bodenpreis. Meist sind allerdings städtebauliche und gesetzliche Aspekte vorrangig (z.B. Höhenbeschränkung, Ausnützungsziffer, usw.).

*Kurze Bauzeit*
Rascher Baufortschritt und kurze Bauzeiten (niedrige Bauzinsen) werden möglich durch:
- *einheitlichen Raster* der Tragstruktur:
  - oftmalige Wiederverwendung gleicher Schalungen;
  - Einsatz von vorfabrizierten Konstruktionselementen in Beton (z.B. Stützen) und in Stahl
- *zeitlich unabhängige Erstellung* von Tragskelett sowie von Gebäudehülle und Ausbau:
  - Bauen auf mehreren Geschossen gleichzeitig möglich.

*Bauphysikalische Beschränkungen*
Bei Skelettbauten wird oft angestrebt, die nichttragenden Wände möglichst leicht auszubilden. Daraus kann im Vergleich zu Bauten mit tragenden Aussen- und Innenwänden eine Beschränkung der bauphysikalischen Möglichkeiten resultieren. Beispielsweise müssen oft eine stark reduzierte Wärmespeicherung der Aussenwände oder eine relativ geringe Schalldämmung der Innenwände in Kauf genommen werden.

### c) Abgrenzung zu Wandbauten

Vor allem bei Wohnbauten mit geringem Anspruch auf Flexibilität werden Aussen- und Innenwände in der Regel zur Abtragung der vertikalen Schwerelasten und der horizontalen Kräfte verwendet.

Die Wände werden dabei hauptsächlich als *tragendes Mauerwerk* (siehe 4. Kapitel) und bei hoher Beanspruchung ausnahmsweise in Stahlbeton ausgebildet.

Infolge des hohen Raumgewichtes dämmen massive Wände den Luftschall wesentlich besser als leichte Trennwände. Mauerwerkswände erzeugen zudem dank ihres hohen Wärmespeichervermögens und ihrer osmotischen Eigenschaften (Feuchtigkeitsregulierung) ein *behagliches Wohnklima* (siehe 3. Kapitel).

## 5.1.2 Entwurfsgrundsätze

Der Bauingenieur muss einige wichtige Entwurfsgrundsätze befolgen. Grosse Bedeutung haben vor allem folgende Punkte:
- Konzeptioneller Entwurf des Gebäudes und des Tragwerks im Grundriss und im Aufriss;
- geometrische Gestaltung der tragenden Konstruktion über alle Geschosse bis und mit der Fundation;
- Anordnung von Dilatationsfugen (Gebäudetrennfugen, vgl. Abschnitt 5.7);
- Gestaltung von Gebäudehülle und Ausbau;
- Erreichen bauphysikalischer Qualitäten;
- haustechnische Optimierung;
- Wirtschaftlichkeit (Erstellungskosten/Unterhaltskosten).

Entwurfsgrundsätze können durch den Ingenieur nur dann wirksam eingebracht werden, wenn eine *frühzeitige Zusammenarbeit zwischen Ingenieur und Architekt* sowie *zwischen Ingenieur und Planern der Haustechnik* möglich ist. Der Entwurf ist denn auch ein zeitaufwendiger, iterativer Prozess aller beteiligten Planer.

*Fehler und Mängel beim konzeptionellen Entwurf und bei der geometrischen Gestaltung des Tragwerks können später durch eine auch noch so ausgeklügelte ingenieurmässige Berechnung und Bemessung nicht kompensiert werden.* Solche Fehler und Mängel führen zu einer unnötigen Verteuerung und letztlich trotzdem nur zu einem unbefriedigenden Flickwerk.

Die absolute Notwendigkeit des Einbezuges des Ingenieurs in einer frühen Planungsphase ist leider noch vielen Bauherren und Architekten zu wenig bewusst. Es ist eine wichtige Aufgabe des Ingenieurs, diesbezüglich Aufklärungsarbeit zu leisten.

### a) Statische Grundsätze

- Schwerelasten *auf dem kürzesten Weg* in die Fundation leiten:
  - Vertikale Tragelemente übereinander anordnen;
  - grosse Stützweiten sowie grosse Auskragungen kritisch auf deren Berechtigung prüfen;
  - Lastumwege und Roste zur Abfangung grösserer Lasten sind nur dann gerechtfertigt, wenn dadurch andere eindeutige Vorteile zu gewinnen sind.
- Klar unterscheiden zwischen Elementen zur Abtragung horizontaler Kräfte und andern Elementen entsprechend der Steifigkeit, d.h. *eindeutige Zuweisung der horizontalen Kräfte*:
  - Bei Vorhandensein von kragarmförmigen Stahlbetontragwänden kann die Wirkung der viel weicheren Stützen meistens vernachlässigt werden. Stützen werden daher oft als sogenannte *Schwerelaststützen* ausgebildet (wirken im Gesamtsystem wie Pendelstützen) (Abb. 5.1a).
- Elemente zur Abtragung horizontaler Kräfte (v.a. Tragwände) im Grundriss möglichst *symmetrisch* anordnen:
  - Torsionsbeanspruchungen im Grundriss möglichst vermeiden;
  - L- und T-förmige Grundrisse mittels Fugen in rechteckige Grundrisse aufteilen.
- Schwerelasten für die Abtragung der horizontalen Kräfte nutzen:
  - Bei Stahlbetontragwänden zur Abtragung horizontaler Kräfte möglichst grosses Einzugsgebiet für Schwerelasten schaffen (Erhöhung von Kippsicherheit, Steifigkeit und Biegetragwiderstand dank gleichzeitiger Normalkraft).
- Statisch unbestimmte Systeme statisch bestimmten Systemen vorziehen:
  - Das Versagen einzelner Tragelemente führt nicht zwangsläufig zum Einsturz, d.h. es resultieren grössere Tragreserven und grössere Steifigkeit bei vergleichbarem Materialaufwand;
  - Nachteil: Höherer Arbeitsaufwand für biegesteife Anschlüsse im Stahlbau und im Betonelementbau.
- Feuerpolizeiliche Anforderungen frühzeitig mitberücksichtigen:
  - Geforderter Feuerwiderstand ist oft schon in der Entwurfsphase entscheidend für die Materialwahl und die minimalen Querschnittsgrössen;
  - Brandabschnitte und Standort von Stahlbetontragwänden evtl. koordinieren.

### b) Konstruktive Grundsätze

- Tragwerk und haustechnische Installationen trennen, d.h. *den Rohbau von Koordinationszwängen befreien* (vgl. Abschnitt 3.8):
  - Durch geschickte Gestaltung des Tragwerks Freizügigkeit bei der Planung der Installationen schaffen;
  - separate Installationsschächte und -ebenen vorsehen;
  - Installationsdurchführungen im Bereich von Stützenköpfen frühzeitig einplanen oder "wegplanen".
- Anforderungen des Trittschallschutzes frühzeitig mitberücksichtigen:
  - Oft bestimmend für die Wahl des Deckensystems und dessen Abmessungen.

- Wichtige Konstruktionsdetails in früher Planungsphase bis zur Ausführungsreife durcharbeiten:
  - Konstruktive *Problempunkte frühzeitig "aufspüren"* und nach Möglichkeit eliminieren oder eingehend auf ihre Machbarkeit prüfen. Je früher dies geschieht, desto grösser sind die Freiheitsgrade aller Planer und desto grösser ist die Chance für Alternativlösungen.
  - Merke: *Problempunkte in der Planung sind meist auch Problempunkte in der Ausführung.* Problempunkte sind immer Risikopotentiale. Kompromisslösungen dürfen die Tragsicherheit nicht beeinträchtigen.
- Konstruktion auf die angestrebte *Nutzungsdauer des Bauwerks* abstimmen:
  - Angepasste Materialwahl bzw. Korrosionsschutzmassnahmen;
  - Teilelemente mit geringerer Lebensdauer als diejenige der Hauptkonstruktion auswechselbar gestalten (z.B. Fahrbahnübergänge in Parkhäusern);
  - Teilelemente mit nicht gut abschätzbarer Lebensdauer kontrollierbar gestalten (z.B. Fassadenanker);
  - Umweltbedingungen sorgfältig abklären: z.B. Tausalz im Garagenbereich oder starke Luftverschmutzung, welche die Fassade angreift.

### c) Wirtschaftliche Grundsätze

- Wirtschaftliche Skelettbauten sind in der Regel *einfach und klar strukturiert:*
  - Komplexe Gebäudevorgaben des Architekten in einfache und statisch klare Tragskelette "zerlegen";
  - die Genialität liegt oft in der Einfachheit der Lösung.
- Die Kosten einer Tragkonstruktion werden durch den konzeptionellen Entwurf und die geometrische Gestaltung praktisch festgelegt:
  - Aufwendige Optimierungen von Stahl- oder Betonverbrauch im Ausführungsprojekt können die Wirtschaftlichkeit nicht mehr wesentlich beeinflussen;
  - ein grösserer Zeitaufwand für den Entwurf lohnt sich immer.
- Bauverfahren und Gestaltung der Tragwerke bedingen einander:
  - Infolge des hohen Lohnkostenanteils kommen heute rationelle Herstellung und Verarbeitung oft vor der Materialoptimierung, so z.B.:
    - Walzprofile "ab Stange" im Stahlbau;
    - vorfabrizierte Stützen (Schwerelaststützen) in Stahlbeton oder Stahl;
    - normierte Systeme zur Verstärkung von Flachdecken gegen Durchstanzen.
  - Transportmöglichkeiten zur Baustelle und Hebezeugkapazitäten auf der Baustelle sind voll auszunutzen.

### 5.1.3 Einwirkungen

Die sichere und wirtschaftliche Bemessung von Skelettbauten setzt gute Kenntnisse der auftretenden Einwirkungen voraus. Die in Normen angegebenen Last-, Kraft- und Verformungswerte sind nur stellvertretende Modellgrössen für eine ausserordentliche Vielfalt von Einwirkungen. *Die Angaben von Normen müssen oft modifiziert und ergänzt werden* (Ausnahmeartikel [SIA 160] Ziffer 0 22).

Alle Einwirkungen haben mehr oder weniger *stochastischen Charakter.* Die in Normen aufgeführten Kennwerte sind in der Regel *statistisch ermittelt,* und sie sind je nach ihrer Streuung (Standardabweichung) mit einem entsprechenden Sicherheitsbeiwert zu versehen (z.B. nach Norm [SIA 160] oder europäischen Normentwürfen, z.B. [EC 1]).

#### a) Zielsetzung Tragsicherheit

Kritische Situationen bezüglich der Tragsicherheit werden gemäss [SIA 160] in sogenannten *Gefährdungsbildern* erfasst. Bei Skelettbauten sind im allgemeinen mindestens die folgenden Gefährdungsbilder zu betrachten:

*Gefährdungsbild Nutzlast*
- Eigenlast des Tragwerks;
- Vertikale Nutzlast in Gebäuden als Leiteinwirkung;
- Auflast als Begleiteinwirkung;

oft massgebend für die Bemessung der *Elemente zur Abtragung der Schwerelasten.*

*Gefährdungsbild Wind*
- Eigenlast des Tragwerks;
- Wind als Leiteinwirkung;
- Auflast und Nutzlast als Begleiteinwirkung;

oft massgebend für die Bemessung der *Elemente zur Abtragung der horizontalen Kräfte.*

*Gefährdungsbild Erdbeben*
- Eigenlast des Tragwerks;
- Erdbeben als Leiteinwirkung;
- Auflast und Nutzlast als Begleiteinwirkung;

oft massgebend für die Bemessung der *Elemente zur Abtragung der horizontalen Kräfte.*

Merke: Infolge des meist hohen Anteils von gut abschätzbaren Eigenlasten und ständigen Auflasten an den vertikalen Gesamtlasten wirkt sich *eine Fehleinschätzung der vertikalen Nutzlasten am Tragwerk wesentlich weniger ungünstig* aus als *eine Fehleinschätzung der horizontalen Kräfte.*

#### b) Zielsetzung Gebrauchstauglichkeit

Massgebende Situationen bezüglich der Gebrauchstauglichkeit werden gemäss [SIA 160] in sogenannten *Nutzungszuständen* erfasst. Bei Skelettbauten sind im allgemeinen mindestens die folgenden Nutzungszustände zu betrachten:

*Nutzungszustand Langzeiteinwirkung*
- Eigenlast des Tragwerks;
- Auflast;
- Langzeitwert der Nutzlast;

oft massgebend für den *Durchbiegungs-* und *Rissenachweis* bei Stahlbauten bzw. Stahlbetonbauten.

*Nutzungszustand dynamische Einwirkungen*
- Eigenlast des Tragwerks;
- Auflast;
- dynamische Einwirkungen (z.B. Geräte/Maschinen, Fussgänger, Wind bei vertikal schlanken Skelettbauten, etc.);

oft massgebend für den *Schwingungsnachweis*.

### c) Charakterisierung der Einwirkungen

Bei der nachfolgenden Charakterisierung der Einwirkungen wird entsprechend der Norm [SIA 160] wie folgt unterschieden:

| | |
|---|---|
| Eigenlasten des Tragwerks | |
| Ständige Einwirkungen | - Auflasten<br>- Einwirkungen aus dem Baugrund<br>- Vorspannung |
| Veränderliche Einwirkungen | - Nutzlasten in Gebäuden<br>- Schnee<br>- Temperatur<br>- Wind |
| Aussergewöhnliche Einwirkungen | - Erdbeben<br>- Anprall<br>- Brand<br>- Explosion |

**Eigenlasten des Tragwerks**

Eigenlasten sind *Schwerelasten aus der Eigenmasse des Tragwerks.* Sie lassen sich aus den planmässigen Abmessungen und den mittleren Einheitsmassen ziemlich genau berechnen. Zu Beginn der Tragwerksdimensionierung sind Eigenlasten als Schätzwert anzunehmen.

Eigenlasten wirken dauernd und *verursachen Betonkriechen*. Probleme 2. Ordnung bei Stahlbetonkonstruktionen sind daher unter Einbezug der Langzeitwirkung zu untersuchen.

*Wirken Eigenlasten günstig*, wie z.B. im Fall der M/N-Interaktion bei Stahlbetonstützen, sind sie *als unterer Grenzwert einzuführen* (z.B. Reduktion mit Lastfaktor 0.8).

Eigenlasten sind *nur ausnahmsweise Leiteinwirkung*. Beispiele sind:
- Freivorbau von Kragarmen;
- Bauzustand eines Abfangträgers, der für den Nutzlastanteil vorgespannt wird (etappenweises "Aufpumpen" des Trägers);
- etappenweise Herstellung von Decken (noch keine günstige Durchlaufwirkung im Bauzustand).

**Ständige Einwirkungen**

Ständige Einwirkungen verursachen wie Eigenlasten *Betonkriechen*, und sie sind *bei günstiger Wirkung als unterer Grenzwert einzuführen.*

*Auflasten*

Auflasten sind u.a.:
- Beläge und Unterlagsböden;
- nichttragende Raumabschlüsse (Aussenwände und Fassaden, Innenwände, usw., siehe Abschnitte 3.1, 3.2);
- Bedachungen (Erdauflasten, Kies, Isolation) (siehe Abschnitt 3.3);
- Doppelböden (siehe Abschnitt 3.5);
- Unterdecken (siehe Abschnitt 3.5);
- fest montierte Einrichtungen (auch haustechnische Installationen).

Folgende Punkte sind besonders zu beachten:
- Die plangemässe Schütthöhe auf erdbelasteten Dächern kann lokal wesentlich überschritten werden. Der Schüttvorgang ist mit dem Unternehmer abzusprechen (keine Anhäufungen, Gewicht der Verteilmaschinen), die Schütthöhe ist sowohl im Sicherheitsplan als auch im Nutzungsplan festzulegen;
- nichttragende Innenwände sind in der Regel "verschmiert", d.h. als Flächenlasten in die Berechnung einzuführen;
- die Auflast nichttragender Fassaden ist vorsichtig anzusetzen ("weiche" Deckenränder).

Auflasten sind *im Gebäudeinnern nur ausnahmsweise Leiteinwirkung* (evtl. bei festen Einrichtungen). Für die *Dachkonstruktion* sind Auflasten oft die *massgebende Leiteinwirkung* (Erdauflasten, Kies).

*Einwirkungen aus dem Baugrund*

Einwirkungen aus dem Baugrund sind u.a.:
- Erddrücke;
- Wasserdrücke;
- aufgezwungene Verformungen infolge von differentiellen Setzungen.

Horizontale Erddrücke auf den steifen Kasten des Untergeschosses eines Skelettbaus sind mit dem Ruhedruckbeiwert zu ermitteln.

Erd- und Wasserdrücke sind *praktisch immer Leiteinwirkung.*

Differentielle Setzungen sind als *systemabhängiges Verformungsproblem* zu behandeln, d.h.:
- Minimierung der Setzungsdifferenzen durch angepasste Fundation:
  - ähnliches Setzungsverhalten aller Einzelfundamente anstreben (variable Grösse, siehe Abschnitt 5.9.2a);

  · steife Fundamentplatte oder Trägerrost;
  · Pfählung.
- Zwangsbeanspruchungen infolge nicht vermeidbarer Setzungsdifferenzen sind durch weiche und evtl. bewusst duktil gestaltete Systeme möglichst klein zu halten (dünne Zwischenstäbe, Soll-Fliessgelenke, evtl. statisch bestimmte Systeme).

Folgende Punkte sind besonders zu beachten:
- Wasserdrücke können zu grossen Beanspruchungen der Bodenplatte führen; sie wirken nicht wie die Bodenpressungen konzentriert unter den Stützen, sondern hydrostatisch, d.h. gleichmässig verteilt unter der ganzen Platte;
- werden Wasserdrücke durch an Pumpen angeschlossene Drainagesysteme eliminiert, sind *Flutmöglichkeiten* einzuplanen;
- die Grösse der vom Bauwerk "verkraftbaren" Setzungsdifferenzen wird oft durch Anforderungen nichttragender, aber verformungsempfindlicher Raumabschlüsse bestimmt.

*Vorspannung*
Vorspannung wird bei Skelettbauten insbesondere erzeugt mittels:
- Spannsystemen (Spannglieder);
- Vorkrümmung von Verbundträgern im Bauzustand.

*Umlenkkräfte* von Spanngliedern und *Spreizkräfte* bei konzentrierter Krafteinleitung können zum Versagen des Tragwerks oder zu lokalen Schäden führen.

Folgende Punkte sind besonders zu beachten:
- Bei Decken oder Abfangträgern *mit hohem Nutzlastanteil* kann eine starke Vorspannung zur kritischen Situation werden.
- Konzentrierte Spanngliedführungen in Decken (sog. Stützstreifen) sind sorgfältig zu untersuchen (Krafteinleitung über Stützen, Wirkung der Sekundärmomente).
- Ist das Bewegungszentrum der Decken nicht klar definiert (mehrere auseinanderliegende gleichgerichtete Tragwände, mehrere Kerne, usw.), führen die Ankerkräfte der Vorspannung zu hohen Zwangsbeanspruchungen in den Tragwänden und oft zu klaffenden Schubrissen ("Vorspannung gegen starre Widerlager").

Vorspannung *kann Leiteinwirkung sein.*

**Veränderliche Einwirkungen**

*Nutzlasten in Gebäuden*
Nutzlasten in Gebäuden werden in der Regel als gleichmässig verteilte Flächenlasten angenommen. Es sind dies u.a.:
- Personen;
- Mobiliar, Warenlasten, Behälter;
- Maschinen;
- Fahrzeuge.

Für *Wohn-, Büro- und Gewerbeflächen* sind statistisch ermittelte Nutzlasten *in Normen* mittels Kennwerten verbindlich festgehalten.

Für *Lager- und Fabrikationsflächen* sowie insbesondere auch für *Archivflächen* sind Nutzlasten *mit dem Bauherrn abzusprechen* und im Nutzungsplan festzuhalten (Abb. 5.2).

Im Fall von konzentrierten Menschenansammlungen oder lokalen Warenstapelungen sind Nutzlasten *nach Einflusszonen* anzuordnen.

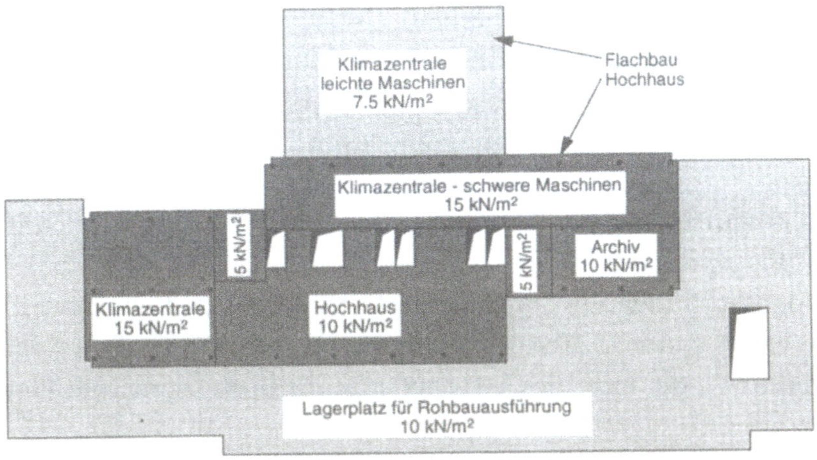


*Abb. 5.2: Abgestufte Nutzlasten (nach [Kö])*

Folgende Punkte sind besonders zu beachten:

- *Archivlasten* sind mit höchster Sorgfalt zu behandeln, und deren Auswirkung, insbesondere auf die *Durchbiegung der Decken*, ist genau zu untersuchen. Archivlasten wirken ständig (Kriechen) und oft nur in einem einzelnen Deckenfeld. Sie sind vor allem in Bürogebäuden wesentlich höher als die Nutzlasten in den Nachbarräumen. Die für den Grossteil eines Geschosses genügende Deckensteifigkeit (Deckenstärke) ist für den Archivbereich oft zu klein. Eine lokale Verstärkung der Bewehrung genügt meist nicht.
- Insbesondere bei Skelettbauten sind verschiedenartige Nutzungen während der Lebensdauer des Gebäudes häufig. Daher sind *Nutzlasten weitsichtig und grosszügig anzunehmen.*
- Der *dynamischen Wirkung* bewegter Massen ist speziell bei schlanken und leichten Tragkonstruktionen nachzugehen (Stahl, vorfabrizierte Betonelemente). *Resonanzerscheinungen sind zu verhindern (Frequenzabstimmung).* Beispiele sind:
  - Maschinenräume (z.B. Klimazentrale, vgl. Abb. 5.2);
  - Tanzräume, Aerobicräume;
  - Lagerräume mit fahrenden Gabelstaplern (Drehfrequenz der Räder).

Nutzlasten in Gebäuden sind *praktisch immer Leiteinwirkung.*

*Schnee*

Schneelasten haben für das Gesamttragwerk von Skelettbauten meist eine untergeordnete Bedeutung. Einzig lokal, d.h. für die Bemessung des Dachtragwerkes, ist eine genauere Erfassung der Schneelast, insbesondere ab ca. 1000 m.ü.M., erforderlich.

Schneelasten sind *nur für Dachkonstruktionen Leiteinwirkung.*

*Temperatur*

Temperaturänderungen unterworfen sind u.a.:

- tragende Konstruktionselemente ausserhalb der Gebäudehülle;
- Skelettbauten, die ungeheizt als Lager oder Garage genutzt werden.

Im allgemeinen sind Temperaturschwankungen von ca. +/- 20° für Stahlbeton- und +/- 30° für Stahlelemente anzunehmen. Temperatureinwirkungen auf innerhalb einer geheizten Gebäudehülle liegende Tragelemente können meist vernachlässigt werden.

Folgende Punkte sind besonders zu beachten:

- Ausserhalb der Gebäudehülle angeordnete Fassadenstützen sind wenn immer möglich aus folgenden Gründen zu vermeiden:
  - Ungleiche vertikale Längsausdehnung zwischen Innenstützen und ungeschützten Fassadenstützen;
  - Gebäudehülle durchdringende Tragelemente sind Problempunkte (Wärmebrücken, siehe Abschnitte 2.1 und 5.9);
  - ausserhalb der Gebäudehülle liegende Deckenteile wie Balkone oder ähnliches können konstruktiv vom inneren Deckenteil getrennt werden und sind zu dilatieren (Fugenabstand ca. 6 bis 8 m) oder mit einer kräftigen Mindestbewehrung (parallel zur Fassade) zu versehen;
  - stark besonnten Gebäudeseiten ist spezielle Beachtung zu schenken.

Temperatureinwirkungen haben bei Skelettbauten selten statische, aber praktisch immer *konstruktive Konsequenzen*. Aus dieser Sicht ist Temperatur *immer als Leiteinwirkung* zu behandeln.

*Wind*

Wind kann auf zwei Arten einwirken:

- global als Mittelwert auf die Gesamtstruktur des Skelettbaus;
- lokal in extremer Grösse als Druck und Sog auf die Fassadenkonstruktion.

Windkräfte sind zusammen mit Erdbebenkräften konzeptbestimmend für die Ausbildung des Tragwerks zur Abtragung horizontaler Kräfte.

Bei Skelettbauten genügt es in der Regel, die Windkraft als *statische Ersatzkraft*, basierend auf dem *Staudruck* $q$, anzunehmen. Windstösse (Böen) instationärer Winde sowie eventuelle Wirbelablösungen stationärer Winde können jedoch bei schlanken Skelettbauten (Hochhäuser) zu Schwingungsproblemen führen (i.a. Gebrauchstauglichkeitsprobleme).

Der Kennwert des Staudrucks beträgt gemäss [SIA 160] je nach Gegend

$$q_r = 0.9 \text{ bis } 1.4 \text{ kN/m}^2.$$

Dabei gilt die folgende Beziehung zwischen Windgeschwindigkeit und Staudruck:

$$q = \frac{\rho \cdot v^2}{2} \cdot 10^{-3} \qquad [\text{kN/m}^2].$$

$\rho$ : Dichte der Luft ($1.25 \text{ kg/m}^3 = 1.25 \text{ Ns}^2/\text{m}^4$)

$v$ : Windgeschwindigkeit [m/s]

Damit entspricht der Kennwert des Staudrucks einer Windgeschwindigkeit von:

$$v = 38 \text{ bis } 47 \text{m/s} = 137 \text{ bis } 169 \text{ km/h}$$

*Form, Abmessung, Oberflächenbeschaffenheit* und *Anströmrichtung* sowie *Umgebung der Gebäude* sind Einflussparameter auf die Windkräfte. Sie werden in Normen durch zahlreiche *Druckbeiwerte* erfasst.

Folgende Punkte sind besonders zu beachten:

- Lokale Sogkräfte können ausserordentlich gross werden, grösser als lokale Druckkräfte! Insbesondere Fassadenelemente in Gebäudeecken sind gegen Sog gut zu verankern.

Windkräfte sind *immer Leiteinwirkung.*

**Aussergewöhnliche Einwirkungen**

Aussergewöhnliche Einwirkungen treten während der geplanten Nutzungsdauer nur mit relativ geringer Wahrscheinlichkeit, jedoch mit extremer Grösse und während kurzer Zeit auf.

Aussergewöhnliche Einwirkungen sind *immer als Leiteinwirkung* zu behandeln.

Alle statischen und konstruktiven Massnahmen, die aufgrund aussergewöhnlicher Einwirkungen zu treffen sind, haben im allgemeinen nur die *Erhaltung der Tragsicherheit* zum Ziel (kein Einsturz!). Beeinträchtigungen der Gebrauchstauglichkeit und somit der Nutzungsmöglichkeiten nach einem Ereignis werden je nach Bedeutung des Bauwerks in mehr oder minderem Masse in Kauf genommen.

*Erdbeben*

Erdbeben ist eine *dynamische Einwirkung.* Durch rasche, beliebig gerichtete Hin- und Herbewegungen des Bodens entstehen Trägheitskräfte, die im Tragwerk zu relativen Verschiebungen und zu entsprechenden Schnittkräften und Beanspruchungen führen. Beim Tragwiderstand für vertikale Einwirkungen sind wegen des hohen Anteils an ständigen Lasten meist erhebliche Reserven vorhanden. Der Tragwiderstand für horizontale Kräfte hingegen ist oft gering. Wesentlich sind daher vor allem horizontale Bodenbewegungen und somit *horizontale Trägheitskräfte.* Für das Bemessungsbeben (in [SIA 160] mit einer Auftretenswahrscheinlichkeit ~1 : 400 p.a.) wird in der Regel eine Plastifizierung der Haupttragelemente (Bildung von plastischen Gelenken), jedoch kein Einsturz, zugelassen.

Von grösster Bedeutung für ein kontrolliertes Erdbebenverhalten sind die *Regelmässigkeit des Tragwerks* und eine *symmetrische Anordnung der Tragelemente* zur Abtragung der horizontalen Erdbebenkräfte (meist Stahlbetontragwände) im Grundriss und Aufriss. Die *massgeblichen Entscheidungen* bezüglich Erdbebenverhalten werden daher beim *konzeptionellen Entwurf des Gebäudes und des Tragwerks* getroffen. Bezüglich Erdbebensicherung gilt in ganz besonderem Masse, dass Fehler und Mängel beim konzeptionellen Entwurf und bei der geometrischen Gestaltung der tragenden Konstruktion später durch eine auch noch so ausgeklügelte ingenieurmässige Berechnung und Bemessung nicht kompensiert werden können (vgl. Abschnitt 5.1.2).

Die *Berechnung* der Schnittkräfte in Skelettbauten für Erdbebeneinwirkung kann meist *mit Hilfe des Ersatzkraftverfahrens* erfolgen. Dies bedeutet, dass die in Wirklichkeit dynamische Einwirkung durch statische Ersatzkräfte dargestellt wird. Auf die Grösse der anzusetzenden Ersatzkraft hat die zur Verfügung stehende *Duktilität* (Verformungsvermögen) des Tragwerks einen grossen Einfluss. Als Kenngrösse hiefür dient die *globale Verschiebeduktilität.* Abhängig davon kann ein Tragwerk für ein und dasselbe Bemessungsbeben sehr unterschiedlich gestaltet werden (Abb. 5.3).

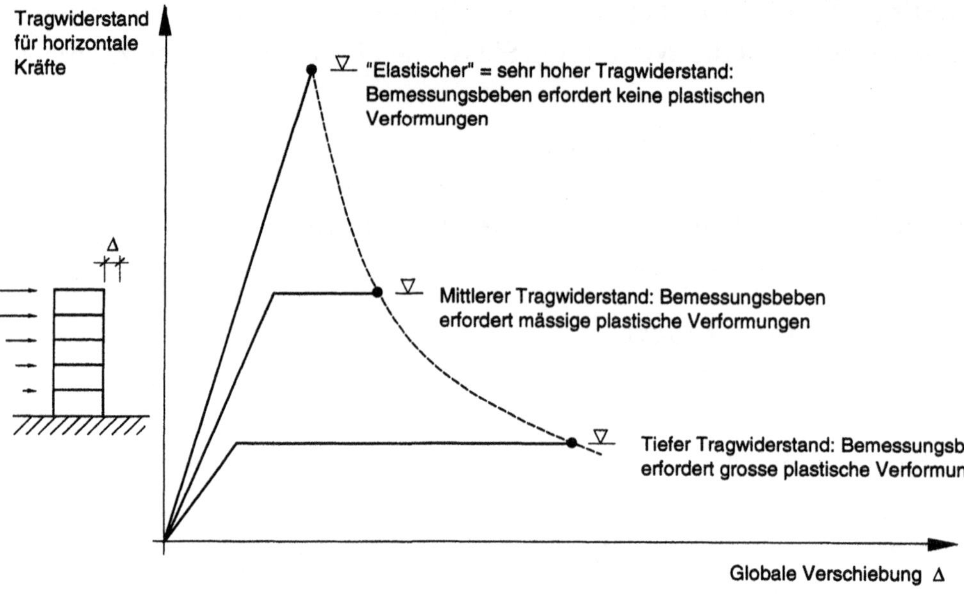


*Abb. 5.3: Tragwiderstand und Duktilität [BaE]*

In der Norm [SIA 160] wird nur von der sogenannten "natürlichen Duktilität" der Tragwerke mit relativ kleinen Duktilitätsfaktoren (*K*-Werte von Bauwerksklasse I) bis zu 2.5 Gebrauch gemacht (verlangt nur wenige Massnahmen zur Verbesserung der Duktilität). Dementsprechend sind die anzusetzenden Erdbebenkräfte relativ hoch.

Folgende Punkte sind besonders zu beachten:

- Die Stärke der Erdbebeneinwirkung hängt von den Eigenschaften des Bauwerks ab (Eigenfrequenzen, v.a. Grundfrequenz) (Abb. 5.4).
- Die relative Grösse der Verformbarkeit des Tragwerks und der nichttragenden Elemente (v.a. Zwischenwände, Fassaden) ist entscheidend für die Stärke des Bebens beim Auftreten erster Schäden. Am ungünstigsten ist die Kombination eines flexiblen Tragwerks (Rahmen) mit steifen und spröden nichttragenden Elementen (z.B. Mauerwerkswände).

*Anprall*

Anprall in Skelettbauten ist u.a. an folgenden Orten möglich:

- In Parkgaragen durch Fahrzeuge;
- in Lagerräumen durch Gabelstapler;
- an Fassaden im Erdgeschoss durch Strassenfahrzeuge.

*Haupttragelemente* von Skelettbauten wie Stützen sind gegen Anprallkräfte zu dimensionieren oder mit geeigneten Vorrichtungen wirksam zu schützen. Die Zerstörung von *Sekundärtragelementen* wie z.B. Brüstungen kann meist als akzeptiertes Risiko hingenommen werden.

Folgende Punkte sind besonders zu beachten:

- Stützen in Parkgaragen von Personenwagen vermögen oft aufgrund baulich bedingter Abmessungen den zu erwartenden Anprallkräften ($Q_{acc}$ = 50 kN gemäss Norm [SIA 160]) ohne spezielle Verstärkung standzuhalten.
- Gabelstapler mit harter Fahrzeughülle und hohem Gewicht können erhebliche Anprallkräfte verursachen. Diese sind von Fall zu Fall festzulegen mit ca. 200 bis 400 kN.

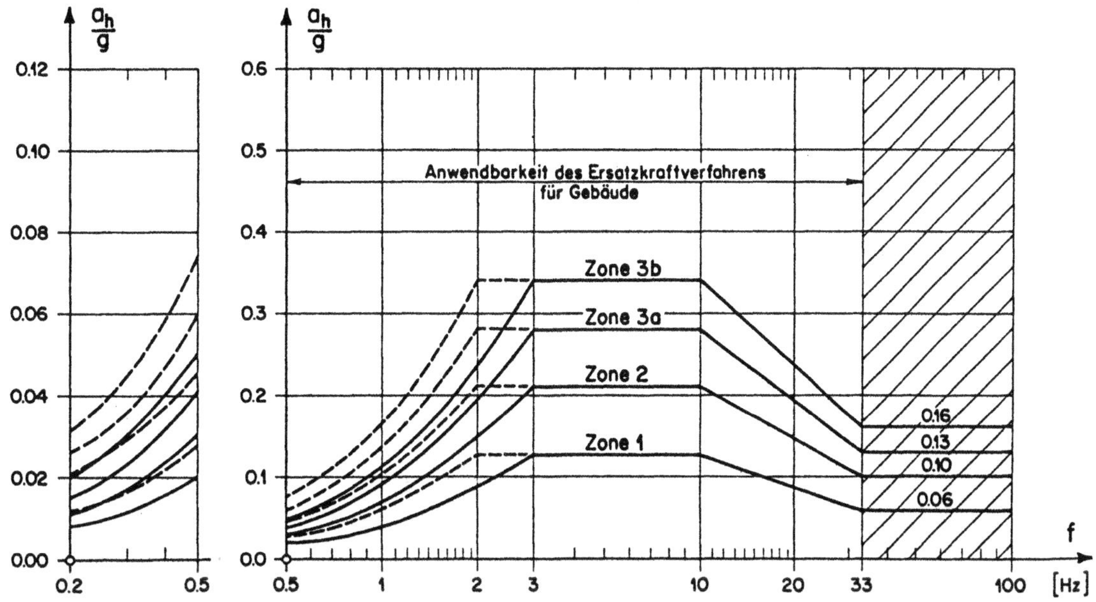


*Abb. 5.4: Norm-Antwortspektren für Erdbebeneinwirkung [SIA 160]*

- Bei Fassadenstützen im Strassenbereich sind in der Regel Schutzvorkehrungen zu treffen (Brüstungsmauer, Leitschranken, usw.).

*Brand*

Brand verursacht mit steigender Temperatur und zunehmender Branddauer eine stetige *Abnahme des Tragwiderstandes*. Zur Bestimmung des *Feuerwiderstandes* werden nicht Beanspruchungen gerechnet, sondern es wird die Branddauer bestimmt, während der ein Tragwerk ohne Einsturz widerstehen kann (vgl. Abschnitt 2.4).

Brand ist insbesondere *bei hohen Skelettbauten* eine sehr ernst zu nehmende Einwirkung und oft das *Entscheidungskriterium für die Materialwahl*, sowohl der tragenden Konstruktion (möglichst hoher Feuerwiderstand) als auch der nichttragenden Raumabschlüsse (möglichst kleine Brandlast).

Im allgemeinen sind bauliche Massnahmen (Brandabschnitte usw.) mit betrieblichen und löschtechnischen Massnahmen zu koordinieren. Feuerpolizeiliche Vorschriften der zuständigen Ämter sowie u.a. die Empfehlung [SIA 183] und die Dokumentationen [SIA Dok 82, 83 und 85] regeln Einzelheiten (vgl. Abschnitt 2.4).

Folgende Punkte sind besonders zu beachten:

- Stahl weist eine gute Wärmeleitfähigkeit auf. Zur Verlangsamung des Festigkeitsabfalls infolge Temperaturerhöhung sind Stahlkonstruktionen in Skelettbauten aufgrund der feuerpolizeilichen Vorschriften praktisch immer mit feuerbeständigen, dämmenden Materialien zu verkleiden (Ausnahme: oberstes Geschoss).
- Stahlbetonbauteile weisen ab einer minimalen Querschnittsgrösse eine gute Feuerbeständigkeit auf. Minimale Betonüberdeckungen der Bewehrungen und minimale Bauteilabmessungen sind in der Norm [SIA 162] festgelegt.

*Explosion*

Explosionen können:

- im Innern des Bauwerks auftreten;
- von aussen auf das Bauwerk einwirken.

*Keine Massnahmen* sind erforderlich, wenn die Nutzung des Skelettbaus keine besondere Explosionsgefahr mit sich bringt.

Ist aufgrund der Nutzung eine besondere Explosionsgefahr vorhanden, sind u.a folgende *konzeptionelle Massnahmen* zu treffen:

- Fassade als Leichtbauaussenwand ausbilden;
- Tragsystem so konzipieren, dass eine lokale Zerstörung nicht zum progressiven Einsturz des ganzen Gebäudes führt:
  - *statisch unbestimmte Systeme* wählen;
  - Aufteilung in mehrere in sich stabile Gebäudeteile;
- Druckentspannungselemente (z.B."schwache" Fassadenteile) einplanen.

Weitere Massnahmen im Rahmen eines *integralen Sicherheitskonzeptes* sind von Fall zu Fall mit dem Bauherrn abzusprechen.

# 5.2 Abtragung von Lasten und Kräften

## 5.2.1 Abtragung vertikaler Lasten

Die Abtragung vertikaler Lasten (Schwerelasten) erfolgt über:

- *Biege-* und *Schubbeanspruchung* in Decken, Unterzügen, Trägern, Rahmenriegeln und Rahmenstützen;
- *Druckbeanspruchung* in Schwerelaststützen, Rahmenstützen und Tragwänden;
- *mehraxiale Zug-* und *Druckbeanspruchung* in Knotenpunkten.

Der Entwurfsgrundsatz "Schwerelasten auf dem kürzesten Weg in die Fundation leiten" (siehe Abschnitt 5.1.2a) steht oft in Konflikt mit den Nutzungsanforderungen des Bauherrn.

*Beispiel*
Nutzung UG:
Parkfläche für PW: geeigneter Stützenraster z.B. 7.25 m x 8.40 m [SNV 640/603] (Abb. 5.5).

Nutzung EG:
Einkaufsflächen, Eingangshallen: Masse des Stützenrasters möglichst gross, d.h. in beiden Richtungen ≥ 10.0 m.

Nutzung OG:
Büroräume: wirtschaftlicher Stützenraster für das Tragwerk ca. 5.5 x 5.5 m bis 7.0 x 7.0 m.

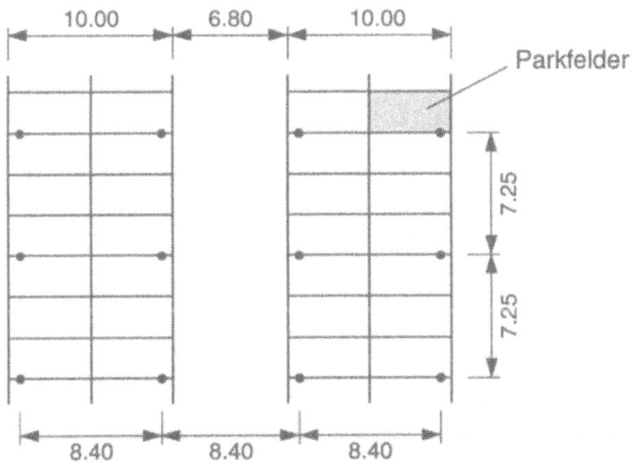


*Abb. 5.5: Stützenraster Parkgeschoss*

Ingenieur, Bauherr und Architekt haben sich im Gespräch auf geeignete Stützenraster und Stützenstellungen zu einigen. Die Vielzahl möglicher Lösungen lässt sich bezüglich des Tragwerks für vertikale Lasten auf 2 *Grundtypen* zurückführen:

- stehende Konstruktion;
- abfangende Konstruktion.

## a) Die stehende Konstruktion

Bei der stehenden Konstruktion ist der *Stützenraster in allen Geschossen gleich*. Die Stützen der Obergeschosse gehen somit auch durch das Erdgeschoss hindurch (Abb. 5.6). Der Stützenraster entspricht z.B. dem geeigneten Raster des Parkgeschosses oder dem wirtschaftlichen Raster der Bürogeschosse.

Stehende Konstruktionen sind *einfache, klare, statisch kompromisslose Systeme*. Es sind in der Regel wirtschaftliche Lösungen, daher werden sie häufig angewendet.

*Probleme bei stehenden Konstruktionen*

Probleme bei kleinem Stützenraster:

- Der Bauherr hat evtl. in einzelnen Geschossen Nutzungseinschränkungen hinzunehmen (v.a. Erdgeschoss).

Probleme bei mittlerem bis grossem Stützenraster:

- Sind zahlreiche Bürogeschosse vorhanden und wird trotzdem ein grösserer Stützenraster gewählt, so ist dessen Wirtschaftlichkeit zu überprüfen (grosse Deckenstärken, hohe Eigenlasten, hohe Fundationskosten, usw.).
- Grössere Stützenraster führen zu *Durchbiegungsproblemen bei freien Deckenrändern* (Fassaden). Als Massnahmen sind Randunterzüge oder Brüstungsträger (Überzug) zu empfehlen (Abb. 5.6 und 5.7).

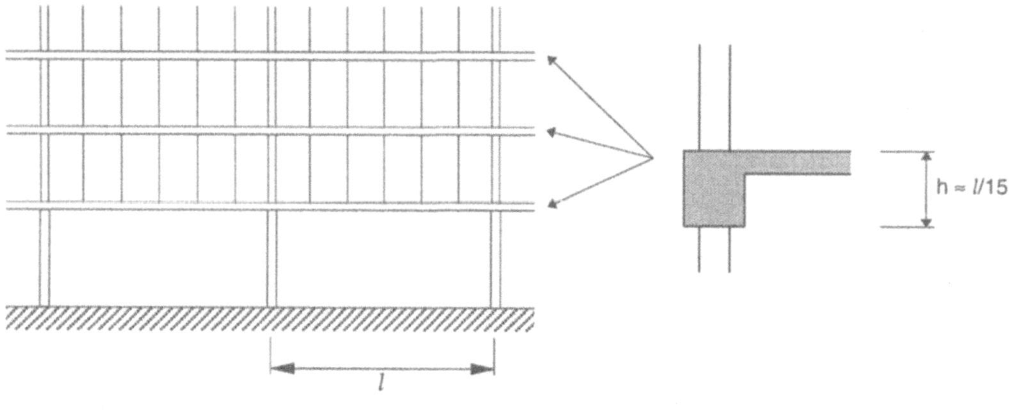


*Abb. 5.6: Stehende Konstruktion mit Randunterzügen (nach [FSA])*

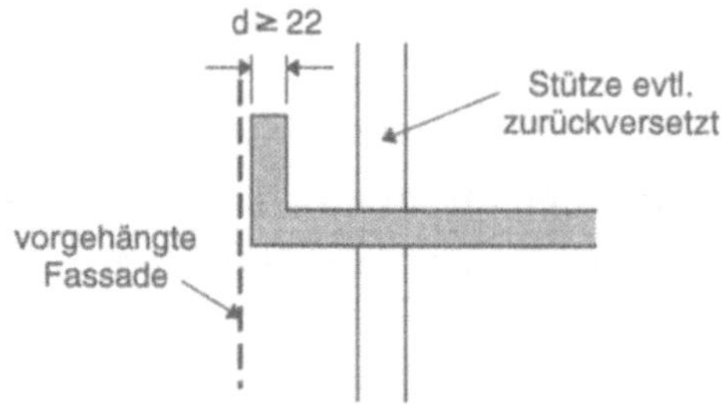


*Abb. 5.7: Brüstungsträger (Überzug)*

## b) Die abfangende Konstruktion

Enge Platzverhältnisse in städtischen Gebieten zwingen zu optimaler Nutzung der Gebäudefläche. Ein Wechsel des Stützenrasters insbesondere vom EG zum 1. OG (und evtl. vom UG zum EG) kann unumgänglich sein (Abb. 5.8).

*Mögliche Abfangkonstruktionen*

- *Massive Flach-* oder *Pilzdecken* bei kleinen Abfanglasten und kleinem Stützenraster;
- *Abfangträger, Unterzugsdecken* oder *Trägerrostdecken* bei mittleren Abfanglasten und regelmässigem Stützenraster sowohl der lastbringenden als auch der lastabnehmenden Stützen;
- *geschosshohe Abfangträger* bei hohen Abfanglasten oder grossen Spannweiten (Abb. 5.9).

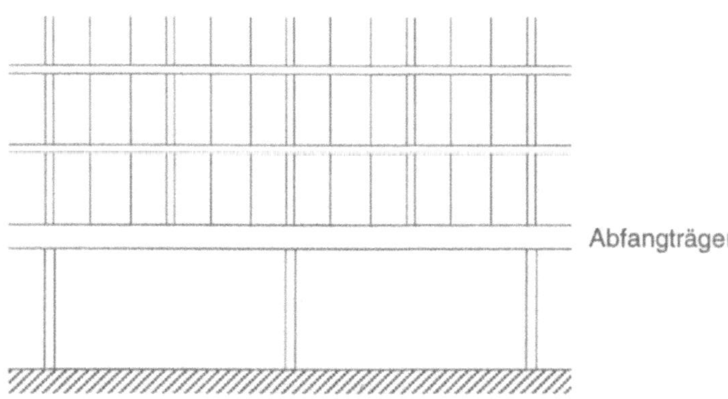


*Abb. 5.8: Abfangende Konstruktion*

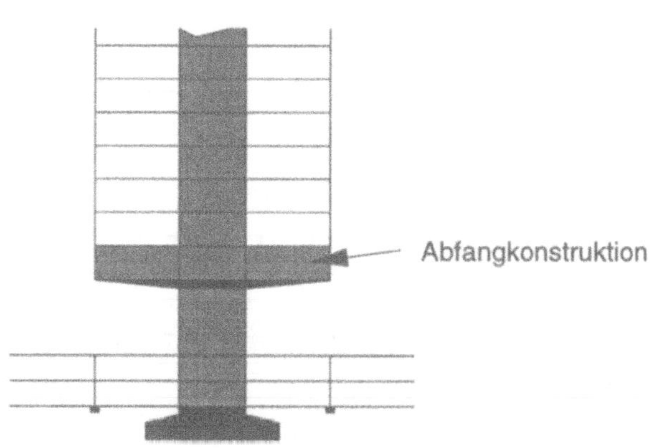


*Abb. 5.9: Geschosshohe Abfangträger (nach [FSA])*

Die Dimensionierung von Abfangkonstruktionen ist eine zentrale Ingenieuraufgabe bei Skelettbauten. Dabei sind insbesondere die zu erwartenden Durchbiegungen und deren Folgen zu betrachten, was oft zur Anwendung einer *Vorspannung* führt. Auch hier verspricht die Wahl eines *einfachen und klaren Systems* am ehesten Erfolg.

*Probleme bei Abfangkonstruktionen*

- Durchbiegungen: Biegeverformungen der Abfangkonstruktionen verursachen Einsenkungen der darüberliegenden Stützen:
  · Abfangkonstruktionen *möglichst steif* ausbilden;
  · *Vorspannung*: z.B. "Kompensation" der Eigenlasten des Überbaus durch Umlenkkräfte der Spannglieder (Träger bzw. Platte in Etappen mit wachsendem Überbau "aufpumpen").

  *Flach- und Pilzdecken* sind durchbiegungsempfindlich und daher grundsätzlich für Abfangungen wenig geeignet. Bei komplexen Bauten mit unregelmässigen Stützenstellungen sind sie aber oft die einzig mögliche Lösung. Dabei sind insbesondere folgende Punkte zu beachten:
  · Mit der *Plattendicke nie sparen* (dafür sind andere Einsparungen möglich, z.B. dank einfacher Schalung);
  · *Durchstanzen* sowohl bei lastbringender als auch bei lastabnehmender Stütze eingehend untersuchen;
  · *negative Momentenbeanspruchung* in Nachbarfeldern beachten, d.h. obere Bewehrung vorsichtig abstufen.
- Fundation: Durch Abfangkonstruktionen werden die Lasten auf wenige Stützen konzentriert. Die entsprechenden grossen Einzellasten müssen durch eine aufwendige Fundation wieder auf die erforderliche Bodenfläche verteilt werden.
- Installationen: Grosse Konstruktionshöhen bei Unterzugs- und Trägerrostdicken schränken die freie Installationsführung ein: Aussparungen in Stegen von Anfang an einplanen!

### 5.2.2 Abtragung horizontaler Kräfte

Die Abtragung horizontaler Kräfte aus beispielsweise Wind, Erdbeben und Zwang erfolgt über:

- *Druck-* und *Zugbeanspruchung* in den Deckenscheiben;
- *Biege-* und *Schubbeanspruchung* in Tragwänden oder in Rahmenstützen und Rahmenriegeln.

Entsprechend dem Tragsystem für horizontale Kräfte wird unterschieden zwischen:

- Tragwandsystemen (häufigste Lösung);
- Rahmensystemen (Gebäude mit wenigen Geschossen);
- Gemischten Tragwand-Rahmen-Systemen.

*Horizontale Kräfte*

Horizontale Kräfte *aus äusseren Einwirkungen* entstehen durch:

- Wind
- Erdbeben
- Erddruck
- Wasserdruck
- Anprall
- Schiefstellung von Stützen (Problem 2. Ordnung).

Horizontale Kräfte *aus inneren Zwängen* sind hauptsächlich die Folge von:
- Temperatur;
- Schwinden von Betondecken;
- elastischen Verformungen und Kriechverformungen bei Vorspannung;
- Steifigkeitssprüngen einzelner Tragwände (siehe Abschnitt 5.3.3b).

Die Abtragung horizontaler Kräfte aus äusseren Einwirkungen wird in den Abschnitten 5.3, 5.4 und 5.5 behandelt. Auf die Problematik horizontaler Zwänge wird im Abschnitt 5.3.2b kurz eingegangen.

### 5.2.3 Modellbildung

Zur Berechnung der Schnittkräfte infolge Abtragung vertikaler Lasten und horizontaler Kräfte wird das reale Tragwerk durch ein entsprechendes Modell idealisiert. Von besonderem Interesse sind dabei die Annahmen bezüglich der

- Steifigkeit der Tragelemente;
- Steifigkeit von Verbindungen;
- Gebäudemassen.

#### a) Steifigkeit der Tragelemente

*Geschossdecken*
Im Zusammenhang mit der Verteilung horizontaler Kräfte bzw. der Stockwerkquerkräfte auf verschiedene Tragwände oder Rahmen (vgl. 5.3.3) werden die Geschossdecken meist *in ihrer Ebene als starr* (unendlich steif) und *senkrecht dazu als biegeweich* angenommen. Die Decken verschieben und verdrehen sich horizontal als starre Körper. Die Abstände zwischen den einzelnen Tragwänden und Stützen bleiben gleich. Die Biegesteifigkeit der Decken wird im allgemeinen vernachlässigt.

*Stahlbetonrahmen*
*Rahmen aus Stahlbeton* bzw. deren Elemente weisen eine Biegesteifigkeit auf, die von der *Rissebildung* und damit auch von der *Normalkraft* abhängt. Sie kann näherungsweise wie folgt angenommen werden:

| | | |
|---|---|---|
| Rahmenriegel: | $EI_{eff} \approx (0.35 \div 0.5) \cdot EI_{Beton}$ | |
| Rahmenstützen: | $EI_{eff} \approx (0.5 \div 0.7) \cdot EI_{Beton}$ | (kleine Normalkraft) |
| | $EI_{eff} \approx (0.8 \div 1.0) \cdot EI_{Beton}$ | (grosse Normalkraft) |
| Schwerelaststützen: | $EI_{eff} \approx (0.8 \div 1.0) \cdot EI_{Beton}$ | |

*Stahlbetontragwände*
Bei *Tragwänden aus Stahlbeton* werden die Biegesteifigkeit um die schwache Achse sowie die Drillsteifigkeit normalerweise vernachlässigt. Die Reduktion der Biegesteifigkeit um die starke Achse infolge Rissebildung kann wie folgt berücksichtigt werden:

$$EI_{eff} \approx (0.3 \div 0.6) \cdot EI_{Beton}$$

Bei den angegebenen Steifigkeiten für Stahlbetonrahmen und für Stahlbetontragwände gelten die grösseren Werte für Einwirkung von Schwerelasten allein und für kombinierte Einwirkung von Windkräften und Schwerelasten; die kleineren Werte gelten für kombinierte Einwirkung von Erdbebenkräften und Schwerelasten.

## b) Steifigkeit von Verbindungen

*Rahmenknoten*

Rahmenknoten werden normalerweise als unnachgiebig angenommen (Winkel zwischen den angeschlossenen Stäben bleibt erhalten). Diese Annahme trifft für Erdbebenbeanspruchung oft nicht zu (Schlupf der Biegebewehrungen der Riegel im Knoten infolge ungenügender Verankerung für zyklische Beanspruchung vgl. Abschnitt 5.6.4).

*Anschluss von Schwerelaststützen*

Schwerelaststützen können im statischen Modell des Gesamtsystems mit einer gelenkigen Verbindung zu den Decken angenommen werden, d.h. sie wirken als Pendelstützen. Da jedoch die Enden der Schwerelaststützen bei Skelettbauten (im Gegensatz etwa zu Brückenstützen) im allgemeinen nicht mit speziellen Drehlagern versehen, sondern eingespannt sind, wird in Wirklichkeit den weichen Stützen die *Deckenrotation aufgezwungen* (Abb. 5.10).

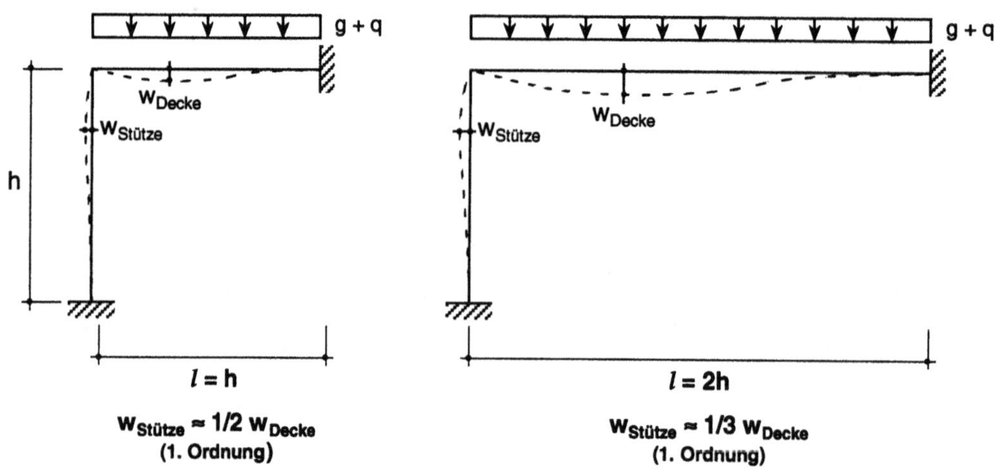


*Abb. 5.10: Abschätzung Stützendeformationen*

Bei Fassadenstützen (Schwerelaststützen) bewirkt die Stützenkopfverdrehung eine horizontale Stützenauslenkung 1. Ordnung von ca. 1/2 bis 1/3 der maximalen Deckendurchbiegung des Randfeldes.

Mit der Annahme $w_{\text{Decke}} \approx l/300$ ergibt sich $w_{\text{Stütze}} = l/600 \div l/900$ (l : Stützweite des Randfeldes). Der Grösstwert der Anfangsexzentrizität $w_{o,max}$ gemäss [SIA 162] ist für den Nachweis der Fassadenstützen also um l/600 bis l/900 zu erhöhen.

Merke:

Die Modellierung der Schwerelaststützen als Pendelstützen im Gesamtsystem führt zu einem einfachen und sicheren Nachweis der Stützen einerseits als auch der Gesamtstabilität des Gebäudes andererseits. Der wirklichkeitsfernen Annahme der gelenkigen Stützenendlagerung ist wie folgt Rechnung zu tragen:

- Erhöhung der Anfangsexzentrizität $w_{o,max}$ bei möglicher Stützenkopf- oder auch Stützenfussverdrehung (Fassadenstützen);
- gute konstruktive Verbügelung der Stützenenden bei Betonstützen (Krafteinleitungsbereich).

*Anschluss der Fundamente*
Fundamente werden in der Regel als drehstarr angenommen (starre Einspannung der Stützen). Diese Annahme sollte jedoch gegebenenfalls überprüft werden (Nachgiebigkeit des Baugrundes).

## c) Gebäudemassen

Für Erdbebeneinwirkung werden die Gebäudemassen auf die Höhen der Geschossdecken konzentriert. Die Massen der vertikalen Elemente (Wände, Stützen, Fassaden) werden anteilmässig auf die darüber- und darunterliegenden Geschossdecken verteilt. Es wird eine Punktmasse pro Stockwerk bestimmt: die "*Stockwerksmasse*". Im allgemeinen liegen die Stockwerksmassen exzentrisch zum sogenannten Ersatzstab (vgl. Abschnitt 5.3.3) (Abb. 5.11).

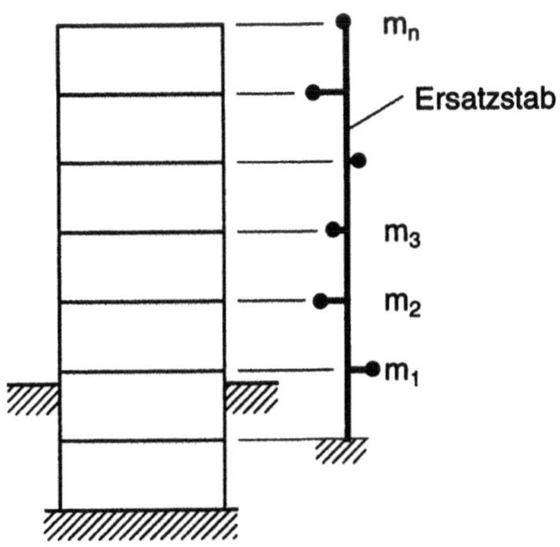


*Abb. 5.11: Ersatzstab mit Stockwerksmassen für Erdbebeneinwirkung [BaE]*

# 5.3 Tragwandsysteme

## 5.3.1 Definition, Beschrieb

In Tragwandsystemen werden *horizontale Kräfte H* (infolge von Wind, Erdbeben) ausschliesslich durch steife *Tragwände* (aus Stahlbeton, evtl. Stahlfachwerk) abgeleitet. Die Stützen können als Schwerelaststützen aus Stahlbeton oder Stahl entsprechend schlank ausgebildet werden (nur für Normalkräfte dimensioniert, wirken statisch wie Pendelstützen). Die Geschossdecken (inkl. Unterzüge) können als Stahlbeton- oder Stahlverbund-Konstruktion konzipiert sein.

Tragwände sind vertikale, in die Fundation bzw. im steifen Kasten der Untergeschosse (UG-Kasten) eingespannte *Kragträger.* Sie verhalten sich in ihrer Ebene wie *Biegeträger.* Deshalb ist die gelegentlich gebrauchte Bezeichnung "Schubwände" irreführend und unzutreffend. Die statische Wirkungsweise ist in Abbildung 5.12 dargestellt.

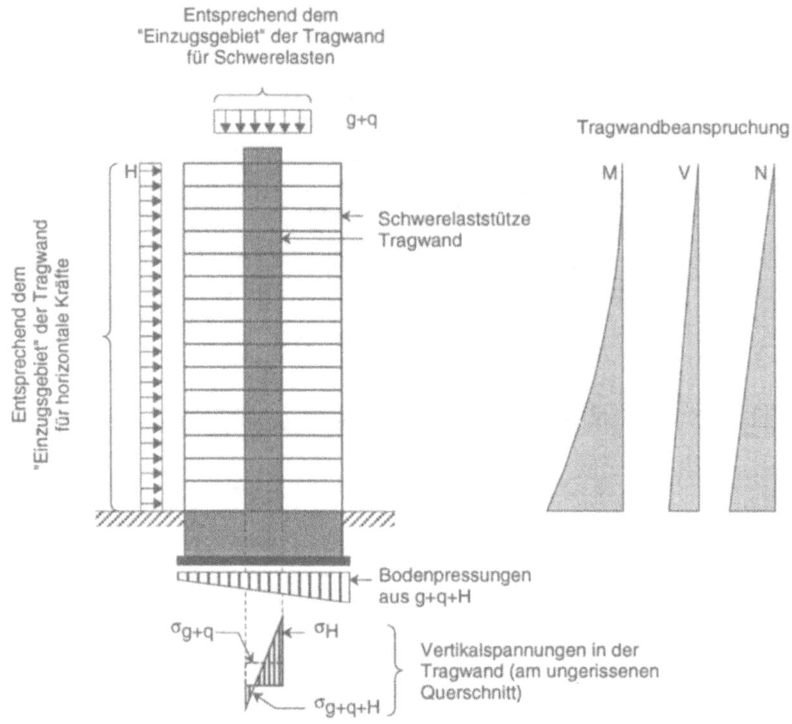


*Abb. 5.12: Typische Tragwandbeanspruchung (nach [FSA])*

Stahlbetontragwände sind horizontal meist ein paar Meter lang (z.B. 2 bis 6 m) und typischerweise etwa 0.3 m dick (Mindestdicke aus konstruktiven Gründen 0.22 m). Mehrere einzelne Tragwände sind durch die Decken (starre Scheiben) miteinander verbunden und bilden ein *räumliches Tragwerk* (Abb. 5.13).

Tragwandsysteme sind relativ *steif.* Die horizontalen Auslenkungen bleiben gering. Schäden an nichttragenden Elementen (Zwischenwände, Fassadenelemente) entstehen erst bei relativ starken Erdbeben.

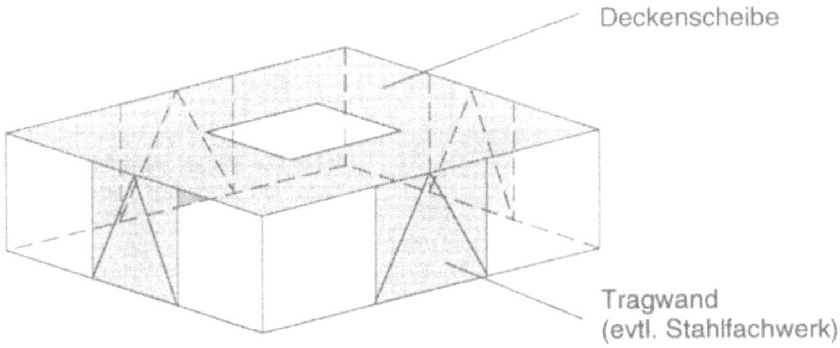


*Abb. 5.13: Geschosshoher Ausschnitt aus einem Tragwandsystem (nach [DG])*

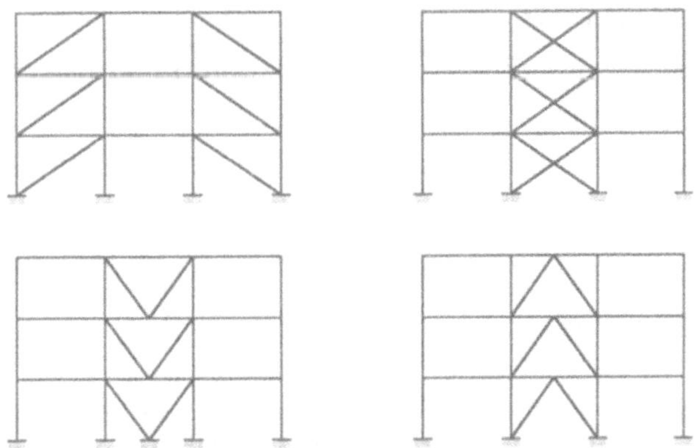

*Abb. 5.14: Stahlfachwerke anstelle von Tragwänden [BaE]*

Tragwände bestehen in der Regel aus Stahlbeton, an deren Stelle können aber auch Stahlfachwerke angeordnet werden (Abb. 5.14).

Häufig zu finden ist die Kombination von Stahlskelettbauten mit Stahlbetontragwänden. Umgekehrt lassen sich z.B. vorfabrizierte Betonelementbauten auch mit Stahlfachwerken aussteifen. Bei allen Mischformen ist den Anschlüssen zwischen Beton- und Stahlteilen, insbesondere der Krafteinleitung in den Beton, höchste Beachtung zu schenken (vgl. Abb. 5.73).

Tragwände sind im Hinblick auf ein gutes Erdbebenverhalten trotz hoher Steifigkeit duktil zu gestalten. Dazu eignet sich insbesondere die *Methode der Kapazitätsbemessung* [BaE], [PBM]. Wichtig sind v.a. die entsprechende Dimensionierung der Schub- und Stabilisierungsbewehrung bei Betonwänden bzw. die Anordnung und Dimensionierung exzentrischer Anschlüsse bei Stahlfachwerken.

Tragwände als einzelne Wände werden vorzugsweise an der Peripherie des Gebäudegrundrisses angeordnet (Abb. 5.15a). Hiermit wird die bestmögliche Wirkung bezüglich Torsionssteifigkeit erreicht.

Häufig werden Stahlbetontragwände zu *Kernen* zusammengefügt und mit den vertikalen Erschliessungsschächten wie Treppenhäusern, Lift- und Installationsschächten kombiniert. Die Kerne verlaufen vom UG-Kasten bis zum obersten Geschoss meist mit konstantem Quer-

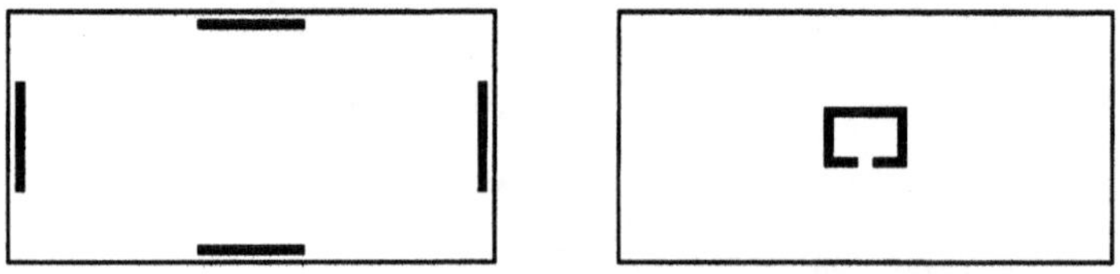


*Abb. 5.15: Einzelne Tragwände - Kern*

schnitt und können ebenfalls als in die Fundation eingespannte Kragträger ausgebildet werden (Abb. 5.15b). Aufgrund feuerpolizeilicher Vorschriften bilden v.a. die Treppenhäuser in der Regel einen eigenen Brandabschnitt (Fluchtweg) und sind deshalb ohnehin mit massiven Wänden zu umschliessen.

Schachtartige Kerne bilden im Idealfall einen "Hohlkasten-Querschnitt" und sie sind daher biege- und torsionssteif. Die Geschossdecken wirken dabei querschnittserhaltend. Der oft grosse Anteil an *Öffnungen* auf der einen Kernseite, z.B. wegen Lifttüren, reduziert jedoch vor allem den Tragwiderstand erheblich, sodass die Kerne eben eher als Stäbe mit offenem Querschnitt zu behandeln sind (Abb. 5.15b).

## 5.3.2 Entwurf von Tragwandsystemen

Die nachfolgenden Regeln beziehen sich insbesondere auf die Gestaltung der Tragelemente im Hinblick auf die *Abtragung horizontaler Kräfte*. Im Entwurf sind festzulegen:

- Grundrissform der Geschossdecken (inkl. Anordnung von Gebäudetrennfugen);
- Anordnung der Tragwände im Grundriss;
- Schwerelaststützen in Tragwandnähe;
- Gestaltung im Aufriss;
- Fundation der Tragwände.

### a) Grundrissform der Geschossdecken

Bei der Wahl der Grundrissform von Geschossdecken sind die folgenden Grundsätze zu beachten:

- Decken sollen eine möglichst *kompakte Form* haben;
- L- und T-förmige Grundrisse sind mittels Fugen *in Rechtecke aufzuteilen* (Reduktion von Zwangsbeanspruchungen, Erzielung eines günstigeren Schwingungsverhaltens unter Erdbebeneinwirkung) (Abb. 5.16);
- um bei Erdbeben einen Zusammenprall der Teilbauwerke mit unterschiedlichem Schwingungsverhalten zu vermeiden, müssen die *Fugen breit genug* gewählt werden und unbedingt hohl sein (vgl. [BaE]);
- bei der Plazierung grosser Aussparungen in Geschossdecken sind die in Abbildung 5.17 dargestellten Grundsätze zu berücksichtigen.

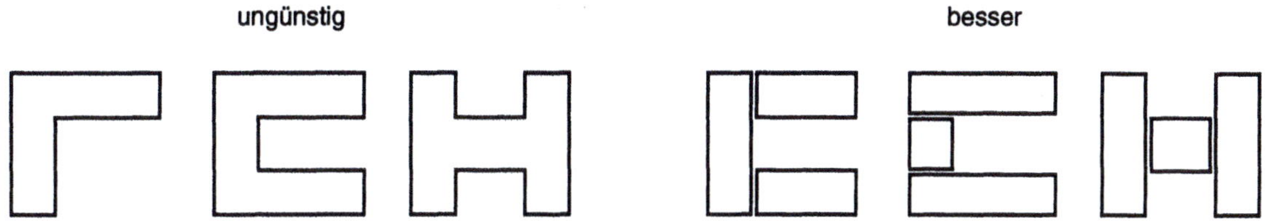


*Abb. 5.16: Zusammengesetzte Grundrisse [BaE]*

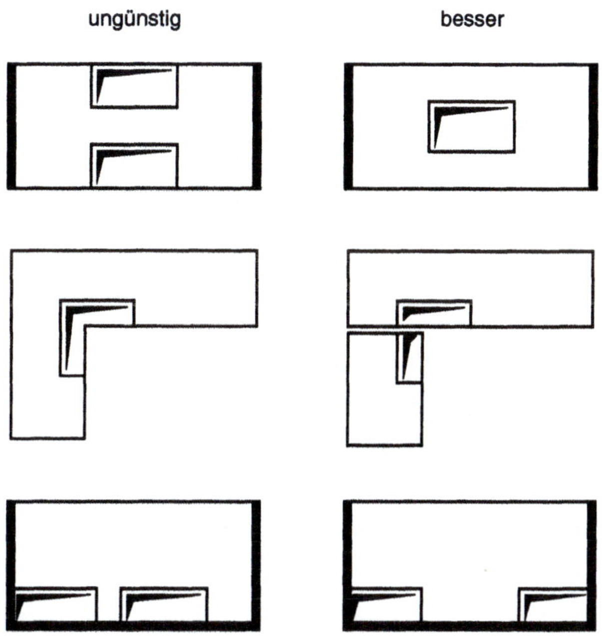


*Abb. 5.17: Aussparungen in Geschossdecken [BaE]*

## b) Anordnung der Tragwände im Grundriss

**Erste Zielsetzung: Stabilität**

Die Tragwände sollen im Grundriss so angeordnet werden, dass das System für horizontale Kräfte aus beliebiger Richtung *stabil* ist. Dafür sind folgende Anforderungen zu erfüllen:

- Es müssen *mindestens drei* Tragwände vorhanden sein;
- die *Wirkungslinien* der drei Tragwände dürfen sich *nicht in einem Punkt schneiden* (Torsionssteifigkeit);
- es dürfen *höchstens zwei* der drei Tragwände *parallel* gerichtet sein.

**Zweite Zielsetzung: Vermeidung grosser Torsionsbeanspruchung**

Die Tragwände sollen im Grundriss so angeordnet und ausgebildet werden, dass beim Angriff der horizontalen Kräfte möglichst *keine Torsionsbeanspruchung des Tragwandsystems* entsteht.

*Grundlagen*

- Gegeben seien ein Tragwandsystem (Skelettbau mit Tragwänden und Schwerelaststützen) und einwirkende horizontale Kräfte, d.h.:
  - Windkräfte (aus einem Staudruck) bzw.
  - Erdbebenkräfte (aus den Trägheitskräften der Stockwerksmassen).

- Einwirkungen in den Richtungen x und y sowie daraus entstehende Beanspruchungen werden i.a. getrennt behandelt.
- Das ganze Gebäude wird vorerst als ein einziger kragarmförmiger *Ersatzstab* aufgefasst. Die Achse des Ersatzstabes $E$ und der Ursprung des Koordinatenkreuzes der $x$- und $y$-Achsen werden beispielsweise im Kreuzungspunkt der Mittellinien der Hauptabmessungen des Gebäudegrundrisses definiert (grundsätzlich beliebiger Ort möglich) (Abb. 5.18 mit in $x$-Richtung einwirkender horizontaler Kraft).
- Am Ersatzstab werden die Schnittkräfte $M$, $V$ und $T_E$ infolge der horizontalen äussern Kräfte $H$ ermittelt (Abb. 5.18 oben).
- Anschliessend wird der Horizontalschnitt A-A (Grundriss) am Fuss eines bestimmten Stockwerks betrachtet. Bei über die ganze Gebäudehöhe unveränderter Grundrissform und unverändertem Querschnitt der Tragwände ist für die Beanspruchung der Tragwände der Horizontalschnitt unmittelbar über dem UG-Kasten massgebend.
- Für den Horizontalschnitt A-A mit den Schnittkräften
  - Stockwerkmoment $M$,
  - Stockwerkquerkraft $V$,
  - Stockwerktorsionsmoment $T_E$

  sind allein die oberhalb von A-A angreifenden horizontalen Kräfte massgebend (Kragarm).
- Im Falle von $T_E \neq 0$ kann die vorerst in der Achse des Ersatzstabes definierte Stockwerkquerkraft $V$ (Abb. 5.18 unten links) um $T_E/V$ verschoben und das Torsionsmoment dafür weggelassen werden (statische Äquivalenz, siehe Abb. 5.18 unten rechts).

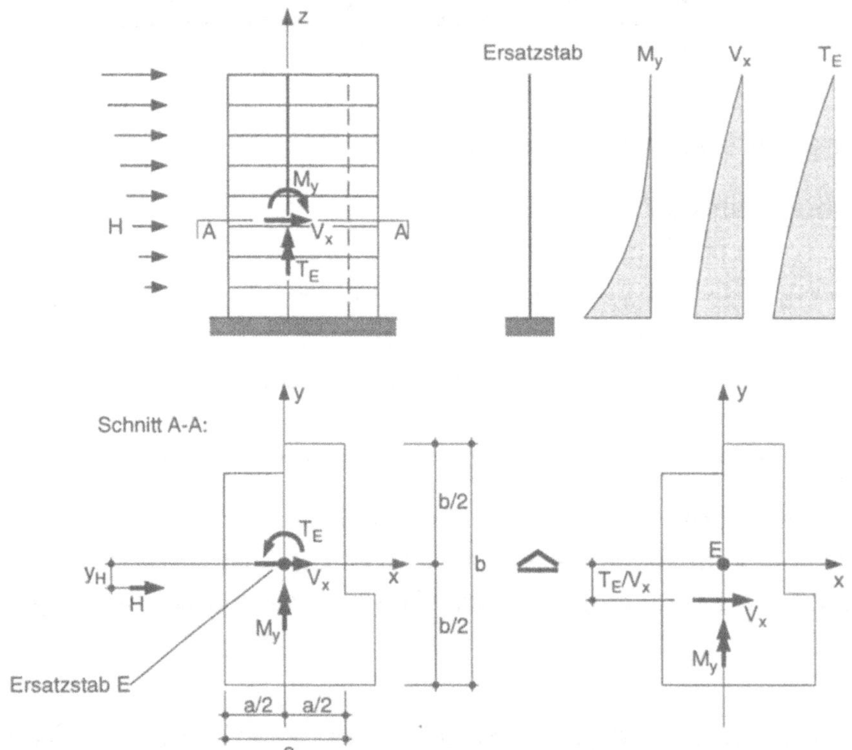


*Abb. 5.18: Beanspruchung am Ersatzstab*

*Anforderungen*

Für die Torsionsbeanspruchung des Tragwandsystems im Schnitt A-A ist die *Lage des Steifigkeitszentrums* (Schubmittelpunkt, Drehzentrum) des Tragwandsystems *relativ zu der um $T_E/V$ verschobenen Stockwerkquerkraft* massgebend. Es ergeben sich folgende Anforderungen an die Lage des Steifigkeitszentrums:

- Für Windkräfte: Steifigkeitszentrum ≈ *Windkraftzentrum.*
  Das Windkraftzentrum ist der Angriffspunkt (Schnittpunkt der Resultierenden in x- und y-Richtung im Grundriss) aller oberhalb von A-A angreifenden Windkräfte und somit der Angriffspunkt der entsprechenden Stockwerkquerkräfte in A-A.
- Für Erdbebenkräfte: Steifigkeitszentrum ≈ *Massenzentrum.*
  Das Massenzentrum ist der Angriffspunkt (Schnittpunkt der Resultierenden in x- und y-Richtung im Grundriss) aller oberhalb von A-A angreifenden Erdbeben-Massenkräfte (Trägheitskräfte der Stockwerksmassen) und somit der Angriffspunkt der entsprechenden Stockwerkquerkräfte in A-A.

*Lage des Steifigkeitszentrums*

Die Lage des Steifigkeitszentrums (Schubmittelpunkt, Drehzentrum) wird *durch Lage und Querschnitt der Tragwände bestimmt.*

**Dritte Zielsetzung: Vermeidung wesentlicher Zwangsbeanspruchungen**

Die Tragwände sollen im Grundriss so angeordnet werden, dass Verkürzungen der Decken infolge Schwinden, Temperaturänderungen oder Vorspannung (elastisch und Kriechen) keine erheblichen Zwangsbeanspruchungen der Decken und Tragwände bewirken.

**Beispiele von Anordnungen**

Nachfolgend werden verschiedene Anordnungen von Tragwänden mit dem entsprechenden Steifigkeitszentrum $S$ beurteilt. Dabei wird Bezug genommen auf das Massenzentrum $M$ und die dort wirkenden äusseren Horizontalkräfte $H_x$ und $H_y$. (Für die Bezugnahme auf das Windkraftzentrum gelten analoge Betrachtungen.) Die Schwerelaststützen sind in den Abbildungen nicht dargestellt.

Anordnung gemäss Abb. 5.19a:
- Idealfall;
- keine Gebäudetorsion, minimale Beanspruchung der Tragwände.

Anordnung gemäss Abb. 5.19b:
- Günstig für Einwirkung in $y$-Richtung;
- ungünstig für Einwirkung in $x$-Richtung sowie für gleichzeitige Einwirkung in $x$- und $y$-Richtung; $H_x$ verursacht erhebliche Torsion; Lösung *für Erdbeben unzulässig* (Lösung für Wind evtl. zulässig, dank grossem Hebelarm der Tragwände 1 und 2 kann Torsionsmoment evtl. mit beschränkten Verformungen aufgenommen werden).

Anordnung gemäss Abb. 5.19c:
- Ähnlich wie Anordnung 2;
- dem kleineren Torsionsmoment steht eine kleinere Torsionssteifigkeit gegenüber.

Anordnung gemäss Abb. 5.19d:
- Tragwände beliebig gerichtet, erfüllen aber alle Anforderungen für eine stabile Lösung.

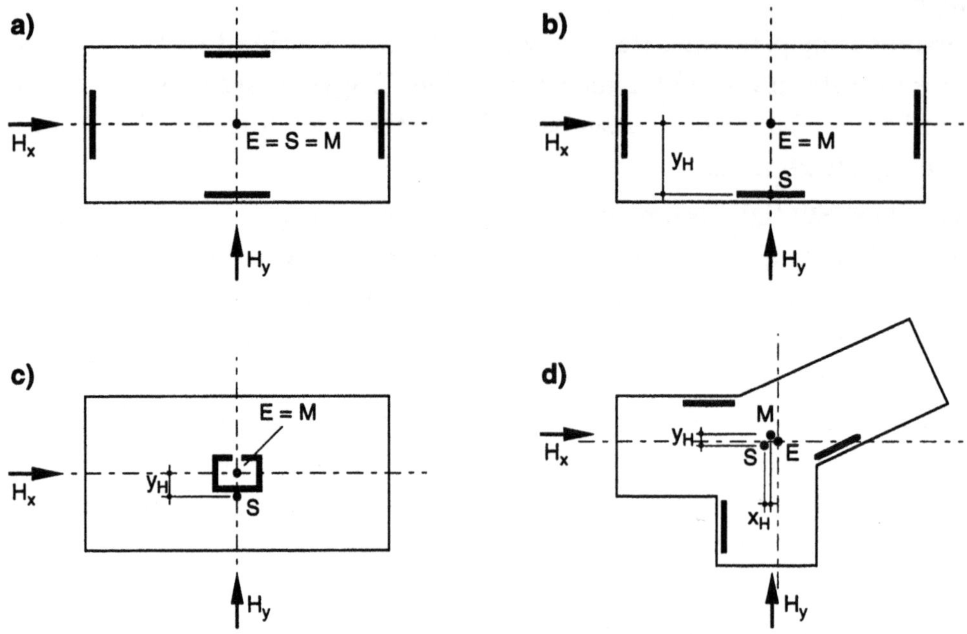


*Abb. 5.19: Günstige Anordnungen von Tragwänden*

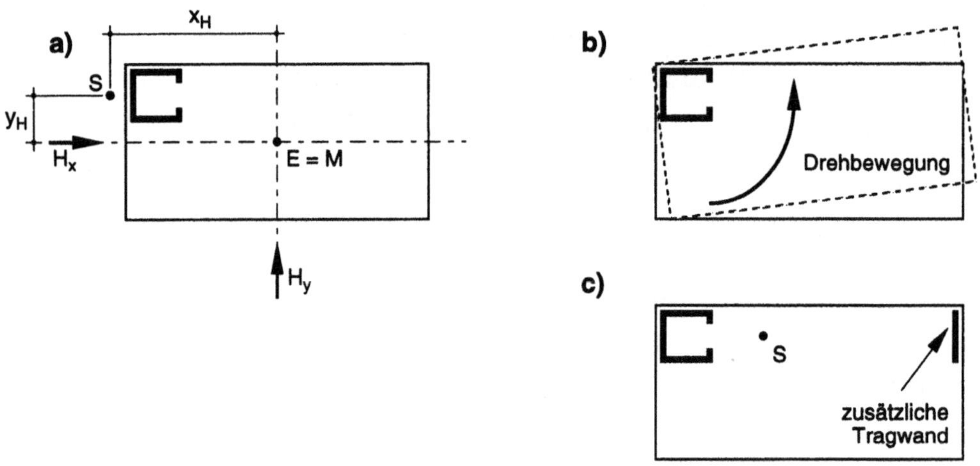


*Abb. 5.20: Anordnung von Tragwänden: Problemkreis Torsionsbeanspruchung*

Anordnung gemäss Abb. 5.20a:

- Sowohl $H_x$ und insbesondere $H_y$ führen zu grosser Torsion.
- Das Steifigkeitszentrum befindet sich in der Gebäudeecke. Der Kern mit offenem Querschnitt ist relativ torsionsweich. Es entsteht eine Drehbewegung (Abb. 5.20b) mit grossen Rotationsverformungen und einer starken Schiefstellung der Schwerelaststützen (Einfluss 2. Ordnung!). Die exzentrische Anordnung von Aussteifungen ist eine der häufigsten Einsturzursachen bei Erdbeben!
- Schäden an nichttragenden, verformungsempfindlichen Elementen (Zwischenwände, Fassadenelemente) sind daher bereits unter Windbeanspruchung möglich!
- Eine wesentliche Verbesserung kann durch Anordnung einer zusätzlichen Tragwand erreicht werden (Abb. 5.20c).

Anordnungen gemäss Abb. 5.21:

- Die Anordnung gemäss Abb. 5.21a ist problematisch, weil Verkürzungen der Decken infolge Schwinden, Temperaturänderungen oder Vorspannung (elastisch und Kriechen) zu starken *Zwangsbeanspruchungen* in der Decke und in den längsgerichteten Tragwänden führen.
- Eine Dilatationsfuge gemäss Abb. 5.21b vermeidet Zwangsbeanspruchungen, verschlechtert aber das Tragverhalten (Torsion, Aneinanderstossen in der Fuge).
- Eine wesentliche Verbesserung ergibt sich durch eine Anordnung gemäss Abb. 5.21c, bei der die Tragwände mit Rechteckquerschnitt nur um ihre schwache Achse gezwängt werden. Winkelwände sind zu vermeiden, da sie nicht duktil ausgebildet werden können.

Anordnung gemäss Abb. 5.22:

- Die Decke wirkt nicht querschnittserhaltend für den offenen Querschnitt. Das grosse Torsionsmoment infolge $y_H$ kann nicht eingeleitet werden (Querschnittsverformung und Translationsbewegung).
- keine wesentliche Vertikalbelastung der Tragwände durch die Geschossdecken, daher Kippsicherheit evtl. problematisch.

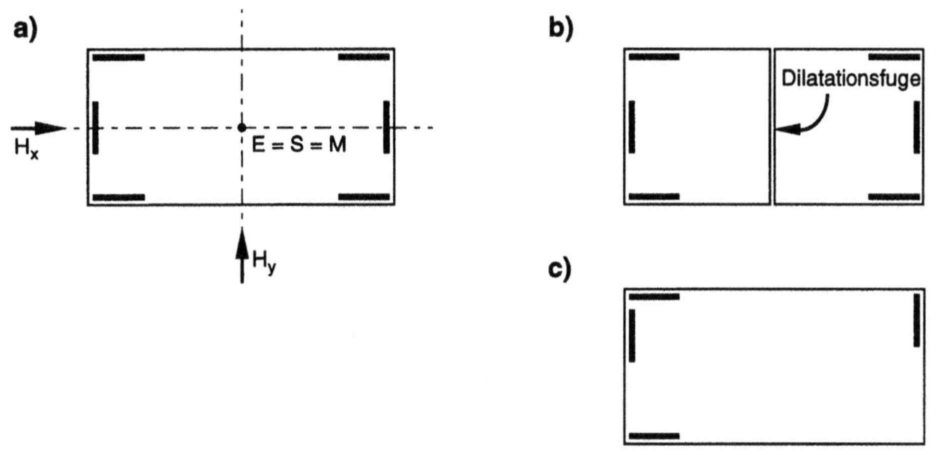


*Abb. 5.21: Anordnung von Tragwänden: Problemkreis Zwangsbeanspruchungen*

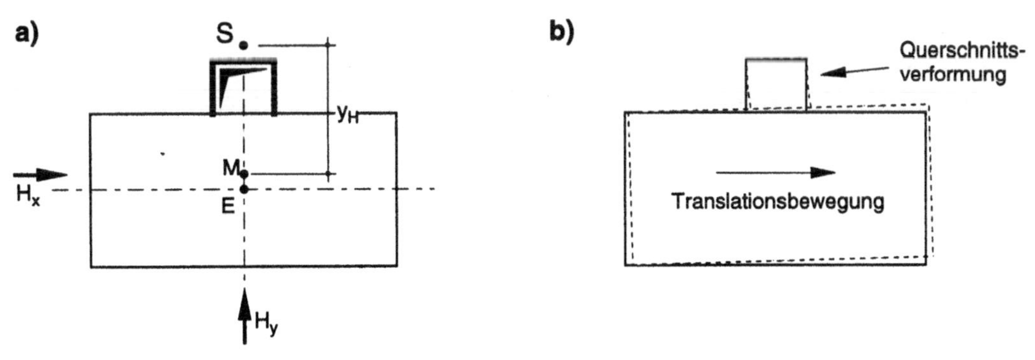


*Abb. 5.22: Anordnung von Tragwänden: Problemkreis Querschnittserhaltung des Kerns*

Anordnungen gemäss Abb. 5.23:

- Die Wirkungslinien der Tragwände im Grundriss schneiden sich in einem Punkt: labile Anordnung, hat praktisch keinen Torsionswiderstand!

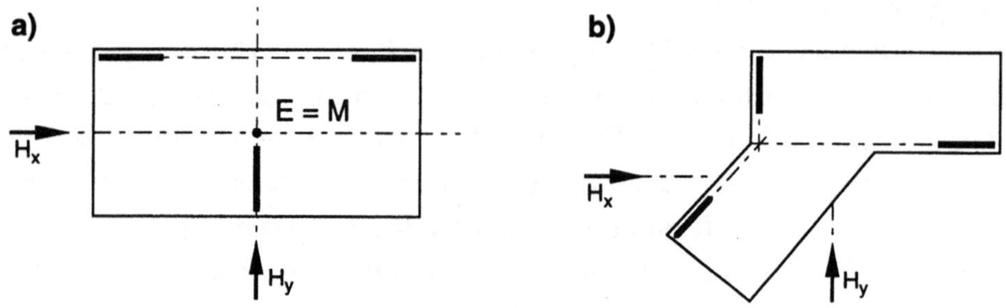


*Abb. 5.23: Labile Anordnung von Tragwänden*

## c) Schwerelaststützen in Tragwandnähe

Tragwände sollen aus folgenden Gründen ein *möglichst grosses Einzugsgebiet für Schwerelasten* aufweisen (Abb. 5.24):

- Erhöhung der *Kippsicherheit* der Tragwände;
- Erhöhung der *Steifigkeit* von Betontragwänden dank günstiger Wirkung der Normalkraft;
- Erhöhung des *Tragwiderstandes* bzw. Reduktion des Bewehrungsgehaltes von Betontragwänden.

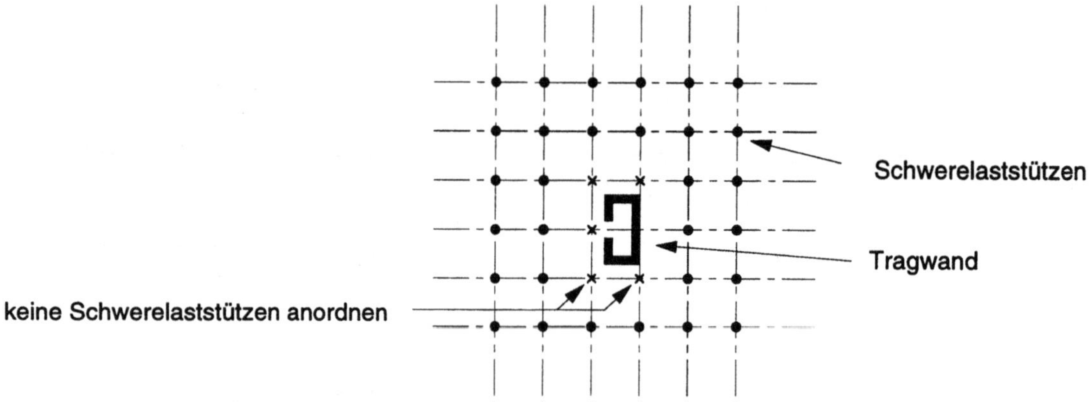


*Abb. 5.24: Einzugsgebiet von Tragwänden für Schwerelasten*

## d) Gestaltung im Aufriss

Folgende Grundsätze sind zu beachten:

- Tragwände sind als Kragträger, wenn möglich *mit konstanter Steifigkeit* oder allenfalls mit nach oben abnehmender Steifigkeit, vertikal durch sämtliche Geschosse hindurchzuführen (Abb. 5.25).
- *Örtliche Steifigkeitsreduktionen* (z.B. im EG) sind bei Erdbebenbeanspruchung *gefährlich* und deshalb zu vermeiden (keine weichen Zwischengeschosse!) (Abb. 5.25).
- Unterschiedlich hohe Gebäude sollten durch Fugen getrennt werden (Abschnitt 5.3.2a) (Abb. 5.26).
- Verbindungen zwischen verschiedenen Gebäuden sollen frei verschieblich gestaltet sein (Abb. 5.26).
- Eine vertikale Versetzung der Geschossdecken produziert enorme Querkräfte in Tragwänden und Stützen. Die Scheibenwirkung der Decken ist unterbrochen. Solche Versetzungen sind unbedingt zu vermeiden (Abb. 5.27).

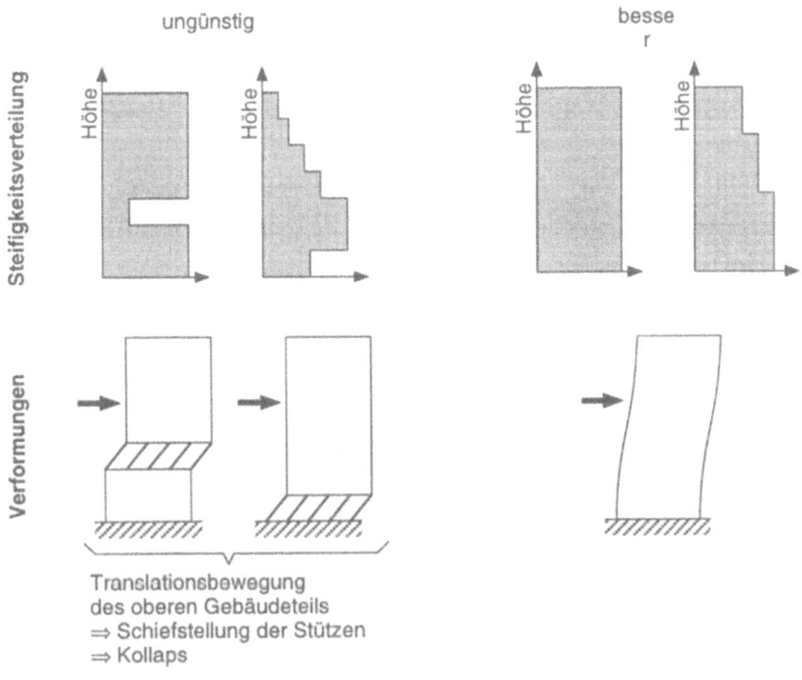


*Abb. 5.25: Steifigkeitsverteilung über die Gebäudehöhe [BaE]*

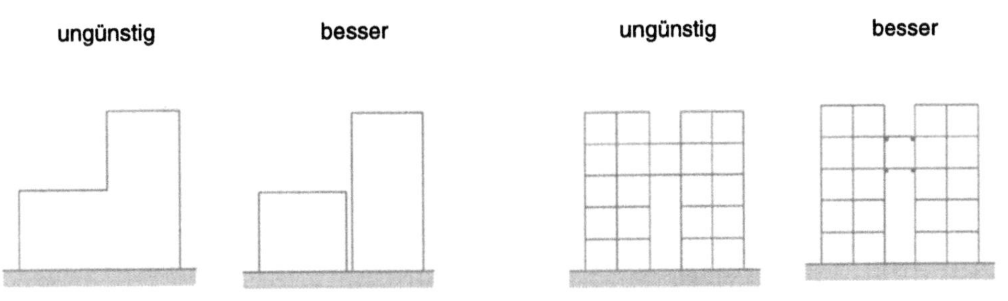


*Abb. 5.26: Fugen und Gebäudeverbindungen [BaE]*

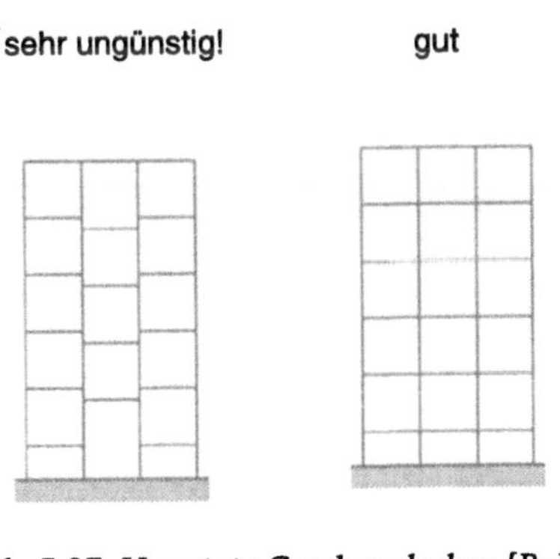


*Abb. 5.27: Versetzte Geschossdecken [BaE]*

## e) Fundation der Tragwände

Folgende Grundsätze sind wesentlich:

- Tragwände sind wenn immer möglich in einen *steifen Kasten der Untergeschosse* (UG-Kasten) einzuspannen (Abb. 5.28).
- Steht kein UG-Kasten zur Verfügung, ist eine *sehr massive Bodenplatte* vorzusehen. Bei hohen Tragwandkragträgern werden Kippen und Setzungsdifferenzen vorzugsweise mittels *Pfählung* verhindert.
- Bei *inhomogenem Baugrund* sind zusammenhängende Gebäudeteile zu pfählen oder Gebäude mittels Fugen zu trennen.

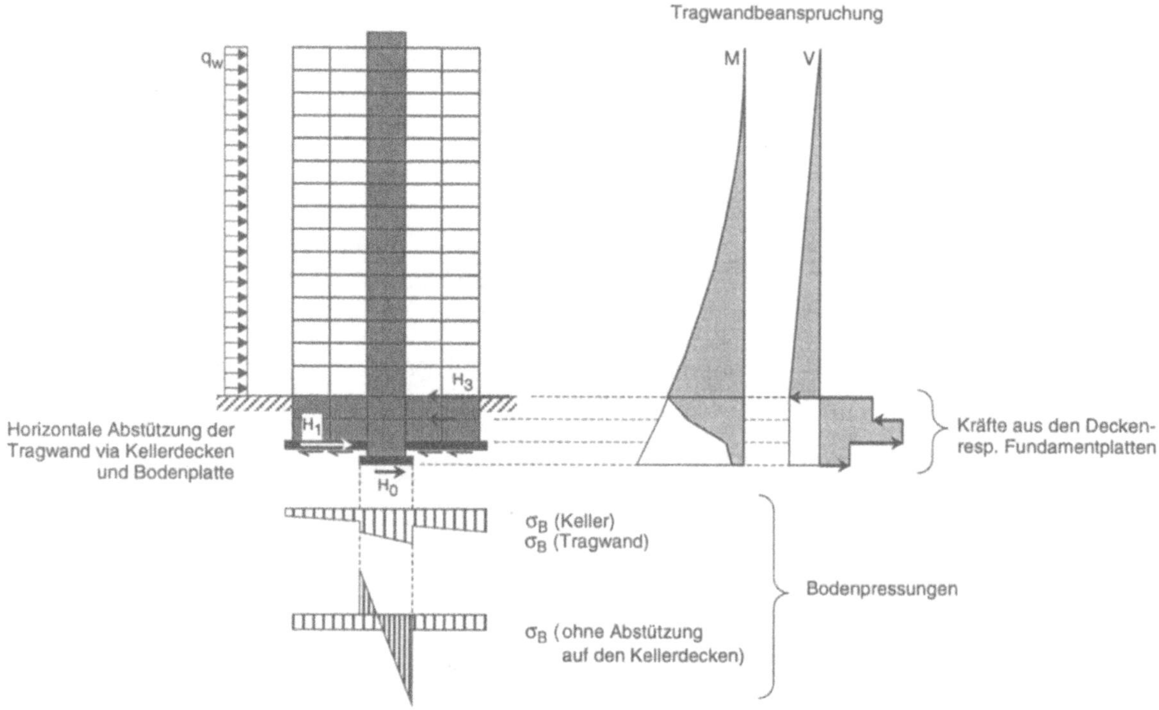


*Abb. 5.28: Beanspruchungen im UG-Kasten und in der Fundation (nach [FSA]*

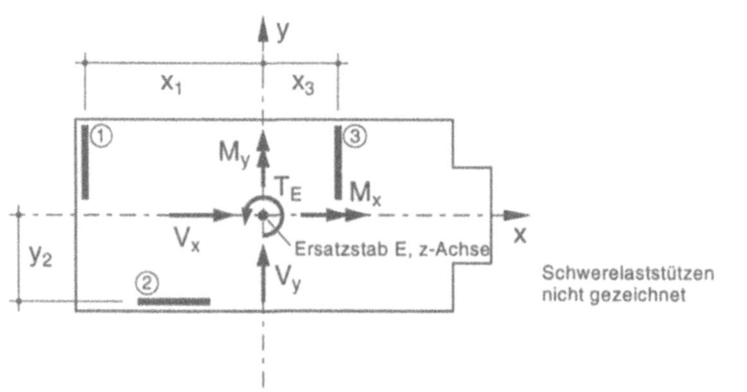


*Abb. 5.29: Beispielgrundriss eines statisch bestimmten Tragwandsystems*

### 5.3.3 Verteilung der Stockwerkquerkraft auf verschiedene Tragwände

Für die Modellbildung bei Tragwandsystemen *unter horizontalen Kräften* gelten die Annahmen gemäss Abschnitt 5.2.3. Für Definition und Lage des Ersatzstabes und der Stockwerkquerkräfte gelten die Ausführungen in Abschnitt 5.3.2b, insbesondere Abbildung 5.18.

#### a) Statisch bestimmte Tragwandsysteme

Werden die horizontalen Kräfte durch *drei* Tragwände übernommen, deren Wirkungslinien im Grundriss weder parallel sind noch sich in einem Punkt schneiden, so liegt ein *statisch bestimmtes* Tragwandsystem vor, und die Verteilung der Stockwerkquerkraft kann *allein über die Gleichgewichtsbedingungen* bestimmt werden.

*Grundlagen und Annahmen*

- Die Stockwerkquerkraft einerseits und die entsprechenden Querkräfte in den einzelnen Wänden anderseits sind statisch äquivalent.
- Schnittkräfte sind positiv, wenn sie in Richtung der Achsen $x$, $y$ und $z$ zeigen.
- Der Biegewiderstand senkrecht zur Wandebene wird vernachlässigt.

*Beispiel* (Abb. 5.29)

Verteilung von $V_x$ $(V_y = 0, T_E = T_{Ex} = 0)$:

$$V_x = V_{2x} \qquad \rightarrow \quad V_{2x} = V_x$$

$$V_y = 0 = V_{1y} + V_{3y} \qquad \rightarrow \quad V_{3y} = -V_{1y}$$

$$T_{Ex} = 0 = -V_{1y}\ x_1 + V_{2x}\ y_2 + V_{3y}\ x_3 \qquad \rightarrow \quad V_{1y} = V_x \frac{y_2}{x_1 + x_3}$$

Verteilung von $V_y$ $(V_x = 0,\ T_E = T_{Ey})$:

$$V_x = 0 = V_{2x} \qquad \rightarrow \quad V_{2x} = 0$$

$$V_y = V_{1y} + V_{3y} \qquad \rightarrow \quad V_{3y} = V_y - V_{1y}$$

$$T_{Ey} = -V_{1y}\ x_1 + V_{2x}\ y_2 + V_{3y}\ x_3 \qquad \rightarrow \quad V_{1y} = \frac{V_y x_3 - T_E}{x_1 + x_3}$$

Infolge $V_x$ und $V_y$ wird $V_{1y}$ relativ klein, und $V_{3y}$ wird relativ gross. Die Wandlängen bzw. die Widerstände können entsprechend angepasst werden.

Die Stockwerkquerkraft $V$ lässt sich auch *graphisch nach Culman* auf drei Tragwände verteilen (Abb. 5.30).

#### b) Statisch unbestimmte Tragwandsysteme

Sind *mehr als drei* Tragwände vorhanden (Abb. 5.31), so liegt ein *statisch unbestimmtes* Tragwandsystem vor. Zur Verteilung der Stockwerkquerkraft sind zusätzlich zu den Gleichgewichtsbedingungen *auch Verträglichkeitsbedingungen* zu berücksichtigen.

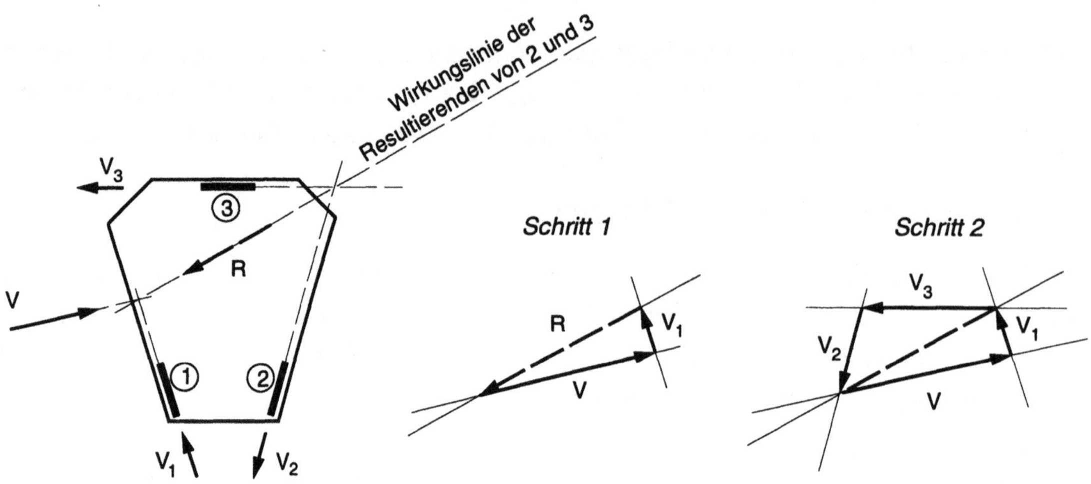


*Abb. 5.30: Wandquerkräfte (nach Culman bestimmt) in einem statisch bestimmten Tragwandsystem*

*Grundlagen und Annahmen*

Grundsätzlich gelten die gleichen Grundlagen und Annahmen wie bei statisch bestimmten Tragwandsystemen. Zusätzlich müssen die Biegesteifigkeiten der Wände in beiden Richtungen berücksichtigt werden. Es gilt:

> Die Stockwerkquerkraft verteilt sich *entsprechend der Biegesteifigkeit bzw. der Trägheitsmomente* auf die einzelnen Tragwandkragträger. (Dabei wird vorausgesetzt, dass die Biegesteifigkeiten über die Gebäudehöhe konstant bleiben, vgl. Abschnitt 5.3.5b.)

Eine grosse Rechengenauigkeit ist nicht angebracht, denn die effektive Steifigkeit der einzelnen Tragwände wird beeinflusst durch:

- unterschiedliche Rissebildungen;
- Aussparungen in den Wänden;
- Zwangsbeanspruchungen;
- unterschiedliche Nachgiebigkeit der Fundation (Einspannsteifigkeit).

Wichtig ist, dass unter Einhaltung der Gleichgewichtsbedingungen die *steifsten Tragwände* die *Hauptanteile* der Stockwerkquerkraft zugewiesen erhalten und einwandfrei dafür bemessen werden. Rechnerisch allenfalls nicht mitberücksichtigte, "weichere" Tragwände sind konstruktiv so zu bewehren, dass sie den Verformungen des Gesamtsystems schadenfrei folgen können (Mindestbewehrung zur Risseverteilung).

*Bestimmung des Steifigkeitszentrums (Schubmittelpunkt, Drehzentrum)*

Für die anschliessenden Erläuterungen gelten die folgenden Bezeichnungen:

| | |
|---|---|
| $I_{ix}$ : | Trägheitsmoment der Wand $i$ bezüglich $x$-Achse |
| $I_{iy}$ : | Trägheitsmoment der Wand $i$ bezüglich $y$-Achse |
| $x_i, y_i$: | Abstand Ersatzstab zum Schubmittelpunkt der Wand $i$ |
| $\bar{x}_i, \bar{y}_i$: | Abstand Steifigkeitszentrum zum Schubmittelpunkt der Wand $i$. |

Betrachtung für eine Querkraft in $x$-Richtung (Abb. 5.31 links):

Eine Querkraft $V_x$ im Steifigkeitszentrum $S$ erzeugt nur eine Translation in $x$-Richtung und keine Rotation. Dies bedeutet gleiche Durchbiegung sämtlicher Tragwandkragarme in $x$-Richtung. Die Querkraft $V_x$ verteilt sich in diesem Fall auf die einzelnen Wände proportional zu deren Steifigkeiten und, weil das statische System aller Tragwände gleich ist (Kragarm), proportional zu den Trägheitsmomenten um die $y$-Achse:

$$V_{1x} = V_x \cdot \frac{I_{1y}}{\Sigma I_{iy}} \quad ; \quad V_{2x} = V_x \cdot \frac{I_{2y}}{\Sigma I_{iy}} \quad ; \quad \ldots \quad \text{usw.}$$

Das Steifigkeitszentrum muss im Schwerpunkt der Querkräfte $V_{ix}$ und - weil die Querkräfte sich proportional zu den Trägheitsmomenten verhalten - im "Schwerpunkt der Trägheitsmomente $I_{iy}$" liegen. Dieser wird ermittelt durch eine "Momentenbedingung der Trägheitsmomente $I_{iy}$" um die Querschnittsachsen des Ersatzstabes:

$$y_S = \frac{\Sigma(I_{iy} \cdot y_i)}{\Sigma I_{iy}}$$

Betrachtung analog für eine Querkraft in $y$-Richtung (Abb. 5.31 rechts):

$$x_S = \frac{\Sigma(I_{ix} \cdot x_i)}{\Sigma I_{ix}}$$

Für das Tragwandsystem in Abb. 5.31 ergibt sich mit

$$I_{1y} = I_{6x} = t\frac{(2a)^3}{12} \quad ; \quad I_{2x} = I_{3x} = I_{4y} = I_{5y} = t \cdot \frac{a^3}{12} \quad ; \quad \text{t: Wandstärke}$$

$$I_{1x} = I_{2y} = I_{3y} = I_{4x} = I_{5x} = I_{6y} \approx 0 \quad \text{(Biegung um die weiche Achse vernachlässigt)}$$

$$x_S = 2.0\ a \quad ; \quad y_S = 1.2\ a$$

*Verteilung der Querkräfte*

Die Beanspruchungen aus äusseren Einwirkungen werden vorerst gemäss Abbildung 5.18 an einem Ersatzstab E bestimmt (Abb. 5.31, 1. und 2. Schritt). Für die Verteilung der Stockwerkquerkräfte auf die Tragwände werden die Schnittkräfte des Ersatzstabes nach den Regeln der Mechanik aus der Achse des Ersatzstabes E in das Steifigkeitszentrum $S$ verschoben (Abb. 5.31, 3. Schritt). Dort wirken also die folgenden, statisch äquivalenten Kräfte:

$$V_x,\ V_y,\ M_y,\ M_x$$

$$T_{Sx} = T_{Ex} + V_x \cdot y_S \text{ und } T_{Sy} = T_{Ex} - V_y \cdot x_S, \text{ wobei } T_S = T_{Sx} + T_{Sy},\ T_E = T_{Ex} + T_{Ey}$$

Zur Unterscheidung wird die im Ersatzstab ermittelte Beanspruchung mit dem Index E, die im Steifigkeitszentrum ermittelte Beanspruchung mit dem Index S bezeichnet.

Die Querkräfte $V_x$ und $V_y$ im Steifigkeitszentrum S erzeugen eine *Translation* der starren Deckenscheibe in $x$- und $y$-Richtung, und sie verteilen sich deshalb proportional zu den massgebenden Trägheitsmomenten. Die Querkräfte $V_{1x}$, $V_{2x}$, ..., $V_{1y}$, $V_{2y}$, ... der einzelnen Wände infolge der Querkräfte $V_x$, $V_y$ im Steifigkeitszentrum werden

$$V_{1x} = V_x \frac{I_{1y}}{\Sigma I_{iy}}, \ldots, \quad V_{1y} = V_y \frac{I_{1x}}{\Sigma I_{ix}}, \ldots .$$

Das Torsionsmoment $T_S$ im Steifigkeitszentrum $S$ erzeugt eine *Rotation* der starren Deckenscheibe um das Steifigkeitszentrum. Es wird von sämtlichen Wänden übernommen:

$$T_S = -(V_{1x} \cdot \bar{y}_1 + V_{2x} \cdot \bar{y}_2 + \ldots) + V_{1y} \cdot \bar{x}_1 + V_{2y} \cdot \bar{x}_2 + \ldots \quad ;$$

Die Durchbiegungen der Tragwandkragarme infolge der Rotation der starren Deckenscheibe sind proportional zu den Hebelarmen $\bar{y}_1$, $\bar{y}_2$, ..., $\bar{x}_1$, $\bar{x}_2$, .... Die Querkräfte $V_{1x}$, $V_{2x}$, ..., $V_{1y}$, $V_{2y}$, ..., der einzelnen Wände infolge des Torsionsmomentes $T_S$ sind daher proportional zu den Trägheitsmomenten und zu den Hebelarmen ($k$ = Konstante):

$$V_{1x} = -k \cdot I_{1y} \cdot \bar{y}_1, \ldots, V_{1y} = k \cdot I_{1x} \cdot \bar{x}_1, \ldots$$

Damit wird das Torsionsmoment (i = Nummer der Tragwand):

$$T_S = k \cdot I_{1y} \cdot \bar{y}_1^2 + k \cdot I_{2y} \cdot \bar{y}_2^2 + \ldots + k \cdot I_{1x} \cdot \bar{x}_1^2 + k \cdot I_{2x} \cdot \bar{x}_2^2 + \ldots = k\Sigma(I_{iy} \cdot \bar{y}_i^2 + I_{ix} \cdot \bar{x}_i^2)$$

Die Anteile der einzelnen Wände am Torsionsmoment ergeben sich zu:

$$T_{1x} = T_S \frac{I_{1y} \cdot \bar{y}_1^2}{\Sigma(I_{iy} \cdot \bar{y}_i^2 + I_{ix} \cdot \bar{x}_i^2)}, \ldots, \quad T_{1y} = T_S \frac{I_{1x} \cdot \bar{x}_1^2}{\Sigma(I_{iy} \cdot \bar{y}_i^2 + I_{ix} \cdot \bar{x}_i^2)}, \ldots$$

Und mit $V_{1x} = -T_{1x}/\bar{y}_1, \ldots, V_{1y} = T_{1y}/\bar{x}_1, \ldots$, werden die Querkräfte der einzelnen Wände infolge des Torsionsmomentes $T_S$ im Steifigkeitszentrum

$$V_{1x} = -T_S \frac{I_{1y} \cdot \bar{y}_1}{\Sigma(I_{iy} \cdot \bar{y}_i^2 + I_{ix} \cdot \bar{x}_i^2)}, \ldots, \quad V_{1y} = T_S \frac{I_{1x} \cdot \bar{x}_1}{\Sigma(I_{iy} \cdot \bar{y}_i^2 + I_{ix} \cdot \bar{x}_i^2)}$$

Die gesamte Querkraft einer Wand i aus $V_x$, $V_y$, $T_E$ im Ersatzstab bzw. aus $V_x$, $V_y$ und $T_S$ im Steifigkeitszentrum (4. Schritt) ergibt sich somit zu

$$V_{ix} = V_x \frac{I_{iy}}{\Sigma I_{iy}} - T_S \frac{I_{iy} \cdot \bar{y}_i}{\Sigma(I_{iy} \cdot \bar{y}_i^2 + I_{ix} \cdot \bar{x}_i^2)} = V_x \frac{I_{iy}}{\Sigma I_{iy}} - (T_E + V_x y_S - V_y x_S) \cdot \frac{I_{iy} \cdot \bar{y}_i}{\Sigma(I_{iy} \cdot \bar{y}_i^2 + I_{ix} \cdot \bar{x}_i^2)}$$

$$V_{iy} = V_y \frac{I_{ix}}{\Sigma I_{ix}} + T_S \frac{I_{ix} \cdot \bar{x}_i}{\Sigma(I_{iy} \cdot \bar{y}_i^2 + I_{ix} \cdot \bar{x}_i^2)} = V_y \frac{I_{ix}}{\Sigma I_{ix}} + (T_E + V_x y_S - V_y x_S) \cdot \frac{I_{ix} \cdot \bar{x}_i}{\Sigma(I_{iy} \cdot \bar{y}_i^2 + I_{ix} \cdot \bar{x}_i^2)}$$

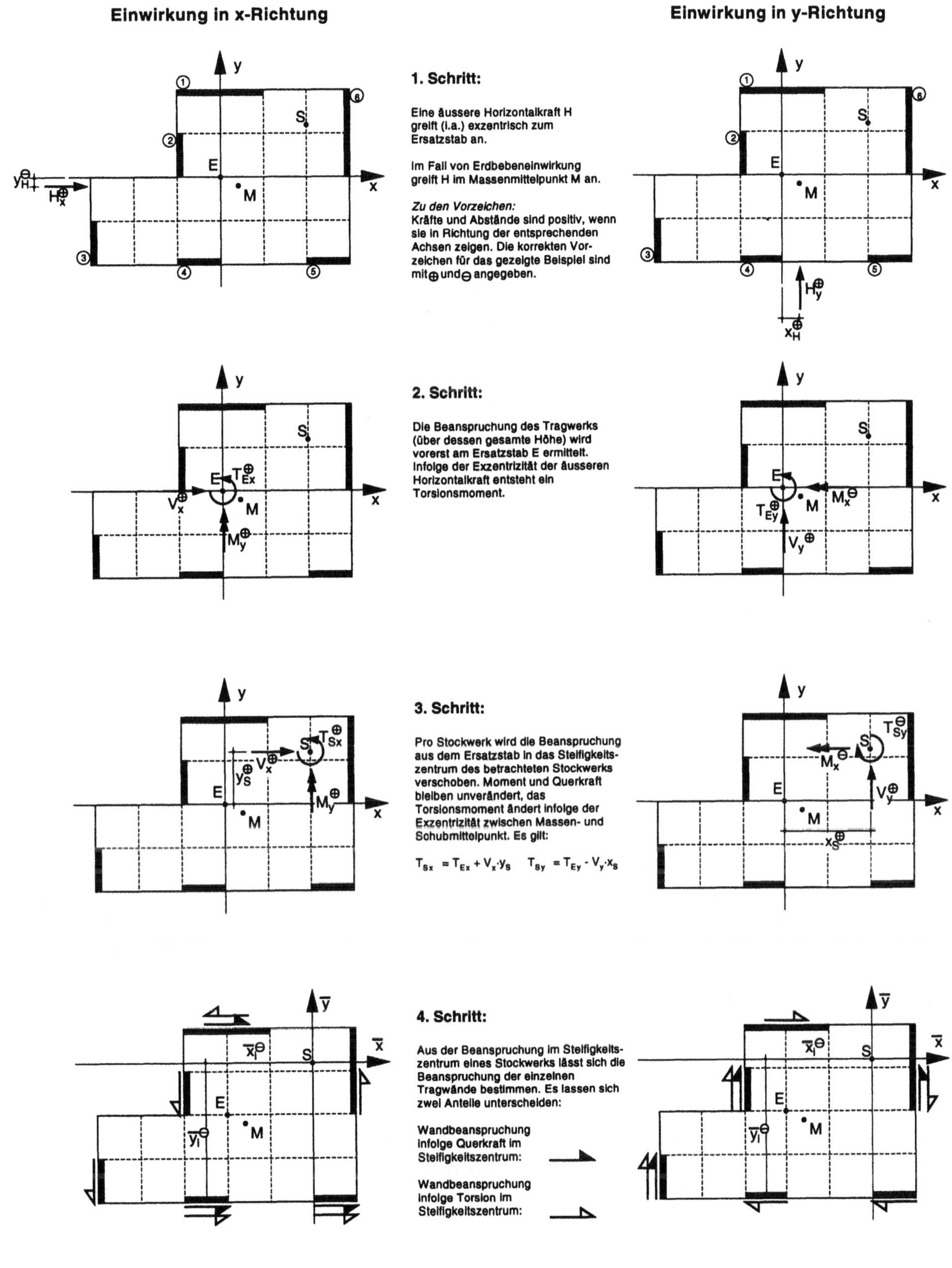


*Abb. 5.31: Beispielgrundriss eines statisch unbestimmten Tragwandsystems mit Bestimmung der Beanspruchung*

In Abbildung 5.31 (4. Schritt) sind die entsprechenden, statisch äquivalenten Querkräfte in den Tragwänden für eine Beanspruchung nur in $x$- resp. $y$-Richtung dargestellt. (Biegung der Wände um die weiche Achse vernachlässigt). Dabei wurden die Beanspruchungen der einzelnen Wände aus $V_x$, $V_y$ und $T_S$ getrennt dargestellt.

Für praktische Berechnungen und für die Überprüfung und die Beurteilung von Anordnung und Querschnitten von Tragwänden empfiehlt es sich, vorerst die *Verteilung der Stockwerkquerkraft für eine Einheitsquerkraft* ($V_x = 1$ bzw. $V_y = 1$ im Ersatzstab oder im Steifigkeitszentrum) vorzunehmen [BaE] [PBM].

Bei Tragwänden mit nicht rechteckigem Querschnitt (Querschnitte mit Flanschen, Winkelquerschnitte, U-Querschnitte, Hohlkastenquerschnitte usw.) müssen die Querkräfte in den jeweiligen Schubmittelpunkten der einzelnen Wände ermittelt werden. Dabei wird die Eigentorsionssteifigkeit vernachlässigt. In besonderen Fällen (z.B. grössere Hohlkastenquerschnitte) können verfeinerte Betrachtungen angebracht sein [PBM].

## 5.3.4 Ermittlung der Biegemomente in den einzelnen Tragwänden

Sofern sich die Lage der einwirkenden *horizontalen Kräfte* im Grundriss und/oder der Querschnitt der Tragwände über die Bauwerkshöhe ändern, müssen vorerst die Verteilung der Stockwerkquerkraft $V$ und damit die Querkräfte $V_i$ in den einzelnen Tragwänden $i$ in sämtlichen Stockwerken ermittelt werden. Daraus können für die einzelnen Tragwände die pro Stockwerk einwirkenden Kräfte und die entsprechenden Biegemomente bestimmt werden (Abb. 5.32).

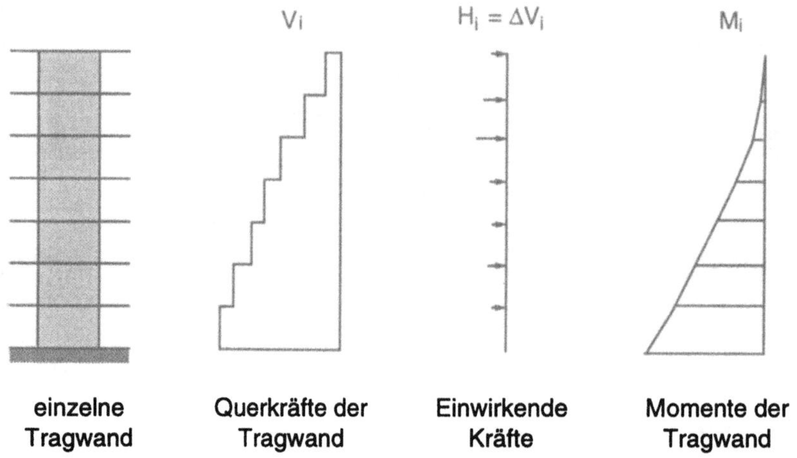


*Abb. 5.32: Ermittlung der Biegemomente in einer einzelnen Tragwand i*

Selbstverständlich muss in jeder Höhe des Tragwandsystems die Summe der Querkräfte bzw. der Momente der einzelnen Tragwände gleich der Gesamtquerkraft bzw. dem Gesamtmoment gemäss Abbildung 5.31 (auch Abb. 5.18) sein.

## 5.3.5 Zusammenwirkende und gekoppelte Tragwände

### a) Definitionen

- Bei *zusammenwirkenden Tragwänden* sind die in den dünnen Decken entstehenden Biegemomente und Querkräfte verhältnismässig klein. Sie dürfen in der Regel vernachlässigt werden. Die Verbindung zwischen den Decken und den Tragwänden kann somit im statischen Modell als gelenkig angenommen werden.
- Bei *gekoppelten Tragwänden* hingegen sind die in den Koppelungsriegeln entstehenden Biegemomente und Querkräfte wesentlich. Sie müssen wegen ihres Einflusses auf die Normalkräfte, Biegemomente und Querkräfte in den beiden Tragwänden unbedingt berücksichtigt werden.

Typische Verformungen von zusammenwirkenden und gekoppelten Tragwänden sind in Abbildung 5.33 dargestellt.

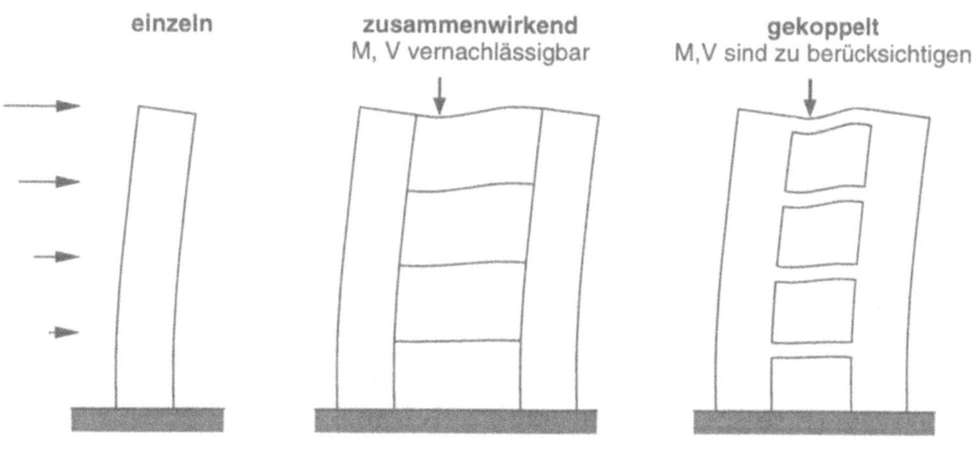


*Abb. 5.33: Zusammenwirkende und gekoppelte Tragwände*

### b) Zusammenwirkende Tragwände

Die Verteilung der am Ersatzstab berechneten Stockwerkquerkraft nach den Steifigkeiten (Abschnitt 5.3.3) gilt für zusammenwirkende Tragwände.

*Querschnittssprünge*
Im Falle von Querschnittssprüngen bei den Tragwänden sollte das Verhältnis der Steifigkeiten der einzelnen Tragwände zur Gesamtsteifigkeit unter- und oberhalb der Sprungstelle gleich sein (gleiche Biegelinien). Die Verteilung der Stockwerkquerkraft entsprechend den Steifigkeiten (Abschnitt 5.3.3) ist richtig, falls gilt (Abb. 5.34):

$$\frac{I_{1,u}}{I_{1,u} + I_{2,u}} = \frac{I_{1,o}}{I_{1,o} + I_{2,o}}$$

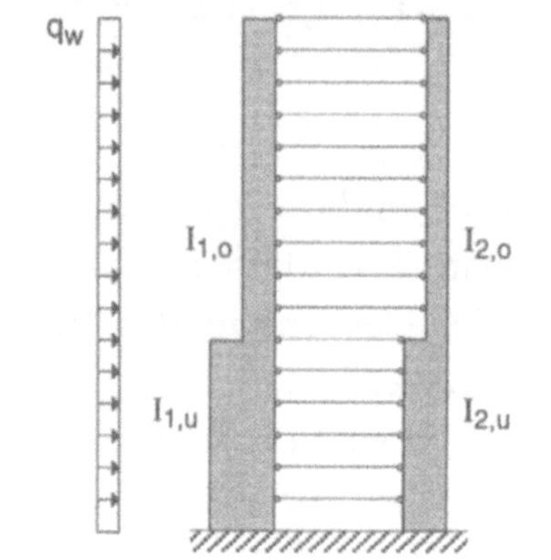


*Abb. 5.34: Steifigkeitssprung mit gleichbleibendem Verhältnis der Steifigkeiten (nach [Kö])*

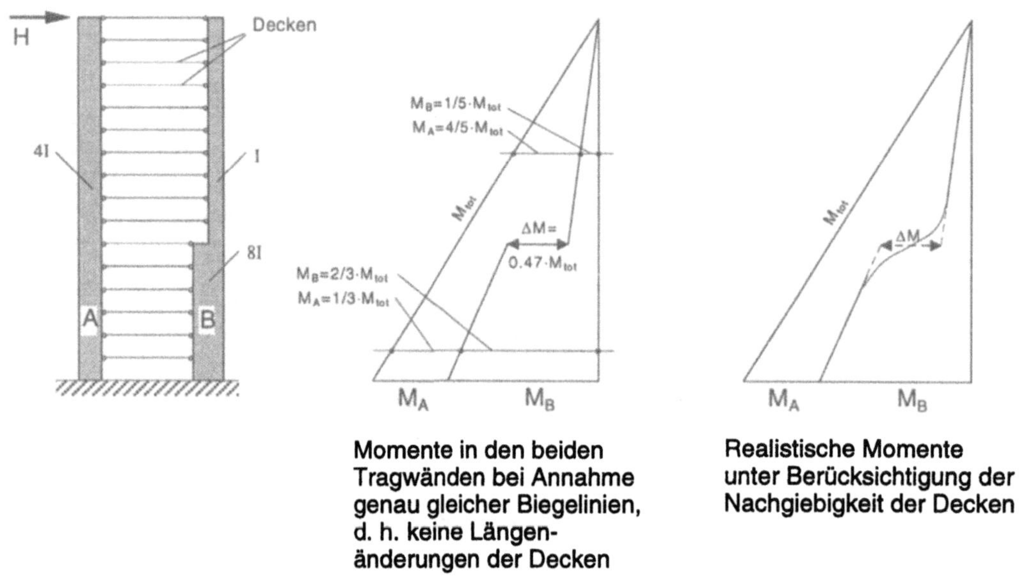


*Abb. 5.35: Steifigkeitssprung und Momentensprung bei zusammenwirkenden Tragwänden (nach [FSA])*

Ist jedoch das Verhältnis der Steifigkeiten der einzelnen Tragwände zur Gesamtsteifigkeit unter- und oberhalb der Sprungstelle verschieden (Abb. 5.35), so müssen die gleichen horizontalen Durchbiegungen auf der Höhe der Decken erzwungen werden. Im Bereich des Steifigkeitssprunges entstehen dadurch *grosse Deckennormalkräfte* (Verbindungskräfte). Sie können z.B. mit einem Stabstatikprogramm ermittelt werden.

*Diskussion* (Abb. 5.35)

- Beim Momentenverlauf im Bereich der Sprungstelle der Tragwand-Steifigkeit stellt sich ein schleifender Übergang ein [FSA].
- Davon abgesehen darf die Verteilung der Stockwerkquerkraft auch für diesen Fall gemäss Abschnitt 5.3.3 erfolgen.
- Die Decken im Einflussbereich des Steifigkeitssprunges (ca. zwei Stockwerke darüber und zwei Stockwerke darunter) sind für die grossen Verbindungskräfte zu dimensionieren. Zu beachten sind insbesondere die Krafteinleitungsbereiche.

## c) Gekoppelte Tragwände

Durch die horizontale Verformung zweier gekoppelter Tragwände wird den Koppelungsriegeln an deren Enden der Drehwinkel $\varphi_i$ aufgezwungen (Abb. 5.36).

Die erzwungene Querkraft $V_i$ des Riegels $i$ ist in einem elastischen System proportional zu $\varphi_i$ und zur Biegesteifigkeit des Riegels sowie umgekehrt proportional zur Länge des Riegels. $V_i$ verändert in den beiden Tragwänden die Normalkraft um $\Delta N_i = V_i$ und das Moment um $\Delta M_i = V_i \cdot a/2$.

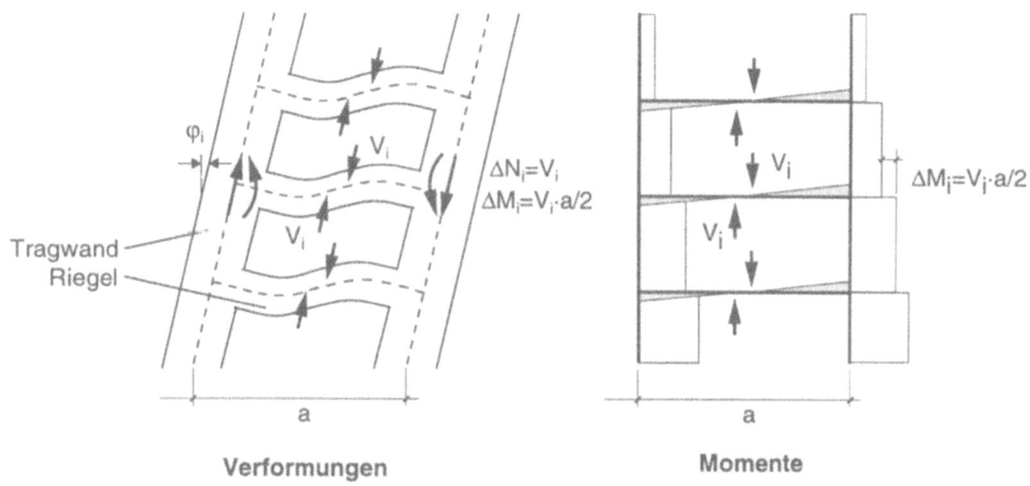


*Abb. 5.36: Typische Beanspruchung gekoppelter Tragwände*

Das totale Moment $M_{tot}$ infolge $q_w$ bzw. das Moment $M_{tot}/2$ in jeder Tragwand im Fall "keine Riegel" wird durch die Riegel um $\Delta M_{tot}$ bzw. um $\Delta M_{tot}/2$ reduziert. Das Gleichgewicht wird durch Normalkräfte in den beiden Tragwänden aufrecht erhalten (Abb. 5.37): $N = \Sigma V_i$, $\Delta M_{tot} = Na$.

Bei Ausbiegung nach rechts wird die linke Wand zur "Zugwand" und die rechte Wand zur "Druckwand", bei Ausbiegung nach links verhält es sich umgekehrt.

Für die Berechnung gekoppelter Tragwände wurden in der Vergangenheit spezielle Verfahren entwickelt. Heute stehen Computerprogramme (Rahmenprogramme, Stabstatikprogramme, usw.) zur Verfügung, mit welchen die oft unregelmässige Geometrie besser erfasst werden kann.

*Modellierung des Stabsystems (Abb. 5.38)*

Folgende Annahmen sind zweckmässig:

- Die elastische Einspannung der Riegel seitlich in die Tragwände ist durch eine Verlängerung der lichten Riegellängen $l_R$ um jeweils die halbe Riegelhöhe $d_R$ zu berücksichtigen.
- Die restliche Riegellänge bis zur Tragwandachse wird als unendlich steif angenommen.
- Die unterschiedliche Steifigkeitsreduktion in Riegeln und Tragwänden infolge Rissebildung ist gemäss Abschnitt 5.2.3a zu berücksichtigen.

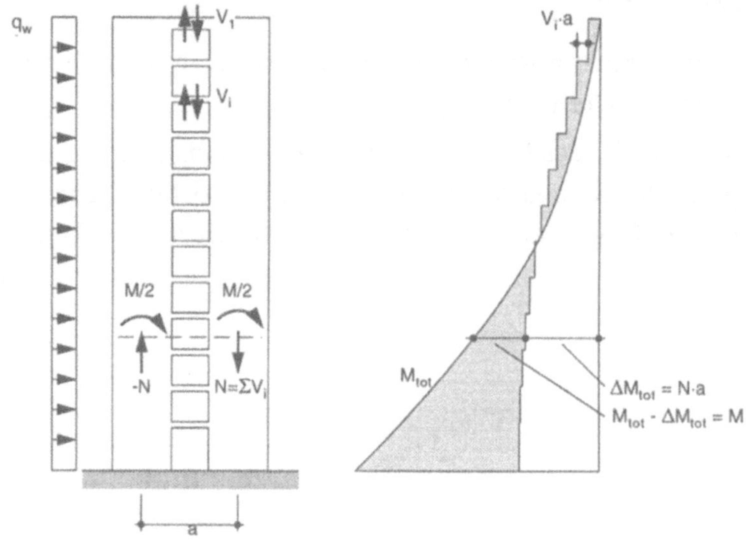


*Abb. 5.37: Wirkung der Riegel auf die Wandmomente (nach [FSA])*

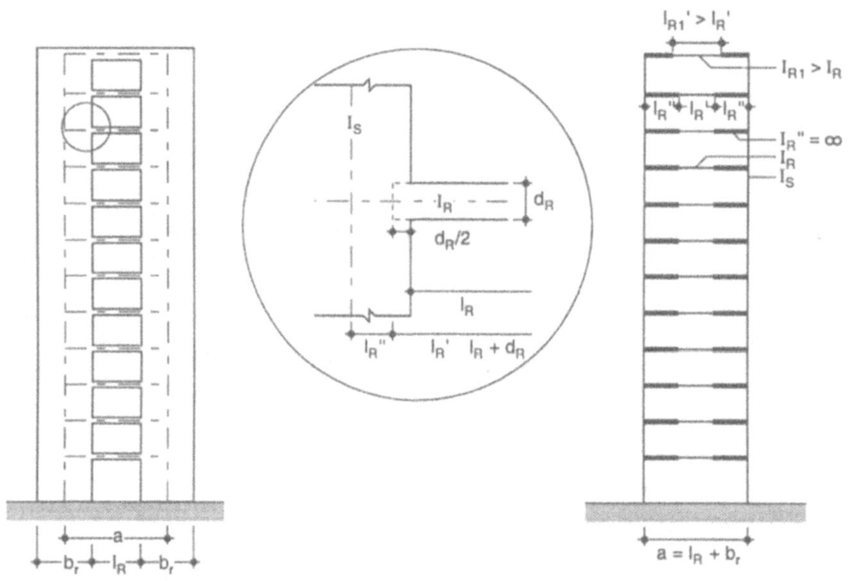


*Abb. 5.38: Modellierung gekoppelter Tragwände (nach [FSA])*

*Diskussion des Tragverhaltens*

- Die Verhältnisse können am Modell mit "verschmierten Riegeln" anschaulich dargestellt werden (Beanspruchung durch Windkräfte) (Abb. 5.39).
- Der maximale Drehwinkel $\varphi$ des gekoppelten Tragwandkragträgers kann unterhalb des obersten Stockwerks liegen. Die Biegelinie der Tragwand hat dann einen Wendepunkt.
- Die Reduktion der Tragwandmomente durch die Riegel kann sehr gross sein. Bei hohen Bauten lohnt sich die Berücksichtigung der Koppelung schon bei relativ weichen Riegeln.
- Im obersten Teil der Tragwand können Momente mit umgekehrten Vorzeichen auftreten (Abb. 5.37).

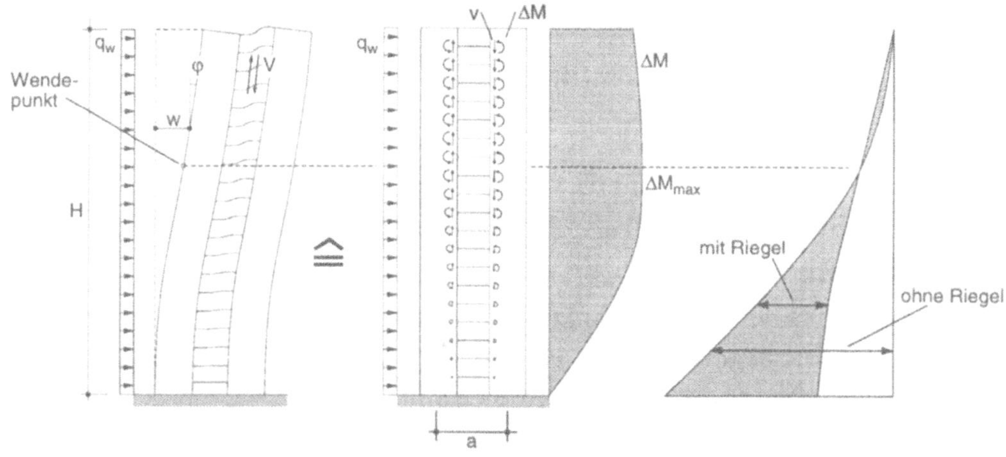


*Abb. 5.39: Unterschiede der Beanspruchung von Tragwänden mit und ohne Riegel (nach [FSA])*

# 5.4 Rahmensysteme

## 5.4.1 Definition, Beschrieb

In Rahmensystemen werden horizontale Kräfte über relativ *gedrungene, biege- und schubfeste Stützen* sowie über ebensolche Riegel abgeleitet. Stützen und Riegel sind in Knoten biegesteif miteinander verbunden (Abb. 5.40).

Rahmen wirken *für horizontale Kräfte* als kragarmartige, in die Fundation bzw. in den steifen UG-Kasten eingespannte Tragwerke. Sie verhalten sich in ihrer Ebene aber wie *Schubträger.* Zu beachten sind die *hohen Querkräfte in den Stützen.*

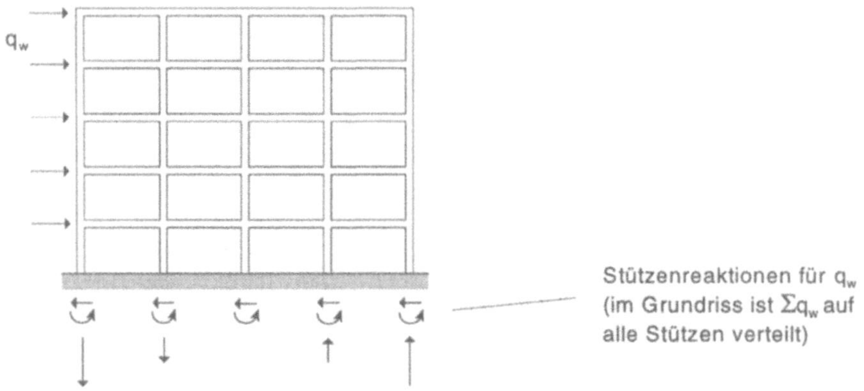


*Abb. 5.40: Abtragung horizontaler Kräfte durch Rahmen*

Zwei Gruppen von rechtwinklig zueinander angeordneten, ebenen Rahmen bilden zusammen mit den starren Deckenscheiben ein *räumliches Rahmensystem.*

Rahmen lassen sich auch kombinieren mit Tragwänden und/oder Grundrissbereichen, in denen nur Schwerelaststützen angeordnet sind (siehe Abschnitt 5.5).

*Probleme bei Rahmensystemen*

- Rahmen sind relativ weich. Die Verformungen infolge horizontaler Kräfte sind dementsprechend gross. Stahlrahmen sind noch weicher als Stahlbetonrahmen. Einflüsse 2. Ordnung können insbesondere bei Stahlrahmenstützen bedeutungsvoll sein. Deshalb eignen sich reine Rahmenbauten vorwiegend für niedrige Gebäude mit wenig Geschossen.
- Die biegesteife Ausbildung der Rahmenknoten ist konstruktiv aufwendig (insbesondere im Betonelementbau).
- Die zur Aufnahme der Stützenendmomente erforderlichen, relativ hohen Riegel erweisen sich oft als störend und beeinträchtigen die Nutzung (Installationen).

## 5.4.2 Entwurf von Rahmensystemen

Bezüglich Grundrissformen der Geschossdecken und der Gestaltung im Aufriss gelten sinngemäss die Regeln der Abschnitte 5.3.2a und 5.3.2d. Zusätzlich sind bei Rahmensystemen *unter horizontalen Kräften* folgende Aspekte zu klären:

- Sind die Verformungen "verkraftbar"?
- Anordnung der Rahmen im Grundriss;
- Hauptabmessungen von Riegeln und Stützen;
- Detailausbildung der Knoten.

### a) Sind die Verformungen "verkraftbar"?

Der Ingenieur muss primär davon überzeugt sein, dass eine für horizontale Kräfte "weiche" Konstruktion tatsächlich sinnvoll und insbesondere gebrauchstauglich ist. Folgende Abklärungen sind notwendig:

- Abschätzen der Verformungsgrössen der Rahmen unter horizontalen Kräften;
- Abschätzen der Verformungsempfindlichkeit der nichttragenden Elemente (Zwischenwände, Fassadenelemente);
- Untersuchung der Auswirkungen der Horizontalverformungen auf allenfalls angrenzende Nachbargebäude (Zusammenprall bei Erdbeben).

Merke: Das Verformungsproblem ist allein mit der tragenden Konstruktion zu lösen. Eine allfällige aussteifende Wirkung nichttragender Elemente ist rechnerisch kaum erfassbar. Wird ihnen dennoch "auf gut Glück" eine derartige Aufgabe zugewiesen, sind Schäden infolge lokaler Spannungsspitzen in den spröden und "gezwängten" Elementen vorprogrammiert. Deshalb gilt: Sind reine Rahmensysteme für horizontale Kräfte zu weich, muss das Konzept geändert werden (Tragwandsysteme, gemischte Systeme).

### b) Anordnung der Rahmen im Grundriss

Eine *symmetrische Anordnung* der Rahmen in beiden orthogonalen Richtungen des Grundrisses ist noch wesentlich wichtiger als die in Abschnitt 5.3.2 geforderte Symmetrie bei Tragwandsystemen. Das Steifigkeitszentrum muss nahe beim Windkraftzentrum bzw. beim Massenzentrum liegen. Verformungen infolge Torsion im Grundriss sind kaum verkraftbar. Torsion im Grundriss kann auch eine Folge unregelmässiger Gebäudeformen sein (Abb. 5.41).

### c) Querschnitts-Abmessungen von Riegeln und Stützen

Damit sich Rahmensysteme unter Erdbebeneinwirkung möglichst günstig verhalten, muss sich ein sogenannter plastischer *Riegelmechanismus* ausbilden können (Abb. 5.42). Bei gleicher Gesamtverformung $\Delta$ ist die Energiedissipation beim Riegelmechanismus wesentlich besser verteilt als beim *Stützenmechanismus*, und der Duktilitätsbedarf in den plastischen Gelenken (Rotationsfähigkeit) ist wesentlich geringer ($\theta_1 << \theta_2$), ebenso der Einfluss 2. Ordnung der Normalkraft auf die Stützen (sogenannter N-$\Delta$-Effekt).

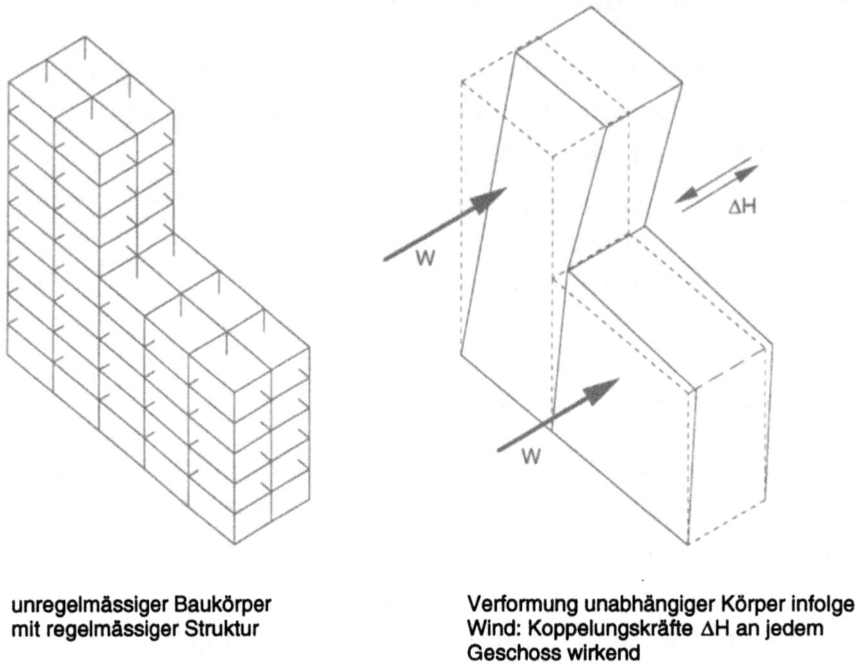


*Abb. 5.41: Torsion infolge unregelmässiger Gebäudeform [DG]*

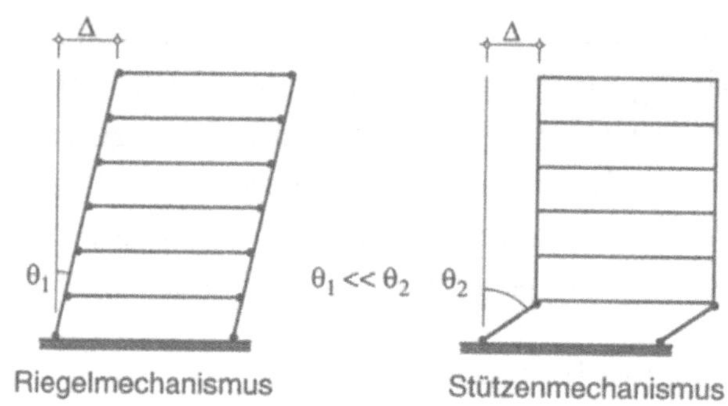


*Abb. 5.42: Riegelmechanismus und Stützenmechanismus [BaE]*

Um einen Riegelmechanismus zu bewirken, sind die Querschnitte von Stützen und Riegeln mit ihren plastischen Momenten so zu wählen, dass gilt:

$$M_{\text{pl,Stütze}} \geq 1.2 \cdot M_{\text{pl,Riegel}}$$

Die einzigen beim Stützenmechanismus unvermeidbaren Stützengelenke am Rahmenfuss sind sorgfältig zu bemessen und konstruktiv einwandfrei auszubilden:

- Starke Umschnürungsbewehrung aus Bügeln über eine Höhe des 1.5fachen der grösseren Querschnittsabmessung bei Betonstützen;
- Vermeidung lokaler Instabilitäten durch Aussteifungsbleche bei Stahlstützen.

Eine eingehendere Behandlung solcher Fragen findet sich in [BaE] und [PBM].

### d) Detailausbildung der Knoten

Die Detailausbildung der Knoten ist ein zentrales Problem bei Rahmenbauten. Insbesondere räumliche Knoten, d.h. Kreuzungspunkte zweier orthogonal gerichteter, ebener Rahmen sind sowohl in Beton als auch in Stahl konstruktiv aufwendig (vgl. Abschnitt 5.6).

Platzverhältnisse, Bau- und Montagevorgänge sind schon im Entwurf detailliert zu untersuchen.

## 5.4.3 Schnittkräfte in mehrgeschossigen Rahmen

Für die Berechnung von Rahmen *für horizontale Kräfte* stehen hochentwickelte Rechenprogramme zur Verfügung. Die nachfolgenden Ausführungen sollen das Verständnis für das generelle Tragverhalten von Rahmen fördern und eine kompetente *Kontrolle der Schnittkraftberechnungen von Stabstatikprogrammen* ermöglichen.

### a) Globale Gleichgewichtsbetrachtung

Es sollen die Auflagerreaktionen eines mehrfeldrigen und mehrgeschossigen Rahmens mit jenen eines Kragarms verglichen werden (Abb. 5.43). Es gelten folgende Bezeichnungen:

$M_{o,i}$, $V_{o,i}$, $N_{o,i}$: Auflagerreaktionen des i-ten Stützenfusses infolge horizontaler Windkraft $q_w$

$M_k$, $V_k$ : Auflagerreaktionen beim Kragarmfuss

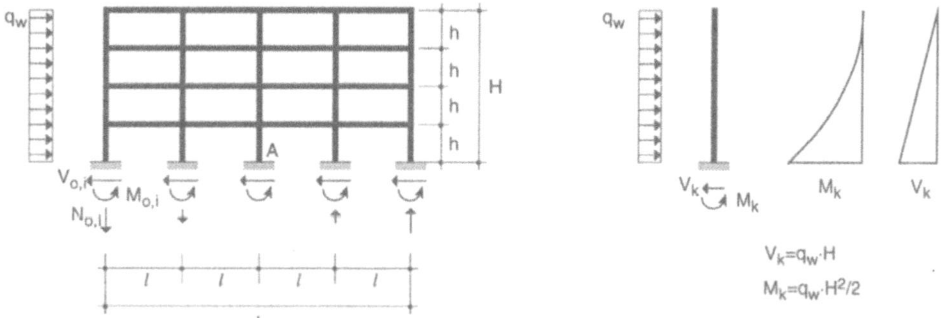


*Abb. 5.43: Auflagerreaktionen am Rahmensystem und am Kragarm [Gi]*

Gleichgewicht bezüglich Punkt A:

$$\Sigma M = 0 \ : \ \Sigma M_{o,i} + N_{o,1} \cdot L + N_{o,2} \cdot \frac{L}{2} = q_w \cdot \frac{H^2}{2}$$

$$\Sigma V = 0 \ : \ \Sigma V_{o,i} = q_w \cdot H$$

$$\Sigma N = 0 \ : \ \Sigma N_{o,i} = 0$$

Durch *Schätzen der Momentennullpunkte* in Stützen und Riegeln lässt sich das hochgradig statisch unbestimmte System auf ein statisch bestimmtes System zurückführen:

- Generell: Momentennullpunkt in Riegel- bzw. Stützenmitte (wirkt wie Gelenk);
- unterste Stützen mit starrer Einspannung im UG-Kasten (Kellerwände): Momentennullpunkt auf 2/3 Stützenhöhe.

Die *Stützenfussmomente* lassen sich aufgrund dieser Annahmen einfach abschätzen. Ein Beispiel ist in Abbildung 5.44 dargestellt. Es gilt:

$$V_o = q_w\left(H - \frac{2h}{3}\right)$$

$$\Sigma M_{o,i} = \underbrace{V_o \cdot \frac{2h}{3}}_{\text{Verteilung entsprechend den Biegesteifigkeiten auf die einzelnen Stützen}} + \underbrace{q_w \cdot \left(\frac{2h}{3}\right)^2 \cdot \frac{1}{2}}_{\text{auf Randstütze direkt wirkend}}$$

Das globale Gleichgewicht wird sichergestellt durch das *Differenzmoment*

$$\Delta M = M_{tot} - \Sigma M_{o,i} = \frac{V_o}{2}\left(H - \frac{2h}{3}\right) \quad ; \quad M_{tot} = M_k = q_w \cdot \frac{H^2}{2} \quad \text{(Kragarmmoment)}$$

$\Delta M$ wird durch die Stützennormalkräfte $N_{o,i}$ in die Fundation abgeleitet (analog den gekoppelten Tragwänden). Von Bedeutung sind dabei insbesondere die Normalkräfte in den Randstützen.

Die *Stützenmomente in den oberen Geschossen* lassen sich analog abschätzen. Die Riegelmomente ergeben sich aus dem Gleichgewicht am Rahmenknoten.

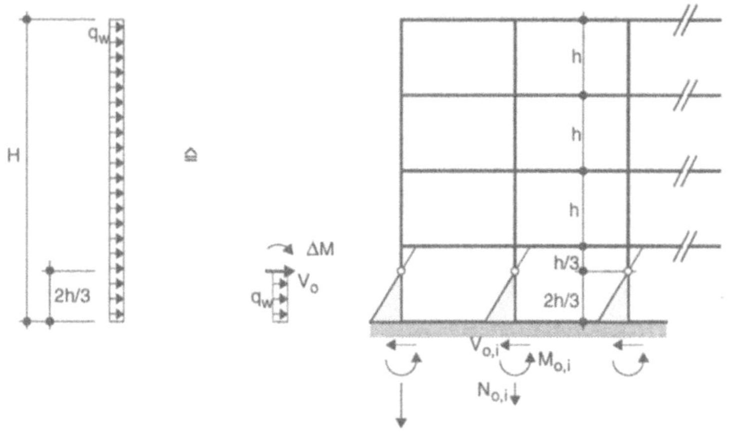


*Abb. 5.44: Abschätzung der Stützenfussmomente [Gi]*

## b) Einfacher Sonderfall

Der Schnittkraftverlauf lässt sich am folgenden einfachen Sonderfall in Abbildung 5.45 anschaulich darstellen.

*Annahmen*

- Gleiche Abmessungen über die ganze Rahmenhöhe;
- das Trägheitsmoment der Randstützen ist halb so gross wie jenes der Innenstützen;
- der Momentennullpunkt in den untersten Stützen befindet sich auf halber Geschosshöhe (Drehsteifigkeit des Fusses = Drehsteifigkeit der oberen Rahmenknoten);
- das Trägheitsmoment des Dachriegels ist halb so gross wie jenes der übrigen Riegel.

*Diskussion*

- Das Gesamtmoment $M_{tot}$ wird bei mehrgeschossigen Rahmen vorwiegend durch Normalkräfte in den Randstützen abgetragen.
- Die Normalkräfte in den Innenstützen sind im vorliegenden Fall gleich Null (Querkräfte der Riegel links und rechts der Innenstützen sind absolut gleich gross).
- Riegel- und Stützenmomente verhalten sich proportional zur entsprechenden Stockwerkquerkraft.

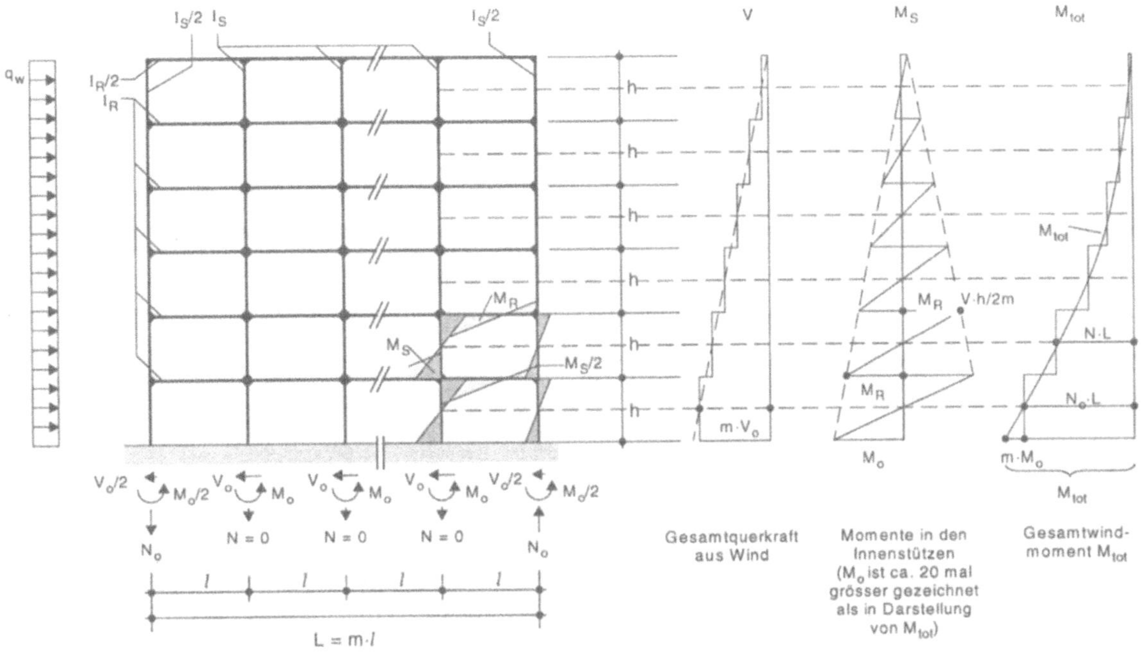


*Abb. 5.45: Schnittkraftverlauf in einem einfachen Sonderfall eines Rahmens (nach [FSA])*

### 5.4.4 Verformungen in mehrgeschossigen Rahmen

Verformungen aus *horizontalen Kräften* entstehen durch

- Biegemomente in Stützen und Riegeln;
- Querkräfte in Stützen und Riegeln;
- Normalkräfte in den Randstützen.

Die Verformungen von *Stahlrahmen* lassen sich ziemlich genau berechnen, da Biege- und Schubsteifigkeiten von Stahlprofilen im linear-elastischen Beanspruchungsbereich klar definiert werden können. Als Berechnungshilfen stehen zahlreiche Computerprogramme zur Verfügung. Zu beachten sind folgende Aspekte:

- Anteil der *Schlupfverformungen* in Schraubenverbindungen: In Rahmensystemen werden mit Vorteil nur hochfeste, vorgespannte Schrauben (HV-Schrauben) verwendet.
- Allfällige Mehrverformungen infolge *plastischer Gelenke:* Plastische Gelenke, bereits unter Gebrauchslasten, sollten durch entsprechende Dimensionierung verhindert werden.

Die Verformungen von *Stahlbetonrahmen* lassen sich stets nur näherungsweise ermitteln. Zahlreiche Parameter beeinflussen die Querschnittssteifigkeiten (Rissebildung, Normalkraft, usw.). Diesbezügliche Annahmen sind in Abschnitt 5.2.3 aufgeführt. Ergebnisse von Verformungsberechnungen sind stets unter diesem Aspekt zu interpretieren!

#### a) Verformungen aus Biegemomenten

Die Verformungen aus Biegemomenten in Stützen und Riegeln von Rahmen verhalten sich in jedem Geschoss proportional zur Stockwerkquerkraft, und sie addieren sich zu einer globalen Biegelinie, die derjenigen eines *Schubträgers* entspricht. Sie ist entgegengesetzt gekrümmt wie diejenige einer Tragwand, die sich wie ein *Biegeträger* verhält (Abb. 5.46).

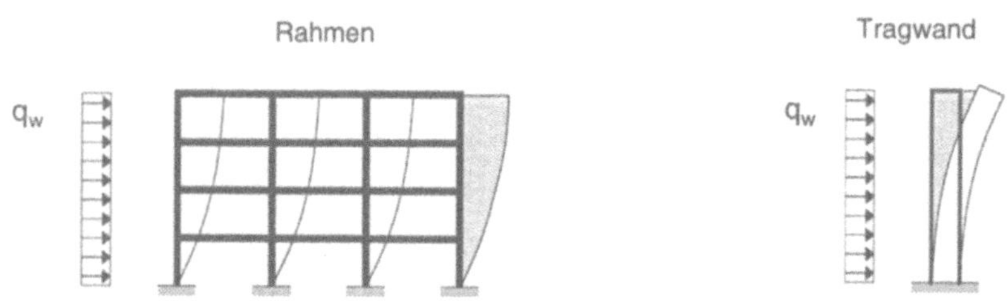


*Abb. 5.46: Verformungen aus Biegemomenten an Rahmen (Schubträger) und an Tragwand (Biegeträger) [Gi]*

Der Verformungsanteil aus Biegung lässt sich pro Stockwerk wie folgt berechnen (Abb. 5.47):

$$\Delta w_M = \underbrace{\varphi \cdot h}_{\substack{\text{Anteil} \\ \text{Riegel}}} + \underbrace{\Delta w_o + \Delta w_u}_{\substack{\text{Anteil} \\ \text{Stütze}}}$$

$$\text{mit} \quad : \quad \varphi = \frac{M_R \cdot l}{6EI_R} \qquad \Delta w_o = \frac{M_{So} \cdot h}{6EI_S} \cdot \frac{h}{2} \qquad \Delta w_u = \frac{M_{Su} \cdot h}{6EI_S} \cdot \frac{h}{2}$$

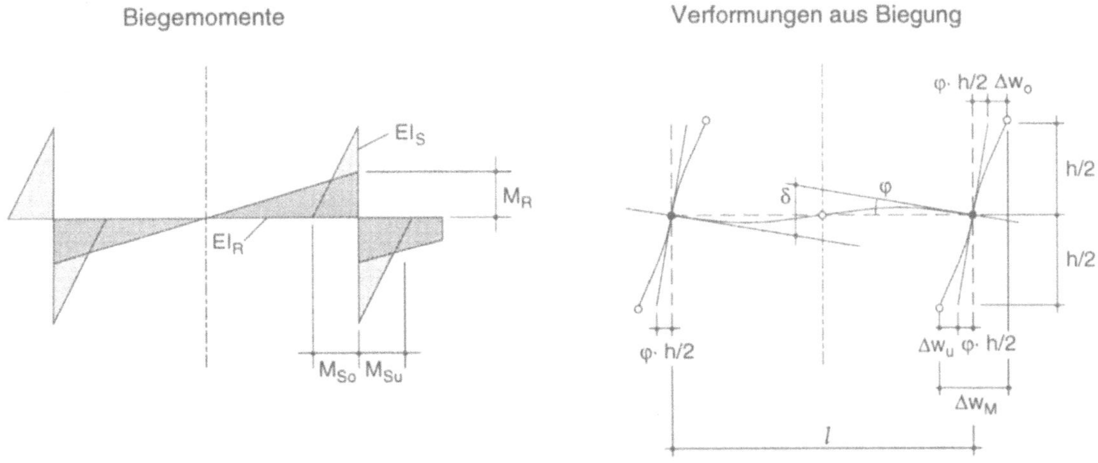


*Abb. 5.47: Stockwerksweiser Verformungsanteil aus Biegung (nach [FSA])*

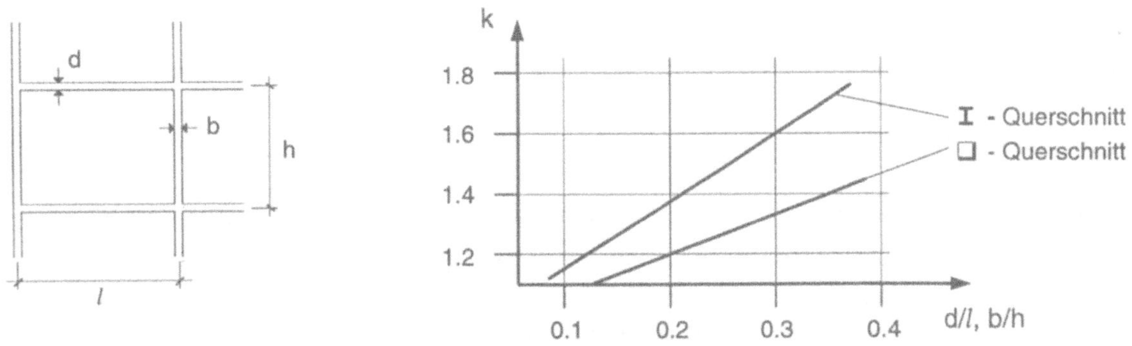


*Abb. 5.48: Faktor zur näherungsweisen Berücksichtigung der Schubverformungen von Stahlbetonrahmen (nach [FSA])*

## b) Verformungen aus Querkräften

In Stahlbetonrahmen spielen Querkraftverformungen nur bei gedrungenen Riegeln und Stützen eine Rolle. Profilierte I-Querschnitte mit kleinen schubwirksamen Querschnittsflächen sind anfälliger auf Querkraftverformungen als Rechteckquerschnitte. Näherungsweise gilt (Abb. 5.48):

| | |
|---|---|
| $d/l$ bzw. $b/h <$ ca.0.1 : | Schubverformungen sind vernachlässigbar |
| $d/l$ bzw. $b/h = 0.1 \div 0.3$: | Schubverformungen sind zu berücksichtigen. Näherung durch Erhöhung der Verformungen aus Biegemomenten um den Faktor $k$: $w_M + w_V = k \cdot w_M$ |
| $d/l$ bzw. $b/h > 0.3$: | Verformung generell an Scheiben berechnen. |

## c) Verformungen aus Normalkräften

Bei grosser Rahmenhöhe bzw. grossem Verhältnis von Rahmenhöhe zu Rahmenbreite können auch die Normalkraftverformungen der Stützen - v.a. der Randstützen - von Bedeutung sein. In Rahmen mit weniger als ca. 5 Geschossen dürfen sie jedoch vernachlässigt werden.

Rahmenverformungen aus Normalkräften in Stützen führen zu einer Biegelinie, die ähnlich gekrümmt ist wie diejenige eines Biegeträgers (Abb. 5.49). Die horizontale Auslenkung des Kragträgers infolge Normalkraftverformung der Randstützen kann kaum auf einfache Weise abgeschätzt werden.

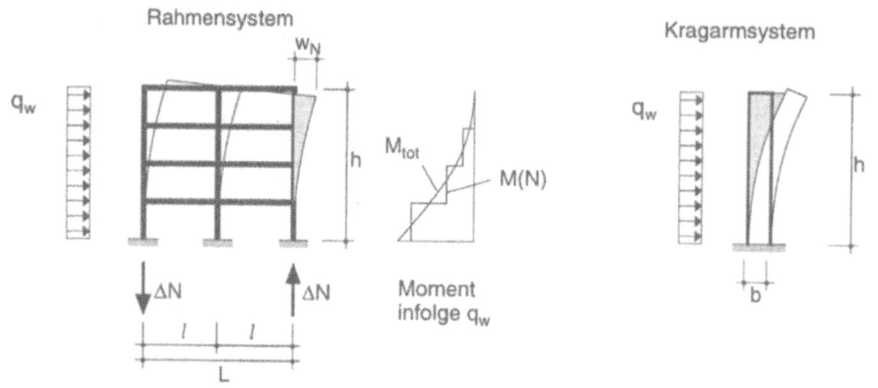


*Abb. 5.49: Verformungen aus Normalkräften am Rahmensystem und Biegeverformungen am Kragarmsystem [Gi]*

## d) Praktische Berechnung

Zur praktischen Berechnung der horizontalen Auslenkung von Rahmen aus Biegemomenten, Querkräften und Normalkräften wurden in der Vergangenheit in der Literatur Verfahren publiziert, die auf die Definition des Trägheitsmomentes eines Ersatzstabes hinauslaufen. Heute stehen mit Rechenprogrammen effizientere Mittel zur Verfügung. Die Ausführungen in den obigen Abschnitten a), b) und c) sind jedoch nach wie vor wesentlich für das Verständnis wichtiger Zusammenhänge, und sie können auch der stets erforderlichen *Kontrolle der Verformungsberechnungen von Stabstatikprogrammen* dienen.

# 5.5 Gemischte Systeme

## 5.5.1 Tragwand-Rahmen-Systeme

Das Tragsystem *für horizontale Kräfte* kann als *Kombination* von *Tragwänden und Rahmen* ausgebildet werden. Folgende Kombinationen sind möglich:

- Bei *langem, schmalem Grundriss:*
  - In "weicher Richtung" Ergänzung der Tragwände durch Rahmen;
  - in "steifer Richtung" nur Rahmen.

  Beispiel Abb. 5.50:
  - Abtragung horizontaler Kräfte quer: 7 Rahmen (2-feldrig) + 2 Tragwände
  - Abtragung horizontale Kräfte längs: 3 Rahmen (8-feldrig)
- Bei ungefähr *quadratischem Grundriss:*
  - Abtragung der horizontalen Kräfte in beiden orthogonalen Richtungen durch Kern aus Tragwänden und durch Fassadenrahmen gemeinsam (Abb. 5.51);
  - Ausbildung der Innenstützen als Schwerelaststützen möglich.

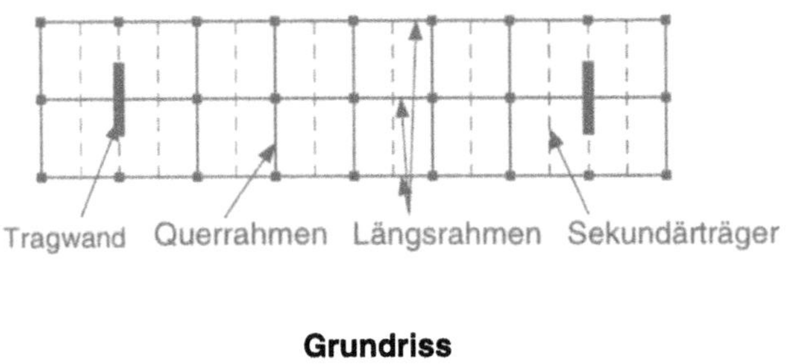


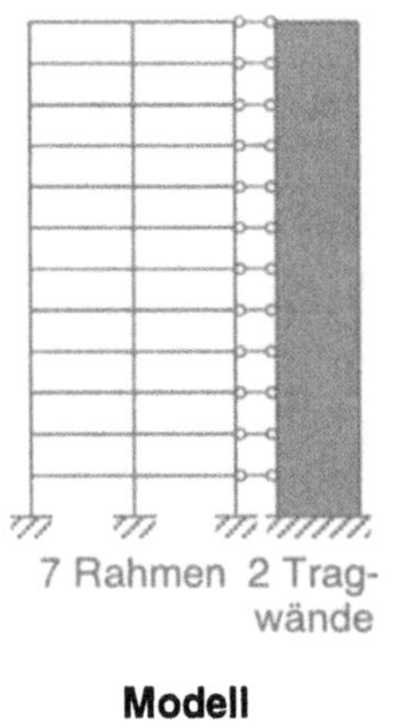


*Abb. 5.50: Kombination von Tragwänden und Rahmen [BaE]*

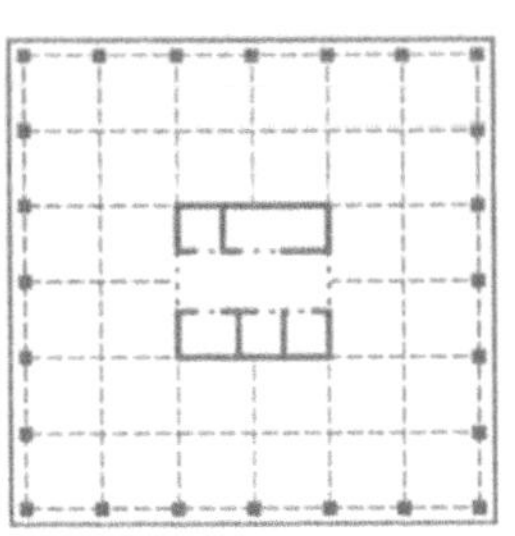

*Abb. 5.51: Kombination eines Kerns aus Tragwänden mit Fassadenrahmen [BaE]*

Tragwand-Rahmen-Systeme können insbesondere bei hohen Skelettbauten zu einem günstigen Tragverhalten führen. Ein Vergleich der unterschiedlichen Biegelinien von Tragwandkragträgern und Rahmen veranschaulicht das Zusammenwirken (Abb. 5.52).

Der Rahmen stützt sich in den unteren Geschossen am Tragwandkragträger horizontal ab; er entlastet diesen dafür am Kopf des Gebäudes. Moment und Stockwerkquerkraft teilen sich qualitativ ungefähr wie in Abbildung 5.53 gezeigt auf Tragwände und Rahmen auf.

*Diskussion*

- Am Gebäudefuss wird praktisch die gesamte Stockwerkquerkraft durch die Tragwände übernommen;
- mitwirkende Rahmen können die Biegebeanspruchung der Tragwandkragträger erheblich reduzieren;
- auch wenn in einem bestimmten Fall mit relativ steifen Stützen und Riegeln die gesamte Horizontalkraft rechnerisch den Tragwänden zugewiesen wird (Stützen als Schwerelaststützen betrachtet), entsteht durch Einspannung der Stützen in die Decken "ungewollt" ein gemischtes Tragsystem. Die auftretenden, oft erheblichen Verbindungskräfte in den Decken sind zu berücksichtigen.

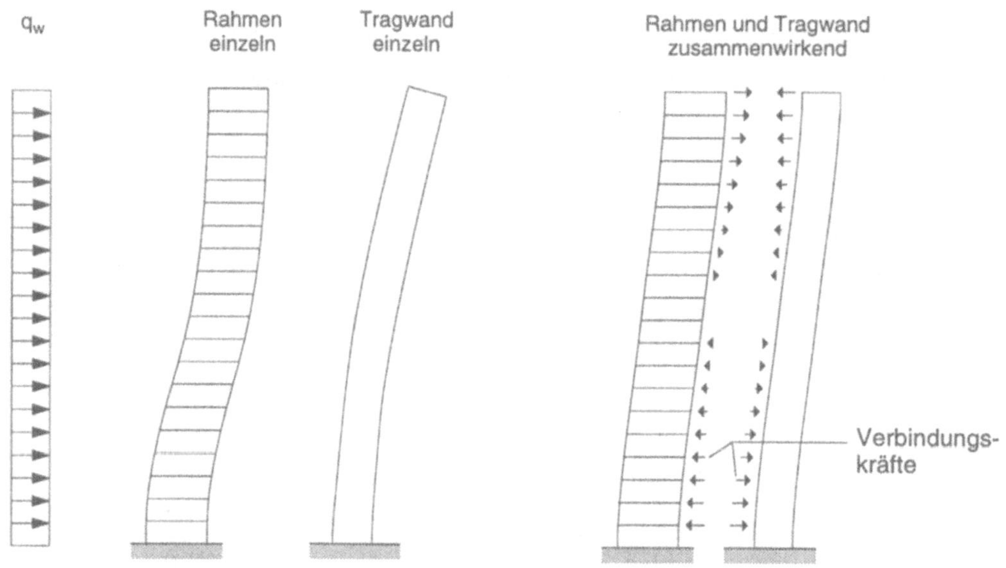


*Abb. 5.52: Verformungsverhalten eines Tragwand-Rahmen-Systems [PBM]*

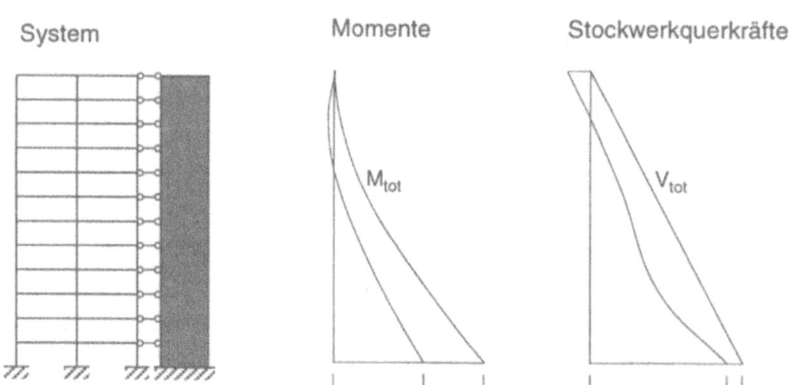


*Abb. 5.53: Aufteilung der Schnittkräfte auf Rahmen und Tragwände (nach [FSA])*

### 5.5.2 Tragwandsysteme mit steifem Einzelgeschoss

Bei Tragwandsystemen können durch ein steifes Dach- oder Zwischengeschoss (z.B. geschosshohe Träger, ausgebildet als Stahlfachwerk oder Stahlbetonwand) die Fassadenstützen in das Tragsystem *für horizontale Kräfte* miteinbezogen werden. Die Verformungen infolge dieser Kräfte lassen sich damit erheblich reduzieren.

Die zweckmässige Ausnützung solcher Möglichkeiten kann bei hohen Skelettbauten zu sehr leistungsfähigen Tragsystemen führen.

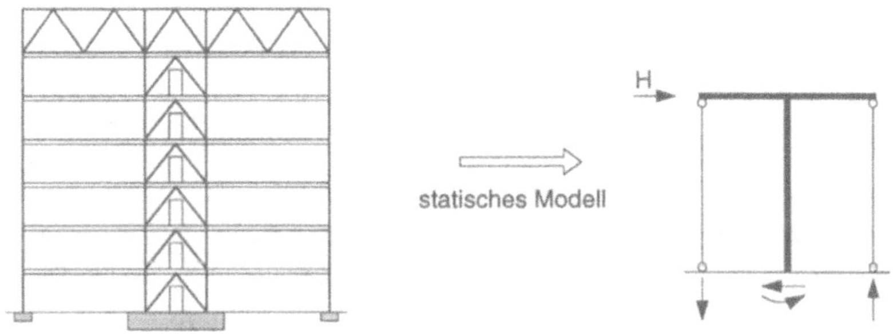


*Abb. 5.54: Tragwandsystem mit steifem Horizontalriegel [DG]*

## 5.6 Konstruktionselemente

Entwurf, Berechnung, Bemessung und konstruktive Durchbildung der einfachen Konstruktionselemente, d.h. der *Grundelemente* des Stahlbetonbaus und des Stahlbaus wie

- schlanke Träger und Unterzüge,
- in einer und in zwei Richtungen tragende Platten,
- Stützen, Zugglieder,
- Torsionsträger,
- Fundamente,

sind in der Literatur eingehend dargestellt (z.B. [Ba I], [Ba II], [DG]). Die entsprechenden Kenntnisse und Fähigkeiten werden vorausgesetzt.

Im folgenden werden einige *Besonderheiten bei Konstruktionselementen von Skelettbauten* betrachtet. Dabei werden Konstruktionselemente aus Stahlbeton und aus Stahl vermischt behandelt. Dies entspricht der Tatsache, dass in der Praxis in ein und demselben Skelettbau häufig Elemente mit mehr oder weniger grossen Anteilen beider Baustoffe kombiniert werden.

### 5.6.1 Geschossdecken

Geschossdecken in Skelettbauten haben vor allem die folgenden Aufgaben:

- *Plattenwirkung*: Aufnehmen und Weiterleiten der vertikalen Nutzlast zu den stützenden Konstruktionselementen (Träger, Stützen);
- *Scheibenwirkung*: Aufnehmen und Weiterleiten bzw. Verteilen der horizontalen Kräfte (Wind, Erdbeben) auf die entsprechenden Tragelemente (Tragwände, Rahmen);
- *Raumabschliessende Wirkung*: Schallschutz (Luftschall- und Trittschalldämmung) und Brandschutz sowie evtl. auch Wärme- und Feuchtigkeitsschutz gegenüber den unteren bzw. oberen Geschossen.

Für die Geschossdecken sind folgende Eigenschaften erwünscht:

- Geringe Eigenlast (Fundationen, Transporte);
- hoher Tragwiderstand (grosse Spannweiten);
- hohe Steifigkeit (geringe Durchbiegungen);
- geringe Schwingungsanfälligkeit;
- gute Schall- und Brandschutzeigenschaften;
- gute Eignung für Aussparungen/Deckendurchbrüche;
- kurze Bauzeit (niedrige Bauzinsen, rasche Erträge);
- günstiger Preis.

Für eine bestimmte Bauaufgabe muss je nach Gewichtung der verschiedenen, sich oft widersprechenden Anforderungen die geeignetste Deckenart gefunden werden.

Nachfolgend werden einige häufig vorkommende Deckenarten kurz beschrieben und deren wesentlichste Vor- und Nachteile dargestellt.

### a) Ortsbetondecken

*Beschreibung*
Ortsbetondecken werden auf einer Schalung gegossen, auf der zuvor die Bewehrungen verlegt worden sind. Ortsbetondecken werden in Skelettbauten häufig verwendet. Dabei kommen verschiedene Arten vor.

*Flachdecken* (unterzugslose Decken) mit möglichst quadratischen Grundrissfeldern und in Kombination mit Schwerelaststützen aus Stahlbeton (oft vorfabriziert) oder aus Stahl sind in der Schweiz sehr beliebt. Sie erlauben die Führung von haustechnischen Leitungen in beliebiger Richtung unterhalb der Decke ohne Höhenverlust oder Durchbrüche durch Unterzüge. Zudem haben Schalung und Bewehrungen eine einfache Form.

Für die Tragsicherheit von Bedeutung ist das Durchstanzproblem. Es erfordert oft eine Schubverstärkung des Stützenbereiches durch Bügel (evtl. Bügelleisten) oder durch eine besondere, meist vollständig einbetonierte Kragenkonstruktion aus Stahl im Sinne von Abbildung 5.55.

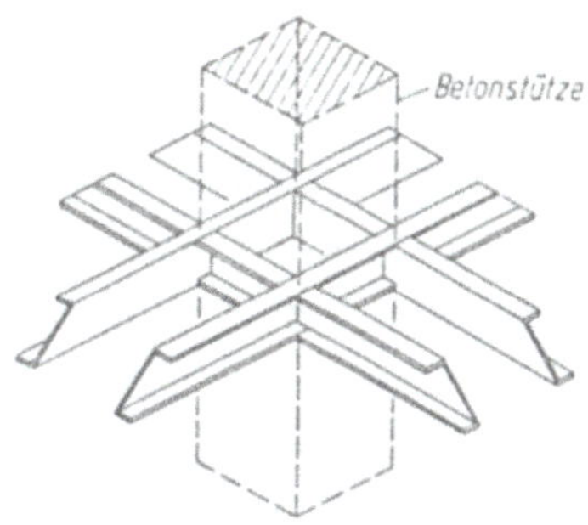


*Abb. 5.55: Stahlpilz als Durchstanzsicherung [FSA]*

Hinsichtlich der Gebrauchstauglichkeit von Flachdecken können sich Probleme aus den oft erheblichen Durchbiegungen ergeben, vor allem im Zusammenhang mit verformungsempfindlichen, nichttragenden Zwischenwänden (Mauerwerkswände) und Fassadenbauteilen. Meist ist die Verstärkung freier Deckenränder durch Randunterzüge oder -überzüge (Brüstungen) unumgänglich (vgl. Abb. 5.6 und 5.7). Schwingungsprobleme sind bei normaler Nutzung (keine Fahrzeuge, keine Maschinen) nicht zu erwarten.

Eine erhebliche Verbesserung des Verformungsverhaltens und zugleich eine Entschärfung des Durchstanzproblems von Flachdecken kann durch Vorspannung mittels Spanngliedern erreicht werden. Flachdecken mit Spannweiten von mehr als etwa 7 m werden daher oft vorgespannt. Am meisten verbreitet ist die Stützstreifenvorspannung, bei der sämtliche Spannglieder über die, bzw. in unmittelbarer Nähe der Stützenköpfe verlaufen, während die Dekkenfelder selbst nur schlaff bewehrt sind. Die bei den Stützen geneigten Spannglieder erhöhen den Durchstanzwiderstand beträchtlich.

*Ortsbetondecken auf Betonunterzügen* im monolithischen Verbund besitzen oft längliche Grundrissfelder und tragen dann ihre Lasten vorwiegend in einer Richtung ab. Die Führung von haustechnischen Leitungen erfordert entweder sorgfältig zu bearbeitende Aussparungen in den Stegen der Unterzüge (möglichst an Stellen kleiner Querkraft!) oder bewirkt einen entsprechenden Höhenverlust bei Anordnung unterhalb der Unterzüge.

Bezüglich der Tragsicherheit ergeben sich für die eigentliche Deckenplatte im allgemeinen kaum Probleme. Hinsichtlich der Gebrauchstauglichkeit sind die Durchbiegungen zu überprüfen. Eine Vorspannung der Deckenplatte wird nur in Sonderfällen in Betracht gezogen. Bezüglich Schwingungsprobleme gilt ähnliches wie für Flachdecken.

*Vor- und Nachteile*

Ortsbetondecken weisen etwa die folgenden Vor- und Nachteile auf:

- Massive Decke mit gutem Tragwiderstand;
- Schalung erforderlich (erheblicher Anteil an den Gesamtkosten);
- bewirkt hohe Baufeuchtigkeit (Überschusswasser im Beton);
- sehr anpassungsfähig bei unregelmässigem Grundriss und bei Aussparungen;
- Luftschall- und Trittschallschutz (evtl. zusammen mit schwimmendem Unterlagsboden gemäss 3.5 und Beiblatt 2.21), i.a. unproblematisch;
- Brandschutz i.a. unproblematisch;
- relativ kostengünstig.

## b) Blechverbunddecken

*Beschreibung*

Bei Blechverbunddecken werden profilierte verzinkte Stahlbleche als verlorene Schalung und zugleich als Bewehrung für den Überbeton (Ortsbeton) verwendet (Abb. 5.56). In diesen wird meist ein Bewehrungsnetz zur Verteilung der Schwindrisse (Mindestbewehrung nach den Regeln des Stahlbetons erforderlich) und der Lasten eingelegt. Eine im Auflagerbereich (Deckenträger) angeordnete obere Bewehrung kann zur Erzielung einer Durchlaufwirkung dienen.

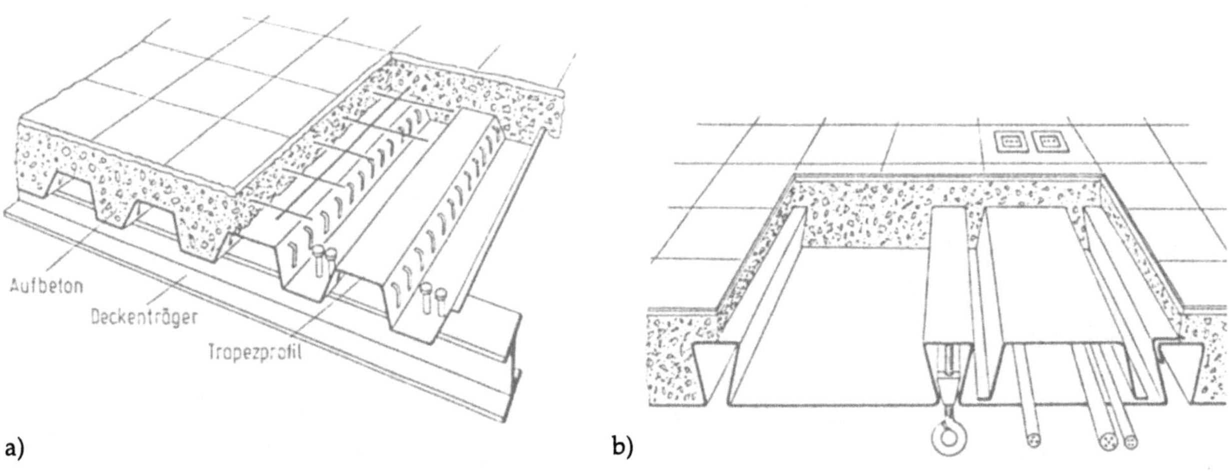


a) b)

*Abb. 5.56: Typischer Aufbau von Blechverbunddecken [DG]*

Im allgemeinen ist es im Hinblick auf einen raschen Baufortschritt zweckmässig, eine temporäre Unterstützung (Spriessung) für das Aufbringen des Überbetons zu vermeiden. Beispielsweise ist für ein Profilblech mit einer Höhe von 60 mm bis zu einer Spannweite von rund 2.5 m keine Unterstützung nötig. Mit einer Spriessung bis nach dem Erhärten des Betons können Spannweiten von etwa 5 bis 7 m erzielt werden.

Um einen guten Verbund mit mechanischer Verzahnung zwischen Blech und Beton sicherzustellen, sollten die Wandungen mit sogenannten Sicken (eingeprägte Unebenheiten) oder mit Nocken oder Perforationen versehen sein. Profile mit ebenen Wandungen sind möglich, sofern die Profilform wie in Abbildung 5.56b in vertikaler Richtung eine Klemmwirkung gewährleistet, womit eine zerstörungsfreie Trennung von Blech und Beton in dieser Richtung nicht möglich ist.

Der Tragwiderstand von Blechverbunddecken ist stark von der Art der Schubübertragung (Längsschub) zwischen den Blechen und dem Beton abhängig und muss durch Versuche ermittelt werden. Das Bruchversagen sollte nicht schlagartig, sondern möglichst duktil erfolgen. Günstig hiefür sind Endverankerungen, z.B. durchgeschweisste Kopfbolzendübel, wie in Abbildung 5.56a gezeigt. Damit kann sich auch ohne durchgehenden Verbund als Tragsystem ein flacher Betonbogen mit Stahlzugband ausbilden. Weitere Angaben sind in [FoAK] und [EKS] zu finden.

Hinsichtlich der Gebrauchstauglichkeit der relativ dünnen Blechverbunddecken sind vor allem die Durchbiegungen, der Schallschutz und der Brandschutz zu überprüfen. Auch können sich wegen der relativ nachgiebigen und zugleich massearmen Konstruktion - insbesondere in Verbindung mit Stahlträgern als Deckenauflager - Schwingungsprobleme ergeben, u.a. beim Befahren durch Fahrzeuge (z.B. Gabelstapler), bei Nutzung als Aerobicräume, etc.

*Vor- und Nachteile*

Blechverbunddecken haben etwa die folgenden Vor- und Nachteile:

- Leichte Decke mit gutem Tragwiderstand;
- keine Schalung, jedoch evtl. Spriessung erforderlich;
- rascher Baufortschritt möglich;
- nach Verlegen der Bleche sofort begehbar (Arbeitsbühne, auch Unfall- und Wetterschutz);
- in Hohlräumen können evtl. haustechnische Leitungen verlegt werden (Abb. 5.56b);
- beschränkt anpassungsfähig bei unregelmässigem Grundriss und bei Aussparungen;
- Luftschall- und vor allem Trittschallschutz je nach Anforderungen evtl. problematisch;
- Brandschutzmassnahmen je nach Brandbelastung und erforderlichem Brandwiderstand oft unumgänglich (z.B. brandhemmende Unterdecke, vgl. 3.5.3);
- Schwingungsverhalten oft problematisch;
- relativ teuer.

### c) Vorfabrizierte Betondecken

*Beschreibung*

Vorfabrizierte Betondecken werden i.a. spriessfrei eingebaut und in der Regel mit einem Überbeton von mindestens 6 bis 8 cm Stärke versehen. Dieser stellt zusammen mit einer meist eingelegten Netzbewehrung die vertikale und horizontale Verdübelung der einzelnen Fertigelemente und die Scheibenwirkung der gesamten Decke sicher. Wird ausnahmsweise kein Überbeton aufgebracht, so sind vor allem zur Verhinderung unterschiedlicher Durchbiegungen die Fugen zwischen den Fertigelementen mit Mörtel zu verdübeln.

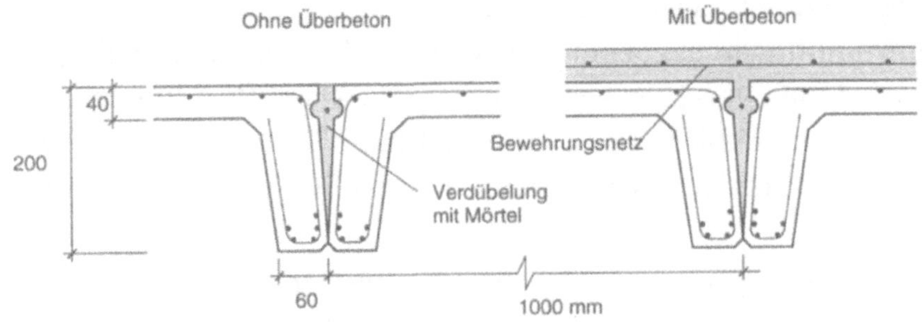


*Abb. 5.57: Vorfabrizierte Rippenplatten [BA II]*

Abbildung 5.57 zeigt *Rippenplatten* mit und ohne Überbeton, die im Spannbett betoniert und vorgespannt werden. Sie werden bei Spannweiten von etwa 4 bis 7 m verwendet.

Ähnlich wie Rippenplatten werden auch *Hohlplatten* eingesetzt, die ebenfalls im Spannbett, aber nicht in festen Schalungen, sondern mit Gleitfertigern oder im Strangpressverfahren hergestellt werden (Abb. 5.58). Ihr äusserlicher Querschnitt ist rechteckig, so dass eine ebene Untersicht entsteht. Im Innern sind zur Gewichtsersparnis kreisrunde oder ovale Aussparungen in Längsrichtung angeordnet.

Abbildung 5.59 zeigt die Verwendung von Hohlplatten in Verbundflachdecken ("slim floor") wie sie vor allem in Skandinavien vorkommen. Mit Hohlplatten der Dicken 0.15 m bis 0.35 m können Spannweiten von etwa 6 bis 12 m erreicht werden. Solche Decken weisen eine geringe Konstruktionshöhe auf und ermöglichen bei nahezu trockener Bauweise einen raschen Baufortschritt. Dabei kann der Brandschutz der Stahlträger auf einfache Weise sichergestellt werden.

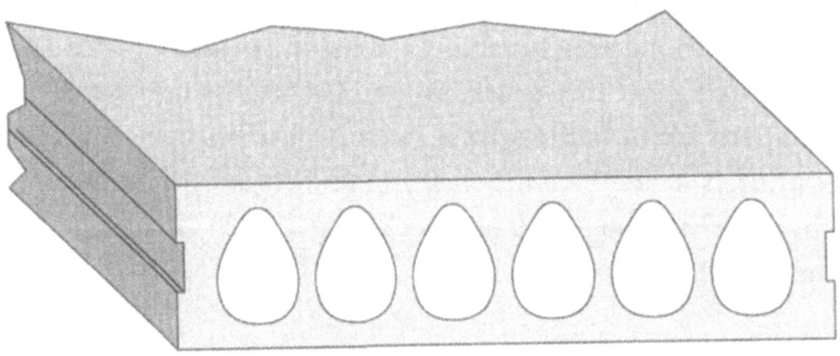

*Abb. 5.58: Vorfabrizierte Hohlplatten*

Abbildung 5.60 zeigt vorfabrizierte *Doppelstegplatten* (auch "Balkenplatten oder "$\pi$-Platten" genannt), die für Spannweiten von etwa 7 bis 12 m zum Einsatz kommen. Bei der üblichen Herstellung im Spannbett kann der erwünschte Endquerträger zu Problemen führen (örtliche Unterbrechung der Stahlschalung mit Plattenquerschnitt, Verkürzung der Platte durch Vorspannung), so dass er oft weggelassen wird. In diesem Fall sollten die Plattenenden in einen kräftigen Endquerträger aus Ortsbeton eingeführt und mit Anschlussbewehrung gut verankert werden.

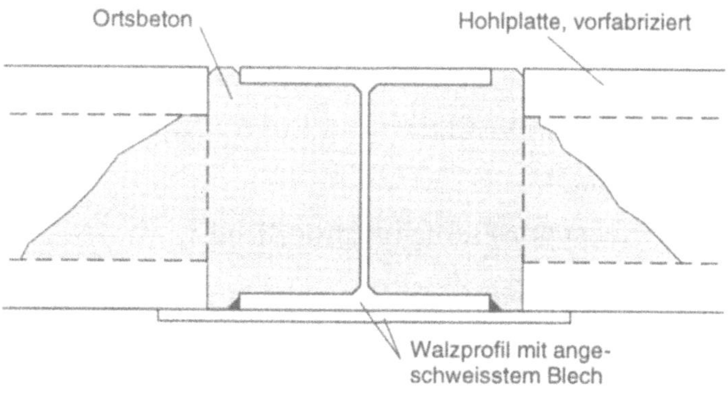


*Abb. 5.59: Verbundflachdecken mit vorfabrizierten Hohlplatten aus Beton [Fon]*

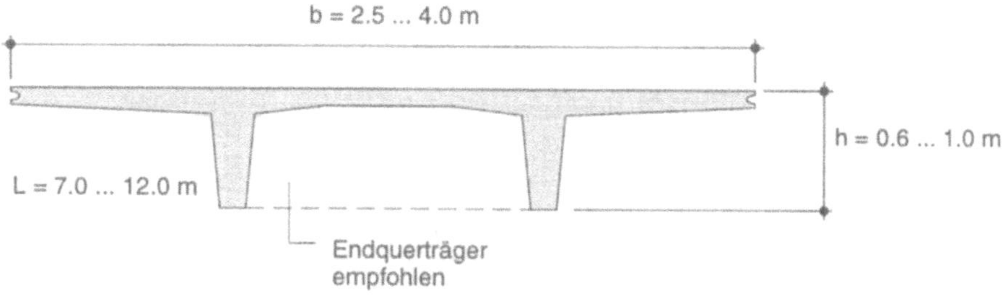


*Abb. 5.60: Vorfabrizierte Doppelstegplatten [FSA]*

*Vor- und Nachteile*

Vorfabrizierte Betondecken haben etwa die folgenden Vor- und Nachteile:

- Leichtere Decken als in Ortsbeton möglich;
- keine Schalung und keine Spriessung erforderlich;
- rascher Baufortschritt möglich;
- nach Verlegen der Fertigelemente sofort begehbar;
- Verbindungen der Fertigelemente untereinander (Verdübelung) und mit den Trägern beim Auflager können evtl. Probleme schaffen;
- wenig anpassungsfähig bei unregelmässigem Grundriss und bei Aussparungen;
- Luftschall- und Trittschallschutz evtl. problematisch;
- i.a. grössere Konstruktionshöhe als bei Ortsbetondecken oder Blechverbunddecken erforderlich;
- Brandschutz i.a. unproblematisch;
- Schwingungsverhalten evtl. problematisch;
- relative Preislage variabel je nach Produkt und Einsatzbereich.

## d) Hourdisdecken

*Beschreibung*

Vorfabrizierte Decken können auch gebildet werden aus vorfabrizierten Zuggurten mit einer gewissen Eigensteifigkeit, d.h. aus vorgespannten "Brettern" oder Stegbalken aus Ton oder Beton oder Stahlwalzträgern, und dazwischen eingehängten Hourdis, d.h. Hohlkörpern aus Ton oder Leichtbeton (Abb. 5.61). Die "Bretter" und je nach Spannweite auch die Stegbalken müssen im Einbauzustand gespriesst werden. Überbeton mit Netzbewehrung ist in allen Fällen unerlässlich.

*Vor- und Nachteile*

Hourdisdecken haben etwa die folgenden Vor- und Nachteile:

- Relativ leichte Decken möglich;
- keine Schalung, jedoch meist Spriessung erforderlich;
- relativ rascher Baufortschritt möglich;
- wenig anpassungsfähig bei unregelmässigem Grundriss und bei Aussparungen;
- Luftschall- und Trittschallschutz evtl. problematisch;
- Brandschutz überprüfen;
- relative Preislage variabel.

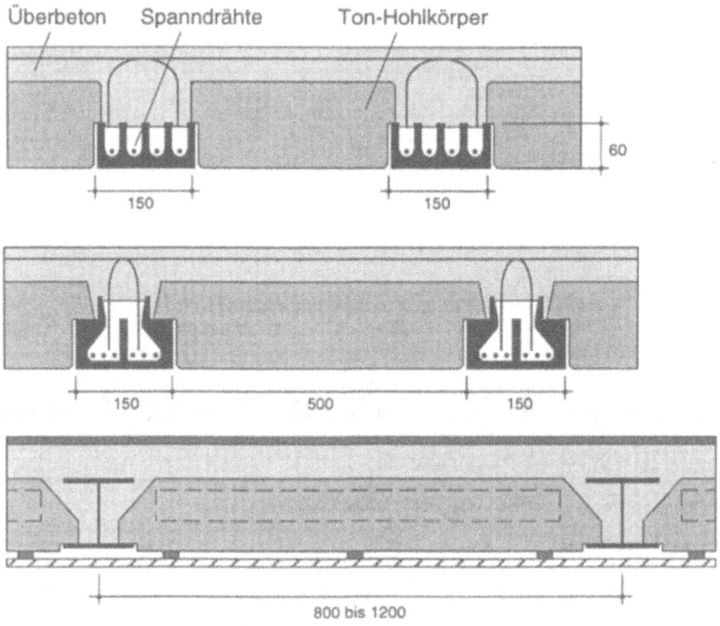


*Abb. 5.61: Typischer Aufbau von Hourdisdecken [DG]*

## 5.6.2 Deckenträger und Unterzüge

Bei *Stahlskelettbauten* wird unterschieden zwischen *Deckenträgern* (Sekundärträger) und *Unterzügen* (Hauptträger). Die Deckenträger stehen meist in direktem Verbund mit den Geschossdecken (z.B. Blechverbunddecken). Sie haben in der Regel Spannweiten von etwa 5 bis 8 m. Die Deckenträger geben ihre Lasten auf Unterzüge (Rahmenriegel) aus höheren und schwereren Profilen ab (Abb. 5.62).

Bei *Betonskelettbauten* spricht man eher von *Nebenträgern* (Sekundärträger) und *Hauptträgern* (Hauptunterzügen). Wegen der aufwendigen Schalung und der relativ komplizierten Bewehrung (Bügel usw.) kommen Konstruktionen mit Nebenträgern und Hauptträgern in Ortsbeton nur noch selten vor. Wenn keine unterzugslosen Decken (Flachdecken) möglich sind, beschränkt man sich auf eine einzige Art von Trägern bzw. Unterzügen. Die folgenden Hinweise beschränken sich deshalb auf Deckenträger und Unterzüge von Stahlskelettbauten.

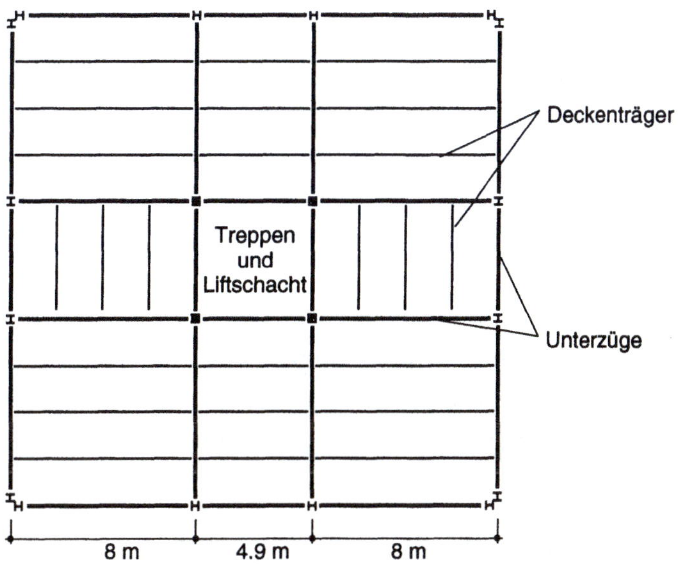


*Abb. 5.62: Deckenträger und Unterzüge (Rahmenriegel) in einem Stahlskelettbau*

**Querschnittsausbildung und Bemessung der Deckenträger aus Stahl**

Je nach Spannweite und verfügbarer Bauhöhe kommen die folgenden Querschnittsausbildungen der Deckenträger (Sekundärträger) aus Stahl in Betracht:

- Walzprofile mit hohen Stegen (IPE-Profile) weisen ein günstiges Verhältnis zwischen Biegewiderstand und Eigenlast auf. Der gedrückte Flansch wird durch die Decke gegen Kippen seitlich stabilisiert.
- Wabenträger und Vierendeelträger aus aufgeschnittenen Walzprofilen besitzen bei gleichen Flanschen einen höheren Biegewiderstand als die ursprünglichen Profile und erlauben eine günstige Führung von Installationsleitungen durch die Öffnungen hindurch (Abb. 5.63);
- Fachwerke aus Winkelprofilen und oft ohne Knotenbleche mit Trägerhöhen von 0.2 bis 0.8 m erlauben Spannweiten bis zu 18 m. Sie werden vor allem in den USA serienmässig hergestellt und vielseitig verwendet ("Steel joists").

Für eine wirtschaftliche Bemessung der Deckenträger ist die Verbundwirkung zwischen Stahlträger und Ortsbetondecke bzw. Überbeton bei Verbundblechdecken, vorfabrizierten Betondecken oder Hourdisdecken anzustreben. Für die Ermittlung des plastischen Biegewiderstandes wie auch für die Vollverdübelung gelten die üblichen Regeln der Festigkeitslehre. Die in besonderen Fällen zweckmässige sogenannte Teilverdübelung wird z.B. in [FoAK] behandelt.

Beim Nachweis der Gebrauchstauglichkeit können sich die Durchbiegungen infolge Auflasten und Nutzlasten als kritisch erweisen. Vor allem bei den besonders rissegefährdeten, spröden, nichttragenden Zwischenwänden (Mauerwerk, Gips) sollten sie nicht mehr als $l/500$ (oder besser noch weniger) betragen. Vor allem bei relativ leichten Deckenkonstruktionen muss auch das Schwingungsverhalten untersucht werden. Mögliche Massnahmen zur Re-

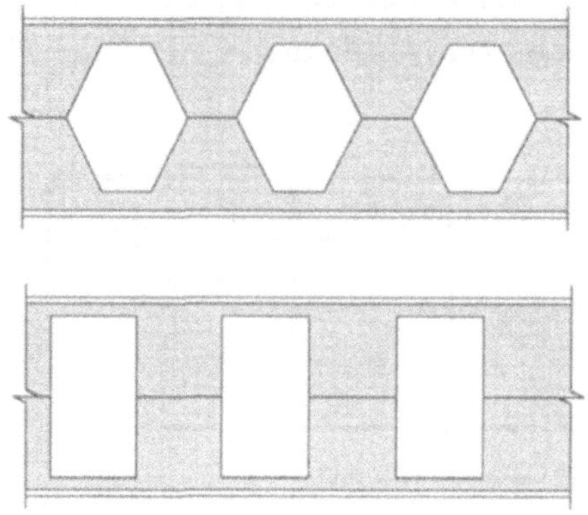

*Abb. 5.63: Wabenträger und Vierendeelträger aus aufgeschnittenen Walzprofilen*

duktion von Durchbiegungen und Schwingungen sind die Wahl einer grösseren Trägerhöhe oder einer kleineren Spannweite, die Verbindung von einfachen Balken zu Durchlaufträgern und die Reduktion oder allenfalls vollständige Eliminierung massgebender statischer bzw. dynamischer Einwirkungen.

**Anschlüsse von Deckenträgern an Unterzüge aus Stahl**
Wegen der beschränkten Bauhöhe ist eine direkte Auflagerung der Deckenträger auf den Unterzügen meist nicht möglich. Um Höhe zu sparen, ist eine eingesattelte bzw. eine indirekte Lagerung erforderlich. Dabei ist zwischen gelenkigen und biegesteifen Anschlüssen zu unterscheiden.

Der *gelenkige Anschluss* hat den Vorteil einer einfacheren und daher rascheren Montage (Abb. 5.64). Das Material ist jedoch nur in der Trägermitte und somit insgesamt schlecht ausgenützt. Die Durchbiegungen sind relativ gross, und die Auflagerdrehwinkel führen in der üblicherweise über den Unterzug durchgehenden Betonplatte zu Rissen. Gelenkige Anschlüsse sind deshalb nur bei kleineren Spannweiten der Deckenträger zweckmässig.

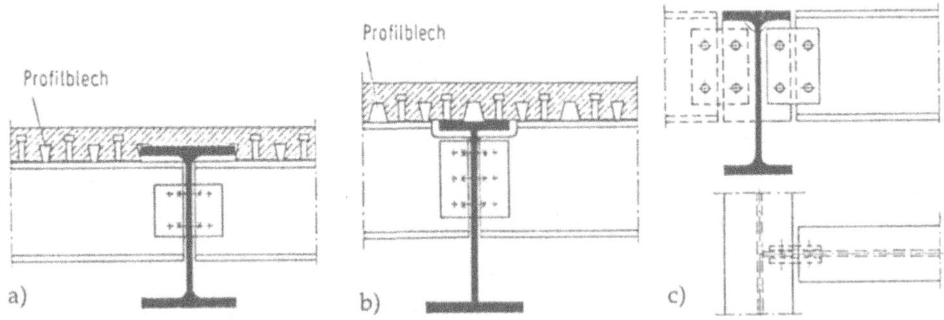


*Abb. 5.64: Gelenkige Anschlüsse von Deckenträgern an Unterzüge [DG]*

Meist werden die Deckenträger mit je einem geschraubten Winkel an die Unterzüge angeschlossen (Abb. 5.64a). Die Verwendung von Doppelwinkeln führt zu einem nicht unwesentlich grösseren Montageaufwand. Die Träger müssen seitlich eingefahren werden. Dem Ausgleich von Abmassen (Toleranzen) in Richtung des Deckenträgers dienen meist horizontale Langlöcher. In der Literatur sind Berechnungsmodelle beschrieben und Bemessungstabellen verfügbar [SZS]. Bei bündigen Oberkanten muss der Oberflansch des Deckenträgers ausgeklinkt werden (Abb. 5.64b). Seitliches Einfahren und Ausklinken des Oberflansches können durch am Unterzug angeschweisste Anschlussplatten vermieden werden (Abb. 5.64c). Dabei ist zu beachten, dass die relativ grosse Exzentrizität der Auflagerkraft ein Kräftepaar aus horizontalen Schraubenkräften bewirkt.

Der *biegesteife Anschluss* besitzt den Nachteil einer komplizierteren Montage, er bewirkt aber eine bessere Materialausnützung und kleinere Durchbiegungen als der gelenkige Anschluss (Abb. 5.65). Trotzdem bildet im Hochbau der biegesteife Anschluss eher die Ausnahme. Bei eingesattelten Deckenträgern wird oft eine Stirnplattenverbindung mit zugbeanspruchten HV-Schrauben ausgeführt (Abb. 5.65a). Die Stirnplatten müssen kräftig ausgebildet werden, da sie die Flanschzugkraft vor allem mittels Biegung auf die oberen HV-Schrauben leiten. Auch hier müssen die Träger seitlich eingefahren werden. Die dazu notwendige Lücke zwischen der Stirnplatte des Deckenträgers und dem Steg des Unterzuges sowie der Ausgleich der Abmasse (Toleranzen) in Richtung des Deckenträgers erfordern das Einlegen von geschlitzten Futterblechen ("Kammfutter"). Bei bündigen Oberkanten muss der Oberflansch des Deckenträgers ausgeklinkt und eine Kontinuitätslasche über dem Oberflansch des Unterzuges angeordnet werden (Abb. 5.65b). Bei in Verbund mit der Betonplatte arbeitenden Deckenträgern kann ein an und für sich gelenkiger Anschluss gemäss Abbildung 5.64a oder b gewählt werden, sofern die Durchlaufwirkung oben durch eine Zugbewehrung und unten auf Kontakt oder durch Schweissung gewährleistet wird [DG].

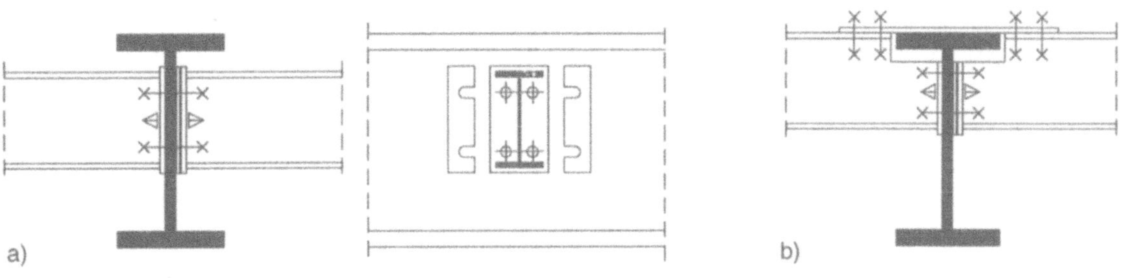


*Abb. 5.65: Biegesteife Anschlüsse von Deckenträgern an Unterzüge (nach [DG], [Fon])*

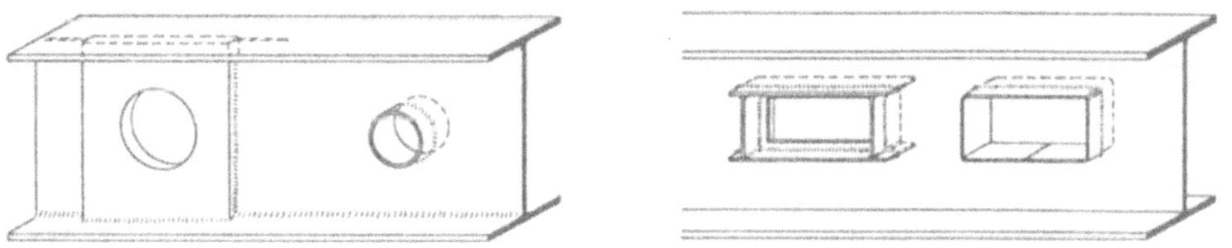

a) b)

*Abb. 5.66: Stegverstärkungen bei Durchbrüchen für Versorgungsleitungen [DG]*

**Querschnittsausbildung der Unterzüge aus Stahl**

Zur Wahl des Querschnittes von Unterzügen (Hauptträger) aus Stahl gelten die folgenden Hinweise:

- Walzprofile sind meist am günstigsten; wegen der beschränkten Bauhöhe werden normalerweise HE-Träger gewählt;

- Durchbrüche für Versorgungsleitungen erfordern Stegverstärkungen (Abb. 5.66);
- geschweisste Blechträger mit Höhen bis zu rund 1 m und mehr werden für besonders weitgespannte oder hochbelastete Riegel verwendet;
- Fachwerkträger kommen nur in Ausnahmefällen in Betracht; sie ermöglichen die bequeme Durchführung von Versorgungsleitungen.

In der Regel wird eine schubfeste Verbindung mit dem Deckenbeton angestrebt, was Steifigkeit und Tragwiderstand beträchtlich erhöht. Bezüglich Bemessung gelten grundsätzlich die gleichen Regeln wie für Deckenträger.

**Anschlüsse von Stahlträgern an Betontragwände**
Häufig müssen Stahlträger an Betontragwände bzw. Kerne angeschlossen werden. Konstruktive Möglichkeiten sind:

- In die Schalung eingelegte, mit Schlaudern verankerte Stahlplatten; an diese werden Bleche für einen gelenkigen Anschluss angeschweisst (Abb. 5.67a);
- Auflagerung in einer - später meist zubetonierten - Aussparung (Abb. 5.67b). Diese bedingt eine meist ungünstige Schwächung des Querschnittes und der Bewehrung der Tragwand;
- gelenkige oder biegesteife Verbindung über eine Stirnplatte des Stahlträgers durch Anker in nachträglich gebohrten Löchern (Abb. 5.67c). Zur Auflagerung des Stahlträgers bei der Montage muss meist provisorisch ein Winkeleisen angebracht werden. Abmasse (Toleranzen) und die Lücke zum Einfahren sind durch geschlitzte Futterbleche auszugleichen.

In allen Fällen müssen die Auflager- und Verankerungskräfte in der Tragwand sorgfältig verfolgt und wenn nötig nach den für Stahlbeton geltenden Regeln auf die Wandbewehrung übertragen werden.

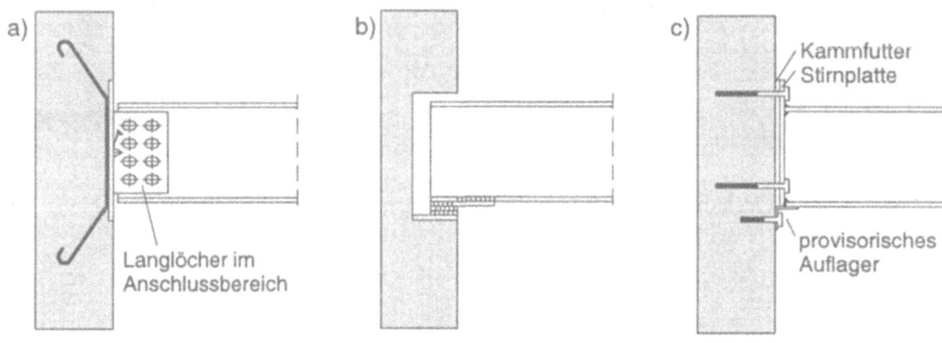


*Abb. 5.67: Anschluss von Stahlträgern an Betontragwände*

## 5.6.3 Stützen

Bei den Stützen mehrgeschossiger Skelettbauten wird zweckmässigerweise wie folgt unterschieden:

- *Schwerelaststützen* haben nur die Aufgabe, Schwerelasten vertikal abzutragen. Sie werden primär nur für Normalkraft bemessen und *möglichst schlank* ausgebildet. Biegemomente und Querkräfte aus allfälligen Stützenendverschiebungen und -verdrehungen werden als sekundäre Beanspruchungen behandelt.

- *Rahmenstützen* müssen neben Schwerelasten auch horizontale Kräfte (Wind, Erdbeben) abtragen. Sie werden ausser für Normalkraft auch für Querkraft und die entsprechenden Biegemomente bemessen und *relativ gedrungen* ausgebildet. Stützen können auch zur Erzeugung und Aufnahme von Einspannmomenten der Riegel aus Schwerelasten ausgebildet werden, was jedoch im allgemeinen unwirtschaftlich ist.

Für die Ermittlung der Knicklängen der Stützen ist sowohl die Lagerungsart bezüglich Biegung (gelenkig, voll oder nachgiebig eingespannt) als auch die Frage wichtig, ob die Stützenenden als seitlich gehalten betrachtet werden können. Bei Rahmenstützen mit seitlich verschieblichen Knoten kann die Knicklänge im allgemeinen nicht auf einfache Weise bestimmt werden. Bei Rahmen mit wesentlichen horizontalen Kräften und entsprechend gedrungenen Stützen sind jedoch Spannungsprobleme 2. Ordnung meist nicht von Bedeutung.

**Stahlbetonstützen**

Schwerelaststützen aus Stahlbeton werden häufig als vorfabrizierte Stützen - meist mit Kreisquerschnitt - ausgebildet. Dabei wird Spezialbeton oder Schleuderbeton mit hoher Festigkeit verwendet, so dass bei gleichzeitig hohem Bewehrungsgehalt Stützenquerschnitte mit relativ kleinen Abmessungen resultieren (Abb. 5.68a).

Rahmenstützen aus Stahlbeton werden in der Regel mit Rechteckquerschnitt und ähnlich wie biege- und schubfeste Unterzüge konventionell an Ort bewehrt und gegossen (Abb. 5.68b). Sie können auch vorfabriziert werden, sofern konstruktiv einwandfreie biegesteife Anschlüsse zur Weiterleitung der Knotenmomente erstellt werden können.

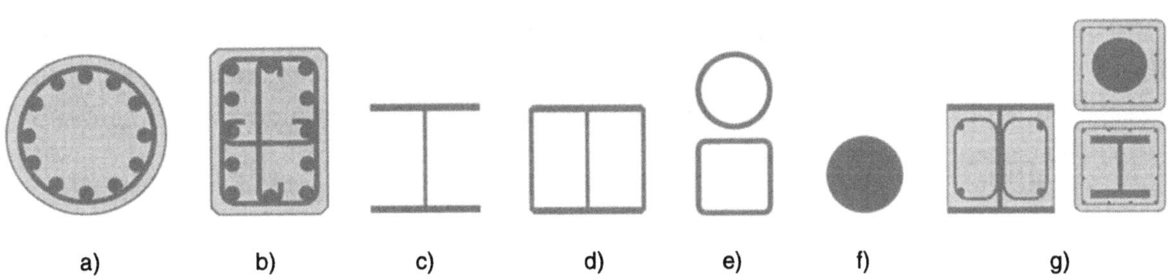


*Abb. 5.68: Stützenquerschnitte*

**Stahlstützen**

Für Schwerelaststützen und Rahmenstützen aus Stahl kommen vor allem die folgenden Querschnittsausbildungen in Frage:

- Walzprofile, wegen der relativ ähnlichen Trägheitsmomente in x- und y-Richtung meist HE-Profile (evtl. dickwandige HD-Stützensonderprofile); diese sind auch günstig bezüglich der Führung und Zugänglichkeit vertikaler Leitungen (Abb. 5.68c);
- verstärkte Walzprofile, z.B. durch angeschweisste Seitenbleche zu einem Kastenprofil ergänzte HE-Träger (Abb. 5.68d);
- Hohlprofile, vor allem quadratische und runde Rohre, die jedoch meist relativ teuer sind (Abb. 5.68e);
- Vollprofile für hochbelastete möglichst dünne Schwerelaststützen (Abb. 5.68f);
- mehrteilige Fachwerk- oder Rahmen-Stützenquerschnitte brauchen im Grundriss relativ viel Platz und kommen daher eher im Industriebau zur Anwendung.

**Verbundstützen**

Verbundstützen entstehen durch das Aus- bzw. Einbetonieren von Stahlprofilen, wodurch vor allem der Brandwiderstand, aber auch der Tragwiderstand entsprechender "nackter" Stahlstützen erhöht wird (Abb. 5.68g). Besondere Aufmerksamkeit ist den Massnahmen für den beständigen Zusammenhalt der beiden Baustoffe zu schenken (z.B. angeschweisste oder durch Steglöcher durchgesteckte Bügel mit Längsbewehrung, Kopfbolzendübel, evtl. "Hautbewehrung").

**Abstufung des Stützenquerschnittes über die Gebäudehöhe**

Meist lohnt es sich, den Stützenquerschnitt über die Gebäudehöhe zu verändern und nach oben an den geringeren erforderlichen Tragwiderstand anzupassen. Dies kann z.B. nach jeweils zwei Geschossen geschehen. Eine solche Abstufung ist möglich durch eine Veränderung der Aussenabmessungen, des Bewehrungsgehaltes (Betonstützen) bzw. der Wandstärken (Stahlstützen) oder der verwendeten Baustoffe (Beton- und Stahlfestigkeiten).

**Anschlüsse und Stösse von Stützen**

Betonstützen und Verbundstützen werden in der Regel stockwerkshoch ausgebildet und direkt an die Riegel oder Platten (Flachdecken) der Deckenkonstruktion angeschlossen. Stahlstützen verlaufen oft über zwei oder drei Stockwerke und werden über einer Geschossdecke nur in sich selbst gestossen.

Anschlüsse von vorfabrizierten Betonstützen erfolgen in der Regel so, dass die aus den Stützenenden herausstehende Bewehrung in den Ortsbeton der Geschossdecken eingebunden wird (gerade oder abgebogen). Ein solcher Anschluss am Stützenfuss bedingt die Montage der Stütze vor dem Betonieren der dortigen Decke. Um diese zu vermeiden, wird der Anschluss oft "gelenkig" ausgeführt, indem die Stütze ohne herausstehende Eisen auf der bereits erhärteten Decke in ein Mörtelbett versetzt wird. Dies bedingt eine Halterung der Stütze bis zur Erhärtung der oberen Decke.

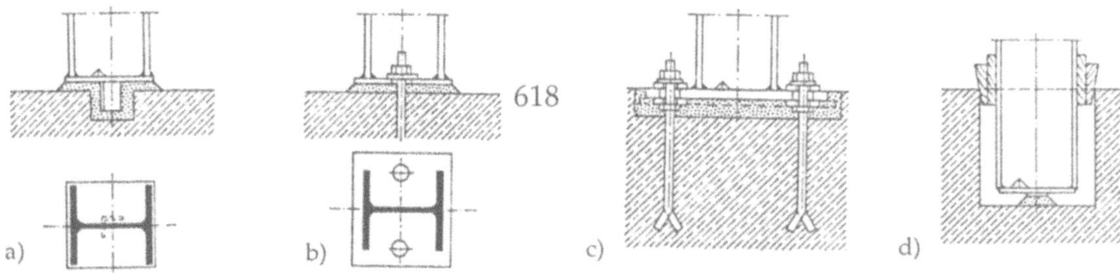


*Abb. 5.69: Anschlüsse von Stahlstützen an das Untergeschoss [DG]*

Anschlüsse von Stahlstützen an das Untergeschoss können "gelenkig" oder eingespannt ausgeführt werden. Beim gelenkigen Stützenfuss gemäss Abbildung 5.69a wird die Fussplatte mit einem Schubdübel (L- oder T-Profil) versehen und in ein vertieftes Mörtelbett versetzt. Die Stütze muss im Bauzustand gehalten werden (z.B. Abspannung), was bei der Lösung mit einbetonierten oder aus Toleranzgründen erst nach der Erhärtung des Fundamentes gebohrten Ankern gemäss Abbildung 5.69b nicht erforderlich ist. Beim biegesteif angeschlossenen Stützenfuss gemäss Abbildung 5.69c ist eine genaue Versetzung der Anker mittels einer

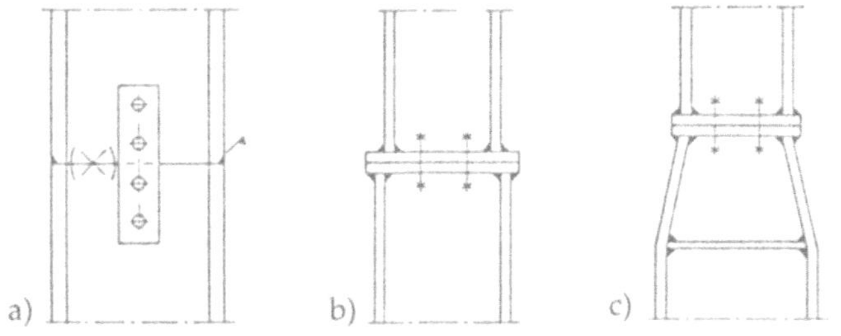

*Abb. 5.70: Kontaktstösse mit Abstufung der Querschnittsabmessungen [DG]*

Schablonenplatte oder ein Ausgleich von Abmassen (Toleranzen) durch Langlöcher in der Fussplatte der Stütze erforderlich. Die Sollhöhe kann durch an die Anker angeschweisste Muttern vorher eingestellt werden. Die Fussplatte wird durch sich rasch erhärtenden Kunststoffmörtel untergossen. Grössere Spielräume erlaubt beispielsweise die Lösung mit einem Köcherfundament gemäss Abbildung 5.69d.

Stösse von Stahlstützen können als Vollstösse oder als Kontaktstösse ausgebildet werden [DG]. Bei einem Vollstoss müssen die geschraubten Laschen oder die Schweissnähte für die vollen Schnittkräfte (M, V, N) bemessen werden. Ein Kontaktstoss darf nur bei Schwerelaststützen in unmittelbarer Nähe von horizontal gehaltenen Knoten (Deckenscheiben) angeordnet werden. Dabei ist eine genaue winkelrechte Bearbeitung der Stossflächen der beiden Stützenprofile erforderlich. Die Verbindungsmittel (Laschen, Schweissnähte) dürfen dann für nur einen Teil der Stützennormalkraft bemessen werden, der Rest wird auf Kontakt übertragen. Besonderheiten ergeben sich, wenn zwei Stützen mit verschiedenen Querschnittsabmessungen zu stossen sind (Abstufung über die Gebäudehöhe). Abbildung 5.70 zeigt Kontaktstösse ohne und mit angeschweissten Stirnplatten sowie die Abstufung der Querschnittsabmessungen.

## 5.6.4 Knoten

Rahmenknoten haben die Aufgabe, Unterzüge und Stützen möglichst steif bzw. starr miteinander zu verbinden. In Knoten von Stahlskelettbauten, die durch Stahlbetontragwände oder Fachwerke horizontal gehalten sind, können die Verbindungen zwischen Unterzügen und Stützen auch gelenkig ausgebildet werden ("Gelenkige Knoten").

An Rahmenknoten greifen die Biegemomente, Querkräfte und Normalkräfte der Endquerschnitte der angeschlossenen Stäbe an. In den Knoten können *grosse Querkräfte* auftreten. Diese erfordern besondere Aufmerksamkeit. Im folgenden werden vorerst die Verhältnisse an Rahmenknoten von Stahlbetonbauten dargestellt, wobei am Schluss auch auf das wichtige Verbund- und Verankerungsproblem der in die Knoten laufenden Längsbewehrungen eingegangen wird. Anschliessend werden Knoten von Stahlbauten kurz behandelt.

**Rahmenknoten von Stahlbetonbauten**

Abbildung 5.71 zeigt die Biegemomente von Innenknoten und Aussenknoten für Schwerelasten und für horizontale Einwirkungen (Wind, Erdbeben) von rechts. Die Neigung der Momentenlinien im Knoten ist ein Mass für die Grösse der dortigen Querkraft bzw. Schubbeanspruchung.

Bei Innenknoten mit Schnittkräften aus Schwerelasten (Abb. 5.71a) ergibt sich eine Schubbeanspruchung des Knotens aus der Differenz der Einspannmomente der angrenzenden Riegel. Diese Differenz ist im allgemeinen jedoch relativ klein, und da die meist beträchtliche vertikale Druckkraft aus der Stütze im Knoten das Schubverhalten verbessert, sind in der Regel keine besonderen Massnahmen erforderlich.

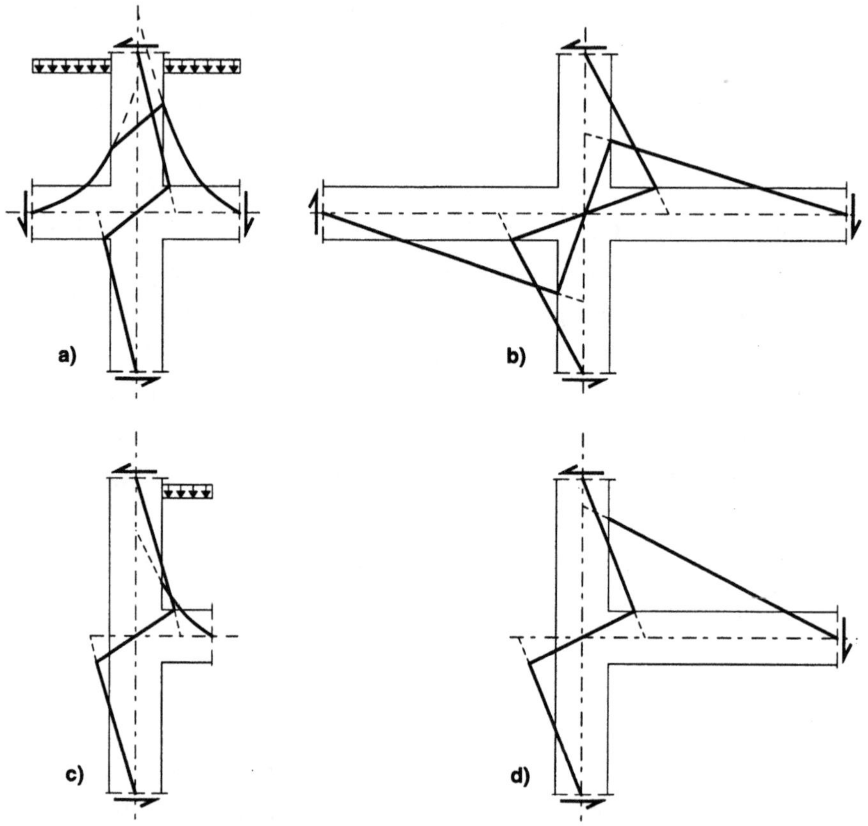


*Abb. 5.71: Biegemomente eines Innenknotens (oben) und eines Aussenknotens (unten) infolge Schwerelasten (links) und horizontaler Einwirkung von rechts (rechts)*

Bei Innenknoten mit erheblichen Schnittkräften aus horizontalen Einwirkungen (Abb. 5.71b) liegen die Verhältnisse wesentlich ungünstiger. Hier ist die *Querkraft im Knoten typischerweise bis zu etwa 5- bzw. 10mal grösser als in den Stützen bzw. Riegeln*! Dies erfordert eine sorgfältige Schubbemessung des Knotens. Als horizontale Schubbewehrung werden in der Regel im Knoten die gleichen Bügel verwendet wie in den Stützen. Als vertikale Schubbewehrung dienen die durch den Knoten geführten, zwischen den Eckstäben angeordneten Stäbe der Stützenlängsbewehrung. Eine ausführliche Diskussion der Bemessung und konstruktiven Durchbildung von Rahmenknoten ist in [PBM] zu lesen.

Bei Aussenknoten mit Schnittkräften aus Schwerelasten (Abb. 5.71c) ist die Querkraft im allgemeinen grösser als bei entsprechenden Innenknoten. Auch hier wirkt sich jedoch die Stützendruckkraft auf das Schubverhalten günstig aus. Oft genügt es, aufgrund eines einfachen Schubnachweises im Knoten ein paar Stützenbügel anzuordnen und die vertikale Stützenbewehrung ungeschwächt durchzuziehen.

Bei Aussenknoten mit Schnittkräften aus horizontalen Einwirkungen (Abb. 5.71d) ist die Querkraft im allgemeinen kleiner als bei entsprechenden Innenknoten. Im Gegensatz zum Aussenknoten mit angreifenden Schnittkräften aus Schwerelasten kann die Normalkraft in der Stütze jedoch eine Zugkraft sein, was das Schubverhalten des Knotens ungünstig beeinflusst. Hier ist insbesondere für Erdbebeneinwirkung mit zyklischen, inelastischen Verformungen eine sorgfältige Bemessung und konstruktive Durchbildung des Knotens unumgänglich. Abbildung 5.72 zeigt eine nach den Regeln aus [PBM] konzipierte Bewehrung.

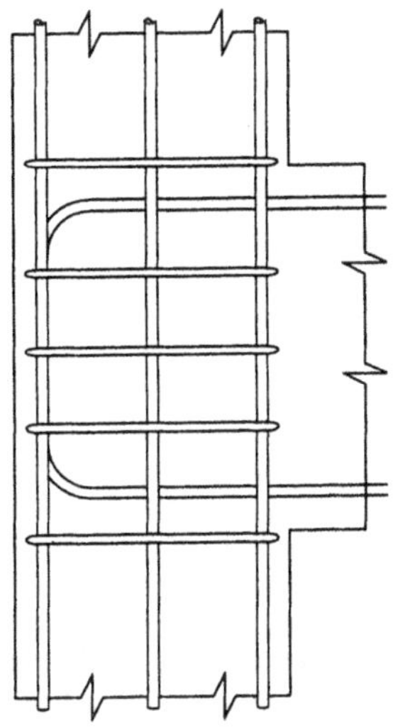

*Abb. 5.72: Bewehrung eines Aussenknotens für horizontale Einwirkungen [PBM]*

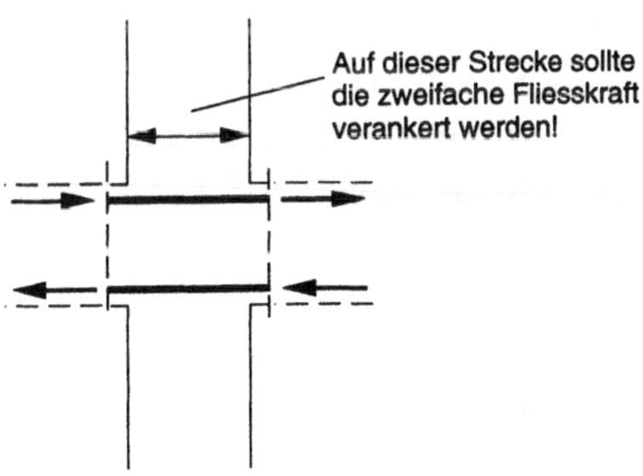


*Abb. 5.73: Kräfte an den Riegelbewehrungen in einem Innenknoten für horizontale Einwirkung von rechts*

Sorgfältig zu bearbeiten ist auch das *Verbund- bzw. Verankerungsproblem* bei den die Knoten durchlaufenden Bewehrungen. Abbildung 5.73 zeigt die Verhältnisse in einem Innenknoten. Bei Entwicklung plastischer Gelenke an den Riegelenden infolge horizontaler Einwirkung muss mit der oberen bzw. unteren Riegelbewehrung über die Stützenbreite die zweifache

Fliesskraft verankert werden. Durchmesser der Bewehrungsstäbe und Stützenbreite sind dementsprechend zu wählen. Ähnliches gilt für die Verankerung der vertikalen Stäbe am linken und rechten Rand der Stütze im Knoten. Rechnerische Bedingungen und Ansätze sind in [PBM] dargestellt.

**Gelenkige Knoten von Stahlbauten**

Bei horizontal gehaltenen Knoten von Stahlskelettbauten können die Unterzüge mittels Doppelwinkel gemäss Abbildung 5.74a oder mittels an die Stütze angeschweisstem Knotenblech gelenkig an die durchgehenden Stützen angeschlossen werden. Auch eine Lösung mit durchlaufendem Unterzug gemäss Abbildung 5.74b ist möglich. Hierbei müssen unbedingt Rippen in den Unterzug eingeschweisst werden, damit dieser mit der geringen Querbiegesteifigkeit des Stegbleches nicht als kurzes Pendel wirken kann. Weitere konstruktive Möglichkeiten sind in [DG] beschrieben.

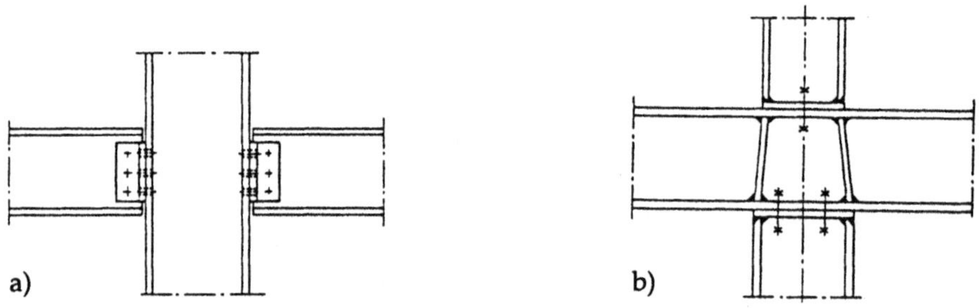


*Abb. 5.74: Gelenkige Verbindung zwischen Unterzug und Stütze: a) bei durchgehender Stütze und b) bei durchlaufendem Unterzug [DG]*

**Rahmenknoten von Stahlbauten**

Zur Übertragung der oft grossen Querkräfte in Rahmenknoten von Stahlbauten ist häufig eine Stegverstärkung (dickeres Blech oder Beibleche) erforderlich.

Bei den geschraubten Verbindungen (normale Stahlbauschrauben) kommt die Lösung gemäss Abbildung 5.75a vor allem für Innenknoten mit vorwiegenden Beanspruchungen aus Schwerelasten (vgl. Abb. 5.71a) in Frage, wobei die Zuglasche entweder an die Stütze angeschweisst oder kragenartig um diese herumgeführt werden muss. Bei zyklischen Beanspruchungen aus horizontalen Einwirkungen tritt auch unten Zug auf, so dass eine symmetrische Ausführung mit Stirnplattenanschluss durch HV-Schrauben gemäss Abbildung 5.75b zweckmässig ist. Diese erfordert steife Stirnplatten und Stützenflansche, um die Knotenverformungen zu begrenzen.

Abbildung 5.76 zeigt eine Lösung mit in der Werkstatt geschweisstem Knotenanschluss mit Montagestoss (geschraubt oder geschweisst) im Feld. Eine Montageschweissung ist auch direkt an der Stütze möglich (Montagehilfswinkel erforderlich).

Bei räumlichen Knoten müssen zwei sich rechtwinklig kreuzende Unterzüge an eine Stütze angeschlossen werden. Die Ausbildung solcher Knoten ist grundsätzlich ähnlich wie bei Knoten ebener Rahmen [DG].

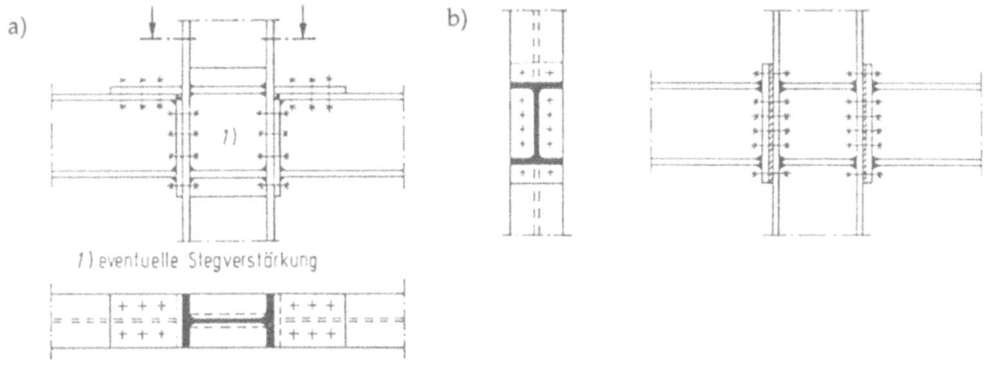


*Abb. 5.75: Biegesteife Verbindung Unterzug-Stütze a) bei nur negativem Moment, b) bei zyklischen Momenten [DG]*

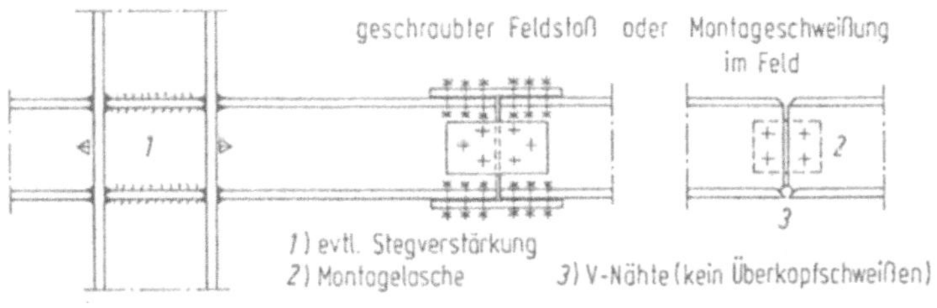


*Abb. 5.76: In der Werkstatt geschweisster Knotenanschluss mit Montagestoss im Feld [DG]*

# 5.7 Gebäudetrennfugen

## 5.7.1 Zwecke und Problematik

Gebäudetrennfugen sind vertikale Fugen, durch die grössere Gebäude in einzelne, weitgehend unabhängige Gebäudeteile (Abschnitte) aufgeteilt werden.

### a) Zwecke

Die hauptsächlichen Zwecke von Gebäudetrennfugen sind:

- Vermeidung oder Reduktion von Zwangsbeanspruchungen, die infolge von *Längenänderungen der horizontalen Tragelemente* (Decken) aus Schwinden, Temperaturänderung, Vorspannung, usw. auftreten;
- Reduktion von Zwangsbeanspruchungen, die infolge unterschiedlicher *Setzungen des Baugrundes* auftreten;
- Vermeidung der *Übertragung von Körperschall* (vor allem Trittschall) zwischen benachbarten Nutzungseinheiten (vgl. Abb. 3.5);
- Reduktion der Beanspruchungen durch Erzielung eines günstigeren *Schwingungsverhaltens unter Erdbebeneinwirkung* (vgl. Abb. 5.16).

Bei den ersten drei Zwecken geht es darum, die *Gebrauchstauglichkeit* sicherzustellen. Insbesondere sollen klaffende Risse in Decken, Tragwänden und evtl. Stützen aus Zwangsbeanspruchungen vermieden werden. Beim vierten Zweck geht es vor allem um die Verbesserung der *Tragsicherheit* unter Erdbebeneinwirkung.

Die einzelnen, durch Gebäudetrennfugen gebildeten Gebäudeteile müssen je für sich standfest sein, d.h. sie müssen die auf sie einwirkenden vertikalen Lasten und horizontalen Kräfte selbst abtragen können.

Gebäudetrennfugen gehören zur Gruppe der Bewegungsfugen. Andere Arten von Bewegungsfugen sind Bauteilfugen (z.B. Schwindfugen in Kalksandsteinwänden, Fugen zwischen Fassadenelementen), temporäre Schwindfugen, usw. Bestimmte Aspekte von Bewegungsfugen sind in der Empfehlung "Fugenabdichtungen in Bauwerken" [SIA 274] geregelt. Wohnungstrennfugen hingegen werden meist vor allem zwecks Schalldämmung angeordnet (vgl. Abschnitt 2.3).

### b) Problematik

Die Anordnung von Gebäudetrennfugen kann zwar *Probleme lösen*, sie schafft indessen häufig auch *neue Probleme* (siehe unten). Bevor in einem Gebäude Trennfugen vor allem zum Zweck der Reduktion von Zwangsbeanspruchungen aus horizontalen Längenänderungen angeordnet werden, sollte deshalb stets geprüft werden, ob nicht *andere Massnahmen* zum gleichen Ziel führen. Möglichkeiten sind:

*Reduktion der Verformungsbehinderung*

- Schaffung klarer Bewegungszentren (z.B. Kerne, Winkelwände) in Kombination mit weichen, bewegungsfähigen Randzonen (Schwerelaststützen, gleitende Lagerung, usw.);
- geschickte Anordnung der Tragelemente für horizontale Kräfte (vgl. Abschnitt 5.3.2b, Anordnung 6), z.B.
  - Tragwände mit Rechteckquerschitt nur quer zur Bewegungsrichtung gezwängt, d.h. nur Biegung um die schwache Achse;
  - Rahmen nur quer zur Bewegungsrichtung gezwängt;
- Reduktion der Steifigkeit von Stützen (evtl. Gelenke vorsehen).

*Reduktion des Schwindens*

- Betonieren mit wasserarmem Beton;
- Schutz vor Austrocknung/langes Feuchthalten der Betondecken.

*Inkaufnahme des Zwangs und Bemessung des Tragwerks für die Zwangsschnittkräfte*

- Anordnung einer kräftigen Mindestbewehrung in den Decken usw., so dass die Verteilung der Zwangsverformungen auf viele dünne Risse gewährleistet ist. Vorsicht ist vor allem in Bereichen von Aussparungen geboten: Die gezwängten Bauteile müssen auch die in der Aussparung weggefallene Bewehrung enthalten, damit sich die Verformungen nicht auf die Bereiche neben der Aussparung konzentrieren, sondern auch die Nachbarbereiche aufgerissen werden (Abb. 5.77).
- Anordnung einer kräftigen Mindestbewehrung in den gezwängten Tragwänden, Kernen usw.

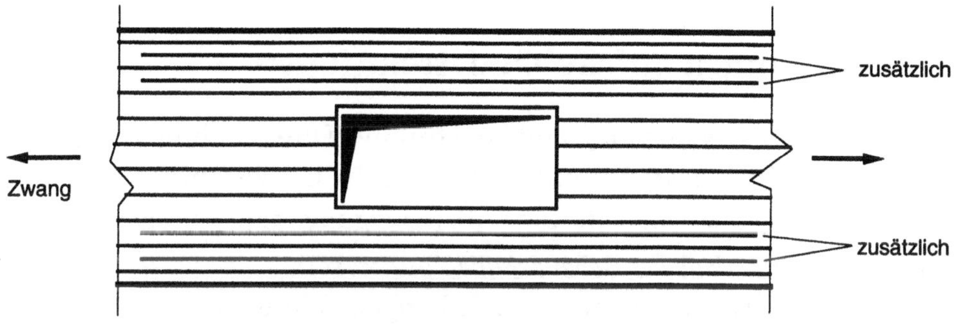


*Abb. 5.77: Bewehrung in der Nähe von Aussparungen*

Durch die Anordnung von Gebäudefugen können *neue Probleme* geschaffen werden. Insbesondere sind die folgenden Aspekte zu prüfen:

- *Horizontale Steifigkeit und Tragwiderstand, sowie Gesamtstabilität:* Gebäudetrennfugen teilen Tragwerke in schlankere Einzelabschnitte, die auf horizontale Kräfte empfindlicher reagieren.
- *Ausbau und Haustechnik:* Verschiebungen im Bereich von Gebäudetrennfugen sind auch durch Verkleidungen (Boden-, Wandbeläge) und durch Haustechnikanlagen (Leitungen) vollumfänglich mitzumachen, was eine gründliche Massnahmenplanung erfordert.

- *Dichtigkeit der Gebäudehülle:* Dichtigkeit ist ein wesentlicher Aspekt der Gebrauchstauglichkeit. Gebäudetrennfugen sind entsprechend auszubilden und stellen diesbezüglich ein Schadenrisiko dar. Undichte Gebäudetrennfugen können evtl. grösseren Schaden anrichten als "wilde Risse" einer fugenlosen Konstruktion.
- *Erstellungskosten und Unterhalt:* Einwandfrei ausgebildete Gebäudetrennfugen sind teuer. Je nach Verhältnissen erfordern sie auch Unterhalt.
- *Deckenbiegung:* Gebäudetrennfugen in Decken verhindern eine statische Durchlaufwirkung. Folgen können sein:
  - Grössere Deckendurchbiegung;
  - grössere Biegebeanspruchung in den Randfeldern;
  - schlechteres Durchstanzverhalten bei getrennten Stützen von Flachdecken (Randstützen).
- *Zusammenprall bei Erdbeben:* Ungleiche Schwingungen der getrennten Gebäudeteile bei Erdbeben können ein Zusammenprallen bewirken. Deshalb sind Mindestfugenbreiten einzuhalten ([SIA 160] Ziffer 4 19 33).

### c) Folgerungen

Die Anordnung von Gebäudetrennfugen hat im Rahmen einer *gesamtheitlichen Betrachtung* zu erfolgen. Vor- und Nachteile sind sorgfältig abzuwägen!

Unzweckmässig angeordnete und ausgebildete Gebäudetrennfugen können mehr schaden als nützen! Sie können die Gebrauchstauglichkeit verschlechtern und die Tragsicherheit beeinträchtigen.

## 5.7.2 Einwirkungen auf Gebäudetrennfugen

Grundlage für Entwurf, Bemessung und konstruktive Durchbildung der Gebäudetrennfugen ist eine sorgfältige *Analyse der Einwirkungen.* Je mehr Einwirkungen sich überlagern, desto aufwendiger wird die Fugenausbildung (z.B. Bewegungsfuge auf befahrbarem Dach).

Einwirkungen von *innerhalb der Gebäudehülle* können sein:
- Fugenbewegungen (v.a. durch horizontale Längenänderungen);
- Kräfte aus Fugenverdornung (Querkräfte vertikal und evtl. horizontal);
- mechanische Einwirkungen (z.B. durch Befahren);
- chemische Einflüsse (z.B. durch Tausalz);
- Brand (Ausdehnung).

Einwirkungen von *ausserhalb der Gebäudehülle* können sein:
- Fugenbewegungen (z.B. durch Setzungen, Erdbeben);
- Wasser (z.B. Schlagregen, Grundwasser);
- Temperatur;
- Sonneneinstrahlung;
- Wind.

Einwirkungen im *Bauzustand* - meist infolge Unachtsamkeit, Fahrlässigkeit und/oder fehlender Information und Koordination - sind oft Ursache von Fugenschäden:
- Blockieren der Fugen durch unsorgfältig aufgebrachte Bodenbeläge, Verputze, usw.;
- Verletzung von ungeschützten Fugenbändern im Sockelbereich (Kellerwände) vor dem Betonieren oder vor Aufbringen des Schutzmörtels;
- Verformung von fixierten, aber noch nicht einbetonierten Fugenprofilen;
- lokale Zerstörung von Fugenflanken vor Einbringen der Dichtungsprofile.

Die wichtigsten Einwirkungen werden im folgenden noch näher umschrieben.

### a) Fugenbewegungen

Fugenbewegungen lassen sich rechnerisch abschätzen. Zu unterscheiden sind:

Bewegungsrichtung:
- Schieben quer zur Fuge;
- Schieben längs der Fuge;
- Schieben durch Verdrehung der Deckenscheiben im Grundriss.

Bewegungsgrösse:
- Differenz zwischen grösster und kleinster Fugenbreite;
- Mass der grössten Verschiebung längs der Fugenflanken.

Bewegungshäufigkeit:
- Irreversible, einmalige richtungsbetonte Bewegungen
- reversible, mehrmalige umkehrbare Bewegungen.

Durch *Fugenverdornung* kann die Bewegungsrichtung beeinflusst werden.

### b) Kräfte aus Fugenverdornung

Fugenverdornung kann in folgenden Fällen erforderlich sein:
- Zur *Erhaltung des Gleichgewichtes* (Gleichgewichtsverdornung), d.h. zur Gewährleistung der Tragsicherheit durch Querkraftübertragung im Fugenbereich;
- zur *Erhaltung der Verträglichkeit* (Verträglichkeitsverdornung), d.h. zur Verhinderung von Relativverschiebungen der Fugenflanken (geringere Beanspruchung der Fugendichtung und der Fugenflanken).

Kräfte aus Verträglichkeitsverdornung lassen sich oft nur schätzen. Eine duktile Ausbildung des Dornbereiches ist daher von grösster Bedeutung (z.B. gute Verbügelung seitlich der Dorne).

### c) Mechanische Einwirkungen

Gebäudetrennfugen durch Fussböden in Gewerbebauten, Lagerhäusern, Einkaufszentren, Parkgaragen, usw. sind oft relativ hohen und wiederholten *Einzelradlasten* ausgesetzt.

Folgende Unterscheidungen der Gebäudetrennfugen sind zweckmässig (nach zunehmender Beanspruchung geordnet):

- Begehbar, ausnahmsweise befahrbar mit PW;
- befahrbar mit PW, ausnahmsweise befahrbar mit LKW;

- befahrbar mit luftbereiftem LKW oder luftbereiftem Gabelstapler;
- befahrbar mit Hub- oder Transportfahrzeugen mit Vollgummi- oder Hartkunststofflrädern.

Für jede Einwirkung sind auf dem Markt sehr unterschiedliche Fugenübergangskonstruktionen erhältlich.

### d) Wasser

Wasser kann in folgenden Formen einwirken:

- Wasserdampf (Dampfsperre);
- Schlagregen;
- Bodenfeuchtigkeit;
- vorübergehend stehendes Wasser;
- dauernd stehendes oder fliessendes Wasser mit kleinem, mittlerem oder hohem Wasserdruck.

Durch *konstruktive Massnahmen* sind Wassereinwirkungen wenn immer möglich zu minimieren (z.B. Reduktion von Wasserdruck durch Drainage, kein stehendes Wasser dank ausreichendem Gefälle, usw.).

## 5.7.3 Entwurf und Bemessung von Gebäudetrennfugen

### a) Grundsatz

Ist der wohlüberlegte Entscheid zugunsten einer Gebäudetrennfuge gefallen, so gilt:

*Gebäudetrennfugen sind konsequent und kompromisslos durch sämtliche Bauteile durchzuziehen.*

Eine Ausnahme besteht bei der Fundation: Gebäudetrennfugen beginnen in der Regel *oberhalb der Fundation* und werden durch das ganze Bauwerk einschliesslich Fassadenverkleidung und Dachbelag durchgeführt.

### b) Fugenanordnung, Fugenabstände

- *L- und T-förmige Grundrisse* sind *durch Fugen in rechteckige Grundrisse aufzuteilen*. Dadurch wird vor allem das Erdbebenverhalten entscheidend verbessert (vgl. Abschnitt 5.3.2a).
- *Hohe und somit schwerere Gebäudeteile* sind *von niederen, leichteren Gebäudeteilen zu trennen.* Dadurch wird der Zwang infolge unterschiedlicher Setzungen und differentieller Stützenverkürzung (elastisch und Kriechen) vermieden.
- *Zweckmässige Abstände* von Gebäudetrennfugen können stark variieren, von ca. 10 m bis zu 50 m oder mehr. Fugenabstände stehen in ausgeprägter Interaktion mit dem *Mass der Behinderung der horizontalen Längenänderungen* (Anordnung und Steifigkeit der Elemente zur Abtragung horizontaler Kräfte) und *konstruktiven Massnahmen* (Minimalbewehrung). Regeln über erforderliche Fugenabstände können einer spezifischen Situation meist nicht gerecht werden.

  *Kleine* Fugenabstände sind zweckmässig bei
  - starker Behinderung der horizontalen Längenänderungen;
  - erheblicher Temperatureinwirkung (schwach oder überhaupt nicht wärmegedämmte Gebäudehülle).

*Grosse* Fugenabstände oder überhaupt *keine Fugen*, dafür entsprechende konstruktive Massnahmen (Mindestbewehrung, Lager), sind zweckmässig bei
- erheblicher Schwächung des Gesamtsystems durch Auftrennung der Deckenscheiben (vgl. Abb. 5.21a und b);
- problematischen Einwirkungen auf Fugen wie Wasserdruck, chemische und starke mechanische Einwirkungen;
- problematischem Fugenunterhalt wie z.B. bei Fundationsplatten oder ganzen "UG-Kasten".

Bauteile ausserhalb und auf der Aussenseite der Gebäudehülle (Balkonplatten, Fassadenplatten, usw.) sind durch *Bauteilfugen in Abständen von ca. 5 bis 8 m* zu trennen (Temperatureinwirkung).

## c) Fugenverlauf

Die folgenden beiden Grundsätze sollten wenn immer möglich beachtet werden:
- Gebäudetrennfugen sollen ohne Ecken und Versprünge *in einer Vertikalebene* verlaufen;
- Gebäudeteile sind wenn immer möglich durch *gemeinsam fundierte Doppelstützen* zu trennen (Abb. 5.78).

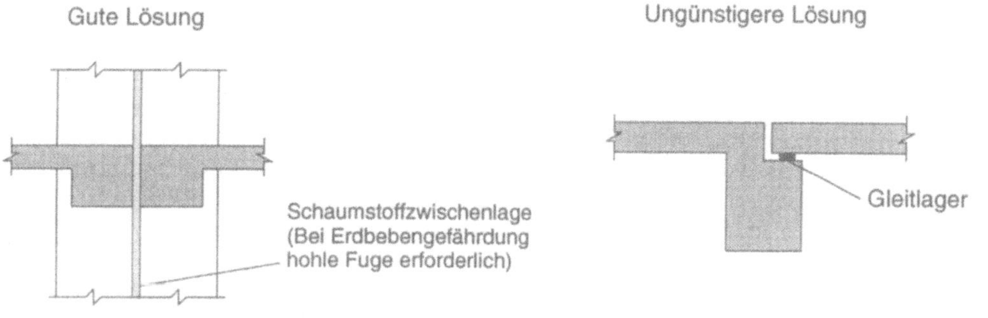


*Abb. 5.78: Lösungen für Gebäudetrennfuge [Ba II]*

## d) Fugenbreiten

Die Fugenbreite wird bestimmt durch:
- Berechnete Fugenbewegung;
- Verformbarkeit der Fugendichtung.

Die *Verformbarkeit von Fugendichtungen* liegt bei
- Fugendichtungsmassen bei max. 25%, d.h. ± 12.5% der Fugenbreite (vgl. [SIA 274]);
- Profildichtungen bei max. 30% ÷ 60%, d.h. ± 15% bis ± 30% der Fugenbreite (vgl. Marktprodukte);
- Blechdichtungen mit Schleppfalz: je nach konstruktiver Durchbildung;
- Fugenbändern gegen eindringendes Wasser bei max. ca. 50 mm (ihre Dehnbarkeit ist unabhängig von der Fugenbreite). Die zweckmässige Fugenbreite liegt hier bei 20 bis 30 mm.

In *Zonen mit Erdbebengefährdung* sind Gebäudetrennfugen so breit auszubilden, dass die Gebäude nicht zusammenprallen. Nach [SIA 160] Ziffer 4 19 33 gelten folgende Regeln:
- bei Aussteifung mit Tragwänden oder Fachwerken 15 mm pro Stockwerk;
- bei Aussteifung mit Rahmen 30 mm pro Stockwerk;
- mindestens aber 40 mm über die ganze Gebäudehöhe;
- bei höheren Gebäuden sind detailliertere Berechnungen anzustellen.
- der Fugenzwischenraum darf nicht ausgefüllt sein, und er darf keine Kontaktbrücken aufweisen ([SIA 160] Tab. 31), damit ein freies Schwingen der angrenzenden Gebäudeteile gewährleistet ist.

### e) Fugenverdornung

*Verträglichkeitsverdornungen* (vgl. Abschnitt 5.7.2b) entlang von Gebäudetrennfugen sind zweckmässig, um z.B. weiche Plattenränder zu verbinden (Abb. 5.79). Die Dauerhaftigkeit der Fuge wird dadurch erheblich erhöht.

*Gleichgewichtsverdornungen* entlang von Gebäudetrennfugen, z.B. für Querkraftsübertragung, sind problematisch und nach Möglichkeit zu vermeiden:
- Rascher Verlust des Tragwiderstandes mit zunehmender Fugenöffnung (Brand, Erdbeben);
- Korrosionsverhalten (z.B. Parkdecks mit eingeschlepptem Tausalz);
- Brandverhalten.

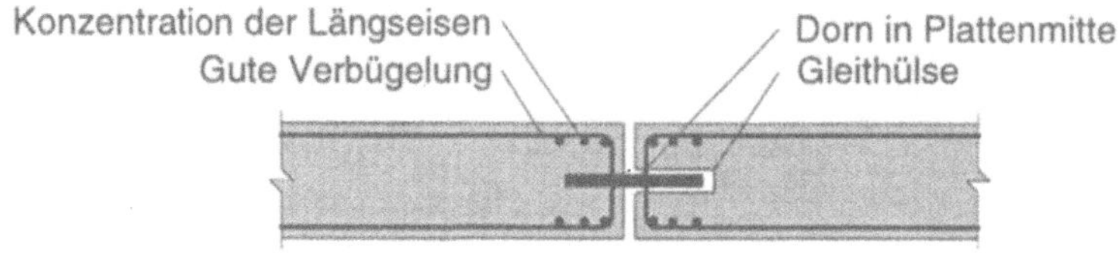


*Abb. 5.79: Verträglichkeitsverdornung an Plattenrändern*

## 5.7.4 Konstruktive Durchbildung von Gebäudetrennfugen

Zahlreiche, konstruktiv gut durchgebildete Fugensysteme sind auf dem Markt erhältlich. Die Wahl des richtigen Systems richtet sich nach dem durch den Ingenieur ausgearbeiteten *Anforderungskatalog* für die Fuge. Bei der Wahl von Fugensystemen soll auch ihre *Bewährung an ausgeführten Objekten* geprüft werden (Referenzen). Die Beispiele in Abbildung 5.80 zeigen einige konstruktive Möglichkeiten.

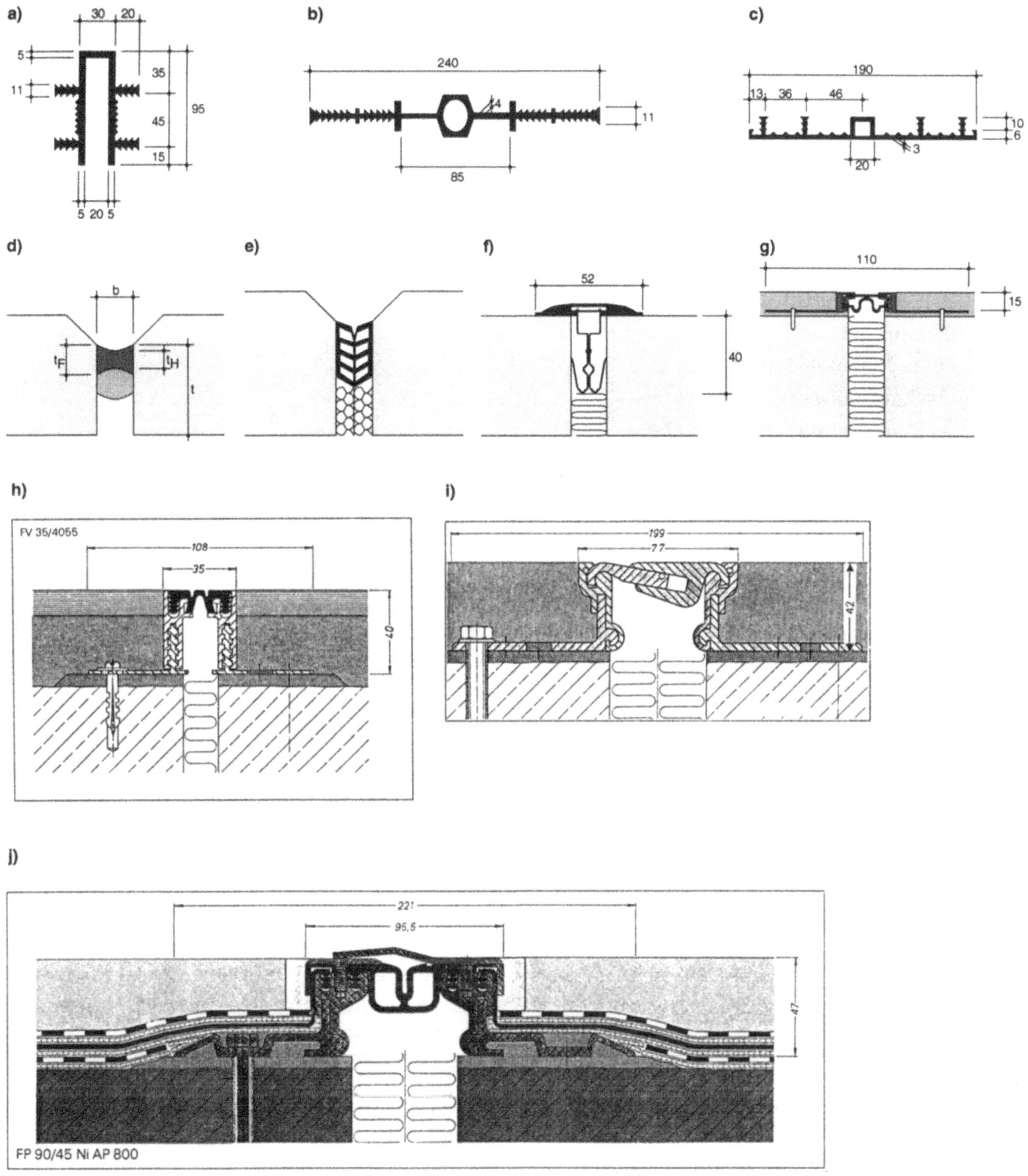


Fugenbänder:
a) Fugenabdeckprofil für Oberflächenwasser
b) Innenband für mittleren bis hohen Wasserdruck
c) Aussenband (Schalungsband) für geringen bis mittleren Wasserdruck

befahrbare Fugen:
h) mit PW befahrbare Fuge (Böden, innen)
i) mit Hartkunststoffrädern befahrbare Fuge (Lagerräume, innen)
j) befahrbare Fuge auf Dächern (aussen, entlang Gebäudefugen)

Fugen für Wände und Decken:
d) Fuge mit Dichtungsmasse
e) Fuge mit Mehrkammerprofil
f) Fuge mit Befestigungsklammer
g) Fuge mit Aluträgerprofil

*Abb. 5.80: Fugensysteme: Fugenbänder, einfache Fugen für Wände und Decken, befahrbare Fugen*

# 5.8 Gebäudehülle durchdringende Tragelemente

## 5.8.1 Problemstellung und Anforderungen

### a) Problemstellung

Bei Skelettbauten (und anderen Bauten) finden sich häufig Bauteile ausserhalb der Gebäudehülle. Solche sind beispielsweise:

- Balkone, Laubengänge;
- Brüstungen;
- Fassadenbekleidungen;
- Dachaufbauten;
- Aufhängungen von Vordächern.

Diese Bauteile sind mit dem innerhalb der Gebäudehülle liegenden Tragwerk durch Tragelemente verbunden. Diese *die Gebäudehülle durchdringenden Tragelemente* werden vielfältig beansprucht durch:

- Lasten und Kräfte aus den Bauteilen ausserhalb der Gebäudehülle;
- Temperaturdifferenzen (Wärmebrücken);
- Wasser und chemische Angriffe (Meteorwasser, Kondenswasser);
- Schwingungen/Körperschall.

### b) Anforderungen

Um sowohl *statisch* als auch *bauphysikalisch* befriedigende Lösungen zu finden, müssen an die Gebäudehülle durchdringenden Tragelemente etwa folgende Anforderungen gestellt werden:

- *Hohe Festigkeit:* Eine minimale Störung bei der Durchdringung der Gebäudehülle erfordert *möglichst punktuelle Tragelemente* mit *kleinem Querschnitt* und dementsprechend *hoher Festigkeit.*
- *Ausgewogene Steifigkeit:* Die Tragelemente müssen zwar mindestens in bestimmten Richtungen *fest genug* sein, um Zug-, Druck- und Schubkräfte einwandfrei zu übertragen, sie müssen jedoch oft gleichzeitig in bestimmten andern Richtungen *weich genug* sein, um differentiellen Verschiebungen aus unterschiedlichen Temperaturverformungen der ausser- und innerhalb der Gebäudehülle liegenden Bauteile folgen zu können.
- *Geringe Wärmeleitfähigkeit:* Dadurch erfolgen eine Reduktion der *Kondenswasserbildung* und der *Schimmelpilzgefahr* sowie gesamtheitlich geringere *Energieverluste.*
- *Dauerhaftigkeit:* Tragelemente im Bereich der Gebäudehülle können oft *nicht kontrolliert* werden. Sie müssen daher *mindestens die Lebensdauer der Gebäudehülle* selbst aufweisen.
- *Ausreichende Dichtigkeit:* Insbesondere im Dachbereich darf das Wasser die Dachhaut im Bereich von Durchdringungen nicht unterlaufen (besonderes Problem bei Durchdringungen im Grundwasserbereich).

- *Geringe Schallübertragung:* Eine geringe Schallübertragung (Körperschall) ist eine oft schwer zu erfüllende Anforderung mit erheblichen Kostenfolgen (Massnahmen mit Bauphysiker absprechen).

Diese und allenfalls weitere Anforderungen haben oft *gegenläufigen Charakter.* Sie sind zu gewichten. Kompromisse sind meist unumgänglich. Dabei gilt aber: *Tragsicherheit hat Priorität!*

Die Gebäudehülle durchdringende Tragelemente sind mit Vorteil bereits im Entwurf durch konzeptionelle Massnahmen auf ein Minimum zu reduzieren.

Nachfolgend soll die Problematik dieser Tragelemente an zwei Beispielen aufgezeigt werden:

- Balkonanschlüsse;
- Verankerung schwerer Fassadenbekleidungen.

## 5.8.2 Balkonanschlüsse

### a) Frühere Ausführung

Früher wurden Betonplatten für Balkone (Kragplatten) und dergleichen (z.B. Laubengänge bei Mehrfamilienhäusern) mit den Decken im Gebäudeinnern monolithisch verbunden. Dies führte zu einer ausgesprochenen Wärmebrücke mit Gefahr der Kondensation und Schimmelpilzbildung.

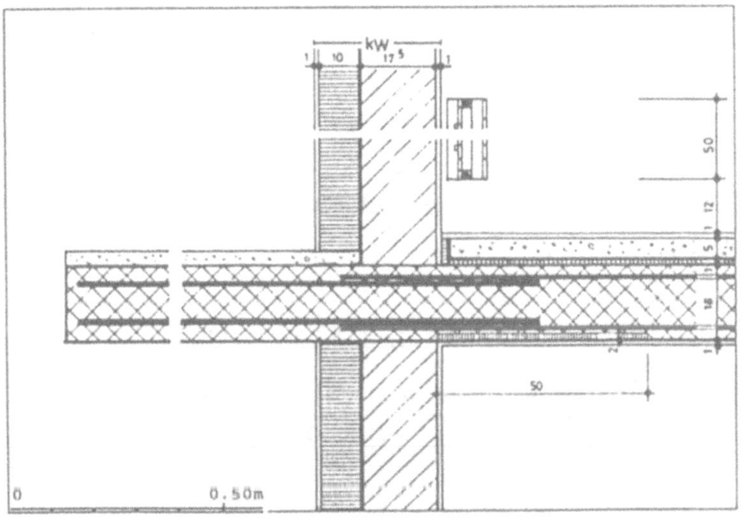


*Abb. 5.81: Typischer früherer Balkonanschluss [SIA D 078]*

Zur Verbesserung der Verhältnisse wurde an den Deckenrändern auf der Unterseite eine meist 50 cm breite und 2 cm dicke Dämmschicht in die Schalung eingelegt (siehe Abb. 5.81). Die kritische Zone verschob sich damit von der Oberfläche in die Übergangsschicht zwischen Dämmschicht und Beton. Die Dämmschicht sog das Kondenswasser kapillar auf und zeichnete sich mit der Zeit entlang den Deckenrändern unschön ab.

Die monolithische Verbindung vermochte auch in energetischer Hinsicht nicht zu befriedigen (zu hohe Wärmeverluste). Zudem führten die ungleichen Längenänderungen infolge von

Temperatureinwirkung in Fassadenrichtung zwischen äusserer und innerer Betonplatte zu hohen Eigenspannungen und in der Balkonplatte zu starker Rissebildung.

### b) Heutige Anschlussysteme

Heute werden zur Verbesserung der Verhältnisse folgende Massnahmen ergriffen:

- Der Beton im Bereich der Gebäudehülle wird unterbrochen und durch *Tragelemente aus Stahl* ersetzt;
- durch *zusätzliche Balkonabstützungen* wird die Beanspruchung der die Gebäudehülle durchdringenden Tragelemente reduziert.

Konzeptionell können drei Fälle unterschieden werden (Abb. 5.82). Für alle drei Fälle stehen heute zahlreiche mehr oder weniger geeignete Anschlussysteme zur Verfügung. Der Ingenieur muss sorgfältig prüfen, ob das gewählte Produkt seinen Anforderungen entspricht. Der Preis allein darf nicht ausschlaggebend sein!

Die verschiedenen Produkte unterscheiden sich insbesondere in folgenden Punkten:

Stahlqualität:

- Bewehrungsstahl S 500 mit Schutzbeschichtung;
- Edelstahl V4A (Nr. 1.4401 oder 1.4571);
- Duplex-Edelstahl (Nr. 1.4462);
- usw.

Art der Schubübertragung:

- Schrägeisen;
- Stehblech;
- Dübel.

Material und Dicke der Dämmschicht;

Art und Weise der Verankerung der Biegebewehrung.

### c) Wärmetechnische Beurteilung

(vgl. Abschnitt 2.1.3 mit den Beiblättern 2.9 und 2.10)

Die wärmetechnischen Verhältnisse für die monolithische Decke und für die in Abb. 5.82 gezeigten Fälle 1 und 3 sowie für weitere Konstruktionsvarianten sind in Abbildung 5.83 dargestellt. Die angegebenen Oberflächentemperaturen basieren auf Lufttemperaturen von -10° C aussen und +20° C innen.

*Diskussion*

Verlust von Wärmeenergie:

- Bei durchbetonierter Decke mit Dämmschicht sind die Verluste entlang den Deckenrändern etwa gleich gross wie bei Fall 1 mit Stahl S 500;
- bei Fall 1 werden durch Verwendung von Edelstahl anstelle von Stahl S 500 die Verluste etwa halbiert;
- ideale Verhältnisse liegen bei Fall 3 vor (die Verbindungselemente zur horizontalen Stabilisierung sind praktisch vernachlässigbar).

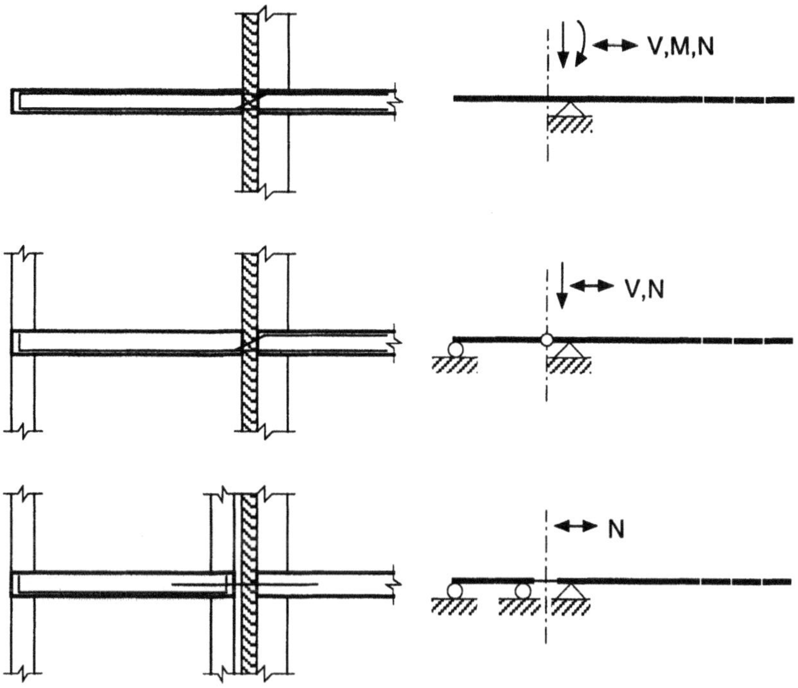


*Abb. 5.82: Moderne Anschlussysteme für Balkone [Gi]*

Kondensation und Schimmelpilzgefahr:

- Die kritischen Oberflächentemperaturen im Gebäudeinnern liegen im schweizerischen Mittelland bei ca. 9.3° C für Kondensation und bei ca. 12.6° C für Schimmelpilzbildung. Der ungünstige Fall 1 mit Stahl S 500 vermag dieser Anforderung nur sehr knapp zu genügen (13.7° C). Im *Bereich von Fensterstürzen* besteht *akute Kondensations- und Schimmelpilzgefahr!*

Im allgemeinen werden bei Verwendung von Edelstahl (V4A oder Duplex) dank seiner ca. 4mal kleineren Wärmeleitfähigkeit $\lambda$ im Vergleich zum Bewehrungsstahl S 500 ($\lambda$ = 16 W/mK gegenüber $\lambda$ = 60 W/mK) die wärmetechnischen Probleme auch beim Fall 1 befriedigend gelöst (16° C). Material und Dicke der Wärmedämmschicht haben dabei im allgemeinen sekundäre Bedeutung.

## d) Korrosionssicherheit

Kondenswasserfilme infolge von Wärmebrücken und Chloriden aus Tausalz, die evtl. durch die Wärmedämmschicht eindringen (Salzen von Balkonen oder Laubengängen im Winter), führen zu einer erheblichen Korrosionsbelastung des ungeschützten Stahles im Bereich der Gebäudehülle. Die Tragsicherheit darf jedoch längerfristig nicht durch das Mass der Korrosion bestimmt werden.

*Empfehlungen*

- *Bewehrungsstahl S 500* muss im gefährdeten Bereich eine *doppelte,* einwandfrei ausgeführte *Beschichtung* aufweisen. Die beiden Schichten müssen dicht, duktil und alterungsbeständig sein, und es sind hiefür zwei unterschiedliche Materialien zu verwenden. Die äussere Schicht muss relativ weich sein, um Schläge im Montagezustand abzudämpfen.
- *Edelstahl* hat *mindestens die Qualität V4A* (Werkstoff Nr. 1.4401 oder 1.4571) aufzuweisen.

## BALKON / AUFLAGER

**B**

| Grundarmierung Stahlbeton 0.51% (Flächenanteil) | | Mauerwerk homogen $k_W$ = 0.46 W/m²K | Aussendämmung $k_W$ = 0.32 W/m²K, Hinterlüftung $k_W$ = 0.30 W/m²K | Zweischalenmauerwerk $k_W$ = 0.29 W/m²K |
|---|---|---|---|---|
| **Durchbetoniert** | | B1 | B7 | B13 |
| Zusatzarmierung 0.51% | | | | |
| Linienzuschlag $k_{lin}$ [W/mK] | | 14.0°C 0.38 | 13.3°C 0.56 | 14.1°C 0.47 |
| **Mit gedämmtem Stahlkorb** | | B3 | B9 | B15 |
| Korbarmierung 1.3% | | | | |
| Linienzuschlag [W/mK] | Baustahl | 13.4°C 0.42 | 13.7°C 0.55 | 14.3°C 0.48 |
| Linienzuschlag [W/mK] | Edelstahl | 15.3°C 0.21 | 16.0°C 0.26 | 16.3°C 0.24 |
| **Mit punktförmigen Verankerungen** | | B3 | B9 | B15 |
| Armierungsgehalt 1.3% bei 1 Auflager pro Meter | | | | |
| Linienzuschlag [W/mK] | Baustahl | 14.7°C 0.22 | 15.3°C 0.26 | 15.8°C 0.22 |
| Linienzuschlag [W/mK] | Edelstahl | 16.3°C 0.09 | 17.1°C 0.11 | 17.4°C 0.09 |
| **Balkon abgestützt / Auflager** | | B5 | B11 | B17 |
| Linienzuschlag [W/mK] | Balkon | 17.5°C 0.02 | 18.3°C 0.01 | 18.4°C 0.01 |
| Linienzuschlag [W/mK] | Auflager | -0.01 | 0.01 | 0.01 |
| **Zuschläge [W/mK] für:** | | | | |
| Bodenheizung | | | | |
| Radiatorheizung T=50°C, Ta=-10°C | | 0.01 | 0.01 | 0.01 |
| Balkon abgestützt/ Auflager | | 0.15 | 0.09 | 0.09 |
| Malus für durchbetonierte Decke | | 0.01 | 0.04 | 0.03 |
| Malus für ged. Stahlkorb (λ =60, f=1.3%) | | 0.01 | 0.03 | 0.02 |
| Balkontüre: Holzrahmen | | 0.29 | 0.33 | 0.34 |
| Malus für durchbetonierte Decke | | 0.10 | 0.01 | 0.06 |
| Malus für ged. Stahlkorb (λ =60, f=1.3%) | | 0.08 | 0.01 | 0.04 |
| Fenstersturz: Holzrahmen, Faltrolladen | | 0.29 | 0.37 | 0.38 |
| Malus für durchbetonierte Decke | | 0.10 | -0.03 | 0.05 |
| Malus für ged. Stahlkorb (λ =60, f=1.3%) | | 0.11 | 0.01 | 0.07 |

*Abb. 5.83: Wärmedurchgang durch Balkonanschlüsse [SIA D 078]*

- Bei Balkonen und Laubengängen mit *regelmässiger Salzung im Winter* ist nach dem heutigen Wissensstand nicht auszuschliessen, dass durch Anreicherung von Chloridionen *auch in Edelstahl V4A Spannungsrisskorrosion* auftreten kann. Für diese Fälle ist der noch resistentere *Duplex-Edelstahl* (Werkstoff Nr. 1.4462) anzuwenden oder eine selbsttragende Lösung (siehe Fall 3) anzustreben.

## e) Verformbarkeit der Anschlüsse

Unterschiedliche vertikale Temperaturdehnungen von Aussenstützen und Innenkonstruktion führen in den Fällen 2 und 3 der Abbildung 5.82 zu vertikalen Relativverschiebungen.

Bei Balkonen mit Aussenstützen (Fall 2) ist die Verbindung als Gelenk auszubilden. Bei Gebäuden mit mehr als ca. 5 Geschossen sind diesbezüglich genauere Untersuchungen anzustellen.

Bei selbsttragenden Balkonen (Fall 3) sind die Relativbewegungen zu berechnen und die Verbindungen mit der erforderlichen Verformbarkeit auszubilden (Abb. 5.84).

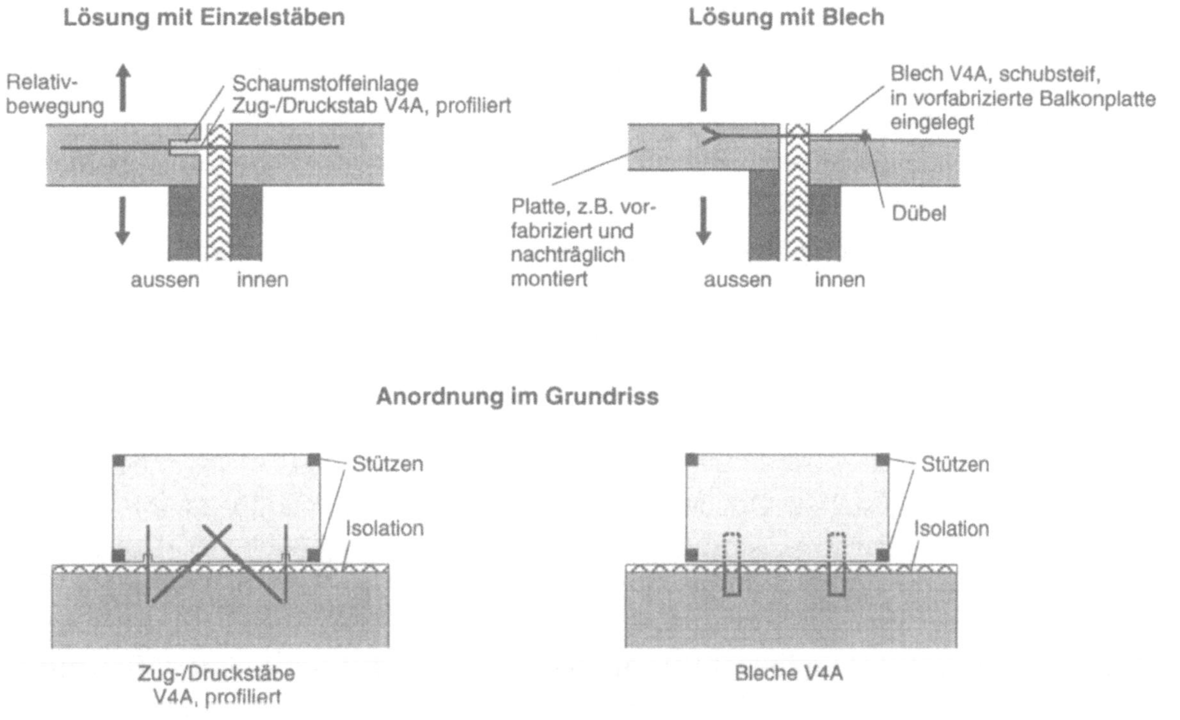


*Abb. 5.84: Verformbare Balkonanschlüsse [Gi]*

Bei selbsttragenden Balkonen (Fall 3) ist ferner zu beachten:
- Betonstützen reagieren träger auf Temperaturdifferenzen als Stahlstützen;
- dunkle Anstriche der Stützen sind zu meiden;
- nichttragende Bauteile (z.B. Geländer) sind sorgfältig zu dilatieren;
- selbsttragende Balkone bei mehr als ca. 5 Geschossen sind problematisch.

### 5.8.3 Verankerung schwerer Fassadenbekleidungen

Funktion und Konstruktionsarten von Aussenwänden wurden in Abschnitt 3.1 behandelt (Bauphysikalische Grundlagen siehe 2. Kapitel).

#### a) Ankerarten

Schwere, meist plattenartige Fassadenbekleidungen aus *Beton, Mauerwerk, Natur-* oder *Kunststein* finden heute bei Skelettbauten häufig Verwendung. Diese müssen mit die Gebäudehülle durchdringenden Ankern befestigt werden.

Vorteile solcher Fassadenbekleidungen sind:

- Gute Gestaltungsmöglichkeiten (insbesondere bei Beton);
- gute Witterungsbeständigkeit und damit gute Dauerhaftigkeit.

Nachträglich montierte, hinterlüftete Bekleidungsplatten werden an die Haupttragkonstruktion meist entweder mit zugstangenartigen Fassadenplattenankern aufgehängt oder unten auf Winkelkonsolanker aufgelegt. Zusätzliche Stützschrauben und/oder Windanker leiten die Horizontalkräfte aus Wind und Erdbeben durch die Isolationsschicht.

Brüstungen und Dachränder lassen sich durch winkelartige Brüstungsanker mit der Decke biegesteif verbinden.

Analog zu den Balkonanschlüssen sind auch hier zahlreiche Ankersysteme auf dem Markt erhältlich. Als Material wird i.d.R. Edelstahl V4A (Nr. 1.4571 oder Nr. 1.4401) gewählt.

In den folgenden Abbildungen sind typische *Beispiele von Verankerungen* dargestellt (Abb. 5.85 und Abb. 5.86):

- Fassadenplattenanker mit Stützschraube für oben aufgehängte Betonbekleidung (siehe Abb. 5.85a);
- Winkelkonsolanker für unten aufgelegtes Mauerwerk, Natur- oder Kunststeinbekleidung (Abb. 5.85b);
- Brüstungsanker biegesteif, in Ortsbetondecke eingelegt oder aufgedübelt (Abb. 5.85c);
- Windanker für Mauerwerks-, Naturstein- oder Betonbekleidung (Abb. 5.85d und e);
- Winkelplattenanker für oben aufgelegte winkelplattenartige Betonbekleidungen (siehe Abb. 5.86a);
- Verbundanker und Verbundbügel für Sandwichplatten, meist nicht hinterlüftet, mit Verbundankern in Plattenmitte und zusätzlichen Verbundbügeln entlang den Plattenrändern zusammengehalten (Abb. 5.86b und c).

#### b) Wärmetechnische Beurteilung

Bei ausschliesslicher Verwendung von Edelstahl führen die punktuellen Verbindungen mit geringem Querschnitt zu kleinen, praktisch *vernachlässigbaren Wärmedurchgängen.*

### c) Korrosionssicherheit

Fassadenbekleidungen befinden sich oft an bzw. über stark frequentierten Strassen oder Gehwegen im innerstädtischen Bereich. Eine Beeinträchtigung der Tragsicherheit der Verankerungen durch Korrosion führt zu *Absturzgefahr* und damit zur *Gefährdung von Menschenleben*!

*Chlorideinwirkungen*
Bei *hinterlüfteten Fassadenbekleidungen* können Belüftungsstromgeschwindigkeiten von bis zu 0.4 m/s auftreten. In der Nähe von stark befahrenen Strassen werden im Winter die eingetrockneten Tausalzrückstände von den Fahrzeugen aufgewirbelt und mit dem Belüftungsstrom hinter die Fassadenbekleidung verfrachtet. Es entstehen *Ablagerungen*, die *stark chloridhaltig* sein können. Da die Chloride vom Regen hinter der Fassade nicht abgewaschen werden, reichern sie sich bei den Fassadenankern (Kondenswasserfilme) laufend an.

Verankerungen in einwandfrei ausgeführten *Sandwichplatten ohne Hinterlüftung* (Stösse an Wärmedämmschicht mit Nut bzw. Stösse bei zweilagiger Wärmedämmung versetzt angeordnet) sind gut geschützt. Die chemische Belastung ist geringer, Chloridanreicherungen sind wenig wahrscheinlich.

*Empfehlungen für die Materialwahl bei Fassadenankern*

- In jedem Fall mindestens *Edelstahl V4A* (Nr. 1.4401 oder 1.4571), d.h. keinen kunststoffbeschichteten oder feuerverzinkten Baustahl, verwenden.
- In der Nähe von *stark befahrenen Strassen* oder in Industriezonen kann nach dem heutigen Wissensstand nicht ausgeschlossen werden, dass *bei hinterlüfteten Fassaden* langfristig selbst *im Edelstahl V4A Spannungsrisskorrosion* auftritt.
- Mögliche Alternativen sind:
  - Ausführung als nicht hinterlüftete Sandwichplatten;
  - Kontrollmöglichkeit der Verankerungen vorsehen;
  - Anker in resistenterem Stahl (z.B. Duplex-Edelstahl Nr. 1.4462) ausführen;
  - leichte Fassadenbekleidung wählen.

### d) Verformbarkeit, Bautoleranzen

Fassadenbekleidungen sind mittels *Bauteilfugen* horizontal und vertikal in Abständen von höchstens 6 m zu trennen. Die Fugen dienen zur Aufnahme von *Temperaturverformungen* und *Bautoleranzen*. Verankerungen bei nachträglich montierten Bekleidungen müssen horizontale und vertikale *Verstellmöglichkeiten* aufweisen.

Die Anordnung steifer Anker definiert das *Bewegungszentrum* einer Fassadenplatte. Vom Bewegungszentrum entfernte Anker sind schubweich auszubilden (vgl. Abb. 5.86b).

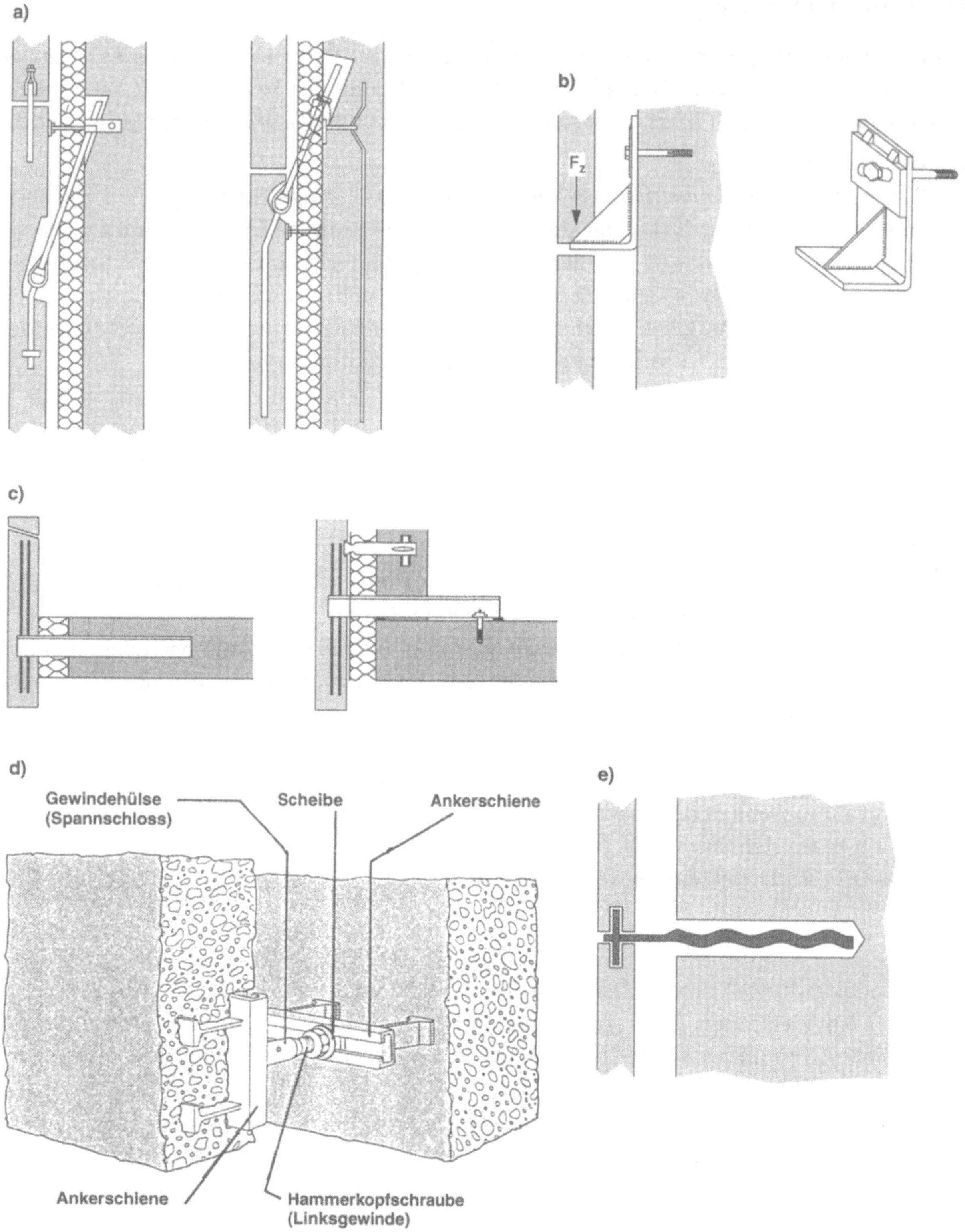


a) Fassadenplattenanker mit Stützschraube (Betonbekleidung oben aufgehängt)
b) Winkelkonsolanker (Mauerwerk, Natur- oder Kunststeinbekleidung unten aufgelegt)
c) Brüstungsanker (biegesteif, in Ortsbetondecken eingelegt oder aufgedübelt)
d) Windanker (Betonbekleidungen)
e) Windanker (Mauerwerks-, Naturstein- oder Betonbekleidung)

*Abb. 5.85: Typische Anker für Fassadenbekleidungen*

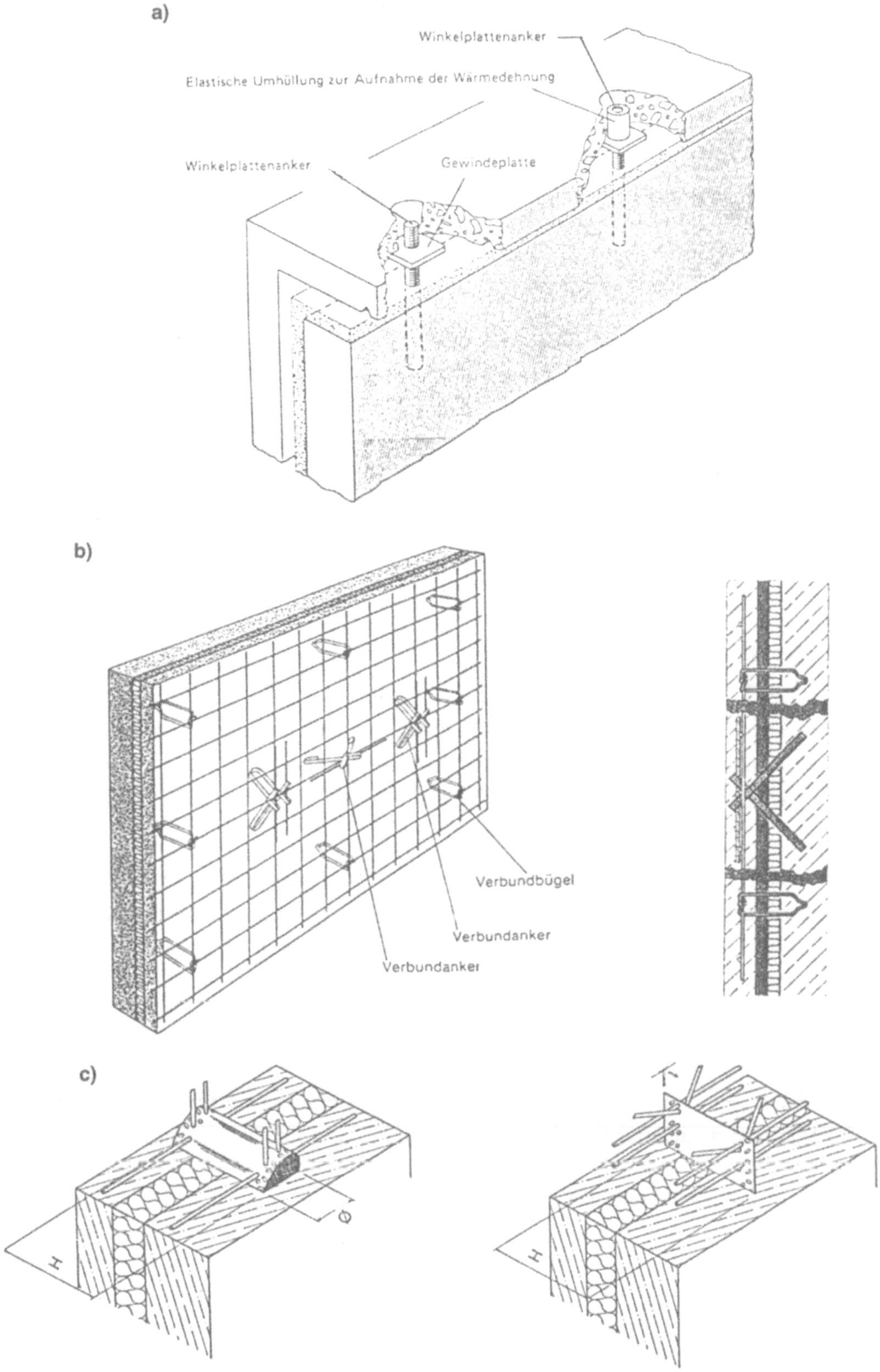


**a) Winkelplattenanker (oben aufgelegte, winkelplattenartige Betonbekleidungen)**
**b) Verbundanker- und Verbundbügel (häufig verwendet)**
**c) Kragenrohranker (Bewegungszentrum) und Flachanker (schubweich in einer Richtung)**

*Abb. 5.86: Typische Anker für Fassadenbekleidungen*

# 5.9 Fundationen

In diesem Abschnitt werden vorerst die erforderlichen örtlichen Abklärungen und die Anforderungen an die Fundation von Skelettbauten dargestellt. Anschliessend werden Hinweise gegeben zu den verschiedenen Arten von Fundamenten und Fundationen wie Einzel- und Streifenfundamente, Plattenfundamente, Kastenfundamente und Pfahlfundationen.

## 5.9.1 Örtliche Abklärungen

Der Entwurf der Fundation eines Skelettbaus (wie auch anderer grösserer Hochbauten) setzt umfassende *Kenntnisse der örtlichen Verhältnisse* voraus.

Abzuklären sind insbesondere:

- Baugrundbeschaffenheit;
- Grund- und Hangwasserverhältnisse;
- Verformungsempfindlichkeit und Zustand von Nachbarbauten.

### a) Baugrundbeschaffenheit

Folgende Fragen sind zu prüfen:

- Schichtung des Baugrundes und Bodenkennwerte;
- Homogenität der Schichten bezüglich Schichtdicke und Lagerungsdichte;
- Setzungsverhalten (weiche Schichten mit variabler Dicke);
- Belastungsgeschichte (Konsolidationsgrad);
- usw.

Sondierungen, d.h. deren Planung, Durchführung und Auswertung, haben in enger Zusammenarbeit mit einem Geotechniker zu erfolgen. Sondierungen (i.d.R. Rotationskernbohrungen - mindestens 3 - oft ergänzt durch Rammsondierungen) sind bis in genügend grosse Tiefen vorzunehmen.

Zusätzliche wertvolle Informationen geben:

- Gespräche mit örtlichen Baufachleuten (Baumeistern);
- Analysen allfälliger setzungsbedingter Schäden an bestehenden Nachbarbauten;
- offene Baugruben in der näheren Umgebung.

### b) Grund- und Hangwasserverhältnisse

Massnahmen gegen Grund- oder Hangwasser prägen die Fundation oft entscheidend mit. Solche Massnahmen können sein:

- Dichte Wanne;
- durchgehende massive Bodenplatte (Auftrieb);
- steifer, mittragender Baugrubenabschluss (z.B. Schlitzwand);
- usw.

Die Lage von Grund- oder Hangwasserspiegeln ist daher möglichst frühzeitig und möglichst lange zu beobachten (z.B. mittels Piezometern in Löchern der Sondierbohrungen).

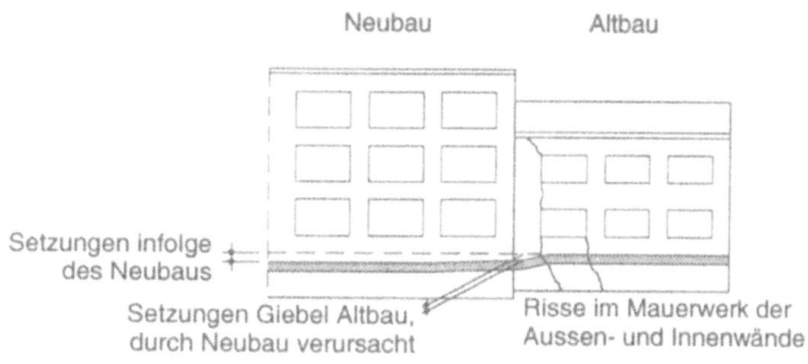


*Abb. 5.87: Schäden an Nachbargebäuden [FHS]*

### c) Nachbarbauten

Durch den Neubau verursachte Setzungsmulden können in direkt angrenzenden bestehenden Gebäuden zu erheblichen Schäden führen (Abb. 5.87).

Die Verformungsempfindlichkeit von bestehenden Nachbarbauten ist abzuschätzen und beim Entwurf der Neubaufundation mitzuberücksichtigen. Ferner empfiehlt sich eine Zustandsaufnahme bei den Nachbarbauten, um späteren Streitereien vorzubeugen.

## 5.9.2 Anforderungen an die Fundation

Die Ergebnisse der örtlichen Abklärungen und ein *vorläufiger Tragwerksentwurf* bilden die Grundlagen für die nachfolgende Erarbeitung des Fundationskonzeptes.

Art und Weise der Fundation stehen dabei in enger Wechselbeziehung mit der Beschaffenheit des Baugrundes und der Verformungsempfindlichkeit des neuen Tragwerks (inkl. bestehender Nachbarbauten) (Abb. 5.88).

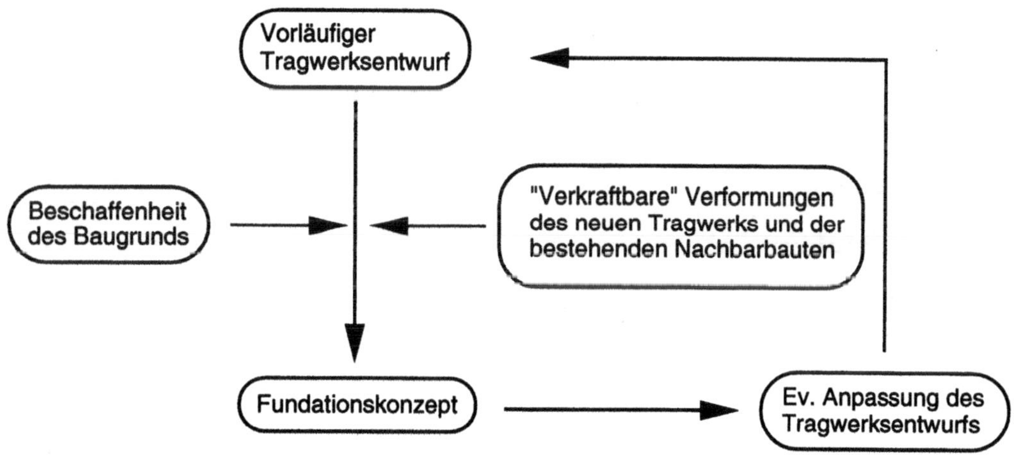


*Abb. 5.88: Tragwerksentwurf und Fundationskonzept [Gi]*

### a) Fundation der Schwerelasten

Anforderungen an die Fundation für Schwerelasten sind:

- Ausreichender Tragwiderstand des Baugrundes;
- "verkraftbare" globale Setzungsmulde;

- "verkraftbare" lokale Setzungsdifferenzen benachbarter Stützen;
- "verkraftbare" Verkippungen.

**Tragwiderstand des Baugrundes**

Die sogenannte "zulässige Bodenpressung" wird insbesondere durch die beiden folgenden Kriterien bestimmt:

- Tragwiderstand des Baugrundes (kein Versagen des Bodens);
- verkraftbare Setzungen.

Beide Kriterien sind voneinander unabhängig und haben mit zunehmender Fundationsbreite gegenläufigen Charakter (Abb. 5.89).

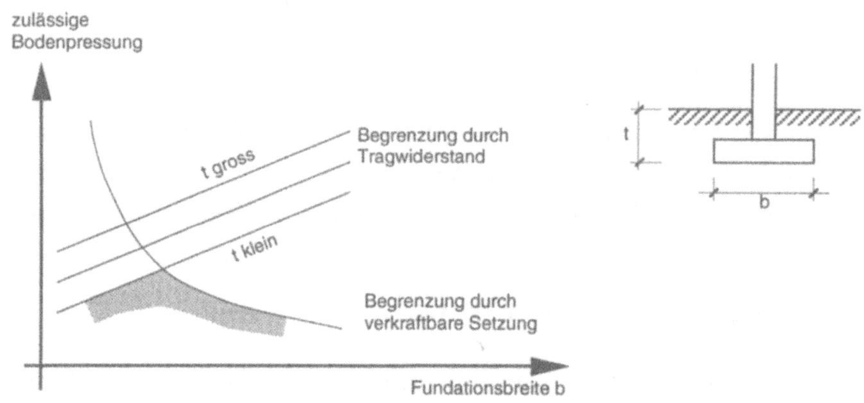


*Abb. 5.89: Zulässige Bodenpressung [Gi]*

Der *Tragwiderstand* des Baugrundes kann massgebend sein für die zulässige Bodenpressung unter

- schmalen Streifenfundamenten und
- Einzelfundamenten mit geringer Einbindetiefe *t*.

Die *Setzungen* können massgebend sein für die zulässige Bodenpressung bei

- Kastenfundamenten und
- Plattenfundamenten.

**Globale Setzungsmulde**

*Ursachen und Wirkungen*

Ursachen grosser globaler Setzungsmulden sind u.a.:

- Bindige Bodenschichten (Tone);
- hoher Erstbelastungsanteil (geringer Konsolidationsgrad, geringe Aushubtiefe);
- Grundwasserabsenkungen.

Tragwerke von Skelettbauten mit *Einzelfundamenten* oder mit *weicher Plattenfundation* können der Krümmung der globalen Setzungsmulde meist schadlos folgen. Zwängungen namentlich in Randbereichen von Rahmentragwerken bauen sich dank Betonkriechen stark ab. Vorsicht ist jedoch geboten bezüglich der Verformungsempfindlichkeit nichttragender Elemente (v.a. Mauerwerkswände).

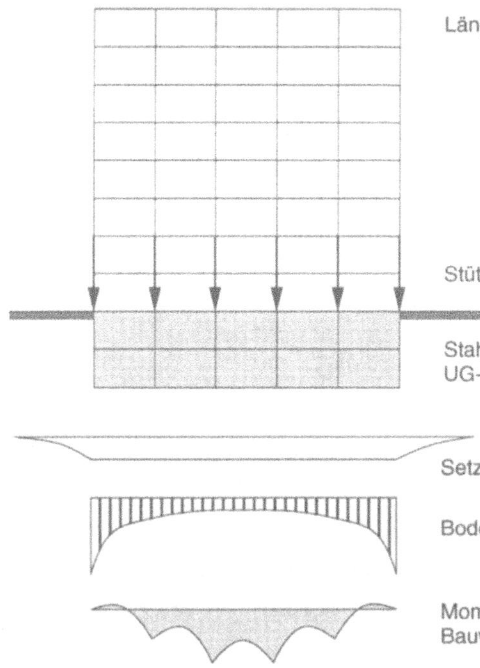


*Abb. 5.90: Bodenpressungen unter steifer Fundation (nach [FHS])*

Tragwerke von Skelettbauten mit *steifer Plattenfundation* oder *Kastenfundation* stützen sich entlang der Ränder der Setzungsmulde ab. Die Bodenpressung ist daher unter dem Gebäuderand konzentriert (Abb. 5.90).

Hauptprobleme grosser globaler Setzungsmulden sind Verformungsschäden an Nachbarbauten (vgl. Abschnitt 5.9.1c) sowie Schubbrüche spröder Werkleitungen (Kanalisation) entlang des Muldenrandes. Insbesondere Setzungen von sehr steifen Kastenfundationen führen zu erheblichen Diskontinuitäten und sind diesbezüglich häufige Schadensursache.

*Massnahmen*

Mögliche Massnahmen gegen grosse globale Setzungsmulden sind:

- Minimierung der Setzungsmulde:
  - Pfählung;
  - geringe Eigenlasten (Stahl- und Leichtbau);
  - Gewichtsausgleich, d.h. die Entlastung durch den Aushub muss ungefähr der ständigen Last des Gebäudes entsprechen.
- Stützung des Nachbargebäudes:
  - Konstruktive Verstärkung;
  - Tieffundation.

**Lokale Setzungsdifferenzen benachbarter Stützen**

*Ursachen und Wirkungen*

- Heterogener Baugrund;
- Falsche Proportionen der Grundrissflächen ungleich belasteter Einzelfundamente.

Vor allem spröde Zwischenwände, Fassadenelemente, usw. reagieren i.d.R. sehr empfindlich auf lokale Setzungsdifferenzen.

*Massnahmen*
- Bei heterogenem Baugrund steife Plattenfundation oder Kastenfundation wählen.
- Durch Variation der Grundrissfläche gleiche Setzungsmasse aller Einzelfundamente anstreben. Bei gleichen Bodenpressungen setzen sich grosse Fundamente stärker als kleine Fundamente. Das Verhältnis der Bodenpressung unter zwei verschieden belasteten Einzelfundamenten soll deshalb etwa umgekehrt proportional zum Verhältnis der Seitenlängen sein (homogener Baugrund vorausgesetzt):

$$\frac{\sigma_{B1}}{\sigma_{B2}} \approx \frac{b_2}{b_1}$$

**Verkippungen**

Grundsätzlich sollte insbesondere bei bindigen Böden der *Schwerpunkt der Fundationsfläche unter dem Schwerpunkt der ständigen Gebäude- und Bauteillasten* liegen. Die Möglichkeit von Verkippungen ist trotzdem nicht immer auszuschliessen, und sie ist insbesondere bei sensiblen Einrichtungen (Maschinen) und bei hohen, schlanken Tragwerken sorgfältig abzuklären.

*Ursachen*
- Hanglage (Bergdruck, Hangwasser, etc.);
- weiche Bodenschicht mit unterschiedlicher Stärke;
- schiefer Felsverlauf;
- unterschiedliche Gebäudehöhe.

*Massnahmen*
- Tiefere Fundation des höheren (schwereren) Gebäudeteils (Abb. 5.91 links);
- Terrassierung in Hanglagen (Abb. 5.91 rechts);
- Pfählung;
- Materialersatz der weichen Schicht;
- Angepasste Einbindetiefe von Einzelfundamenten.

Verkippungen von Randstützen in Rahmensystemen mit ständiger Momentenbeanspruchung ist durch exzentrische Anordnung des Fundamentes (Einzel- oder Streifenfundament) vorzubeugen.

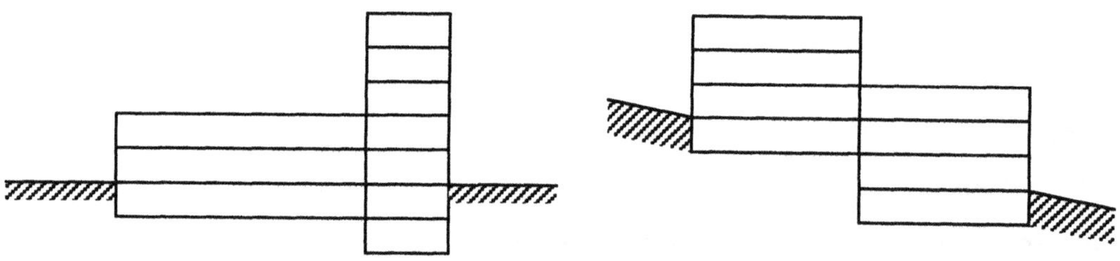

*Abb. 5.91: Konzeptionelle Massnahmen gegen Verkippungen [Gi]*

## b) Fundation der horizontalen Kräfte

Anforderungen an die Fundation für horizontale Kräfte sind:

- Einleitung des Kragträgermomentes von Tragwänden in den Baugrund;
- Einleitung der Rahmenmomente in den Baugrund;
- Ausreichende Kippsicherheit.

**Einleitung des Einspannmomentes von Tragwänden**

Zur Krafteinleitung werden nach Möglichkeit die Untergeschosse herangezogen. Die Tragwandkragträger werden durch die oberste UG-Decke horizontal abgestützt. Je nach Steifigkeit dieser Halterung und je nach Einspanngrad des Kragträgerfusses baut sich das Tragwandmoment unterschiedlich ab (Abb. 5.92 und 5.28). Zu beachten sind die *hohen Querkräfte* der Tragwand im UG-Bereich.

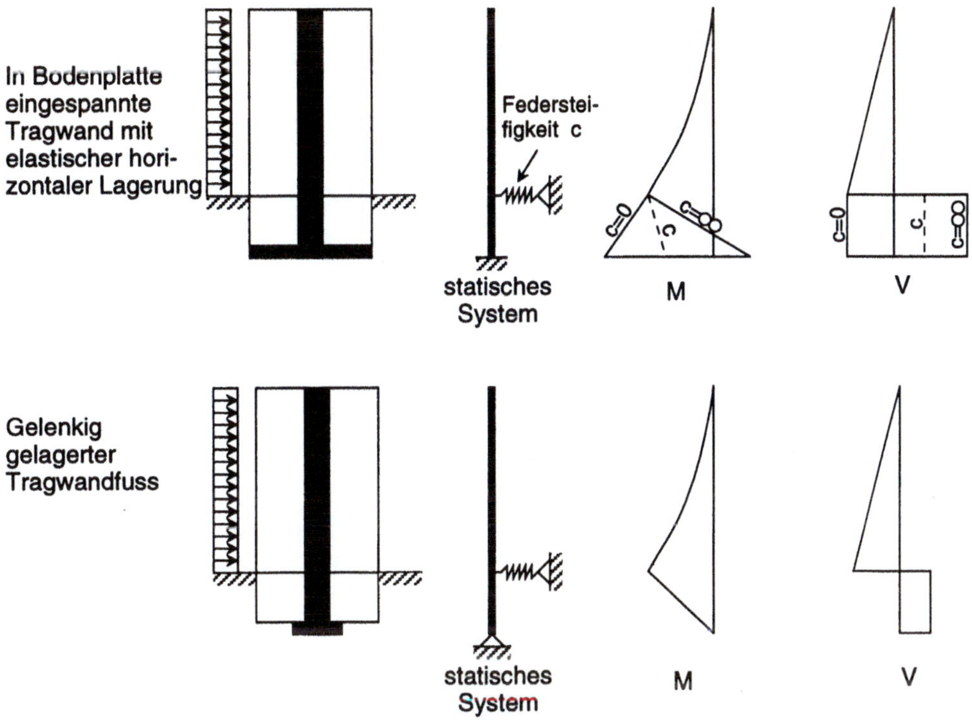


*Abb. 5.92: Einleitung der horizontalen Einwirkungen in den Baugrund [Kö]*

Die *Kräfte aus der Tragwandabstützung* sind in den Decken und Wänden des UG-Kastens zu verfolgen, d.h. es muss abgeklärt werden, wie sie sich im Tragwerk ausbreiten und wie sie schliesslich über Bodenpressungen und Reibungskräfte in den Baugrund eingeleitet werden können.

**Einleitung der Rahmenmomente in den Baugrund**

Wie in Abschnitt 5.4.3 gezeigt, werden bei Rahmensystemen horizontale Kräfte hauptsächlich durch Normalkräfte in den Stützen (vor allem Aussenstützen) abgetragen. Die ferner auftretenden Momente der Rahmenfüsse sind zudem über die Gebäudegrundrissfläche verteilt. Sie lassen sich daher durch eine Bodenplatte oder entsprechend dimensionierte Einzelfundamente im allgemeinen problemlos in den Baugrund einleiten.

**Kippen**

Um Kippen zu verhindern, können folgende Massnahmen ergriffen werden:

- Bei hohen schlanken Tragwerken wird via UG-Kasten die ganze Gebäudegrundrissfläche aktiviert;
- einzeln fundierten Tragwänden wird ein möglichst grosser Schwerelastanteil zugewiesen (vgl. Abschnitt 5.3.2c);
- Rahmenstützenfundamente werden ausreichend gross ausgebildet.

Horizontale Kräfte erzeugen kurzfristig hohe exzentrische Bodenpressungen. Die zulässigen maximalen Bodenpressungen werden durch *Kriterien des Baugrundtragwiderstandes* bestimmt.

Der Kippnachweis lässt sich mit dem in Abbildung 5.93 dargestellten Bruchmodell durchführen:

1. Drehpunkt A annehmen;
2. Tragwiderstand des Baugrundes unter einem Ersatzfundament mit Breite 2x berechnen;
3. Bedingungen für die Erfüllung des Kippnachweises:

$$N_d \leq \frac{N_R}{\gamma_R} \quad ; \quad M_d \leq \frac{N_R \cdot e}{\gamma_R}$$

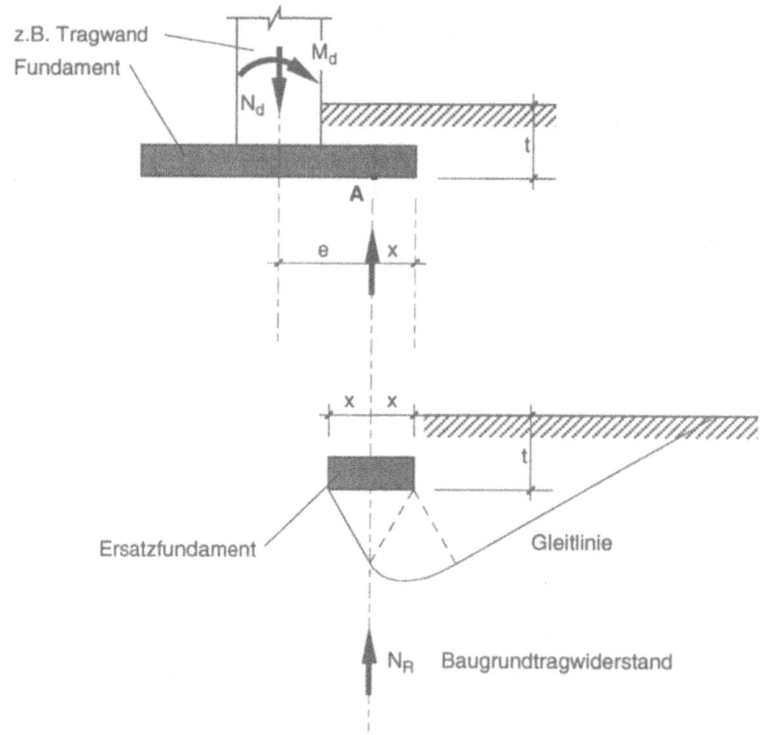


*Abb. 5.93: Bruchmodell für Kippnachweis [Gi]*

### c) Spezielle Anforderungen an erdbebenbeanspruchte Fundamente

Es lassen sich zwei grundsätzliche Anforderungen an die Fundamente stellen, die ein günstiges Verhalten unter Erdbebeneinwirkung bewirken [PBM].

*Anforderung 1: Die Fundation soll unter Erdbeben als integrales Ganzes wirken*
Diese Anforderung bedeutet im einzelnen:

- Differentielle Verschiebungen zwischen verschiedenen Teilen und Bereichen einer Fundation sind zu beschränken oder ganz zu verhindern:
  - Horizontal: Statt Einzelfundamenten und Streifenfundamenten sind Plattenfundamente oder Verbindungsriegel zwischen Einzel- und Streifenfundamenten anzuordnen;
  - vertikal: Plattenfundamente sind durch tragende Wände auszusteifen, Verbindungsriegel sind mit einem genügenden Schubwiderstand zu versehen.
- Eine Fundation auf stark inhomogenen bzw. unterschiedlich steifen Böden ist zu vermeiden. Allenfalls kann auch eine sehr steife, die Inhomogenitäten ausgleichende Fundation angeordnet werden.

*Anforderung 2: In der Fundation soll kein Fliessen erfolgen können*
Diese Anforderung ergibt sich aus den unerwünschten Folgen, die plastifizierende Bereiche in einer Fundation hervorrufen können:

- Unübersichtliches Verhalten des ganzen Bauwerks;
- grosse zusätzliche Beanspruchungen und Verformungen des Überbaus;
- erschwerte Reparierbarkeit (Zugänglichkeit).

Deshalb gilt: Der Tragwiderstand der Fundation soll mindestens 1.2 mal so gross sein wie der entsprechende Tragwiderstand am Fuss der Tragwände bzw. der Rahmen (Fundation für die Überfestigkeitsschnittkräfte des Überbaus bemessen) [BaE].

## 5.9.3 Einzel- und Streifenfundamente

Einzel- und oft auch Streifenfundamente können i.d.R. als *starre Körper* betrachtet werden. Spitzen der Bodenpressung entlang der Fundamentränder werden durch plastisches Verhalten des Baugrundes abgebaut, so dass meist eine *gradlinig begrenzte Verteilung der Bodenpressung* zulässig ist (Rechteck bzw. Trapez oder Dreieck).

### a) Innenfundamente

Fundamente von Innenstützen werden heute meist mit der durchgehenden Bodenplatte verbunden (Abb. 5.94). Der Anschlussbereich der Bodenplatte wird durch die lokale Setzungsmulde gekrümmt (Abb. 5.95).

Wird die Bodenplatte (ausnahmsweise) vom Fundament getrennt, ist die Trennschicht einwandfrei auszubilden und der Plattenbereich über dem Fundament gut auszuarmieren (Abb. 5.96).

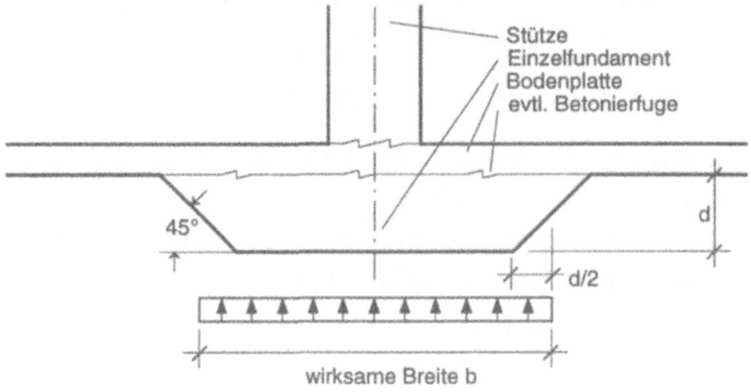


*Abb. 5.94: Innenfundament mit durchgehender Bodenplatte [Gi]*

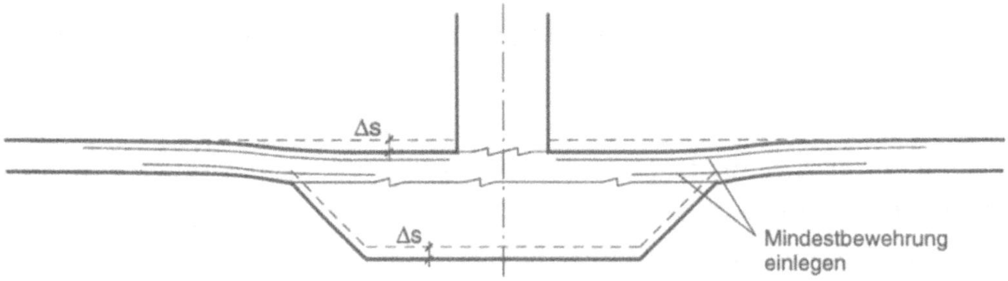


*Abb. 5.95: Lokale Setzungsmulde unter Innenfundament [Gi]*

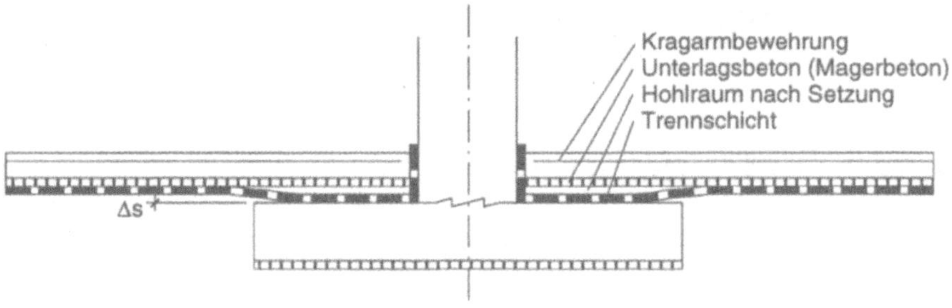


*Abb. 5.96: Innenfundament von der Bodenplatte getrennt [Gi]*

## b) Aussenfundamente

Oft verhindern Grundstücksgrenzen oder andere Randbedingungen ein Überstehen des Fundamentfusses auf einer Seite des Gebäudes. Das gleichgewichtsbedingte Fussmoment $N \cdot e$ an einem exzentrisch angeordneten Fundament muss dann durch das Tragwerk aufgenommen werden können (Abb. 5.97).

Mögliche Modelle zur Bemessung derartiger Fundamente sind(Abb. 5.98):

- Bei massiver Aussenwand: Abbildung 5.98a;
- bei massiver Bodenplatte oder Querriegel: Abbildung 5.98b;

- bei rolligem Baugrund mit Einbezug der Bodenreibung unter dem Fundament: Abbildung 5.98c. Dabei sind folgende Bedingungen einzuhalten:

$$N_d \cdot e \leq \frac{T_R}{\gamma_R} s \quad ; \quad Z_R \geq T_R$$

$Z_R$ ist die Zugbandkraft der Bodenplatte. Die Reibungskraft $T_R$ setzt Gleitdeformationen voraus. Um diese in Grenzen zu halten, ist $\tau_R$ vorsichtig anzusetzen:

$$\tau_R = 0.5 \cdot \tan\varphi' \cdot \sigma_B$$

$\tau_R$ : Reibungswiderstand
$\varphi'$ : Winkel der inneren Reibung des Baugrundes
$\sigma_B$ : Bodenpressung unter Gebrauchslasten

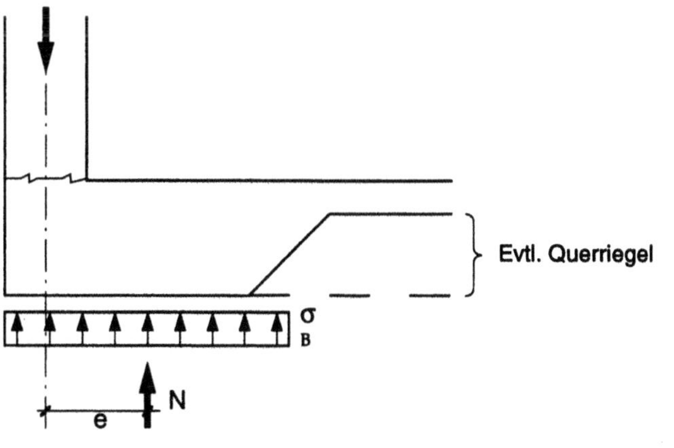


*Abb. 5.97: Aussenfundament [Gi]*

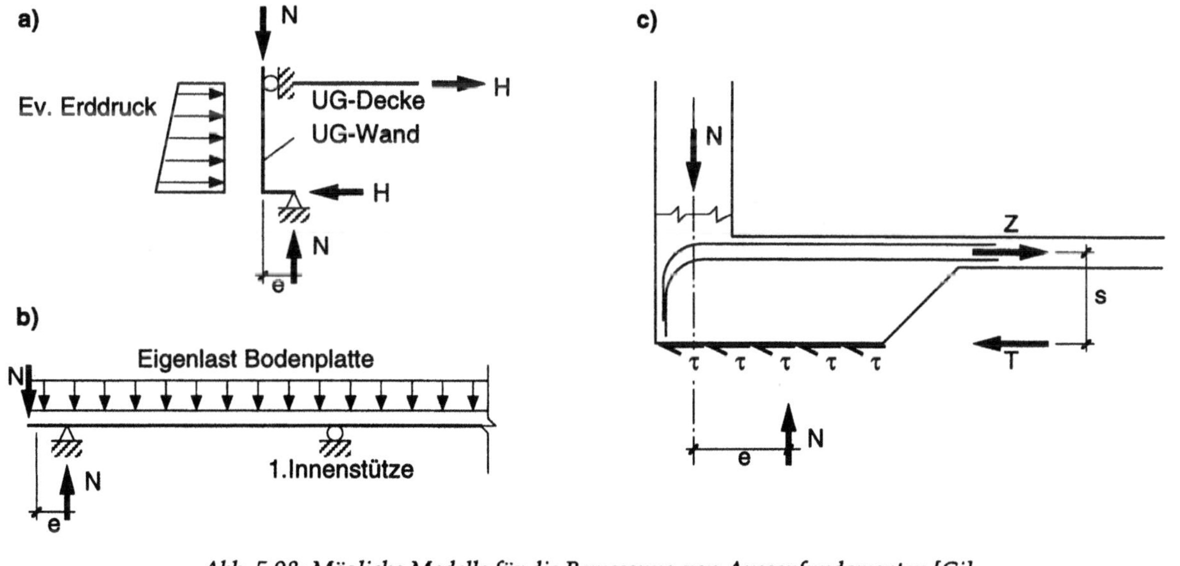


*Abb. 5.98: Mögliche Modelle für die Bemessung von Aussenfundamenten [Gi]*

Im weiteren sind folgende Punkte zu beachten:

- Randstützen sind auf möglichst lange schmale Fundamente zu stellen (evtl. Randriegel);
- Doppelstützen bei Gebäudetrennfugen sind gemeinsam zu fundieren (Abb. 5.99).

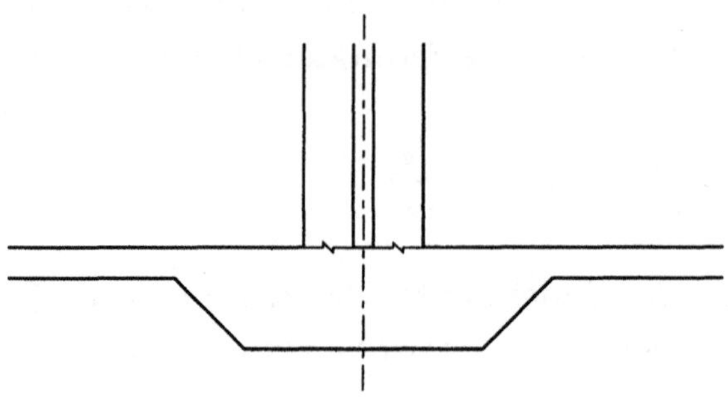

*Abb. 5.99: Fundation von Doppelstützen [Gi]*

## 5.9.4 Plattenfundamente

Die Annahme gradlinig begrenzter Bodenpressungen führt bei der Berechnung und Bemessung von elastischen Plattenfundamenten zu falschen Ergebnissen. Die Verteilung der Bodenpressung ist für diese Fälle nach dem *Steifezifferverfahren* oder dem *Bettungszifferverfahren* anzunehmen. Bei beiden Verfahren gilt: *Biegelinie der Platte = Setzungslinie des Bodens.*

Das an sich richtigere *Steifezifferverfahren* berücksichtigt die gegenseitige Beeinflussung benachbarter Bodenelemente. Der Berechnungsaufwand ist jedoch erheblich und nur in Ausnahmefällen gerechtfertigt.

Das wesentlich einfachere *Bettungszifferverfahren* ersetzt den Baugrund durch ein System unabhängiger Federn. Es erlaubt eine problemlose Berechnung mittels marktüblicher EDV-Programme (Stab- oder Plattenprogramme), beruht aber auf einem problematischen Modell. Insbesondere für punktbelastete Platten und lange Streifenfundamente unter Einzellasten liefert es aber befriedigende Resultate.

Die Bettungsziffer C ist abhängig von:

- Zusammendrückungsmodul $M_E$ [N/mm²];
- Grösse der Fundationsfläche $A$ [mm²];
- Form der Fundationsfläche, erfasst durch Formfaktor $f$.

Es gilt dann:

$$C = \frac{M_E}{f \cdot \sqrt{A}} = \frac{\text{Bodenpressung } \sigma_B}{\text{Setzung } s} \quad [\text{N/mm}^3]$$

Für ein quadratisches Fundament mit $A = b^2$ beträgt $f$ ca. 0.5 $\rightarrow$ $C = \dfrac{M_E}{0.5 \cdot b}$

In Abbildung 5.100 werden Bodenpressungen und Biegemomente einer Fundamentplatte (als Balken behandelt) verglichen, wie sie aus der Anwendung verschiedener Berechnungsverfahren resultieren.

Durch Erhöhung der Bettungsziffer C im Randbereich der Fundamente lässt sich das Ergebnis des Bettungszifferverfahrens demjenigen des Steifezifferverfahrens annähern (Abb. 5.101).

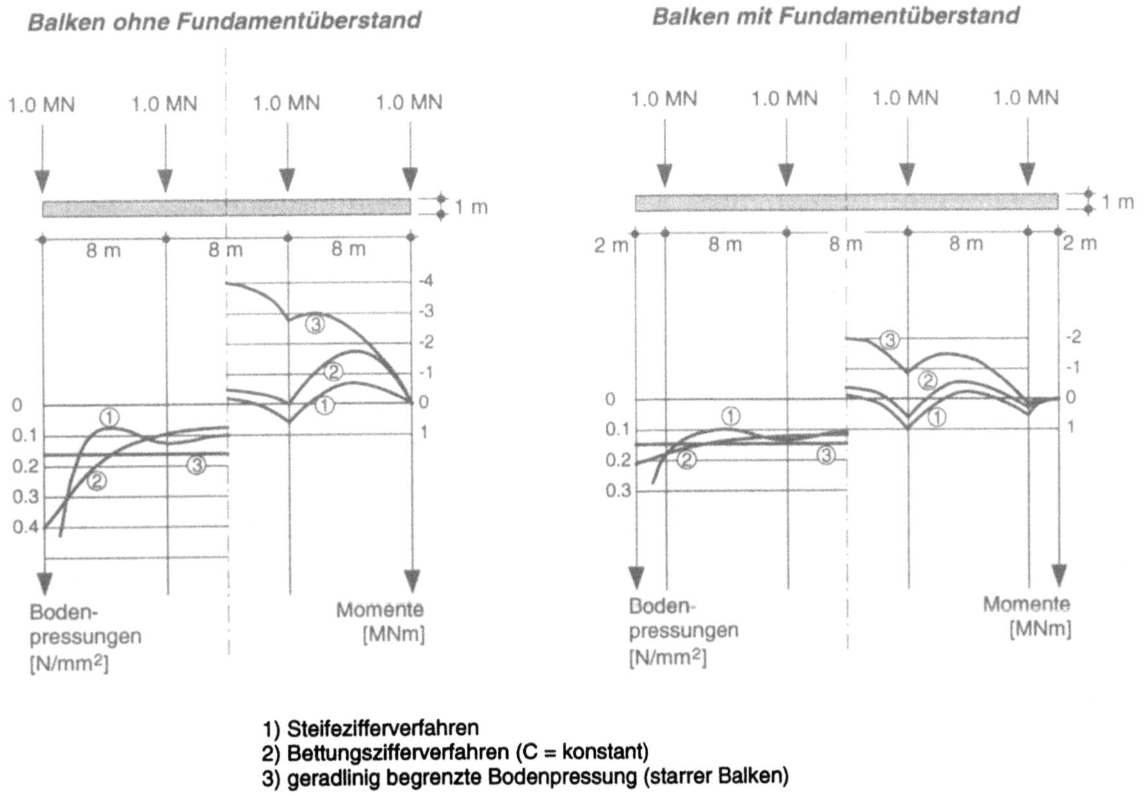


*Abb. 5.100: Bodenpressungen und Biegemomente von Plattenfundamenten für verschiedene Berechnungsverfahren [FHS]*

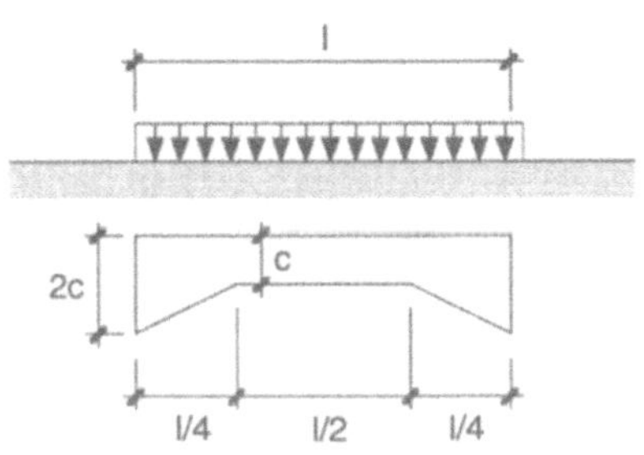


*Abb. 5.101: Verbesserung des Bettungszifferverfahrens (nach [Kö])*

## 5.9.5 Kastenfundamente

Kastenfundamente werden gebildet aus Umfassungs- und Zwischenwänden sowie Boden- und Deckenplatten in Stahlbeton, die alle *schubsteif miteinander verbunden* (Längsschub!) sein müssen.

Die Annahme geradlinig begrenzter Bodenpressungen (wie bei Einzel- und Streifenfundamenten) führt bei der Berechnung und Bemessung grossflächiger, praktisch starrer Kastenfundamente zu falschen Ergebnissen.

Bei unendlich starren Kasten ist die Setzungslinie eine Gerade. Die Verteilung der globalen Bodenpressung kann unabhängig vom Tragwerk nach den Methoden von Boussinesq bestimmt werden (Abb. 5.90).

Die lokale Variation der Bodenpressung bei weichen Bodenplatten zwischen den steifen Zwischenwänden kann mit dem Bettungszifferverfahren abgeschätzt werden.

## 5.9.6 Pfahlfundationen

*Schwerelasten* lassen sich mittels Pfählen unter Beachtung folgender Grundsätze problemlos fundieren:

- Alle Pfahlkräfte sollen unter ständigen Lasten etwa gleich gross sein;
- in bindigen Böden sind Bohrpfähle Rammpfählen vorzuziehen;
- Pfahlköpfe sind durch eine steife Bodenplatte oder ein sogenanntes "Pfahlbankett" miteinander zu verbinden.

*Horizontale Kräfte* lassen sich mittels Pfählen durch eine sorgfältige Bemessung nach folgenden Grundsätzen fundieren:

- Horizontale Kräfte sind nicht via Pfahlbiegung, sondern mittels Schrägpfählen abzutragen;
- jeder Schrägpfahl soll zusammen mit einem Vertikalpfahl ein stabiles Kraftdreieck bilden. Die Abtragung von Horizontalkräften durch Schrägpfähle nach der Lösung rechts in Abbildung 5.102 führt zu einer grösseren Vertikalkraftkomponente in den Schrägpfählen und damit zu erheblichen zusätzlichen Biege- und Schubbeanspruchungen in der Bodenplatte.

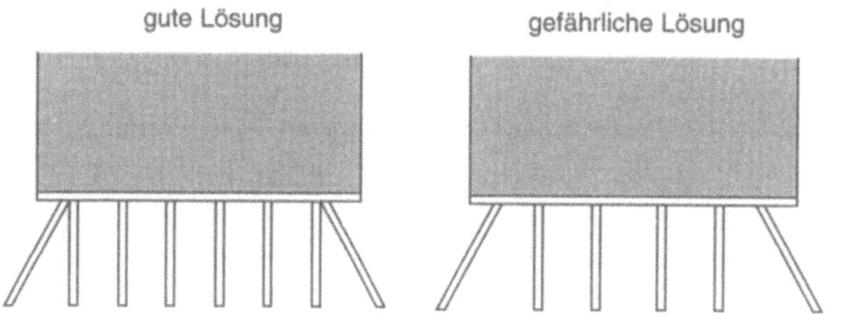


*Abb. 5.102: Anordnung von Schrägpfählen*

# Literaturverzeichnis

Die Literaturhinweise sind im allgemeinen nur einmal aufgeführt. Sie wurden entsprechend ihrem hauptsächlichen Inhalt einem Kapitel des Buches zugeordnet.

## 1. Kapitel


[CRB] "Baukostendaten '92, Bauwirtschaftliche Statistiken". Schweizerische Zentralstelle für Baurationalisierung, CRB, 1992.

[Mon] "Monitoring". Wüest und Partner, Zürich, 1993 und 1996.

[Sch] Schweizer M.: "Bauen in der heutigen Situation? Chancen im Schweizer Baumarkt". Schweizer Ingenieur und Architekt, Heft 1/2, Januar 1993.

[Sta] "Statistisches Jahrbuch der Schweiz". Bundesamt für Statistik, Bern, verschiedene Jahrgänge.

[ZIn] "Zürcher Index der Wohnbaukosten nach Kostenarten". Statistisches Amt der Stadt Zürich, 1977 - 1996.


## 2. Kapitel


[el 29] element 29: "Wärmeschutz und Energie im Hochbau". Schweizerische Ziegelindustrie, Zürich, 1990.

[el 30] element 30: "Schallschutz im Hochbau". Schweizerische Ziegelindustrie, Zürich, 1992.

[Fon] Fontana M.: "Brandschutz". Einführungskurs zur Norm SIA 161 "Stahlbauten", 1991.

[Gös] Gösele K., Schüle W.: "Schall - Wärme - Feuchte". Bauverlag GmbH, Wiesbaden und Berlin, 9. Auflage, 1989.

[Hof] Hofmann R.: "Lärmbekämpfung" Teil I: Grundlagen. Vorlesungsskript ETH Zürich, 1987.

[Kel] Keller B.: "Bauphysik". Unterlagen zur Vorlesung für Bauingenieure an der ETH Zürich, 1992.

[Schulz] Schulz P.: "Schallschutz, Wärmeschutz, Feuchteschutz, Brandschutz im Innenausbau". Deutsche Verlags-Anstalt, Stuttgart, 1980.

[SIA 180] "Wärmeschutz im Hochbau". Norm SIA 180, 1988.

[SIA 180/1] "Nachweis des mittleren k-Wertes der Gebäudehülle". Empfehlung SIA 180/1, 1988.

[SIA 180/4] "Energiekennzahl" . Empfehlung SIA 180/4, 1982.

[SIA 181] "Schallschutz im Hochbau". Norm SIA 181, 1988.

[SIA 183] "Brandschutz". Empfehlung SIA 183, 1989.

[SIA 279] "Wärmedämmstoffe". Norm SIA 279, 1988.

[SIA 380/1] "Energie im Hochbau". Empfehlung SIA 380/1, 1988.

[SIA 381/1] "Baustoff-Kennwerte". Empfehlung SIA 381/1, 1980.

[SIA 384/2] "Wärmeleistungsbedarf von Gebäuden". Empfehlung SIA 384/2, 1982.

[SIA D 078] "Wärmebrückenkatalog 2". Dokumentation SIA D 078, 1992.

[SIA Dok 81] "Brandrisikobewertung". Dokumentation SIA Dok 81, 1984.

[SIA Dok 82] "Feuerwiderstand von Bauteilen aus Stahl". Dokumentation SIA Dok 82, 1985.

[SIA Dok 83] "Brandschutz im Holzbau". Dokumentation SIA Dok 83, 1984.

[VKF] "Brandschutzregister". Erscheint jährlich bei der Vereinigung Kantonaler Feuerversicherungen [VKF] in Bern.

[Zim] Zimmermann K.: "Nachschlagewerk für Konstruktionsdetails im Hochbau". WEKA-Verlag AG Zürich, Grundlieferung 1990, Ergänzungslieferungen laufend.


## 3. Kapitel


[Back] "Backsteinmauerwerk". Schweizerische Ziegelindustrie, Zürich, 1989.

[Dan] Daniels K.: "Gebäudetechnik - Ein Leitfaden für Architekten und Ingenieure". Verlag der Fachvereine an den schweizerischen Hochschulen und Techniken, Zürich, 1992.

[el 27] element 27: "Ziegeldach: Planung und Ausführung" Schweizerische Ziegelindustrie, Zürich, 1988.

[el 28] element 28: "Backstein-Aussenwände". Schweizerische Ziegelindustrie, Zürich, 1989.

[Gips] "Gips, Gipsprodukte". Produktekatalog der Gipsunion Zürich, 1993.

[Heb] "Das Hebel Bausystem". Hard AG, Volketswil, 1992.

[KS] "KS-Mauerwerk". Unterlagen zu Kalk-Sandstein-Mauerwerk, Hard AG, Volketswil, 1992.

[Neu] Neufert E.: "Bauentwurfslehre". Vieweg & Sohn, Braunschweig/Wiesbaden, 1992.

[Rüe] Rüegg A.: "Konstruktion III und IV". Unterlagen zu Vorlesungen für Architekten, 1992.

[SIA 238] "Wärmedämmung in Steildächern und in Aussenwänden mit hinterlüfteten Verkleidungen". Norm SIA 238, 1988.

[SIA 241] "Schreinerarbeiten". Norm SIA 241, 1988.

[SIA 243] "Verputzte Aussenwärmedämmung". Norm SIA 243, 1988.

[SIA 251] "Schwimmende Unterlagsböden". Norm SIA 251, 1988.

[SIA 271] "Flachdächer". Empfehlung SIA 271, 1986.

[SIA 271/2] "Flachdächer zur Begrünung". Empfehlung SIA 271/2, 1994.

[SIA 329] "Montierbare Fassaden". Empfehlung SIA 329, 1989.

[SIA 331] "Fenster". Norm SIA 331, 1989.

[SIA 358] "Geländer, Brüstungen und Handläufe". Empfehlung SIA 358, 1978.

[Sta] "Bauteile für Mauerwerk". Katalog Stahlton AG Zürich, 1993.

[Sw] "Swiss Modul - Das neue Backstein-Format". Faltblatt, Schweizerische Ziegelindustrie, Zürich, 1993.

[Zim] Zimmermann K.: "Nachschlagewerk für Konstruktionsdetails im Hochbau". WEKA-Verlag AG Zürich, Grundlieferung 1990, Ergänzungslieferungen laufend.


## 4. Kapitel


[EC 6] Eurocode 6: "Design of masonry structures." Europäisches Komitee für Normung, CEN, Bruxelles. Part 1-1 "General rules for buildings – rules for reinforced and unreinforced masonry" erhältlich als Vornorm SIA V 177.001, 1996.

[FT] Furler R., Thürlimann B.: "Versuche über die Rotationsfähigkeit von Backsteinmauerwerk/Kalksandsteinmauerwerk". Institut für Baustatik und Konstruktion, ETH Zürich, Berichte Nr. 7502-1/7502-2, Birkhäuser Verlag Basel, 1980.

[GT 82] Ganz H.R., Thürlimann B.: "Versuche über die Festigkeit von zweiachsig beanspruchtem Mauerwerk". Institut für Baustatik und Konstruktion, ETH Zürich, Versuchsbericht Nr. 7502-3, Birkhäuser Verlag Basel, 1982.

[GT 84] Ganz H.R., Thürlimann B.: "Versuche an Mauerwerksscheiben unter Normalkraft und Querkraft". Institut für Baustatik und Konstruktion, ETH Zürich, Versuchsbericht Nr. 7502-4, Birkhäuser Verlag Basel, 1984.

[GuT] Guggisberg R., Thürlimann B.: "Versuche zur Festlegung der Rechenwerte von Mauerwerksfestigkeiten". Institut für Baustatik und Konstruktion, ETH Zürich, Bericht Nr. 7502-5, Birkhäuser Verlag Basel, 1987.

[MK] "Mauerwerkskalender". Ernst & Sohn, Berlin, 1992.

[prEN ... ] Europäische Normenentwürfe, aufgeführt in [SIA V 177]

[SIA 113] "Norm für die Berechnung und die Ausführung von Mauerwerk aus künstlichen und natürlichen Bausteinen". Norm SIA 113 (nicht mehr gültig), 1965.

[SIA 177] "Mauerwerk (Backstein, Kalksandstein, Zementstein, Porenbetonstein)". Norm SIA 177 (nicht mehr gültig), 1980.

[SIA 177/1] "Bemessung von Mauerwerkswänden unter Druckbeanspruchung". Norm SIA 177/1 (nicht mehr gültig), 1983.

[SIA 177/2] "Bemessung von Mauerwerkswänden" (ersetzt Kapitel 3 von SIA 177). Norm SIA 177/2 (nicht mehr gültig), 1992.

[SIA V 177] "Mauerwerk". Empfehlung in verlängerter Vernehmlassung SIA V 177, 1995.

[SIA 178] "Naturstein-Mauerwerk". Norm SIA 178, 1980.

[SIA D 053] Bemessung von Mauerwerkswänden: Einführung in die Empfehlung SIA V 177/2". Dokumentation SIA D 053, 1990.

[SIA D 054] "Bemessung von Mauerwerkswänden: Übungen". Dokumentation SIA D 054, 1990.

[SIA D 054 A] "Bemessung von Mauerwerk - Praktische Übungen". Dokumentation SIA D 054 A, 1991.

[TFGS] Thürlimann B., Furler R., Ganz H.R., Santi W.: "Baustatik AK: Mauerwerksbau". Vorlesungsunterlagen, Institut für Baustatik und Konstruktion, ETH Zürich, 1984.

[ZSS] Zimmerli B., Schwartz J., Schwegler G.: "Mauerwerk, Bemessen und Konstruieren". In Vorbereitung, 1997.

## 5. Kapitel

[Ba I] Bachmann H.: "Stahlbeton I: Grundzüge des Stahlbetons und des Spannbetons, Teil I". Vorlesungsautographie, Institut für Baustatik und Konstruktion, ETH Zürich, 1991.

[Ba II] Bachmann H.: "Stahlbeton II: Grundzüge des Stahlbetons und des Spannbetons, Teil II". Vorlesungsautographie, Institut für Baustatik und Konstruktion, ETH Zürich, 1991.

[BaE] Bachmann H.: "Erdbebensicherung von Bauwerken". Birkhäuser Verlag Basel Boston Berlin, 1995.

[DG] Dubas P., Gehri E.: "Stahlhochbau". Springer Verlag Berlin, 1988.

[EC 1] Eurocode 1: "Basis of design and actions on structures". CEN, Bruxelles, 1993.

[EKS] Europäische Konvention für Stahlbau: Diverse Veröffentlichungen in verschiedenen Verlagen.

[FHS] Franz G., Hampe E., Schäfer K.: "Konstruktionslehre des Stahlbetons", Band II: Tragwerke, Teil B: "Entstehen und Bestehen der Bauwerke". Springer Verlag Berlin, 1991.

[FoAK] Fontana M.: "Verbundträger im Hochbau - Ergänzungen." Revidiertes Kapitel IV der Vorlesungsautogaphie Stahlbau AK, ETH Zürich, 1993.

[Fon] Fontana M.: "Konstruktionselemente im Hochbau". Vorlesungsunterlagen, ETH Zürich, 1993.

[FSA] Franz G., Schäfer K.: "Konstruktionslehre des Stahlbetons", Band II: Tragwerke Teil A: "Typische Tragwerke". Springer Verlag Berlin, 1988.

[Gi] Gisin W.: "Beiträge zur Gestaltung und Berechnung von Skelettbauten". Studien und Notizen (unveröffentlicht), 1993.

[Kö] König G., Liphardt S.: "Hochhäuser aus Stahlbeton". Sonderdruck aus dem Betonkalender, Band 2, Verlag Wilhelm Ernst & Sohn, Berlin, 1985.

[PBM] Paulay T., Bachmann H., Moser K.: "Erdbebenbemessung von Stahlbetonhochbauten". Birkhäuser Verlag Basel Boston Berlin, 1990.

[SIA 160] "Einwirkungen auf Tragwerke". Norm SIA 160, 1989.

[SIA 161] "Stahlbauten". Norm SIA 161, 1989.

[SIA 162] "Betonbauten". Norm SIA 162, 1989.

[SIA 274] "Fugenabdichtungen in Bauwerken". Empfehlung SIA V 274 (in verlängerter Vernehmlassung), 1987.

[SIA D 030] "Korrosion und Korrosionsschutz 3. Teil: Einsatz von nicht rostenden Stählen im Bauwesen". Dokumentation SIA D 030, 1988.

[SNV 640/603] "Parkierungsanlagen/Geometrie". Schweizerische Normenvereinigung, Zürich. Herausgegeben von der Vereinigung Schweizerischer Strassenfachleute (VSS), Zürich.

[SZS] Schweizerische Zentralstelle für Stahlbau: "Bemessungstabellen für Stahlbauten". Zürich, 1992.

## Ergänzende und weiterführende Literatur

Cziesielski E.: "Lehrbuch der Hochbaukonstruktionen", 2. Auflage. B.G. Teubner, Stuttgart, 1993.

Lutz, Jenisch, Klopfer, Freymuth, Krampf, Petzold: "Lehrbuch der Bauphysik", 3. Auflage. B.G. Teubner, 1994.

Mann W.: "Lehrbuch des Mauerwerksbaus". B.G. Teubner, Stuttgart, 1994.

Neuhaus H.: "Lehrbuch des Ingenieurholzbaus". B.G. Teubner, Stuttgart, 1994.

Thiele, Lohse: "Stahlbau", Teil 1, 22. Auflage. B.G. Teubner, Stuttgart, 1993.

Volger, Laasch: "Haustechnik", 9. Auflage. B.G. Teubner, Stuttgart, 1994.

Wagner, Erlhof: "Praktische Baustatik", Teil 1, 19. Auflage; Teil 2, 14. Auflage. B.G. Teubner, Stuttgart, 1991.

Wendehorst: "Bautechnische Zahlentafeln", 26. Auflage. B.G. Teubner, Stuttgart, 1994.

# DIN-Normen

## Bauphysik

| | |
|---|---|
| DIN4108 | "Wärmeschutz im Hochbau". 1981.<br>Teil 1: "Grössen und Einheiten". 1981.<br>Teil 2: "Wärmedämmung und Speicherung. Anforderungen und Hinweise für Planung und Ausführung". 1981.<br>Teil 3: "Klimabedingter Feuchteschutz. Anforderungen und Hinweise für Planung und Ausführung". 1981.<br>Teil 5: "Berechnungsverfahren". 1981. |
| DIN 4102 | "Brandverhalten von Baustoffen und Bauteilen".<br>Teil 1: "Begriffe, Anforderungen und Prüfungen". 1981.<br>Teil 2: "Bauteile; Begriffe, Anforderungen und Prüfungen". 1977.<br>Teil 3: "Brandwände und nichttragende Aussenwände; Begriffe, Anforderungen und Prüfungen". 1977.<br>Teil 4: "Zusammenstellung und Anwendung klassifizierter Baustoffe, Bauteile und Sonderbauteilen". 1981.<br>Teil 5: "Feuerschutzabschlüsse, Abschlüsse in Fahrschachtwänden, gegen Flugfeuer widerstandsfähige Verglasungen; Begriffe, Anforderungen und Prüfungen". 1977.<br>Teil 6: "Lüftungsleitungen; Begriffe, Anforderungen und Prüfungen". 1977.<br>Teil 7: "Bedachungen; Begriffe, Anforderungen und Prüfungen". 1987<br>Teil 11: "Rohrummantelungen, Rohrabschottungen, Installationsschächte und -kanäle sowie Abschlüsse ihrer Revisionsöffnungen; Begriffe, Anforderungen und Prüfungen". 1985. |
| DIN 4109 | "Schallschutz im Hochbau: Anforderungen und Nachweise". 1989.<br>Beiblatt 1: "Ausführungsbeispiele und Rechenverfahren". 1989.<br>Beiblatt 2: "Hinweise für Planung und Ausführung: Vorschläge für einen erhöhten Schallschutz; Empfehlungen im eigenen Wohn- und Arbeitsbereich". 1989. |
| WSchV | "Verordnung über einen energiesparenden Wärmeschutz von Gebäuden (Wärmeschutzverordnung). Bundesgesetzblatt, Teil I, 1982. (Neufassung 1993) |

## Lastannahmen

| | |
|---|---|
| DIN 1052 | Teil 1: "Holzbauwerke; Berechnung und Ausführung". 1988.<br>Teil 2: "Holzbauwerke; Mechanische Verbindungen". 1988.<br>Teil 3: "Holzbauwerke; Holzhäuser in Tafelbauart; Berechnung und Ausführung". 1988. |
| DIN 1053 | Teil 1: "Mauerwerk; Rezeptmauerwerk; Berechnung und Ausführung". 1990.<br>Teil 3: "Mauerwerk; Bewehrtes Mauerwerk: Berechnung und Ausführung". 1990. |
| DIN 1055 | Teil 1: "Lastannahmen für Bauten; Lagerstoffe, Baustoffe und Bauteile, Eigenlasten und Reibungswinkel". 1978.<br>Teil 2: "Lastannahmen für Bauten; Bodenkenngrössen, Wichte, Reibungswinkel, Kohäsion, Wandreibungswinkel". 1976.<br>Teil 3: "Lastannahmen für Bauten; Verkehrslasten". 1971.<br>Teil 4: "Lastannahmen für Bauten; Verkehrslasten: Windlasten bei nicht-schwingungsanfälligen Bauwerken". 1986.<br>Teil 4, A1: "Lastannahmen für Bauten; Verkehrslasten: Änderung und Berichtigungen., 1987.<br>Teil 5: "Lastannahmen für Bauten; Verkehrslasten; Schneelast und Eislast". 1975.<br>Teil 6: "Lastannahmen für Bauten; Lasten in Silozellen". 1987.<br>Teil 6, Beiblatt 1: "Lastannahmen für Bauten; Lasten in Silozellen, Erläuterungen". 1987. |

DIN 1056 "Freistehende Schornsteine in Massivbauart; Berechnung und Ausführung". 1984.

DIN 1072 "Strassen- und Wegbrücken; Lastannahmen". 1985.
Beiblatt 1: "Strassen- und Wegbrücken; Lastannahmen: Erläuterungen". 1988.

DIN 4028 "Stahlbetondielen aus Leichtbeton mit hautwerkporigem Gefüge; Anforderungen, Prüfung, Bemessung, Ausführung, Einbau". 1982.

DIN 4112 "Fliegende Bauten; Richtlinien für Bemessung und Ausführung". 1983.

DIN 4131 "Antennentragwerke aus Stahl". 1986.

DIN 4132 "Kranbahnen; Stahltragwerke: Grundsätze für Berechnung, bauliche Durchbildung und Ausführung". 1981.
Beiblatt 1: "Kranbahnen; Stahltragwerke: Grundsätze für Berechnung, bauliche Durchbildung und Ausführung, Erläuterungen". 1981.

DIN 4134 "Tragluftbauten; Berechnung, Ausführung und Betrieb". 1983.

DIN 4149 Teil 1: "Bauten in deutschen Erdbebengebieten; Lastannahmen: Bemessung und Ausführung üblicher Hochbauten". 1981.
Beiblatt 1: "Bauten in deutschen Erdbebengebieten; Zuordnung von Verwaltungsgebieten zu Erdbebenzonen". 1981.

DIN 4212 "Kranbahnen aus Stahlbeton und Spannbeton; Berechnung und Ausführung". 1986.

DIN 4420 Teil 1: "Arbeits- und Schutzgerüste; Allgemeine Regelungen; Sicherheitstechnische Anforderungen, Prüfungen". 1988.
Teil 2: "Arbeits- und Schutzgerüste; Leitergerüste; Sicherheitstechnische Anforderungen". 1988.
Teil 3: "Arbeits- und Schutzgerüste; Gerüstbauten; Sicherheitstechnische Anforderung und Regelausführungen". 1988.
Teil 4: "Arbeits- und Schutzgerüste; aus vorgefertigten Bauteilen; Werkstoffe, Gerüstbauteile, Abmessungen, Lastannahmen und sicherheitstechnische Anforderungen". 1988.

DIN 4421 "Traggerüste; Berechnung, Konstruktion und Ausführung". 1982.
A1: "Traggerüste; Berechnung, Konstruktion und Ausführung, Änderung 1". 1988.

DIN 15018 Teil 1: "Krane; Grundsätze für Stahltragwerke: Berechnung". 1984.
Teil 2: "Krane; Stahltragwerke: Grundsätze für bauliche Durchbildung und Ausführung". 1984.
Teil 3: "Krane; Grundsätze für Stahltragwerke: Berechnung von Fahrzeugkranen". 1984.

DIN 15019 "Krane; Standsicherheit für alle Krane ausgenommen gleislose Fahrzeugkrane und Schwimmkrane". 1979.
Teil 2: "Krane; Standsicherheit für gleislose Fahrzeugkrane, Prüfbelastung und Berechnung". 1979.

DIN 18032 Teil 1 bis 6: "Sporthallen".

Eurocode 1 "Einwirkungen auf Tragwerke".

## Statik

DIN 1080 Teil 1: "Begriffe, Formelzeichen und Einheiten im Bauwesen, Grundlagen". 1976.
Teil 2: "Begriffe, Formelzeichen und Einheiten im Bauwesen, Statik". 1980.
Teil 3: "Begriffe, Formelzeichen und Einheiten im Bauwesen, Beton- und Stahlbetonbau, Spannbetonbau, Mauerwerksbau". 1980.
Teil 4: "Begriffe, Formelzeichen und Einheiten im Bauwesen, Stahlbau, Stahlverbundbau und Stahlträger in Beton". 1980.
Teil 5: "Begriffe, Formelzeichen und Einheiten im Bauwesen, Holzbau". 1980.
Teil 6: "Begriffe, Formelzeichen und Einheiten im Bauwesen, Bodenmechanik und Grundbau". 1980.
Teil 7: "Begriffe, Formelzeichen und Einheiten im Bauwesen, Wasserwesen". 1979.
Teil 9: "Begriffe, Formelzeichen und Einheiten im Bauwesen, Bahnbau". 1981.

## Beton- und Stahlbetonbau

DIN 488 "Betonstahl".
Teil 1: "Betonstahl, Sorten, Eigenschaften, Kennzeichen".

DIN 1045 "Beton und Stahlbeton; Bemessung und Ausführung". 1988.

DIN 1048 "Prüfverfahren für Beton".
Teil 1: "Prüfverfahren für Beton; Frischbeton, Festbeton gesondert hergestellter Probekörper".
Teil 2: "Prüfverfahren für Beton; Bestimmung der Druckfestigkeit von Festbeton in Bauwerken und Bauteilen: Allgemeines Verfahren".
Teil 4: "Prüfverfahren für Beton; Bestimmung der Druckfestigkeit von Festbeton in Bauwerken und Bauteilen: Anwendung von Bezugsgeraden und Auswertung mit besonderem Verfahren".

DIN 1084 "Überwachung (Güteüberwachung) im Beton- und Stahlbetonbau".
Teil 1: "Überwachung (Güteüberwachung) im Beton- und Stahlbetonbau; Beton B II auf Baustellen".
Teil 2: "Überwachung (Güteüberwachung) im Beton- und Stahlbetonbau; Fertigteile".
Teil 3: "Überwachung (Güteüberwachung) im Beton- und Stahlbetonbau; Transportbeton".

DIN 4099 "Schweissen von Betonstahl; Ausführung und Prüfung".

DIN 4102 "Brandverhalten von Baustoffen und Bauteilen".
Teil 1: "Begriffe, Anforderungen und Prüfungen". 1981.
Teil 2: "Bauteile; Begriffe, Anforderungen und Prüfungen". 1977.
Teil 4: "Zusammenstellung und Anwendung klassifizierter Baustoffe, Bauteile und Sonderbauteilen". 1981.

DIN 4158 "Zwischenbauteile aus Beton für Stahlbeton und Spannbetondecken".

DIN 4159 "Ziegel für Decken und Wandtafeln, statisch mitwirkend".

DIN 4160 "Ziegel für Decken, statisch nicht mitwirkend".

DIN 4226 "Zuschlag für Beton".
Teil 1: "Zuschlag für Beton; Zuschlag mit dichtem Gefüge".
Teil 2: "Zuschlag für Beton; Zuschlag mit porigem Gefüge".
Teil 3: "Zuschlag für Beton; Prüfung von Zuschlag".
Teil 4: "Zuschlag für Beton; Überwachung (Güteüberwachung)".

DIN 4227 "Spannbeton".
Teil 1: "Spannbeton; Bauteile aus Normalbeton mit beschränkter oder voller Vorspannung".

DAfStb "Richtlinie zur Nachbehandlung von Beton".

DAfStb "Richtlinie für Beton mit Fliessmittel und für Fliessbeton"

DAfStb "Richtlinie Alkalireaktion im Beton, vorbeugende Massnahmen gegen schädigende Alkalireaktionen im Beton"

DAfStb "Richtlinie für Beton mit verlängerter Verarbeitbarkeitszeit (verzögerter Beton)".

## Stahlbeton

DIN V 18932] Eurocode 2: "Planung von Stahlbeton- und Spannbetontragwerken". 1991.
Teil 1: "Grundlagen und Anwendungsregeln für den Hochbau". 1991.

DIN V ENV 206 "Beton: Eigenschaften, Herstellung, Verarbeitung und Gütenachweis". 1990.

DAfStb "Richtlinie zur Anwendung von Eurocode 2, Teil 1". 1990.

DAfStb "Richtlinie zur Anwendung von DIN V Entw. 206". 1990.

## Stahlbau

DIN 4132 "Kranbahnen; Stahltragwerke: Grundsätze für Berechnung, bauliche Durchbildung und Ausführung". 1981.

DIN 15018
Teil 1: "Krane; Grundsätze für Stahltragwerke: Berechnung". 1984.
Teil 2: "Krane; Stahltragwerke: Grundsätze für bauliche Durchbildung und Ausführung". 1984.

DIN 18800
Teil 1: "Stahlbauten, Bemessung und Konstruktion". 1990.
Teil 2: "Stahlbauten, Bemessung und Konstruktion; Stabilitätsfälle, Knicken von Stäben und Stabwerken". 1990. (Ersetzt DIN 4114, Teil1, 1952, und Teil 2, 1953.)
Teil 3: "Stahlbauten, Bemessung und Konstruktion; Stabilitätsfälle, Plattenbeulen". 1990. (Ersetzt DIN 4114, Teil1, 1952, und Teil 2, 1953.)
Teil4: "Stahlbauten, Bemessung und Konstruktion; Stabilitätsfälle, Schalenbeulen". 1990.
Teil 7: "Stahlbauten, Bemessung und Konstruktion; Herstellen, Eignungsnachweise zum Schweissen". 1983.
"Anpassungsrichtlinie zu DIN 18800, Teil 1 bis 4". 1991.

DIN 18801 "Stahlhochbau: Bemessung, Konstruktion, Herstellung". 1983.

DIN 18806 Teil 1: "Verbundkonstruktionen, Verbundstützen". 1984.

DIN 18807
Teil 1: "Trapezprofile im Hochbau; Stahltrapezprofile. Allgemeine Anforderungen, Ermittlung der Tragfähigkeitswerte durch Berechnung". 1987.
Teil 2: "Trapezprofile im Hochbau; Durchführung und Auswertung vom Tragfähigkeitsversuchen". 1987.
Teil 3: "Trapezprofile im Hochbau; Festigkeitsnachweis und konstruktive Ausbildung". 1987.

DIN 18808 "Stahlbauten, Tragwerke aus Hohlprofilen unter vorwiegend ruhender Beanspruchung". 1984.

DIN 18809 "Stählerne Strassen- und Wegbrücken; Bemessung, Konstruktion, Herstellung". 1987.

DS 804 "Vorschrift für Eisenbahnbrücken und sonstige Ingenieurbauwerke (VEI)". 1983.

DASt-Ri 005 "Überschweissen von Fertigungsbeschichtungen (FB) im Stahlbau". 1980.

DASt-Ri 007 "Wetterfeste Baustähle". 1979.

DASt-Ri 009 "Empfehlungen zur Wahl der Stahlgütegruppen für geschweisste Stahlbauten". 1973.

DASt-Ri 014 "Empfehlungen zum Vermeiden von Terassenbrüchen in geschweissten Konstruktionen aus Baustahl". 1981.

DASt-Ri 016 "Bemessung und konstruktive Gestaltung von Tragwerken aus dünnwandigen kaltgeformten Bauteilen". 1988.

DStV/DASt "Typisierte Verbindungen im Stahlhochbau". 1984.

VDI 2388 "Krane in Gebäuden -Planungsgrundlagen". 1982.

## Holzbau

DIN 1052
Teil 1: "Holzbauwerke; Berechnung und Ausführung". 1988.
Teil 2: "Holzbauwerke; Mechanische Verbindungen". 1988.
Teil 3: "Holzbauwerke Holzhäuser in Tafelbauart; Berechnung und Ausführung". 1988.

DIN 1074 "Holzbrücken". 1991.

DIN 4102 Teil 4: "Zusammenstellung und Anwendung klassifizierter Baustoffe, Bauteile und Sonderbauteilen". 1981.

DIN 4074
Teil 1: "Sortierung von Nadelholz nach der Tragfähigkeit; Nadelschnittholz". 1989.
Teil 2: "Bauholz für Holzbauteile; Gütebedingungen für Baurundholz (Nadelholz)". 1958.

DIN 18334 "VOB Verdingungsordnung für Bauleistungen; Teil C: Allgemeine Technische Vertragsbedingungen für Bauleistungen (ATV): Zimmer- und Holzbauarbeiten". 1988.

DIN 68705
Teil 3: "Sperrholz; Bau-Furniersperrholz". 1981.
Teil 5: "Sperrholz; Bau-Fourniersperrholz aus Buche". 1980.

DIN 68754 Teil 1: "Harte und mittelharte Holzfaserplatten für das Bauwesen: Holzwerkstoffklasse 20". 1976.

| | | |
|---|---|---|
| DIN 68763 | "Spanplatten; Flachpressplatten für das Bauwesen: Begriffe, Anforderungen, Prüfung, Überwachung". 1990. | |
| DIN 68800 | Teil 2: | "Holzschutz im Hochbau; Vorbeugende bauliche Massnahmen". 1984. |
| | Teil 3: | "Holzschutz im Hochbau; Vorbeugender chemischer Holzschutz", 1990. |
| | Teil 5: | "Holzschutz im Hochbau; Vorbeugender chemischer Schutz von Holzwerkstoffen". 1990. |

## Mauerwerk und Putz

| | | |
|---|---|---|
| DIN 4172]: | "Massordnung im Hochbau". 1955. | |
| DIN 105, 106 | "Mauersteine". | |
| DIN 416 | "Mauersteine". | |
| DIN 18151,52,53 | "Mauersteine". | |
| DIN 1053 | Teil 1: | "Rezeptmauerwerk, Berechnung und Ausführung", 1990. |
| | Teil 2: | "Mauerwerk nach Eignungsprüfung", 1984. |
| | Teil 3: | "Bewehrtes Mauerwerk, Berechnung und Ausführung", 1990. |
| DIN 18550 | "Putz, Baustoffe und Ausführung", 1985. | |
| DIN 18558 | "Putz, Baustoffe und Ausführung", 1985. | |

# Sachwortverzeichnis

Folgende Referenzen werden unterschieden:
Seitenzahl normal = Referenz zu Text
*Seitenzahl kursiv = Referenz zu Abbildung*
**Seitenzahl fett = Referenz zu Beiblatt**

## A



## B



## D

## E



## F



## G

## H



## I



## K



## L



## M

# T

GPSR Compliance

*The European Union's (EU) General Product Safety Regulation (GPSR) is a set of rules that requires consumer products to be safe and our obligations to ensure this.*

*If you have any concerns about our products, you can contact us on ProductSafety@springernature.com*

In case Publisher is established outside the EU, the EU authorized representative is:

Springer Nature Customer Service Center GmbH
Europaplatz 3
69115 Heidelberg, Germany

**Batch number: 08567975**

Printed by Printforce, the Netherlands